现代数学译丛 35

多元微积分及其应用

〔美〕 Peter Lax　Maria Terrell　著

林开亮　刘　帅　邵红亮 等　译

科学出版社

北　京

图字：01-2020-1108 号

内 容 简 介

本书是美国著名数学家 Peter Lax 与康奈尔大学数学教授 Maria Terrell 合作的多元微积分教材，作为《微积分及其应用》（中译本见本丛书第 32 号）的续篇，其内容涵盖了平行于一元微积分的基础部分，包括：向量和矩阵、多元函数的连续性、多元函数的微分及其应用、多元函数的积分、向量值函数在曲线与曲面上的积分，以及作为一元函数微积分基本定理的多元推广——格林定理、散度定理、斯托克斯定理. 此外，作者在散度定理、斯托克斯定理这一章还补充了对守恒律的介绍，并专辟一章介绍了数学物理中典型的几类偏微分方程. 跟 Lax 的其他教材风格一致，作者在本书中一如既往地贯彻了牛顿的主张“达到理解的绝佳方式是通过少量好的例子”. Lax 对数学之应用造诣非凡，他成功地将来自物理的诸多例子融入这两本微积分教材，将数学与物理融会贯通. 本书末尾提供了部分习题的答案.

本书可供高等院校师生作为多元微积分课程的教材或教辅参考.

图书在版编目(CIP)数据

多元微积分及其应用/(美)彼得·拉克斯(Peter Lax)，(美)玛丽亚·特雷尔(Maria Terrell)著；林开亮等译. —北京：科学出版社，2020.6
（现代数学译丛；35）
书名原文：Multivariable Calculus with Applications
ISBN 978-7-03-065123-5

Ⅰ. ①多… Ⅱ. ①彼… ②玛… ③林… Ⅲ. ①微积分-教材 Ⅳ. ①O172

中国版本图书馆 CIP 数据核字(2020) 第 080889 号

责任编辑：胡庆家 李 萍／责任校对：邹慧卿
责任印制：吴兆东／封面设计：陈 敬

科学出版社 出版
北京东黄城根北街 16 号
邮政编码：100717
http://www.sciencep.com

北京虎彩文化传播有限公司印刷
科学出版社发行 各地新华书店经销
*
2020 年 6 月第 一 版 开本：720×1000 B5
2023 年 5 月第五次印刷 印张：30 3/4
字数：620 000

定价：188.00 元
（如有印装质量问题，我社负责调换）

序 言

我们编写多元微积分教材是想帮助学生认识到, 数学是科学思想得以精确表述的一门语言, 科学是深刻定型数学发展的数学思想的源泉.

在微积分的教学中, 学生被期待掌握一些求解问题的技巧并灵活运用. 我们的目标是, 为学生能够求解多元微积分的问题做好准备, 并鼓励他们问, 为何微积分能用上? 为此, 在整本书中, 我们提供了所有重要定理的解释, 以帮助学生理解其含义. 我们的目标是促进学生的理解.

本书是针对多元微积分的入门课程, 读者只需要具有一元微积分的知识即可. 在一些解释中, 我们引用了一元微积分——例如, 参见《微积分及其应用》(本书的姊妹篇)——中的下述定理:

单调收敛定理 有界单调数列有极限.

上确界定理和**下确界定理** 有下界的数集必有下确界; 有上界的数集必有上确界.

第 1 章和第 2 章介绍了 $\mathbb{R}^n$ 中的向量以及从 $\mathbb{R}^n$ 到 $\mathbb{R}^m$ 的函数. 第 3 章到第 8 章展示了一元微积分中的导数、积分的概念与一些重要定理, 是如何推广到偏导数、多重积分以及斯托克斯定理和散度定理的.

如果只讲偏导数而不提它是如何应用的可能会徒劳无功, 因此, 第 8 章将向量演算应用于导数, 并讨论了几个守恒律. 第 9 章用偏微分方程展示和讨论了一些物理理论. 我们从本书最后几页摘引一段:

我们注意到, 令人惊奇的是, 除了记号不同, 膜上的弹力平衡使得膜不发生振动的方程, 与物体内部温度平衡不发生热传导的方程, 是一致的. 物理上并不存在理由, 使得弹性膜的均衡与热分布的均衡需要满足同样的方程. 然而, 其平衡方程却是一致的, 因而二者的数学理原理是相同的. 这也是数学成为处理科学问题的工具的原因所在.

感谢对本书的初稿给予鼓励、有益反馈与评论的朋友和同事, 特别是霍华德大学的 Laurent Saloff-Coste 和康奈尔大学的 Robert Strichartz. 感谢康奈尔大学选修了 "数学 2220" 的学生, 他们提出了许多改进建议. 尤其感谢 Prabudhya Bhattacharyya 非常细致地阅读评论了本书, 当时他还是康奈尔大学主修数学和物理的本科生.

如果没有 Bob Terrell 的支持和帮助, 本书也许难以完成. 对 Bob 的感激, 我们无以言尽.

Peter Lax, 纽约
Maria Terrell, 纽约伊萨卡

目　录

第 1 章　向量和矩阵

摘要　对自然世界的数学描述, 需要用到多元数组. 例如, 地球表面的位置可以用两个数来描述, 即经度和纬度; 而若要描述地表以上某处的位置, 则还需要第三个数, 即高度 (海拔). 为描述气体的状态, 我们要指明其密度和温度; 若是混合气体, 如氧气和氮气的混合气体, 我们还需指明其比例. 诸如此类的情形, 皆可抽象为向量的观念.

1.1　二维向量

定义1.1　一个有序实数对称为一个**二维向量**. 我们用大写字母来表示向量

$$\mathbf{U} = (u_1, u_2).$$

数 u_1 和 u_2 称为向量 $\mathbf{U}$ 的**分量**. 二维向量的全体称为**二维空间**, 记作 $\mathbb{R}^2$.

对二维向量, 我们引入以下代数运算:

(a) 用一个实数 c **乘**向量 $\mathbf{U} = (u_1, u_2)$ 得到的结果记为 $c\mathbf{U}$, 定义为用 c 乘 $\mathbf{U}$ 的各个分量得到的向量:

$$c\mathbf{U} = (cu_1, cu_2). \tag{1.1}$$

(b) 向量 $\mathbf{U} = (u_1, u_2)$ 与 $\mathbf{V} = (v_1, v_2)$ 的**和** $\mathbf{U} + \mathbf{V}$, 定义为 $\mathbf{U}$ 与 $\mathbf{V}$ 对应分量相加得到的向量:

$$\mathbf{U} + \mathbf{V} = \ (u_1 + v_1,\ u_2 + v_2). \tag{1.2}$$

我们将 $(0, 0)$ 记作 $\mathbf{0}$, 并称之为**零向量**. 注意, 对每个向量 $\mathbf{U}$ 都有 $\mathbf{U} + \mathbf{0} = \mathbf{U}$. 记号 $-\mathbf{U}$ 表示向量 $(-u_1,\ -u_2)$. 向量 $\mathbf{V} - \mathbf{U}$ 定义为 $\mathbf{V} + (-\mathbf{U})$, 称为 $\mathbf{V}$ 与 $\mathbf{U}$ 的**差**.

向量的数乘与加法满足通常的代数性质:

$$\begin{aligned} \mathbf{U} + \mathbf{V} &= \mathbf{V} + \mathbf{U} && \text{交换律} \\ (\mathbf{U} + \mathbf{V}) + \mathbf{W} &= \mathbf{U} + (\mathbf{V} + \mathbf{W}) && \text{结合律} \\ c(\mathbf{U} + \mathbf{V}) &= c\mathbf{U} + c\mathbf{V} && \text{分配律} \\ (a + b)\mathbf{U} &= a\mathbf{U} + b\mathbf{U} && \text{分配律} \\ \mathbf{U} + (-\mathbf{U}) &= \mathbf{0} && \text{加法逆元} \end{aligned}$$

问题 1.6 要求验证这些性质. 向量 $\mathbf{U} = (x, y)$ 可以用 x, y 平面内的点描述. 例如, 对于向量 $(3, 5)$ 与 $(7, 2)$ 及其和, 见图 1.1.

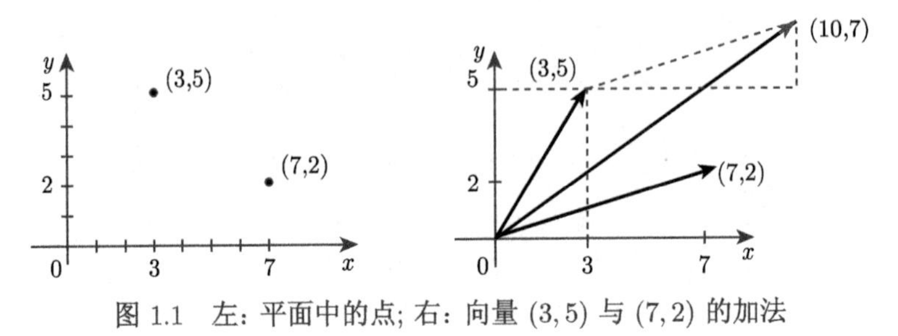

图 1.1 左: 平面中的点; 右: 向量 $(3, 5)$ 与 $(7, 2)$ 的加法

通过将向量视为平面中的点, 向量的数乘和加法具有下述几何解释:

(a) 对非零向量 $\mathbf{U}$ 与实数 c, 点 $c\mathbf{U}$ 位于通过原点与 $\mathbf{U}$ 的直线上, 它到原点的距离是 $\mathbf{U}$ 到原点的距离的 $|c|$ 倍. 原点将该直线分为两条射线; 当 $c > 0$ 时, $c\mathbf{U}$ 与 $\mathbf{U}$ 位于同一条射线上; 当 $c < 0$ 时, $c\mathbf{U}$ 与 $\mathbf{U}$ 位于反向的射线上. 见图 1.2.

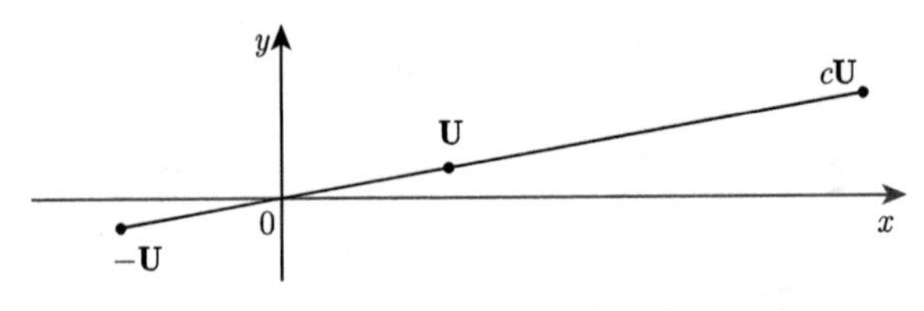

图 1.2 $\mathbf{0}, \mathbf{U}, c\mathbf{U}$ 在一条直线上, 这里 $c > 0$

(b) 若点 $\mathbf{0}, \mathbf{U}, \mathbf{V}$ 不在一条直线上, 则 $\mathbf{0}, \mathbf{U}, \mathbf{U} + \mathbf{V}, \mathbf{V}$ 构成一个平行四边形的四个顶点. (我们要求在问题 1.7 中证明这一点.) 见图 1.3.

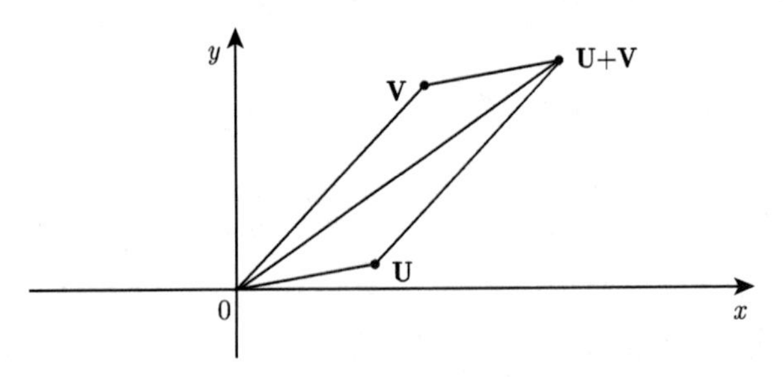

图 1.3 $\mathbf{0}, \mathbf{U}, \mathbf{U} + \mathbf{V}, \mathbf{V}$ 构成一个平行四边形的四个顶点

(c) 设 $0 \leqslant c \leqslant 1$, 则点 $\mathbf{V} + c\mathbf{U}$ 位于从 $\mathbf{V}$ 到 $\mathbf{V} + \mathbf{U}$ 的线段上. 从 $\mathbf{V}$ 到 $\mathbf{V} + \mathbf{U}$ 的线段平行且等长于从 $\mathbf{0}$ 到 $\mathbf{U}$ 的线段, 因此这是另一种描述向量 $\mathbf{U}$ 的方式. 见图 1.4.

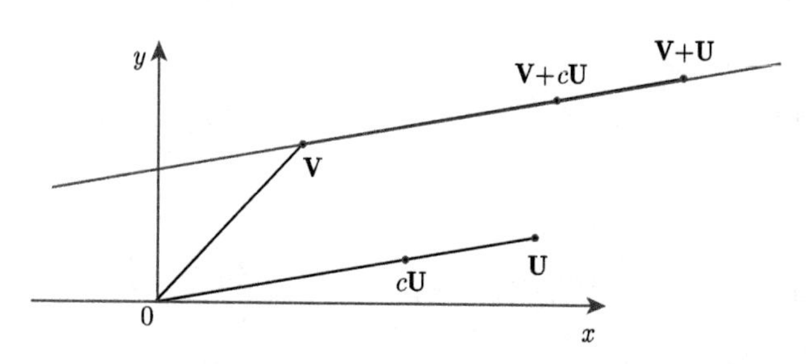

图 1.4 对 $0 \leqslant c \leqslant 1$, $\mathbf{V}+c\mathbf{U}$ 落在连接 $\mathbf{V}$ 到 $\mathbf{V}+\mathbf{U}$ 的线段上

对于二维空间, 我们可以图示出向量的加法和数乘. 在 1.4 节我们将看到, 在三维以上空间, 最有用的是向量的代数性质. 我们将用到的两个基本概念是**线性组合与线性无关**.

定义1.2 向量 $\mathbf{U}$ 与 $\mathbf{V}$ 的一个**线性组合**是一个形如

$$a\mathbf{U}+b\mathbf{V} \tag{1.3}$$

的向量, 其中 a 与 b 是实数.

例1.1 向量

$$\mathbf{U}=(5,3)$$

是 $(1,1)$ 与 $(-1,\ 1)$ 的一个线性组合, 因为

$$\mathbf{U}=4(1,1)-(-1,1).$$

例1.2 每个二维向量 (x,y) 都是 $(1,0)$ 与 $(0,1)$ 的一个线性组合, 因为

$$(x,y)=x(1,0)+y(0,1).$$

也许你想知道, 是否 $\mathbb{R}^2$ 中的每个向量都可以通过两个给定向量 $\mathbf{U}$ 和 $\mathbf{V}$ 的线性组合得到. 正如我们即将在定理 1.1 中看到的, 这取决于 $\mathbf{U}$ 和 $\mathbf{V}$ 是否线性无关.

定义1.3 称向量 $\mathbf{U}$ 与 $\mathbf{V}$ **线性无关**, 如果它们的某个线性组合 $a\mathbf{U}+b\mathbf{V}$ 为零向量, 则该组合是平凡的; 即若 $a\mathbf{U}+b\mathbf{V}=\mathbf{0}$, 则 $a=b=0$.

例1.3 向量 $(1,0)$ 与 $(0,1)$ 是否线性无关? 假设我们有

$$a(1,0)+b(0,1)=(0,0),$$

则 $(a,0)+(0,b)=(a,b)=(0,0)$. 由此即有

$$a=0, \qquad b=0.$$

这意味着向量 $(1,0)$ 与 $(0,1)$ 线性无关.

若两个向量不是线性无关的, 则称它们**线性相关**.

例1.4　向量 $\mathbf{U}=(1,2)$ 与 $\mathbf{V}=(2,4)$ 是否线性无关? 假设

$$a(1,2)+b(2,4)=(0,0).$$

则 $(a+2b,2a+4b)=(0,0)$. 只要 $a=-2b$, 这个式子就对. 例如, 令 $a=2$, $b=-1$, 则

$$2\mathbf{U}+(-1)\mathbf{V}=2(1,2)+(-1)(2,4)=(0,0).$$

因此向量 $\mathbf{U}=(1,2)$ 与 $\mathbf{V}=(2,4)$ 线性相关.

下面的定理告诉我们, 若 $\mathbf{C}$ 和 $\mathbf{D}$ 线性无关, 则 $\mathbb{R}^2$ 中的每一个向量 $\mathbf{U}$ 可以写成 $\mathbf{C}$ 和 $\mathbf{D}$ 的线性组合.

定理1.1　给定 $\mathbb{R}^2$ 中的两个线性无关的向量 $\mathbf{C}$ 和 $\mathbf{D}$, 则 $\mathbb{R}^2$ 中的每一个向量 $\mathbf{U}$ 可唯一写成 $\mathbf{C}$ 和 $\mathbf{D}$ 的一个线性组合:

$$\mathbf{U}=a\mathbf{C}+b\mathbf{D}.$$

证明　首先证明, $\mathbf{C}$ 或 $\mathbf{D}$ 都不是零向量. 用反证法, 比方说, 若 $\mathbf{C}$ 是零向量, 则

$$1\mathbf{C}+0\mathbf{D}=\mathbf{0},$$

表明 $\mathbf{C}$ 和 $\mathbf{D}$ 线性相关, 这就与假设矛盾.

接下来我们证明, $\mathbf{C}$ 和 $\mathbf{D}$ 中至少有一个满足其第一个分量不等于 0, 仍然用反证法. 不然的话. $\mathbf{C}$ 和 $\mathbf{D}$ 都具有下述形式:

$$\mathbf{C}=(0,c_2),\quad \mathbf{D}=(0,d_2),\qquad c_2\neq 0,\quad d_2\neq 0.$$

于是,

$$d_2\mathbf{C}-c_2\mathbf{D}=(0,d_2c_2)-(0,c_2d_2)=(0,0)=\mathbf{0},$$

它表明 $\mathbf{C}$ 和 $\mathbf{D}$ 线性相关, 这就与假设矛盾.

现在我们假设 $\mathbf{C}$ 的第一个分量 c_1 不等于 0, 于是我们可以由 $\mathbf{D}$ 得到一个向量 $\mathbf{D}'$,

$$\mathbf{D}'=\mathbf{D}-a\mathbf{C},$$

使得它的第一个分量等于 0, 比如说 $\mathbf{D}'=(0,d)$. 因为 $\mathbf{D}'$ 是 $\mathbf{C}$ 和 $\mathbf{D}$ 的非平凡线性组合, 所以 $\mathbf{D}'\neq\mathbf{0}$, 从而 $d\neq 0$. 接下来, 我们从 $\mathbf{C}$ 中减去 $\mathbf{D}'$ 的一个倍数, 得到向量 $\mathbf{C}'$, 使得其第一个分量不变而第二个分量等于 0:

$$\mathbf{C}'=\mathbf{C}-b\mathbf{D}'=(c_1,0).$$

因为 c_1 和 d 都不等于 0, 所以 $\mathbf{U}$ 可以写成 $\mathbf{C}'$ 和 $\mathbf{D}'$ 的线性组合. 又因为 $\mathbf{C}'$ 与 $\mathbf{D}'$ 都是 $\mathbf{C},\mathbf{D}$ 的线性组合, 所以 $\mathbf{U}$ 也是 $\mathbf{C},\mathbf{D}$ 的线性组合.

为检验唯一性, 我们假设向量 $\mathbf{U}$ 有两种表达方式:

$$\mathbf{U} = a\mathbf{C} + b\mathbf{D}$$

与

$$\mathbf{U} = a'\mathbf{C} + b'\mathbf{D}.$$

两式相减, 就有

$$(a - a')\mathbf{C} + (b - b')\mathbf{D} = \mathbf{0}.$$

由于 $\mathbf{C}$ 与 $\mathbf{D}$ 线性无关, 所以

$$a - a' = b - b' = 0.$$

这就证明了 $a' = a$ 且 $b' = b$. **证毕.**

研究向量以及向量的函数的一个基本工具是**线性函数**的观念.

定义1.4 从 $\mathbb{R}^2$ 到实数集 $\mathbb{R}$ 的一个函数 $\ell: \mathbf{U} \mapsto \ell(\mathbf{U})$ 称为**线性函数**, 如果它对一切实数 c 和向量 $\mathbf{U},\mathbf{V}$ 满足

(a) $\ell(c\mathbf{U}) = c\ell(\mathbf{U})$;

(b) $\ell(\mathbf{U} + \mathbf{V}) = \ell(\mathbf{U}) + \ell(\mathbf{V})$.

将线性函数 ℓ 的两条性质合并, 我们推出, 对一切实数 a, b 和一切向量 $\mathbf{U}$, $\mathbf{V}$ 有

$$\ell(a\mathbf{U} + b\mathbf{V}) = \ell(a\mathbf{U}) + \ell(b\mathbf{V}) = a\ell(\mathbf{U}) + b\ell(\mathbf{V}). \tag{1.4}$$

定理1.2 从 $\mathbb{R}^2$ 到实数集 $\mathbb{R}$ 的一个函数 ℓ 是线性函数当且仅当它具有形式

$$\ell(x, y) = px + qy, \tag{1.5}$$

其中 p, q 是实数.

证明 假设 ℓ 是线性的. 令 $\mathbf{E}_1$ 和 $\mathbf{E}_2$ 分别为向量 $(1,0)$ 和 $(0,1)$. 我们可以将 (x, y) 写成 $x\mathbf{E}_1 + y\mathbf{E}_2$. 由线性性质, 就有

$$\ell(x, y) = \ell(x\mathbf{E}_1 + y\mathbf{E}_2) = x\ell(\mathbf{E}_1) + y\ell(\mathbf{E}_2).$$

令 $p = \ell(\mathbf{E}_1), q = \ell(\mathbf{E}_2)$, 则 $\ell(x, y) = px + qy$ 对 $\mathbb{R}^2$ 中一切 (x, y) 成立.

反过来, 我们将在问题 1.12 中证明每个形如 $\ell(x, y) = px + qy$ 的函数是线性的. **证毕.**

问题

1.1 利用直尺来估计图 1.2 中 c 的值.

1.2 画出 $\mathbb{R}^2$ 中两个线性相关的向量 $\mathbf{U}$ 和 $\mathbf{V}$ 的草图.

1.3 令 $\mathbf{U}=(1,-1)$, $\mathbf{V}=(1,1)$.

(a) 求出所有满足方程

$$a\mathbf{U}+b\mathbf{V}=\mathbf{0}$$

的实数 a 和 b, 证明 $\mathbf{U}$ 和 $\mathbf{V}$ 线性无关.

(b) 将 $(2,4)$ 写成 $\mathbf{U}$ 和 $\mathbf{V}$ 的线性组合.

(c) 将任意的向量 (x,y) 写成 $\mathbf{U}$ 和 $\mathbf{V}$ 的线性组合.

1.4 求数 k 使得向量 $(k,\ -1)$ 和 $(1,3)$ 线性相关.

1.5 求一个从 $\mathbb{R}^2$ 到 $\mathbb{R}$ 的线性函数 ℓ, 满足: $\ell(1,2)=3$ 且 $\ell(2,3)=5$.

1.6 令 $\mathbf{U}=(u_1,u_2),\mathbf{V}=(v_1,v_2),\mathbf{W}=(w_1,w_2)$ 是 $\mathbb{R}^2$ 中的向量, a,b,c 为实数. 利用定义 $\mathbf{U}+\mathbf{V}=(u_1+v_1,\ u_2+v_2)$, $c\mathbf{U}=(cu_1,cu_2)$ 以及 $-\mathbf{U}=(-u_1,-u_2)$ 来证明下述性质.

(a) $\mathbf{U}+\mathbf{V}=\mathbf{V}+\mathbf{U}$.

(b) $\mathbf{U}+(\mathbf{V}+\mathbf{W})=(\mathbf{U}+\mathbf{V})+\mathbf{W}$.

(c) $c(\mathbf{U}+\mathbf{V})=c\mathbf{U}+c\mathbf{V}$.

(d) $(a+b)\mathbf{U}=a\mathbf{U}+b\mathbf{U}$.

(e) $\mathbf{U}+(-\mathbf{U})=\mathbf{0}$.

1.7 设 $\mathbf{0}=(0,0)$, $\mathbf{U}=(u_1,u_2),\mathbf{V}=(v_1,v_2)$ 不在同一条直线上, 通过证明下述性质来证明, $\mathbf{0},\mathbf{U},\mathbf{U}+\mathbf{V},\mathbf{V}$ 构成一个平行四边形的四个顶点.

(a) 经过 $\mathbf{0}$ 和 $\mathbf{U}$ 的直线平行于经过 $\mathbf{V}$ 和 $\mathbf{U}+\mathbf{V}$ 的直线.

(b) 经过 $\mathbf{0}$ 和 $\mathbf{V}$ 的直线平行于经过 $\mathbf{U}$ 和 $\mathbf{U}+\mathbf{V}$ 的直线.

1.8 (a) 画出 $\mathbb{R}^2$ 中的两个向量 $\mathbf{U},\mathbf{V}$, 其中 $\mathbf{U}$ 不是 $\mathbf{V}$ 的倍数.

(b) 进一步, 画出 $\mathbf{U}+\mathbf{V},-\mathbf{V}$ 以及 $\mathbf{U}-\mathbf{V}$.

1.9 如图 1.5, 三个向量 $\mathbf{U},\mathbf{V},\mathbf{W}$ 作为平面中的三个点之间的有向线段绘出. 用 $\mathbf{U}$ 和 $\mathbf{V}$ 表示出 $\mathbf{W}$, 并证明 $\mathbf{U}+\mathbf{V}+\mathbf{W}=\mathbf{0}$.

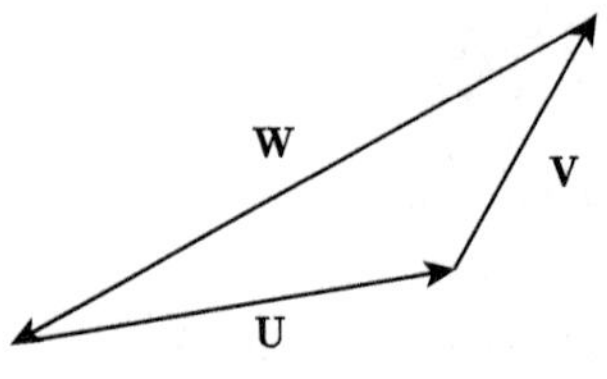

图 1.5 问题 1.9 中的向量

1.10 如图 1.6, 几个向量作为平面中的有向线段绘出.

(a) 将 $\mathbf{Y}$ 表示为 $\mathbf{U}$ 和 $\mathbf{V}$ 的线性组合, 并验证 $\mathbf{U}+\mathbf{V}+\mathbf{Y}=\mathbf{0}$.

(b) 将 $\mathbf{Y}$ 表示为 $\mathbf{W}$ 和 $\mathbf{X}$ 的线性组合, 并验证 $\mathbf{W}+\mathbf{X}-\mathbf{Y}=\mathbf{0}$.

(c) 证明 $\mathbf{U}+\mathbf{V}+\mathbf{W}+\mathbf{X}=\mathbf{0}$.

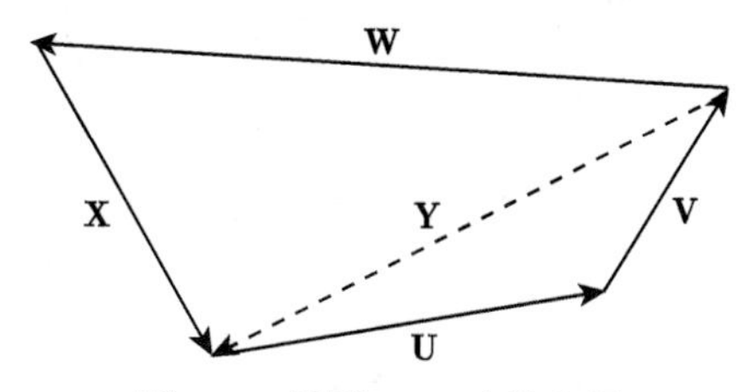

图 1.6 问题 1.10 中的向量

1.11 令 $\mathbf{U}=(u_1,u_2)$. 证明函数 $\ell(\mathbf{U})=u_1-8u_2$ 是线性的.

1.12 设 ℓ 是从 $\mathbb{R}^2$ 到 $\mathbb{R}$ 的函数, 且具有形式 $\ell(x,y)=px+qy$, 其中 p,q 是实数. 通过证明以下两条来证明 ℓ 是线性的.

(a) 对一切实数 c 和向量 $\mathbf{U}$ 有 $\ell(c\mathbf{U})=c\ell(\mathbf{U})$.

(b) 对一切向量 $\mathbf{U},\mathbf{V}$ 有 $\ell(\mathbf{U}+\mathbf{V})=\ell(\mathbf{U})+\ell(\mathbf{V})$.

1.13 将向量方程

$$(4,5)=a(1,3)+b(3,1)$$

写成未知数 a,b 方程组.

1.14 考虑下述关于未知数 x 和 y 的方程组:

$$3x+y=0$$
$$5x+12y=2.$$

(a) 将这个方程组写成一个形如 $x\mathbf{U}+y\mathbf{V}=\mathbf{W}$ 的向量方程.

(b) 解出 x 和 y.

1.15 令 $\mathbf{U}=(1,2),\mathbf{V}=(2,4)$. 求出两种将 $(4,8)$ 表达为线性组合

$$(4,8)=a\mathbf{U}+b\mathbf{V}$$

的方式. $\mathbf{U}$ 和 $\mathbf{V}$ 线性无关吗?

1.16 令 $\mathbf{U}=(1,3),\mathbf{V}=(3,1)$.

(a) $\mathbf{U},\mathbf{V}$ 线性无关吗?

(b) 将向量 $(4,4)$ 写成 $\mathbf{U}$ 和 $\mathbf{V}$ 的线性组合.

(c) 将向量 $(4,5)$ 写成 $\mathbf{U}$ 和 $\mathbf{V}$ 的线性组合.

1.17 如图 1.7, $\mathbf{U},\mathbf{V},\mathbf{W}$ 是 $\mathbb{R}^2$ 中单位圆周的三等分点.

(a) 证明: 绕原点旋转 $120°$ 将 $\mathbf{U}+\mathbf{V}+\mathbf{W}$ 变为它自身. 由此推出三个向量 $\mathbf{U},\mathbf{V},\mathbf{W}$ 之和等于 $\mathbf{0}$.

(b) 由此推出, 对任意 θ 有

$$\sin(\theta)+\sin\left(\theta+\frac{2\pi}{3}\right)+\sin\left(\theta+\frac{4\pi}{3}\right)=0.$$

(c) 证明对任意的 θ 以及 $n=2,3,\cdots$ 有 $\sum\limits_{k=1}^{n}\cos\left(\theta+\frac{2k\pi}{n}\right)=0$.

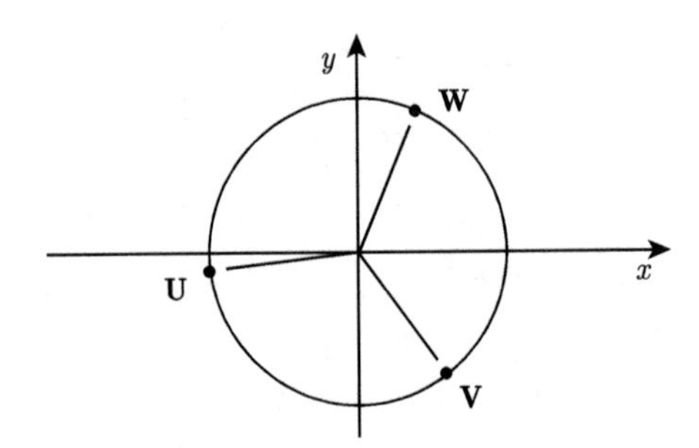

图 1.7　问题 1.17 中的三个点

1.18　设 $f(\mathbf{U})$ 是 $\mathbb{R}^2$ 中的点 $\mathbf{U}$ 到原点 $\mathbf{0}$ 的距离.

(a) 对哪些常数 c, 关系式 $f(c\mathbf{U})=cf(\mathbf{U})$ 对任意的 $\mathbf{U}$ 成立?

(b) f 是线性的吗?

1.19　设 f 是线性函数且 $f(-0.5,0)=100$. 求 $f(0.5,0)$.

1.20　设 f 是线性函数且 $f(0,1)=-2, f(1,0)=6$,

(a) 求 $f(1,1)$;

(b) 求 $f(x,y)$.

1.2　向量的范数与数量积

定义1.5　向量 $\mathbf{U}=(x,y)$ 的**范数**, 记为 $\|\mathbf{U}\|$, 定义为

$$\|\mathbf{U}\|=\sqrt{x^2+y^2}.$$

范数为 1 的向量称为**单位向量**.

如图 1.8, 将勾股定理应用于以 $(0,0)$, $(x,0)$ 及 (x,y) 为顶点的直角三角形, 我们看到, 向量 $\mathbf{U}=(x,y)$ 的范数是 (x,y) 到原点的距离. $\mathbf{U}$ 的范数有时也称为 $\mathbf{U}$ 的**长度**.

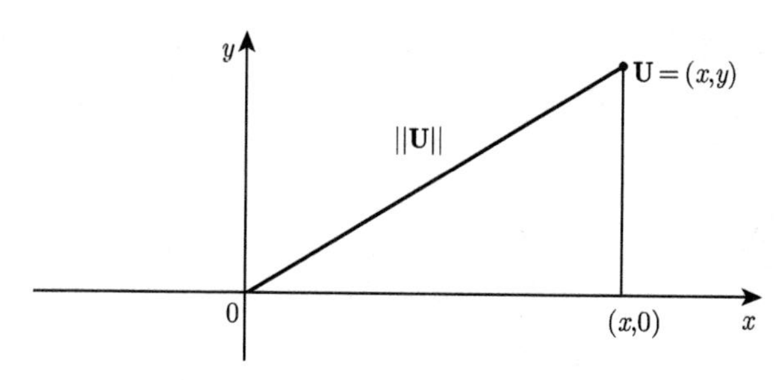

图 1.8 $\|\mathbf{U}\|$ 是 $\mathbf{U}$ 到原点的距离

例1.5 $\mathbf{U}=(1,2)$ 的范数为

$$\|\mathbf{U}\|=\sqrt{1^2+2^2}=\sqrt{5}.$$

$\mathbf{V}=\left(\frac{\sqrt{2}}{2},\frac{\sqrt{2}}{2}\right)$ 的范数为

$$\|\mathbf{V}\|=\sqrt{\left(\frac{\sqrt{2}}{2}\right)^2+\left(\frac{\sqrt{2}}{2}\right)^2}=1,$$

从而 $\mathbf{V}$ 是一个单位向量.

与范数密切相关的一个概念, 是两个向量 $\mathbf{U}$ 和 $\mathbf{V}$ 的**数量积或点乘**.

定义1.6 向量 $\mathbf{U}=(u_1,u_2)$ 和 $\mathbf{V}=(v_1,v_2)$ 的**数量积**是

$$\mathbf{U}\cdot\mathbf{V}=u_1v_1+u_2v_2. \tag{1.6}$$

数量积具有与普通两个数的乘积相类似的一些性质:

(a) 分配律: 对向量 $\mathbf{U},\mathbf{V},\mathbf{W}$ 有

$$\mathbf{U}\cdot(\mathbf{V}+\mathbf{W})=\mathbf{U}\cdot\mathbf{V}+\mathbf{U}\cdot\mathbf{W};$$

(b) 交换律: 对向量 $\mathbf{U},\mathbf{V}$ 有

$$\mathbf{U}\cdot\mathbf{V}=\mathbf{V}\cdot\mathbf{U}.$$

在问题 1.21 中, 读者将被要求验证分配律和交换律.

从范数和数量积的定义 (定义 1.5 和定义 1.6) 可知, 向量与它自身的数量积恰好就是其范数的平方:

$$\mathbf{U}\cdot\mathbf{U}=\|\mathbf{U}\|^2. \tag{1.7}$$

我们在定理 1.2 中曾表明, $\mathbb{R}^2$ 到 $\mathbb{R}$ 的每一个线性函数 ℓ 具有形式 $\ell(\mathbf{U})=\ell(x,y)=px+qy$. 这个结果可以用数量积的术语重新表述:

定理1.3　从 $\mathbb{R}^2$ 到 $\mathbb{R}$ 的函数 ℓ 是线性的, 当且仅当它具有形式

$$\ell(\mathbf{U}) = \mathbf{C} \cdot \mathbf{U},$$

其中 $\mathbf{C} = (p, q)$ 是 $\mathbb{R}^2$ 中的某个向量.

例1.6　设 ℓ 是 $\mathbb{R}^2$ 上的线性函数, 满足

$$\ell(1,1) = 5 \quad \text{且} \quad \ell(-1,1) = -1.$$

现在我们要求出满足 $\ell(\mathbf{U}) = \mathbf{C} \cdot \mathbf{U}$ 的向量 $\mathbf{C}$. 根据定理 1.3, 我们有

$$\begin{aligned} 5 &= \ell(1,1) = (p,q) \cdot (1,1) = p + q, \\ -1 &= \ell(-1,1) = (p,q) \cdot (-1,1) = -p + q. \end{aligned}$$

两式相加, 得到 $2q = 4, q = 2$, 进而 $p = 3$, 因此

$$\ell(x,y) = (3,2) \cdot (x,y) = 3x + 2y.$$

从数量积的分配律与交换律, 可以推出范数与数量积之间的一个有趣关系. 利用分配律, 有

$$(\mathbf{U} - \mathbf{V}) \cdot (\mathbf{U} - \mathbf{V}) = \mathbf{U} \cdot (\mathbf{U} - \mathbf{V}) - \mathbf{V}(\mathbf{U} - \mathbf{V}) = \mathbf{U} \cdot \mathbf{U} - \mathbf{U} \cdot \mathbf{V} - \mathbf{V} \cdot \mathbf{U} + \mathbf{V} \cdot \mathbf{V}.$$

利用范数的记号以及数量积的交换律 $\mathbf{U} \cdot \mathbf{V} = \mathbf{V} \cdot \mathbf{U}$, 上述方程可以写为

$$\|\mathbf{U} - \mathbf{V}\|^2 = \|\mathbf{U}\|^2 + \|\mathbf{V}\|^2 - 2\mathbf{U} \cdot \mathbf{V}. \tag{1.8}$$

由于 $\|\mathbf{U} - \mathbf{V}\|^2$ 非负, 由 (1.8) 有

$$\mathbf{U} \cdot \mathbf{V} \leqslant \frac{1}{2}\|\mathbf{U}\|^2 + \frac{1}{2}\|\mathbf{V}\|^2. \tag{1.9}$$

下面我们将证明一个更强的不等式:

定理1.4　对 $\mathbb{R}^2$ 中的所有向量 $\mathbf{U}, \mathbf{V}$, 有以下不等式

$$\mathbf{U} \cdot \mathbf{V} \leqslant \|\mathbf{U}\|\|\mathbf{V}\|. \tag{1.10}$$

证明　若 $\mathbf{U} = \mathbf{0}$ 或 $\mathbf{V} = \mathbf{0}$, 不等式 (1.10) 显然成立, 因为两边都等于 0. 若 $\mathbf{U}$ 和 $\mathbf{V}$ 都是单位向量, 则不等式 (1.10) 可以从 (1.9) 得到. 在一般情况, 若 $\mathbf{U}$ 和 $\mathbf{V}$ 都不是零向量, 则

$$\frac{1}{\|\mathbf{U}\|}\mathbf{U}, \qquad \frac{1}{\|\mathbf{V}\|}\mathbf{V}$$

是单位向量, 从而根据 (1.9) 有

$$\frac{\mathbf{U}\cdot\mathbf{V}}{\|\mathbf{U}\|\|\mathbf{V}\|}\leqslant 1,$$

由此立即得到 (1.10).　**证毕.**

对于任意向量 $\mathbf{U}$ 和 $\mathbf{V}$, 有

$$0\leqslant(\|\mathbf{U}\|-\|\mathbf{V}\|)^2=\|\mathbf{U}\|^2+\|\mathbf{V}\|^2-2\|\mathbf{U}\|\|\mathbf{V}\|,$$

因此有

$$\|\mathbf{U}\|\|\mathbf{V}\|\leqslant\frac{1}{2}\|\mathbf{U}\|^2+\frac{1}{2}\|\mathbf{V}\|^2.$$

根据 (1.10), 我们看到

$$\mathbf{U}\cdot\mathbf{V}\leqslant\|\mathbf{U}\|\|\mathbf{V}\|\leqslant\frac{1}{2}\|\mathbf{U}\|^2+\frac{1}{2}\|\mathbf{V}\|^2,$$

所以说, (1.10) 是比 (1.9) 更强的不等式.

如图 1.9, 假设坐标轴 x, y 被经过原点的另一对垂直的直线代替. 令 x', y' 是向量 $\mathbf{U}=(x,y)$ 在新坐标系下的坐标, 则有

$$x'^2+y'^2=x^2+y^2,$$

因为两边都表示点 $\mathbf{U}$ 到原点的距离.

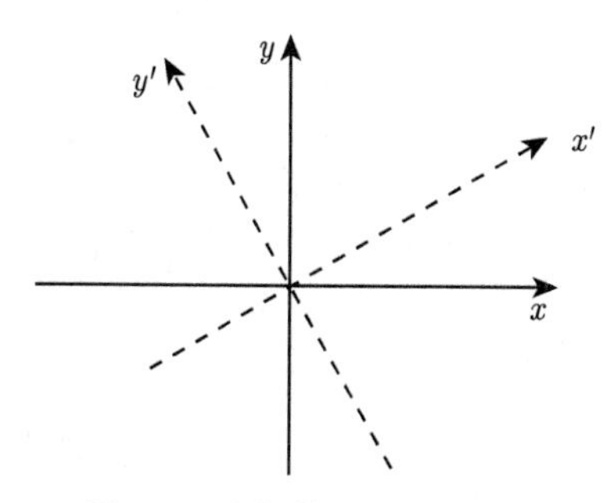

图 1.9　坐标轴 x, y 和 x', y'

类似地, 可以看出, 两个向量在新坐标系下的数量积等于在旧坐标系下的数量积. 为看出这一点, 我们注意到 (1.8) 在两个坐标系中都成立. 将 (1.8) 重写为

$$2\mathbf{U}\cdot\mathbf{V}=\|\mathbf{U}\|^2+\|\mathbf{V}\|^2-\|\mathbf{U}-\mathbf{V}\|^2,$$

在两个坐标系下, 等式右边的对应项是相等的, 因此左边也相等.

数量积不依赖于坐标系的选择提示我们, 通过代数方式引入的两个向量 $\mathbf{U}$ 和 $\mathbf{V}$ 的数量积具有几何含义. 为看清其几何含义, 我们引入一个新的坐标系, 其中 x' 轴是通过 $\mathbf{U}$ 和 $\mathbf{0}$ 的直线, 见图 1.10.

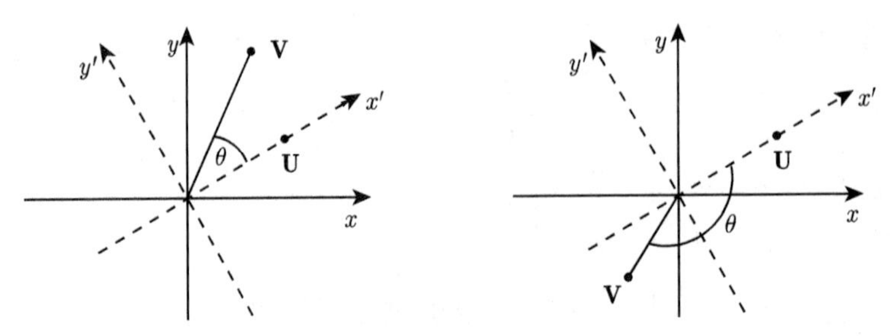

图 1.10　U 与 V 的夹角 θ

在这个新的坐标系下, $\mathbf{U}$ 和 $\mathbf{V}$ 的坐标是

$$\mathbf{U} = (\|\mathbf{U}\|, 0), \qquad \mathbf{V} = (\|\mathbf{V}\|\cos\theta,\ \|\mathbf{V}\|\sin\theta),$$

其中 θ 是 $\mathbf{U}$ 和 $\mathbf{V}$ 的**夹角**. 也就是说, θ 是 x' 轴与经过 $\mathbf{V}$ 和 $\mathbf{0}$ 的直线的夹角, $0 \leqslant \theta \leqslant \pi$. 从而在这个坐标系下, $\mathbf{U}$ 和 $\mathbf{V}$ 的数量积为

$$\mathbf{U} \cdot \mathbf{V} = \|\mathbf{U}\|\|\mathbf{V}\|\cos\theta.$$

由于数量积在两个坐标系下不变, 我们就证明了下述定理:

定理1.5　两个向量 $\mathbf{U}$ 和 $\mathbf{V}$ 的数量积等于它们的范数乘以它们夹角的余弦.

$$\mathbf{U} \cdot \mathbf{V} = \|\mathbf{U}\|\|\mathbf{V}\|\cos\theta.$$

特别地, 若两个非零向量 $\mathbf{U}$ 和 $\mathbf{V}$ 垂直, 即 $\theta = \dfrac{\pi}{2}$, 则它们的数量积等于 0; 反之亦然. 当 $\mathbf{U}$ 和 $\mathbf{V}$ 的数量积等于 0 时, 我们称 $\mathbf{U}$ 和 $\mathbf{V}$ 是**正交**的.

问题

1.21　令 $\mathbf{U} = (u_1, u_2)$, $\mathbf{V} = (v_1, v_2)$, 且 $\mathbf{W} = (w_1, w_2)$. 证明

(a) 分配律 $\mathbf{U} \cdot (\mathbf{V} + \mathbf{W}) = \mathbf{U} \cdot \mathbf{V} + \mathbf{U} \cdot \mathbf{W}$.

(b) 交换律 $\mathbf{U} \cdot \mathbf{V} = \mathbf{V} \cdot \mathbf{U}$.

1.22　下面哪些向量对是正交的?

(a) (a, b), $(-b, a)$.

(b) $(1, -1)$, $(1, 1)$.

(c) $(0, 0)$, $(1, 1)$.

(d) $(1, 1), (1, 1)$.

1.23　下面哪些向量是单位向量?

(a) $\left(\dfrac{3}{5}, \dfrac{4}{5}\right)$;

(b) $(\cos\theta, \sin\theta)$;

(c) $(\sqrt{0.8},\ \sqrt{0.2})$;

(d) $(0.8, 0.2)$.

1.24 利用等式 (1.8) 与定理 1.5 证明余弦定理：对平面内的每个具有边长 a, b, c 且 c 边对角为 θ 的三角形 (图 1.11), 有

$$c^2 = a^2 + b^2 - 2ab\cos\theta.$$

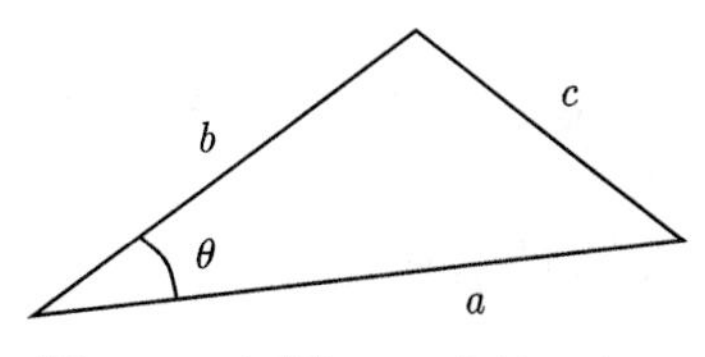

图 1.11 问题 1.24 中的三角形

1.25 设 ℓ 是 $\mathbb{R}^2$ 上的线性函数, 满足

$$\ell(1,1) = 2 \quad 且 \quad \ell(2,1) = 3.$$

求出满足 $\ell(\mathbf{U}) = \mathbf{C}\cdot\mathbf{U}$ 的向量 $\mathbf{C}$.

1.26 求出向量 $\mathbf{U} = (1, 2)$ 和 $\mathbf{V} = (3, 1)$ 的夹角的余弦.

1.27 利用等式 (1.8) 证明, 对 $\mathbb{R}^2$ 中的所有向量 $\mathbf{U}$ 和 $\mathbf{V}$ 有

$$\|\mathbf{U}+\mathbf{V}\|^2 = \|\mathbf{U}\|^2 + \|\mathbf{V}\|^2 + 2\mathbf{U}\cdot\mathbf{V}.$$

1.28 令 $\mathbf{U} = (x, y)$. 求出向量 $\mathbf{C}$ 使得直线方程 $y = mx+b$ 可以写成 $\mathbf{C}\cdot\mathbf{U} = b$.

1.29 若 $\mathbf{C}$ 和 $\mathbf{D}$ 是正交的非零向量, 则对线性组合

$$\mathbf{U} = a\mathbf{C} + b\mathbf{D},$$

其系数 a 和 b 有一个简单的表达式.

(a) 等式两边与 $\mathbf{C}$ 作数量积, 证明 $a = \dfrac{\mathbf{C}\cdot\mathbf{U}}{\|\mathbf{C}\|^2}$.

(b) 求出 b 的一个类似公式.

(c) 若 $(8, 9) = a\left(\dfrac{3}{5}, \dfrac{4}{5}\right) + b\left(-\dfrac{4}{5}, \dfrac{3}{5}\right)$, 求出 a.

1.30 设 $\mathbf{U}$ 是非零向量, t 是实数. 令 $f(t)$ 是向量 $\mathbf{V}$ 与 $t\mathbf{U}$ 的距离, 见图 1.12.

(a) 利用微积分求出使得 $(f(t))^2$ 取到最小值的 t.

(b) 利用数量积求出 t 使得图中的角 α 为直角.

(c) 证明在 (a) 和 (b) 中所求得的 t 是同一个.

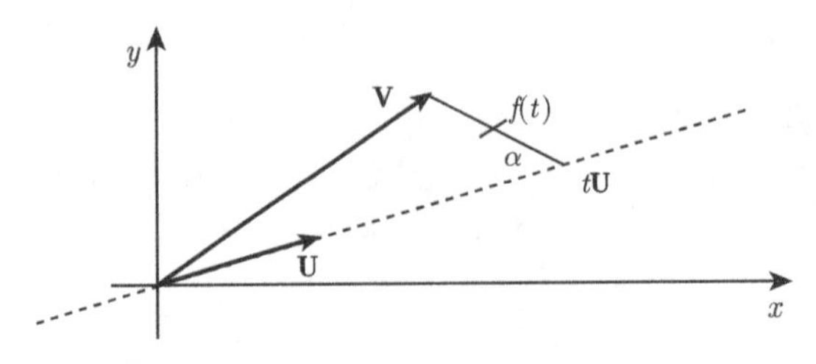

图 1.12　问题 1.30 中的向量 **U** 和 **V**

1.31　将 $\mathbf{U}=(1,0)$, $\mathbf{V}=(2,2)$ 在绕原点逆时针旋转 $\frac{\pi}{4}$ 得到的坐标系下表达出来.

1.32　图 1.13 是一个正八边形, 其中顶点 $\mathbf{P}=(c,s)$, 这里 c 和 s 分别是 $\frac{\pi}{8}$ 的余弦和正弦.

(a) 证明顶点 **Q** 的坐标是 (s,c).

(b) 证明 $\sin\left(\frac{\pi}{8}\right)=\frac{1}{2}\sqrt{2-\sqrt{2}}$.

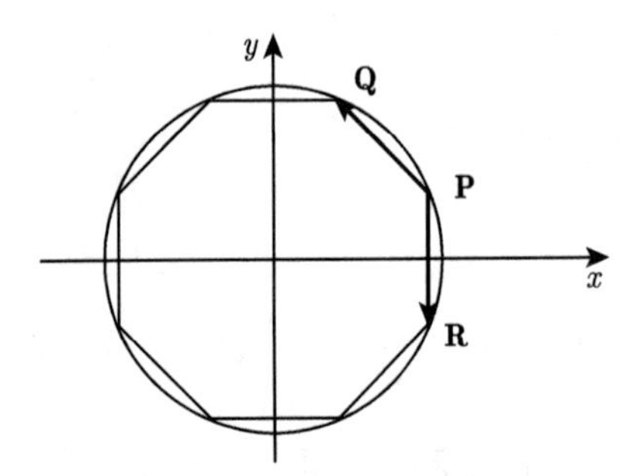

图 1.13　问题 1.32 中的正八边形

1.3　双线性函数

定义1.7　自变量为有序向量对 $(\mathbf{U},\mathbf{V})$ 的函数 b 称为**双线性**的, 如果当 **U** 固定时, $b(\mathbf{U},\mathbf{V})$ 作为 **V** 的函数是线性的, 并且如果当 **V** 固定时, $b(\mathbf{U},\mathbf{V})$ 作为 **U** 的函数是线性的.

正如我们将要看到的, 许多重要的函数都是双线性的.

例1.7　令 $\mathbf{U}=(u_1,u_2)$, $\mathbf{V}=(v_1,v_2)$, $\mathbf{W}=(w_1,w_2)$, 函数 b 定义如下

$$b(\mathbf{U},\mathbf{V})=u_1v_1.$$

为证明 b 是双线性的, 我们首先固定 **U**, 检验 $b(\mathbf{U},\mathbf{V})$ 作为 **V** 的函数是线性

的. 也就是说, 对所有的实数 c 和 $\mathbf{V}$ 与 $\mathbf{W}$ 有

$$b(\mathbf{U},\mathbf{V}+\mathbf{W})=b(\mathbf{U},\mathbf{V})+b(\mathbf{U},\mathbf{W}),\quad b(\mathbf{U},c\mathbf{V})=cb(\mathbf{U},\mathbf{V}).$$

对第一个等式, 有

$$b(\mathbf{U},\mathbf{V}+\mathbf{W})=u_1(v_1+w_1)=u_1v_1+u_1w_1=b(\mathbf{U},\mathbf{V})+b(\mathbf{U},\mathbf{W}).$$

对第二个等式, 有

$$b(\mathbf{U},c\mathbf{V})=u_1(cv_1)=cu_1v_1=cb(\mathbf{U},\mathbf{V}).$$

因此 b 对于 $\mathbf{V}$ 是线性的. 在问题 1.33 中, 我们将要求读者通过一个类似的论证来证明, 当 $\mathbf{V}$ 固定时, $b(\mathbf{U},\mathbf{V})$ 作为 $\mathbf{U}$ 的函数是线性的.

我们在例 1.7 中看到, u_1v_1 是 $(\mathbf{U},\mathbf{V})$ 的双线性函数, 类似地, u_1v_2, u_2v_1, u_2v_2 也都是双线性函数. 下面的定理描述了所有的双线性函数.

定理1.6 $\mathbf{U}=(u_1,u_2)$ 和 $\mathbf{V}=(v_1,v_2)$ 的每一个双线性函数具有下述形式:

$$b(\mathbf{U},\mathbf{V})=eu_1v_1+fu_1v_2+gu_2v_1+hu_2v_2,\tag{1.11}$$

其中 e,f,g,h 是实数.

证明 对固定的 $\mathbf{V}$, $b(\mathbf{U},\mathbf{V})$ 是 $\mathbf{U}$ 的线性函数, 根据定理 1.2, $b(\mathbf{U},\mathbf{V})$ 具有形式

$$b(\mathbf{U},\mathbf{V})=pu_1+qu_2,\tag{1.12}$$

其中 p 和 q 是依赖于 $\mathbf{V}$ 的数. 为了确定这个依赖性, 首先分别令 $\mathbf{U}=\mathbf{E}_1=(1,0)$ 与 $\mathbf{U}=\mathbf{E}_2=(0,1)$, 得到

$$b((1,0),\mathbf{V})=p\cdot1+q\cdot0=p=p(\mathbf{V}),\qquad b((0,1),\mathbf{V})=p\cdot0+q\cdot1=q=q(\mathbf{V}).$$

因为 b 是双线性的, 所以 p 和 q 是 $\mathbf{V}$ 的线性函数, 再次利用定理 1.2 可知, 它们具有形式

$$p(\mathbf{V})=ev_1+fv_2,\qquad q(\mathbf{V})=gv_1+hv_2,$$

其中 e,f,g,h 是不依赖于 $\mathbf{V}$ 的实数. 将 p 和 q 的上述公式代入 (1.12), 有

$$b(\mathbf{U},\mathbf{V})=(ev_1+fv_2)u_1+(gv_1+hv_2)u_2,$$

从而

$$b(\mathbf{U},\mathbf{V})=eu_1v_1+fu_1v_2+gu_2v_1+hu_2v_2.$$ **证毕.**

在问题 1.36 中, 我们将要求证明下述定理.

定理1.7　双线性函数的线性组合仍然是双线性的.

例1.8　数量积 $\mathbf{U}\cdot\mathbf{V}$ 具有性质

$$(c\mathbf{U})\cdot\mathbf{V}=c\mathbf{U}\cdot\mathbf{V},$$

$$(\mathbf{U}+\mathbf{V})\cdot\mathbf{W}=\mathbf{U}\cdot\mathbf{W}+\mathbf{V}\cdot\mathbf{W},$$

$$\mathbf{U}\cdot(\mathbf{V}+\mathbf{W})=\mathbf{U}\cdot\mathbf{V}+\mathbf{U}\cdot\mathbf{W}.$$

这表明 $\mathbf{U}\cdot\mathbf{V}$ 是 $\mathbf{U}$ 和 $\mathbf{V}$ 的双线性函数. 其公式

$$\mathbf{U}\cdot\mathbf{V}=u_1v_1+u_2v_2$$

是定理 1.6 中公式 (1.11) 的特例.

例1.9　令

$$b(\mathbf{U},\mathbf{V})=u_1v_2-u_2v_1,$$

其中 $\mathbf{U}=(u_1,u_2)$, $\mathbf{V}=(v_1,v_2)$. 由于 u_1v_2 和 u_2v_1 都是双线性的, 根据定理 1.7, b 是双线性的.

问题

1.33　令 $\mathbf{U}=(u_1,u_2),\mathbf{V}=(v_1,v_2)$. 证明当 $\mathbf{V}$ 固定时, $b(\mathbf{U},\mathbf{V})=u_1v_1$ 关于 $\mathbf{U}$ 是线性的.

1.34　令 $\mathbf{U}=(u_1,u_2)$, $\mathbf{V}=(v_1,v_2)$. 函数 $b(\mathbf{U},\mathbf{V})=u_1u_2$ 是双线性的吗?

1.35　定义函数 $f(p,q,r,s)=qr+3rp-sp$. 将 p,q,r,s 中的两个变量写成一个向量 $\mathbf{U}$, 另外两个变量写成向量 $\mathbf{V}$, 从而将 f 写成一个双线性函数 $b(\mathbf{U},\mathbf{V})$.

1.36　证明定理 1.7. 即, 设 $b_1(\mathbf{U},\mathbf{V})$ 和 $b_2(\mathbf{U},\mathbf{V})$ 是双线性函数, 且 c_1,c_2 是实数, 证明如下定义的函数

$$b(\mathbf{U},\mathbf{V})=c_1b_1(\mathbf{U},\mathbf{V})+c_2b_2(\mathbf{U},\mathbf{V})$$

是双线性函数.

1.4　n 维向量

我们将向量的概念及其代数从二维推广到 n 维, 这里 n 是任意的正整数.

定义1.8　一个有序的 n 元数组

$$\mathbf{U}=(u_1,u_2,\cdots,u_n)$$

称为一个 n **维向量**. 各个数 $u_1,\cdots,u_n$ 称为向量 $\mathbf{U}$ 的分量, 而 u_j 称为向量 $\mathbf{U}$ 的第 j 个分量. 所有 n 维向量的集合, 称为 n **维空间**, 记为 $\mathbb{R}^n$.

分量全都等于 0 的向量称为**零向量**, 并记为 $\mathbf{0}$:

$$\mathbf{0} = (0, 0, \cdots, 0).$$

类似于 1.1 节所描述的 $\mathbb{R}^2$ 的代数, $\mathbb{R}^n$ 也有完全类似的代数.

(a) 令 $\mathbf{U} = (u_1, u_2, \cdots, u_n)$ 且 c 是一个数. 乘积 $c\mathbf{U}$ 定义为 $\mathbf{U}$ 的每个分量都乘以 c:

$$c\mathbf{U} = (cu_1, cu_2, \cdots, cu_n).$$

(b) 向量 $\mathbf{U} = (u_1, u_2, \cdots, u_n)$ 与 $\mathbf{V} = (v_1, v_2, \cdots, v_n)$ 定义为 $\mathbf{U}$ 和 $\mathbf{V}$ 的对应分量相加得到的向量:

$$\mathbf{U} + \mathbf{V} = \ (u_1 + v_1,\ u_2 + v_2, \cdots,\ u_n + v_n).$$

在问题 1.37 中, 验证 $\mathbb{R}^n$ 中向量满足通常的代数性质:

$$c(\mathbf{X} + \mathbf{Y}) = c\mathbf{X} + c\mathbf{Y}, \quad \mathbf{X} + \mathbf{Y} = \mathbf{Y} + \mathbf{X}, \quad \mathbf{X} + (\mathbf{Y} + \mathbf{Z}) = (\mathbf{X} + \mathbf{Y}) + \mathbf{Z}.$$

根据第 3 个式子, 我们将 $\mathbf{X} + (\mathbf{Y} + \mathbf{Z})$ 写成 $\mathbf{X} + \mathbf{Y} + \mathbf{Z}$.

定义1.9 设 k 是一个正整数. $\mathbb{R}^n$ 中的向量 $\mathbf{U}_1, \mathbf{U}_2, \cdots, \mathbf{U}_k$ 的一个**线性组合**是一个形如

$$c_1\mathbf{U}_1 + c_2\mathbf{U}_2 + \cdots + c_k\mathbf{U}_k = \sum_{j=1}^{k} c_j\mathbf{U}_j$$

的向量, 其中 $c_1, c_2, \cdots, c_k$ 是数. 所有这样的线性组合的全体称为 $\mathbf{U}_1, \mathbf{U}_2, \cdots, \mathbf{U}_k$ **张成**的空间.

一个线性组合称为**平凡的**, 如果所有的系数 c_j 都等于 0.

例1.10 令

$$\mathbf{U} = (3, 7, 6, 9, 4),$$
$$\mathbf{V} = (2, 7, 0, 1, -5),$$

则向量

$$2\mathbf{U} + 3\mathbf{V} = (12, 35, 12, 21, -7)$$

是 $\mathbf{U}$ 和 $\mathbf{V}$ 的线性组合. 在问题 1.43 中, 证明向量

$$\left(-\frac{1}{2}, -\frac{7}{2}, 3, \frac{7}{2}, 7\right)$$

也是 $\mathbf{U}$ 和 $\mathbf{V}$ 的线性组合.

定义1.10　$\mathbb{R}^n$ 中的向量 $\mathbf{U}_1, \mathbf{U}_2, \cdots, \mathbf{U}_k$ 称为**线性无关的**, 如果它们仅有的取值为零向量的线性组合是平凡的. 也就是说,

$$\text{若 } c_1\mathbf{U}_1 + c_2\mathbf{U}_2 + \cdots + c_k\mathbf{U}_k = \mathbf{0}, \text{ 则 } c_1 = c_2 = \cdots = c_k = 0.$$

若 $\mathbf{U}_1, \mathbf{U}_2, \cdots, \mathbf{U}_k$ 不是线性无关的, 就称为**线性相关的**.

例1.11　$\mathbb{R}^4$ 中的向量

$$\mathbf{E}_1 = (1,0,0,0), \quad \mathbf{E}_2 = (0,1,0,0), \quad \mathbf{E}_3 = (0,0,1,0), \quad \mathbf{E}_4 = (0,0,0,1)$$

是线性无关的, 因为它们的线性组合

$$c_1\mathbf{E}_1 + c_2\mathbf{E}_2 + c_3\mathbf{E}_3 + c_4\mathbf{E}_4 = (c_1, c_2, c_3, c_4)$$

仅在 $c_1 = c_2 = c_3 = c_4 = 0$ 时等于零向量.

定义1.11　设 $\mathbf{U}_1, \mathbf{U}_2, \cdots, \mathbf{U}_k$ 是 $\mathbb{R}^n$ 中 k 个线性无关的向量, $k < n$. 设 $t_1, t_2, \cdots, t_k$ 是数, 而 $\mathbf{U}$ 是 $\mathbb{R}^n$ 中的向量. 所有形如

$$\mathbf{U} + t_1\mathbf{U}_1 + \cdots + t_k\mathbf{U}_k$$

的向量的全体, 称为 $\mathbb{R}^n$ **中经过 $\mathbf{U}$ 的 k 维平面**. 当 $k = n-1$ 时, 我们称之为**超平面**. 当 $\mathbf{U} = \mathbf{0}$ 时, 经过原点的 k 维超平面, 称为 $\mathbf{U}_1, \mathbf{U}_2, \cdots, \mathbf{U}_k$ **张成的空间**.

定理1.8　$\mathbb{R}^n$ 中的任意 $n+1$ 个向量 $\mathbf{U}_1, \mathbf{U}_2, \cdots, \mathbf{U}_{n+1}$ 线性相关.

证明　对维数 n 用数学归纳法. 首先令 $n = 1$, 并设 $u, v \in \mathbb{R}$. 若 u 和 v 都是 0, 则 $u + v = 0$ 是一个非平凡的线性组合. 否则, $(v)u + (-u)v = 0$ 是一个非平凡的线性组合. 因此定理对 $n = 1$ 成立.

假设定理对 $n-1$ 成立. 现在考察 $\mathbb{R}^n$ 中的向量 $\mathbf{U}_1, \mathbf{U}_2, \cdots, \mathbf{U}_{n+1}$ 里的第 n 个分量. 若它们全部等于 0, 则将第 n 个分量抹去后得到 $\mathbb{R}^{n-1}$ 中的 $n+1$ 个向量, 根据归纳假设, 它们线性相关. 从而 $\mathbf{U}_1, \mathbf{U}_2, \cdots, \mathbf{U}_{n+1}$ 线性相关.

考虑这样的情况: 其中有一个向量, 我们不妨设之为 $\mathbf{U}_{n+1}$, 其第 n 个分量不等于 0. 对每个向量 $\mathbf{U}_i$, 可以减去 $\mathbf{U}_{n+1}$ 的一个适当倍数 c_i, 使得其差

$$\mathbf{U}'_i = \mathbf{U}_i - c_i\mathbf{U}_{n+1} \quad (i = 1, 2, \cdots, n)$$

的第 n 个分量等于 0. 抹掉 $\mathbf{U}'_i$ 的第 n 个分量, 我们就得到 $\mathbb{R}^{n-1}$ 中的 n 个向量 $\mathbf{V}_i$. 由归纳假设, 它们线性无关, 即存在不全为 0 的常数 k_i 使得

$$\sum_{i=1}^{n} k_i\mathbf{V}_i = \mathbf{0}.$$

对 $\mathbf{V}_i$ 添加 0 作为第 n 个分量, 就给出下述非平凡的线性关系

$$\sum_{i=1}^{n} k_i \mathbf{U}_i' = \mathbf{0}. \tag{1.13}$$

将 $\mathbf{U}_i' = \mathbf{U}_i - c_i \mathbf{U}_{n+1}$ 代入等式 (1.13) 我们得到非平凡的线性关系

$$\sum_{i=1}^{n} k_i (\mathbf{U}_i - c_i \mathbf{U}_{n+1}) = \mathbf{0}. \tag{1.14}$$

这就证明了 $\mathbf{U}_1, \mathbf{U}_2, \cdots, \mathbf{U}_{n+1}$ 线性相关. 从而完成了归纳法的证明. **证毕.**

例1.12　$\mathbb{R}^3$ 中的向量

$$\mathbf{E}_1 = (1,0,0), \quad \mathbf{E}_2 = (0,1,0), \quad \mathbf{E}_3 = (0,0,1), \quad \mathbf{X} = (2,4,3)$$

线性相关. 因为

$$\mathbf{X} = 2\mathbf{E}_1 + 4\mathbf{E}_2 + 3\mathbf{E}_3,$$

所以我们有一个等于零的非平凡线性组合:

$$2\mathbf{E}_1 + 4\mathbf{E}_2 + 3\mathbf{E}_3 - \mathbf{X} = \mathbf{0}.$$

图 1.14 示意了 $\mathbb{R}^3$ 中线性相关和线性无关的其他例子.

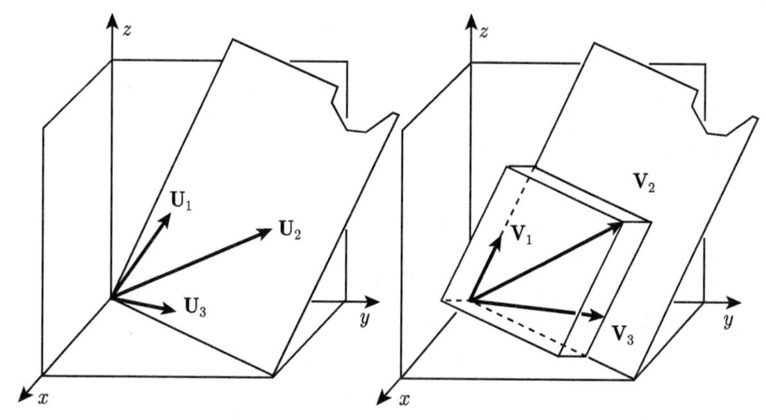

图 1.14　左: $\mathbf{U}_1, \mathbf{U}_2, \mathbf{U}_3$ 线性相关; 右: $\mathbf{V}_1, \mathbf{V}_2, \mathbf{V}_3$ 线性无关

定理1.9　设 $\mathbf{U}_1, \cdots, \mathbf{U}_n$ 是 $\mathbb{R}^n$ 中线性无关的向量, 则 $\mathbb{R}^n$ 中的每个向量 $\mathbf{X}$ 可以唯一写成 $\mathbf{U}_i$ 的线性组合:

$$\mathbf{X} = c_1 \mathbf{U}_1 + \cdots + c_n \mathbf{U}_n. \tag{1.15}$$

证明　根据定理 1.8, 在这个 $n+1$ 个向量 $\mathbf{U}_1, \cdots, \mathbf{U}_n, \mathbf{X}$ 之间存在非平凡的线性关系:

$$a_0\mathbf{X} + a_1\mathbf{U}_1 + \cdots + a_n\mathbf{U}_n = \mathbf{0}.$$

我们断言, 在这个关系中, $a_0 \neq 0$. 否则, 由 $\mathbf{U}_i$ 的线性无关性就推出所有的 a_i 都等于 0. 于是, 我们在上式两边同除以 a_0, 就得到 (1.15) 式, 其中 $c_i = -a_i/a_0$.

若 $\mathbf{X}$ 存在两个形如 (1.15) 的不同表达式, 则这两个表达式的差将给出 $\mathbf{U}_i$ 之间的一个非平凡关系, 这就与它们的线性无关性矛盾. **证毕.**

线性函数

正如二维向量的情况一样, 从 $\mathbb{R}^n$ 到 $\mathbb{R}$ 的一个函数 ℓ 称为**线性函数**, 若

(a) 对一切实数 c 和 $\mathbb{R}^n$ 中的一切 $\mathbf{U}$, 有 $\ell(c\mathbf{U}) = c\ell(\mathbf{U})$;

(b) 对 $\mathbb{R}^n$ 中的一切 $\mathbf{U}$ 与 $\mathbf{V}$, 有 $\ell(\mathbf{U}+\mathbf{V}) = \ell(\mathbf{U}) + \ell(\mathbf{V})$.

联合 (a) 与 (b) 我们推出, 从 $\mathbb{R}^n$ 到 $\mathbb{R}$ 的一个函数 ℓ 是线性的, 若对 $\mathbb{R}^n$ 中的一切 $\mathbf{U}$ 与 $\mathbf{V}$ 以及任意的实数 a 与 b, 都有

$$\ell(a\mathbf{U} + b\mathbf{V}) = a\ell(\mathbf{U}) + b\ell(\mathbf{V}). \tag{1.16}$$

$\mathbf{U} = (u_1, u_2, \cdots, u_n)$ 的每一个形如

$$\ell(\mathbf{U}) = c_1u_1 + c_2u_2 + \cdots + c_nu_n, \quad \text{其中 } c_1, c_2, \cdots, c_n \text{ 是实数} \tag{1.17}$$

的函数 ℓ 满足 (a) 与 (b), 从而是一个线性函数 (见问题 1.45). 反之, 我们有下述定理:

定理1.10　设 ℓ 是从 $\mathbb{R}^n$ 到 $\mathbb{R}$ 的线性函数, 则存在实数 $c_1, c_2, \cdots, c_n$, 使得对 $\mathbb{R}^n$ 中的一切向量 $\mathbf{U} = (u_1, u_2, \cdots, u_n)$ 都有

$$\ell(\mathbf{U}) = c_1u_1 + c_2u_2 + \cdots + c_nu_n.$$

证明　令 $\mathbf{E}_j$ 是 $\mathbb{R}^n$ 中的第 j 个自然基底, 即它的第 j 个坐标等于 1 而其他坐标等于 0, 也就是说, 令

$$\begin{aligned}
\mathbf{E}_1 &= (1, 0, 0, 0, \cdots, 0), \\
\mathbf{E}_2 &= (0, 1, 0, 0, \cdots, 0), \\
\mathbf{E}_3 &= (0, 0, 1, 0, \cdots, 0), \\
&\ \ \vdots \\
\mathbf{E}_n &= (0, 0, 0, 0, \cdots, 1).
\end{aligned}$$

则向量 $\mathbf{U}=(u_1,u_2,\cdots,u_n)$ 可以写成各个 $\mathbf{E}_j$ 的线性组合:

$$\mathbf{U}=u_1\mathbf{E}_1+u_2\mathbf{E}_2+\cdots+u_n\mathbf{E}_n.$$

令 $c_j=\ell(\mathbf{E}_j)$, $j=1,2,\cdots,n$. 由于 ℓ 是线性的, 所以

$$\begin{aligned}\ell(\mathbf{U})&=u_1\ell(\mathbf{E}_1)+u_2\ell(\mathbf{E}_2)+\cdots+u_n\ell(\mathbf{E}_n)\\&=c_1u_1+c_2u_2+\cdots+c_nu_n.\end{aligned}$$

证毕.

正如在二维的情况, $\mathbb{R}^n$ 中的二元实函数 b 称为**双线性函数**, 若对每个向量 $\mathbf{V}$, $b(\mathbf{U},\mathbf{V})$ 是 $\mathbf{U}$ 的线性函数, 而对每个向量 $\mathbf{U}$, $b(\mathbf{U},\mathbf{V})$ 是 $\mathbf{V}$ 的线性函数.

正如定理 1.7, 每一个形如 u_jv_k 的函数是双线性的, 所以它们的线性组合也是如此. 作为定理 1.6 的延伸, 下面的结果刻画了双线性函数.

定理1.11 令 b 是 $\mathbf{U}=(u_1,\cdots,u_n)$ 和 $\mathbf{V}=(v_1,\cdots,v_n)$ 的双线性函数, 则 b 是如下定义的函数 f_{jk} 的线性组合:

$$f_{jk}(\mathbf{U},\mathbf{V})=f_{jk}(u_1,\cdots,u_n,v_1,\cdots,v_n)=u_jv_k,\qquad j=1,\cdots,n,\ k=1,\cdots,n.$$

证明 我们固定向量 $\mathbf{V}$ 并将 $b(\mathbf{U},\mathbf{V})$ 视为 $\mathbf{U}$ 的线性函数, 根据定理 1.10, 它具有形式

$$b(\mathbf{U},\mathbf{V})=c_1u_1+c_2u_2+\cdots+c_nu_n,\tag{1.18}$$

其中 $c_1,c_2,\cdots,c_n$ 是 $\mathbf{V}$ 的函数. 由于 b 是双线性的, 因此 c_i 是 $\mathbf{V}$ 的线性函数. 根据定理 1.10, 每个 c_i 都是 v_k 的线性组合. 将这些组合表达式代入 (1.18), 我们得到 $b(\mathbf{U},\mathbf{V})$ 表达为 u_jv_k 的线性组合, 这就是要证明的. **证毕.**

问题

1.37 令 $\mathbf{V}=(v_1,\cdots,v_n),\mathbf{U}=(u_1,\cdots,u_n),\mathbf{W}=(w_1,\cdots,w_n)$ 是 $\mathbb{R}^n$ 中的向量, 而 c,d 是数, 证明:

(a) $\mathbf{V}+\mathbf{W}=\mathbf{W}+\mathbf{V}$;

(b) $(\mathbf{V}+\mathbf{U})+\mathbf{W}=\mathbf{V}+(\mathbf{U}+\mathbf{W})$;

(c) $c(\mathbf{U}+\mathbf{V})=c\mathbf{U}+c\mathbf{V}$;

(d) $(c+d)\mathbf{U}=c\mathbf{U}+d\mathbf{U}$.

1.38 将向量 $(1,3,5)$ 表达为向量

$$\mathbf{U}_1=(1,0,0),\quad \mathbf{U}_2=(1,1,0),\quad \mathbf{U}_3=(1,1,1)$$

的线性组合.

1.39　证明 $\mathbb{R}^3$ 中的每一个向量都是

$$\mathbf{U}_1 = (1,0,0), \quad \mathbf{U}_2 = (1,1,0), \quad \mathbf{U}_3 = (1,1,1)$$

的线性组合.

1.40　确定向量

$$\mathbf{U}_1 = (1,0,0), \quad \mathbf{U}_2 = (1,1,0), \quad \mathbf{U}_3 = (1,1,1)$$

是否线性无关.

1.41　证明 $\mathbb{R}^4$ 中的向量

$$(1,1,1,1), \quad (0,1,1,1), \quad (0,0,1,1), \quad (0,0,0,1)$$

线性无关.

1.42　向量

$$(1,2,1), \quad (1,2,2), \quad (1,2,3), \quad (1,2,4)$$

是否线性无关? 本节中的哪个定理尤其适用于它们?

1.43　令

$$\mathbf{U} = (3,7,6,9,4), \quad \mathbf{V} = (2,7,0,1,-5).$$

证明向量

$$\left(-\frac{1}{2}, -\frac{7}{2}, 3, \frac{7}{2}, 7\right)$$

是 $\mathbf{U}$ 和 $\mathbf{V}$ 的线性组合.

1.44　$\mathbb{R}^3$ 中满足

$$-1 \leqslant x \leqslant 1, \quad -1 \leqslant y \leqslant 1, \quad -1 \leqslant z \leqslant 1$$

的点 (x,y,z) 构成的集合是一个立方体. 写出该立方体的八个顶点的坐标. 是否存在一个线性函数, 使它在每个顶点上的取值恰好是 8?

1.45　从 $\mathbb{R}^n$ 到 $\mathbb{R}$ 的函数 ℓ 定义如下:

$$\ell(\mathbf{U}) = c_1u_1 + c_2u_2 + \cdots + c_nu_n,$$

其中 $\mathbf{U} = (u_1, u_2, \cdots, u_n)$, $c_1, c_2, \cdots, c_n$ 是数.

(a) 证明对一切向量 $\mathbf{U}$ 和实数 c 有 $\ell(c\mathbf{U}) = c\ell(\mathbf{U})$.

(b) 证明对 $\mathbb{R}^n$ 中的一切向量 $\mathbf{U}$ 和 $\mathbf{V}$ 有 $\ell(\mathbf{U}+\mathbf{V}) = \ell(\mathbf{U}) + \ell(\mathbf{V})$.

1.46　令 $\mathbf{U} = (1,3,1), \mathbf{V} = (2,2,2)$. 将 $\mathbf{W} = (3,5,3)$ 写成 $\mathbf{U}$ 和 $\mathbf{V}$ 的线性组合.

1.47 证明向量 $(1,1,1),(1,2,3),(3,2,1)$ 线性无关.

1.48 令 P 是 $\mathbb{R}^4$ 中所有形如 $(x,y,0,0)$ 的点集, Q 是所有形如 $(0,0,z,w)$ 的点集, 则 P 和 Q 是 $\mathbb{R}^4$ 中的二维平面. P 与 Q 有多少个交点?

1.49 令 $\mathbf{X}=(x_1,x_2,\cdots,x_n)$ 与 $\mathbf{Y}=(y_1,y_2,\cdots,y_n)$ 是 $\mathbb{R}^n$ 中的向量. 下列哪些函数是双线性的? 进一步判断: 其中的双线性函数哪些是对称的, 即满足 $b(\mathbf{X},\mathbf{Y})=b(\mathbf{Y},\mathbf{X})$; 哪些是反对称的, 即满足 $b(\mathbf{X},\mathbf{Y})=-b(\mathbf{Y},\mathbf{X})$?

(a) $b(\mathbf{X},\mathbf{Y})=x_1y_n$.

(b) $b(\mathbf{X},\mathbf{Y})=x_1y_n-x_ny_1$.

(c) $b(\mathbf{X},\mathbf{Y})=\sqrt{x_1^2+x_2^2+\cdots+x_n^2}\sqrt{y_1^2+y_2^2+\cdots+y_n^2}$.

(d) $b(\mathbf{X},\mathbf{Y})=x_1y_1+x_2y_2+\cdots+x_ny_n$.

1.50 令 $\mathbf{U}=(u_1,u_2,u_3,u_4)$, $\mathbf{V}=(v_1,v_2,v_3,v_4)$, $\mathbf{W}=(w_1,w_2,w_3,w_4)$. 下面函数 f 哪些具有下述反对称性:

$$f(\mathbf{U},\mathbf{V},\mathbf{W})=-f(\mathbf{V},\mathbf{U},\mathbf{W}).$$

(a) $f(\mathbf{U},\mathbf{V},\mathbf{W})=u_1v_1w_1$.

(b) $f(\mathbf{U},\mathbf{V},\mathbf{W})=u_1w_3-v_1w_2$.

(c) $f(\mathbf{U},\mathbf{V},\mathbf{W})=(u_2v_3-u_3v_2)w_4$.

1.51 令 $\mathbf{U}=(u_1,u_2,u_3),\mathbf{V}=(v_1,v_2,v_3)$. 下列双线性函数 b 哪些具有对称性

$$b(\mathbf{U},\mathbf{V})=b(\mathbf{V},\mathbf{U}).$$

(a) $b(\mathbf{U},\mathbf{V})=10u_1v_1$.

(b) $b(\mathbf{U},\mathbf{V})=u_1v_2-u_2v_1$.

(c) $b(\mathbf{U},\mathbf{V})=u_1v_3+u_2v_2+10u_3v_1$.

(d) $b(\mathbf{U},\mathbf{V})=u_1v_3+10u_2v_2+u_3v_1$.

1.52 令 $\mathbf{U}=(u_1,u_2,u_3),\mathbf{V}=(v_1,v_2,v_3)$. 下列双线性函数 b 哪些具有反对称性:

$$b(\mathbf{U},\mathbf{V})=-b(\mathbf{V},\mathbf{U}).$$

(a) $b(\mathbf{U},\mathbf{V})=10u_1v_1$.

(b) $b(\mathbf{U},\mathbf{V})=u_1v_2-u_2v_1$.

(c) $b(\mathbf{U},\mathbf{V})=u_1v_3+u_2v_2+10u_3v_1$.

(d) $b(\mathbf{U},\mathbf{V})=u_1v_3+10u_2v_2+u_3v_1$.

1.5　n 维向量的范数与数量积

与二维向量类似, 现在我们来定义 $\mathbb{R}^n$ 中一个向量的范数, 以及 $\mathbb{R}^n$ 中两个向量的数量积.

定义1.12　向量 $\mathbf{U}=(u_1,u_2,\cdots,u_n)$ 的**范数**定义为

$$\|\mathbf{U}\|=\sqrt{u_1^2+u_2^2+\cdots+u_n^2}. \tag{1.19}$$

根据定义, 零向量 $\mathbf{0}$ 的范数等于 0; 反之, 唯有零向量的范数等于 0. 正如在 $\mathbb{R}^2$ 中一样, 我们将 $\mathbf{U}$ 的范数视为 $\mathbf{U}$ 的长度或者 $\mathbf{U}$ 与原点之间的距离.

定义1.13　$\mathbf{U}=(u_1,u_2,\cdots,u_n)$ 和 $\mathbf{V}=(v_1,v_2,\cdots,v_n)$ 的**数量积**$\mathbf{U}\cdot\mathbf{V}$ 定义为

$$\mathbf{U}\cdot\mathbf{V}=u_1v_1+u_2v_2+\cdots+u_nv_n. \tag{1.20}$$

我们将在问题 1.53 中证明数量积可分配、可交换:

$$\mathbf{U}\cdot(\mathbf{V}+\mathbf{W})=\mathbf{U}\cdot\mathbf{V}+\mathbf{U}\cdot\mathbf{W},\quad \mathbf{U}\cdot\mathbf{V}=\mathbf{V}\cdot\ \mathbf{U}.$$

向量与其自身的数量积是其范数的平方:

$$\mathbf{U}\cdot\mathbf{U}=\|\mathbf{U}\|^2.$$

定理 1.10 可以重述如下:

每个从 $\mathbb{R}^n$ 到 $\mathbb{R}$ 的线性函数 ℓ 可以表达为

$$\ell(\mathbf{U})=\mathbf{C}\cdot\mathbf{U},$$

其中 $\mathbf{C}$ 是 $\mathbb{R}^n$ 中的某个向量.

不等式

$\mathbb{R}^2$ 中成立以下关系式

$$\|\mathbf{U}-\mathbf{V}\|^2=\|\mathbf{U}\|^2+\|\mathbf{V}\|^2-2\mathbf{U}\cdot\mathbf{V}, \tag{1.21}$$

而在推导时我们仅用了数量积的分配律与交换律. 因此它在 $\mathbb{R}^n$ 中也成立. 我们将在问题 1.59 中给出一个不同的证明.

接下来我们证明比较 $\mathbf{U}\cdot\mathbf{V}$ 与 $\|\mathbf{U}\|\|\mathbf{V}\|$ 的一个重要不等式.

定理1.12 (柯西–施瓦茨不等式)　设 $\mathbf{U},\mathbf{V}$ 是 $\mathbb{R}^n$ 中的向量, 则

$$|\mathbf{U}\cdot\mathbf{V}|\leqslant\|\mathbf{U}\|\|\mathbf{V}\|. \tag{1.22}$$

例1.13　我们有

$$(1,1,0)\cdot(0,1,1)=1,\qquad (1,-1,0)\cdot(0,1,1)=-1,$$

在这两种情形下, 数量积都不超过范数的乘积, 即 $\sqrt{2}\sqrt{2}=2$.

证明　若 $\mathbf{U}$ 是零向量, 则不等式的两边都等于 0, 因此不等式自然成立. 由于平方总是非负的, 有

$$0\leqslant\|\mathbf{V}-(\mathbf{U}\cdot\mathbf{V})\mathbf{U}\|^2. \tag{1.23}$$

利用 (1.21), 将 (1.23) 的右边重写, 就得到

$$\begin{aligned}0&\leqslant\|\mathbf{V}\|^2+\|(\mathbf{U}\cdot\mathbf{V})\mathbf{U}\|^2-2(\mathbf{U}\cdot\mathbf{V})^2\\&=\|\mathbf{V}\|^2+(\mathbf{U}\cdot\mathbf{V})^2\|\mathbf{U}\|^2-2(\mathbf{U}\cdot\mathbf{V})^2.\end{aligned}$$

若 $\mathbf{U}$ 是单位向量, 即 $\|\mathbf{U}\|=1$, 则得到

$$0\leqslant\|\mathbf{V}\|^2-(\mathbf{U}\cdot\mathbf{V})^2,$$

因此 $(\mathbf{U}\cdot\mathbf{V})^2\leqslant\|\mathbf{V}\|^2$. 两边取正的平方根, 我们得到, 对于单位向量 $\mathbf{U}$, 有

$$|\mathbf{U}\cdot\mathbf{V}|\leqslant\|\mathbf{V}\|.$$

现若 $\mathbf{U}$ 不是零向量, 则 $\dfrac{1}{\|\mathbf{U}\|}\mathbf{U}$ 是单位向量, 根据前述结果, 就有

$$\left|\frac{1}{\|\mathbf{U}\|}\mathbf{U}\cdot\mathbf{V}\right|\leqslant\|\mathbf{V}\|.$$

两边同乘以 $\|\mathbf{U}\|$ 就得到 (1.22) .　　　　**证毕.**

我们将在问题 1.64 中让读者确立柯西–施瓦茨不等式中等号成立的条件. 柯西–施瓦茨不等式的一个重要应用是 $\mathbb{R}^n$ 中的三角不等式.

定理1.13 (三角不等式)　若 $\mathbf{U}$ 和 $\mathbf{V}$ 是 $\mathbb{R}^n$ 中的向量, 则

$$\|\mathbf{U}+\mathbf{V}\|\leqslant\|\mathbf{U}\|+\|\mathbf{V}\|.$$

证明　在等式 (1.21) 中我们看到

$$\|\mathbf{U}-\mathbf{V}\|^2=\|\mathbf{U}\|^2+\|\mathbf{V}\|^2-2\mathbf{U}\cdot\mathbf{V}.$$

将 $\mathbf{V}$ 替换为 $-\mathbf{V}$, 并利用柯西–施瓦茨不等式, 得到

$$\begin{aligned}\|\mathbf{U}+\mathbf{V}\|^2&=\|\mathbf{U}\|^2+\|\mathbf{V}\|^2+2\mathbf{U}\cdot\mathbf{V}\\&\leqslant\|\mathbf{U}\|^2+\|\mathbf{V}\|^2+2\|\mathbf{U}\|\|\mathbf{V}\|\\&=(\|\mathbf{U}\|+\|\mathbf{V}\|)^2,\end{aligned}$$

开方, 得到 $\|\mathbf{U}+\mathbf{V}\| \leqslant \|\mathbf{U}\|+\|\mathbf{V}\|$, 即为所证. **证毕.**

利用柯西–施瓦茨不等式, 可以如下定义 $\mathbb{R}^n$ 中两个非零向量 $\mathbf{U}$ 和 $\mathbf{V}$ 的**夹角**. 由柯西–施瓦茨不等式我们看到, 对非零向量 $\mathbf{U}$ 和 $\mathbf{V}$, 有

$$-1 \leqslant \frac{\mathbf{U}\cdot\mathbf{V}}{\|\mathbf{U}\|\cdot\|\mathbf{V}\|} \leqslant 1.$$

我们定义 $\mathbf{U}$ 和 $\mathbf{V}$ 的夹角 θ 为

$$\theta = \arccos\left(\frac{\mathbf{U}\cdot\mathbf{V}}{\|\mathbf{U}\|\cdot\|\mathbf{V}\|}\right), \quad 0 \leqslant \theta \leqslant \pi$$

或 $\cos\theta = \dfrac{\mathbf{U}\cdot\mathbf{V}}{\|\mathbf{U}\|\cdot\|\mathbf{V}\|}$. 利用这个定义, 可以将 (1.21) 式

$$\|\mathbf{U}-\mathbf{V}\|^2 = \|\mathbf{U}\|^2 + \|\mathbf{V}\|^2 - 2\mathbf{U}\cdot\mathbf{V}$$

重写为

$$\|\mathbf{U}-\mathbf{V}\|^2 = \|\mathbf{U}\|^2 + \|\mathbf{V}\|^2 - 2\|\mathbf{U}\|\|\mathbf{V}\|\cos\theta.$$

$\|\mathbf{U}-\mathbf{V}\|$, $\|\mathbf{U}\|$ 和 $\|\mathbf{V}\|$ 是图 1.15 中三角形的三边长, 因此 (1.21) 其实是 $\mathbb{R}^n$ 中的余弦定理.

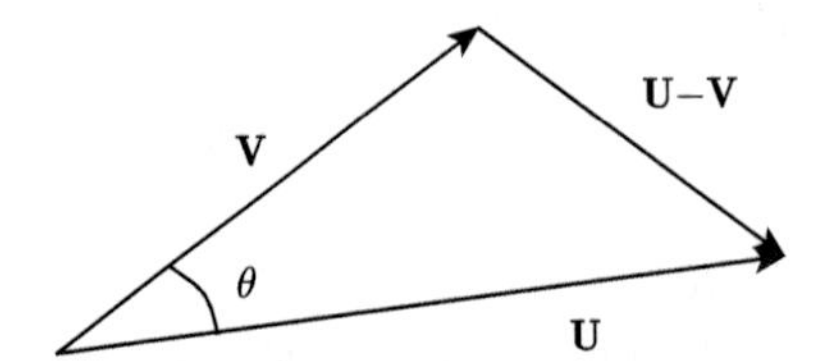

图 1.15　对 $\mathbf{U},\mathbf{V}\in\mathbb{R}^n$, $\|\mathbf{U}-\mathbf{V}\|^2 = \|\mathbf{U}\|^2 + \|\mathbf{V}\|^2 - 2\|\mathbf{U}\|\|\mathbf{V}\|\cos\theta$

规范正交集

我们已经利用了 $\mathbb{R}^n$ 中的坐标向量 (见定理 1.10 的证明) $\mathbf{E}_j$, 它的第 j 个坐标等于 1 而其他坐标等于 0:

$$\begin{aligned}
\mathbf{E}_1 &= (1,0,0,0,\cdots,0),\\
\mathbf{E}_2 &= (0,1,0,0,\cdots,0),\\
\mathbf{E}_3 &= (0,0,1,0,\cdots,0),\\
&\vdots\\
\mathbf{E}_n &= (0,0,0,0,\cdots,1).
\end{aligned}$$

$\mathbb{R}^n$ 中的每个向量 $\mathbf{U}=(u_1,u_2,\cdots,u_n)$ 可以写成这些向量的线性组合:

$$\mathbf{U}=u_1\mathbf{E}_1+u_2\mathbf{E}_2+\cdots+u_n\mathbf{E}_n,$$

$\mathbf{E}_j$ 称为 $\mathbb{R}^n$ 的**标准基**.

定义1.14 $\mathbb{R}^n$ 中的一组向量 $\mathbf{V}_1,\mathbf{V}_2,\cdots,\mathbf{V}_m$ 称为一组**规范正交集**, 若满足以下性质:

(a) 向量 $\mathbf{V}_j$ 两两正交:

$$\mathbf{V}_j\cdot\mathbf{V}_k=0,\quad 对一切 j\neq k.$$

(b) 每个向量 $\mathbf{V}_j$ 都是单位向量:

$$\|\mathbf{V}_j\|=1,\quad 对每个 j.$$

$\mathbb{R}^n$ 的标准基是规范正交集.

例1.14 向量

$$\begin{aligned}\mathbf{Q}_1&=(1,\ 1,\ 1,\ 1), & \mathbf{Q}_2&=(1,1,\ -1,\ -1),\\ \mathbf{Q}_3&=\ (1,\ -1,\ 1,\ -1), & \mathbf{Q}_4&=(-1,1,\ 1,\ -1)\end{aligned}$$

是两两正交的. 例如 $\mathbf{Q}_2\cdot\mathbf{Q}_3=1-1-1+1=0$. 每个向量的范数都是 2, 例如 $\|\mathbf{Q}_4\|=\sqrt{1+1+1+1}=2$. 每个向量都除以其范数, 就得到了四个单位向量 $\mathbf{V}_j=\dfrac{1}{2}\mathbf{Q}_j$:

$$\begin{aligned}\mathbf{V}_1&=\left(\frac{1}{2},\ \frac{1}{2},\ \frac{1}{2},\ \frac{1}{2}\right),\\ \mathbf{V}_2&=\left(\frac{1}{2},\ \frac{1}{2},\ -\frac{1}{2},\ -\frac{1}{2}\right),\\ \mathbf{V}_3&=\left(\frac{1}{2},\ -\frac{1}{2},\ \frac{1}{2},\ -\frac{1}{2}\right),\\ \mathbf{V}_4&=\left(-\frac{1}{2},\ \frac{1}{2},\ \frac{1}{2},\ -\frac{1}{2}\right).\end{aligned}$$

它们是 $\mathbb{R}^4$ 中的规范正交集.

我们将证明存在许多规范正交集, 基本的结果如下:

定理1.14 令 $n\geqslant 2$ 且 $k<n$. 设 $\mathbf{W}_1,\mathbf{W}_2,\cdots,\mathbf{W}_k$ 是 $\mathbb{R}^n$ 中的向量, 则存在非零向量 $\mathbf{V}$ 正交于每一个向量 $\mathbf{W}_i, i=1,2,\cdots,k$.

证明 对 n 用归纳法. $n=2$ 的情况是简单的. 若 $\mathbf{W}_1$ 是零向量, 则可以取 $\mathbf{V}$ 为任意的非零向量. 若 $\mathbf{W}_1=(a,b)\neq\mathbf{0}$, 则取 $\mathbf{V}=(-b,a)$. 现在作归纳假设, 若定

理对 $n-1$ 成立, 其中 $n \geqslant 3$. 要求的正交关系 $\mathbf{W}_j \cdot \mathbf{V}=0, j=1,\cdots,k$, 给出 $\mathbf{V}$ 的 n 个分量 $v_1, v_2, \cdots, v_n$ 的 k 个线性方程:

$$w_{j1}v_1 + w_{j2}v_2 + \cdots + w_{jn}v_n = 0, \qquad j=1,\ 2,\cdots,\ k. \tag{1.24}$$

我们观察左边的最后一项 $w_{jn}v_n$. 若所有的数 $w_{jn}, j=1,\cdots,k$ 都等于 0, 那么可以选择特殊解 $v_1=v_2=\cdots=v_{n-1}=0$ 而 $v_n=1$. 若其中某个 $w_{jn}\neq 0$, 则用 (1.24) 中的第 j 个方程将 v_n 表示为 $v_1, v_2, \cdots, v_{n-1}$ 的线性组合. 在 $k=1$ 的情形, 再没有其他方程, 从而 $v_1, v_2, \cdots, v_{n-1}$ 可以任意选择; 否则将 v_n 代入 (1.24) 的其他方程, 得到关于 $v_1, v_2, \cdots, v_{n-1}$ 的 $k-1$ 个线性方程. 根据归纳假设, 它们存在一个非零解. **证毕.**

我们利用定理 1.14 来构造 $\mathbb{R}^n$ 中的许多规范正交集 $\mathbf{V}_1, \mathbf{V}_2, \cdots, \mathbf{V}_n$: 令 $\mathbf{V}_1$ 是任意的范数为 1 的向量. 根据定理 1.14, 存在非零向量 $\mathbf{V}_2$ 正交于 $\mathbf{V}_1$. 再次利用定理 1.14(取 $k=2$), 存在非零向量 $\mathbf{V}_3$, 同时正交于 $\mathbf{V}_1$ 和 $\mathbf{V}_2$. 用这种方式, 最终得 n 个非零向量 $\mathbf{V}_j, j=1,\cdots,n$, 它们是两两正交的. 对每个向量除以其范数, 就得到一个规范正交基.

定理1.15　设 $\mathbf{V}_1, \cdots, \mathbf{V}_m$ 是 $\mathbb{R}^n$ 中的规范正交集, 则它们线性无关.

证明　假设存在一个关系

$$c_1\mathbf{V}_1 + \cdots + c_m\mathbf{V}_m = \mathbf{0}.$$

两边与 $\mathbf{V}_i$ 作数量积, 就有

$$(c_1\mathbf{V}_1 + \cdots + c_m\mathbf{V}_m)\cdot\mathbf{V}_i = \mathbf{0}\cdot\mathbf{V}_i = 0,$$

即

$$c_1(\mathbf{V}_1\cdot\mathbf{V}_i) + \cdots + c_m(\mathbf{V}_m\cdot\mathbf{V}_i) = 0.$$

由于当 $j\neq i$ 时 $\mathbf{V}_i\cdot\mathbf{V}_j=0$ 而 $\mathbf{V}_i\cdot\mathbf{V}_i=1$, 我们就得到 $c_i=0$. 由于这对每一个 i 都成立, 从而证明了线性无关. **证毕.**

根据定理 1.9, $\mathbb{R}^n$ 中的每一个向量 $\mathbf{X}$ 可以写成线性无关向量 $\mathbf{V}_1, \cdots, \mathbf{V}_n$ 的线性组合

$$\mathbf{X} = c_1\mathbf{V}_1 + \cdots + c_n\mathbf{V}_n.$$

在 $\mathbf{V}_j$ 规范正交的情况下, 为求出系数 c_j, 只需要两边与 $\mathbf{V}_j$ 作数量积. 例如, 为求出 c_1, 两边与 $\mathbf{V}_1$ 作数量积, 就有

$$\mathbf{X}\cdot\mathbf{V}_1 = (c_1\mathbf{V}_1 + \cdots + c_n\mathbf{V}_n)\cdot\mathbf{V}_1 = c_1\|\mathbf{V}_1\|^2 + c_2(\mathbf{V}_2\cdot\mathbf{V}_1) + \cdots + c_n(\mathbf{V}_n\cdot\mathbf{V}_1) = c_1.$$

类似地, 每一个 $c_j = \mathbf{X}\cdot\mathbf{V}_j$. 因此我们证明了下述定理.

定理1.16 设 $\mathbf{V}_1, \cdots, \mathbf{V}_n$ 是 $\mathbb{R}^n$ 中的规范正交向量, 则 $\mathbb{R}^n$ 中的每一个向量 $\mathbf{X}$ 可以写成其线性组合:

$$\mathbf{X} = (\mathbf{X} \cdot \mathbf{V}_1)\mathbf{V}_1 + \cdots + (\mathbf{X} \cdot \mathbf{V}_n)\mathbf{V}_n. \tag{1.25}$$

例1.15 为将 $\mathbf{X} = (1, 2, 3, 4)$ 写成例 1.14 中的规范正交向量 $\mathbf{V}_1, \mathbf{V}_2, \mathbf{V}_3, \mathbf{V}_4$ 的线性组合, 我们求出

$$\begin{aligned}
c_1 &= \mathbf{X} \cdot \mathbf{V}_1 = 1 \cdot \frac{1}{2} + 2 \cdot \frac{1}{2} + 3 \cdot \frac{1}{2} + 4 \cdot \frac{1}{2} = 5, \\
c_2 &= \mathbf{X} \cdot \mathbf{V}_2 = -2, \\
c_3 &= \mathbf{X} \cdot \mathbf{V}_3 = -1, \\
c_4 &= \mathbf{X} \cdot \mathbf{V}_4 = 0.
\end{aligned}$$

从而

$$\mathbf{X} = (1, 2, 3, 4) = \sum_{j=1}^{4} (\mathbf{X} \cdot \mathbf{V}_j)\mathbf{V}_j = 5\mathbf{V}_1 - 2\mathbf{V}_2 - \mathbf{V}_3.$$

问题

1.53 记数量积函数 $b(\mathbf{U}, \mathbf{V}) = \mathbf{U} \cdot \mathbf{V}$. 验证它是可分配可交换的, 并通过验证下述性质来证明它是一个双线性函数:

(a) $b(\mathbf{U}, \mathbf{V})$ 是双线性的.

(b) $b(\mathbf{U}, \mathbf{V}) = b(\mathbf{V}, \mathbf{U})$.

1.54 如图 1.16, 令 $\mathbf{U}, \mathbf{V}, \mathbf{W}, \mathbf{X}$ 是 $\mathbb{R}^3$ 中长方体的指定顶点, 求出下述距离:

(a) $\|\mathbf{V} - \mathbf{U}\|$.

(b) $\mathbf{U}$ 到原点的距离.

(c) $\mathbf{U}$ 到 $\mathbf{V} + \mathbf{W}$ 的距离.

(d) $\|\mathbf{W} - \mathbf{X}\|$.

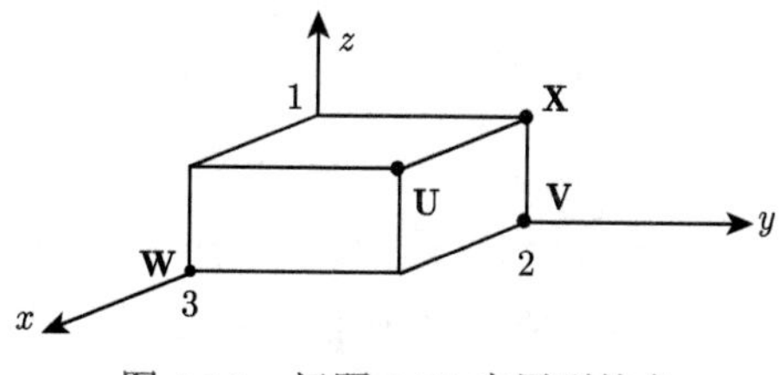

图 1.16 问题 1.54 中用到的点

1.55 求出 $\mathbb{R}^5$ 中正交于下述三个向量

$$(1, 2, 0, 0, -2), \quad (-2, 1, 2, 0, 0), \quad (0, -2, 1, 0, 2)$$

的一个非零向量 $\mathbf{W}$.

1.56 下面哪些向量是单位向量?

(a) $\frac{1}{50}(3,4,5)$.

(b) $-\mathbf{U}$, 其中 $\mathbf{U}$ 是单位向量.

(c) $(-u_1,u_2,-u_3,u_4,-u_5,u_6)$, 而 $\mathbf{U}=(u_1,u_2,u_3,u_4,u_5,u_6)$ 是单位向量.

(d) $\frac{1}{3}(1,-\sqrt{2},\sqrt{3},-\sqrt{3})$.

1.57 确定下述各组中的两个向量是否正交.

(a) $(1,1,1,1,1)$ 与 $(-1,-1,-1,-1,-1)$.

(b) $(1,1,1,1)$ 与 $(-1,-1,-1,3)$.

(c) $(1,1,1)$ 与 $(-1,2,-1)$.

1.58 证明若 $\mathbb{R}^n$ 中的向量 $\mathbf{X}$ 与 $\mathbf{Y}$ 正交, 则

$$\|\mathbf{X}+\mathbf{Y}\|^2=\|\mathbf{X}\|^2+\|\mathbf{Y}\|^2.$$

有时称为 $\mathbb{R}^n$ 中的**毕达哥拉斯定理** (或**勾股定理**).

1.59 令 u 和 v 是数, 利用 n 次代数等式

$$(u-v)^2=u^2-2uv+v^2$$

来证明, 对 $\mathbb{R}^n$ 中的向量 $\mathbf{U}$ 和 $\mathbf{V}$ 有

$$\|\mathbf{U}-\mathbf{V}\|^2=\|\mathbf{U}\|^2+\|\mathbf{V}\|^2-2\mathbf{U}\cdot\mathbf{V}.$$

1.60 求出位于 $\mathbb{R}^{100}$ 中的单位立方体

$$0\leqslant x_1\leqslant 1,\quad 0\leqslant x_2\leqslant 1,\quad \cdots,\quad 0\leqslant x_{100}\leqslant 1$$

中的向量 $\mathbf{X}=(x_1,x_2,\cdots,x_{100})$ 的范数的最大值.

1.61 想象 $\mathbb{R}^n$ 中具有边长 $c>0$ 的 n 维立方体, 由满足

$$0\leqslant x_k\leqslant c,\qquad k=1,\cdots,n$$

的所有点 $\mathbf{X}=(x_1,x_2,\cdots,x_n)$ 构成.

(a) 求出立方体中范数最大的那些点 $\mathbf{P}$, 称这些 $\mathbf{P}$ 为立方体的顶点.

(b) 当 $c=c(n)$ 取什么值时, 诸顶点 $\mathbf{P}$ 恰好落在 $\mathbb{R}^n$ 的单位球面 $\|\mathbf{X}\|=1$ 上?

(c) 当 n 趋于无穷时, 边长 $c(n)$ 如何变化?

1.62 令 $\mathbf{C}=(c_1,\cdots,c_n)$ 是 $\mathbb{R}^n$ 中给定的向量, 并令 $\mathbf{X}=(x_1,\cdots,x_n)$. 按照下述方式证明函数

$$f(\mathbf{X})=x_1+\mathbf{C}\cdot\mathbf{X}$$

是线性的: 求出一个向量 $\mathbf{D}=(d_1,\cdots,d_n)$ 使得 f 可以表达为 $f(\mathbf{X})=\mathbf{D}\cdot\mathbf{X}$.

1.63 令 $\mathbf{W}_1=(1,1,1,0),\mathbf{W}_2=(0,1,1,1)$. 求出两个线性无关且同时正交于 $\mathbf{W}_1$ 和 $\mathbf{W}_2$ 的向量.

1.64 我们对柯西–施瓦茨不等式即定理 1.12 的证明, 用到下述结果: 若 $\mathbf{U}$ 是单位向量, 则

$$0\leqslant\|\mathbf{V}-(\mathbf{U}\cdot\mathbf{V})\mathbf{U}\|^2=\|\mathbf{V}\|^2-(\mathbf{U}\cdot\mathbf{V})^2.$$

(a) 证明若 $\mathbf{U}$ 是单位向量且 $|\mathbf{U}\cdot\mathbf{V}|=\|\mathbf{U}\|\|\mathbf{V}\|$, 则 $\mathbf{V}=(\mathbf{U}\cdot\mathbf{V})\mathbf{U}$.

(b) 证明柯西–施瓦茨不等式对某两个向量 $\mathbf{U}$ 和 $\mathbf{V}$ 取得等号, 仅在其中一个向量是另一个向量的倍数时成立.

1.65 如图 1.17, 正二十面体与立方体完美匹配, 它以 20 个全等的三角形为面. 在立方体 $0\leqslant x\leqslant 2,0\leqslant y\leqslant 2,0\leqslant z\leqslant 2$ 中, 顶点 $\mathbf{A}$ 和 $\mathbf{B}$ 落在立方体的满足 $x=2$ 的面上, 而且与该面的中心等距, 因此, $\mathbf{A}=(2,1-h,\ 1),\mathbf{B}=(2,1+h,\ 1)$ 对某个 $h>0$.

(a) 将 $\mathbf{C}$ 和 $\mathbf{D}$ 的坐标用 h 表达出来.

(b) 将 $\mathbf{A}$ 与 $\mathbf{B}$ 的距离用 h 表达出来.

(c) 将 $\mathbf{A}$ 与 $\mathbf{D}$ 的距离用 h 表达出来.

(d) 求 h.

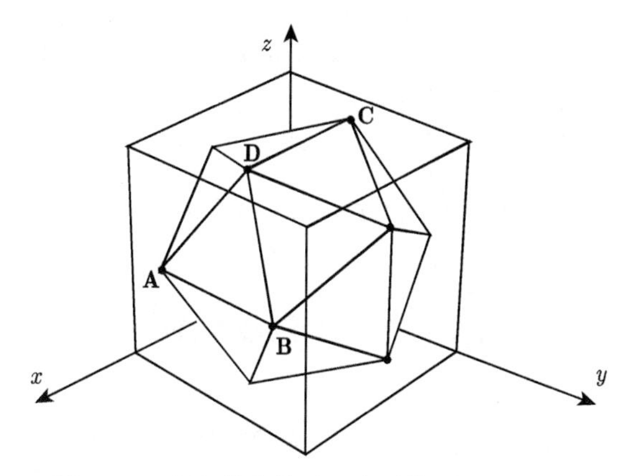

图 1.17 立方体中的正二十面体, 见问题 1.65

1.66 令

$$\mathbf{V}_1=(a,b,\cdots,\ b),\quad \mathbf{V}_2=(b,a,b,\cdots,\ b),$$
$$\mathbf{V}_3=(b,b,a,\cdots,\ b),\cdots,\mathbf{V}_n=(b,\cdots,\ b,a)$$

是 $\mathbb{R}^n$ 中的 n 个向量, 其中 $n>1$. 求数 a 和 b 使得 $\mathbf{V}_1,\cdots,\mathbf{V}_n$ 为规范正交集.

1.67 根据需要利用三角不等式证明下述不等式, 其中 a 和 b 是数, $\mathbf{X}$ 和 $\mathbf{Y}$ 是 $\mathbb{R}^n$ 中的向量.

(a) $|a| \leqslant |a-b| + |b|$.

(b) $|a| - |b| \leqslant |a-b|$.

(c) $||a| - |b|| \leqslant |a-b|$.

(d) $|\|\mathbf{X}\| - \|\mathbf{Y}\|| \leqslant \|\mathbf{X}-\mathbf{Y}\|$.

1.6 行　列　式

n 阶**行列式**是 n 个有序的 n 维向量 $\mathbf{V}_1, \mathbf{V}_2, \cdots, \mathbf{V}_n$ 的数值函数. 记为

$$\det(\mathbf{V}_1, \mathbf{V}_2, \cdots, \mathbf{V}_n).$$

在给出行列式的计算公式之前, 先给出其代数性质.

(i) $\det(\mathbf{V}_1, \mathbf{V}_2, \cdots, \mathbf{V}_n)$ 是一个多重线性函数, 也就是说, 对每一个 $i=1,2,\cdots,n$, 若固定一切 $\mathbf{V}_j$, $j \neq i$, 则行列式是 $\mathbf{V}_i$ 的线性函数.

(ii) 若有序向量组中的两个向量 $\mathbf{V}_i$ 和 $\mathbf{V}_j$ 相等, 则行列式的值为零:

$$\det(\cdots, \mathbf{V}, \cdots, \mathbf{V}, \cdots) = 0.$$

(iii) $\det(\mathbf{E}_1, \mathbf{E}_2, \cdots, \mathbf{E}_n) = 1$, 其中向量 $\mathbf{E}_i$ 的第 i 个分量为 1, 其他分量均为 0.

由上述性质可以推断出以下进一步的性质.

(iv) 若将有序向量组中两个向量的位置对换, 则行列式的值变号.

证明　反复利用行列式性质 (i) 和 (ii), 可得 (此处我们仅写出了有序向量组中的第 i 个向量 $\mathbf{U}$ 和第 j 个向量 $\mathbf{V}$)

$$0 = \det(\mathbf{U}+\mathbf{V}, \mathbf{U}+\mathbf{V}) = \det(\mathbf{U}, \mathbf{U}) + \det(\mathbf{U}, \mathbf{V}) + \det(\mathbf{V}, \mathbf{U}) + \det(\mathbf{V}, \mathbf{V}).$$

于是有

$$0 = \det(\mathbf{U}, \mathbf{V}) + \det(\mathbf{V}, \mathbf{U}).$$

这就证明了性质 (iv).　　**证毕.**

(v) 若向量组 $\mathbf{V}_1, \mathbf{V}_2, \cdots, \mathbf{V}_n$ 线性相关, 则 $\det(\mathbf{V}_1, \mathbf{V}_2, \cdots, \mathbf{V}_n) = 0$.

证明　由于 $\mathbf{V}_1, \mathbf{V}_2, \cdots, \mathbf{V}_n$ 线性相关, 故至少有一个向量, 不妨设为 $\mathbf{V}_1$, 是其他向量的线性组合:

$$\mathbf{V}_1 = \sum_{j=2}^{n} m_j \mathbf{V}_j.$$

利用行列式的多重线性, 可得

$$\det(\mathbf{V}_1, \mathbf{V}_2, \cdots, \mathbf{V}_n) = \det\left(\sum_{j=2}^{n} m_j \mathbf{V}_j, \mathbf{V}_2, \cdots, \mathbf{V}_n\right) = \sum_{j=2}^{n} m_j \det(\mathbf{V}_j, \mathbf{V}_2, \cdots, \mathbf{V}_n).$$

可见, 在上述方程的最右端, 和式的每一个行列式中有两个向量是相等的. 因此, 由性质 (ii) 知, 和式的每一项均为零, 从而整个和式为零. 这就证明了性质 (iv). **证毕.**

下面, 我们证明性质 (v) 的逆命题.

(vi) *若向量组* $\mathbf{V}_1, \mathbf{V}_2, \cdots, \mathbf{V}_n$ *线性无关, 则* $\det(\mathbf{V}_1, \mathbf{V}_2, \cdots, \mathbf{V}_n)$ *不等于零.*

证明 由于 $\mathbf{V}_1, \mathbf{V}_2, \cdots, \mathbf{V}_n$ 线性无关, 由定理 1.9, 任意一个 n 维向量可以表示为它们的线性组合. 特别地, 单位坐标向量 $\mathbf{E}_i$ 可表示为

$$\mathbf{E}_i = \sum_{j=1}^{n} b_{ji} \mathbf{V}_j.$$

由于行列式具有多重线性, 所以

$$\begin{aligned}
\det(\mathbf{E}_1, \mathbf{E}_2, \cdots, \mathbf{E}_n) &= \det\left(\sum_{j=1}^{n} b_{ji} \mathbf{V}_j, \mathbf{E}_2, \cdots, \mathbf{E}_n\right) \\
&= \sum_{j=1}^{n} b_{ji} \det(\mathbf{V}_j, \mathbf{E}_2, \cdots, \mathbf{E}_n) \\
&= \sum_{j=1}^{n} b_{j1} \det\left(\mathbf{V}_j, \sum_{k=1}^{n} b_{k2} \mathbf{V}_k, \mathbf{E}_3, \cdots, \mathbf{E}_n\right) \\
&= \sum_{j=1}^{n} b_{j1} \sum_{k=1}^{n} b_{k2} \det(\mathbf{V}_j, \mathbf{V}_k, \mathbf{E}_3, \cdots, \mathbf{E}_n). \qquad (1.26)
\end{aligned}$$

继续上述方式, 可以把行列式 $\det(\mathbf{E}_1, \mathbf{E}_2, \cdots, \mathbf{E}_n)$ 展为行列式 $\det(\mathbf{V}_j, \mathbf{V}_k, \cdots, \mathbf{V}_z)$ 的线性组合, 其中 $\mathbf{V}_j, \mathbf{V}_k, \cdots, \mathbf{V}_z$ 是 $\mathbf{V}_1, \mathbf{V}_2, \cdots, \mathbf{V}_n$ 的一个置换, 因此

$$\det(\mathbf{E}_1, \mathbf{E}_2, \cdots, \mathbf{E}_n) = \sum_{\text{置换} jk\cdots z} (b_{j1} b_{k2} \cdots b_{zn}) \det(\mathbf{V}_j, \mathbf{V}_k, \cdots, \mathbf{V}_z).$$

对每一个置换, 有

$$\det(\mathbf{V}_j, \mathbf{V}_k, \cdots, \mathbf{V}_z) = \det(\mathbf{V}_1, \mathbf{V}_2, \cdots, \mathbf{V}_n)$$

或

$$\det(\mathbf{V}_j, \mathbf{V}_k, \cdots, \mathbf{V}_z) = -\det(\mathbf{V}_1, \mathbf{V}_2, \cdots, \mathbf{V}_n).$$

所以 $\det(\mathbf{E}_1, \mathbf{E}_2, \cdots, \mathbf{E}_n)$ 是 $\det(\mathbf{V}_1, \mathbf{V}_2, \cdots, \mathbf{V}_n)$ 的倍数. 又

$$\det(\mathbf{E}_1, \mathbf{E}_2, \cdots, \mathbf{E}_n) = 1,$$

所以行列式 $\det(\mathbf{V}_1, \mathbf{V}_2, \cdots, \mathbf{V}_n)$ 不等于零. 这就证明了性质 (iv). **证毕.**

为了完成行列式特征的刻画, 我们将证明性质 (i), (ii) 和 (iii). 首先, 由三条性质推出一个公式, 该公式对满足性质的任何函数都成立. 然后, 证明由这一公式定义的函数满足三条性质.

为了利用行列式的性质 (i), (ii) 和 (iii) 得到行列式的一个计算公式, 我们取 $\mathbb{R}^n$ 中的一个有序向量组 $\mathbf{V}_1, \mathbf{V}_2, \cdots, \mathbf{V}_n$. 记向量 $\mathbf{V}_j$ 的第 k 个分量为 v_{kj} $(j = 1, 2, \cdots, n; k = 1, 2, \cdots, n)$. 我们把每一个向量 $\mathbf{V}_j$ 写为单位向量 $\mathbf{E}_k$ 的线性组合:

$$\mathbf{V}_j = \sum_{k=1}^{n} v_{kj} \mathbf{E}_k. \tag{1.27}$$

对 $\mathbf{V}_1$ 用上面的表达式, 有

$$\det(\mathbf{V}_1, \mathbf{V}_2, \cdots, \mathbf{V}_n) = \det\left(\sum_{k=1}^{n} v_{k1} \mathbf{E}_k, \mathbf{V}_2, \cdots, \mathbf{V}_n\right).$$

利用行列式的多重线性, 上述等式的右端可改写为

$$\sum_{k=1}^{n} v_{k1} \det\left(\mathbf{E}_k, \mathbf{V}_2, \cdots, \mathbf{V}_n\right).$$

接下来, 对 (1.27) 用 $\mathbf{V}_2$ 中的表达式以及多重线性, 改写上述和式中的每一项, 得到下列双重求和公式

$$\det(\mathbf{V}_1, \mathbf{V}_2, \cdots, \mathbf{V}_n) = \sum_{k=1}^{n} \sum_{\ell=1}^{n} v_{k1} v_{\ell 2} \det\left(\mathbf{E}_k, \mathbf{E}_\ell, \mathbf{V}_3, \cdots, \mathbf{V}_n\right).$$

以这种方式继续, 得到一个 n 重求和公式

$$\det(\mathbf{V}_1, \mathbf{V}_2, \cdots, \mathbf{V}_n) = \sum_{k,\ell,\cdots,z=1}^{n} (v_{k1} v_{\ell 2} \cdots v_{zn}) \det\left(\mathbf{E}_k, \mathbf{E}_\ell, \cdots, \mathbf{E}_z\right). \tag{1.28}$$

下面利用性质 (i), (ii) 和 (iii) 定义 $\det\left(\mathbf{E}_k, \mathbf{E}_\ell, \cdots, \mathbf{E}_z\right)$.

由性质 (ii) 知, 当两个向量相等时行列式的值为零. 这表明在公式 (1.28) 中, 我们可以限制求和下标 $k, \ell, \cdots, z$ 为 $1, 2, \cdots, n$ 的排列.

我们定义一个排列的**符号**如下. 记

$$p = p_1 p_2 \cdots p_n$$

为 $1, 2, \cdots, n$ 的一个排列, 也就是说

$$p(1) = p_1,\ \ p(2) = p_2,\ \ \cdots,\ \ p(n) = p_n.$$

构造两个连乘积

$$\prod_{i<j}(x_{p_i} - x_{p_j}) \tag{1.29}$$

和

$$\prod_{i<j}(x_i - x_j). \tag{1.30}$$

连乘积 (1.29) 中的每一个因子等于连乘积 (1.30) 中的一个因子或其相反数, 所以两个连乘积相等或者互为相反数.

定义1.15 我们定义 $1,2,\cdots,n$ 的一个排列 p 的**符号** $s(p)$ 为 1 或 -1, 使得

$$\prod_{i<j}(x_{p_i} - x_{p_j}) = s(p)\prod_{i<j}(x_i - x_j). \tag{1.31}$$

不难验证, $s(p)$ 具有下列性质:

(a) 对换改变排列的符号.

(b) 两个排列之复合的符号等于两个排列各自符号的乘积:

$$s(pq) = s(p)s(q).$$

证明 (a) 当我们对换 x_k 和 x_m $(k < m)$ 时, 对 k 和 m 之间的任何 ℓ, $x_\ell - x_k$ 和 $x_m - x_\ell$ 均变号, 符号改变偶数次. 另外, $x_m - x_k$ 变号, 所以符号改变总次数为奇数次.

(b) 可由定义 (1.31) 直接得到, 该证明留作练习 (见问题 1.75). **证毕.**

每个排列都可以看作由对换复合而成的. 令 $c(p)$ 为对换的次数. 由性质 (a) 和 (b),

$$s(p) = (-1)^{c(p)}.$$

例1.16 令 $p = 312$ 是 $1,2,3$ 的一个排列, 即

$$p_1 = 3, \quad p_2 = 1, \quad p_3 = 2.$$

312 经过两次对换变为 123: 第一次对换把 312 变为 132, 第二次对换把 132 变为 123. 所以 $s(p) = 1$.

例1.17 一次对换 (即 2 跟 5 对换) 把 15342 变为 12345, 所以 $s(15342) = -1$.

由性质 (iv) 每次对换产生一个 -1, 结合性质 (iii), 有

$$\det(\mathbf{E}_{p_1}, \cdots, \mathbf{E}_{p_n}) = (-1)^{c(p)} \det(\mathbf{E}_1, \cdots, \mathbf{E}_n) = (-1)^{c(p)} = s(p).$$

把这一结果应用到行列式公式 (1.28). 我们已经证明若一个函数满足性质 (i), (ii) 和 (iii), 则 $(\mathbf{V}_1, \cdots, \mathbf{V}_n)$ 对应行列式的值为

$$\sum_p s(p) v_{p_1 1} v_{p_2 2} \cdots v_{p_n n},$$

其中求和取遍 $1, 2, \cdots, n$ 的所有排列 $p = p_1 p_2 \cdots p_n$. 综上, 我们给出行列式的定义如下:

定义1.16 令 $\mathbf{V}_1, \mathbf{V}_2, \cdots, \mathbf{V}_n$ 为 $\mathbb{R}^n$ 中的列向量, 记为

$$\mathbf{V}_1 = \begin{bmatrix} v_{11} \\ v_{21} \\ \vdots \\ v_{n1} \end{bmatrix}, \quad \mathbf{V}_2 = \begin{bmatrix} v_{12} \\ v_{22} \\ \vdots \\ v_{n2} \end{bmatrix}, \quad \cdots, \quad \mathbf{V}_n = \begin{bmatrix} v_{1n} \\ v_{2n} \\ \vdots \\ v_{nn} \end{bmatrix}.$$

行列式定义为

$$\det(\mathbf{V}_1, \mathbf{V}_2, \cdots, \mathbf{V}_n) = \sum_p s(p) v_{p_1 1} v_{p_2 2} \cdots v_{p_n n}, \tag{1.32}$$

其中求和取遍 $1, 2, \cdots, n$ 的所有排列 $p = p_1 p_2 \cdots p_n$.

2×2 的情况

对 $n = 2$, 令 $p = 12$, $q = 21$ 是 $1, 2$ 的两个排列. 对 p 不需要对换, 所以 $s(p) = 1$. 对 q 进行一次对换得到 12, 所以 $s(q) = -1$. 对

$$\mathbf{V}_1 = \begin{bmatrix} v_{11} \\ v_{21} \end{bmatrix}, \quad \mathbf{V}_2 = \begin{bmatrix} v_{12} \\ v_{22} \end{bmatrix},$$

行列式为

$$\begin{aligned} \det(\mathbf{V}_1, \mathbf{V}_2) &= s(p) v_{p_1 1} v_{p_2 2} + s(p) v_{q_1 1} v_{q_2 2} \\ &= s(12) v_{\underline{1}1} v_{\underline{2}2} + s(21) v_{\underline{2}1} v_{\underline{1}2} \\ &= v_{11} v_{22} - v_{21} v_{12}, \end{aligned}$$

这里, 求和取遍 $1, 2$ 的两个排列.

例1.18 $\det\left(\begin{bmatrix} 2 \\ -2 \end{bmatrix}, \begin{bmatrix} 5 \\ 1 \end{bmatrix}\right) = 2 \cdot 1 - (-2) \cdot 5 = 12.$

现在, 我们验证通过公式 (1.32) 所定义的行列式具有本节开头给出的三条代数性质:

(i) (1.32) 右端和式的每一项都是 $\mathbf{V}_j$ 的多重线性函数. 所以整个和式亦如此.

(ii) 在定义 (1.32) 中对换 $\mathbf{V}_i$ 和 $\mathbf{V}_j$, 其中 $i<j$. 我们得到

$$\det(\cdots,\mathbf{V}_j,\cdots,\mathbf{V}_i,\cdots)=\sum_p s(p)(\cdots v_{p_j i}\cdots v_{p_i j}\cdots). \tag{1.33}$$

令 r 为对换 i 和 j 后的排列, 并且记排列 pr 为 q. 由于交换因子 $v_{p_j i}$ 和 $v_{p_i j}$ 不改变结果, 于是 (1.33) 可被改写为排列 q 的加和:

$$\det(\cdots,\mathbf{V}_j,\cdots,\mathbf{V}_i,\cdots)=\sum_q s(p)(v_{q_1 1}v_{q_2 2}\cdots v_{q_n n}). \tag{1.34}$$

根据乘积公式 $s(q)=s(pr)=s(p)s(r)$, $s(r)$ 的符号为 -1, 故 $s(q)=-s(p)$. 代入 (1.34), 有

$$\det(\cdots,\mathbf{V}_j,\cdots,\mathbf{V}_i,\cdots)=-\det(\cdots,\mathbf{V}_i,\cdots,\mathbf{V}_j,\cdots). \tag{1.35}$$

综上, 若列表中的两个向量对换, 则行列式变为原来的 -1 倍. 由 (1.35) 可得若向量 $\mathbf{V}_i$ 和 $\mathbf{V}_j$ 相等, 则 $\det(\mathbf{V}_1,\cdots,\mathbf{V}_n)=0$.

(iii) 对 $\mathbf{V}_j=\mathbf{E}_j\,(j=1,2,\cdots,n)$, 公式 (1.32) 右端的和式只有一项非零, 根据 $12\cdots n$ 的平凡排列, 该项等于 1. 这就证明了

$$\det(\mathbf{E}_1,\mathbf{E}_2,\cdots,\mathbf{E}_n)=1.$$

这就证明了公式 (1.32) 所定义的行列式具有本节开头给出的三条性质.

$\mathbb{R}^n$ 中 n 个列向量构成的一个矩形数组称为一个矩阵 (另见 1.8 节). 记①

$$\mathbf{M}=[\mathbf{V}_1\,\mathbf{V}_2\,\cdots\,\mathbf{V}_n],\quad \det\mathbf{M}=(\mathbf{V}_1,\mathbf{V}_2,\cdots,\mathbf{V}_n).$$

我们用定义 1.16 来计算 $\mathbf{M}$ 的行列式. 例如, 用例 1.18 中的向量, 有

$$\det\begin{bmatrix}2&5\\-2&1\end{bmatrix}=2\cdot1-(-2)\cdot5=12.$$

3 × 3 的情况

令 $\mathbf{M}=\begin{bmatrix}m_{11}&m_{12}&m_{13}\\m_{21}&m_{22}&m_{23}\\m_{31}&m_{32}&m_{33}\end{bmatrix}$. 对 $n=3$, 存在六个排列,

$$123,\quad 132,\quad 213,\quad 231,\quad 312,\quad 321.$$

① det 是行列式 determinant 的缩写. 在国内的教材中, 通常用 $|\mathbf{M}|$ 表示方阵 $\mathbf{M}$ 的行列式. ——译者注.

由 (1.32),

$$
\begin{aligned}
\det \mathbf{M} = & s(123)m_{\underline{1}1}m_{\underline{2}2}m_{\underline{3}3} + s(132)m_{\underline{1}1}m_{\underline{3}2}m_{\underline{2}3} + s(213)m_{\underline{2}1}m_{\underline{1}2}m_{\underline{3}3} \\
& + s(231)m_{\underline{2}1}m_{\underline{3}2}m_{\underline{1}3} + s(312)m_{\underline{3}1}m_{\underline{1}2}m_{\underline{2}3} + s(321)m_{\underline{3}1}m_{\underline{2}2}m_{\underline{1}3} \\
= & m_{11}m_{22}m_{33} - m_{11}m_{32}m_{23} - m_{21}m_{12}m_{33} \\
& + m_{21}m_{32}m_{13} + m_{31}m_{12}m_{23} - m_{31}m_{22}m_{13}.
\end{aligned} \tag{1.36}
$$

上述和式可以有不同的表示方法, 例如, 我们可以提出第一列的各因子 m_{j1}, 得到

$$
\begin{aligned}
\det \mathbf{M} = & m_{11}\left(m_{22}m_{33} - m_{32}m_{23}\right) - m_{21}\left(m_{12}m_{33} - m_{32}m_{13}\right) \\
& + m_{31}\left(m_{12}m_{23} - m_{22}m_{13}\right).
\end{aligned} \tag{1.37}
$$

如果我们提出第一行的各因子 m_{1k}, 得到

$$
\begin{aligned}
\det \mathbf{M} = & m_{11}\left(m_{22}m_{33} - m_{32}m_{23}\right) + m_{12}\left(m_{21}m_{33} + m_{31}m_{23}\right) \\
& + m_{13}\left(m_{21}m_{32} - m_{31}m_{22}\right) \\
= & m_{11}\det\begin{bmatrix} m_{22} & m_{23} \\ m_{32} & m_{33} \end{bmatrix} - m_{12}\det\begin{bmatrix} m_{21} & m_{23} \\ m_{31} & m_{33} \end{bmatrix} + m_{13}\det\begin{bmatrix} m_{21} & m_{22} \\ m_{31} & m_{32} \end{bmatrix}.
\end{aligned}
$$

例1.19

$$
\begin{aligned}
\det\begin{bmatrix} 0 & 1 & 2 \\ 5 & 6 & 7 \\ -1 & 3 & 2 \end{bmatrix} &= 0 - 1\det\begin{bmatrix} 5 & 7 \\ -1 & 2 \end{bmatrix} + 2\det\begin{bmatrix} 5 & 6 \\ -1 & 3 \end{bmatrix} \\
&= 0 - (10+7) + 2(15+6) = 25.
\end{aligned}
$$

例1.20　令

$$
\mathbf{M} = \begin{bmatrix} 0 & 0 & 0 & d \\ 0 & b & 0 & 0 \\ a & 0 & 0 & 0 \\ 0 & 0 & c & 0 \end{bmatrix}.
$$

则该行列式 $\det \mathbf{M}$ 的值必是 $abcd$ 或 $-abcd$, 因为 $\det \mathbf{M}$ 中唯一的非零项是

$$
m_{31}m_{22}m_{43}m_{14} = abcd.
$$

在问题 1.72 中, 读者会发现排列 3241 的符号为 +1. 所以

$$
\det \mathbf{M} = abcd.
$$

行列式与定向

现在讨论行列式的几何意义.① 我们利用行列式的概念从代数的角度来定义 $\mathbb{R}^n$ 中 n 个线性无关向量所构成的有序向量组的**定向**.

定义1.17 令 $\mathbf{V}_1, \mathbf{V}_2, \cdots, \mathbf{V}_n$ 是 $\mathbb{R}^n$ 中 n 个线性无关向量的有序向量组. 由性质(vi), $\det(\mathbf{V}_1, \mathbf{V}_2, \cdots, \mathbf{V}_n) \neq 0$. 若 $\det(\mathbf{V}_1, \mathbf{V}_2, \cdots, \mathbf{V}_n)$ 是正的, 则称有序向量组是正定向的; 若 $\det(\mathbf{V}_1, \mathbf{V}_2, \cdots, \mathbf{V}_n)$ 是负的, 则称有序向量组是负定向的.

注意到, 性质 (iii) $\det(\mathbf{E}_1, \mathbf{E}_2, \cdots, \mathbf{E}_n) = 1$ 以及性质 (i) 行列式的多重线性, 有下述结论:

(a) 向量组 $\mathbf{E}_1, \mathbf{E}_2, \cdots, \mathbf{E}_n$ 的有序向量组是正定向的;

(b) 向量组 $\mathbf{E}_1, \mathbf{E}_2, \cdots, \mathbf{E}_{n-1}, -\mathbf{E}_n$ 的有序向量组是负定向的.

见图 1.18 和图 1.19.

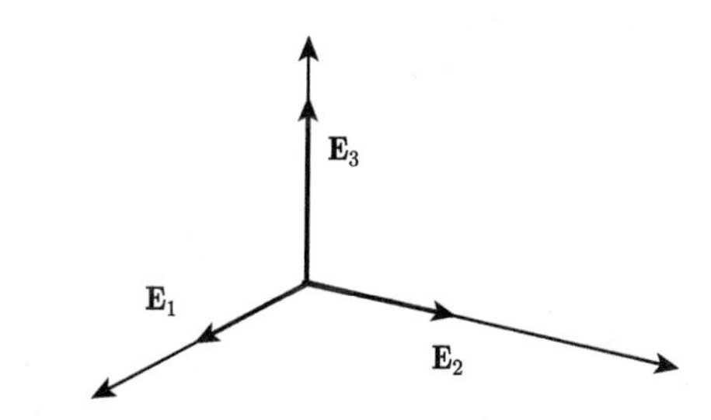

图 1.18 $\mathbf{E}_1, \mathbf{E}_2, \mathbf{E}_3$ 在 $\mathbb{R}^3$ 中是正定向的

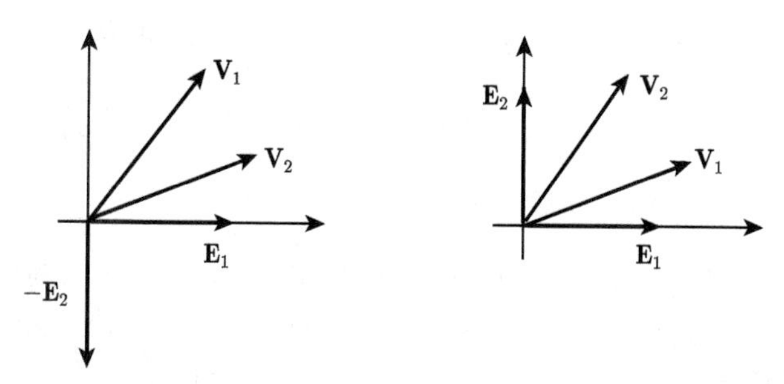

图 1.19 左: $\mathbf{V}_1, \mathbf{V}_2$ 的有序向量组是负定向的; 右: $\mathbf{V}_1, \mathbf{V}_2$ 的有序向量组是正定向的

一个 n 元函数 $\mathbf{U}(t) = (u_1(t), u_2(t), \cdots, u_n(t))$, 若其中每个 u_i 都是从 $\mathbb{R}$ 的某个区间到 $\mathbb{R}$ 的连续函数, 则 $\mathbf{U}(t)$ 称为 $\mathbb{R}^n$ 上的连续向量函数. 线性无关的有序向量组的一个**形变**是指 $\mathbb{R}^n$ 中连续向量函数 $\mathbf{V}_1(t), \mathbf{V}_2(t), \cdots, \mathbf{V}_n(t)$ 的有序向量组,

① 这一节所讨论的, 与其说是行列式的几何意义, 还不如说是其拓扑意义. 简单说, 空间的一组有序的基底确定出空间的一个定向. 定向是我们常说的“左手系”和“右手系”的推广, 是一个重要的拓扑观念, 取决于基底行列式的正负. 行列式的几何意义体现在 1.7 节的定义 1.19 与例 1.23 之后的讨论, 即, 行列式表示其向量张成的平行多面体的有向体积.——译者注.

其中该向量函数对任意的 t 都是线性无关的, 从而对任意的 t, 形变的行列式恒不等于零. 由于 $\det(\mathbf{V}_1(t),\mathbf{V}_2(t),\cdots,\mathbf{V}_n(t))$ 是分量函数乘积之和, 且 $\mathbf{V}_j(t)$ 的每一部分都是 t 的连续函数, 所以 $\det(\mathbf{V}_1(t),\mathbf{V}_2(t),\cdots,\mathbf{V}_n(t))$ 是连续的. 由介值定理, 一个变量的连续函数

$$\det(\mathbf{V}_1(t),\mathbf{V}_2(t),\cdots,\mathbf{V}_n(t))\neq 0,$$

则对所有的 t 具有相同的符号. 这就证明了对所有的 t, $\mathbf{V}_1(t),\mathbf{V}_2(t),\cdots,\mathbf{V}_n(t)$ 的有序向量组具有相同的定向.

关于行列式定向的几何意义, 有以下基本结果.

定理1.17　(a) $\mathbb{R}^n$ 中任何 n 个线性无关向量 $\mathbf{V}_1,\mathbf{V}_2,\cdots,\mathbf{V}_n$ 的正定向有序向量组都可形变为单位向量 $\mathbf{E}_1,\mathbf{E}_2,\cdots,\mathbf{E}_n$ 的有序向量组.

(b) $\mathbb{R}^n$ 中任何 n 个线性无关向量 $\mathbf{V}_1,\mathbf{V}_2,\cdots,\mathbf{V}_n$ 的负定向有序向量组都可形变为向量 $\mathbf{E}_1,\mathbf{E}_2,\cdots,-\mathbf{E}_n$ 的有序向量组.

证明　我们概述对 n 的归纳证明. 见图 1.20.

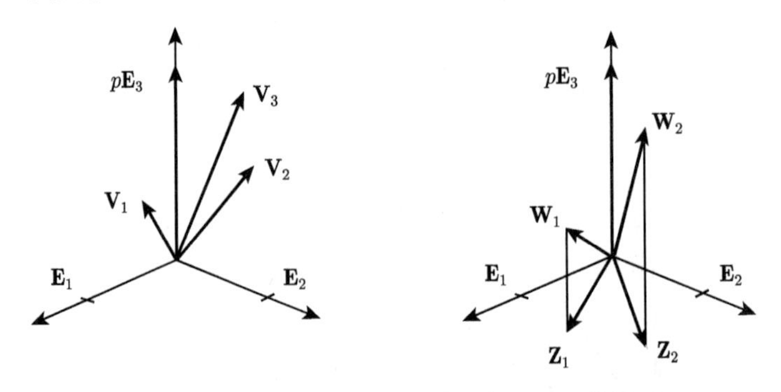

图 1.20　定理 1.17 的证明过程中 $n=3$ 的情况

(a) 假设向量组 $\mathbf{V}_1,\mathbf{V}_2,\cdots,\mathbf{V}_n$ 是正定向的. 可以通过一系列初等变换把向量 $\mathbf{V}_n$ 变为 $p\mathbf{E}_n$, 其中 p 为正常数. 同时这一系列初等变换也把其他向量 $\mathbf{V}_j$ 变为新的向量, 记为 $\mathbf{W}_j\,(j=1,2,\cdots,n-1)$. 类似地, 我们把每个向量 $\mathbf{W}_j\,(j<n)$ 的第 n 个分量化为零. 这相当于将向量 $\mathbf{W}_n=p\mathbf{E}_n$ 的某个倍数加到 $\mathbf{W}_j\,(j<n)$ 上, 不改变诸向量的行列式. 因此, 这些向量在超平面 $x_n=0$ 中是线性无关的.

记 $\mathbf{Z}_j(j<n)$ 为向量 $\mathbf{W}_j$ 去掉第 n 个分量后得到的 $(n-1)$ 维向量组. 由于去掉的分量均为零, 所以我们得到一个由 $(n-1)$ 个线性无关向量构成的集合, 并且每个向量含有 $(n-1)$ 个分量. n 个向量 $\mathbf{W}_1,\mathbf{W}_2,\cdots,\mathbf{W}_n$ 的行列式等于 $(n-1)$ 个 $(n-1)$ 维向量组 $\mathbf{Z}_1,\mathbf{Z}_2,\cdots,\mathbf{Z}_{n-1}$ 构成的行列式的 p 倍. 由于 p 是正的, 所以 $\det(\mathbf{W}_1,\mathbf{W}_2,\cdots,\mathbf{W}_n)$ 也是正的. 由归纳假设, $(n-1)$ 个 $(n-1)$ 维正定向向量的有序向量组可以形变为 $\mathbf{E}_1,\mathbf{E}_2,\cdots,\mathbf{E}_{n-1}$ 的有序向量组. 在一维空间中, 一个正定

向向量是一个正数, 正数可形变为 1.

这就给出了 $\mathbf{V}_1, \mathbf{V}_2, \cdots, \mathbf{V}_n$ 的正定向有序向量组可形变为 $\mathbf{E}_1, \mathbf{E}_2, \cdots, \mathbf{E}_n$ 的有序向量组的证明梗概.

(b) 类似地可以证明, 负定向的有序向量组 $\mathbf{V}_1, \mathbf{V}_2, \cdots, \mathbf{V}_n$ 可形变为有序向量组 $\mathbf{E}_1, \mathbf{E}_2, \cdots, -\mathbf{E}_n$. **证毕.**

问题

1.68 计算下列行列式.

(a) $\det\begin{bmatrix}1 & 0\\0 & 1\end{bmatrix}$; (b) $\det\begin{bmatrix}1 & 0\\0 & -1\end{bmatrix}$; (c) $\det\begin{bmatrix}1 & 2\\0 & -1\end{bmatrix}$; (d) $\det\begin{bmatrix}1 & 4\\1 & 4\end{bmatrix}$.

(e) $\det(\mathbf{U}, \mathbf{V})$, 其中 $\mathbf{U}$ 和 $\mathbf{V}$ 是 $\mathbb{R}^2$ 中线性相关的列向量.

1.69 通过验证下列 (a) 和 (b), 证明 $\det(\mathbf{U}, \mathbf{V})$ 是 $\mathbb{R}^2$ 中列向量 $\mathbf{U}, \mathbf{V}$ 的双线性函数:

(a) $\det(\mathbf{U}+\mathbf{W}, \mathbf{V}) = \det(\mathbf{U}, \mathbf{V})+\det(\mathbf{W}, \mathbf{V})$ 且 $\det(\mathbf{U}, \mathbf{V}+\mathbf{W}) = \det(\mathbf{U}, \mathbf{V})+\det(\mathbf{U}, \mathbf{W})$.

(b) $\det(c\mathbf{U}, \mathbf{V}) = c\det(\mathbf{U}, \mathbf{V})$ 和 $\det(\mathbf{U}, c\mathbf{V}) = c\det(\mathbf{U}, \mathbf{V})$.

1.70 利用行列式函数的双线性证明下列表达式均为零.

(a) $\det\begin{bmatrix}5a & b\\5c & d\end{bmatrix} - 5\det\begin{bmatrix}a & b\\c & d\end{bmatrix}$.

(b) $\det\begin{bmatrix}x & y-z\\v & w\end{bmatrix} - \det\begin{bmatrix}x & y\\v & w\end{bmatrix} + \det\begin{bmatrix}x & z\\v & 0\end{bmatrix}$.

1.71 计算下列行列式.

(a) $\det\begin{bmatrix}1 & 0 & 0\\0 & 1 & 0\\0 & 0 & 1\end{bmatrix}$; (b) $\det\begin{bmatrix}1 & 0 & 0\\0 & 1 & 0\\0 & 0 & -1\end{bmatrix}$; (c) $\det\begin{bmatrix}1 & 0 & 0\\0 & -1 & 0\\0 & 0 & -1\end{bmatrix}$;

(d) $\det\begin{bmatrix}1 & 0 & 0\\0 & 0 & 2\\0 & 3 & 0\end{bmatrix}$; (e) $\det\begin{bmatrix}0 & 0 & 3\\0 & 2 & 0\\1 & 0 & 0\end{bmatrix}$.

1.72 从下列等式确定 $s(3241)$ 的符号.

$$\begin{aligned}&(x_3-x_2)(x_3-x_4)(x_3-x_1)(x_2-x_4)(x_2-x_1)(x_4-x_1)\\=\ &s(3241)(x_1-x_2)(x_1-x_3)(x_1-x_4)(x_2-x_3)(x_2-x_4)(x_3-x_4).\end{aligned}$$

1.73 在排列 3241 中, 一个较大的数排在一个较小的数的左边, 41, 21, 31, 32, 这种情况出现的次数为偶数, 其符号为 +1(见问题 1.72).

(a) 证明一般情况下, 若一个较大的数排在一个较小的数的左边出现的次数为偶数, 则排列的符号为 +1, 若出现的次数为奇数, 则排列的符号为 −1.

(b) 计算 $s(1237456)$.

(c) 计算 $s(1273456)$.

1.74 计算下列行列式.

(a) $\det\begin{bmatrix}1&0&0&\cdots&0\\0&2&0&\cdots&0\\0&0&3&\cdots&0\\\vdots&\vdots&\vdots&\ddots&\vdots\\0&0&0&\cdots&n\end{bmatrix}$;　(b) $\det\begin{bmatrix}n&1&1&\cdots&1\\0&n-1&1&\cdots&1\\0&0&n-2&\cdots&1\\\vdots&\vdots&\vdots&\ddots&\vdots\\0&0&0&3&1\\0&0&0&\cdots&2\end{bmatrix}$.

1.75 设 p 和 q 是 $1,2,3,\cdots,n$ 的两个排列, 若先用 q 作用然后继之以 p, 则记该复合为 pq. 证明排列的符号具有下列性质 $s(pq)=s(p)s(q)$.

1.76 利用问题 1.75 的结果证明, 一个排列与其逆排列具有相同的符号.

1.77 证明 $\mathbb{R}^3$ 中的有序向量组 $\mathbf{E}_1,\mathbf{E}_3,\mathbf{E}_2$ 的定向以及 $s(132)$ 都是负的.

1.78 证明 $\mathbb{R}^3$ 中的有序向量组 $\mathbf{E}_3,\mathbf{E}_1,\mathbf{E}_2$ 的定向以及 $s(312)$ 都是正的.

1.7 有向体积

我们首先定义单形.

定义1.18 令 $k\leqslant n$, $\mathbf{V}_1,\cdots,\mathbf{V}_k$ 为 $\mathbb{R}^n$ 中线性无关的向量组. $\mathbb{R}^n$ 中以 $\mathbf{0},\mathbf{V}_1,\cdots,\mathbf{V}_k$ 为顶点的 k **维单形**是指所有满足下列条件的点的集合

$$\mathbf{X}=c_1\mathbf{V}_1+c_2\mathbf{V}_2+\cdots+c_k\mathbf{V}_k,\quad \text{其中 } c_i\geqslant 0 \text{ 且 } \sum_{i=1}^{k}c_i\leqslant 1.$$

若顶点的次序是指定的, 则称单形是**有序**的.

例1.21 以 $(0,0),(1,0),(0,1)$ 为顶点的二维单形是 $\mathbb{R}^2$ 中的三角形区域, 见图 1.21 左侧图形. 以 $(0,0,0),(1,0,0),(0,1,0),(0,0,1)$ 为顶点的三维单形是 $\mathbb{R}^3$ 中的立体四面体, 见图 1.21 中间图形. 以 $(0,0,0),(0,1,0),(0,0,1)$ 为顶点的二维单形是 $\mathbb{R}^3$ 中的三角形平面, 见图 1.21 右侧图形.

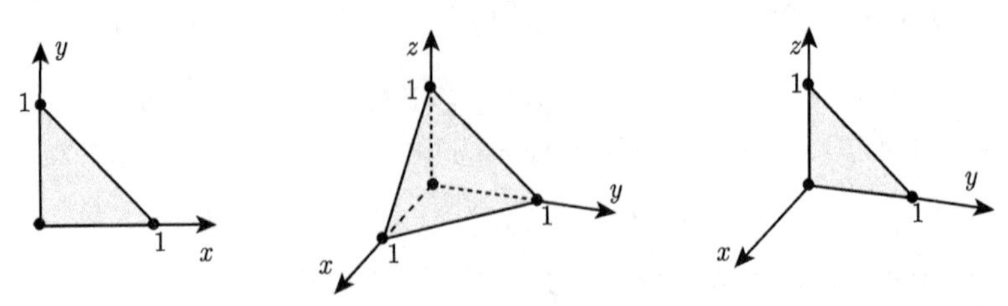

图 1.21　左: $\mathbb{R}^2$ 中二维单形; 中: $\mathbb{R}^3$ 中三维单形; 右: $\mathbb{R}^3$ 中二维单形. 见例 1.21

对任意的 $j=1,2,\cdots,k$, k 维单形的 j-表面是有序的 $(k-1)$ 维单形, 其顶点为向量组 $\mathbf{0},\mathbf{V}_1,\cdots,\mathbf{V}_k$ 中去掉 $\mathbf{V}_j$.①

例1.22 例 1.21 中以 $(0,0,0),(1,0,0),(0,1,0),(0,0,1)$ 为顶点的有序三维单形的 1-表面, 是以 $(0,0,0),(0,1,0),(0,0,1)$ 为顶点的二维单形, 见图 1.21.

下面定义 $\mathbb{R}^n$ 中点 $\mathbf{V}$ 到由 $(n-1)$ 个线性无关的向量张成的超平面的距离, 如下: 由定理 1.14 知, 存在垂直于超平面的单位向量 $\mathbf{N}$. 定义 $\mathbf{V}$ 到超平面的距离为 $|\mathbf{V}\cdot\mathbf{N}|$.②

n 维单形的**体积**定义为 j-表面的 $(n-1)$ 维体积与 $\mathbf{V}_j$ 到由 $\mathbf{V}_i(i\neq j)$ 张成且包含 j-表面的超平面的距离的乘积再除以 n. 我们将证明, 这一数字对所有的 j 都是相同的. 为了完成这一定义, 我们需要表面的体积. 对 $\mathbb{R}^3$ 中的三维单形而言, 其表面为二维平面上的三角形区域, 表面的体积即三角形的面积. 在高维空间中, 可以在包含表面的超平面上引进一个 $(n-1)$ 维坐标系, 于是表面的体积可以按维数进行归纳定义.

定义1.19 以 $\mathbf{0},\mathbf{V}_1,\cdots,\mathbf{V}_n$ 为顶点的有序 n 维单形的**有向体积** $S(\mathbf{V}_1,\cdots,\mathbf{V}_n)$ 定义如下: 若有序集 $\mathbf{V}_1,\cdots,\mathbf{V}_n$ 是正定向的, 则 $S(\mathbf{V}_1,\cdots,\mathbf{V}_n)$ 为单形的 n 维体积; 若有序集 $\mathbf{V}_1,\cdots,\mathbf{V}_n$ 是负定向的, 则 $S(\mathbf{V}_1,\cdots,\mathbf{V}_n)$ 为单形体积的相反数.

我们将推导有向体积的计算公式, 并证明其是 $\mathbf{V}_1,\cdots,\mathbf{V}_n$ 的多重线性函数.

令 $\mathbf{V}_1,\cdots,\mathbf{V}_n$ 是 $\mathbb{R}^n$ 中的有序向量集合. 定义向量 $\mathbf{V}_j$ 到 $\mathbf{V}_1,\cdots,\mathbf{V}_i,\cdots,\mathbf{V}_n(i\neq j)$ 所张成的超平面的有向距离 $s(\mathbf{V}_j)$ 如下:

(a) 若 n 维单形 $S(\mathbf{V}_1,\cdots,\mathbf{V}_n)$ 是正定向的, 则定义 $s(\mathbf{V}_j)$ 为向量 $\mathbf{V}_j$ 到 $\mathbf{V}_i(i\neq j)$ 所张成的超平面的距离.

(b) 若 n 维单形 $S(\mathbf{V}_1,\cdots,\mathbf{V}_n)$ 是负定向的, 则定义 $s(\mathbf{V}_j)$ 为向量 $\mathbf{V}_j$ 到 $\mathbf{V}_i(i\neq j)$ 所张成的超平面的距离的相反数.

(c) 若诸 $\mathbf{V}_i$ 线性相关, 则定义 $s(\mathbf{V}_j)$ 为零.

在问题 1.83 中, 证明 $s(\mathbf{V})$ 在超平面外的每个半空间上均为线性函数. 设 $\mathbf{W}$ 是 $\mathbf{V}$ 关于超平面的反射向量③, 由有向距离的定义可知 $s(\mathbf{W})=-s(\mathbf{V})$. 这说明 $s(\mathbf{V})$ 在整个空间中是线性函数.

---

① 即顶点 $\mathbf{V}_j$ 所对的面.——译者注.

② 此处存在一个正交分解 (直角三角形)

$$\mathbf{V}=(\mathbf{V}\cdot\mathbf{N})\mathbf{N}+(\mathbf{V}-(\mathbf{V}\cdot\mathbf{N})\mathbf{N}),$$

其中第一部分 $(\mathbf{V}\cdot\mathbf{N})\mathbf{N}$ 是 $\mathbf{V}$ 在向量 $\mathbf{N}$ 方向上的投影, 也就是 $\mathbf{V}$ 到该超平面的高线, 从而其长度 $|\mathbf{V}\cdot\mathbf{N}|$ 是 $\mathbf{V}$ 到该超平面的距离 (高). ——译者注.

③ 借用反射的几何含义与数量积的概念, 不难写出 $\mathbf{W}$ 的明确表达式. 设超平面的单位法向量为 $\mathbf{N}$, 则 $\mathbf{V}$ 关于该超平面的反射向量 $\mathbf{W}=\mathbf{V}-2(\mathbf{V}\cdot\mathbf{N})\mathbf{N}$. ——译者注.

n 维单形的有向体积等于 $s(\mathbf{V}_n)$ 与以 $\mathbf{0}, \mathbf{V}_1, \cdots, \mathbf{V}_{n-1}$ 为顶点的表面的 $(n-1)$ 维体积的乘积. 由归纳假设, 表面的 $(n-1)$ 维体积是变量 $\mathbf{V}_i (i < n)$ 的多重线性函数. 这就证明了有向体积 $S(\mathbf{V}_1, \cdots, \mathbf{V}_n)$ 是一个多重线性函数. 这是 1.6 节中所定义的行列式的性质 (i).

若 $\mathbf{V}_1, \cdots, \mathbf{V}_n$ 中有两个向量相等, 则其体积 $S(\mathbf{V}_1, \cdots, \mathbf{V}_n)$ 等于零. 这是行列式的性质 (ii).

以单位向量 $\mathbf{E}_1, \mathbf{E}_2, \cdots, \mathbf{E}_n$ 为顶点的单形的体积是 $\frac{1}{n!}$. 这证明了

$$n!S(\mathbf{V}_1, \cdots, \mathbf{V}_n)$$

具有行列式性质 (iii). 可见, $n!S(\mathbf{V}_1, \cdots, \mathbf{V}_n)$ 具有行列式的三条基本性质, 所以 $n!S(\mathbf{V}_1, \cdots, \mathbf{V}_n)$ 就是行列式函数. 除以 $n!$, 我们得到如下有序单形的有向体积的计算公式:

$$S(\mathbf{V}_1, \cdots, \mathbf{V}_n) = \frac{1}{n!} \det(\mathbf{V}_1, \cdots, \mathbf{V}_n).$$

例1.23　以 $(0,0,0), (1,1,3), (2,4,1), (5,2,2)$ 为顶点的有序四面体 (图 1.22) 的体积为

$$\begin{aligned}\frac{1}{3!} \det \begin{bmatrix} 1 & 2 & 5 \\ 1 & 4 & 2 \\ 3 & 1 & 2 \end{bmatrix} &= \frac{1}{3!}\Big(1(4 \cdot 2 - 1 \cdot 2) - 2(1 \cdot 2 - 3 \cdot 2) + 5(1 \cdot 1 - 3 \cdot 4)\Big) \\ &= \frac{6 + 8 - 55}{6} = -\frac{41}{6}.\end{aligned}$$

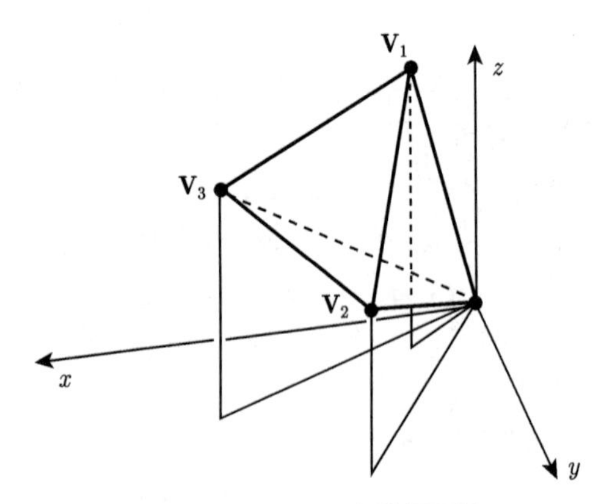

图 1.22　例 1.23 中的四面体

$\mathbb{R}^n$ 中向量 $\mathbf{V}_1, \cdots, \mathbf{V}_n$ 所确定的**平行多面体**为如下点集:

$$c_1\mathbf{V}_1 + \cdots + c_n\mathbf{V}_n, \quad 0 \leqslant c_i \leqslant 1.$$

向量 $\mathbf{V}_1, \cdots, \mathbf{V}_n$ 所确定的平行多面体的有向体积等于它们所确定的 n 维单形的有向体积 $S(\mathbf{V}_1, \cdots, \mathbf{V}_n)$ 的 $n!$ 倍, 从而等于

$$\det(\mathbf{V}_1, \cdots, \mathbf{V}_n).$$

例1.24 以 $(1,1,3),(2,4,1),(5,2,2)$ 为顶点的平行六面体的有向体积为

$$\det\begin{bmatrix} 1 & 2 & 5 \\ 1 & 4 & 2 \\ 3 & 1 & 2 \end{bmatrix} = -41.$$

见例 1.23 和图 1.23.

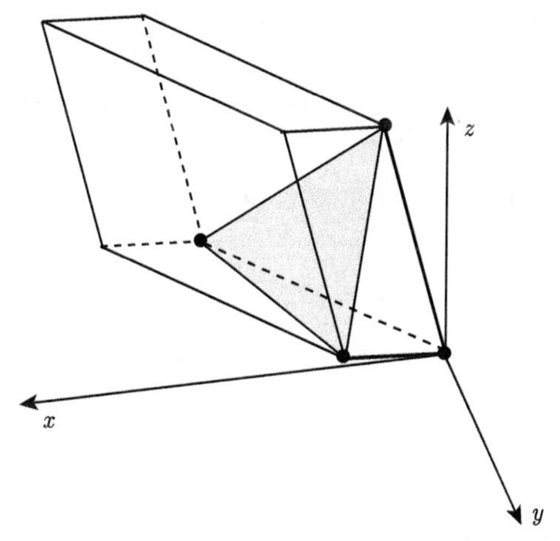

图 1.23 例 1.24 中的平行六面体 (与图 1.22 中的加黑顶点作比较)

问题

1.79 通过验证下列步骤证明以 $\mathbf{0}, \mathbf{U} = (u_1, u_2)$ 和 $\mathbf{V} = (v_1, v_2)$ 为顶点的三角形的面积为 $\dfrac{1}{2}|u_1v_2 - u_2v_1|$(图 1.24).

(a) 三角形的面积为 $\dfrac{1}{2}\|\mathbf{U}\|(\|\mathbf{V}\|\sin\theta)$.

(b) $\sin\theta = \sqrt{1 - \left(\dfrac{\mathbf{U}\cdot\mathbf{V}}{\|\mathbf{U}\|\|\mathbf{V}\|}\right)^2}$.

(c) 三角形的面积为 $\dfrac{1}{2}\sqrt{\|\mathbf{U}\|^2\|\mathbf{V}\|^2 - (\mathbf{U}\cdot\mathbf{V})^2}$.

(d) $\|\mathbf{U}\|^2\|\mathbf{V}\|^2 - (\mathbf{U}\cdot\mathbf{V})^2$ 恰好是完全平方式 $(u_1v_2 - u_2v_1)^2$.

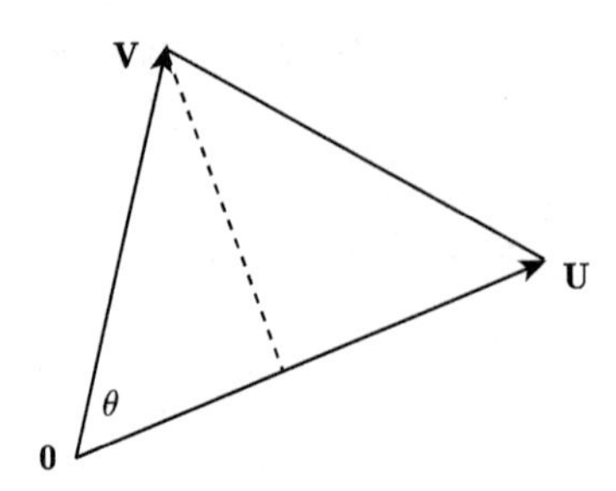

图 1.24　问题 1.79 中的三角形

1.80　证明以 $\mathbf{0}, \mathbf{U} = (u_1, u_2)$ 和 $\mathbf{V} = (v_1, v_2)$ 为顶点的有序三角形的有向面积为 $\dfrac{1}{2}(u_1v_2 - u_2v_1)$(参见图 1.24 和问题 1.79).

1.81　计算以 $(0,0), (1,3), (2,1)$ 和 $(3,4)$ 为顶点的平行四边形的面积 (参见问题 1.79).

1.82　画出以下面点为顶点的有序四面体 ($\mathbb{R}^3$ 中的有序单形), 并计算它们的有向体积.

(a) $\mathbf{0}, \mathbf{U} = (2,1,0), \mathbf{V} = (1,2,0), \mathbf{W} = (0,0,7)$.

(b) $\mathbf{0}, \mathbf{U} = (2,1,0), \mathbf{V} = (1,2,0), \mathbf{W} = (7,7,7)$.

(c) $\mathbf{0}, \mathbf{U} = (2,1,0), \mathbf{V} = (7,7,7), \mathbf{W} = (1,2,0)$.

1.83　设 $\mathbf{V}_1 \neq \mathbf{0}, \mathbf{V}, \mathbf{W}$ 为 $\mathbb{R}^2$ 中的向量, 其中 $\mathbf{V}_1, \mathbf{V}$ 和 $\mathbf{V}_1, \mathbf{W}$ 均为正定向的. 如图 1.25 所示. 令 $s(\mathbf{V})$ 为 $\mathbf{V}$ 到 $\mathbf{V}_1$ 所在直线的距离. 请用示意图来说明以下性质.

(a) $s(c\mathbf{V}) = c\,s(\mathbf{V}), c \geqslant 0$.

(b) $s(\mathbf{V} + \mathbf{W}) = s(\mathbf{V}) + s(\mathbf{W})$.

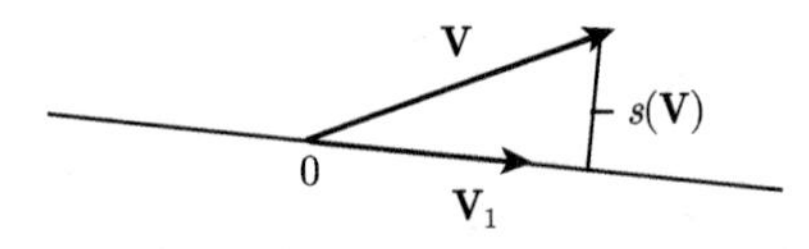

图 1.25　问题 1.83 中正定向向量 $\mathbf{V}_1, \mathbf{V}$ 之间的有向距离 $s(\mathbf{V})$

1.8　线性函数及其矩阵表示

线性函数(线性映射) 的概念是基本的.

定义1.20　称从 $\mathbb{R}^n$ 到 $\mathbb{R}^k$ 的函数 $\mathbf{F}$ 是线性的, 若其满足下面的性质:

(a) 对任意的 $c \in \mathbb{R}, \mathbf{V} \in \mathbb{R}^n$, $\mathbf{F}(c\mathbf{V}) = c\mathbf{F}(\mathbf{V})$.

(b) 对任意的 $\mathbf{V}, \mathbf{W} \in \mathbb{R}^n$, $\mathbf{F}(\mathbf{V} + \mathbf{W}) = \mathbf{F}(\mathbf{V}) + \mathbf{F}(\mathbf{W})$.

结合性质 (a) 和 (b) 可得, 对任意向量 $\mathbf{V}_1, \mathbf{V}_2, \cdots, \mathbf{V}_\ell$ 和常数 $c_1, c_2, \cdots, c_\ell$, 有

$$\mathbf{F}(c_1\mathbf{V}_1 + c_2\mathbf{V}_2 + \cdots + c_\ell\mathbf{V}_\ell) = c_1\mathbf{F}(\mathbf{V}_1) + c_2\mathbf{F}(\mathbf{V}_2) + \cdots + c_\ell\mathbf{F}(\mathbf{V}_\ell). \tag{1.38}$$

现在, 我们描述所有的从 $\mathbb{R}^n$ 到 $\mathbb{R}^k$ 的线性函数.

将向量 $\mathbf{V} = (v_1, \cdots, v_n)$ 表示成标准基向量 $\mathbf{E}_1, \cdots, \mathbf{E}_n$ 的线性组合,

$$\mathbf{V} = v_1\mathbf{E}_1 + v_2\mathbf{E}_2 + \cdots + v_n\mathbf{E}_n.$$

利用方程 (1.38), 可得

$$\mathbf{F}(\mathbf{V}) = v_1\mathbf{F}(\mathbf{E}_1) + v_2\mathbf{F}(\mathbf{E}_2) + \cdots + v_n\mathbf{F}(\mathbf{E}_n). \tag{1.39}$$

这表明线性函数 $\mathbf{F}$ 由向量组 $\mathbf{F}(\mathbf{E}_1), \cdots, \mathbf{F}(\mathbf{E}_n)$ 决定. 接下来, 我们利用公式 (1.39) 来刻画所有的线性函数.

在 $\mathbb{R}^k$ 中选择一组向量 $\mathbf{M}_1, \mathbf{M}_2, \cdots, \mathbf{M}_n$. 对 $\mathbb{R}^n$ 中的每一个向量 $\mathbf{V} = (v_1, \cdots, v_n)$, 定义函数 $\mathbf{F}$ 如下

$$\mathbf{F}(\mathbf{V}) = v_1\mathbf{M}_1 + v_2\mathbf{M}_2 + \cdots + v_n\mathbf{M}_n. \tag{1.40}$$

易证, 且我们在问题 1.87 中证明 (1.40) 中定义的函数 $\mathbf{F}$ 是线性的. 根据 (1.39), 所有的线性函数都具有这种形式. 所以, 我们已经证明了如下定理.

定理1.18 一个从 $\mathbb{R}^n$ 到 $\mathbb{R}^k$ 的函数 $\mathbf{F}$ 是线性的当且仅当存在 $\mathbb{R}^k$ 中的一组向量 $\mathbf{M}_1, \mathbf{M}_2, \cdots, \mathbf{M}_n$, 使得对任意 $\mathbb{R}^n$ 中的向量 $\mathbf{V} = (v_1, \cdots, v_n)$, 有

$$\mathbf{F}(\mathbf{V}) = v_1\mathbf{M}_1 + v_2\mathbf{M}_2 + \cdots + v_n\mathbf{M}_n.$$

矩阵表示

设 $\mathbf{F}$ 是一个线性函数, 记向量 $\mathbf{M}_i (i = 1, 2, \cdots, n)$ 的分量为 $m_{1i}, m_{2i}, \cdots, m_{ki}$. 把这些数排列在一个矩形数表中,

$$\mathbf{M} = \begin{bmatrix} m_{11} & m_{12} & \cdots & m_{1n} \\ m_{21} & m_{22} & \cdots & m_{2n} \\ \vdots & \vdots & \cdots & \vdots \\ m_{k1} & m_{k2} & \cdots & m_{kn} \end{bmatrix}, \tag{1.41}$$

第 j 列由向量 $\mathbf{M}_j$ 的分量构成.

定义1.21 (1.41) 中的 k 行 n 列的矩形数表 $\mathbf{M}$ 称为一个 $k \times n$ **矩阵**. 第 i 行第 j 列的数记为 m_{ij}.

定义1.22　一个 k 行 n 列的矩阵 $\mathbf{M}$ 与一个分量为 $v_1, v_2, \cdots, v_n$ 的列向量 $\mathbf{V}$ 的乘积 $\mathbf{MV}$ 是一个列向量, 其第 i 个分量为

$$m_{i1}v_1 + m_{i2}v_2 + \cdots + m_{in}v_n \quad (i = 1, 2, \cdots, k),$$

也就是说, $\mathbf{MV}$ 的第 i 个分量为矩阵 $\mathbf{M}$ 的第 i 行与向量 $\mathbf{V}$ 的数量积.

例1.25　下面是矩阵与向量乘积的三个例子:

$$\begin{bmatrix} 1 & 2 \\ 3 & 4 \end{bmatrix} \begin{bmatrix} -1 \\ 1 \end{bmatrix} = \begin{bmatrix} 1 \\ 1 \end{bmatrix},$$

$$\begin{bmatrix} 1 & 2 & 3 \\ 4 & 5 & 6 \\ 7 & 8 & 9 \end{bmatrix} \begin{bmatrix} 1 \\ 1 \\ -1 \end{bmatrix} = \begin{bmatrix} 0 \\ 3 \\ 6 \end{bmatrix}, \qquad \begin{bmatrix} 1 & 4 \\ 2 & 1 \\ -3 & 3 \end{bmatrix} \begin{bmatrix} -1 \\ 1 \end{bmatrix} = \begin{bmatrix} 3 \\ -1 \\ 6 \end{bmatrix}.$$

矩阵给我们提供了表示线性映射的另一种方式.

定理1.19　对每一个从 $\mathbb{R}^n$ 到 $\mathbb{R}^k$ 的线性映射 $\mathbf{F}$, 存在相应的 $k \times n$ 矩阵 $\mathbf{M}$, 使得 $\mathbf{F}$ 可写为如下矩阵形式

$$\mathbf{F}(\mathbf{V}) = \mathbf{MV}.$$

线性映射可以乘一个数, 可以相加, 可以复合, 且其结果仍为线性映射. 我们视这些运算为线性映射的代数运算.

(i) 对一个从 $\mathbb{R}^n$ 到 $\mathbb{R}^k$ 的线性映射 $\mathbf{F}$ 及常数 c, 定义 $c\mathbf{F}$ 为

$$(c\mathbf{F})(\mathbf{V}) = c\mathbf{F}(\mathbf{V}).$$

(ii) 对两个从 $\mathbb{R}^n$ 到 $\mathbb{R}^k$ 的线性映射 $\mathbf{F}$ 和 $\mathbf{G}$, 定义它们的和 $\mathbf{F} + \mathbf{G}$ 为

$$(\mathbf{F} + \mathbf{G})(\mathbf{V}) = \mathbf{F}(\mathbf{V}) + \mathbf{G}(\mathbf{V}).$$

(iii) 设 $\mathbf{F}$ 为从 $\mathbb{R}^n$ 到 $\mathbb{R}^k$ 的线性映射, $\mathbf{G}$ 为从 $\mathbb{R}^k$ 到 $\mathbb{R}^m$ 的线性映射. 定义它们的复合函数为

$$\mathbf{G} \circ \mathbf{F}(\mathbf{V}) = \mathbf{G}(\mathbf{F}(\mathbf{V})),$$

该复合函数为从 $\mathbb{R}^n$ 到 $\mathbb{R}^m$ 的函数.

在问题 1.90 中, 验证线性映射的数乘、和, 以及复合运算得到的映射仍为线性的.

由于线性映射可用矩阵表示, 这些运算可以表示成矩阵的代数运算:

(i)′ 对矩阵 $\mathbf{M}$ 及常数 c, 定义 $c\mathbf{M}$ 为常数 c 乘以矩阵 $\mathbf{M}$ 的所有元素, 即

$$(c\mathbf{M})_{ij} = c\,m_{ij}.$$

(ii)′ 两个 k 行 n 列的矩阵 $\mathbf{M}$ 和 $\mathbf{N}$, 定义它们的和 $\mathbf{M}+\mathbf{N}$ 仍为 k 行 n 列的矩阵, 其元素为 $\mathbf{M}$ 和 $\mathbf{N}$ 对应元素之和:

$$m_{ij}+n_{ij}.$$

(iii)′ 对一个 k 行 n 列的矩阵 $\mathbf{M}$ 和一个 m 行 k 列的矩阵 $\mathbf{N}$, 定义乘积矩阵 $\mathbf{NM}$ 是一个 m 行 n 列的矩阵, 其第 i 行第 j 列的元素为

$$\sum_{h=1}^{k} n_{ih}m_{hj}.$$

上述和式可看作矩阵 $\mathbf{N}$ 的第 i 行与矩阵 $\mathbf{M}$ 的第 j 列元素的数量积.

矩阵的运算法则 (i)′ 和 (ii)′ 明确地解释了线性函数的运算规则 (i) 和 (ii). 在问题 1.91 中, 验证法则 (iii)′ 阐释规则 (iii).

例1.26 举例说明矩阵的乘积.

$$\begin{bmatrix}1&2&3\\4&5&6\\7&8&9\end{bmatrix}\begin{bmatrix}1&-1\\2&-1\\3&1\end{bmatrix}=\begin{bmatrix}14&0\\32&-3\\50&-6\end{bmatrix},\quad \begin{bmatrix}1&3\\4&5\end{bmatrix}\begin{bmatrix}2&1\\-1&3\end{bmatrix}=\begin{bmatrix}-1&10\\3&19\end{bmatrix}.$$

矩阵的乘法是不可交换的, 即一般情况下 $\mathbf{KL}$ 和 $\mathbf{LK}$ 不相等.

例1.27 令

$$\mathbf{K}=\begin{bmatrix}1&2\\3&4\end{bmatrix},\qquad \mathbf{L}=\begin{bmatrix}1&-1\\-3&4\end{bmatrix},$$

则

$$\mathbf{KL}=\begin{bmatrix}1&2\\3&4\end{bmatrix}\begin{bmatrix}1&-1\\-3&4\end{bmatrix}=\begin{bmatrix}-5&7\\-9&13\end{bmatrix},$$

$$\mathbf{LK}=\begin{bmatrix}1&-1\\-3&4\end{bmatrix}\begin{bmatrix}1&2\\3&4\end{bmatrix}=\begin{bmatrix}-2&-2\\9&10\end{bmatrix}.$$

设 $\mathbf{K}$ 和 $\mathbf{L}$ 是矩阵, 那么两个乘积矩阵 $\mathbf{KL}$ 和 $\mathbf{LK}$ 可能一个有意义, 而另一个没有意义.

我们现在讨论方阵, 它们表示从 $\mathbb{R}^n$ 到 $\mathbb{R}^n$ 的线性映射. 记 $\mathbf{I}_n$ 为对角线元素全为 1, 非对角线元素全为 0 的 $n\times n$ 矩阵. 如 $n=3$,

$$\mathbf{I}_3=\begin{bmatrix}1&0&0\\0&1&0\\0&0&1\end{bmatrix}.$$

称 $\mathbf{I}_n$ 为 $n\times n$ **单位矩阵**. 左乘 $\mathbf{I}_n$ 是恒同映射, 即对 $\mathbb{R}^n$ 中任意的 $\mathbf{V}$, 有

$$\mathbf{I}_n\mathbf{V}=\mathbf{V}.$$

关于方阵的基本结论为如下定理.

定理1.20　令 $\mathbf{M}$ 为 $n\times n$ 矩阵, $\mathbf{U}, \mathbf{V}, \mathbf{W}$ 为 $\mathbb{R}^n$ 中的向量.

(a) 若只有 $\mathbf{V}=\mathbf{0}$ 时有 $\mathbf{MV}=\mathbf{0}$, 则对任意向量 $\mathbf{W}$ 均存在 $\mathbf{U}$, 使得 $\mathbf{W}=\mathbf{MU}$;

(b) 若对任意向量 $\mathbf{W}$ 均存在 $\mathbf{U}$, 使得 $\mathbf{W}$ 可表示为 $\mathbf{MU}$, 则只有 $\mathbf{V}=\mathbf{0}$ 时有 $\mathbf{MV}=\mathbf{0}$.

称函数 $\mathbf{F}$ 是一对一的, 若仅当 $\mathbf{U}=\mathbf{V}$ 时才有 $\mathbf{F}(\mathbf{U})=\mathbf{F}(\mathbf{V})$. 在证明定理 1.20 之前, 我们先来看一些应用.

(a) 中通过 $\mathbf{F}(\mathbf{V})=\mathbf{MV}$ 定义的函数 $\mathbf{F}$ 是一对一的. 因为若

$$\mathbf{F}(\mathbf{V})=\mathbf{F}(\mathbf{U}),$$

则由线性性质知 $\mathbf{F}(\mathbf{V}-\mathbf{U})=\mathbf{F}(\mathbf{V})-\mathbf{F}(\mathbf{U})=\mathbf{0}$. 由于通过乘 $\mathbf{M}$, 只有零向量能映到零向量, 于是有 $\mathbf{V}-\mathbf{U}=\mathbf{0}$, 即 $\mathbf{V}=\mathbf{U}$. 所以, 对任一向量 $\mathbf{W}$ 存在 $\mathbf{U}$ 使得 $\mathbf{W}=\mathbf{MU}=\mathbf{F}(\mathbf{U})$, 并且 $\mathbf{U}$ 是唯一确定的, 因为函数 $\mathbf{F}$ 是一对一的. 也就是说, $\mathbf{F}$ 有反函数, 记为 $\mathbf{F}^{-1}$.

现证 $\mathbf{F}^{-1}$ 是线性的. 令 $\mathbf{F}(\mathbf{U})=\mathbf{W}, \mathbf{F}(\mathbf{V})=\mathbf{Z}$. 由线性性质有

$$\mathbf{F}(\mathbf{U}+\mathbf{V})=\mathbf{F}(\mathbf{U})+\mathbf{F}(\mathbf{V})=\mathbf{W}+\mathbf{Z}.$$

根据反函数的定义,

$$\mathbf{U}=\mathbf{F}^{-1}(\mathbf{W}),\quad \mathbf{V}=\mathbf{F}^{-1}(\mathbf{Z}) \text{ 且 } \mathbf{U}+\mathbf{V}=\mathbf{F}^{-1}(\mathbf{W}+\mathbf{Z}).$$

所以

$$\mathbf{F}^{-1}(\mathbf{W})+\mathbf{F}^{-1}(\mathbf{Z})=\mathbf{F}^{-1}(\mathbf{W}+\mathbf{Z}).$$

类似地, 可以验证

$$\mathbf{F}^{-1}(c\mathbf{W})=c\mathbf{F}^{-1}(\mathbf{W}).$$

根据定理 1.19, 反函数 $\mathbf{F}^{-1}$ 可用矩阵表示. 定义如下:

定义1.23　设 $\mathbf{M}$ 为一方阵, 记对应的 $\mathbb{R}^n$ 到 $\mathbb{R}^n$ 的线性映射为 $\mathbf{F}$:

$$\mathbf{F}(\mathbf{V})=\mathbf{MV}.$$

若 $\mathbf{F}$ 有反函数 $\mathbf{F}^{-1}$, 则称矩阵 $\mathbf{M}$ 是可逆的, 将 $\mathbf{F}^{-1}$ 的矩阵表示记为

$$\mathbf{M}^{-1},$$

并称 $\mathbf{M}^{-1}$ 为矩阵 $\mathbf{M}$ 的逆.

下面给出定理 1.20 的证明.

证明 (a) 设仅当 $\mathbf{V}=\mathbf{0}$ 时有 $\mathbf{MV}=\mathbf{0}$. 证明 n 个向量 $\mathbf{ME}_1, \mathbf{ME}_2, \cdots, \mathbf{ME}_n$ 是线性无关的. 假设存在非平凡的线性关系

$$c_1\mathbf{ME}_1 + c_2\mathbf{ME}_2 + \cdots + c_n\mathbf{ME}_n = \mathbf{0}.$$

由矩阵的性质 (i)′—(iii)′, 上式可改写为

$$\mathbf{M}(c_1\mathbf{E}_1 + c_2\mathbf{E}_2 + \cdots + c_n\mathbf{E}_n) = \mathbf{0}.$$

由于仅当 $\mathbf{V}=\mathbf{0}$ 时 $\mathbf{MV}=\mathbf{0}$, 故有 $c_1=c_2=\cdots=c_n=0$. 这就证明了向量组 $\mathbf{ME}_j$ 的线性无关性. 由定理 1.9, 任何一个向量 $\mathbf{W}$ 可唯一表示为

$$\mathbf{W} = a_1\mathbf{ME}_1 + a_2\mathbf{ME}_2 + \cdots + a_n\mathbf{ME}_n.$$

由线性性质, 上式可写为

$$\mathbf{W} = \mathbf{M}(a_1\mathbf{E}_1 + a_2\mathbf{E}_2 + \cdots + a_n\mathbf{E}_n).$$

这就证明了任一个向量 $\mathbf{W}$ 均可表示为 $\mathbf{MU}$.

(b) 设任一个向量均可表示为 $\mathbf{MU}$, 则单位向量组 $\mathbf{E}_i$ 可表示为

$$\mathbf{E}_i = \mathbf{MU}_i, \quad i=1,2,\cdots,n.$$

由线性性质, 对任意常数 $c_1, c_2, \cdots, c_n$, 有

$$\begin{aligned}\mathbf{M}(c_1\mathbf{U}_1 + c_2\mathbf{U}_2 + \cdots + c_n\mathbf{U}_n) &= c_1\mathbf{MU}_1 + c_2\mathbf{MU}_2 + \cdots + c_n\mathbf{MU}_n \\ &= c_1\mathbf{E}_1 + c_2\mathbf{E}_2 + \cdots + c_n\mathbf{E}_n. \end{aligned} \tag{1.42}$$

当 c_i 不全为零时, 上式不等于零. 所以 $\mathbf{M}(c_1\mathbf{U}_1 + c_2\mathbf{U}_2 + \cdots + c_n\mathbf{U}_n)$ 亦如此. 因此, 当 c_i 不全为零时, $c_1\mathbf{U}_1 + c_2\mathbf{U}_2 + \cdots + c_n\mathbf{U}_n$ 不等于零. 这说明向量组 $\mathbf{U}_i$ 是线性无关的. 由定理 1.9, 任一向量 $\mathbf{W}$ 可以写成线性无关向量组 $\mathbf{U}_1, \cdots, \mathbf{U}_n$ 的线性组合 $c_1\mathbf{U}_1 + c_2\mathbf{U}_2 + \cdots + c_n\mathbf{U}_n$. 由方程 (1.42), $\mathbf{MW}=\mathbf{0}$ 当且仅当所有 c_i 都等于零, 即 $\mathbf{W}=\mathbf{0}$. 这就证明了 (b) 成立. **证毕.**

在问题 1.92—问题 1.94 中, 请大家验证关于矩阵和行列式的另外一些结论.

(a) 对同阶方阵 $\mathbf{A}$ 和 $\mathbf{B}$, 有

$$\det(\mathbf{AB}) = \det(\mathbf{A})\det(\mathbf{B}).$$

(b) 若 n 阶方阵 $\mathbf{A}$ 存在逆矩阵 $\mathbf{A}^{-1}$, 则

$$\mathbf{AA}^{-1} = \mathbf{I}_n = \mathbf{A}^{-1}\mathbf{A}$$

且

$$\det(\mathbf{A}^{-1}) = (\det(\mathbf{A}))^{-1}.$$

问题

1.84　计算下列乘积.

(a) $\begin{bmatrix}1&0&0\\0&2&0\\0&0&6\end{bmatrix}\begin{bmatrix}x_1\\x_2\\x_3\end{bmatrix}$;　(b) $\begin{bmatrix}3&-4\\4&3\end{bmatrix}\begin{bmatrix}6\\6\end{bmatrix}$;　(c) $\begin{bmatrix}\cos\theta&-\sin\theta\\\sin\theta&\cos\theta\end{bmatrix}\begin{bmatrix}1\\0\end{bmatrix}$;

(d) $\begin{bmatrix}\cos\theta&-\sin\theta\\\sin\theta&\cos\theta\end{bmatrix}^2=\begin{bmatrix}\cos\theta&-\sin\theta\\\sin\theta&\cos\theta\end{bmatrix}\begin{bmatrix}\cos\theta&-\sin\theta\\\sin\theta&\cos\theta\end{bmatrix}$.

1.85　计算下列乘积.

(a) $\mathbf{AX}$;　(b) $\mathbf{X}\cdot\mathbf{Y}$;　(c) $\mathbf{Y}\cdot(\mathbf{AX})$;　(d) $\mathbf{E}_i\cdot(\mathbf{BE}_j),\ j=1,2$.

其中

$$\mathbf{X}=\begin{bmatrix}1\\3\end{bmatrix},\quad \mathbf{Y}=\begin{bmatrix}-3\\1\end{bmatrix},\quad \mathbf{A}=\begin{bmatrix}0&1\\-1&0\end{bmatrix},\quad \mathbf{B}=\begin{bmatrix}b_{11}&b_{12}\\b_{21}&b_{22}\end{bmatrix}.$$

1.86　计算下列乘积.

(a) $\mathbf{AX}$;　(b) $\mathbf{X}\cdot\mathbf{Y}$;　(c) $\mathbf{Y}\cdot(\mathbf{AX})$;　(d) $\mathbf{E}_i\cdot(\mathbf{BE}_j),\ i,j=1,2,3$.

其中

$$\mathbf{X}=\begin{bmatrix}1\\2\\3\end{bmatrix},\quad \mathbf{Y}=\begin{bmatrix}-3\\0\\1\end{bmatrix},\quad \mathbf{A}=\begin{bmatrix}0&1&0\\1&0&0\\0&0&7\end{bmatrix},\quad \mathbf{B}=\begin{bmatrix}b_{11}&b_{12}&b_{13}\\b_{21}&b_{22}&b_{23}\\b_{31}&b_{32}&b_{33}\end{bmatrix}.$$

1.87　证明 (1.40) 中定义的函数是线性的.

1.88　将下列表达式表示为矩阵 $\mathbf{A}$ 与列向量 $\mathbf{X}$ 的乘积 $\mathbf{AX}$.

(a) $\begin{bmatrix}x_1+x_2\\x_1-x_2\end{bmatrix}$, 其中 $\mathbf{X}\in\mathbb{R}^2$.

(b) x_2-4x_3, 其中 $\mathbf{X}\in\mathbb{R}^3$.

(c) x_2-4x_3, 其中 $\mathbf{X}\in\mathbb{R}^4$.

(d) $\begin{bmatrix}x_2-4x_3\\x_1+x_4\\x_1+x_2+x_3+x_4\end{bmatrix}$, 其中 $\mathbf{X}\in\mathbb{R}^4$.

1.89　将下列表达式表示为 $\mathbf{X}\cdot(\mathbf{AY})$, 其中 $\mathbf{X},\mathbf{Y}$ 为 $\mathbb{R}^2$ 的列向量, $\mathbf{A}$ 为矩阵.

(a) $x_1y_1+2x_2y_2$.

(b) $x_1y_2-x_2y_1$.

(c) $x_1(y_1+3y_2)+x_2(y_1-y_2)$.

1.90　设 $\mathbf{F},\mathbf{G}$ 为从 $\mathbb{R}^n$ 到 $\mathbb{R}^m$ 的线性映射, $\mathbf{H}$ 为从 $\mathbb{R}^m$ 到 $\mathbb{R}^k$ 的线性映射, c 为常数. 证明下列结论.

(a) $\mathbf{F}+\mathbf{G}$ 是线性函数.

(b) $c\mathbf{F}$ 是线性函数.

(c) $\mathbf{H}\circ\mathbf{F}$ 是线性函数.

1.91 设 $\mathbf{N}$ 为 $m\times k$ 矩阵, $\mathbf{M}$ 为 $k\times n$ 矩阵, $\mathbf{X}\in\mathbb{R}^n$. 证明乘积 $\mathbf{N}(\mathbf{MX})$ 可以通过矩阵乘以 $\mathbf{X}$ 而得到, 其中矩阵的第 i 行第 j 列位置的元素为 $\mathbf{N}$ 的第 i 行与 $\mathbf{M}$ 的第 j 列的数量积

$$\sum_{h=1}^{k} n_{ih}m_{hj},$$

即证

$$\mathbf{N}(\mathbf{MX})=(\mathbf{NM})\mathbf{X}.$$

1.92 设 $\mathbf{A}$ 为 $n\times n$ 矩阵, 且 $\det\mathbf{A}\neq 0$, 考虑如下矩阵 $\mathbf{B}$ 的函数:

$$f(\mathbf{B})=\frac{\det(\mathbf{AB})}{\det\mathbf{A}}.$$

证明 f 满足行列式的三条基本性质. 因此由唯一性, $f(\mathbf{B})$ 必定等于 $\det\mathbf{B}$. 于是有如下结论:

$$\det(\mathbf{AB})=\det\mathbf{A}\det\mathbf{B}.$$

1.93 设 $\mathbf{A},\mathbf{B}$ 均为 $n\times n$ 矩阵, 且 $\det\mathbf{A}=0$. 证明如下结论:

(a) 存在向量 $\mathbf{W}$ 使得对任意的 $\mathbf{V}$, 都有 $\mathbf{AV}\neq\mathbf{W}$(见定理 1.20).

(b) 存在向量 $\mathbf{W}$ 使得对任意的 $\mathbf{U}$, 都有 $\mathbf{ABU}\neq\mathbf{W}$.

(c) $\det(\mathbf{AB})=0$, 所以当 $\det\mathbf{A}=0$ 时仍有 $\det(\mathbf{AB})=\det\mathbf{A}\det\mathbf{B}$ 成立.[①]

1.94 证明如下结论.

(a) 若 $n\times n$ 矩阵 $\mathbf{A}$ 可逆, 则 $\mathbf{AA}^{-1}=\mathbf{A}^{-1}\mathbf{A}=\mathbf{I}_n$.

(b) 利用公式 $\det(\mathbf{AB})=\det\mathbf{A}\det\mathbf{B}$, 证明对任意的逆矩阵 $\mathbf{A}$, 有 $\det(\mathbf{A}^{-1})=(\det\mathbf{A})^{-1}$.

1.9 几何中的应用

直线、平面和超平面

注意到, 对 $\mathbb{R}^2$ 中的两个向量 $\mathbf{U}$ 和 $\mathbf{V}$ 及所有常数 c, 点

$$\mathbf{U}+c\mathbf{V}$$

① 这个结论有一个简单的微积分方法来证明, 即所谓的摄动法 (或扰动法). 考虑函数 $f(t)=\det(\boldsymbol{A}+t\mathbf{I}_n)\det(\boldsymbol{B})-\det[(\boldsymbol{A}+t\mathbf{I}_n)\boldsymbol{B}]$, 由于当 $|t|$ 充分小且 $t\neq 0$ 时, $\boldsymbol{A}+t\mathbf{I}_n$ 可逆 (此处用到线性代数中的基本结果, 多项式 $\det(\boldsymbol{A}+t\mathbf{I}_n)$ 的零点孤立), 所以根据问题 1.92 的结论, 对这些 t 就有, $f(t)=0$, 现在令 $t\to 0$, 根据多项式函数的连续性, 就得到 $f(0)=0$, 这就是要证明的. ——译者注.

在经过 $\mathbf{U}$ 且平行于 $\mathbf{V}$ 的一条线上. 若 $\mathbf{U},\mathbf{V}$ 是 $\mathbb{R}^n$ 中的向量, 则 $\mathbf{U}+c\mathbf{V}$ 表示 $\mathbb{R}^n$ 中的一条线. 图 1.26 给出 $n=3$ 的情况.

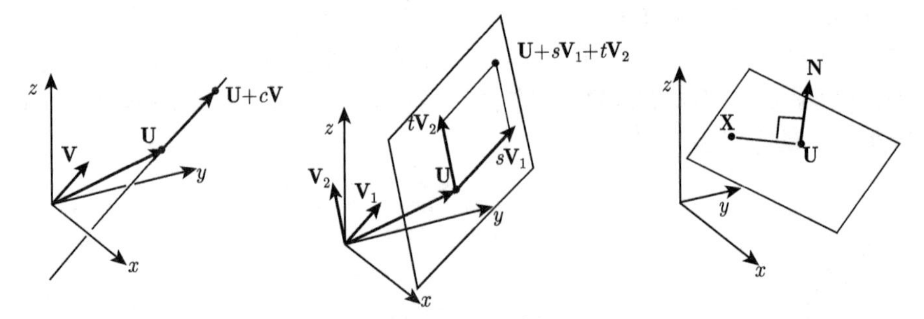

图 1.26　左: $\mathbb{R}^3$ 中的一条线; 中: $\mathbb{R}^3$ 中的一个二维平面; 右: 例 1.28 中给出的平面

令 $\mathbf{U},\mathbf{V}_1,\mathbf{V}_2$ 为 $\mathbb{R}^3$ 中的向量, 其中 $\mathbf{V}_1,\mathbf{V}_2$ 线性无关, s,t 为实数. 对通过 $\mathbf{U}$ 平行于 $\mathbf{V}_1$ 的直线上的每一点 $\mathbf{U}+s\mathbf{V}_1$, 存在通过 $\mathbf{U}+s\mathbf{V}_1$ 平行于 $\mathbf{V}_2$ 的一条直线. 点集

$$\{\mathbf{U}+s\mathbf{V}_1+t\mathbf{V}_2 \mid s,t\in\mathbb{R}\}$$

是 $\mathbb{R}^3$ 中的一个平面. 在任何高于三维的空间中, 上述表达式表示一个二维平面.

在 $\mathbb{R}^3$ 中, 平面可以通过垂直于平面的法向量 $\mathbf{N}$ 来描述.

例1.28　令 $\mathbf{U}=(1,2,3)$, $\mathbf{N}=(2,6,-3)$, 则包含 $\mathbf{U}$ 且垂直于 $\mathbf{N}$ 的平面为 $\mathbf{X}=(x,y,z)$ 的点集, 满足

$$\mathbf{N}\cdot(\mathbf{X}-\mathbf{U})=0.$$

对上面给定的 $\mathbf{U}$ 和 $\mathbf{N}$, 上述方程为

$$2(x-1)+6(y-2)-3(z-3)=0 \quad 或 \quad z=-\frac{5}{3}+\frac{2}{3}x+2y.$$

见图 1.26. 由于 $\mathbf{N}\cdot(\mathbf{U}-\mathbf{U})=\mathbf{N}\cdot\mathbf{0}=0$, 所以 $\mathbf{U}$ 满足方程. 若 $\mathbf{X}$ 和 $\mathbf{Y}$ 满足方程, 则 $\mathbf{X}-\mathbf{Y}$ 垂直于 $\mathbf{N}$,

$$\mathbf{N}\cdot(\mathbf{X}-\mathbf{Y})=\mathbf{N}\cdot(\mathbf{X}-\mathbf{U}-(\mathbf{Y}-\mathbf{U}))=\mathbf{N}\cdot(\mathbf{X}-\mathbf{U})-\mathbf{N}\cdot(\mathbf{Y}-\mathbf{U})=0-0=0.$$

设 $\mathbf{U}$ 和 $\mathbf{V}_1,\mathbf{V}_2,\cdots,\mathbf{V}_{n-1}$ 是 $\mathbb{R}^n$ 中的向量, 且 $\mathbf{V}_j$ 线性无关时, 称下列形式向量的集合为一个**超平面**:

$$\mathbf{U}+t_1\mathbf{V}_1+t_2\mathbf{V}_2+\cdots+t_{n-1}\mathbf{V}_{n-1}, \quad t_1,t_2,\cdots,t_n\in\mathbb{R}.$$

$\mathbb{R}^n$ 中的超平面也可以由超平面上的一点 $\mathbf{U}$ 以及垂直于超平面的非零向量 $\mathbf{N}$, 通过下述方程来定义:

$$\mathbf{N}\cdot(\mathbf{X}-\mathbf{U})=0.$$

$\mathbb{R}^n$ 中一点 $\mathbf{V}$ 到超平面的距离为 $\|\mathbf{V}-\mathbf{U}\|\cos\theta$, 其中 θ 是 $\mathbf{N}$ 与 $\mathbf{V}-\mathbf{U}$ 的夹角 (图 1.27). 若 $\mathbf{N}$ 为单位向量 ($\|\mathbf{N}\|=1$), 则

$$\text{距离}=\mathbf{N}\cdot(\mathbf{V}-\mathbf{U}). \tag{1.43}$$

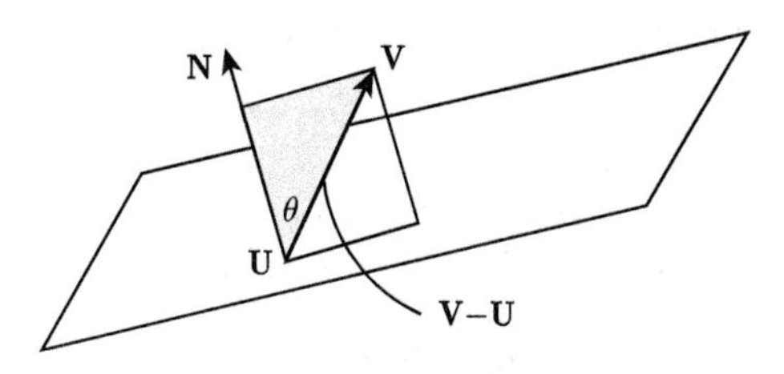

图 1.27 方程 (1.43) 中点到超平面的距离

$\mathbb{R}^3$ 中的向量积

对 $\mathbb{R}^3$ 的一对向量 $\mathbf{V}$ 和 $\mathbf{W}$, 我们引入**向量积或叉乘**,① 记为 $\mathbf{V}\times\mathbf{W}$. 对 $\mathbb{R}^3$ 中的列向量 $\mathbf{U}$, $\mathbf{V}$ 和 $\mathbf{W}$, 列表

$$[\mathbf{U}\ \ \mathbf{V}\ \ \mathbf{W}]$$

为 3×3 矩阵. 对给定的向量 $\mathbf{V}$ 和 $\mathbf{W}$, 令

$$\ell(\mathbf{U})=\det(\mathbf{U},\ \ \mathbf{V},\ \ \mathbf{W}). \tag{1.44}$$

由于行列式是其列向量的多重线性函数, 故 $\ell(\mathbf{U})$ 是 $\mathbf{U}$ 的线性函数. 根据线性函数的表示定理, 存在向量 $\mathbf{Z}$, 使得 $\ell(\mathbf{U})$ 可表示为

$$\ell(\mathbf{U})=\mathbf{Z}\cdot\mathbf{U}. \tag{1.45}$$

由于线性函数 $\ell(\mathbf{U})$ 是由向量 $\mathbf{V}$ 和 $\mathbf{W}$ 决定的, 所以向量 $\mathbf{Z}$ 也是. 称向量 $\mathbf{Z}$ 为 $\mathbf{V}$ 和 $\mathbf{W}$ 的**向量积**,

$$\mathbf{Z}=\mathbf{V}\times\mathbf{W}. \tag{1.46}$$

结合公式 (1.44)—(1.46), 对任意的向量 $\mathbf{U}$, $\mathbf{V}$ 和 $\mathbf{W}$, 有

$$\det(\mathbf{U},\ \mathbf{V},\ \mathbf{W})=\mathbf{U}\cdot(\mathbf{V}\times\mathbf{W}). \tag{1.47}$$

① 本章讲的许多概念和定理都可以推广到高维, 但向量积是一个例外. William S. Massey 有一个著名的定理说, $\mathbb{R}^n$ 中可以定义性质良好的向量积当且仅当 $n=1,3,7$. 对此有兴趣的读者, 可以参见: Cross products of vectors in higher dimensional Euclidean spaces. The American Mathematical Monthly, 1983, 90(10): 697-701. 或者, 林开亮、陈见柯. Hurwitz 定理的矩阵证明. 高等数学研究, 2018, (1): 24-27.——译者注.

由于 (1.47) 左侧的行列式是 $\mathbf{U}, \mathbf{V}, \mathbf{W}$ 的多重线性函数, 所以右侧也是. 因此, 式 (1.47) 中定义的向量积 $\mathbf{V} \times \mathbf{W}$ 是 $\mathbf{V}$ 和 $\mathbf{W}$ 的双线性函数.

在问题 1.103 中, 根据 (1.47) 推导关于向量积的下列公式.

定义1.24 $\mathbb{R}^3$ 中两向量

$$\mathbf{V} = (v_1, v_2, v_3), \qquad \mathbf{W} = (w_1, w_2, w_3)$$

的**向量积**定义为

$$\mathbf{V} \times \mathbf{W} = (v_2w_3 - v_3w_2, -(v_1w_3 - v_3w_1), v_1w_2 - v_2w_1).$$

例1.29 令 $\mathbf{i} = (1,0,0), \mathbf{j} = (0,1,0), \mathbf{k} = (0,0,1)$, 则

$$\mathbf{i} \times \mathbf{j} = \mathbf{k}, \qquad \mathbf{j} \times \mathbf{k} = \mathbf{i}, \qquad \mathbf{k} \times \mathbf{i} = \mathbf{j}.$$

定义 1.24 中 $\mathbf{V} \times \mathbf{W}$ 的计算公式可以通过计算 $\det(\mathbf{U}, \mathbf{V}, \mathbf{W})$ 得到, 其中 $\mathbf{U}$ 是 $[\mathbf{i}\ \mathbf{j}\ \mathbf{k}]$ 的符号矢量.

向量积具有下列性质.

定理1.21 (a) 向量 $\mathbf{V} \times \mathbf{W}$ 与 $\mathbf{V}$ 和 $\mathbf{W}$ 都是正交的,

$$\mathbf{V} \cdot (\mathbf{V} \times \mathbf{W}) = 0, \qquad \mathbf{W} \cdot (\mathbf{V} \times \mathbf{W}) = 0;$$

(b) 以 $\mathbf{0}, \mathbf{U}, \mathbf{V}, \mathbf{W}$ 为顶点的有序四面体的有向体积为 $\frac{1}{6}\mathbf{U} \cdot (\mathbf{V} \times \mathbf{W})$;

(c) $\mathbf{W} \times \mathbf{V} = -\mathbf{V} \times \mathbf{W}$.

证明 (a) 由于矩阵有两列相等, 其行列式为零, 故在 (1.47) 中, 若 $\mathbf{U} = \mathbf{V}$ 或 $\mathbf{V} = \mathbf{W}$, 则其左端为零. 所以 (1.47) 的右端也为零.

(b) 在 1.7 节中我们已经证明了以 $\mathbf{0}, \mathbf{U}, \mathbf{V}, \mathbf{W}$ 为顶点的有序四面体的有向体积为 $\frac{1}{6}\det(\mathbf{U}, \mathbf{V}, \mathbf{W})$. 又 $\det(\mathbf{U}, \mathbf{V}, \mathbf{W}) = \mathbf{U} \cdot (\mathbf{V} \times \mathbf{W})$, 所以 (b) 成立.

(c) 由行列式的性质, 在 (1.47) 左端交换 $\mathbf{V}$ 和 $\mathbf{W}$ 的位置, 则其变号, 故 (c) 成立. **证毕.**

现在, 我们给出向量积和行列式的四个相关应用. 见图 1.28. 令 $\mathbf{U}, \mathbf{V}, \mathbf{W}$ 为 $\mathbb{R}^3$ 中的向量.

(a) 由 $\mathbf{U}, \mathbf{V}, \mathbf{W}$ 确定的平行六面体的体积为 $|\mathbf{U} \cdot (\mathbf{V} \times \mathbf{W})|$.

(b) 由线性无关向量 $\mathbf{V}$ 和 $\mathbf{W}$ 确定的平行四边形的面积为 $\|\mathbf{V} \times \mathbf{W}\|$. 为了说明这一结论, 令 $\mathbf{U}$ 为 $\dfrac{\mathbf{V} \times \mathbf{W}}{\|\mathbf{V} \times \mathbf{W}\|}$, 则由 $\mathbf{U}, \mathbf{V}, \mathbf{W}$ 确定的平行六面体的体积为 $\|\mathbf{V} \times \mathbf{W}\|$, 其高为 1. 所以, 其底面积为 $\|\mathbf{V} \times \mathbf{W}\|$.

(c) 以 $\mathbf{0}, \mathbf{V}, \mathbf{W}$ 为顶点的三角形的面积为 $\frac{1}{2}\|\mathbf{V} \times \mathbf{W}\|$.

(d) 假设流体在空间每一点的速度均为 $\mathbf{U}=(u_1,u_2,u_3)$. 考虑向量 $\mathbf{V}=(v_1,v_2,v_3)$ 和 $\mathbf{W}=(w_1,w_2,w_3)$ 所确定的平行四边形, 如图 1.28 所示. 则 $\mathbf{U}\cdot(\mathbf{V}\times\mathbf{W})$ 为单位时间内流经平行四边形的流体的体积. 这被称为**容积流率**或**通量**. 定义与平行四边形正交的单位向量为 $\mathbf{N}=\dfrac{\mathbf{V}\times\mathbf{W}}{\|\mathbf{V}\times\mathbf{W}\|}$, 则

$$\text{通量}=\mathbf{U}\cdot(\mathbf{V}\times\mathbf{W})=(\mathbf{U}\cdot\mathbf{N})\|\mathbf{V}\times\mathbf{W}\|.$$

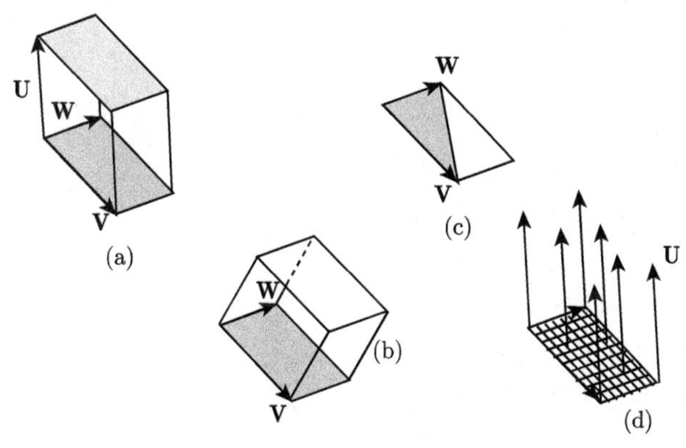

图 1.28 一个体积、两个面积和一个通量 (都基于向量积)

例1.30 求出经过不共线的三点 $\mathbf{U},\mathbf{V},\mathbf{W}$ 的平面.

(a) 平面可表示为如下点集:

$$\mathbf{X}=\mathbf{U}+s(\mathbf{V}-\mathbf{U})+t(\mathbf{W}-\mathbf{U}),$$

其中 s 和 t 为任意实数;

(b) 平面的法向量是 $\mathbf{N}=(\mathbf{V}-\mathbf{U})\times(\mathbf{W}-\mathbf{U})$, 所以平面可表示为

$$\mathbf{N}\cdot(\mathbf{X}-\mathbf{U})=0.$$

例1.31 令 $\mathbf{U}=(1,1,-2)$ [长度/时间] 为流体的流速. 给出通过有序三角形 $\mathbf{0VW}$ 的容积流率, 其中 $\mathbf{V}$ 和 $\mathbf{W}$ 有长度量纲.

(a) $\mathbf{V}=(2,2,-4),\mathbf{W}=(3,2,1)$;

(b) $\mathbf{V}=(1,0,0),\mathbf{W}=(3,2,1)$.

通过三角形的流量是通过平行四边形流量的一半, 故为 $\dfrac{1}{2}\mathbf{U}\cdot(\mathbf{V}\times\mathbf{W})$. 在 (a) 中, $\mathbf{V}$ 平行于 $\mathbf{U}$, 所以

$$\frac{1}{2}\mathbf{U}\cdot(\mathbf{V}\times\mathbf{W})=\frac{1}{2}\det(\mathbf{U},2\mathbf{U},\mathbf{W})=0.$$

没有流体经过三角形, 因为流体的速度与之平行. 在 (b) 中, 流量为

$$\frac{1}{2}\mathbf{U}\cdot(\mathbf{V}\times\mathbf{W})=\frac{1}{2}\det\begin{bmatrix}1&1&3\\1&0&2\\-2&0&1\end{bmatrix}=-\frac{5}{2}.$$

负号意味着向量 $\mathbf{U}$ 和 $\mathbf{V}\times\mathbf{W}$ 的夹角大于 $\frac{\pi}{2}$.

请大家在问题 1.106 中探索向量积的其他性质.

问题

1.95　将 $\mathbb{R}^3$ 中的下列平面用方程 $ax+by+cz=d$ 表示出来.

(a) 通过原点且以 $(1,0,0)$ 为法向量的平面.

(b) 通过点 $(0,0,0),(0,1,1),(-3,0,0)$ 的平面.

(c) 经过点 $(1,1,1)$ 且与平面 $x-3y+5z=60$ 平行的平面.

1.96　下列哪些点在 $\mathbb{R}^2$ 中的直线 $2x_1+x_2=0$ 上?

(a) $(0,0)$;　(b) $(-1,2)$;　(c) $c\mathbf{X}$, 其中 $\mathbf{X}$ 在直线上;

(d) $\mathbf{X}+\mathbf{Y}$, 其中 $\mathbf{X},\mathbf{Y}$ 在直线上.

1.97　下列哪些点在 $\mathbb{R}^2$ 中的直线 $10x_1+5x_2=0$ 上?

(a) $(0,0)$;　(b) $(-1,2)$;　(c) $c\mathbf{X}$, 其中 $\mathbf{X}$ 在直线上;

(d) $\mathbf{X}+\mathbf{Y}$, 其中 $\mathbf{X},\mathbf{Y}$ 在直线上.

1.98　下列哪些点在 $\mathbb{R}^2$ 中的直线 $2x_1+x_2=100$ 上?

(a) $(0,0)$;　(b) $(50,0)$;　(c) $(50,0)+\mathbf{Y}$, 其中 $\mathbf{Y}$ 满足 $2y_1+y_2=0$;

(d) $c\mathbf{X}$, 其中 $\mathbf{X}$ 在直线上.

1.99　下列哪些点在 $\mathbb{R}^3$ 中的平面 $20x_1+10x_2-50x_3=0$ 上?

(a) $(0,0,0)$;　(b) $(0,5,1)$;　(c) $(-1,2,0)$;

(d) $c\mathbf{X}$, 其中 $\mathbf{X}$ 在平面上;　(e) $\mathbf{X}+\mathbf{Y}$, 其中 $\mathbf{X},\mathbf{Y}$ 在平面上.

1.100　下列哪些点在 $\mathbb{R}^3$ 中的平面 $2x_1+x_2-5x_3=100$ 上?

(a) $(0,0,0)$;　(b) $(50,0,0)$;　(c) $(0,100,0)$;

(d) $(0,100,0)+\mathbf{Y}$, 其中 $\mathbf{Y}$ 满足 $2y_1+y_2-5y_3=0$;

(e) $\mathbf{X}+\mathbf{Y}$, 其中 $\mathbf{X},\mathbf{Y}$ 在平面上.

1.101　令 $\mathbf{U}=\mathbf{0},\mathbf{V}_1=(0,1,1),\mathbf{V}_2=(-3,0,0)$.

(a) 给出通过 $\mathbf{U}$ 和 $\mathbf{V}_1$ 的直线 $\mathbf{X}(s)=\mathbf{U}+s\mathbf{V}_1$ 的方程.

(b) 给出通过 $\mathbf{U}$ 和 $\mathbf{V}_2$ 的直线 $\mathbf{X}(t)=\mathbf{U}+t\mathbf{V}_2$ 的方程.

(c) 给出通过 $\mathbf{U},\mathbf{V}_1$ 和 $\mathbf{V}_2$ 的平面

$$\mathbf{X}(s,t)=\mathbf{U}+s\mathbf{V}_1+t\mathbf{V}_2$$

的方程.

1.102 下列哪些点在 $\mathbb{R}^4$ 中的超平面 $x_1+x_2+x_3+x_4=0$ 上?

(a) $\left(\frac{1}{5},-\frac{1}{5},\frac{1}{5},-\frac{1}{5}\right)$; (b) $(a,a,a,-3a)$; (c) $(-1,1,0,0)$;

(d) $c\mathbf{X}$, 其中 $\mathbf{X}$ 在超平面上; (e) $(1,-3,2,0)$.

1.103 令

$$\mathbf{U}=\begin{bmatrix}u_1\\u_2\\u_3\end{bmatrix},\quad \mathbf{V}=\begin{bmatrix}v_1\\v_2\\v_3\end{bmatrix},\quad \mathbf{W}=\begin{bmatrix}w_1\\w_2\\w_3\end{bmatrix}.$$

用 $\mathbf{V}$ 和 $\mathbf{W}$ 的分量写出 a,b,c 的表达式, 使得

$$\det(\mathbf{U},\ \mathbf{V},\ \mathbf{W})=au_1+bu_2+cu_3.$$

所得结果与公式 (1.47)(即 $\det(\mathbf{U},\ \mathbf{V},\ \mathbf{W})=\mathbf{U}\cdot(\mathbf{V}\times\mathbf{W})$) 作比较, 推导出 $\mathbf{V}\times\mathbf{W}$ 的一个计算公式.

1.104 用下列公式

$$\mathbf{V}\times\mathbf{W}=(v_2w_3-v_3w_2,v_3w_1-v_1w_3,v_1w_2-v_2w_1)$$

计算向量积

(a) $(1,0,0)\times(0,1,0)$; (b) $(0,1,0)\times(1,0,0)$; (c) $(0,0,1)\times(a,b,c)$.

1.105 用 $\mathbf{i}\times\mathbf{j}=\mathbf{k},\mathbf{j}\times\mathbf{k}=\mathbf{i},\mathbf{k}\times\mathbf{i}=\mathbf{j}$ 以及分配律 $\mathbf{U}\times(\mathbf{V}+\mathbf{W})=\mathbf{U}\times\mathbf{V}+\mathbf{U}\times\mathbf{W}$ 和反交换律 $\mathbf{V}\times\mathbf{W}=-\mathbf{W}\times\mathbf{V}$, 计算下列向量积.

(a) $(1,0,0)\times(0,1,0)$; (b) $\mathbf{j}\times(\mathbf{i}+\mathbf{k})$; (c) $(2\mathbf{i}+3\mathbf{k})\times(a\mathbf{i}+b\mathbf{j}+c\mathbf{k})$.

1.106 验证 $\mathbb{R}^3$ 中向量积的下列性质.

(a) 向量积具有反交换律: $\mathbf{U}\times\mathbf{V}=-\mathbf{V}\times\mathbf{U}$.

(b) $\mathbf{A}\times(\mathbf{B}\times\mathbf{C})=\mathbf{B}(\mathbf{A}\cdot\mathbf{C})-\mathbf{C}(\mathbf{A}\cdot\mathbf{B})$.

(c) 向量积不满足结合律: $\mathbf{A}\times(\mathbf{B}\times\mathbf{C})\neq(\mathbf{A}\times\mathbf{B})\times\mathbf{C}$. 事实上, 向量积存在与乘积的求导法则类似的运算规则:

$$\mathbf{A}\times(\mathbf{B}\times\mathbf{C})=(\mathbf{A}\times\mathbf{B})\times\mathbf{C}+\mathbf{B}\times(\mathbf{A}\times\mathbf{C}).$$

(d) 作为 $\mathbf{V}$ 的函数, 向量积 $\mathbf{U}\times\mathbf{V}$ 是线性的, 所以存在矩阵 $\mathbf{M}$, 使得 $\mathbf{U}\times\mathbf{V}=\mathbf{M}\mathbf{V}$. 试找到 $\mathbf{M}$.

(e) $\|\mathbf{U}\times\mathbf{V}\|^2+(\mathbf{U}\cdot\mathbf{V})^2=\|\mathbf{U}\|^2\|\mathbf{V}\|^2$.

(f) 利用 (e) 的结论和 $\mathbf{U}\cdot\mathbf{V}=\|\mathbf{U}\|\|\mathbf{V}\|\cos\theta$, 其中 θ 为两向量的夹角, 证明 $\|\mathbf{U}\times\mathbf{V}\|=\|\mathbf{U}\|\|\mathbf{V}\|\sin\theta$.

1.107　计算通量 $\mathbf{U}\cdot(\mathbf{V}\times\mathbf{W})$, 并画出 $\mathbf{U},\mathbf{V}$ 和 $\mathbf{W}$ 所张成的平行四边形, 以及 $\mathbf{U},\mathbf{V}$ 所张成的平行六面体.

(a) $\mathbf{U}=(2,0,0),\mathbf{V}=(0,2,0),\mathbf{W}=(0,0,7)$.

(b) $\mathbf{U}=(-2,0,0),\mathbf{V}=(0,2,0),\mathbf{W}=(0,0,7)$.

(c) $\mathbf{U}=(2,1,0),\mathbf{V}=(1,2,0),\mathbf{W}=(7,7,7)$.

第2章　函　　数

摘要　函数是数学学科的核心概念. 在一元微积分学中, 我们学习的函数是数值与数值之间的对应. 而在多元微积分学中, 我们要学习的函数则是具有 n 个分量的向量与具有 m 个分量的向量之间的对应.

2.1　多元函数

我们用符号 $\mathbf{F}: D \subset \mathbb{R}^n \to \mathbb{R}^m$ 表示一个 n 元函数 $\mathbf{F}$. 对 $\mathbb{R}^n$ 的子集 D 中的每一个向量 $\mathbf{X}$, $\mathbf{F}$ 为其指定 $\mathbb{R}^m$ 中的一个向量 $\mathbf{F}(\mathbf{X})$ 与之对应. 如果 $\mathbf{F}$ 的**定义域** D 并未具体给定, 则约定其定义域是使得函数有意义的自变量取值的最大集合, 这与一元函数的约定相同. 我们将输出集 $\mathbf{F}(D)$ 称为函数 $\mathbf{F}$ 的**值域**或 D 的**像集**. 如果由 $\mathbf{F}(\mathbf{U}) = \mathbf{F}(\mathbf{V})$ 必能推出 $\mathbf{U} = \mathbf{V}$, 则称函数 $\mathbf{F}$ 为**一一**的 (单射). 如果 $\mathbf{F}(D) = B \subset \mathbb{R}^m$, 则称函数 $\mathbf{F}$ 将 D **映满**集合 B. 当函数的输出是一个向量时, 我们一般用加粗大写字母表示这个函数. 当函数的输出是一个数值时, 我们称之为数量值函数或实值函数, 一般用小写字母表示.

假设 f 和 $\mathbf{F}$ 都表示函数, 则 $f(\mathbf{X})$ 和 $\mathbf{F}(\mathbf{X})$ 分别表示其对应于 $\mathbf{X}$ 的函数值. 为方便起见, 我们常用“函数”来代表它所蕴含的自变量和因变量, 符号上表示为 $r = f(\theta), \mathbf{U} = \mathbf{F}(\mathbf{X}), \mathbf{V} = (u(x, y, t), v(x, y, t))$ 等.

定义2.1　**函数** $\mathbf{F}: D \subset \mathbb{R}^n \to \mathbb{R}^m$ 是指这样一个对应法则, 它为 D 内的每一个 $\mathbf{X}$ 指定 $\mathbb{R}^m$ 中一个向量 $\mathbf{F}(\mathbf{X})$, 记作

$$\mathbf{F}(\mathbf{X}) = (f_1(\mathbf{X}), f_2(\mathbf{X}), \cdots, f_m(\mathbf{X})).$$

函数 f_j 称为 $\mathbf{F}$ 的第 j 个**分量函数**.

下面我们举几个多元函数的例子.

定义2.2　对 $\mathbb{R}^n$ 内的每一个向量 $\mathbf{X}$, 都指定 $\mathbb{R}^m$ 中同一个向量 $\mathbf{C}$ 的函数称为**常值**函数.

例2.1　函数 $f(x, y) = 7$ 以及 $\mathbf{G}(x, y) = (8, 3, 2)$ 都是常值函数. f 是从 $\mathbb{R}^2$ 到 $\mathbb{R}$ 的常值函数, 而 $\mathbf{G}$ 是从 $\mathbb{R}^2$ 到 $\mathbb{R}^3$ 的常值函数.

线性函数

在第 1 章中, 我们定义了从 $\mathbb{R}^n$ 到 $\mathbb{R}^m$ 的线性函数. 首先回顾线性函数的定义

以及线性函数表示定理 (定理 1.9).

定义2.3　如果对所有数 a 和所有向量 $\mathbf{U}, \mathbf{V} \in \mathbb{R}^n$, 函数 $\mathbf{L}: \mathbb{R}^n \to \mathbb{R}^m$ 满足

$$a\mathbf{L}(\mathbf{U}) = \mathbf{L}(a\mathbf{U}), \qquad \mathbf{L}(\mathbf{U}+\mathbf{V}) = \mathbf{L}(\mathbf{U}) + \mathbf{L}(\mathbf{V}), \tag{2.1}$$

则称函数 $\mathbf{L}$ 为**线性函数**.

例2.2　函数 $\mathbf{L}(x,y) = (2x-3y, x, 5y)$ 是否为从 $\mathbb{R}^2$ 到 $\mathbb{R}^3$ 的线性函数? 只要验证式 (2.1) 是否成立即可.

设 a 为一个数, $(x,y),(u,v)$ 是 $\mathbb{R}^2$ 中的向量, 则

$$a\mathbf{L}(x,y) = a(2x-3y,x,5y) = (2ax-3ay,ax,5ay) = \mathbf{L}(ax,ay) = \mathbf{L}(a(x,y))$$

且

$$\begin{aligned}\mathbf{L}(x,y)+\mathbf{L}(u,v) &= (2x-3y,x,5y)+(2u-3v,u,5v)\\ &= (2(x+u)-3(y+v),x+u,5(y+v))\\ &= \mathbf{L}(x+u,y+v),\end{aligned}$$

因此 $\mathbf{L}$ 是线性函数.

在问题 2.4 中证明: 设 $\mathbf{F}$ 是一个从 $\mathbb{R}^n$ 到 $\mathbb{R}^m$ 的常值函数, 则 $\mathbf{F}$ 是线性函数当且仅当 $\mathbf{F}(x_1,x_2,\cdots,x_n) = \mathbf{0}$.

由定理 1.10 我们知道, 从 $\mathbb{R}^n$ 到 $\mathbb{R}$ 的线性函数 ℓ 都具有如下形式

$$\ell(x_1,x_2,\cdots,x_n) = c_1x_1 + c_2x_2 + \cdots + c_nx_n,$$

简记为

$$\ell(\mathbf{X}) = \mathbf{C}\cdot\mathbf{X},$$

其中 $\mathbf{C} = (c_1,c_2,\cdots,c_n) \in \mathbb{R}^n$.

下面我们来分析为什么从 $\mathbb{R}^n$ 到 $\mathbb{R}^m$ 的函数 $\mathbf{L}$ 也可以用矩阵乘法表示. 假设 ℓ_k 是 $\mathbf{L}$ 的第 k 个分量函数, $k=1,2,\cdots,m$. 因为 $\mathbf{L}$ 是线性函数, 所以每个分量函数 $\ell_k(\mathbf{X})$ 也是线性函数. 于是由定理 1.10 可知, 存在向量 $\mathbf{C}_k \in \mathbb{R}^n$ 使得 $\ell_k(\mathbf{X}) = \mathbf{C}_k\cdot\mathbf{X}$. 将向量 $\mathbf{C}_k = (c_{k1},c_{k2},\cdots,c_{kn})$ 视为行向量, 并将 $\mathbf{X}$ 和 $\mathbf{L}(\mathbf{X})$ 视为列向量. 记 $\mathbf{C}$ 为第 k 行是 $\mathbf{C}_k$ 的矩阵, 则关系式 $\ell_k(\mathbf{X}) = \mathbf{C}_k\cdot\mathbf{X}, k=1,2,\cdots,m$ 可表示为矩阵 $\mathbf{C}$ 与向量 $\mathbf{X}$ 的乘积:

$$\mathbf{L}(\mathbf{X}) = \mathbf{C}\mathbf{X}.$$

定理2.1 任一线性函数 $\mathbf{L}:\mathbb{R}^n\to\mathbb{R}^m$ 都可表示成如下矩阵形式

$$\mathbf{L}(\mathbf{X})=\begin{bmatrix}c_{11}&c_{12}&\cdots&c_{1n}\\c_{21}&c_{22}&\cdots&c_{2n}\\\vdots&\vdots&\cdots&\vdots\\c_{m1}&c_{m2}&\cdots&c_{mn}\end{bmatrix}\begin{bmatrix}x_1\\x_2\\\vdots\\x_n\end{bmatrix}=\mathbf{CX}. \tag{2.2}$$

矩阵 $\mathbf{C}$ 称为 $\mathbf{L}$ 的**表示矩阵**(亦见定理 1.19).

下面的定义用于量化矩阵的大小.

定义2.4 设 $\mathbf{C}=[c_{ij}]$ 为 $m\times n$ 矩阵, 定义 $\mathbf{C}$ 的**范数** $\|\mathbf{C}\|$ 为

$$\|\mathbf{C}\|=\sqrt{\sum_{i=1}^{m}\sum_{j=1}^{n}c_{ij}^2}. \tag{2.3}$$

在 $\mathbf{X},\mathbf{CX}$ 和 $\mathbf{C}$ 的范数之间, 有一个非常重要的关系式.

定理2.2 设 $\mathbf{C}$ 为一个 $m\times n$ 矩阵, 则对每一个向量 $\mathbf{X}\in\mathbb{R}^n$, 都有

$$\|\mathbf{CX}\|\leqslant\|\mathbf{C}\|\|\mathbf{X}\|.$$

证明 注意到 $\mathbf{CX}$ 的第 k 个分量是 $\mathbf{C}$ 的第 k 行

$$\mathbf{C}_k=(c_{k1},c_{k2},\cdots,c_{kn})$$

与 $\mathbf{X}=(x_1,x_2,\cdots,x_n)$ 的点乘. 由范数定义可得

$$\|\mathbf{CX}\|=\sqrt{(\mathbf{C}_1\cdot\mathbf{X})^2+(\mathbf{C}_2\cdot\mathbf{X})^2+\cdots+(\mathbf{C}_m\cdot\mathbf{X})^2}.$$

根据柯西–施瓦茨不等式及定理 1.12, 有

$$\begin{aligned}\|\mathbf{CX}\|&\leqslant\sqrt{\|\mathbf{C}_1\|^2\|\mathbf{X}\|^2+\|\mathbf{C}_2\|^2\|\mathbf{X}\|^2+\cdots+\|\mathbf{C}_m\|^2\|\mathbf{X}\|^2}\\&=\|\mathbf{X}\|\sqrt{\|\mathbf{C}_1\|^2+\|\mathbf{C}_2\|^2+\cdots+\|\mathbf{C}_m\|^2}\\&=\|\mathbf{X}\|\sqrt{\sum_{i=1}^{m}\sum_{j=1}^{n}c_{ij}^2}\\&=\|\mathbf{C}\|\|\mathbf{X}\|.\end{aligned}$$

证毕.

结合定理 2.1 和定理 2.2 可知, 对每一个线性函数 $\mathbf{L}:\mathbb{R}^n\to\mathbb{R}^m$, 都有

$$\|\mathbf{LX}\|\leqslant\|\mathbf{L}\|\|\mathbf{X}\|.$$

即, 线性函数输出值的范数不超过输入值范数的 $\|\mathbf{L}\|$ 倍.

从 $\mathbb{R}^n$ 到 $\mathbb{R}$ 的函数

下面我们来看几个从 $\mathbb{R}^n$ 到 $\mathbb{R}$ 的函数例子.

例2.3　长为 x, 宽为 y 的长方形面积 a 可由 $a(x,y)=xy$ 计算. 函数 a 的定义域 D 应为满足 $x>0, y>0$ 的有序数对 (x,y) 的集合, 而 $a: D\subset\mathbb{R}^2\to\mathbb{R}$. 注意, 尽管函数 a 的定义对所有有序数对 (x,y) 都有意义, 但我们必须对定义域做上述限制, 这是面积问题的实际意义决定的.

例2.4　长为 x, 宽为 y, 高为 z 的长方体体积 v 可由 $v(x,y,z)=xyz$ 计算. 函数 v 的定义域 D 应为满足 $x>0, y>0, z>0$ 的有序三元组 (x,y,z) 的集合, 而 $v: D\subset\mathbb{R}^3\to\mathbb{R}$.

例2.5　设 $g(x,y)=\sqrt{x^2+y^2}$, $g:\mathbb{R}^2\to\mathbb{R}$, 则 $g(x,y)$ 的值恰为 (x,y) 的范数, 即 $g(x,y)=\|(x,y)\|$.

函数的几何直观; 从 $\mathbb{R}^2$ 到 $\mathbb{R}$ 的函数的图像

在一元微积分学中, 我们通过作图看到了函数 f 的图像, 它是由点 $(x,f(x))$ 构成的集合. 对于从 $\mathbb{R}^2$ 到 $\mathbb{R}$ 的函数 f, 其**图像**为有序三元组 $(x,y,f(x,y))$ 的集合, 所以图像是三维空间中的一块曲面, 见图 2.1.

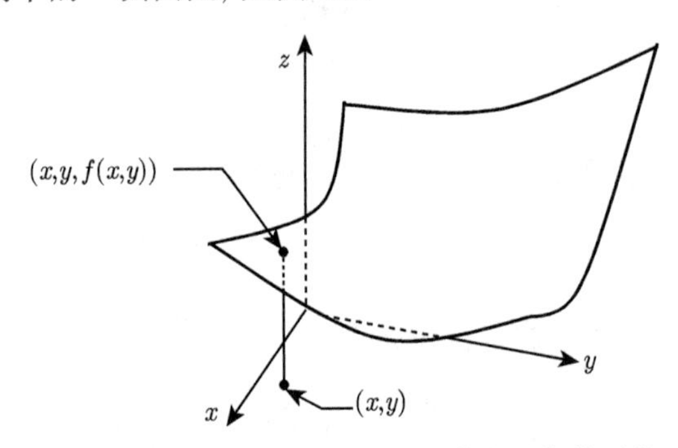

图 2.1　从 $\mathbb{R}^2$ 到 $\mathbb{R}$ 的函数的图像是 $\mathbb{R}^3$ 的子集

下面举例作出一些从 $\mathbb{R}^2$ 到 $\mathbb{R}$ 的函数的图像.

例2.6　图 2.2 是常值函数 $f(x,y)=7$ 的图像.

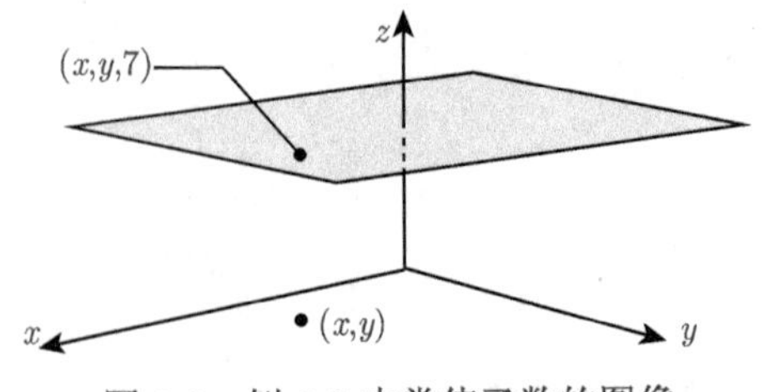

图 2.2　例 2.6 中常值函数的图像

例2.7 要作出函数 $f(x,y)=x^2+y^2$ 的图像, 需要先分析函数. 注意到定义域内满足 $f(x,y)=c, c\geqslant 0$ 的点恰好是半径为 $\sqrt{c}$ 的圆周上的点, 而半径为零的圆周退化为一个点. 在图 2.3 左侧, 我们作出了 $c=0,1,4,9$ 时定义域内满足 $x^2+y^2=c$ 的点的集合. 图 2.3 右侧是函数 f 曲面上对应的点.

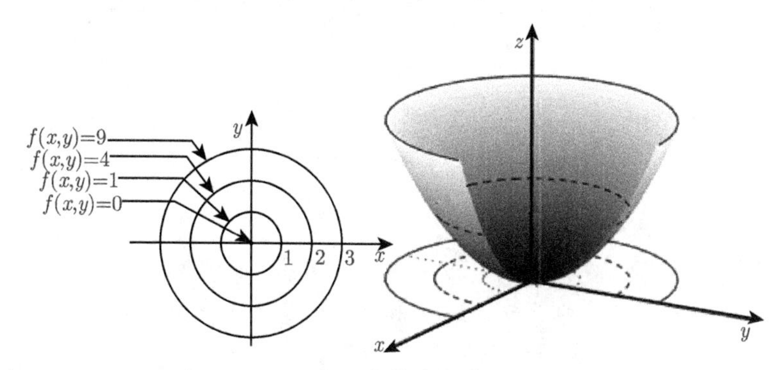

图 2.3 左: $c=0,1,4,9$ 时 $f(x,y)=x^2+y^2$ 的水平集; 右: 对应 $z=1,4,9$ 的 $f(x,y)$ 曲面上的等高线 (为等高线图形清晰, 图中切掉了一部分曲面). 见例 2.7

定义2.5 设 $f: D\subset\mathbb{R}^n\to\mathbb{R}$ 是实值函数, c 是常数, 称定义域内所有满足 $f(x_1,x_2,\cdots,x_n)=c$ 的点 $(x_1,x_2,\cdots,x_n)$ 的集合为函数 f 的 c **水平集**.

我们可以作出二元函数在定义域内的水平集, 并在其曲面上描绘出相应的点 (x,y,c). 这一过程对勾勒出函数表示的曲面是非常有帮助的, 就像例 2.7. 曲面上对应于水平集 $f(x,y)=c$ 的点的集合称为在 $z=c$ 处的**等高线**.

例2.8 设 $f(x,y)=\dfrac{x^2-y^2}{x^2+y^2}, (x,y)\neq(0,0)$. 下面确定水平集 $c=\dfrac{x^2-y^2}{x^2+y^2}$, 即 $x^2-y^2=c(x^2+y^2), x^2+y^2\neq 0$. 首先考虑 c 取特殊值的情况. 若 $c=1$, 则 $x^2-y^2=x^2+y^2$, 从而 $c=1$ 的水平集是满足 $y=0$ 的点的集合, 即除去原点的 x 轴. 类似地, $c=-1$ 的水平集中的点满足 $x^2-y^2=-(x^2+y^2)$, $x^2+y^2\neq 0$, 即除去原点的 y 轴. 对 $c\neq -1, x\neq 0$ 的情况, 等式两边同除 x^2 得

$$1-\frac{y^2}{x^2}=c\left(1+\frac{y^2}{x^2}\right).$$

求解 $\left(\dfrac{y}{x}\right)^2$ 可得 $\left(\dfrac{y}{x}\right)^2=\dfrac{1-c}{1+c}$. 于是 c 水平集由两条直线 $y=\sqrt{\dfrac{1-c}{1+c}}x$ 和 $y=-\sqrt{\dfrac{1-c}{1+c}}x$ 组成, 不包括原点. 比如, 对 $c=-\dfrac{1}{2}$, 水平集直线为 $y=\sqrt{3}x$ 和 $y=-\sqrt{3}x$, 不包括原点. 图 2.4 给出了 $c=-\dfrac{1}{2},0,1$ 时的水平集, 以及 f 曲面的相应的等高线.

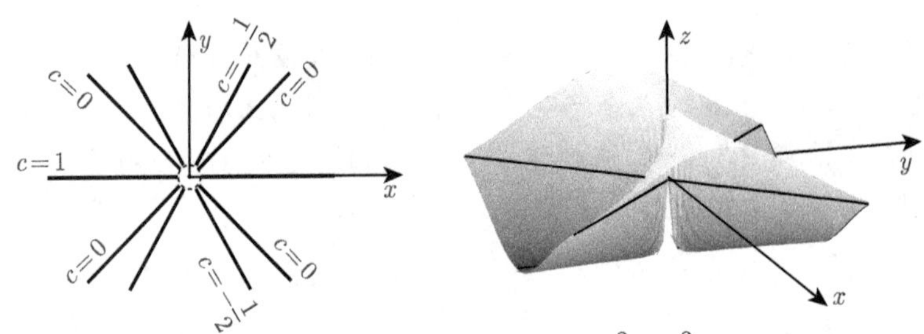

图 2.4　左: $c=-\frac{1}{2},0,1$ 时 $f(x,y)=\frac{x^2-y^2}{x^2+y^2}$ 的水平集;
右: 对应 $z=0$ 的 f 曲面上的等高线. 见例 2.8

下面给出函数水平集的进一步例子.

例2.9　图 2.5 给出一个圆 D, 以及使得某函数 $t(x,y)$ 取值为 2, 3, 4, 5, 6, 8, 10 及 10.5 的 D 内的点. 由图可知, $t=2$ 和 $t=10.5$ 的水平集是独点集, $t=3,4,6,8$ 的水平集是曲线, 而 $t=5$ 的水平集是阴影带域.

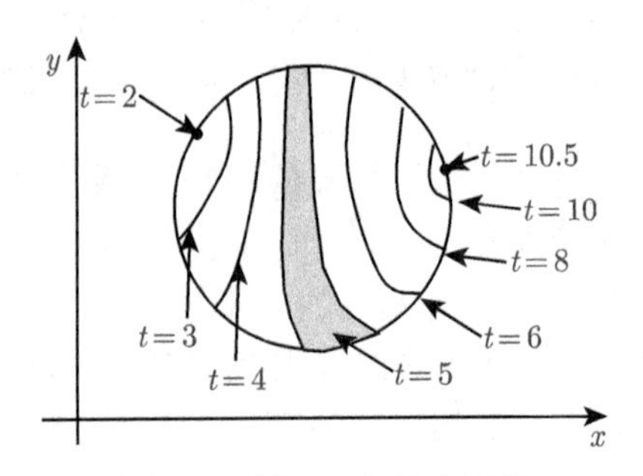

图 2.5　例 2.9 中的水平集

例2.10　设 $f(x,y,z)=\frac{1}{\sqrt{x^2+y^2+z^2}}$, 则 f 的定义域由除去 $(x,y,z)=(0,0,0)$ 的所有点构成, f 的曲面图像是形如 $(x,y,z,f(x,y,z))$ 的点集. 对于 $c>0$, f 的 c 水平集是满足 $\frac{1}{\sqrt{x^2+y^2+z^2}}=c$, 即 $x^2+y^2+z^2=\frac{1}{c^2}$ 的点的集合. 它是空间 $\mathbb{R}^3$ 中球心在原点、半径为 $\frac{1}{c}$ 的球面.

从 $\mathbb{R}$ 到 $\mathbb{R}^n$ 的函数

下面我们给出一些从 $\mathbb{R}$ 到 $\mathbb{R}^n$ 的函数的例子.

例2.11　设 I 为区间 $[a,b]$, x,y,z 都是从 I 到 $\mathbb{R}$ 的函数, 并令

$$\mathbf{P}(t)=(x(t),y(t),z(t)).$$

图 2.6 给出了区间 I 上的点 a,t_1,t_2 和 b, 以及它们在空间 $\mathbb{R}^3$ 中所对应的像点 $\mathbf{P}(a),\mathbf{P}(t_1),\mathbf{P}(t_2),\mathbf{P}(b)$.

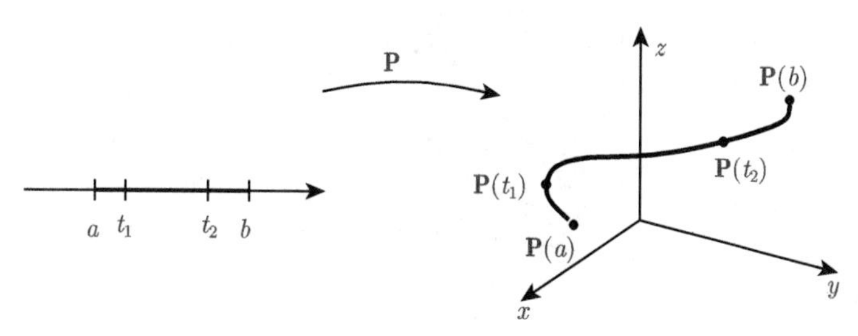

图 2.6 例 2.11 中点 $\mathbf{P}(t)$ 的位置

例2.12 设 $\mathbf{F}(t)=(\cos t,\sin t,t),0\leqslant t\leqslant 4\pi$. 图 2.7 中的实心圆点表示当 t 取 $0,\frac{\pi}{2},\pi,2\pi,\frac{5\pi}{2},3\pi,4\pi$ 时点 $\mathbf{F}(t)$ 的位置, 曲线表示 $\mathbf{F}$ 的值域. 这条曲线称为**螺旋线**.

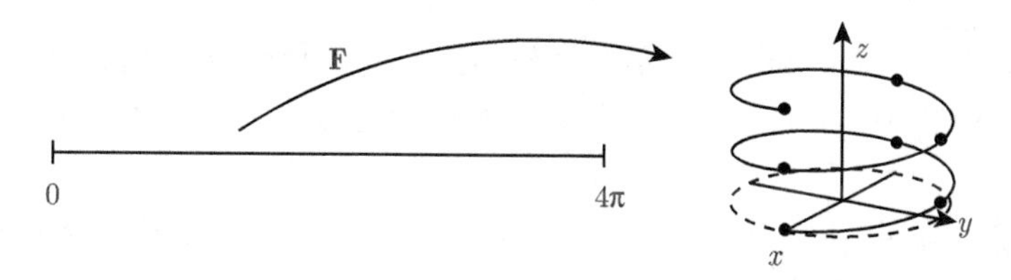

图 2.7 例 2.12 中的螺旋线及其在 xOy 面上的投影 (虚线)

例2.13 设 $\mathbf{F}(t)=t(2,3,4)=(2t,3t,4t)$. 图 2.8 给出了当 t 取 $-0.5,-0.25,0,1.1$ 时的像点. $\mathbf{F}$ 的值域是一条过原点和点 $(2,3,4)$ 的直线.

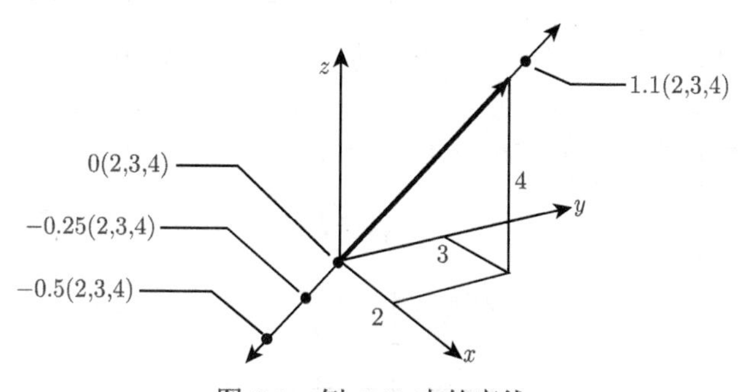

图 2.8 例 2.13 中的直线

例2.14 设 $\mathbf{G}(t)=(1,2,0)+t(2,3,4)=(1+2t,2+3t,4t)$, $\mathbf{G}$ 的值域是一条过点 $(1,2,0)$ 和点 $(3,5,4)$ 的直线, 见图 2.9.

在例 2.11—例 2.14 中, 我们描绘了函数的值域. 在例 2.11 和例 2.12 中, 我们描绘了函数的定义域以及函数如何将定义域中的点映到空间 $\mathbb{R}^n$ 中的某个点.

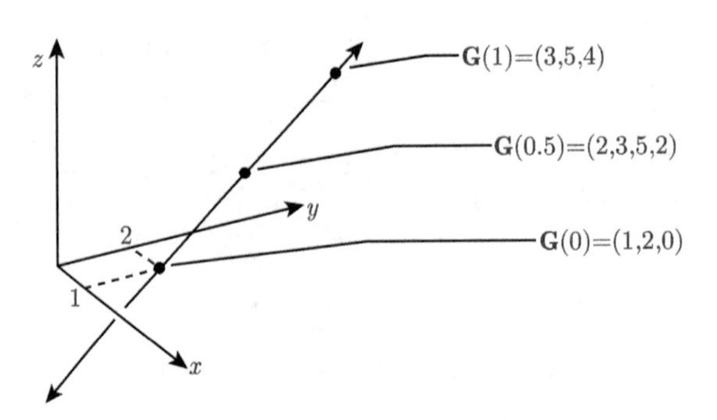

图 2.9　例 2.14 中的直线

从 $\mathbb{R}^n$ 到 $\mathbb{R}^n$ 的函数

接下来考察从 $\mathbb{R}^n$ 到 $\mathbb{R}^n$ 的函数, 我们称之为**向量场**. 为弄清楚从 $\mathbb{R}^2$ 到 $\mathbb{R}^2$ 的向量场的几何直观, 我们可以用以 (x, y) 为起点的箭头来表示函数值向量 $\mathbf{F}(x, y)$. 如下例.

例2.15　画出一些向量来描述向量场 $\mathbf{F}(x,y) = (-y, x)$ 的几何直观. 首先对特殊点列表.

(x,y)	$(1,0)$	$(0,1)$	$(-1,0)$	$(0,-1)$	$(2,2)$	$(-2,2)$	$(-2,-2)$	$(2,-2)$
$\mathbf{F}(x,y)$	$(0,1)$	$(-1,0)$	$(0,-1)$	$(1,0)$	$(-2,2)$	$(-2,-2)$	$(2,-2)$	$(2,2)$

如图 2.10 所示, 向量 (x,y) 与 $\mathbf{F}(x,y)$ 是垂直关系, 这是因为数量积 $(x,y) \cdot (-y,x) = 0$. 事实上, 如果把 (x,y) 看成圆心在 $(0,0)$ 的圆周上的点, 那么 $\mathbf{F}(x,y)$ 的长度与该圆周的半径相等, 方向与圆周相切.

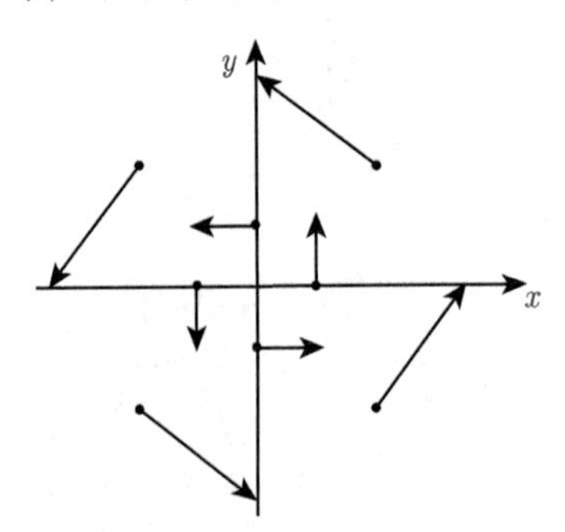

图 2.10　例 2.15 中函数 $\mathbf{F}(x,y) = (-y,x)$ 的示意图

例2.16　设

$$\mathbf{F}(x,y,z) = \left(\frac{x}{\sqrt{x^2+y^2+z^2}}, \frac{y}{\sqrt{x^2+y^2+z^2}}, \frac{z}{\sqrt{x^2+y^2+z^2}}\right).$$

记 $\mathbf{X}=(x,y,z)$, 则 $\|\mathbf{X}\|=\sqrt{x^2+y^2+z^2}$ 且 $\mathbf{F}$ 可以等价地表示为

$$\mathbf{F}(\mathbf{X})=\frac{\mathbf{X}}{\|\mathbf{X}\|}.$$

$\mathbf{F}$ 的定义域是除去原点外空间 $\mathbb{R}^3$ 中的所有点. $\mathbf{F}$ 的每个函数值都是单位向量. $\mathbf{F}$ 的值域是以原点为球心的单位球面. 图 2.11 给出这一向量场的示意图.

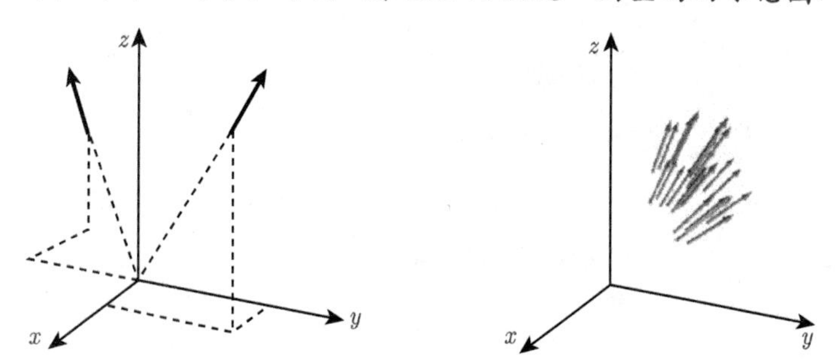

图 2.11 例 2.16 中的向量场. 左: 空间两点及其在向量场 $\mathbf{F}$ 对应的向量. 右: 第一卦限单位球面上的 45 个点及其在向量场 $\mathbf{F}$ 对应的向量

例2.17 设 $\mathbf{F}$ 为向量场

$$\mathbf{F}(x,y,z)=-\frac{1}{(\sqrt{x^2+y^2+z^2})^3}(x,y,z),$$

则 $\mathbf{F}$ 也可等价表示为

$$\mathbf{F}(\mathbf{X})=-\frac{\mathbf{X}}{\|\mathbf{X}\|^3}=-\frac{\mathbf{X}}{\|\mathbf{X}\|}\frac{1}{\|\mathbf{X}\|^2}.$$

为看清 $\mathbf{F}$ 的几何直观, 画出向量 $\mathbf{X}$ 以及单位向量 $-\dfrac{\mathbf{X}}{\|\mathbf{X}\|}$, 二者方向相反. 将单位向量的长度伸长 (或缩短) $\dfrac{1}{\|\mathbf{X}\|^2}$ 倍. 我们称 $\mathbf{F}$ 为**平方反比向量场**. 如图 2.12.

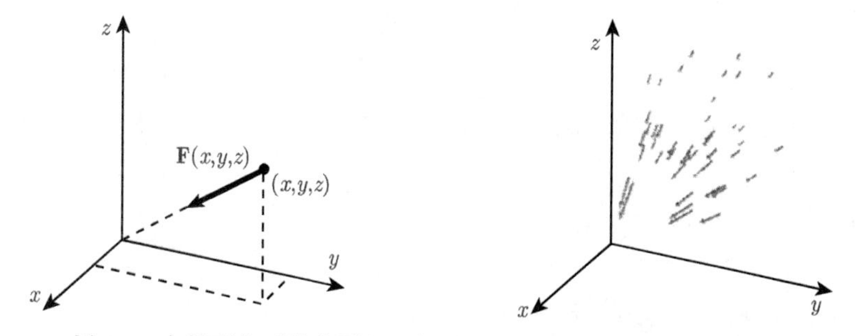

图 2.12 例 2.17 中的平方反比向量场. 左: 点 (x,y,z) 及其在向量场 $\mathbf{F}$ 对应的向量 $\mathbf{F}(x,y,z)$; 右: 第一卦限中 45 个点及其在向量场 $\mathbf{F}$ 对应的向量

对于从 $\mathbb{R}^3$ 到 $\mathbb{R}^3$ 的函数 $\mathbf{F}$ 来说, 物理学家惯用下面的记法:

$$\mathbf{F}(x,y,z)=(f_1(x,y,z),f_2(x,y,z),f_3(x,y,z))=f_1(x,y,z)\mathbf{i}+f_2(x,y,z)\mathbf{j}+f_3(x,y,z)\mathbf{k},$$

其中

$$\mathbf{i}=(1,0,0),\qquad \mathbf{j}=(0,1,0),\qquad \mathbf{k}=(0,0,1).$$

类似地, 利用 $\mathbf{i}=(1,0)$, $\mathbf{j}=(0,1)$, 也可将从 $\mathbb{R}^2$ 到 $\mathbb{R}^2$ 的函数表示成

$$\mathbf{F}(x,y)=(f_1(x,y),f_2(x,y))=f_1(x,y)\mathbf{i}+f_2(x,y)\mathbf{j}.$$

例2.18　设 $\mathbf{F}(x,y,z)=(2,3,4)=2\mathbf{i}+3\mathbf{j}+4\mathbf{k}$, 则 $\mathbf{F}$ 是常值向量场. $\mathbf{F}$ 的示意图为方向相同、长度也相同的箭头构成的场. 如图 2.13.

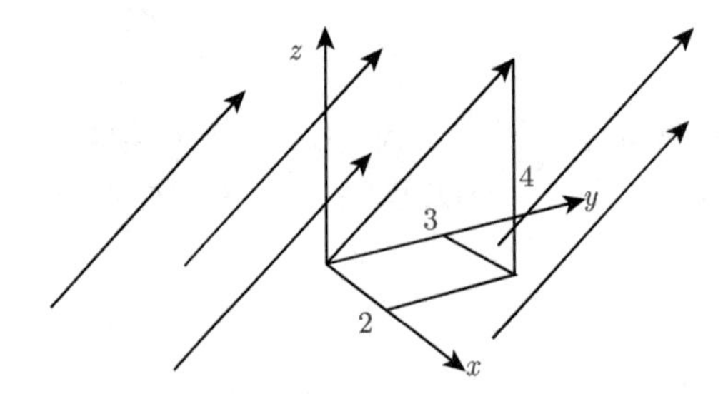

图 2.13　例 2.18 中的常值向量场 $\mathbf{F}(x,y,z)=(2,3,4)=2\mathbf{i}+3\mathbf{j}+4\mathbf{k}$

定义2.6　设 $\mathbf{F}$ 是从 $\mathbb{R}^m$ 到 $\mathbb{R}^n$ 的函数, $\mathbf{G}$ 是从 $\mathbb{R}^k$ 到 $\mathbb{R}^m$ 的函数. 假设 $\mathbf{G}$ 的值域含于 $\mathbf{F}$ 的定义域内, 则可定义从 $\mathbb{R}^k$ 到 $\mathbb{R}^n$ 的**复合函数** $\mathbf{F}\circ\mathbf{G}$ 如下:

$$\mathbf{F}\circ\mathbf{G}(\mathbf{X})=\mathbf{F}(\mathbf{G}(\mathbf{X})).$$

例2.19　设 $\mathbf{G}(x,y,z)=(x^2,y^2+z^2)$, $f(u,v)=uv$, 则

$$f\circ\mathbf{G}(x,y,z)=x^2(y^2+z^2).$$

问题

2.1　将下列线性函数表示成 $f(\mathbf{X})=\mathbf{C}\cdot\mathbf{X}$ ($\mathbf{C}$ 为向量) 或 $\mathbf{F}(\mathbf{X})=\mathbf{C}\mathbf{X}$ ($\mathbf{C}$ 为矩阵) 的形式.

(a) $f(x_1,x_2)=x_1+2x_2$.

(b) $f(x_1,x_2,x_3)=x_1+2x_2$.

(c) $\mathbf{F}(x_1,x_2)=(x_1,x_1+2x_2)$.

(d) $\mathbf{F}(x_1,x_2,x_3)=(x_1,x_1+2x_2)$.

(e) $\mathbf{F}(x_1,x_2,x_3,x_4)=(x_4-x_2,x_3-x_1,x_2+5x_1,x_1+x_2+x_3+x_4)$.

(f) $\mathbf{F}(x_1, x_2) = (x_1, 5x_1, -x_2, -2x_1, x_2)$.

(g) $\mathbf{F}(x_1, x_2, x_3, x_4, x_5) = (x_1, 5x_1, -x_2, -2x_1, x_2)$.

2.2 设 $f(x, y)$ 的定义为: 当 (x, y) 在以原点为心的单位圆内时取 1, 当 $x^2 + y^2 \geqslant 1$ 时取 0. 试给出 f 水平集的描述, 并画出 f 的草图.

2.3 设 $f(\mathbf{X})$ 的定义为: 当 $\mathbf{X}$ 在单位球 $\|\mathbf{X}\| < 1$ 内时值为 $\|\mathbf{X}\|^2$, 当 $\|\mathbf{X}\| \geqslant 1$ 时取 0. 在 f 的定义域分别为

(a) $\mathbb{R}$;

(b) $\mathbb{R}^3$;

(c) $\mathbb{R}^5$

时给出 f 水平集的描述.

2.4 证明常值函数 $\mathbf{F} : \mathbb{R}^n \to \mathbb{R}^m$ 是线性函数当且仅当

$$\mathbf{F}(x_1, x_2, \cdots, x_n) = \mathbf{0}.$$

2.5 已知 $\mathbb{R}^3$ 中方程 $z = 2x + 3y$ 表示的平面是某线性函数 $\ell : \mathbb{R}^3 \to \mathbb{R}$ 的 0 水平集, 求 ℓ 的表达式.

2.6 函数

$$f(x, y) = 5 + x + x^2 + y^2$$

是常值函数 5、线性函数 x 以及二次多项式 $x^2 + y^2$ 的和.

(a) 在 $(0, 0)$ 附近找出两点 (x, y), 使得该点处 $f(x, y)$ 的值可由前两项近似表示:

$$f(x, y) \approx 5 + x,$$

并且误差小于 $\dfrac{1}{100}$.

(b) 证明

$$g(u, v) = f(1 + u, 2 + v)$$

是某一常值函数、某一关于 (u, v) 的线性函数以及某一关于 u 和 v 的二次多项式之和.

2.7 设 $f(\mathbf{X}) = \|\mathbf{X}\|^2$, $\mathbf{X} \in \mathbb{R}^4$. 取定 $\mathbf{A} \in \mathbb{R}^4$ 并定义

$$g(\mathbf{X}) = \|\mathbf{A}\|^2 + 2\mathbf{A} \cdot (\mathbf{X} - \mathbf{A}).$$

(a) 记 $\mathbf{U} = \mathbf{X} - \mathbf{A}$. 运用关系式

$$\|\mathbf{A} + \mathbf{U}\|^2 = \|\mathbf{A}\|^2 + 2\mathbf{A} \cdot \mathbf{U} + \|\mathbf{U}\|^2$$

证明 $f(\mathbf{X})$ 与 $g(\mathbf{X})$ 之间相差 $\|\mathbf{U}\|^2$.

(b) 证明当 $\|\mathbf{X}-\mathbf{A}\|<10^{-2}$ 时, $f(\mathbf{X})$ 与 $g(\mathbf{X})$ 之间相差不超过 10^{-4}.

2.8 设 $\mathbf{L}$ 是从 $\mathbb{R}^n$ 到 $\mathbb{R}^m$ 的线性函数. 证明

(a) 若 $\mathbf{L}(\mathbf{X})=\mathbf{0}$ 且 $\mathbf{L}(\mathbf{Y})=\mathbf{0}$, 则 $\mathbf{L}(\mathbf{X}+\mathbf{Y})=\mathbf{0}$.

(b) 若 $\mathbf{L}(\mathbf{X})=\mathbf{0}$ 且 c 为常数, 则 $\mathbf{L}(c\mathbf{X})=\mathbf{0}$.

2.9 在例 2.8 中, 用假设 $y\neq 0$ 代替 $x\neq 0$ 对该例重新进行分析.

2.10 对下列给出的函数 f 和 c 的值, 将 c 水平集, 即 $f(x,y)=c$, 用数学式子描述或画出示意图, 并在此基础上作出函数图像.

(a) $f(x,y)=x+2y, c=-1,0,1,2$.

(b) $f(x,y)=xy, c=-1,0,1,2$.

(c) $f(x,y)=x^2-y, c=-1,0,1,2$.

(d) $f(x,y)=\sqrt{1-x^2-y^2}, c=0,\frac{1}{2},1$.

2.11 对下列给出的函数 $f:\mathbb{R}^2\to\mathbb{R}$ 和 c 的值, 将 c 水平集, 即 $f(x,y)=c$, 用数学式子描述或画出示意图.

(a) $f(x,y)=x^2+y^2, c=0,1,2$.

(b) $f(x,y)=\sqrt{x^2+y^2}, c=0,1,2$.

(c) $f(x,y)=\dfrac{1}{x^2+y^2}, c=0,1,2$. 哪个水平集是空集?

2.12 证明定理 1.20 也可表述为下面的等价形式: 从 $\mathbb{R}^n$ 到 $\mathbb{R}^n$ 的线性函数是满射当且仅当它是单射.

2.13 对下列给出的函数 $f:\mathbb{R}^3\to\mathbb{R}$ 和 c 的值, 将 c 水平集, 即 $f(\mathbf{X})=c$, 在 $\mathbb{R}^3$ 中用数学式子描述或画出示意图.

(a) $f(\mathbf{X})=\|\mathbf{X}\|^2, c=\frac{1}{2},1,2$.

(b) $f(\mathbf{X})=\|\mathbf{X}\|, c=\frac{1}{2},1,2$.

(c) $f(\mathbf{X})=\dfrac{1}{\|\mathbf{X}\|^2}, c=\frac{1}{2},1,2$.

(d) $f(\mathbf{X})=\mathbf{U}\cdot\mathbf{X}, c=\frac{1}{2},1,2$, 其中 $\mathbf{U}$ 是一个单位向量. 提示: 将向量 $\mathbf{X}$ 分解为与 $\mathbf{U}$ 平行的向量和与 $\mathbf{U}$ 垂直的向量之和.

2.14 设 $\mathbf{C}=\begin{bmatrix}3&1\\2&4\end{bmatrix}, \mathbf{X}=\begin{bmatrix}1\\2\end{bmatrix}$. 验证不等式

$$\|\mathbf{C}\mathbf{X}\|\leqslant\|\mathbf{C}\|\|\mathbf{X}\|.$$

2.15 证明对于线性函数 $\mathbf{L}:\mathbb{R}^n\to\mathbb{R}^m$, 函数值 $\mathbf{L}(\mathbf{X})$ 是 $\mathbf{L}$ 矩阵的列 $\mathbf{V}_j$ 的线性组合:

$$\mathbf{L}(\mathbf{X})=x_1\mathbf{V}_1+\cdots+x_n\mathbf{V}_n.$$

2.16 假设 $\mathbf{C}$ 是一个 $n \times n$ 矩阵, 各个列向量构成一个规范正交集. 利用定理 2.2 证明对所有 $\mathbf{X} \in \mathbb{R}^n$, 有

$$\|\mathbf{CX}\| \leqslant \sqrt{n}\|\mathbf{X}\|.$$

利用勾股定理和问题 2.15 的结论进一步证明对所有 $\mathbf{X} \in \mathbb{R}^n$, 有

$$\|\mathbf{CX}\| = \|\mathbf{X}\|.$$

2.17 对 $\mathbf{X} \in \mathbb{R}^n, \mathbf{X} \neq \mathbf{0}$, 定义函数

$$\mathbf{F}(\mathbf{X}) = \frac{\mathbf{X}}{\|\mathbf{X}\|}, \qquad \mathbf{G}(\mathbf{X}) = -\frac{\mathbf{X}}{\|\mathbf{X}\|^3},$$

再定义其范数为 $f(\mathbf{X}) = \|\mathbf{F}(\mathbf{X})\|$, $g(\mathbf{X}) = \|\mathbf{G}(\mathbf{X})\|$. 在 $\mathbb{R}^n$ 中用数学式子描述出水平集

$$f(\mathbf{X}) = 1, \quad g(\mathbf{X}) = 1, \quad g(\mathbf{X}) = 2, \quad g(\mathbf{X}) = 4.$$

请问 $\mathbb{R}^n$ 中是否有满足 $f(\mathbf{X}) = 2$ 的点?

2.18 考虑函数 $\mathbf{F}(t) = (1-t)\mathbf{A} + t\mathbf{B}$, 其中 $\mathbf{A}, \mathbf{B} \in \mathbb{R}^2$.

(a) 将 $\mathbf{F}(t)$ 表示成 $\mathbf{A}$ 与 $\mathbf{B} - \mathbf{A}$ 倍数之和的形式.

(b) t 的值是多少时, $\mathbf{F}(t) = \mathbf{A}$ 或 $\mathbf{B}$ 或 $\frac{1}{2}(\mathbf{A} + \mathbf{B})$?

(c) t 在哪个区间取值时, $\mathbf{F}(t)$ 表示介于 $\mathbf{A}$ 与 $\mathbf{B}$ 之间线段上的点?

2.19 考虑从 $\mathbb{R}^2$ 到 $\mathbb{R}^2$ 的函数 $\mathbf{F}(t,\theta) = (x(t,\theta), y(t,\theta))$. 对每个固定的 θ 值, 当 t 的值从 0 变到 1 时, $\mathbf{F}(t,\theta)$ 沿以原点为心的单位圆半径从点 $(0,0)$ 变到 $(\cos\theta, \sin\theta)$.

(a) 写出 $\mathbf{F}(t,\theta)$ 的具体表达式.

(b) 长方形 $0 \leqslant t \leqslant 1, |\theta| \leqslant 1$ 的值域是什么?

2.20 图 2.14 是 $\mathbb{R}^3$ 中球心在原点的单位球面

$$x^2 + y^2 + z^2 = 1,$$

图中将 xOy 平面示意为一条直线. 本题介绍一种 xOy 平面与单位球面 (除北极点 $(0,0,1)$ 外) 的一一对应, 称之为**球极投影**.

(a) xOy 平面中以北极点和点 $(x,y,0)$ 为端点的线段可用参数 t 表示为

$$(1-t)(0,0,1) + t(x,y,0),$$

其中 $0 \leqslant t \leqslant 1$. 确定该线段上位于单位球面上的点对应的参数 t, 并将其用 x 和 y 表达出来.

(b) 证明函数

$$\mathbf{S}(x,y)=\frac{1}{1+x^2+y^2}(2x,2y,x^2+y^2-1)$$

是从 xOy 平面到单位球面的满射 (除北极点外).

(c) 上 (下) 半球面分别对应着 xOy 平面的哪些点?

(d) 赤道和南极点分别对应着 xOy 平面的哪些点?

(e) 定义函数 $\mathbf{S}^{-1}$ 为

$$\mathbf{S}^{-1}(s_1,s_2,s_3)=\frac{1}{1-s_3}(s_1,s_2),$$

其定义域是单位球面上除去北极点外的所有点 (s_1,s_2,s_3). 证明 $\mathbf{S}^{-1}$ 是函数 $\mathbf{S}$ 的反函数.

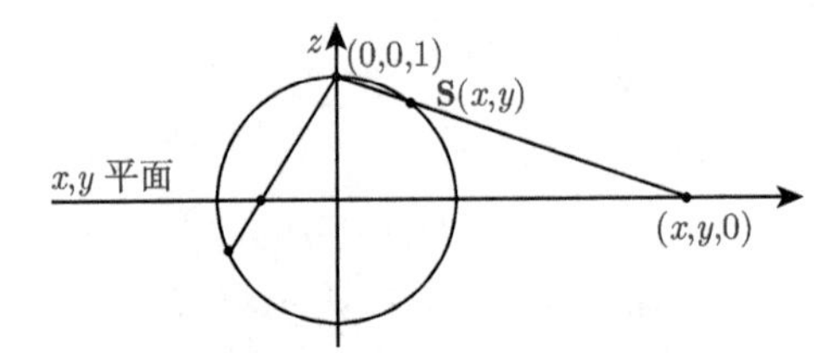

图 2.14　问题 2.20 中的 xOy 平面和单位球面

2.21　证明线性函数

$$\mathbf{L}(x,y,z)=(x,z,-y)$$

将以原点为心的单位球面映到它自身. 若 $\mathbf{S}$ 表示问题 2.20 中定义的球极投影, 证明复合函数

$$\mathbf{S}^{-1}\circ\mathbf{L}\circ\mathbf{S}$$

将 xOy 面映到它自身. 如图 2.15, 分析右半平面 $(x>0)$ 的像集是什么?

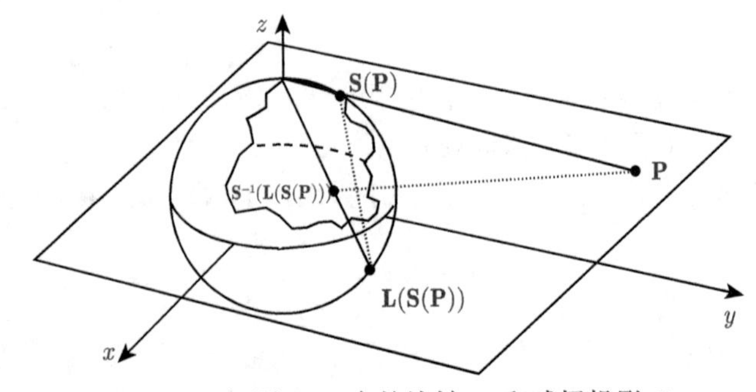

图 2.15　问题 2.21 中的旋转 $\mathbf{L}$ 和球极投影 $\mathbf{S}$

2.22 由于原点处质量的存在, $\mathbb{R}^3$ 中某点 $\mathbf{X}$ 处质点所受的引力应为

$$\mathbf{G}(\mathbf{X}) = \frac{\mathbf{X}}{\|\mathbf{X}\|^3}$$

的某个负倍数. 对于非零点 $\mathbf{A}$ 附近的点 $\mathbf{X} = \mathbf{A} + \mathbf{U}$, 比较该点处引力 $\mathbf{G}$ 的如下两个近似值:

$$\mathbf{G}_1(\mathbf{X}) = \frac{\mathbf{X}}{\|\mathbf{A}\|^3} = \mathbf{G}(\mathbf{A}) + \frac{\mathbf{U}}{\|\mathbf{A}\|^3} = \mathbf{G}(\mathbf{A}) + \mathbf{L}_1(\mathbf{U})$$

与

$$\mathbf{G}_2(\mathbf{X}) = \mathbf{G}(\mathbf{A}) + \left(\frac{\mathbf{U}}{\|\mathbf{A}\|^3} - 3\frac{\mathbf{A} \cdot \mathbf{U}\mathbf{A}}{\|\mathbf{A}\|^5}\right) = \mathbf{G}(\mathbf{A}) + \mathbf{L}_2(\mathbf{U}).$$

(a) 证明 $\mathbf{L}_1$ 和 $\mathbf{L}_2$ 都是 $\mathbf{U}$ 的线性函数.

(b) 取 $\mathbf{A} = (1, 0, 0), \mathbf{U} = \left(\frac{1}{10}, 0, 0\right)$. 证明上述近似值计算方法的相对误差分别为

$$\frac{\|\mathbf{G}(\mathbf{X}) - \mathbf{G}_1(\mathbf{X})\|}{\|\mathbf{G}(\mathbf{X})\|} \approx 0.33, \qquad \frac{\|\mathbf{G}(\mathbf{X}) - \mathbf{G}_2(\mathbf{X})\|}{\|\mathbf{G}(\mathbf{X})\|} \approx 0.03.$$

(c) 取 $\mathbf{A} = (1, 0, 0), \mathbf{U} = \left(\frac{1}{100}, 0, 0\right)$. 证明相对误差分别为

$$\frac{\|\mathbf{G}(\mathbf{X}) - \mathbf{G}_1(\mathbf{X})\|}{\|\mathbf{G}(\mathbf{X})\|} \approx 0.03, \qquad \frac{\|\mathbf{G}(\mathbf{X}) - \mathbf{G}_2(\mathbf{X})\|}{\|\mathbf{G}(\mathbf{X})\|} \approx 0.0003.$$

2.23 本题给出利用一元微积分学推导问题 2.22 中

$$\frac{\mathbf{X}}{\|\mathbf{X}\|^3} = \frac{\mathbf{A} + \mathbf{U}}{(\|\mathbf{A}\|^2 + 2\mathbf{A} \cdot \mathbf{U} + \|\mathbf{U}\|^2)^{3/2}}$$

的线性近似计算方法的思路.

(a) 假设 a 和 u 都是正数. 利用泰勒定理证明在 0 和 u 之间存在两个常数 θ_1 和 θ_2, 使得

$$\begin{aligned}(a^2 + u)^{-3/2} &= a^{-3} - \frac{3}{2}(a^2 + \theta_1)^{-5/2}u \\ &= a^{-3} - \frac{3}{2}(a^2 + u)^{-5/2}u + \frac{15}{8}(a^2 + \theta_2)^{-7/2}u^2.\end{aligned}$$

(b) 证明

$$\begin{aligned}\mathbf{G}(\mathbf{A} + \mathbf{U}) &= \left(\|\mathbf{A}\|^{-3} - \frac{3}{2}(\|\mathbf{A}\|^2 + \theta_1)^{-5/2}(2\mathbf{A} \cdot \mathbf{U} + \|\mathbf{U}\|^2)\right)(\mathbf{A} + \mathbf{U}) \\ &= \left(\|\mathbf{A}\|^{-3} - \frac{3}{2}(\|\mathbf{A}\|^2)^{-5/2}(2\mathbf{A} \cdot \mathbf{U} + \|\mathbf{U}\|^2)\right. \\ &\quad \left. + \frac{15}{8}(\|\mathbf{A}\|^2 + \theta_2)^{-7/2}(2\mathbf{A} \cdot \mathbf{U} + \|\mathbf{U}\|^2)^2\right)(\mathbf{A} + \mathbf{U}).\end{aligned}$$

(c) 由上述结果得到

$$\mathbf{G}(\mathbf{A}+\mathbf{U})=\mathbf{G}(\mathbf{A})+\mathbf{L}_1(\mathbf{U})+R_1=\mathbf{G}(\mathbf{A})+\mathbf{L}_2(\mathbf{U})+R_2,$$

其中 R_1 是与 $\|\mathbf{U}\|$ 同阶的项, R_2 是与 $\|\mathbf{U}\|^2$ 同阶的项.

2.2 连 续 性

在一元微积分中, 通过分析能否利用 x 点的近似值得到 $f(x)$ 的近似值, 我们引入了 f 在点 x 处连续的定义. 近似计算是非常实际的问题, 因为我们总需要对函数的输入值进行截断或近似. 一个函数 f 在点 x 处连续就意味着对刻画输出值误差的任一容忍度 $\epsilon>0$, 都能找到输入值的精确度 $\delta>0$, 使得

$$\text{若}|x-y|<\delta, \quad \text{则}|f(x)-f(y)|<\epsilon.$$

这就是函数 $\mathbf{F}: D\subset\mathbb{R}^n\to\mathbb{R}^m$ 连续的本质含义.

定义2.7　称函数 $\mathbf{F}: D\subset\mathbb{R}^n\to\mathbb{R}^m$ 在点 $\mathbf{X}\in D$ 处**连续**, 如果对任意的容忍度 $\epsilon>0$, 都存在一个依赖于 ϵ 的精确度 $\delta>0$, 使得

$$\text{若}\|\mathbf{X}-\mathbf{Y}\|<\delta, \quad \text{则}\|\mathbf{F}(\mathbf{X})-\mathbf{F}(\mathbf{Y})\|<\epsilon \quad (\mathbf{Y}\in D).$$

设 $\mathbf{L}:\mathbb{R}^m\to\mathbb{R}^n$ 是线性函数, 来证 $\mathbf{L}$ 在所有点 $\mathbf{X}$ 处连续. 我们需要证明对任意的容忍度 $\epsilon>0$, 都存在一个精确度 $\delta>0$, 使得当 $\|\mathbf{X}-\mathbf{Y}\|<\delta$ 时, 必有 $\|\mathbf{L}(\mathbf{X})-\mathbf{L}(\mathbf{Y})\|<\epsilon$. 记 $\mathbf{Y}=\mathbf{X}+\mathbf{H}$, 则

$$\|\mathbf{L}(\mathbf{Y})-\mathbf{L}(\mathbf{X})\|=\|\mathbf{L}(\mathbf{Y}-\mathbf{X})\|=\|\mathbf{L}(\mathbf{H})\|.$$

由定理 2.1, 存在矩阵 $\mathbf{C}$ 使得 $\mathbf{L}(\mathbf{H})=\mathbf{CH}$, 从而由定理 2.2 得

$$\|\mathbf{L}(\mathbf{H})\|=\|\mathbf{CH}\|\leqslant\|\mathbf{C}\|\|\mathbf{H}\|.$$

若 $\|\mathbf{C}\|=0$, 则 $\mathbf{L}$ 是常值函数 $\mathbf{0}$. 常值函数 $\mathbf{F}$ 在任一点 $\mathbf{X}$ 连续, 因为 $\|\mathbf{F}(\mathbf{X})-\mathbf{F}(\mathbf{Y})\|=0$. 现假设 $\|\mathbf{C}\|\neq 0$. 任给定容忍度 $\epsilon>0$, 取 $\|\mathbf{H}\|<\delta=\dfrac{\epsilon}{\|\mathbf{C}\|}$, 可得

$$\|\mathbf{L}(\mathbf{Y})-\mathbf{L}(\mathbf{X})\|=\|\mathbf{L}(\mathbf{H})\|\leqslant\|\mathbf{C}\|\|\mathbf{H}\|<\|\mathbf{C}\|\frac{\epsilon}{\|\mathbf{C}\|}=\epsilon,$$

因此 $\mathbf{L}$ 在 $\mathbf{X}$ 点连续.

定义2.8　称函数 $\mathbf{F}: D\subset\mathbb{R}^n\to\mathbb{R}^m$ **在 D 上连续**, 如果 $\mathbf{F}$ 在 D 内每一点 $\mathbf{X}$ 连续.

定义2.9 称 $\mathbb{R}^n$ 中的点列 $\mathbf{X}_1, \mathbf{X}_2, \cdots, \mathbf{X}_k, \cdots$ **收敛**于 $\mathbf{X}$, 如果对任意的 $\epsilon > 0$, 都存在正整数 N, 使得当 $k > N$ 时, 必有 $\|\mathbf{X}_k - \mathbf{X}\| < \epsilon$.

类似于对从 $\mathbb{R}$ 到 $\mathbb{R}$ 的函数的讨论, 连续函数将定义域内的收敛点列映射为值域内的收敛点列.

定理2.3 若 $\mathbf{F}: D \subset \mathbb{R}^n \to \mathbb{R}^m$ 在 D 上连续, 则对 D 内的所有收敛点列

$$\mathbf{X}_1, \mathbf{X}_2, \cdots, \mathbf{X}_k, \cdots,$$

假设该点列收敛于 $\mathbf{X} \in D$, 则点列

$$\mathbf{F}(\mathbf{X}_1), \mathbf{F}(\mathbf{X}_2), \cdots, \mathbf{F}(\mathbf{X}_k), \cdots$$

收敛于 $\mathbf{F}(\mathbf{X})$.

证明 任取定 $\epsilon > 0$. 由 $\mathbf{F}$ 在点 $\mathbf{X}$ 连续知, 存在 $\delta > 0$, 使得

$$\text{若}\|\mathbf{X} - \mathbf{Y}\| < \delta, \quad \text{则}\|\mathbf{F}(\mathbf{X}) - \mathbf{F}(\mathbf{Y})\| < \epsilon.$$

又由 $\mathbf{X}_k$ 收敛于 $\mathbf{X}$ 知, 对上述 $\delta > 0$, 存在正整数 N, 使得

$$\text{若}k > N, \quad \text{则}\|\mathbf{X} - \mathbf{X}_k\| < \delta.$$

因此有

$$\text{若}k > N, \quad \text{则}\|\mathbf{F}(\mathbf{X}) - \mathbf{F}(\mathbf{X}_k)\| < \epsilon.$$

这表明序列 $\mathbf{F}(\mathbf{X}_k)$ 收敛于 $\mathbf{F}(\mathbf{X})$. **证毕.**

在问题 2.44 中证明定理 2.3 的逆命题.

下面的定理告诉我们, 验证 $\mathbf{F}$ 的连续性可简化为验证其分量函数的连续性.

定理2.4 设函数 $\mathbf{F}: D \subset \mathbb{R}^n \to \mathbb{R}^m$ 记为

$$\mathbf{F}(\mathbf{X}) = (f_1(\mathbf{X}), f_2(\mathbf{X}), \cdots, f_m(\mathbf{X})),$$

则 $\mathbf{F}$ 在 D 上连续的充分必要条件是 $\mathbf{F}$ 的所有分量函数 $f_j: D \subset \mathbb{R}^n \to \mathbb{R}$ 在 D 上连续.

证明 假设 $\mathbf{F}$ 在点 $\mathbf{X}$ 连续. 对任意的容忍度 $\epsilon > 0$, 存在精确度 $\delta > 0$, 使得当 $\|\mathbf{Y} - \mathbf{X}\| < \delta$ 时, $\|\mathbf{F}(\mathbf{Y}) - \mathbf{F}(\mathbf{X})\| < \epsilon$. 设 f_j 是 $\mathbf{F}$ 的一个分量函数. 注意到每个分量函数的绝对值都小于或等于向量值函数的范数, 于是

$$|f_j(\mathbf{Y}) - f_j(\mathbf{X})| \leqslant \|\mathbf{F}(\mathbf{Y}) - \mathbf{F}(\mathbf{X})\| < \epsilon.$$

于是由 $\mathbf{F}$ 在点 $\mathbf{X}$ 连续可得其每个分量函数 f_j 在点 $\mathbf{X}$ 连续.

再假设每个分量函数 f_j 在点 $\mathbf{X}$ 连续, 来证 $\mathbf{F}$ 在点 $\mathbf{X}$ 连续. 对任意的容忍度 $\epsilon > 0$, 对每个分量函数分别存在精确度 $\delta_1, \delta_2, \cdots, \delta_m > 0$, 使得当 $\|\mathbf{Y}-\mathbf{X}\| < \delta_j$ 时, $|f_j(\mathbf{Y}) - f_j(\mathbf{X})| < \epsilon$.

记 δ 为 δ_j 的最小值, 则当 $\|\mathbf{Y} - \mathbf{X}\| < \delta$ 时, $|f_j(\mathbf{Y}) - f_j(\mathbf{X})| < \epsilon$ 对所有 $j = 1, 2, \cdots, m$ 成立. 从而

$$
\begin{aligned}
&\|\mathbf{F}(\mathbf{Y}) - \mathbf{F}(\mathbf{X})\| \\
&= \sqrt{(f_1(\mathbf{Y}) - f_1(\mathbf{X}))^2 + (f_2(\mathbf{Y}) - f_2(\mathbf{X}))^2 + \cdots + (f_m(\mathbf{Y}) - f_m(\mathbf{X}))^2} \\
&\leqslant \sqrt{\epsilon^2 + \epsilon^2 + \cdots + \epsilon^2} = \sqrt{m}\epsilon.
\end{aligned}
$$

由于 ϵ 任意小, 所以上式表明当 δ 的取值足够小时, $\|\mathbf{F}(\mathbf{Y}) - \mathbf{F}(\mathbf{X})\|$ 可以任意小, 即 $\mathbf{F}$ 在点 $\mathbf{X}$ 连续. **证毕.**

在定理 2.4 中取 $n = 1$ 得到如下结论: $\mathbf{F}(t) = (f_1(t), f_2(t), \cdots, f_m(t))$ 在某区间上连续当且仅当其每一个分量函数 f_j 在该区间上连续.

例2.20　$\mathbf{F}(t) = (\cos t, \sin t, t)$ 在点 t 连续, 因为它的每个分量函数在 t 连续.

下面的两个定理帮助我们构造从 $\mathbb{R}^n$ 到 $\mathbb{R}$ 的连续函数.

定理2.5　若 $f: D \subset \mathbb{R}^n \to \mathbb{R}$ 和 $g: D \subset \mathbb{R}^n \to \mathbb{R}$ 都是 D 上的连续函数, 则

(a) $f + g$ 在 D 上连续;

(b) fg 在 D 上连续;

(c) $\dfrac{1}{g}$ 在满足 $g(\mathbf{X}) \neq 0$ 的点 $\mathbf{X}$ 处连续.

证明　(a) 设 $\mathbf{X} \in D$, $\epsilon > 0$ 为任意取定的容忍度, 则存在两个精度 $\delta_f, \delta_g > 0$, 使得当 $\|\mathbf{X} - \mathbf{Y}\| < \delta_f$ 时, 有 $|f(\mathbf{X}) - f(\mathbf{Y})| < \epsilon$; 而当 $\|\mathbf{X} - \mathbf{Y}\| < \delta_g$ 时, 有 $|g(\mathbf{X}) - g(\mathbf{Y})| < \epsilon$.

取 δ 为 δ_f 和 δ_g 中较小的, 则当 $\|\mathbf{X} - \mathbf{Y}\| < \delta$ 时, 有 $|f(\mathbf{X}) - f(\mathbf{Y})| < \epsilon$ 和 $|g(\mathbf{X}) - g(\mathbf{Y})| < \epsilon$ 同时成立. 根据三角不等式, 有

$$|f(\mathbf{X}) - f(\mathbf{Y}) + g(\mathbf{X}) - g(\mathbf{Y})| \leqslant |f(\mathbf{X}) - f(\mathbf{Y})| + |g(\mathbf{X}) - g(\mathbf{Y})| < 2\epsilon.$$

整理得 $|(f+g)(\mathbf{X}) - (f+g)(\mathbf{Y})| < 2\epsilon$. 由于 2ϵ 是任意小, (a) 得证.

(b) 设 $\epsilon > 0$ 为任取定的容忍度, $\delta > 0$ 是在 (a) 的证明中定义的值. 由三角不等式和绝对值的性质, 有

$$
\begin{aligned}
|f(\mathbf{X})g(\mathbf{X}) - f(\mathbf{Y})g(\mathbf{Y})| &= |f(\mathbf{X})g(\mathbf{X}) - f(\mathbf{X})g(\mathbf{Y}) + f(\mathbf{X})g(\mathbf{Y}) - f(\mathbf{Y})g(\mathbf{Y})| \\
&\leqslant |f(\mathbf{X})||g(\mathbf{X}) - g(\mathbf{Y})| + |g(\mathbf{Y})||f(\mathbf{X}) - f(\mathbf{Y})|.
\end{aligned}
$$

当 $\|\mathbf{X} - \mathbf{Y}\| < \delta$ 时, 由 f 和 g 的连续性可得

$$|f(\mathbf{X}) - f(\mathbf{Y})| < \epsilon \quad 且 \quad |g(\mathbf{X}) - g(\mathbf{Y})| < \epsilon.$$

因此

$$|f(\mathbf{X})g(\mathbf{X})-f(\mathbf{Y})g(\mathbf{Y})|<\epsilon(|f(\mathbf{X})|+|g(\mathbf{Y})|).$$

另一方面, 由三角不等式还有 (见问题 1.67)

$$\Big||g(\mathbf{X})|-|g(\mathbf{Y})|\Big|\leqslant|g(\mathbf{X})-g(\mathbf{Y})|<\epsilon,$$

于是 $|g(\mathbf{Y})|\leqslant|g(\mathbf{X})|+\epsilon$. 因此

$$|f(\mathbf{X})g(\mathbf{X})-f(\mathbf{Y})g(\mathbf{Y})|<\epsilon(|f(\mathbf{X})|+|g(\mathbf{X})|+\epsilon).$$

对给定的点 $\mathbf{X}$, $f(\mathbf{X})$ 和 $g(\mathbf{X})$ 都是确定的常数. 于是当 ϵ 任意小时上式右侧的表达式也是任意小.

(c) 设 $g(\mathbf{X})=k\neq 0$. 因为 g 在点 $\mathbf{X}$ 连续, 存在 $\gamma>0$, 使得对满足条件 $\|\mathbf{X}-\mathbf{Y}\|<\gamma$ 的所有 $\mathbf{Y}$, 都有 $|g(\mathbf{X})-g(\mathbf{Y})|<\left|\frac{1}{2}k\right|$. 而 $g(\mathbf{X})=k$, 于是 $|g(\mathbf{Y})|>\left|\frac{1}{2}k\right|$. 现令 $\epsilon>0$, 再由 g 在点 $\mathbf{X}$ 连续, 存在 $\delta>0$, 使得当 $\|\mathbf{X}-\mathbf{Y}\|<\delta$ 时, 总有 $|g(\mathbf{X})-g(\mathbf{Y})|<\epsilon$. 因此, 当 $\|\mathbf{X}-\mathbf{Y}\|$ 的值比 δ 和 γ 都小时, 有

$$\left|\frac{1}{g(\mathbf{X})}-\frac{1}{g(\mathbf{Y})}\right|=\left|\frac{g(\mathbf{X})-g(\mathbf{Y})}{g(\mathbf{X})g(\mathbf{Y})}\right|=\frac{|g(\mathbf{X})-g(\mathbf{Y})|}{|g(\mathbf{X})g(\mathbf{Y})|}<\frac{\epsilon}{\left|\frac{1}{2}k\right||k|}.$$

因为 k 是定值且 ϵ 可以任意小, 所以上式表明 $\frac{1}{g}$ 在点 $\mathbf{X}$ 连续. **证毕.**

例2.21 考虑从 $\mathbb{R}^3$ 到 $\mathbb{R}$ 的函数

$$f(x,y,z)=\frac{x^2+xy-2x+z+7}{x^2-y^3}.$$

函数 f 的分子在所有点 (x,y,z) 连续, 因为它是常值函数、线性函数以及常值函数与线性函数乘积的和. 同理, 分母也是连续函数. 于是根据定理 2.5 可知, f 在除了使分母为零的点 ($x^2-y^3=0$, z 值任取) 外的一切点 (x,y,z) 都连续.

定理2.6 若函数 $\mathbf{F}:D\subset\mathbb{R}^n\to\mathbb{R}^m$ 在 D 上连续, $g:A\subset\mathbb{R}^m\to\mathbb{R}$ 在 A 上连续, 且 $\mathbf{F}$ 的值域含于 A 内, 则复合函数 $g\circ\mathbf{F}:D\to\mathbb{R}$ 在 D 上连续.

证明 设 $\mathbf{X}\in D$. 由 g 在点 $\mathbf{F}(\mathbf{X})$ 连续知, 对任意的 $\epsilon>0$, 存在 $\delta>0$, 使得当 $\|\mathbf{F}(\mathbf{X})-\mathbf{Y}\|<\delta$ 时, 都有 $|g(\mathbf{F}(\mathbf{X}))-g(\mathbf{Y})|<\epsilon$. 再由 $\mathbf{F}$ 在点 $\mathbf{X}$ 的连续性可知, 存在 $\gamma>0$, 使得当 $\|\mathbf{X}-\mathbf{Z}\|<\gamma$ 时, 都有 $|g(\mathbf{F}(\mathbf{X}))-g(\mathbf{F}(\mathbf{Z}))|<\epsilon$. **证毕.**

定理2.7 若函数 $\mathbf{F}:D\subset\mathbb{R}^n\to\mathbb{R}^m$ 在 D 上连续, $\mathbf{G}:A\subset\mathbb{R}^m\to\mathbb{R}^k$ 在 A 上连续, 且 $\mathbf{F}$ 的值域含于 A 内, 则复合函数 $\mathbf{G}\circ\mathbf{F}:D\subset\mathbb{R}^n\to\mathbb{R}^k$ 在 D 上连续.

证明　记 $\mathbf{G}(y_1,\cdots,y_m)=(g_1(y_1,\cdots,y_m),\cdots,g_k(y_1,\cdots,y_m))$. 根据定理 2.4 知, g_i 在 A 上连续. 再由定理 2.6 知, $g_i\circ\mathbf{F}$ 在 D 上连续. 再次利用定理 2.4, 分量函数连续的向量值函数也连续, 因此 $\mathbf{G}\circ\mathbf{F}$ 在 D 上连续. **证毕.**

例2.22　假设函数 $\mathbf{F}$ 为

$$\mathbf{F}(\mathbf{X})=-\frac{\mathbf{X}}{\|\mathbf{X}\|^3},\quad \mathbf{X}\neq\mathbf{0}.$$

将 $\mathbf{F}$ 的表达式改写为如下坐标形式

$$\mathbf{F}(x,y,z)=\left(\frac{-x}{(x^2+y^2+z^2)^{3/2}},\frac{-y}{(x^2+y^2+z^2)^{3/2}},\frac{-z}{(x^2+y^2+z^2)^{3/2}}\right).$$

根据定理 2.6, 函数 $(x^2+y^2+z^2)^{3/2}$ 连续, 于是由定理 2.5 知分量函数

$$f_1(x,y,z)=\frac{-x}{(x^2+y^2+z^2)^{3/2}}$$

在除原点外的所有点 $(x,y,z)\in\mathbb{R}^3$ 都连续, 即 f_1 在 $\mathbb{R}^3-\{(0,0,0)\}$ 上连续. 同理, 分量函数 f_2,f_3 也在 $\mathbb{R}^3-\{(0,0,0)\}$ 上连续. 于是由定理 2.4, $\mathbf{F}$ 在 $\mathbb{R}^3-\{(0,0,0)\}$ 上连续.

例2.23　考虑函数

$$\mathbf{F}(x,y,z)=(\sin(x+y),\mathrm{e}^{xz+y^2},\ln(xz)).$$

分量函数 $f_1(x,y,z)=\sin(x+y)$ 和 $f_2(x,y,z)=\mathrm{e}^{xz+y^2}$ 在所有点 (x,y,z) 连续. 分量函数 $f_3(x,y,z)=\ln(xz)$ 在使得 $xz>0$ 的点 (x,y,z) 连续. 因此由定理 2.4 知, $\mathbf{F}$ 在使得 $xz>0$ 的点 (x,y,z) 处连续. 从另一个角度看, 令

$$\mathbf{H}(x,y,z)=(x+y,xz+y^2,xz),\quad \mathbf{G}(u,v,w)=(\sin u,\mathrm{e}^v,\ln w),$$

则 $\mathbf{G}\circ\mathbf{H}=\mathbf{F}$. 根据定理 2.7, $\mathbf{F}$ 在使得 $xz>0$ 的点 (x,y,z) 处连续.

定义2.10　设 $\mathbf{X}:I\subset\mathbb{R}\to\mathbb{R}^n$ 在区间 I 上连续,

$$\mathbf{X}(t)=(x_1(t),x_2(t),\cdots,x_n(t)),\quad t\in I.$$

将函数 $\mathbf{X}$ 的值域称为一条**曲线**, 将函数 $\mathbf{X}$ 称为曲线的**参数化**. 若 $I=[a,b]$ 是闭区间, 则 $\mathbf{X}(a),\mathbf{X}(b)$ 称为曲线的**端点**. 若 $\mathbf{X}(a)=\mathbf{X}(b)$, 则称曲线是**封闭的**, 并称其为**环路**.

定义2.11　设 A 为 $\mathbb{R}^n$ 的一个子集, 称 A 为**连通的**, 如果对 A 中的所有点 $\mathbf{P}$ 和 $\mathbf{Q}$, 都在 A 中存在一条以 $\mathbf{P},\mathbf{Q}$ 为端点的曲线.

例2.24 函数 $\mathbf{X}(t)=(2\cos t,3\sin t,t),t\in[0,4\pi]$ 的图像如图 2.16 所示, 它是椭圆螺旋线的一部分.

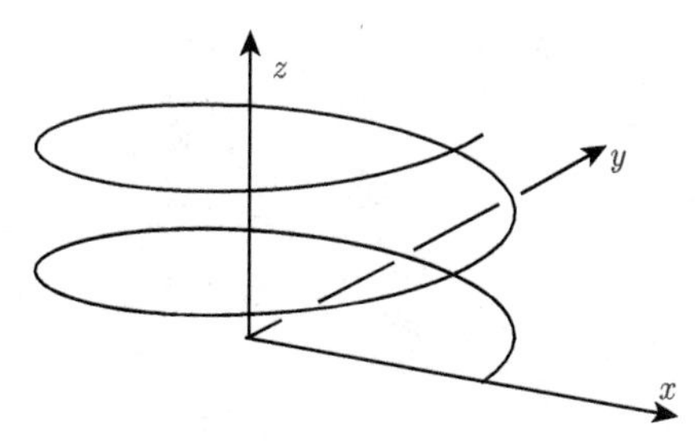

图 2.16 例 2.24 中的曲线

例2.25 设函数

$$\mathbf{X}(t)=(a_1+c_1t,a_2+c_2t,a_3+c_3t)$$

确定 $\mathbb{R}^3$ 中的一条直线, 如图 2.17 所示. 记

$$\mathbf{A}=(a_1,a_2,a_3),\quad \mathbf{C}=(c_1,c_2,c_3),$$

则可将 $\mathbf{X}(t)$ 表示为

$$\mathbf{X}(t)=\mathbf{A}+t\mathbf{C}.$$

由于 $\mathbf{X}(0)=\mathbf{A}$, 所以该直线过点 $\mathbf{A}$.

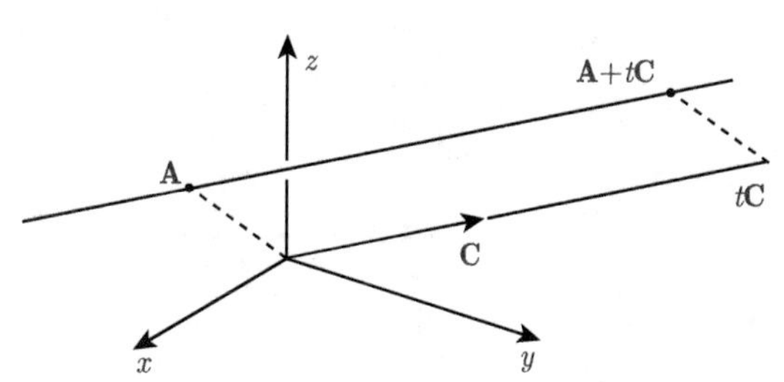

图 2.17 例 2.25 中的曲线 $\mathbf{X}(t)=\mathbf{A}+t\mathbf{C}$

在本节结束前, 我们介绍一些 $\mathbb{R}^n$ 空间几何学中比较有用的概念以及与连续性相关的结论.

定义2.12 在 $\mathbb{R}^n$ 中, 满足条件

$$\|\mathbf{X}-\mathbf{A}\|<r$$

的点 $\mathbf{X}$ 的集合称为以点 $\mathbf{A}$ 为心、$r>0$ 为半径的**开球**.

例2.26　以点 $(4,5,6)$ 为心、半径为 2 的开球如图 2.18 所示. 此开球包含球面内的所有点, 但不含球面上的点, 用虚线表示.

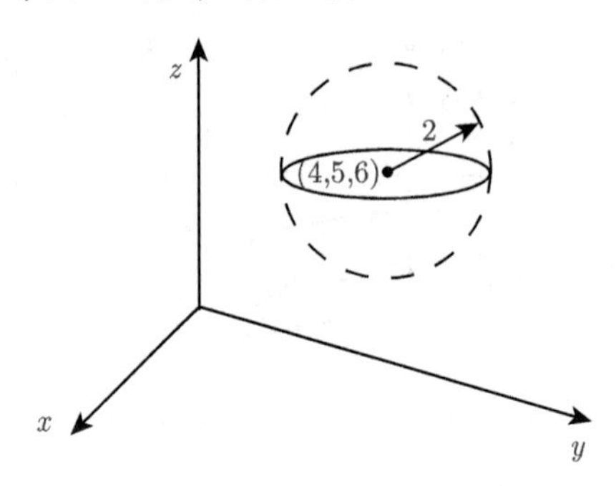

图 2.18　例 2.26 中开球的示意图

定义2.13　设 $\mathbf{A}$ 为 $\mathbb{R}^n$ 的子集 D 内的一点, 称 $\mathbf{A}$ 为集合 D 的**内点**, 如果在 D 内存在以 $\mathbf{A}$ 为心的开球, 并称 D 的内点构成的集合为 D 的**内部**.

例2.27　记 S 为 $\mathbb{R}^2$ 内满足条件 $0<x<1, 0<y<1$ 的点 (x,y) 构成的正方形区域, 如图 2.19 所示. 下面证明 S 中的每一个点都是 S 的内点. 设 r 为

$$x,\ y,\ 1-x, 1-y$$

中最小的值, 则以 (x,y) 为心、r 为半径的开圆含于 S 中, 于是 (x,y) 是内点.

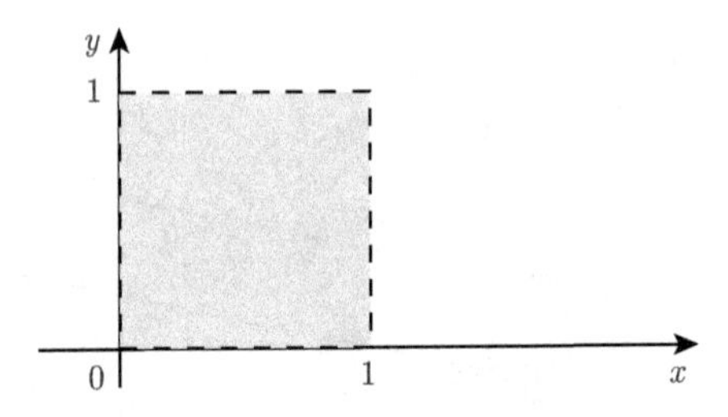

图 2.19　灰色部分表示例 2.27 中的区域 S; 虚线表示不在 S 内的点

例2.28　记 D 为 xOy 平面内以原点为心的单位圆 $x^2+y^2\leqslant 1$. 下面证明与原点距离小于 1 的所有点 $\mathbf{P}$ 都是 D 的内点. 记 $r=1-\|\mathbf{P}\|$, $\mathbf{Q}$ 为以 $\mathbf{P}$ 为心、r 为半径的开圆中的一点. 由三角不等式知

$$\begin{aligned}\|\mathbf{Q}\| = \|\mathbf{Q}-\mathbf{P}+\mathbf{P}\| &\leqslant \|\mathbf{Q}-\mathbf{P}\| + \|\mathbf{P}\| \\ &< r + \|\mathbf{P}\| = 1.\end{aligned}$$

这表明以 $\mathbf{P}$ 为心、r 为半径的开圆中的点都在 D 内, 于是 $\mathbf{P}$ 是内点. 见图 2.20.

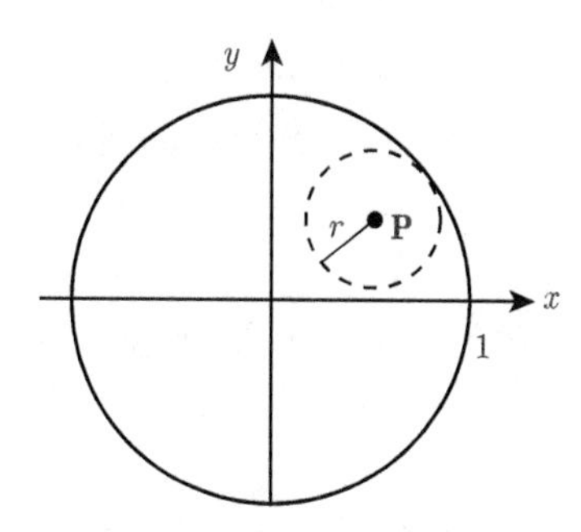

图 2.20 例 2.28 中 **P** 是内点

定义2.14 称 $\mathbb{R}^n$ 中的集合 D 为**开集**, 如果 D 内的所有点都是其内点.

定义2.15 设 D 为 $\mathbb{R}^n$ 内的集合, 称点 $\mathbf{B}$ 为 D 的**边界点**, 如果所有以 $\mathbf{B}$ 为心的球内都既有 D 内的点又有 D 外的点. 所有边界点的集合称为 D 的**边界**, 记作 ∂D.

由上述定义可知, 一个集合和它的补集有相同的边界点.

我们用 $\mathbb{R}^n - D$ 表示集合 D 的**补集**. 一般地, 用 $A - B$ 表示在集合 A 中但不在集合 B 中的点的集合.

定义2.16 称集合 D 为**闭集**, 如果 D 包含其全部边界点, 并将集合 D 及其边界的并集称为 D 的**闭包**. 集合 D 的闭包记作 $\overline{D}$.

若集合 B 包含集合 C 的闭包 $\overline{C}$, 则称 B 为 C 的**邻域**.

例2.29 考虑例 2.27 中的集合 S, 其定义为 $0 < x < 1, 0 < y < 1$. S 是开集, 这是因为 S 中的每个点都是内点. 定义长方形集合 R 为 $0.2 < x < 0.4, 0.1 < y < 0.5$, 则 S 是 R 的一个邻域.

例2.30 记 S 为正方形区域

$$0 \leqslant x \leqslant 1, \quad 0 \leqslant y \leqslant 1,$$

如图 2.21 满足坐标 $x = 0$ 或 $x = 1$ 或 $y = 0$ 或 $y = 1$ 的点都是 S 的边界点, 因为 S 中包含所有边界点, 所以 S 是闭集.

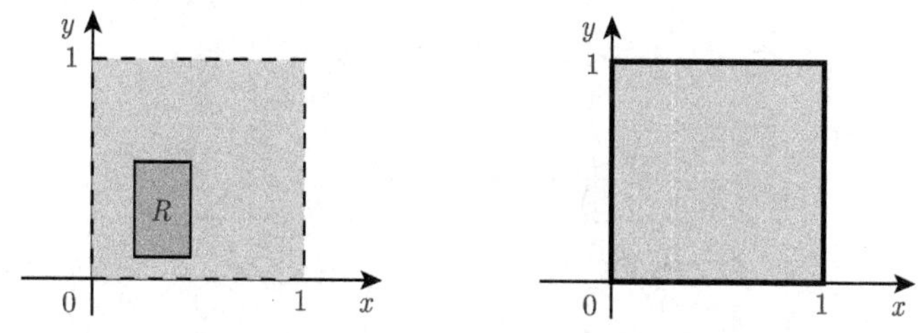

图 2.21 左: 例 2.29 中的开集 S 是长方形 R 的一个邻域;
右: 例 2.30 中的闭集, 粗实线表示其边界点

定理2.8　集合 D 的闭包 $\overline{D}$ 是闭集.

证明　我们来证 $\overline{D}$ 的边界点 $\mathbf{B}$ 也是 D 的边界点. 为此, 考虑以 $\mathbf{B}$ 为心的任一球 Σ, 则 Σ 中必有点不在 $\overline{D}$ 内, 从而也不在 D 内. 还需证明 Σ 包含 D 内的点. 首先我们知道 Σ 包含 $\overline{D}$ 内的某点 $\mathbf{A}$. 任取定以 $\mathbf{A}$ 为心的小球, 保证该球的半径充分小, 使得该球含于 Σ 内. 由于 $\mathbf{A}$ 在 $\overline{D}$ 内, 所以要么这个小球含于 D 内, 要么这个小球内既有 D 内的点又有 D 补集内的点. 这表明 Σ 内既有 D 内的点又有 D 补集内的点. 因此, $\mathbf{B}$ 是 D 的边界点. **证毕.**

下面的定理给出 $\mathbb{R}^n$ 的一条基本的几何性质.

定理2.9　开集的补集是闭集, 反之亦然.

证明　设 D 为开集, 则由定义可知, D 的边界点都不在 D 内, 于是 D 的边界点都在 D 的补集内. 注意到一个集合与它的补集有相同的边界点, 即得结论. **证毕.**

定义2.17　设 D 是 $\mathbb{R}^n$ 的子集. 我们称 D 为**有界的**, 如果存在常数 b 使得

$$\|\mathbf{X}\| < b,$$

对所有 $\mathbf{X} \in D$ 成立.

例2.31　设 $\mathbb{R}^2$ 中集合 U 是满足

$$x^2 + y^2 < 1$$

的点的集合, 则 U 是有界的. 我们将它称为单位圆.

例2.32　设 $\mathbb{R}^3$ 中集合 U 是满足

$$x^2 + y^2 < 1$$

的点的集合, 它是轴心为 z 轴、半径为 1 的圆柱体. 请在问题 2.35 中证明 S 是开集. 又令 T 表示 $\mathbb{R}^3$ 中满足

$$x^2 + y^2 \leqslant 1$$

的点的集合, 那么 S 和 T 的边界都是轴心为 z 轴、半径为 1 的圆柱面, 如图 2.22 所示. 于是集合 T 是闭集, 且 S 和 T 都不是有界集, 这是因为这两个集合中的点的 z 坐标取值可以取任意大的正值或任意小的负值.

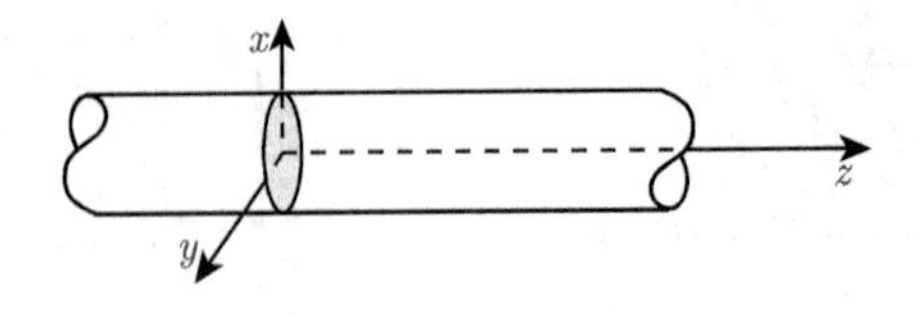

图 2.22　例 2.32 中柱体的边界是柱面

定理2.10 设 $\mathbf{X}_1, \cdots, \mathbf{X}_k, \cdots$ 是闭集 $C \subset \mathbb{R}^n$ 中的任一序列. 如果该序列收敛于某点 $\mathbf{X}$, 则必有 $\mathbf{X} \in C$.

证明 反设 $\mathbf{X} \notin C$, 则 $\mathbf{X}$ 在 C 的补集中. 由 C 的补集是开集知, 存在以 $\mathbf{X}$ 为心、r 为半径的某个球, 该球内的点都不在 C 内. 又对半径 $r > 0$, 存在充分大的 k 使得

$$\|\mathbf{X}_k - \mathbf{X}\| < r,$$

但是点 $\mathbf{X}_k$ 在 C 中, 这就得到了矛盾. 因此 $\mathbf{X} \in C$. **证毕.**

下面再给出一个基本结论.

定理2.11 (最值定理) 若 $f : C \subset \mathbb{R}^n \to \mathbb{R}$ 是定义在有界闭集 C 上的连续函数, 则 f 必能在 C 上取得最大值和最小值.

证明 首先证明定义在有界闭集 $C \subset \mathbb{R}^n$ 上的连续函数 f 是有界的, 即存在常数 b, 使得对所有 $\mathbf{X} \in C$ 都有 $|f(\mathbf{X})| \leqslant b$. 为此, 反设 f 无界, 于是对每个正整数 k, C 内都存在一点 $\mathbf{X}_k$ 使得

$$|f(\mathbf{X}_k)| > k. \tag{2.4}$$

将空间 $\mathbb{R}^n$ 分成无数个边长为 1 的 n 维小立方体. 由于 C 是有界集, 所以 C 包含有限个小立方体, 于是必存在某个小立方体 C_1 含有无穷多个点 $\mathbf{X}_k$.

再将 C_1 分为若干边长为 $\frac{1}{2}$ 的 n 维小立方体. 由于这些小立方体的个数有限, 所以它们中必存在某个小立方体, 记为 C_2, 包含无穷多个点 $\mathbf{X}_k$.

依此继续下去, 可得一列小立方体 C_k, 其边长为 2^{-k}, 每个小立方体都包含于前一个小立方体, 且每个小立方体都包含无穷多个点 $\mathbf{X}_k$.

现在, 按如下方式选取点列 $\mathbf{Y}_m$: 在含于小立方体 C_m 的点 $\mathbf{X}_k$ 中, 选择一个与之前所选的点 $\mathbf{Y}_k, k < m$ 都不相同的点作为 $\mathbf{Y}_m$. 鉴于备选的点有无穷多个, 上述选取方式是有意义的. 注意到小立方体序列 C_m 有且仅有一个公共点, 将其记为 $\mathbf{Y}$, 则序列 $\mathbf{Y}_m$ 收敛于 $\mathbf{Y}$. 又因为所有的点 $\mathbf{Y}_m$ 都在 C 内且 C 是闭集, 所以 $\mathbf{Y}$ 一定属于 C. 再利用 f 的连续性, 可得

$$\lim_{m \to \infty} f(\mathbf{Y}_m) = f(\mathbf{Y}). \tag{2.5}$$

另一方面, 由式 (2.4) 可知序列 $|f(\mathbf{X}_n)|$ 趋于无穷, 又序列 $\mathbf{Y}_m$ 是序列 $\mathbf{X}_n$ 的子列, 于是 $|f(\mathbf{Y}_m)|$ 也趋于无穷. 这与式 (2.5) 矛盾.

以上在式 (2.4) 假设 f 无界的前提下得到了矛盾, 所以由反证法可知 f 在集合 C 上有界, 即 f 在 C 上的函数值的集合是一个有界集. 因此, 由前言中的上确界原理可知, f 在 C 上存在上确界.

设 M 为 f 在 C 上的上确界, 则对所有正整数 $k>0$, $M-\dfrac{1}{k}$ 都不是 f 的上界. 于是存在点 $\mathbf{Z}_k$ 满足

$$M \geqslant f(\mathbf{Z}_k) \geqslant M-\frac{1}{k}.$$

这表明

$$\lim_{k\to\infty} f(\mathbf{Z}_k)=M. \tag{2.6}$$

用与前述证明类似的方法可以证明序列 $\mathbf{Z}_k$ 也是 $\mathbf{X}_n$ 的一个收敛子列, 记极限为 $\mathbf{Z}$. 再利用 C 是闭集知, $\mathbf{Z}$ 含于 C 内. 根据 f 的连续性, 由式 (2.6) 可得

$$f(\mathbf{Z})=M.$$

这表明 f 可取到最大值.

由于每个函数 f 都有最大值, 于是 $-f$ 也有最大值, 从而 f 有最小值. 这样, 最值定理得证. **证毕.**

一致连续

一致连续是一个基本概念.

定义2.18 设 S 为 $\mathbb{R}^n$ 的子集, 则称函数 $\mathbf{F}:S\to\mathbb{R}^m$ 在 S 上**一致连续**, 如果对任意 $\epsilon>0$, 存在 $\delta>0$, 使得只要点 $\mathbf{X}$ 和 $\mathbf{Z}$ 的距离小于 δ, 就有 $\mathbf{F}(\mathbf{X})$ 和 $\mathbf{F}(\mathbf{Z})$ 的距离小于 ϵ, 即

$$\text{若 } \|\mathbf{X}-\mathbf{Z}\|<\delta, \quad \text{则 } \|\mathbf{F}(\mathbf{X})-\mathbf{F}(\mathbf{Z})\|<\epsilon.$$

在集合 S 上一致连续意味着在 S 中的所有点处都连续. 如果给集合 S 加上有界闭集的限制, 则逆命题也成立.

定理2.12 若函数 $\mathbf{F}:C\subset\mathbb{R}^n\to\mathbb{R}^m$ 在有界闭集 C 上连续, 则 $\mathbf{F}$ 在 C 上一致连续.

定理 2.12 的证明思路见问题 2.40.

例2.33 假设 $f(x,y)=xy$, 其定义域为 $0\leqslant x\leqslant 1, 0\leqslant y\leqslant 1$. 由定理 2.12 可知, f 是一致连续的函数.

问题

2.24 重新整理定理 2.5 中结论 (a) 的证明, 为此证明以下步骤.

(a) 设 $\mathbf{X}\in D, \epsilon>0$, 证明存在 $\delta>0$, 使得当 $\|\mathbf{X}-\mathbf{Y}\|<\delta$ 时, 必有 $|f(\mathbf{X})-f(\mathbf{Y})|<\dfrac{1}{2}\epsilon$ 及 $|g(\mathbf{X})-g(\mathbf{Y})|<\dfrac{1}{2}\epsilon$.

(b) 证明

$$|f(\mathbf{X})-f(\mathbf{Y})+g(\mathbf{X})-g(\mathbf{Y})|\leqslant|f(\mathbf{X})-f(\mathbf{Y})|+|g(\mathbf{X})-g(\mathbf{Y})|<\epsilon.$$

(c) 说明由 (b) 可知 $f+g$ 在点 $\mathbf{X}$ 连续.

2.25 假设 $\mathbf{F}(x_1,\cdots,x_n)=(f_1(x_1,\cdots,x_n),f_2(x_1,\cdots,x_n))$ 是从 $\mathbb{R}^n$ 到 $\mathbb{R}^2$ 的连续函数, g 是从 $\mathbb{R}^2$ 到 $\mathbb{R}$ 的连续函数, 证明下列命题. (本题是定理 2.5 中结论 (a) 和 (b) 的另一种证明方法).

(a) 复合函数 $g\circ\mathbf{F}$ 连续.

(b) 函数 $g(x,y)=x+y$ 连续.

(c) 假设 f_1,f_2 是从 $\mathbb{R}^n$ 到 $\mathbb{R}$ 的连续函数, 利用 (a) 和 (b) 的结论证明 f_1+f_2 连续.

(d) 假设 f_1,f_2 是从 $\mathbb{R}^n$ 到 $\mathbb{R}$ 的连续函数, 利用 (a) 和某必要的函数 g 证明函数乘积 f_1f_2 连续.

2.26 证明函数

$$f(x,y,z)=\frac{\sin(x^2+y^2)}{\mathrm{e}^{z+y}}$$

在所有点 (x,y,z) 连续.

2.27 函数 $\cos(cx)$ 图像的斜率在区间 $[-c,c]$ 上取值. 在下列命题的问号处填入适当的数值.

(a) 若 $|x-a|<(?)$, 则 $|\cos(2x)-\cos(2a)|<\epsilon$.

(b) 若 $|y-b|<\delta$, 则 $|\cos(3y)-\cos(3b)|<(?)$.

(c) 若 $\|(x,y)-(a,b)\|<(?)$, 则 $|\cos(2x)\cos(3y)-\cos(2a)\cos(3b)|<\epsilon$.

2.28 根据一元微分学中的微分中值定理, 闭区间上的连续函数 f 可取到介于区间端点函数值之间的任意值. 假设区域 $D\subset\mathbb{R}^n$ 满足: D 内任意两点都可由 D 内曲线连接 (即 D 是**连通**的), 又设 $f:D\subset\mathbb{R}^n$ 连续. 通过证明下列各步中的命题来证明若 y 是 f 的某两个函数值之间的值, 则 y 是 f 的函数值.

假设 $\mathbf{A},\mathbf{B}$ 是 D 的内点, y 是满足

$$f(\mathbf{A})<y<f(\mathbf{B})$$

的数.

(a) 证明 D 内存在曲线 $\mathbf{X}(t),a\leqslant t\leqslant b$, 使得 $\mathbf{X}(a)=\mathbf{A},\mathbf{X}(b)=\mathbf{B}$.

(b) 复合函数 $f\circ\mathbf{X}$ 在 $[a,b]$ 上连续.

(c) $f(\mathbf{X}(a))<y<f(\mathbf{X}(b))$.

(d) 存在 $t_1\in[a,b]$, 使得 $f(\mathbf{X}(t_1))=y$.

2.29 设函数 f 从 $\mathbb{R}^3$ 到 $\mathbb{R}$, 在圆 $x^2+y^2\leqslant 1$ 上连续, f 的最大值为 10 且 $f(1,0)=10, f\left(0,\dfrac{1}{4}\right)=-10$. 下列哪个是真命题?

(a) 在圆上某点处可取值 $f(x,y)=0$.

(b) f 在圆上能取到最小值.

(c) -10 是 f 在圆上的最小值.

(d) 若 $x^2+\left(y-\frac{1}{4}\right)^2$ 充分小, 则 $f(x,y)<-9.98$.

2.30 假设函数 f 从 $\mathbb{R}^3$ 到 $\mathbb{R}$, 在包含立方体 $0\leqslant x\leqslant 1, 0\leqslant y\leqslant 1, 0\leqslant z\leqslant 1$ 的某开集内连续, f 在该立方体上的最大值为 10, $f\left(0,\frac{1}{2},1\right)=5$. 下列哪个说法成立?

(a) f 在立方体上有最大值.

(b) $f(0,0,0)$ 是 f 在立方体上的最小值.

(c) 在立方体的某点处可取到函数值 $f(x,y,z)=2\pi$.

(d) f 可在两不同点处取得函数值 10.

(e) 若 $x^2+\left(y-\frac{1}{2}\right)^2+(z-1)^2$ 充分小, 则 $f(x,y,z)>4.98$.

2.31 假设从 $\mathbb{R}^3$ 到 $\mathbb{R}$ 的函数 f 是连续的, 证明下列函数也连续.

(a) $10+xf(x,y,z)$, 定义域为 $\mathbb{R}^3$.

(b) $f(x,x,y)$, 定义域为 $\mathbb{R}^2$.

(c) $f(x_1x_2,x_2x_3,x_3x_4)$, 定义域为 $\mathbb{R}^4$.

2.32 开区间上定义的函数 $f:(a,b)\to\mathbb{R}$ 未必能取到最大值或最小值.

(a) 举例说明存在连续函数 $f:(0,1)\to\mathbb{R}$, 其函数值可以任意大.

(b) 举例说明存在连续函数 $g:(0,1)\to\mathbb{R}$, 它是有界函数但不能取到最大值或最小值.

2.33 设函数 $f(x_1,x_2)=x_2$, 其定义域为 $x_1^2+x_2^2\leqslant 2$. 作出 f 的图像并找出 f 的最大值.

2.34 下列哪些集合是有界集?

(a) $\mathbb{R}^3$ 内满足 $x^2+y^2+z^2=25$ 的点构成的集合.

(b) $\mathbb{R}^3$ 内满足 $x^2+y^2-z^2=1$ 的点构成的集合.

(c) $\mathbb{R}^2$ 内满足 $x<1, y<1$ 的点构成的集合.

2.35 证明集合 $x^2+y^2<1$ 是 $\mathbb{R}^3$ 中的开集.

2.36 设 S 是 $\mathbb{R}^2$ 除去原点的区域. 证明 $\mathbf{0}$ 是 S 的边界点.

2.37 假设 T 是 $\mathbb{R}^2$ 内满足 $x\geqslant 0, y\geqslant 0, x+y\leqslant 1$ 的三角形区域.

(a) 用数学语言描述 T 的边界.

(b) 证明点 $(0.0001, 0.9998)$ 是 T 的内点.

2.38 指出下列函数的定义域, 并说明定义域是否是闭集, 是否有界, f 是否连续, 能否取到最大值和最小值?

(a) $f(\mathbf{X}) = \mathrm{e}^{-\|\mathbf{X}\|^2}$, 其中 $\mathbf{X} \in \mathbb{R}^2$.

(b) $f(x,t) = (4\pi t)^{-1/2}\mathrm{e}^{-x^2/4t}$.

(c) $f(\mathbf{X},t) = (4\pi t)^{-n/2}\mathrm{e}^{-\|\mathbf{X}\|^2/4t}$, 其中 $\mathbf{X} \in \mathbb{R}^n$.

(d) $f(x_1,x_2,x_3,x_4,x_5) = \dfrac{1}{\sqrt{x_2^2+x_3^2+x_4^2}}$.

2.39 考虑线性函数

$$\mathbf{F}(\mathbf{X}) = \begin{bmatrix} -1 & 5 \\ 5 & -1 \end{bmatrix} \begin{bmatrix} x_1 \\ x_2 \end{bmatrix}.$$

(a) 确定常数 c 的值, 使得 $\|\mathbf{F}(\mathbf{X})\| \leqslant c\|\mathbf{X}\|$.

(b) 确定常数 d 的值, 使得 $\|\mathbf{F}(\mathbf{X}) - \mathbf{F}(\mathbf{Y})\| \leqslant d\|\mathbf{X} - \mathbf{Y}\|$.

(c) 函数 $\mathbf{F}$ 是否一致连续?

2.40 本题证明定理 2.12. 假设 $\mathbf{F}: C \subset \mathbb{R}^n \to \mathbb{R}^m$ 在有界闭集 C 上连续, 那么 $\mathbf{F}$ 在 C 上可能一致连续, 也可能不一致连续. 通过证明下列命题来说明如果 $\mathbf{F}$ 在 C 上不一致连续会导出矛盾, 从而 $\mathbf{F}$ 是一致连续的.

(a) 由于 $\mathbf{F}$ 不一致连续, 存在容忍度 ϵ 以及 C 中的序列对 $\mathbf{X}_k, \mathbf{Y}_k, k = 1,2,3,\cdots$, 使得 $\|\mathbf{X}_k - \mathbf{Y}_k\| < \dfrac{1}{k}$, 且

$$\|\mathbf{F}(\mathbf{X}_k) - \mathbf{F}(\mathbf{Y}_k)\| \geqslant \epsilon.$$

(b) 由定理 2.11 的证明可知, 必存在序列 $\mathbf{X}_k$ 的子列 $\mathbf{X}_{k_i}$, 使得 $\mathbf{X}_{k_i}$ 收敛于 C 内某点 $\mathbf{X}$. 于是由 $\mathbf{F}$ 连续可知

$$\lim_{k_i \to \infty} \mathbf{F}(\mathbf{X}_{k_i}) = \mathbf{F}(\mathbf{X})$$

且 $\|\mathbf{X}_{k_i} - \mathbf{Y}_{k_i}\| < \dfrac{1}{k_j}$.

(c) 利用三角不等式

$$\|\mathbf{X} - \mathbf{Y}_{k_i}\| \leqslant \|\mathbf{X} - \mathbf{X}_{k_i}\| + \|\mathbf{X}_{k_i} - \mathbf{Y}_{k_i}\|$$

证明 $\mathbf{Y}_{k_i}$ 也收敛于 $\mathbf{X}$.

(d) 序列 $\mathbf{F}(\mathbf{X}_{k_i})$ 和 $\mathbf{F}(\mathbf{Y}_{k_i})$ 都收敛于 $\mathbf{F}(\mathbf{X})$.

(e) (d) 的结论与 $\|\mathbf{F}(\mathbf{X}_{k_i}) - \mathbf{F}(\mathbf{Y}_{k_i})\| \geqslant \epsilon$ 矛盾.

(f) $\mathbf{F}$ 在 C 上一致连续.

2.41 假设 $\mathbf{X}, \mathbf{Y}, \mathbf{C}$ 为 $\mathbb{R}^n$ 内的向量, 利用柯西–施瓦茨不等式

$$|\mathbf{A} \cdot \mathbf{B}| \leqslant \|\mathbf{A}\|\|\mathbf{B}\|$$

证明

(a) 函数 $f(\mathbf{X}) = \mathbf{C} \cdot \mathbf{X}$ 是从 $\mathbb{R}^n$ 到 $\mathbb{R}$ 的一致连续函数.

(b) 函数 $g(\mathbf{X}, \mathbf{Y}) = \mathbf{X} \cdot \mathbf{Y}$ 是从 $\mathbb{R}^{2n}$ 到 $\mathbb{R}$ 的连续函数.

2.42　假设 $f(\mathbf{X}) = \|\mathbf{X}\|, g(\mathbf{X}) = \|\mathbf{X}\|^2$, 其中 $\mathbf{X} \in \mathbb{R}^n$.

(a) 找两个点 $\mathbf{X}$ 和 $\mathbf{Y}$, 使得两点的距离为 1, 且

$$|g(\mathbf{Y}) - g(\mathbf{X})| > 10^{60}.$$

(b) 证明 f 一致连续.

(c) 证明 g 不一致连续.

2.43　在 $\mathbb{R}^n$ 中定义函数 $f(\mathbf{X}) = \dfrac{1}{\|\mathbf{X}\|}$, 其中定义域 $D \subset \mathbb{R}^n$ 为满足 $\|\mathbf{X}\| \geqslant 2$ 的点 $\mathbf{X}$ 构成的集合. 利用等式

$$\frac{1}{\|\mathbf{X}\|} - \frac{1}{\|\mathbf{Y}\|} = \frac{\|\mathbf{Y}\| - \|\mathbf{X}\|}{\|\mathbf{X}\|\|\mathbf{Y}\|}$$

证明 f 在 D 上一致连续.

2.44　假设 $\mathbf{F}$ 是从 $\mathbb{R}^n$ 到 $\mathbb{R}^m$ 的映射, 且具有如下性质: 对 $\mathbf{F}$ 定义域内的每个序列 $\mathbf{X}_1, \mathbf{X}_2, \mathbf{X}_3, \cdots$, 若该序列收敛于 $\mathbf{F}$ 定义域内的某点 $\mathbf{X}$, 则序列 $\mathbf{F}(\mathbf{X}_1), \mathbf{F}(\mathbf{X}_2), \mathbf{F}(\mathbf{X}_3), \cdots$ 收敛于 $\mathbf{F}(\mathbf{X})$. 证明下列各步以得到 $\mathbf{F}$ 连续的结论.

(a) 若 $\mathbf{F}$ 在点 $\mathbf{A}$ 不连续, 则存在 $\epsilon > 0$, 使得对任一 $\delta > 0$, 存在点 $\mathbf{B}$ 满足

$$\|\mathbf{A} - \mathbf{B}\| < \delta, \qquad \|\mathbf{F}(\mathbf{A}) - \mathbf{F}(\mathbf{B})\| > \epsilon.$$

(b) 若 $\mathbf{F}$ 在点 $\mathbf{A}$ 不连续, 则存在 $\epsilon > 0$, 使得对所有整数 $k > 0$, 存在点 $\mathbf{X}_k$ 满足

$$\|\mathbf{A} - \mathbf{X}_k\| < \frac{1}{k}, \qquad \|\mathbf{F}(\mathbf{A}) - \mathbf{F}(\mathbf{X}_k)\| > \epsilon.$$

(c) 若 $\mathbf{F}$ 在点 $\mathbf{A}$ 不连续, 则存在序列 $\mathbf{X}_1, \mathbf{X}_2, \mathbf{X}_3, \cdots$, 使得该序列收敛于点 $\mathbf{A}$, 但 $\mathbf{F}(\mathbf{X}_1), \mathbf{F}(\mathbf{X}_2), \mathbf{F}(\mathbf{X}_3), \cdots$ 不收敛于 $\mathbf{F}(\mathbf{A})$.

2.3　其他坐标系

极坐标

很多情况下, 要描述平面内的曲线和区域, 用极坐标 (r, θ) 要比直角坐标 (x, y) 方便得多. 图 2.23 给出了平面内一点的极坐标与直角坐标, 其中极坐标的取值范围为 $r \geqslant 0, 0 \leqslant \theta \leqslant 2\pi$.

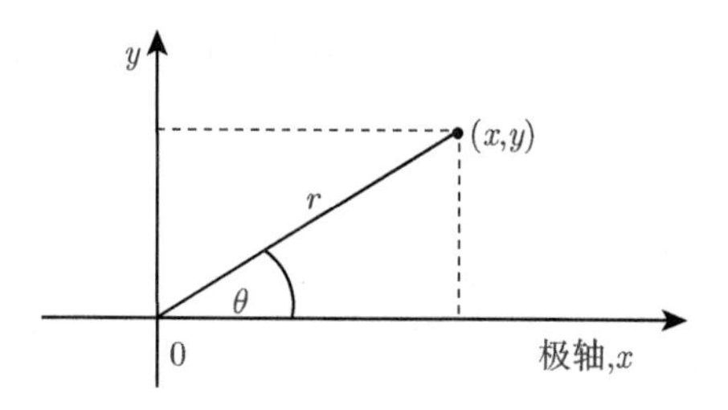

图 2.23 极坐标与直角坐标

极坐标与直角坐标之间的关系为

$$x = r\cos\theta, \quad y = r\sin\theta, \tag{2.7}$$

以及

$$r = \sqrt{x^2 + y^2}. \tag{2.8}$$

假设函数 $\mathbf{F}: \mathbb{R}^2 \to \mathbb{R}^2$ 定义如下:

$$\mathbf{F}(r, \theta) = (r\cos\theta, r\sin\theta).$$

它的分量函数为 $x = r\cos\theta, y = r\sin\theta$. $\mathbf{F}$ 称为极坐标映像. 下面分析 (r, θ) 平面内的区域如何映入 (x, y) 平面. 如图 2.24 所示, 若将 $\mathbf{F}$ 的定义域限制到 $0 < a \leqslant r \leqslant b, 0 < \alpha \leqslant \theta \leqslant \beta < 2\pi$, 则 $\mathbf{F}$ 是一一对应. 图中给出三个这样的区域.

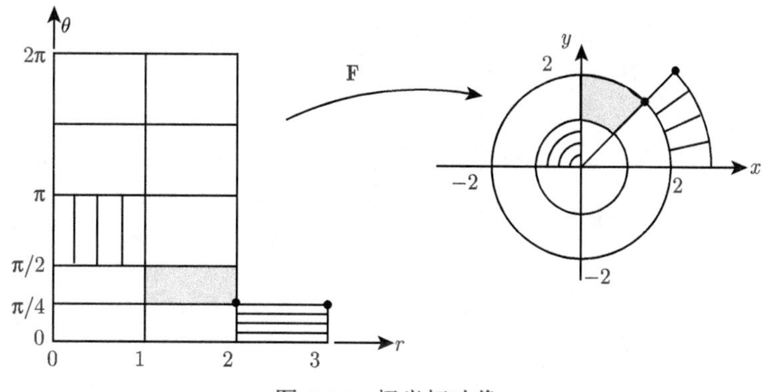

图 2.24 极坐标映像

柱面坐标

空间直角坐标系下点 (x, y, z) 的另一种描述方式是保持 z 轴不变, 而将 xOy 面换成极坐标.

定义2.19　与直角坐标 (x,y,z) 相对应的**柱面坐标** (r,θ,z) 的定义为

$$x = r\cos\theta,$$
$$y = r\sin\theta,$$
$$z = z,$$

其中 $r \geqslant 0, 0 \leqslant \theta \leqslant 2\pi$.

例2.34　直角坐标系下的点 $(x,y,z) = (\sqrt{2},\sqrt{2},3)$ 在柱面坐标系下的坐标为 $(r,\theta,z) = \left(2,\dfrac{\pi}{4},3\right)$.

利用柱面坐标可以简化一些空间区域的描述.

例2.35　假设 D 是柱面坐标系下如下描述的区域

$$1 \leqslant r \leqslant 2,\quad 0 \leqslant \theta \leqslant \pi,\quad 3 \leqslant z \leqslant 4.$$

图 2.25 所示为该区域的草图, 在直角坐标系下的描述为

$$0 \leqslant y,\quad 1 \leqslant x^2 + y^2 \leqslant 4,\quad 3 \leqslant z \leqslant 4.$$

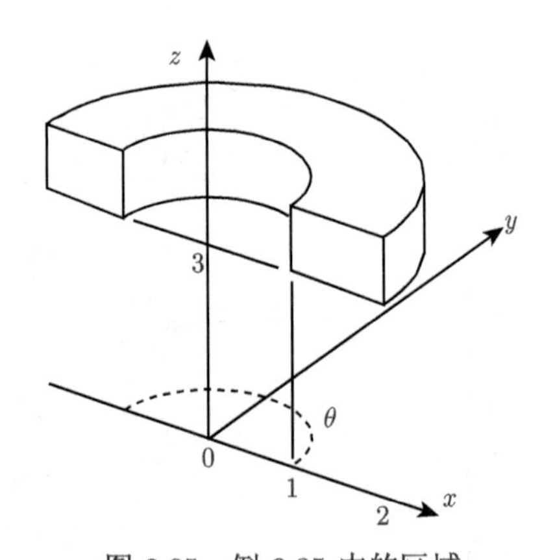

图 2.25　例 2.35 中的区域

考虑从 $\mathbb{R}^3$ 到 $\mathbb{R}^3$ 的函数

$$\mathbf{F}(r,\theta,z) = (r\cos\theta, r\sin\theta, z).$$

该函数将例 2.35 中柱面坐标描述的长方体映为直角坐标中的区域 D. 若将 θ 的范围增大到 $0 \leqslant \theta \leqslant 2\pi$, 则映射得到的区域扩充为整个圆环. 将一个区域表示为某个映射的值域对于后面积分的学习非常有帮助.

球面坐标

描述一个空间点 (x,y,z) 的位置还有一种方式. 引入以下三个量: ρ 表示该点到原点的距离, ϕ 表示 z 轴正半轴与连接 $(0,0,0)$ 与 (x,y,z) 的直线的夹角, θ 表示过 (x,y,z) 与 z 轴的平面与 xOz 平面的夹角. 见图 2.26.

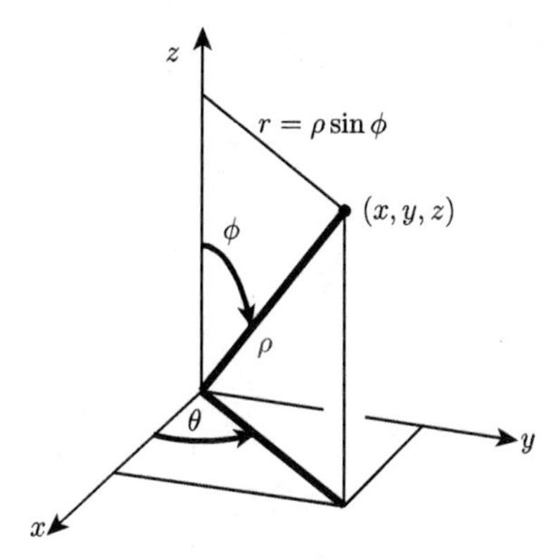

图 2.26 球面坐标系和柱面坐标系

定义2.20 与直角坐标 (x,y,z) 相对应的**球面坐标** (ρ,ϕ,θ) 的定义为

$$\begin{aligned}x &= \rho\sin\phi\cos\theta,\\ y &= \rho\sin\phi\sin\theta,\\ z &= \rho\cos\phi,\end{aligned}$$

其中 $0\leqslant\rho, 0\leqslant\phi\leqslant\pi, 0\leqslant\theta\leqslant 2\pi$.

例2.36 在空间中, 以原点为心、3 为半径的球面上的点的坐标满足

$$\sqrt{x^2+y^2+z^2}=3.$$

利用球面坐标可将球面上的点描述为

$$\rho=3,$$

而 ϕ,θ 可取取值范围内的所有值: $0\leqslant\phi\leqslant\pi, 0\leqslant\theta\leqslant 2\pi$.

例2.37 本例给出圆锥面 (图 2.27)

$$z=\sqrt{x^2+y^2}$$

在球面坐标下的描述. 为此, 首先注意到锥面上的点具有相同的角度 ϕ. 下面确定 ϕ 的取值. 考虑锥面与平面 $y=0$ 的交线, 易知交线上的点满足方程 $z=\sqrt{x^2}=|x|$,

从而得 $\phi = \dfrac{\pi}{4}$, 而对 ρ, θ 没有约束. 另一个思路是将直角坐标与球面坐标的关系 $x = \rho\sin\phi\cos\theta, y = \rho\sin\phi\sin\theta, z = \rho\cos\phi$ 代入锥面方程, 得到

$$\rho\cos\phi = \sqrt{\rho^2\sin^2\phi\cos^2\theta + \rho^2\sin^2\phi\sin^2\theta} = \rho\sin\phi.$$

由于 $0 \leqslant \phi \leqslant \pi$, 上式成立当且仅当 $\phi = \dfrac{\pi}{4}$.

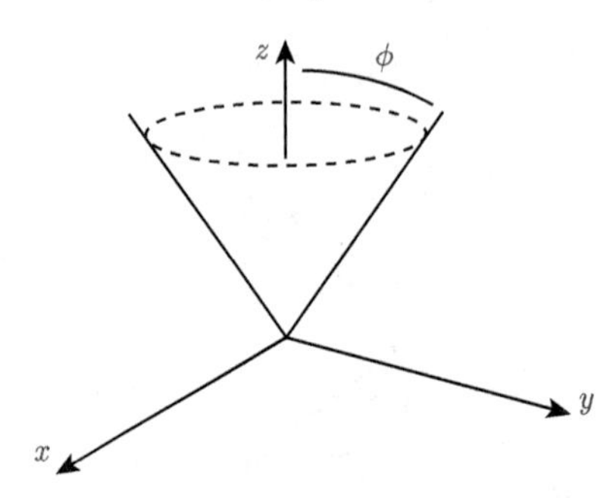

图 2.27　例 2.37 中的锥面

例2.38　设 D 为满足

$$x^2 + y^2 + z^2 \leqslant 9, \quad x^2 + y^2 + z^2 > 1, \quad z \geqslant 0$$

的点构成的空间区域, 如图 2.28 所示. 图中半球体的内表面用虚线画出, 表示该曲面不在 D 内. 区域 D 在球面坐标下的描述为

$$1 < \rho \leqslant 3, \quad 0 \leqslant \phi \leqslant \frac{\pi}{2}.$$

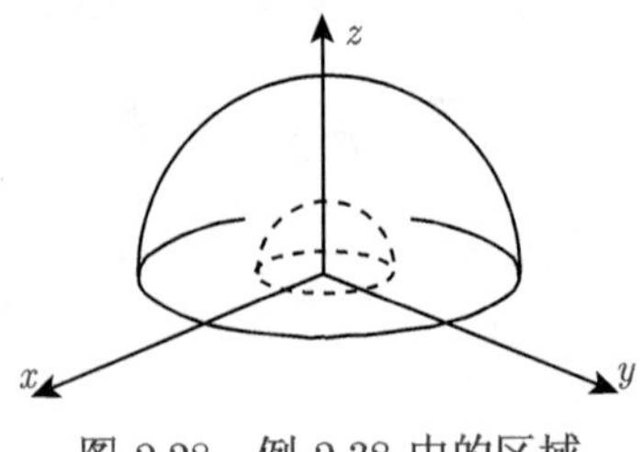

图 2.28　例 2.38 中的区域

问题

2.45　考虑图 2.24 所示图形在极坐标系下的映像. 画出直角坐标系中的上半平面 $y > 0$ 在极坐标系中的图形.

2.46　将极坐标系下的长方形 $1 \leqslant r \leqslant 2, 0 \leqslant \theta \leqslant \pi$ 在直角坐标系中的形状画出来, 并确定点 $(x, y) = (0, 1.5)$ 在极坐标系中的位置.

2.47 将下列区域用极坐标系下的方程和不等式表示出来.

(a) 单位开圆 $x^2+y^2<1$.

(b) 第一象限 $x>0, y>0$.

2.48 考虑平面内极坐标满足条件

$$0 \leqslant \theta \leqslant 2\pi, \quad r=\frac{1}{2+\sin\theta}$$

的点的集合. 证明在直角坐标系下, 该集合有界.

2.49 假设 $0<b<a$. 在平面内, 考虑极坐标 r, θ 满足条件

$$r=\frac{1}{a+b\cos\theta}$$

的点构成的集合.

(a) 证明集合中的点的直角坐标 x, y 满足关系式

$$1=a\sqrt{x^2+y^2}+bx.$$

(b) 证明方程 $1=a\sqrt{x^2+y^2}+bx$ 是一个椭圆方程, 可通过配方将方程恒等变形为

$$1=\frac{(x-\alpha)^2}{c^2}=\frac{(y-\beta)^2}{d^2}.$$

2.50 画出长方形 $r_0<r<r_0+h, 0 \leqslant \theta \leqslant 2\pi$ 在极坐标下的图形, 并计算其面积. 证明当 h 趋于 0 时, 比值

$$\frac{\text{极坐标下图形的面积}}{\text{长方形面积}}$$

趋于 r_0.

2.51 在球面坐标下, 找出下列表达式 (i)—(iv) 与 $\mathbb{R}^3$ 中的集合描述 (a)—(d) 之间的对应关系. 注意: 如果对某一个坐标不作限制, 意味着球面坐标下对变量的要求: $\rho \geqslant 0, 0 \leqslant \phi \leqslant \pi, 0 \leqslant \theta \leqslant 2\pi$ 成立.

(i) $\rho<1$; (ii) $\phi=\frac{2\pi}{3}$; (iii) $0<\theta<\pi$; (iv) $\rho>1$ 且 $\frac{\pi}{2}<\phi$.

(a) 半空间;

(b) 开球;

(c) 锥面;

(d) 半空间去掉以原点为心的单位球剩下的部分.

2.52 设 D 是球面坐标系下 $\mathbb{R}^3$ 中满足条件

$$2 \leqslant \rho \leqslant 4$$

的区域. 在直角坐标系下, 点 $\mathbf{P}=(0,0,1), \mathbf{Q}=(7,0,0), \mathbf{R}=(3,0,0)$.

(a) 确定区域 D 的几何形状.

(b) 确定点 $\mathbf{R}$ 是否在 D 内.

(c) 在 D 内是否存在点 $\mathbf{A}$, 使得 $\mathbf{P}$ 与 $\mathbf{A}$ 的距离等于 $\mathbf{P}$ 与 D 的最近距离; 在 D 内是否存在点 $\mathbf{B}$, 使得 $\mathbf{P}$ 与 $\mathbf{B}$ 的距离等于 $\mathbf{P}$ 与 D 的最远距离; 作图找到点 $\mathbf{A}$ 与 $\mathbf{B}$ 的位置.

2.53 考虑描述原子内电子运动轨道的函数 (见 9.5 节)

$$s_1(\rho,\phi,\theta)=\mathrm{e}^{-\rho}, \quad s_2(\rho,\phi,\theta)=(1-\rho)\rho\mathrm{e}^{-\rho}, \quad d_3(\rho,\phi,\theta)=(3\cos^2\phi-1)\rho^2\mathrm{e}^{-\rho}.$$

(a) 计算函数 s_1 的最大值, 对于小于最大值的数值, 描述 s_1 水平集的形状.

(b) 三个函数中, 哪个函数在以原点为心的球面上取值为 0?

(c) 当 ρ 趋于无穷时, 三个函数的极限分别是多少?

(d) 在 z 轴以及包含 z 轴的某个对顶圆锥内, d_3 的值是非负的, 确定该圆锥的位置.

(e) 在 (d) 中圆锥之外的区域内, 确定函数 d_3 的值是正是负?

2.54 假设 g, h 是非负的一元函数, $f(x,y)=g(x)h(y)$. 证明如果 g 和 h 的最大值存在, 则 f 的最大值为 g 和 h 最大值的乘积. 进一步利用这一结论在球面坐标系下找到下面函数的最大值点

$$d_3^2(\rho,\phi,\theta)=(3\cos^2\phi-1)^2\rho^4\mathrm{e}^{-2\rho}.$$

2.55 本题给出代数学基本定理的证明思路. 定理内容是: 对每个复系数多项式

$$p(z)=p_0+p_1z+p_2z^2+\cdots+p_nz^n \quad (n>0)$$

都存在复数 z 使得 $p(z)=0$.

注意到复数 $z=x+\mathrm{i}y$ 与平面 $\mathbb{R}^2$ 内的点 (x,y) 一一对应; 复数的乘法计算公式为

$$(x+\mathrm{i}y)(u+\mathrm{i}v)=xu-vy+\mathrm{i}(yu+xv).$$

于是自变量为复数的多项式可以看作从 $\mathbb{R}^2$ 到 $\mathbb{R}^2$ 的函数. 证明下列命题.

(a) 乘法运算作为函数是连续的, 于是 z^2, z^3 等乘幂都是连续的, 从而多项式是连续函数.

(b) 复数存在平方根、三次方根、四次方根等任意次方根: 这是因为复数 $z=(x,y)$ 在极坐标中可以用 $r(\cos\theta+\mathrm{i}\sin\theta)$ 表示, 极坐标下的乘法为

$$r_1(\cos\theta_1+\mathrm{i}\sin\theta_1)r_2(\cos\theta_2+\mathrm{i}\sin\theta_2)=r_1r_2(\cos(\theta_1+\theta_2)+\mathrm{i}\sin(\theta_1+\theta_2)).$$

(c) 绝对值 $|z| = \|(x,y)\|$ 是关于 x 和 y 的连续函数, 且由 (b) 的结论可得 $|zw| = |z||w|$.

(d) 当 $|z|$ 趋于无穷时, $|p(z)|$ 也趋于无穷. 为了证明这一命题, 先运用三角不等式证明对于 $|z| > 1$, 存在 P, 使得

$$|p_{n-1}z^{n-1} + \cdots + p_0| < P|z|^{n-1};$$

再利用下面的三角不等式

$$|p_0 + \cdots + p_n z^n| \geqslant |p_n z^n| - |p_{n-1}z^{n-1} + \cdots + p_0|$$

证明对于 $|z| > 1$, 有 $|p(z)| \geqslant |p_n||z|^n - P|z|^{n-1}$. 由此可知当 $|z|$ 趋于无穷时, $|p(z)|$ 趋于无穷.

(e) 用反证法证明: 若多项式 p 没有根, 则函数

$$f(z) = \frac{1}{|p(z)|}$$

是从 $\mathbb{R}^2$ 到 $\mathbb{R}$ 的连续函数, 且当 $|z|$ 趋于无穷时, $f(z)$ 趋于 0. 于是 f 在某点 a 处取得最大值. 因此 $|p(z)|$ 在点 a 取得最小值, 且最小值 $|p(a)| = m \neq 0$.

(f) 任给 n 阶多项式 $q(z)$ 和数 a, $q(z)$ 都可以表示成 $(z-a)$ 的多项式

$$q(z) = q(a) + q'(a)(z-a) + q''(a)\frac{(z-a)^2}{2!} + \cdots + q^{(n)}(a)\frac{(z-a)^n}{n!}.$$

(g) 利用 (f) 的结论将 $p(z)$ 表示为

$$p(z) = p(a) + c(z-a)^k + \cdots,$$

其中 $c \neq 0$, 省略号表示次数比 k 高的 $(z-a)$ 的次幂. 由 (b) 的结论可知, 上述关于 z 的方程有 k 次根 h:

$$h^k = -\frac{p(a)}{c}.$$

则利用

$$p(a + \epsilon h) = p(a)(1 - \epsilon^k) + \cdots,$$

其中省略号表示次数比 k 高的 ϵ 的次幂, 这表明对充分小的 ϵ, 有

$$|p(a + \epsilon h)| \leqslant m(1 - \epsilon^k) + \cdots < m,$$

得到了矛盾.

2.56　假设 $\mathbb{R}^3$ 中两点的柱面坐标分别为 $(r_1, \theta_1, z_1), (r_2, \theta_2, z_2)$. 证明这两个点之间的距离为

$$\sqrt{r_1^2 + r_2^2 - 2r_1 r_2 \cos(\theta_2 - \theta_1) + (z_2 - z_1)^2}.$$

2.57　假设在 $\mathbb{R}^3$ 中的单位球面上有两点, 其坐标分别为 $(1, \phi_1, \theta_1), (1, \phi_2, \theta_2)$. 证明这两点的数量积为

$$\cos(\phi_2 - \phi_1) - \sin\phi_2 \sin\phi_1 (1 - \cos(\theta_2 - \theta_1)).$$

第3章 微 分

摘要 本章介绍多元函数的导数的概念. 首先介绍二元函数的导数, 然后推广到多元函数. 借助于向量和矩阵符号, 我们发现多元函数的很多概念和结论与一元函数的情形是类似的.

3.1 可微函数

我们知道, 以 x 为自变量的一元函数 f 在点 a 处可微, 是指 f 在 a 处是**局部线性**的. 即存在一个常数 m, 使得对所有充分接近于零的数 h, 函数 f 在 a 处的增量

$$f(a+h)-f(a)$$

可以用 mh 很好地近似. 其中"很好地近似"是指, 当 h 充分小时, $f(a+h)-f(a)$ 与 mh 的差与 h 相比, 足够小, 即当 h 趋近于零时,

$$\frac{(f(a+h)-f(a))-mh}{h}$$

也是趋近于零的. 如果满足这种情况, 我们说函数 f 在 a 点处是可微的, 并且记为

$$\lim_{h\to 0}\frac{f(a+h)-f(a)}{h}=m.$$

数 m 称为函数 f 在点 a 处的导数, 记为 $f'(a)$, 且函数 f 在点 a 处的线性近似为

$$f(a)+f'(a)(x-a).$$

现在将"局部线性"的定义推广到二元函数, 即从 $\mathbb{R}^2$ 到 $\mathbb{R}$ 上的函数. 首先, 我们由定理 1.2 得知, 从 $\mathbb{R}^2$ 到 $\mathbb{R}$ 上的线性函数 ℓ 具有如下形式:

$$\ell(h,k)=ph+qk, \tag{3.1}$$

其中 p 和 q 为常数. 从定义 1.5 中得知, 一个向量 (h,k) 的范数为 $\|(h,k)\|=\sqrt{h^2+k^2}$.

定义 3.1 函数 f 定义在 $\mathbb{R}^2$ 中以 (a,b) 为中心的一个开圆盘上, 我们称函数 f 在点 (a,b) 处是**可微的**, 如果

$$f(a+h,b+k)-f(a,b)$$

可以用一个线性函数 ℓ 在下述意义下很好地逼近: 当 $\|(h,k)\|$ 趋近于零时, 式子

$$\frac{(f(a+h,b+k)-f(a,b))-\ell(h,k)}{\|(h,k)\|} \tag{3.2}$$

是趋近于零的.

我们称

$$L(x,y)=f(a,b)+\ell(x-a,y-b)$$

为 $f(x,y)$ 在点 (a,b) 处的**线性近似**.

定义 3.1 可以用如下向量形式来表示. 令 $\mathbf{A}=(a,b)$ 且 $\mathbf{H}=(h,k)$.

定义 3.2 (向量形式表示) 一个定义在 $\mathbb{R}^2$ 中以 $\mathbf{A}$ 为中心的一个开圆盘, 取值在 $\mathbb{R}$ 中的函数 f 在点 $\mathbf{A}$ 处**可微**, 如果 $f(\mathbf{A}+\mathbf{H})-f(\mathbf{A})$ 可以用一个线性函数 ℓ 在下述意义下很好地逼近: 当 $\|\mathbf{H}\|$ 趋近于零时, 式子

$$\frac{(f(\mathbf{A}+\mathbf{H})-f(\mathbf{A}))-\ell(\mathbf{H})}{\|\mathbf{H}\|}$$

趋近于零.

定理 3.1 一个从 $\mathbb{R}^2$ 到 $\mathbb{R}$ 的函数 f 若在点 $\mathbf{A}$ 处可微, 则它在点 $\mathbf{A}$ 处连续.

证明 由定义 3.2 知, 当 $\|\mathbf{H}\|$ 趋近于零时, 式子

$$f(\mathbf{A}+\mathbf{H})-f(\mathbf{A})-\ell(\mathbf{H})$$

是趋近于零的. 由于当 $\|\mathbf{H}\|$ 趋近于零时, $\ell(\mathbf{H})$ 是趋近于零的, 同时也有 $f(\mathbf{A}+\mathbf{H})-f(\mathbf{A})$ 趋近于零. **证毕.**

接下来, 我们给出 (3.2) 式中线性函数 $\ell(h,k)=ph+qk$ 中的常数 p, q 与函数 f 的关系.

假设函数 f 在点 (a,b) 处是可微的且 $\ell(h,k)=ph+qk$. 在定义 3.1 中令 $k=0$, 则有

$$\lim_{h\to 0}\frac{f(a+h,b)-f(a,b)-ph}{h}=0,$$

因此 $f(x,b)$ 作为以 x 为变量的一元函数, 在点 $x=a$ 处是可微的, 而且

$$p=\lim_{h\to 0}\frac{f(a+h,b)-f(a,b)}{h}.$$

数值 p 被称为函数 f 关于变量 x 在点 (a,b) 处的**偏导数**, 并记为

$$\frac{\partial f}{\partial x}(a,b) \quad 或 \quad f_x(a,b).$$

由以上可以看出, 偏导数 $\dfrac{\partial f}{\partial x}(a,b)$ 的值可以通过令变量 y 取值为常数 b, 然后对一

元函数 $f(x,b)$ 在 $x=a$ 处求导数得到. 类似地, 如果我们取定义 3.1 中的 $h=0$, 容易看出, 如果函数 f 在点 (a,b) 处是可微的, 则一元函数 $f(a,y)$ 关于变量 y 在点 b 处是可微的, 而且有

$$\lim_{k\to 0}\frac{f(a,b+k)-f(a,b)-qk}{k}=0$$

成立, 也就是说

$$q=\lim_{k\to 0}\frac{f(a,b+k)-f(a,b)}{k}.$$

常数 q 称为函数 f 关于变量 y 在 (a,b) 处的偏导数, 并记为

$$\frac{\partial f}{\partial y}(a,b) \quad 或 \quad f_y(a,b).$$

这样, 我们证得, 如果函数 f 在点 (a,b) 处是可微的, 则它会存在两个偏导数 $f_x(a,b)$ 和 $f_y(a,b)$, 而且函数 f 在点 (a,b) 处的线性近似为

$$L(x,y)=f(a,b)+f_x(a,b)(x-a)+f_y(a,b)(y-b).$$

求偏导数的运算法则与单变量求导数的法则相同:

(a) $(f+g)_x=f_x+g_x$ 且 $(f+g)_y=f_y+g_y$;

(b) $(fg)_x=f_xg+fg_x$ 且 $(fg)_y=f_yg+fg_y$;

(c) $\left(\dfrac{1}{f}\right)_x=-\dfrac{f_x}{f^2}$ 且 $\left(\dfrac{1}{f}\right)_y=-\dfrac{f_y}{f^2}$.

例 3.1 我们证明函数 $f(x,y)=xy^2$ 在点 $(1,3)$ 处是可微的. 首先, 计算偏导数 $f_x(1,3)$ 和 $f_y(1,3)$. 将 y 固定, 并求 f 关于变量 x 的微分, 得到 $f_x=y^2, f_x(1,3)=9$. 同样地, 将 x 固定, 求 f 关于变量 y 的微分, 得到 $f_y=2xy, f_y(1,3)=6$. 这样, 我们得到了上述的常数 p 和 q, 现在验证函数 f 在点 $(1,3)$ 处是局部线性的, 其中 $\ell(h,k)=9h+6k$.

$$\begin{aligned}\frac{f(1+h,3+k)-f(1,3)-\ell(h,k)}{\|(h,k)\|}&=\frac{(1+h)(3^2+6k+k^2)-1\cdot 3^2-(9h+6k)}{\|(h,k)\|}\\&=\frac{k^2+6hk+hk^2}{\|(h,k)\|}.\end{aligned}$$

运用三角不等式, 得 $|k^2+6hk+hk^2|\leqslant k^2+6|hk|+|h|k^2$. 由于将对 $\|(h,k)\|$ 趋近于零时求极限, 在这里, 限制 $\|(h,k)\|\leqslant 1$ 且 $|h|\leqslant 1$. 我们得到

$$|k^2+6hk+hk^2|\leqslant (1+|h|)k^2+6|hk|\leqslant 2k^2+6|hk|.$$

由式子 $(h\pm k)^2=h^2+k^2\pm 2hk\geqslant 0$ 推得 $2|hk|\leqslant h^2+k^2$. 所以, 如果 $\|(h,k)\|\leqslant 1$, 我们有

$$\frac{|k^2+6hk+hk^2|}{\|(h,k)\|}\leqslant\frac{2k^2+6|hk|}{\|(h,k)\|}\leqslant\frac{2k^2+3h^2+3k^2}{\|(h,k)\|}\leqslant\frac{5(h^2+k^2)}{\|(h,k)\|}=5\sqrt{h^2+k^2}.$$

进而得到, 当 $\|(h,k)\|$ 趋近于零时,

$$\frac{f(1+h,3+k)-f(1,3)-\ell(h,k)}{\|(h,k)\|}$$

趋近于零, 且 $f(x,y)=xy^2$ 在点 $(1,3)$ 处是可微的.

接下来的一个例题将证实, 偏导数的存在性是函数在一点处可微的必要条件, 而不是充分条件.

例 3.2 定义函数 f 为

$$f(x,y)=|x+y|-|x-y|. \tag{3.3}$$

如下两个一元函数

$$f(x,0)=|x+0|-|x-0|=0, \qquad f(0,y)=|0+y|-|0-y|=0$$

恰好都是常数函数, 从而在点 $(0,0)$ 处是可微的, 而且

$$f_x(0,0)=0, \qquad f_y(0,0)=0.$$

下面证明, 当 $\|(h,k)\|$ 趋近于零时, 式子

$$\frac{f(0+h,0+k)-f(0,0)-\ell(h,k)}{\|(h,k)\|}$$

不趋近于零. 令 $k=h$, 当 $\|(h,h)\|$ 趋近于零时, 式子

$$\frac{f(0+h,0+h)-f(0,0)-(0h+0h)}{\sqrt{h^2+h^2}}=\frac{|2h|-|0|-0-(0h+0h)}{\sqrt{2h^2}}=\frac{2}{\sqrt{2}}$$

是不趋近于零的. 所以, 函数 f 在点 $(0,0)$ 处是不可微的.

下面将要证明, 如果函数 f 在一个包含点 (a,b) 的开区间上有**连续**的偏导数, 则函数 f 在点 (a,b) 处是可微的. 我们运用如下的定理证明.

定理 3.2 (中值定理) 令函数 f 是一个定义在 $\mathbb{R}^2$, 取值在 $\mathbb{R}$ 的函数, 而且 f 在一个包含点 (a,b) 的开区间上存在偏导数 f_x 和 f_y. 则对任意的 (h,k), 当 $\|(h,k)\|$ 充分小时, 存在数 h' 和 k', 其中 $a+h'$ 位于 a 与 $a+h$ 之间, 且 $b+k'$ 位于 b 和 $b+k$ 之间, 使得式子

$$f(a+h,b+k)-f(a,b)=hf_x(a+h',b+k)+kf_y(a,b+k') \tag{3.4}$$

成立.

证明 方程 (3.4) 的左边可写为

$$f(a+h,b+k)-f(a,b)=f(a+h,b+k)-f(a,b+k)+f(a,b+k)-f(a,b).$$

当 $|h|$ 和 $|k|$ 充分小时, 一个小矩形边界上所有的点都在 U 中 (图 3.1), 而且一元函数 $f(x,b+k)$ 在从 a 到 $a+h$ 的闭区间上是可微的. 对于一元函数 $f(x,b+k)$, 我们运用中值定理, 得到存在位于 a 和 $a+h$ 之间的一个数 $a+h'$, 使得下式成立:

$$f(a+h,b+k)-f(a,b+k)=hf_x(a+h',b+k).$$

类似地, 函数 $f(a,y)$ 在 b 和 $b+k$ 之间的区间上是可微的, 再对于一元函数, 运用中值定理, 存在位于 b 和 $b+k$ 之间的一个数 $b+k'$ 使得下式成立:

$$f(a,b+k)-f(a,b)=kf_y(a,b+k').$$

把这两个方程相加, 我们得到 (3.4) 式, 从而完成了该定理的证明. **证毕.**

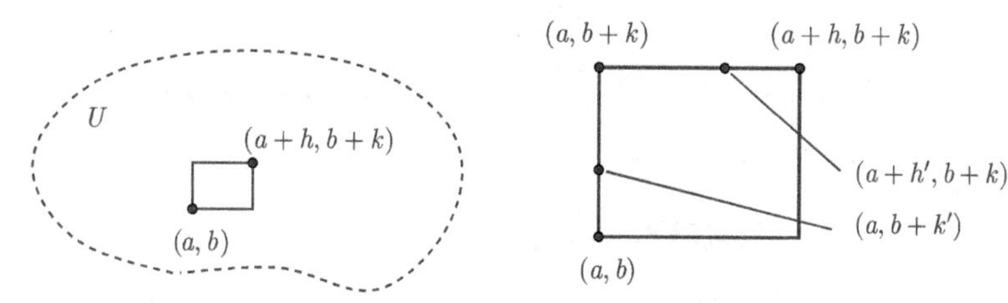

图 3.1 左: 定理 3.2 中, 在 U 中的一个小矩形; 右: 证明中所用到的点

定理 3.3 如果在一个包含点 (a,b) 的开区间上, 函数 f 的偏导数都是连续的, 则函数 f 在点 (a,b) 处是可微的.

证明 运用定理 3.2 中的 (3.4), 有

$$\begin{aligned}&\frac{f(a+h,b+k)-f(a,b)-(hf_x(a,b)+kf_y(a,b))}{\sqrt{h^2+k^2}}\\=&\frac{hf_x(a+h',b+k)+kf_y(a,b+k')-(hf_x(a,b)+kf_y(a,b))}{\sqrt{h^2+k^2}}\\=&\frac{h(f_x(a+h',b+k)-f_x(a,b))+k(f_y(a,b+k')-f_y(a,b))}{\sqrt{h^2+k^2}},\end{aligned}\tag{3.5}$$

其中 h' 位于 0 和 h 之间, k' 位于 0 和 k 之间. 根据三角不等式, 上式中最后一个表达式的绝对值小于等于

$$\frac{|h|}{\sqrt{h^2+k^2}}\Big|f_x(a+h',b+k)-f_x(a,b)\Big|+\frac{|k|}{\sqrt{h^2+k^2}}\Big|f_y(a,b+k')-f_y(a,b)\Big|.$$

由于 $\dfrac{|h|}{\sqrt{h^2+k^2}}$ 和 $\dfrac{|k|}{\sqrt{h^2+k^2}}$ 是小于等于 1 的, 而且 f_x 和 f_y 是连续的, 当 $\|(h,k)\|$ 趋近于零时, 上式中的每一项都是趋近于零的. 这样, 证得当 $\|(h,k)\|$ 趋近于零时, (3.5) 式是趋近于零的. 从而我们证明了函数 f 在点 (a,b) 处是可微的. **证毕.**

例 3.3 设 $f(x,y)=y+\sin(xy)+\sinh(x)$, 运用函数 f 在点 $(0,1)$ 处的线性近似来计算 $f(0.1,0.9)$ 的近似值. 函数 f 在点 $(0,1)$ 处的线性近似为

$$L(x,y)=f(0,1)+f_x(0,1)(x-0)+f_y(0,1)(y-1).$$

通过计算, 有

$$f(0,1)=1+\sin(0)+\sinh(0)=1+0+\frac{1}{2}(\mathrm{e}^0-\mathrm{e}^{-0})=1,$$

$$f_x(x,y)=\cos(xy)y+\cosh(x),\qquad f_x(0,1)=\cos(0)1+\frac{1}{2}(\mathrm{e}^0+\mathrm{e}^{-0})=2,$$

$$f_y(x,y)=1+\cos(xy)x,\qquad f_y(0,1)=1+\cos(0)0=1.$$

所以 $L(x,y)=1+2(x-0)+1(y-1)$ 而且

$$L(0.1,0.9)=1+2(0.1)+1(0.9-1)=1+0.2-0.1=1.1$$

是 $f(0.1,0.9)=1.09005\cdots$ 的一个近似值.

多元函数 $\mathbf{F}$: $\mathbb{R}^n\to\mathbb{R}^m$ 的偏导数和微分

我们将微分、局部线性性和偏导数的定义进行延伸. 对于函数 $f:\mathbb{R}^n\to\mathbb{R}$, 通过固定别的变量而只对第 i 个变量进行微分来定义偏导数, 如下:

$$\frac{\partial f}{\partial x_i}=\lim_{h\to0}\frac{f(x_1,\cdots,x_i+h,\cdots,x_n)-f(x_1,\cdots,x_n)}{h}.$$

令 $\mathbf{F}$ 是一个 $\mathbb{R}^n\to\mathbb{R}^m$ 的向量值函数, 它的各个分量函数

$$\mathbf{F}(x_1,\cdots,x_n)=(f_1(x_1,\cdots,x_n),f_2(x_1,\cdots,x_n),\cdots,f_m(x_1,\cdots,x_n))$$

是可微的. 每个函数 f_i: $\mathbb{R}^n\to\mathbb{R}$ 都有 n 个偏导数, 记为 $\dfrac{\partial f_i}{\partial x_j}$ 或者 f_{i,x_j}. 我们将这些偏导数排列成一个 $m\times n$ 的矩阵, 如下:

$$D\mathbf{F}(\mathbf{A})=\begin{bmatrix}\dfrac{\partial f_1}{\partial x_1}(\mathbf{A}) & \dfrac{\partial f_1}{\partial x_2}(\mathbf{A}) & \cdots & \dfrac{\partial f_1}{\partial x_n}(\mathbf{A})\\ \dfrac{\partial f_2}{\partial x_1}(\mathbf{A}) & \dfrac{\partial f_2}{\partial x_2}(\mathbf{A}) & \cdots & \dfrac{\partial f_2}{\partial x_n}(\mathbf{A})\\ \vdots & \vdots & & \vdots\\ \dfrac{\partial f_m}{\partial x_1}(\mathbf{A}) & \dfrac{\partial f_m}{\partial x_2}(\mathbf{A}) & \cdots & \dfrac{\partial f_m}{\partial x_n}(\mathbf{A})\end{bmatrix},\tag{3.6}$$

并称其为 $\mathbf{F}$ 在点 $\mathbf{A}$ 的**矩阵导数**.

借助于向量和矩阵符号, 我们能表述 $\mathbf{F}$ 在点 $\mathbf{A}$ 的微分的定义.

定义 3.3 设函数 $\mathbf{F}: \mathbb{R}^n \to \mathbb{R}^m$ 定义在一个包含点 $\mathbf{A}$ 的开集 U 上, 我们称 $\mathbf{F}$ 在 $\mathbf{A}$ 点**可微**, 如果 $\mathbf{F}(\mathbf{A}+\mathbf{H}) - \mathbf{F}(\mathbf{A})$ 能用一个线性映射 $\mathbf{L}_\mathbf{A}: \mathbb{R}^n \to \mathbb{R}^m$ 在下述意义下很好地逼近: 当 $\|\mathbf{H}\|$ 趋近于零时,

$$\frac{\|\mathbf{F}(\mathbf{A}+\mathbf{H}) - \mathbf{F}(\mathbf{A}) - \mathbf{L}_\mathbf{A}(\mathbf{H})\|}{\|\mathbf{H}\|}$$

趋近于零.

与函数 $f: \mathbb{R}^2 \to \mathbb{R}$ 类似, 我们能够证明, 若 $\mathbf{F}$ 在点 $\mathbf{A}$ 处可微, 则 $\mathbf{F}$ 在点 $\mathbf{A}$ 处是连续的. 我们也能证明它的分量函数都有偏导数, 而且

$$\mathbf{L}_\mathbf{A}(\mathbf{H}) = D\mathbf{F}(\mathbf{A})\mathbf{H},$$

其中 $D\mathbf{F}(\mathbf{A})$ 就是偏导数矩阵 (3.6). 我们在问题 3.9 中要求读者一步步验证去证明该式子成立.

例 3.4 设 $f(x,y,z) = x^2\sin(yz)$, 函数 f 的各个偏导数为

$$f_x = 2x\sin(yz), \qquad f_y = zx^2\cos(yz), \qquad f_z = yx^2\cos(yz),$$

而且

$$f_x\left(1, \frac{\pi}{2}, 2\right) = 0, \qquad f_y\left(1, \frac{\pi}{2}, 2\right) = -2, \qquad f_z\left(1, \frac{\pi}{2}, 2\right) = -\frac{\pi}{2}.$$

所以有

$$Df\left(1, \frac{\pi}{2}, 2\right) = \begin{bmatrix} 0 & -2 & -\frac{\pi}{2} \end{bmatrix}.$$

例 3.5 令 $\mathbf{F}(x,y) = (x^2+y^2, x, -y^3)$, 试求 $D\mathbf{F}(1,-2)$ 的值.

$$\begin{aligned} \frac{\partial f_1}{\partial x} &= 2x, & \frac{\partial f_1}{\partial y} &= 2y, \\ \frac{\partial f_2}{\partial x} &= 1, & \frac{\partial f_2}{\partial y} &= 0, \\ \frac{\partial f_3}{\partial x} &= 0, & \frac{\partial f_3}{\partial y} &= -3y^2. \end{aligned}$$

在点 $(1,-2)$ 处, 有

$$D\mathbf{F}(1,-2) = \begin{bmatrix} 2 & -4 \\ 1 & 0 \\ 0 & -12 \end{bmatrix}.$$

定义 3.4 若 $n=m$, 则 $\mathbf{F}$ 在点 $\mathbf{A}$ 的矩阵 (3.6) 成为一个方阵. 它的行列式称为 $\mathbf{F}$ 在点 $\mathbf{A}$ 处的**雅可比行列式**, 记为 $J\mathbf{F}(\mathbf{A})$:

$$J\mathbf{F}(\mathbf{A})=\det D\mathbf{F}(\mathbf{A}). \tag{3.7}$$

正如导数 $f'(a)$ 可以被看成 f 的一个局部拉伸因子一样, 即当 $x-a$ 趋近于零时, $\dfrac{f(x)-f(a)}{x-a}$ 的极限, 雅可比行列式也有几何意义, 它是由 $\mathbf{F}$ 引起的体积的局部伸缩率. 也就是说, 我们记 $B_r(\mathbf{A})$ 为中心在 $\mathbf{A}$、半径为 r 的球, 该球在映射 $\mathbf{F}$ 下的像记为 $C_r(\mathbf{A})$, 则当 r 趋近于零时, 比率

$$\frac{\operatorname{Vol}(C_r(\mathbf{A}))}{\operatorname{Vol}(B_r(\mathbf{A}))}$$

趋近于 $|J\mathbf{F}(\mathbf{A})|$.

例 3.6 设 $\mathbf{F}(x,y)=(x^2+y,y^3+xy)$, 我们求 $\mathbf{F}$ 在点 $(1,2)$ 的雅可比行列式, 并将其解释为一个区域面积的局部放大率.

$$D\mathbf{F}(x,y)=\begin{bmatrix}2x & 1\\ y & 3y^2+x\end{bmatrix},\quad D\mathbf{F}(1,2)=\begin{bmatrix}2 & 1\\ 2 & 13\end{bmatrix},\quad J\mathbf{F}(1,2)=\det\begin{bmatrix}2 & 1\\ 2 & 13\end{bmatrix}=24.$$

所以, 以 $(1,2)$ 为心、r 为半径的一个小圆盘 B_r 的像 $\mathbf{F}(B_r)$ 的面积大约是 B_r 面积的 24 倍.

如果一个函数 $\mathbf{X}:\mathbb{R}\to\mathbb{R}^n$ 在 t 处是可微的, 则根据定义, 当 h 趋近于零时

$$\frac{\mathbf{X}(t+h)-\mathbf{X}(t)}{h}-\mathbf{X}'(t)$$

是趋近于零的. 这意味着 $\mathbf{X}'(t)$ 是割线向量除以 h 的极限值. 图 3.2 证实了 $\mathbf{X}'(t)$ 与曲线在 $\mathbf{X}(t)$ 处是相切的.

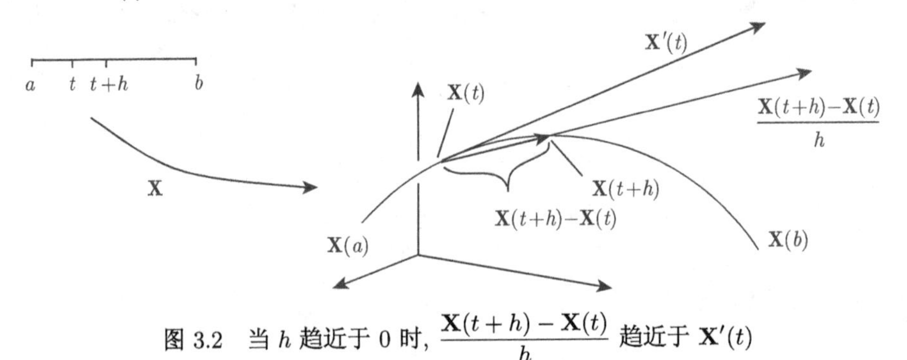

图 3.2 当 h 趋近于 0 时, $\dfrac{\mathbf{X}(t+h)-\mathbf{X}(t)}{h}$ 趋近于 $\mathbf{X}'(t)$

如果我们假设 $\mathbf{X}(t)$ 为质点在 t 时刻的位置函数, 则 $\mathbf{X}'(t)$ 表示质点在 t 时刻的**速度**, 且 $\|\mathbf{X}'(t)\|$ 是它的速率.

例 3.7 令 $\mathbf{X}(t)=(\cos t,\sin t,t)$, $\mathbf{X}$ 在 t 处的矩阵导数为

$$D\mathbf{X}(t)=\mathbf{X}'(t)=\begin{bmatrix}-\sin t\\ \cos t\\ 1\end{bmatrix}.$$

将导函数 $\mathbf{X}'(t)$ 视为质点在 t 时刻的速度, 我们记

$$\mathbf{X}'(t)=(-\sin t,\cos t,1).$$

则它的速率为 $\|\mathbf{X}'(t)\|=\sqrt{(-\sin t)^2+(\cos t)^2+1^2}=\sqrt{2}$.

定义 3.5 一个函数 $f:\mathbb{R}^n\to\mathbb{R}$ 的偏导数向量记为

$$\boldsymbol{\nabla} f=(f_{x_1},\cdots,f_{x_n})\quad 或\quad \mathrm{grad}\, f$$

且我们称之为 f 的**梯度**.

例 3.8 令 $f(x,y,z)=x^2\sin(yz)$, 根据例 3.4 的计算, 有

$$\boldsymbol{\nabla} f(x,y,z)=(2x\sin(yz),zx^2\cos(yz),yx^2\cos(yz)),$$

从而 $\boldsymbol{\nabla} f\left(1,\frac{\pi}{2},2\right)=\left(0,-2,-\frac{\pi}{2}\right)$.

运用梯度和点乘记号, 函数 $f(\mathbf{A}+\mathbf{H})$ 在点 $\mathbf{A}$ 处的线性近似可以重写为

$$f(\mathbf{A}+\mathbf{H})\approx f(\mathbf{A})+\boldsymbol{\nabla} f(\mathbf{A})\cdot\mathbf{H}.$$

定义 3.6 设 U 是 $\mathbb{R}^n$ 中的开集, 函数 $\mathbf{F}:U\to\mathbb{R}^m$ 称为是**连续可微的**, 如果 $\mathbf{F}$ 在 U 上有各个偏导数, 而且偏导数是连续的. 连续可微函数称为 C^1 函数.

在定理 3.3 中, 我们已经证明了若一个具有两个变量的函数有连续的各个偏导数, 则该函数是可微的. 多元函数也有类似的结论成立.

定理 3.4 一个函数 $\mathbf{F}:\mathbb{R}^n\to\mathbb{R}^m$, 在开集 U 上是 C^1 的, 则 $\mathbf{F}$ 在 U 上任意点都是可微的.

在问题 3.10 中, 我们罗列出怎么从定理 3.3 的证明, 推导出定理 3.4 的证明.

问题

3.1 求下列各偏导数,

(a) $\displaystyle\lim_{h\to 0}\frac{(3(x+h)^2+4y)-(3x^2+4y)}{h}$;

(b) $\displaystyle\lim_{k\to 0}\frac{(3x^2+4(y+k))-(3x^2+4y)}{k}$.

3.2 令 $f(x,y)=x^2+3y$, 试求函数 $f(x,y)$ 在点 $(2,4)$ 附近的线性近似, 并用它来估计 $f(2.01,4.03)$ 的值.

3.3 求下列函数指定的各偏导数,

(a) $f(x,y)=\mathrm{e}^{-x^2-y^2}$, 试求 $f_x(x,y)$ 和 $f_y(2,0)$;

(b) $\dfrac{\partial}{\partial y}(x\mathrm{e}^y+y\mathrm{e}^x)$;

(c) $\dfrac{\partial}{\partial x}\left(\cos(xy)+\dfrac{\partial}{\partial y}(\sin(xy))\right)$.

3.4 假设 $f(x,y)=x^2y^3$, 且 $(x,y)=(a+u,b+v)$. 运用下面式子右边项的二项式展开

$$x^2y^3=(a+u)^2(b+v)^3$$

来求常数 c_1, c_2, c_3, 使得

$$f(x,y)=c_1+c_2(x-a)+c_3(y-b)+\cdots,$$

其中的省略号表示 $(x-a)$ 和 $(y-b)$ 的 2 次或更高次的多项式.

(a) 将 c_1 用 f,a 和 b 来表示.

(b) 用函数 f 在点 (a,b) 处的偏导数来表示 c_2 和 c_3.

(c) 试求函数 ℓ 和 s, 使得

$$f(a+u,b+v)=f(a,b)+\ell(u,v)+s(u,v),$$

其中 ℓ 是线性的, 而且当 (u,v) 趋近于 $(0,0)$ 时, $|s(u,v)|$ 比 $\|(u,v)\|$ 小.

3.5 两个学生在讨论当 x 和 y 都比较小时, 式子 $(1+x+3y)^2$ 的取值. 他们建立了两个线性函数 ℓ_1 和 ℓ_2 来辅助估计, 如下:

$$\begin{aligned}(1+x+3y)^2&=(1+x+3y)(1+x+3y)\\&\approx 1\cdot(1+x+3y)\\&=1+\underbrace{x+3y}_{\ell_1(x,y)}\end{aligned}$$

和

$$\begin{aligned}(1+x+3y)^2&=1+2x+6y+6xy+x^2+9y^2\\&\approx 1+\underbrace{2x+6y}_{\ell_2(x,y)}.\end{aligned}$$

(x,y)	(0.1, 0.2)	(0.01, 0.02)
$(1+x+3y)^2$		
$1+x+3y$		
$1+2x+6y$		

填写上表中的数值, 并通过数据观察有些线性函数追踪到微小变量优于别的函数.

3.6 考察一个线性函数 $\ell(x,y,z)=ax+by+cz$. 证明 $\nabla\ell$ 是一个常数. 证明当 a,b,c 不全为零时, $\nabla\ell$ 是平行于 $\ell=0$ 的水平集.

3.7 考察两个线性函数 $\ell(x,y)=x+2y$ 和 $m(x,y)=-3\ell(x,y)$. 画出水平集 $\ell=-1,0,1$ 和 $m=-1,0,1$ 的草图. 哪些函数的图像间距比较近? 求它们的梯度向量 $\nabla\ell(x,y)$ 和 $\nabla m(x,y)$. 哪个函数的梯度向量长度比较长?

3.8 令 $\mathbf{X}\in\mathbb{R}^n$, 求下列梯度向量,

(a) $\nabla\left(2\|\mathbf{X}\|^{1/2}\right)$;

(b) $\nabla\left(-\|\mathbf{X}\|^{-1}\right)$;

(c) $\nabla\left(\dfrac{1}{r}\|\mathbf{X}\|^{r}\right)$, $r\neq 0$.

3.9 假设一个函数 $\mathbf{F}:\mathbb{R}^n\to\mathbb{R}^m$ 在点 $\mathbf{A}$ 处是可微的. 验证如下各个陈述命题来证明

$$\mathbf{L}_{\mathbf{A}}\mathbf{H}=D\mathbf{F}(\mathbf{A})\mathbf{H}$$

成立. 也就是说, 定义 3.3 中的线性函数 $\mathbf{L}_{\mathbf{A}}$ 可以通过矩阵导数 $D\mathbf{F}(\mathbf{A})$ 来给出.

(a) 存在一个矩阵 $\mathbf{C}$, 使得对所有的 $\mathbf{H}$, 式子 $\mathbf{L}_{\mathbf{A}}(\mathbf{H})=\mathbf{C}\mathbf{H}$ 成立.

(b) 令 $\mathbf{C}_i$ 是 $\mathbf{C}$ 的第 i 行, 则当 $\|\mathbf{H}\|$ 趋近于零时, 分式

$$\frac{\|\mathbf{F}(\mathbf{A}+\mathbf{H})-\mathbf{F}(\mathbf{A})-\mathbf{L}_{\mathbf{A}}(\mathbf{H})\|}{\|\mathbf{H}\|}=\frac{\|\mathbf{F}(\mathbf{A}+\mathbf{H})-\mathbf{F}(\mathbf{A})-\mathbf{C}\mathbf{H}\|}{\|\mathbf{H}\|}$$

趋近于零, 当且仅当 $\|\mathbf{H}\|$ 趋近于零时, 每个分量

$$\frac{f_i(\mathbf{A}+\mathbf{H})-f_i(\mathbf{A})-\mathbf{C}_i\mathbf{H}}{\|\mathbf{H}\|}$$

趋近于零.

(c) 在上式中令 $\mathbf{H}=h\mathbf{E}_j$, 证明偏导数 $f_{i,x_j}(\mathbf{A})$ 存在, 而且等于矩阵 $\mathbf{C}$ 的第 (i,j) 个元素.

3.10 验证下列各步成立, 来证明定理 3.4 成立, 即如果一个函数具有连续的一阶偏导数, 则这个函数是可微的. 在如下步骤 (a)—(d) 中, 我们假设函数 $f:\mathbb{R}^n\to\mathbb{R}$ 在一个以 $\mathbf{P}$ 为中心、r 为半径的球内任意点处具有连续的一阶偏导数. 在步骤 (e) – (f) 中, 我们假设函数 $\mathrm{F}:\mathbb{R}^n\to\mathbb{R}^m$ 的分量 f_i 在一个以 $\mathbf{P}$ 为中心、r 为半径的球内任意点处具有连续的一阶偏导数. 假设向量 $\mathbf{H}$ 满足 $\|\mathbf{H}\|<r$.

(a)

$$
\begin{aligned}
& f(\mathbf{P}+\mathbf{H})-f(\mathbf{P}) \\
= & f(p_1+h_1,\cdots,p_n+h_n)-f(p_1,\cdots,p_n) \\
= & f(p_1+h_1,p_2+h_2,\cdots,p_n+h_n)-f(p_1,p_2+h_2,\cdots,p_n+h_n) \\
& +f(p_1,p_2+h_2,p_3+h_3,\cdots,p_n+h_n)-f(p_1,p_2,p_3+h_3,\cdots,p_n+h_n) \\
& +\cdots+f(p_1,p_2,\cdots,p_{n-1},p_n+h_n)-f(p_1,p_2,\cdots,p_{n-1},p_n).
\end{aligned}
$$

(b) 存在常数 $0 \leqslant h_i' \leqslant h_i$, 使得

$$
\begin{aligned}
& f(p_1,\cdots,p_{i-1},p_i+h_i,p_{i+1}+h_{i+1},\cdots,p_n+h_n) \\
& -f(p_1,\cdots,p_{i-1},p_i,p_{i+1}+h_{i+1},\cdots,p_n+h_n) \\
= & h_i f_{x_i}(p_1,\cdots,p_{i-1},p_i+h_i',p_{i+1}+h_{i+1},\cdots,p_n+h_n).
\end{aligned}
$$

(c) $f(\mathbf{P}+\mathbf{H})-f(\mathbf{P})=\sum\limits_{i=1}^{n} h_i f_{x_i}(p_1,\cdots,p_{i-1},p_i+h_i',p_{i+1}+h_{i+1},\cdots,p_n+h_n)$.

(d) 当 $\mathbf{H}$ 趋近于零时, 式子 $\dfrac{f(\mathbf{P}+\mathbf{H})-f(\mathbf{P})-\mathbf{H}\cdot\nabla f(\mathbf{P})}{\|\mathbf{H}\|}$ 趋近于零.

(e) 对于给定的 $\epsilon>0$, 存在常数 r_i, 使得如果 $\|\mathbf{H}\|<r_i$, 则

$$
\frac{|f_i(\mathbf{P}+\mathbf{H})-f(\mathbf{P})-\nabla f_i(\mathbf{P})\cdot\mathbf{H}|}{\|\mathbf{H}\|}<\epsilon.
$$

(f) 令 r 是 $r_1,\cdots,r_m$ 中最小的数. 如果 $\|\mathbf{H}\|<r$, 则

$$
\frac{\|\mathbf{F}(\mathbf{P}+\mathbf{H})-\mathbf{F}(\mathbf{P})-D\mathbf{F}(\mathbf{P})\mathbf{H}\|}{\|\mathbf{H}\|}<\epsilon m.
$$

3.11 定义域在 $\mathbb{R}^2$, 取值在 $\mathbb{R}$ 中的函数 f 和 g 定义为

$$
f(x,y)=\cos(x+y), \qquad g(x,y)=\sin(2x-y).
$$

求它们的梯度 ∇f 和 ∇g, 并进一步证明

$$
f_x-f_y=0, \qquad g_x+2g_y=0.
$$

3.12 令函数 $f_1(x,y)=\mathrm{e}^x\cos y$, $f_2(x,y)=x^2-y^2$, 试求 ∇f_1 和 ∇f_2, 并证明

$$
\frac{\partial}{\partial x}(f_x)+\frac{\partial}{\partial y}(f_y)=0
$$

对 f_1 和 f_2 都成立.

3.13 假设 $g(x,y)=\mathrm{e}^{ax+by}$, 其中 a 和 b 是确定的常数. 求 g 的梯度.

3.14 设 a,b,c 是常数, 定义

$$f(x, y, z) = \sin(ax + by + cz).$$

令 $\mathbf{C} = (p, q, r)$ 是一个向量, 且满足 $ap + bq + cr = 0$. 证明 $\mathbf{C} \cdot \boldsymbol{\nabla} f = 0$, 即

$$pf_x + qf_y + rf_z = 0.$$

3.2 切平面和偏导数

一元函数 f 的导数 $f'(a)$ 的几何意义是与函数图像相切直线

$$y = f(a) + f'(a)(x - a)$$

的斜率. 二元函数的偏导数也有类似的几何意义. 我们假设函数 f 在点 (a, b) 处是可微的, 在 (a, b) 点处的偏导数为 $f_x(a, b)$ 和 $f_y(a, b)$. 线性近似的几何意义是

$$z = L(x, y) = f(a, b) + f_x(a, b)(x - a) + f_y(a, b)(y - b)$$

的图像是一个平面, 该平面在点 $(a, b, f(a, b))$ 处与 f 的图像是相切的. 我们重写上述方程为

$$f_x(a, b)(x - a) + f_y(a, b)(y - b) + (-1)(z - f(a, b)) = 0. \tag{3.8}$$

从上式看出, 这个切平面的一个法向量为

$$\mathbf{N} = (f_x(a, b), f_y(a, b),\ -1).$$

如果 f 在点 (a, b) 处是可微的, 我们称 $\mathbf{N}$ 是图像 f 在 $(a, b, f(a, b))$ 处的**法向量**.

另一个获得函数 f 在点 (a, b) 处的切平面的方程的方式是, 求出 f 的图像与平面 $x = a$ 和 $x = b$ 的相交线 (图 3.3), 运用相切于所得曲线的直线来求切平面方程.

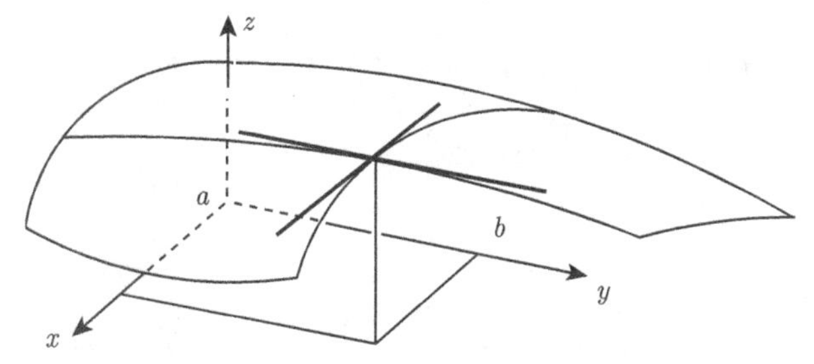

图 3.3 一个图被与平面 $x = a$ 和 $y = b$ 的交线分割成几部分

在平面 $x = a$ 内, 与曲线在点 $(a, b, f(a, b))$ 处相切的直线方程为

$$c_1(t) = (a, b, f(a, b)) + t(0, 1, f_y(a, b)).$$

类似地, 在平面 $y = b$ 内与相交曲线相切的直线方程为

$$c_2(s) = (a, b, f(a, b)) + s(1, 0, f_x(a, b)).$$

根据 1.9 节的结果中, 由这两条直线决定的平面, 其参数方程为

$$\mathbf{P}(s, t) = (a, b, f(a, b)) + s(1, 0, f_x(a, b)) + t(0, 1, f_y(a, b)).$$

这个平面的一个法向量等于两个切向量的向量积

$$(1, 0, f_x(a, b)) \times (0, 1, f_y(a, b)) = (-f_x(a, b), -f_y(a, b), 1),$$

它是由方程 (3.8) 给出的切平面的一个法向量.

例 3.9　假设 $f(x, y) = x^{1/2}y^{1/3}$.

(a) 求图像 f 在点 $(1, -1)$ 处切平面的方程.

(b) 运用 f 在点 $(1, -1)$ 处的线性来近似估计 $f(0.9, -1.1)$ 的值.

我们有偏导数$f_y(x, y) = \dfrac{1}{3}x^{1/2}y^{-2/3}$ 和 $f_x(x, y) = \dfrac{1}{2}x^{-1/2}y^{1/3}$. 由于函数 f_x 和 f_y 在点 $(1, -1)$ 附近是连续的, 从而函数 f 在点 $(1, -1)$ 处是可微的.

$$f(1, -1) = -1, \qquad f_y(1, -1) = \frac{1}{3}, \qquad f_x(1, -1) = -\frac{1}{2}.$$

(a) 图像 f 在点 $(1, -1)$ 处的切平面的方程为

$$\begin{aligned} z &= f(1, -1) + f_x(1, -1)(x - 1) + f_y(1, -1)(y - (-1)) \\ &= -1 - \frac{1}{2}(x - 1) + \frac{1}{3}(y + 1) \end{aligned}$$

或

$$3x - 2y + 6z + 1 = 0.$$

(b) 为了估计 $f(0.9, -1.1)$ 的值, 我们运用线性近似式

$$L(x, y) = f(1, -1) + f_x(1, -1)(x - 1) + f_y(1, -1)(y - (-1)).$$

则

$$L(0.9, 1.1) = -1 - \frac{1}{2}(0.9 - 1) + \frac{1}{3}(-1.1 + 1) = -1 + \frac{1}{20} - \frac{1}{30} = -0.9833\cdots,$$

所以, 所求的一个近似逼近值为 $f(0.9, -1.1) = -0.9793\cdots$.

例 3.10　求图像

$$f(x, y) = x^2 - 2xy - y^2 + 6x - 6y$$

上的所有切平面是水平面的点. 函数 f 有连续的偏导数 $f_x = 2x - 2y + 6$ 和 $f_y = -2x - 2y - 6$, 所以函数 f 在任意点处都是可微的. 如果函数 f 满足 $f_x(x,y) = 0$ 和 $f_y(x,y) = 0$, 则图像 f 在点 (x,y) 处的切平面就是平行的. 联立方程 $2x-2y+6=0$ 和 $-2x - 2y - 6 = 0$, 解得 $y = 0$ 且 $x = -3$. 故图像上存在一个点, 其切平面是水平的, 这个点为 $(-3,0,-9)$.

如果两个 C^1 函数 f 和 g 在点 (a,b) 处有相同的取值 $f(a,b) = g(a,b)$ 而且在点 (a,b) 处各偏导数的取值也相等, 则它们在点 $(a,b,f(a,b))$ 处有共同的切平面, 这时我们称两个图像在点 (a,b) 处**相切**.

例 3.11 为求出两个图像

$$\begin{aligned} f(x,y) &= x^2 - 2xy - y^2, \\ g(x,y) &= x^2 - 3xy + 4x - 16 \end{aligned}$$

相切的点, 先求出该点处的公共切平面的法向量 $(2x - 2y, -2x - 2y, -1)$ 和 $(2x - 3y + 4, -3x, -1)$, 应该是倍数关系. 由于它们中第三个分量是相等的, 倍数关系成立当且仅当

$$\begin{cases} 2x - 2y = 2x - 3y + 4, \\ -2x - 2y = -3x, \end{cases}$$

解得 $x = 8, y = 4$. 经过验证可知, 点 $(8,4,-16)$ 同时在两个图像上. 所以, 这两个图像在点 $(8,4,-16)$ 处有共同的切平面

$$z = -16 + 8(x - 8) - 24(y - 4).$$

问题

3.15 求图像 $f(x,y) = x + y^2$ 在如下点处的切平面方程.

(a) $(x,y) = (0,0)$.

(b) $(x,y) = (1,2)$.

3.16 假设 $f(x,y) = \sqrt{1 - x^2 - y^2}$.

(a) 画出 f 的图像.

(b) 求图像 f 在点 $(x,y) = (\sqrt{0.4}, \sqrt{0.5})$ 处的切平面方程.

3.17 设 $f(x,y) = \mathrm{e}^{-(x^2+y^2)}$ 且 $g(x,y) = \dfrac{\mathrm{e}^{-1}}{x^2 + y^2}$.

(a) 证明对满足 $a^2 + b^2 = 1$ 的所有点 (a,b) 处, $f(a,b) = g(a,b)$ 成立.

(b) 求梯度 ∇f 和 ∇g.

(c) 证明在满足

$$a^2 + b^2 = 1$$

的所有的点 (a,b) 处, 图像 f 与图像 g 是相切的 (草图见图 3.4).

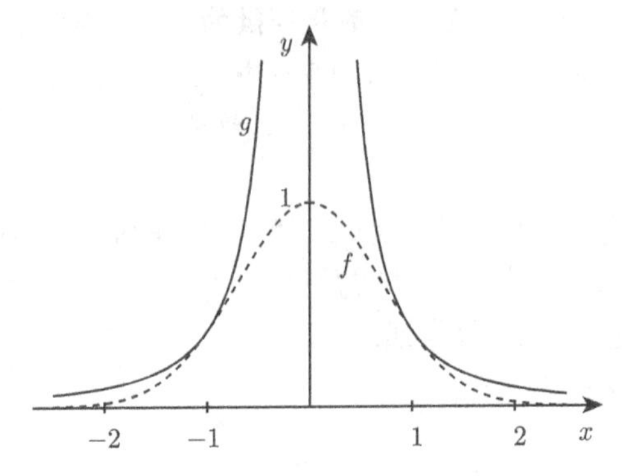

图 3.4　问题 3.17 中 f 和 g 的图像

3.3　链式法则

复合函数

具有多个变量的函数有很多种类型, 所以链式法则有很多种不同的形式. 如下是其中的一种形式.

定理 3.5 (链式法则 1 (曲线))　设定义在 $\mathbb{R}^2$、取值在 $\mathbb{R}$ 的函数 f 在一个开集 U 上是连续可微的, 并且令定义在开集 I、取值在开集 U 的函数 $\mathbf{X}(t)=(x(t),y(t))$ 是一个可微函数, 则复合函数 $f(x(t),y(t))$ 是一个从 I 到 $\mathbb{R}$ 上的可微函数, 而且

$$\frac{\mathrm{d}}{\mathrm{d}t}f(x(t),y(t))=\frac{\partial f}{\partial x}\frac{\mathrm{d}x}{\mathrm{d}t}+\frac{\partial f}{\partial y}\frac{\mathrm{d}y}{\mathrm{d}t}.$$

上式的右端项可以写成数量积的形式

$$=\boldsymbol{\nabla} f(x(t),y(t))\cdot\mathbf{X}'(t).$$

证明　由于 $\mathbf{X}$ 是连续的, 我们知道对充分小的 h , $h\neq 0$, 从点 $(x(t),y(t))$ 到 $(x(t),y(t+h))$ 之间的线段和从点 $(x(t),y(t+h))$ 到 $(x(t+h),y(t+h))$ 之间的线段都在 U 内 (图 3.5). 我们重写

$$f(x(t+h),y(t+h))-f(x(t),y(t))$$

为

$$=\Big(f\big(x(t+h),y(t+h)\big)-f\big(x(t),y(t+h)\big)\Big)+\Big(f\big(x(t),y(t+h)\big)-f\big(x(t),y(t)\big)\Big).$$

根据一元函数的中值定理, 存在一个位于 $x(t)$ 与 $x(t+h)$ 之间的数 x_*, 使得

$$f(x(t+h),y(t+h))-f(x(t),y(t+h))=f_x(x_*,y(t+h))(x(t+h)-x(t))$$

成立. 同样地, 存在一个位于 $y(t)$ 与 $y(t+h)$ 之间的数 y_*, 使得

$$f(x(t),y(t+h))-f(x(t),y(t))=f_y(x(t),y_*)(y(t+h)-y(t)).$$

现在除以 h, 有

$$\begin{aligned}&\frac{f(x(t+h),y(t+h))-f(x(t),y(t))}{h}\\=&\frac{f(x(t+h),y(t+h))-f(x(t),y(t+h))}{h}+\frac{f(x(t),y(t+h))-f(x(t),y(t))}{h}\\=&\frac{f_x(x_*,y(t+h))(x(t+h)-x(t))}{h}+\frac{f_y(x(t),y_*)(y(t+h)-y(t))}{h}.\end{aligned}$$

由于当 h 趋近于零时, $\dfrac{x(t+h)-x(t)}{h}$ 和 $\dfrac{y(t+h)-y(t)}{h}$ 分别趋近于 $x'(t)$ 和 $y'(t)$. 再根据 f_x 和 f_y 是连续的, 所以当 h 趋近于零时, $f_x(x_*,y(t+h))$ 趋近于 $f_x(x(t),y(t))$, 而 $f_y(x(t),y_*)$ 趋近于 $f_y(x(t),y(t))$. 所以有

$$\frac{\mathrm{d}}{\mathrm{d}t}f(x(t),y(t))=f_x(x(t),y(t))x'(t)+f_y(x(t),y(t))y'(t)=\nabla f(x(t),y(t))\cdot\mathbf{X}'(t).$$

证毕.

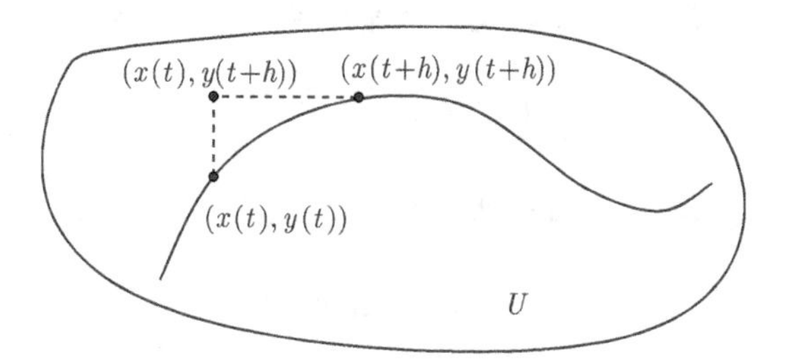

图 3.5 定理 3.5 的证明中用到的线段

例 3.12 当 $0\leqslant t\leqslant 1$ 时, $\mathbf{X}(t)=(x(t),y(t))=(t,2t)$ 是一个从原点到点 $(1,2)$ 的直线. 令

$$f(x,y)=x^2+y^4.$$

函数 $\mathbf{X}$ 和 f 的导数分别为 $\mathbf{X}'(t)=(1,2)$, $\nabla f=(2x,4y^3)$. 由链式法则

$$\frac{\mathrm{d}}{\mathrm{d}t}f(\mathbf{X}(t))=\nabla f(x(t),y(t))\cdot\mathbf{X}'(t)=(2(t),4(2t)^3)\cdot(1,2)=2t+64t^3.$$

或者, 由函数 f 和 $\mathbf{X}$ 复合而成的函数为

$$f(\mathbf{X}(t)) = t^2 + 16t^4,$$

求其导数为 $\dfrac{\mathrm{d}}{\mathrm{d}t}(t^2 + 16t^4) = 2t + 64t^3$，我们可以看出它与通过链式法则得到的结果是一样的.

对于 $\mathbb{R}^2$ 中的曲线和定义在 $\mathbb{R}^2$、取值在 $\mathbb{R}$ 的函数, 我们证明了链式法则. 对于 n 维的情况, 我们可以证明类似的定理是成立的.

定理 3.6 (链式法则 1 (曲线))　假设定义在 $\mathbb{R}^n$、取值在 $\mathbb{R}$ 中的函数 f 在一个开集 U 上具有连续的偏导数, 且令 $\mathbf{X}(t) = (x_1(t), \cdots, x_n(t))$ 是定义在 $\mathbb{R}$ 上的一个开集 I、取值在 U 上的一个可微函数, 则复合函数 $f(\mathbf{X}(t))$ 在 I 上是可微的, 而且有

$$\frac{\mathrm{d}}{\mathrm{d}t} f(\mathbf{X}(t)) = \frac{\partial f}{\partial x_1}\frac{\mathrm{d}x_1}{\mathrm{d}t} + \cdots + \frac{\partial f}{\partial x_n}\frac{\mathrm{d}x_n}{\mathrm{d}t} = \nabla f(\mathbf{X}(t)) \cdot \mathbf{X}'(t) = Df(\mathbf{X}(t))D\mathbf{X}(t).$$

例 3.13　令 $\mathbf{X}(t) = (\cos t, \sin t, t), -\infty < t < +\infty$ 是 $\mathbb{R}^3$ 中的一条曲线, 它是一个质点在 t 时刻的位置函数. 又设

$$f(x, y, z) = \mathrm{e}^{-x^2-y^2-z^2}$$

表示质点在点 (x, y, z) 处的温度函数, 则复合函数

$$f(\mathbf{X}(t)) = \mathrm{e}^{-(1+t^2)}$$

是质点在 t 时刻的温度函数. 质点关于时间的温度变化率为

$$\frac{\mathrm{d}}{\mathrm{d}t} f(\mathbf{X}(t)) = -2t\mathrm{e}^{-(1+t^2)}.$$

我们来计算导数: 质点在 t 时刻的速度为

$$\mathbf{X}'(t) = (-\sin t, \cos t, 1),$$

而温度函数在点 (x, y, z) 处的梯度为

$$\nabla f(x, y, z) = -2\mathrm{e}^{-x^2-y^2-z^2}(x, y, z).$$

运用链式法则, 我们得到任意时刻质点关于时间的温度变化率为

$$\begin{aligned}\frac{\mathrm{d}}{\mathrm{d}t} f(\mathbf{X}(t)) &= \nabla f(\mathbf{X}(t)) \cdot \mathbf{X}'(t) \\ &= -2\mathrm{e}^{-(1+t^2)}(\cos t, \sin t, t) \cdot (-\sin t, \cos t, 1) \\ &= -2t\mathrm{e}^{-(1+t^2)}.\end{aligned}$$

方向导数

一个从 $\mathbb{R}^n$ 到 $\mathbb{R}$ 的函数 f, 我们将它从点 $\mathbf{P}$ 沿着直线 $\mathbf{X}(t)=\mathbf{P}+t\mathbf{V}$, $-h\leqslant t\leqslant h$ 移动, 该移动的变化率为

$$\lim_{t\to 0}\frac{f(\mathbf{X}(t))-f(\mathbf{X}(0))}{t-0}=\frac{\mathrm{d}}{\mathrm{d}t}f(\mathbf{X}(t))\Big|_{t=0}.$$

根据曲线的链式法则, 有

$$\frac{\mathrm{d}}{\mathrm{d}t}f(\mathbf{X}(t))=\nabla f(\mathbf{X}(t))\cdot\mathbf{X}'(t).$$

在 $t=0$ 处, 有

$$\nabla f(\mathbf{X}(0))\cdot\mathbf{X}'(0)=\nabla f(\mathbf{P})\cdot\mathbf{V}.$$

定义 3.7 假设 f 是从 $\mathbb{R}^n$ 中一个包含点 $\mathbf{P}$ 的开集到 $\mathbb{R}$ 的 C^1 函数, 并且令 $\mathbf{V}$ 是 $\mathbb{R}^n$ 中的一个单位向量. 我们称

$$\nabla f(\mathbf{P})\cdot\mathbf{V}$$

为 f 在 $\mathbf{P}$ 点处沿 $\mathbf{V}$ 方向的**方向导数**, 并记它为 $D_{\mathbf{V}}f(\mathbf{P})$.

方向导数揭示了 f 在 $\mathbf{P}$ 点的梯度的深层含义. 由于 $\|\mathbf{V}\|=1$, 从而

$$D_{\mathbf{V}}f(\mathbf{P})=\nabla f(\mathbf{P})\cdot\mathbf{V}=\|\nabla f(\mathbf{P})\|\cos\theta,$$

其中 θ 是向量 $\nabla f(\mathbf{P})$ 与 $\mathbf{V}$ 之间的夹角. 我们可以看出当 $\cos\theta=1$ 时, 方向导数取得最大值, 也就是说, 当 $\mathbf{V}$ 的方向与 $\nabla f(\mathbf{P})$ 的方向一致时, 取得最大值. 函数 f 在 $\mathbf{P}$ 点的梯度方向的单位向量为

$$\frac{\nabla f(\mathbf{P})}{\|\nabla f(\mathbf{P})\|}.$$

所以, 函数 f 在 $\mathbf{P}$ 点变化率最大的方向是梯度方向, 这个最大值为

$$\nabla f(\mathbf{P})\cdot\frac{\nabla f(\mathbf{P})}{\|\nabla f(\mathbf{P})\|}=\|\nabla f(\mathbf{P})\|.$$

例 3.14 假设 $f(x,y,z)=x+y^2+z^4$. 试求函数 f 在点 $(3,2,1)$ 处最大的方向导数和该方向导数的大小.

$$\nabla f=(1,2y,4z^3),\qquad \nabla f(3,2,1)=(1,4,4).$$

函数 f 在点 $(3,2,1)$ 处最大的变化率是

$$\|\nabla f(3,2,1)\|=\sqrt{1^2+4^2+4^2}=\sqrt{33}=5.744\cdots,$$

变化率最大的方向是在向量 $(1,4,4)$ 的方向上.

例 3.15　假设 $f(x,y,z)=x+y^2+z^4$. 函数 f 在点 $(3,2,1)$ 处变化率等于零的方向是哪个方向? 从例 3.14 知

$$\nabla f(3,2,1)=(1,4,4).$$

如果 $(1,4,4)\cdot\mathbf{V}=0$, 方向导数 $D_{\mathbf{V}}f(3,2,1)$ 等于零. 也就是说, 如果我们从点 $(3,2,1)$ 开始以任意垂直于梯度的方向移动, 函数变化率都为零.

梯度和水平集

假设 k 是一个数, 考虑由 $f(x,y,z)=k$ 所给出的水平集 S. 假设

(a) 点 (a,b,c) 在 S 上, 即 $f(a,b,c)=k$;

(b) f 在 S 上是 C^1 的;

(c) $\nabla f(a,b,c)\neq\mathbf{0}$.

我们证明梯度向量 $\nabla f(a,b,c)$ **垂直**于 S.

假设 $\mathbf{X}(t)$ 是 S 内的可微曲线, 且它在 $t=t_0$ 时刻通过点 (a,b,c), 则

$$f(\mathbf{X}(t))=k,\ \text{而且}\ \frac{\mathrm{d}}{\mathrm{d}t}f(\mathbf{X}(t))\Big|_{t=t_0}=\frac{\mathrm{d}}{\mathrm{d}t}k=0.$$

根据链式法则, 有

$$\frac{\mathrm{d}}{\mathrm{d}t}f(\mathbf{X}(t))|_{t=t_0}=\nabla f(\mathbf{X}(t_0))\cdot\mathbf{X}'(t_0).$$

结合以上两个表达式, 有

$$0=\nabla f(\mathbf{X}(t_0))\cdot\mathbf{X}'(t_0).$$

所以, 梯度向量 $\nabla f(a,b,c)$ 是垂直于 S 中通过点 (a,b,c) 的任一可微曲线的切向量. 这就是我们所说的梯度向量 $\nabla f(a,b,c)$ 在点 (a,b,c) 处是垂直于 S 的. 见图 3.6. 3.4 节中的隐函数定理将表明, S 在点 (a,b,c) 处存在一个切平面, 它是满足如下条件的点 (x,y,z) 的集合

$$\nabla f(a,b,c)\cdot(x-a,y-b,z-c)=0. \tag{3.9}$$

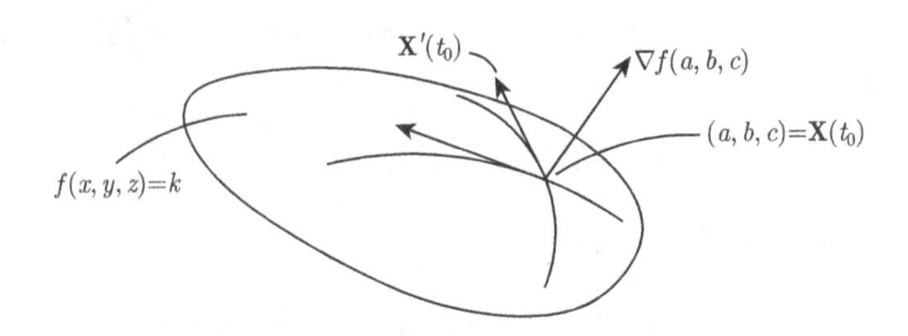

图 3.6　$\nabla f(a,b,c)$ 在点 (a,b,c) 处垂直于 k 水平集 $f(x,y,z)=k$

例 3.16 试求如下水平集在点 $(1,2,1)$ 处的切平面

$$xyz+z^3=3.$$

令 $f(x,y,z)=xyz+z^3$, 则有 $\nabla f=(yz,xz,xy+3z^2)$ 且 $\nabla f(1,2,1)=(2,1,5)$. 切平面方程为

$$(2,1,5)\cdot(x-1,y-2,z-1)=0.$$

例 3.17 假设 S 是 $\mathbb{R}^3$ 中以原点为中心、R 为半径的球面, 即其点 (x,y,z) 满足

$$x^2+y^2+z^2=R^2.$$

S 是函数 $f(x,y,z)=x^2+y^2+z^2$ 的 R^2 水平集. 函数 f 的梯度是

$$\nabla f(x,y,z)=(2x,2y,2z).$$

运用 (3.9) 式, S 上在点 (a,b,c) 处的切平面方程为

$$2(a,b,c)\cdot(x-a,y-b,z-c)=0.$$

令 $\mathbf{A}=(a,b,c)$ 且 $\mathbf{X}=(x,y,z)$, 则 S 的切平面 (图 3.7) 方程也可以写为

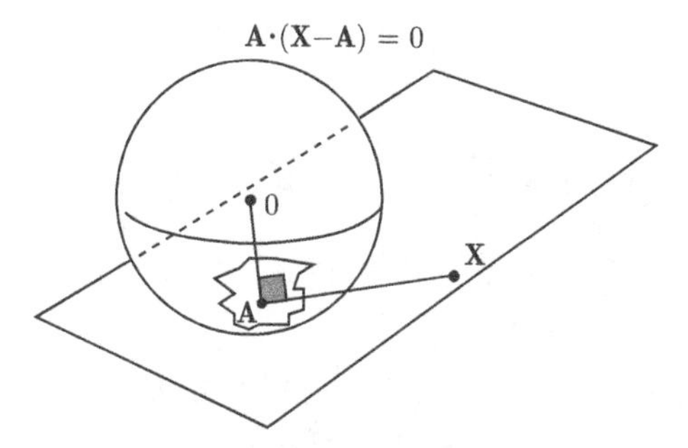

图 3.7 球面及其在点 $\mathbf{A}$ 的切平面 $\mathbf{A}\cdot(\mathbf{X}-\mathbf{A})=0$, 见例 3.17

设 S 是从 $\mathbb{R}^2$ 到 $\mathbb{R}$ 的函数 f 的图像. 我们可以定义从 $\mathbb{R}^3$ 到 $\mathbb{R}$ 的一个新的函数为

$$g(x,y,z)=f(x,y)-z.$$

由等值面 $g(x,y,z)=0$ 所决定的 $\mathbb{R}^3$ 中的点集与 f 的图像是一样的. 函数 g 的梯度为

$$\nabla g=\left(\frac{\partial g}{\partial x},\ \frac{\partial g}{\partial y},\ \frac{\partial g}{\partial z}\right)=\left(\frac{\partial f}{\partial x},\ \frac{\partial f}{\partial y},\ -1\right).$$

运用 (3.9) 式, 等值面 $g(x,y,z)=0$ 在点 $(a,b,f(a,b))$ 处的切平面方程为

$$\begin{aligned}&\nabla g(a,b,f(a,b))\cdot(x-a,y-b,z-f(a,b))\\=&(f_x(a,b),f_y(a,b),\ -1)\cdot(x-a,y-b,z-f(a,b))=0,\end{aligned}$$

我们可以将它改写为 $f_x(a,b)(x-a)+f_y(a,b)(y-b)-(z-f(a,b))=0$, 与之前计算出来的表达式是一样的.

如果复合函数中的第一个函数是多元函数, 而第二个函数是一元函数, 链式法则仍然成立.

定理 3.7 (链式法则 2)　假设 $y=f(x_1,\cdots,\ x_n)$ 在 $\mathbb{R}^n$ 中一个开集 U 上是连续可微的, 而 $z=g(y)$ 在 $\mathbb{R}$ 中包含 f 的值域的一个开集 V 上是连续可微的, 则复合函数 $g(f(x_1,\cdots,x_n))$ 在 U 上是连续可微的, 而且对每个 x_i, 有

$$\frac{\partial}{\partial x_i}(g(f(x_1,\cdots,x_n)))=\frac{\mathrm{d}g}{\mathrm{d}y}\frac{\partial f}{\partial x_i}\quad(i=1,\cdots,n).$$

所以

$$D(g\circ f)(\mathbf{X})=\frac{\mathrm{d}g}{\mathrm{d}y}\nabla f(\mathbf{X}).$$

证明　由于 f 和 g 分别在 U 和 V 上是连续可微的, 在其上它们的偏导数分别存在而且是连续的. 根据一元函数的链式法则, 有

$$\frac{\mathrm{d}z}{\mathrm{d}y}\frac{\partial y}{\partial x_i}=\frac{\partial z}{\partial x_i}.$$

由于 $\dfrac{\partial z}{\partial x_i}$ 是两个连续函数的乘积, 从而这些定义在 U 上的偏导数也连续.　**证毕.**

由从 $\mathbb{R}^k$ 到 $\mathbb{R}^m$ 的函数 $\mathbf{X}$ 和从 $\mathbb{R}^m$ 到 $\mathbb{R}^n$ 的函数 $\mathbf{F}$ 复合所组成的复合函数, 最一般形式的链式法则也是可以证明的.

定理 3.8 (链式法则)　设 U 是 $\mathbb{R}^k$ 中的一个开集, V 是 $\mathbb{R}^m$ 中的一个开集. 假设 $\mathbf{X}(\mathbf{T})=(x_1(t_1,\cdots,t_k),\cdots,x_m(t_1,\cdots,t_k))$ 在 U 上是连续可微的, 而且 $\mathbf{F}(\mathbf{X})=(y_1(x_1,\cdots,x_m),\cdots,y_n(x_1,\cdots,x_m))$ 在 V 上是连续可微的, $\mathbf{X}$ 的值域包含在 V 内, 则复合函数 $\mathbf{F}(\mathbf{X}(\mathbf{T}))$ 在 U 上是连续可微的, 而且复合函数的导数等于两个矩阵导数的乘积:

$$D(\mathbf{F}\circ\mathbf{X})(\mathbf{T})=D\mathbf{F}(\mathbf{X}(\mathbf{T}))D\mathbf{X}(\mathbf{T}).$$

如上关系式, 写成分量形式为

$$\frac{\partial y_i}{\partial t_j}=\frac{\partial y_i}{\partial x_1}\frac{\partial x_1}{\partial t_j}+\frac{\partial y_i}{\partial x_2}\frac{\partial x_2}{\partial t_j}+\cdots+\frac{\partial y_i}{\partial x_m}\frac{\partial x_m}{\partial t_j}.$$

图 3.8 揭示了一个从 $\mathbb{R}^3$ 到 $\mathbb{R}^2$ 的函数和一个从 $\mathbb{R}^2$ 到 $\mathbb{R}$ 的函数所构成的复合函数的过程.

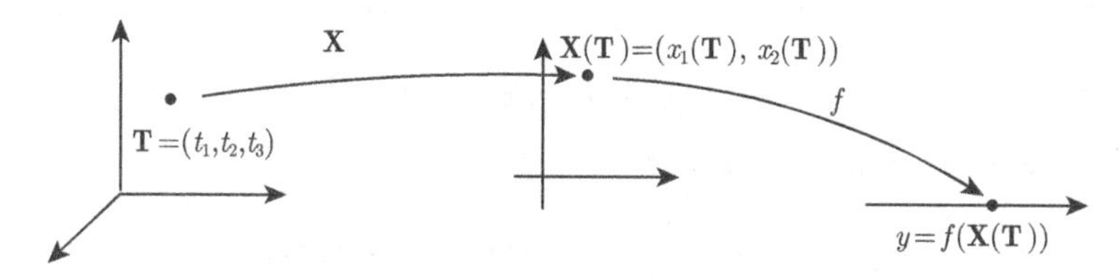

图 3.8　函数从 $\mathbb{R}^3 \to \mathbb{R}^2 \to \mathbb{R}$ 的复合

证明　固定其余的 t_k 为常数, 视每一个分量函数 $f_i(\mathbf{X}(t)) = y_i$ 为变量 t_j 的一个一元函数. 我们运用曲线的链式法则 (定理 3.6), 对分量函数 $f_i(\mathbf{X}(\mathbf{T}))$ 关于 t_j 求偏导, 有

$$\frac{\partial y_i}{\partial t_j} = \frac{\partial y_i}{\partial x_1}\frac{\partial x_1}{\partial t_j} + \frac{\partial y_i}{\partial x_2}\frac{\partial x_2}{\partial t_j} + \cdots + \frac{\partial y_i}{\partial x_m}\frac{\partial x_m}{\partial t_j}. \tag{3.10}$$

由于我们已经假设了 $\mathbf{X}$ 和 $\mathbf{F}$ 的偏导数是连续的, 所以每一个这样的偏导数在 U 上都是连续的. 所以, $\mathbf{F} \circ \mathbf{X}$ 在 U 上是 C^1 的. 根据定理 3.4, $\mathbf{F} \circ \mathbf{X}$ 在 U 上是可微的.

根据定义我们知道, 偏导数 $\dfrac{\partial y_i}{\partial t_j}$ 是矩阵

$$D(\mathbf{F} \circ \mathbf{X})(\mathbf{T})$$

的第 i, j 元素. 根据 (3.10) 式, 它也是如下矩阵乘积的第 i, j 元素

$$D\mathbf{F}(\mathbf{X}(\mathbf{T}))D\mathbf{X}(\mathbf{T}),$$

其中

$$D\mathbf{F}(\mathbf{X}) = \begin{bmatrix} \frac{\partial y_1}{\partial x_1} & \frac{\partial y_1}{\partial x_2} & \cdots & \frac{\partial y_1}{\partial x_m} \\ \frac{\partial y_2}{\partial x_1} & \frac{\partial y_2}{\partial x_2} & \cdots & \frac{\partial y_2}{\partial x_m} \\ \vdots & \vdots & & \vdots \\ \frac{\partial y_n}{\partial x_1} & \frac{\partial y_n}{\partial x_2} & \cdots & \frac{\partial y_n}{\partial x_m} \end{bmatrix}, \quad D\mathbf{X}(\mathbf{T}) = \begin{bmatrix} \frac{\partial x_1}{\partial t_1} & \frac{\partial x_1}{\partial t_2} & \cdots & \frac{\partial x_1}{\partial t_k} \\ \frac{\partial x_2}{\partial t_1} & \frac{\partial x_2}{\partial t_2} & \cdots & \frac{\partial x_2}{\partial t_k} \\ \vdots & \vdots & & \vdots \\ \frac{\partial x_m}{\partial t_1} & \frac{\partial x_m}{\partial t_2} & \cdots & \frac{\partial x_m}{\partial t_k} \end{bmatrix}.$$

证毕.

我们可以用链式法则得到中值定理的另外一种表示形式.

定理 3.9 (中值定理)　假设从 $\mathbb{R}^n$ 到 $\mathbb{R}^m$ 的函数 $\mathbf{F} = (f_1, f_2, \cdots, f_m)$ 是一个在包含点 $\mathbf{A}, \mathbf{A}+\mathbf{H}$ 和连接它们的线段的 $\mathbb{R}^n$ 中一个开集

$$\mathbf{A} + t\mathbf{H}, \qquad 0 \leqslant t \leqslant 1$$

上的 C^1 函数, 则存在数 $\theta_1, \theta_2, \cdots, \theta_m$, 其中 $0 < \theta_i < 1$, 使得

$$\mathbf{F}(\mathbf{A}+\mathbf{H}) - \mathbf{F}(\mathbf{A}) = \mathbf{MH},$$

其中 $\mathbf{M}$ 是 $m \times n$ 矩阵, 它的第 i 行是 $\nabla f_i(\mathbf{A}+\theta_i\mathbf{H})$.

证明 令 $\phi_i(t) = f_i(\mathbf{A}+t\mathbf{H})$, $0 \leqslant t \leqslant 1$, 则

$$\phi_i(0) = f_i(\mathbf{A}), \qquad \phi_i(1) = f_i(\mathbf{A}+\mathbf{H}).$$

根据一元函数的中值定理, 存在一个位于 0 和 1 之间的数 θ_i, 使得

$$\phi_i'(\theta_i) = \phi_i(1) - \phi_i(0) = f_i(\mathbf{A}+\mathbf{H}) - f_i(\mathbf{A}).$$

由链式法则, 有

$$\phi_i'(t) = \nabla f_i(\mathbf{A}+t\mathbf{H}) \cdot \mathbf{H}.$$

所以对 $\mathbf{F}(\mathbf{A}+\mathbf{H}) - \mathbf{F}(\mathbf{A})$ 的每一个分量, 有

$$f_i(\mathbf{A}+\mathbf{H}) - f_i(\mathbf{A}) = \nabla f_i(\mathbf{A}+\theta_i\mathbf{H}) \cdot \mathbf{H}.$$

这样我们证明了 $\mathbf{F}(\mathbf{A}+\mathbf{H}) - \mathbf{F}(\mathbf{A}) = \mathbf{MH}$. **证毕.**

二阶导数

我们现在讨论二阶导数.

定义 3.8 一个定义在 x, y 平面内一个开圆盘的函数 f 称为在该圆盘上是**二阶连续可微的**, 如果它的偏导数 f_x 和 f_y 都存在而且它们也有连续偏导数. 函数 f_x 和 f_y 的偏导数记为 f_{xx}, f_{xy} 和 f_{yx}, f_{yy}. 它们称为 f 的**二阶偏导数**.

二阶连续可微的函数称为 C^2 函数.

我们有如下基本的结论:

定理 3.10 对一个在 x, y 平面内一个开圆盘上二阶连续可微的函数 f, 它们的混合二阶偏导数是相等的:

$$f_{xy} = f_{yx}.$$

证明 令 (a, b) 是使 f 二阶连续可微的开圆盘内一点, 考虑如下 f 在 x 和 y 方向上平移的复合: 定义

$$C(h,k) = f(a+h, b+k) - f(a, b+k) - (f(a+h, b) - f(a, b)), \tag{3.11}$$

并令函数 p 和 q 为

$$p(x) = f(x, b+k) - f(x, b), \quad q(y) = f(a+h, y) - f(a, y).$$

我们能将 $C(h,k)$ 记为如下两种微分形式

$$
\begin{aligned}
C(h,k) &= p(a+h)-p(a) \\
&= q(b+k)-q(b).
\end{aligned}
$$

对于 $C(h,k)$ 运用两次一元函数的中值定理, 我们得到存在一个位于 0 和 h 之间的 h_1 和位于 0 和 k 之间的 k_1, 使得下式成立:

$$
\begin{aligned}
C(h,k) = hp'(a+h_1) &= h(f_x(a+h_1,b+k)-f_x(a+h_1,b)) \\
&= hkf_{xy}(a+h_1,b+k_1).
\end{aligned}
$$

同样地, 存在数 h_2 和 k_2, 使得

$$
\begin{aligned}
C(h,k) = kq'(b+k_2) &= k(f_y(a+h,b+k_2)-f_y(a,b+k_2)) \\
&= hkf_{yx}(a+h_2,b+k_2).
\end{aligned}
$$

这样证得了

$$
f_{xy}(a+h_1,b+k_1) = f_{yx}(a+h_2,b+k_2).
$$

由于我们假设 f_{xy} 和 f_{yx} 是连续函数, 当 h 和 k 趋近于零时, 上式左边项趋近于 $f_{xy}(a,b)$, 而右边项趋近于 $f_{yx}(a,b)$. 这样我们证明了两个二阶混合偏导数相等. **证毕.**

问题

3.18 求下列导数或偏导数.

(a) $\dfrac{\mathrm{d}}{\mathrm{d}x}(f(x))^3$, 其中 f 是一个从 $\mathbb{R}$ 到 $\mathbb{R}$ 的可微函数.

(b) $\dfrac{\partial}{\partial x}(y+x^2)^3$.

(c) $\dfrac{\partial}{\partial x}g(y+x^2)$, 其中 g 是一个从 $\mathbb{R}$ 到 $\mathbb{R}$ 的可微函数.

(d) $\dfrac{\partial}{\partial y}(f(x,y))^3$, 其中 f 是一个从 $\mathbb{R}$ 到 $\mathbb{R}$ 的可微函数.

3.19 求下列各个函数的偏导数 f_{xx}, f_{xy} 和 f_{yy}.

(a) $f(x,y)=x^2-y^2$.

(b) $f(x,y)=x^2+y^2$.

(c) $f(x,y)=(x+y)^2$.

(d) $f(x,y)=\mathrm{e}^{-x}\cos y$.

(e) $f(x,y)=\mathrm{e}^{-ay}\sin(ax)$, 其中 a 是常数.

3.20 如果可能, 将下列指定 f 的偏导数表达为一个常数与 f 的乘积, 使等式成立. 例如

$$f(x,y) = y\mathrm{e}^{ax}, \qquad f_{xx} = a^2 f.$$

.

(a) $f(x,y) = \mathrm{e}^{-x}\cos y$, $f_{xx} + 2f_{yy} =?$(常数)f.

(b) $f(x,y) = \mathrm{e}^{-ay}\sin(ax)$, $f_{xx} =?$(常数)f.

(c) $f(x,t) = \sin(x-3t)$, $f_x - 2f_t =?$(常数)f.

(d) $f(x,t) = \cos(x+ct)$, $f_{xx} - af_{tt} =?$(常数)f.

3.21 一个从 $\mathbb{R}^2$ 到 $\mathbb{R}$ 的可微函数 f 的一些水平集在图 3.9 中有所刻画. 试问如下偏导数哪些是正的?

(a) $f_x(\mathbf{A})$.

(b) $f_y(\mathbf{B})$.

(c) $D_{\mathbf{U}}f(\mathbf{P}) = \mathbf{U}\cdot\boldsymbol{\nabla}f(\mathbf{P})$.

(d) $D_{\mathbf{U}}f(\mathbf{Q})$.

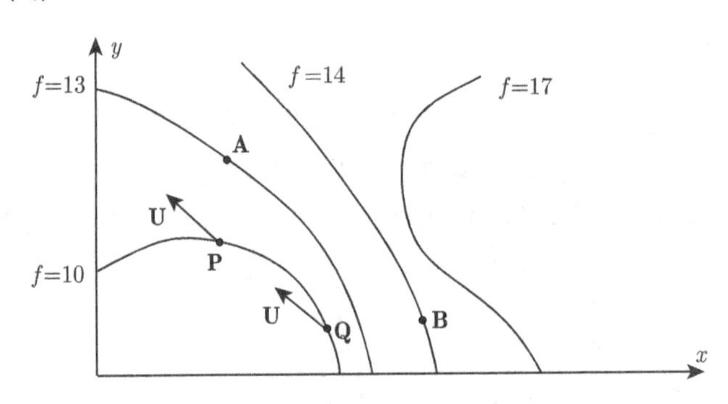

图 3.9　问题 3.21 中的水平集

3.22 回忆如下加法公式

$\cos(u+v) = \cos u\cos v - \sin u\sin v$, $\quad \sin(u+v) = \sin u\cos v + \cos u\sin v$.

(a) 运用加法公式和坐标变换 $x = r\cos\theta, y = r\sin\theta$, 将下列用极坐标给出的表达式

$$f_1 = r^2\cos(2\theta), \qquad f_2 = r^{-2}\sin(2\theta), \qquad f_3 = r^3\sin(3\theta)$$

写成用 x 和 y 表达的表达式.

(b) 证明 (a) 部分的每一个函数满足方程 $f_{xx} + f_{yy} = 0$.

3.23 令 $f(x,y) = 4 + 3x + 2y + xy$ 且 $\mathbf{A} = (1,1)$. 求如下每个方向上的方向导数 $D_{\mathbf{V}}f(\mathbf{A}) = \mathbf{V}\cdot\boldsymbol{\nabla}f(\mathbf{A})$.

$$\mathbf{V} = (1,0),\ \ \mathbf{V} = \left(\frac{4}{5},\frac{3}{5}\right),\ \ \mathbf{V} = (0,1),\ \ \mathbf{V} = \left(-\frac{3}{5},\frac{4}{5}\right),\ \ \mathbf{V} = (-1,0).$$

为什么其中的一个导数等于 $\|\nabla f(\mathbf{A})\|$?

3.24 想象由一块面包所占领的空间区域, 令 $f(a,b)$ 是满足 $x<a$ 和 $y<b$ 部分的面包的体积, 如图 3.10 所示. 如下的步骤证明了 $f_{xy}=f_{yx}$.

(a) 记差商 $\dfrac{f(a+h,b)-f(a,b)}{h}$, 其中分子是某一块面包的体积, 而分母是面包的厚度.

(b) 推出 $f_x(a,b)$ 是面包被平面 $x=a$ 所截得的面积.

(c) 类似地, 解释为什么 $f_y(a,b)$ 是面包被平面 $y=b$ 所截得的面积.

(d) 记差商 $\dfrac{f_x(a,b+k)-f_x(a,b)}{k}$, 分子是某一个物体的面积, 分母是它的宽度.

(e) 推得 $f_{xy}(a,b)$ 是 $x=a,y=b$ 角落竖直部分的长度.

(f) 类似地可以推出 $f_{yx}(a,b)$ 也是同一部分的长度.

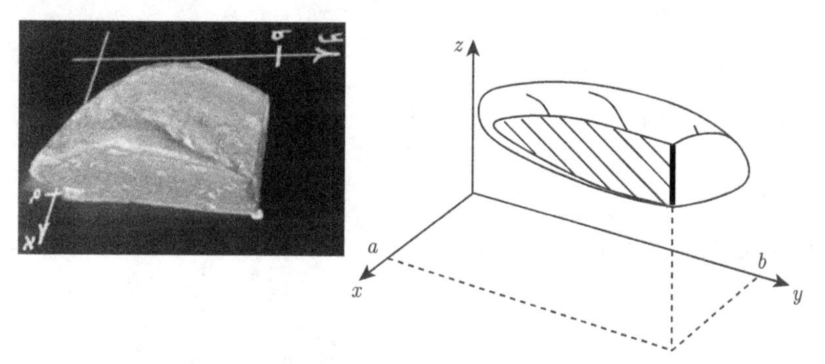

图 3.10 一块面包揭示了问题 3.24 中的一个混合导数

3.25 考虑可微函数 $u(x,t)$ 的如下偏微分方程

$$u_t+3u_x=0. \tag{3.12}$$

(a) 假设 f 是一个可微的一元函数. 证明函数 $u(x,t)=f(x-3t)$ 满足 (3.12) 式.

(b) 令 $\mathbf{V}=\dfrac{1}{\sqrt{10}}(3,1)$. 证明如果 $u(x,t)$ 满足 (3.12) 式, 则方向导数

$$D_{\mathbf{V}}u=0$$

(其中 $\mathbb{R}^2$ 中的坐标是 (x,t)), 所以 u 在平行于 $\mathbf{V}$ 的所有直线上都是常数.

(c) 证明通过点 (x,t) 且平行于 $\mathbf{V}$ 的直线也通过点 $(x-3t,0)$.

(d) 证明 (3.12) 的每个解 $u(x,t)$ 具有性质 $u(x,t)=u(x-3t,0)$, 即解是关于 $x-3t$ 的函数.

3.26 令 $a(x,y)$ 是一个关于 x 和 y 的连续可微函数, 并定义 $b(x)=a(x,x)$. 证明 b 是可微函数.

3.27 考虑一个只依赖于到原点的距离的函数, 也就是说

$$f(x,y)=g(r),\qquad r=\sqrt{x^2+y^2},$$

其中 g 是一个一元函数.

(a) 当 $f(x,y)=(x^2+y^2)^3$ 时, 求函数 $g(r)$ 的表达式, 并证明它们满足关系式

$$xf_x+yf_y=rg_r. \tag{3.13}$$

(b) 运用链式法则证明关系式 (3.13) 对所有只依赖于 r 的像 $f(x,y)=g(r)$ 的可微函数 f 都成立.

(c) 证明对于形如 $f(x,y)=g(r)$ 的二阶可微函数, 满足

$$f_{xx}+f_{yy}=g_{rr}+\frac{1}{r}g_r.$$

3.28 对具有两个自变量的函数 f, 令 $\Delta f=f_{xx}+f_{yy}$. 设 a,b,p 是常数.

(a) 找出多项式例子 $f(x,y)=ax^2+by^2$, 使得 Δf 分别是正的、零或负的.

(b) 当 $f(x,y)=x^4+y^4, f(x,y)=(x^2+y^2)^p$ 时, 分别求值 Δf.

(c) 证明 $\Delta(\ln(x^2+y^2))=0$. 函数 $\ln(x^2+y^2)$ 的定义域是什么?

3.29 假设 $u(x,y)$ 是一个从 $\mathbb{R}^2$ 到 $\mathbb{R}$ 的 C^2 函数. 通过极坐标变换 $u(x,y)=u(r\cos\theta,r\sin\theta)$, 有

$$u_r=\frac{\partial u}{\partial x}\frac{\partial x}{\partial r}+\frac{\partial u}{\partial y}\frac{\partial y}{\partial r},\qquad u_\theta=\frac{\partial u}{\partial x}\frac{\partial x}{\partial \theta}+\frac{\partial u}{\partial y}\frac{\partial y}{\partial \theta}.$$

运用链式法则证明

$$u_{xx}+u_{yy}=u_{rr}+\frac{1}{r}u_r+\frac{1}{r^2}u_{\theta\theta}.$$

3.30 证明函数 $u(x,t)=t^{-1/2}\mathrm{e}^{-x^2/4t}(t>0)$ 满足 $u_t=u_{xx}$.

3.31 令 $u(x,y)=x^2-y^2$ 和 $v(x,y)=2xy$.

(a) 证明 $u_x=v_y$ 而且 $u_y=-v_x$.

(b) 证明 $u_{xx}+u_{yy}=0$.

(c) 定义 $w(x,y)=u(u(x,y),v(x,y))$. 证明 $w_{xx}+w_{yy}=0$.

(d) 假设 p,q, 和 r 都是 C^2 函数, 使得

$$p_x=q_y,\qquad p_y=-q_x,\qquad r_{xx}+r_{yy}=0.$$

定义 $w(x,y)=r(p(x,y),q(x,y))$. 证明 $w_{xx}+w_{yy}=0$.

3.32 给定两个二阶可微函数 f 和 g, 运用链式法则, 将函数

$$u(x,t)=f(x+4t)+g(x-4t)$$

的如下导数表达为 f, g, f', g', f'', g'' 的函数.

(a) u_x 和 u_t.

(b) u_{xx} 和 u_{tt}.

(c) $u_t + 4u_x$.

(d) $u_{tt} - 16u_{xx}$.

3.33 令 $z = x + \mathrm{i}y$ 是一个复数, 而 $f(z) = u(x, y) + \mathrm{i}v(x, y)$ 是一个复值函数.

(a) 当 $f(z) = z^2$ 时, 求 $u(x, y)$ 和 $v(x, y)$ 的表达式.

(b) 定义函数 f 在点 z 处是可微的, 如果存在一个复数 m, 使得对所有靠近 0 的复数 h, 改变量

$$f(z+h) - f(z)$$

可以用 mh 来近似逼近. 也就是说

$$f(z+h) = f(z) + mh + r(h),$$

其中 r 是某比较小的变量, 使得当复数 h 趋近于零时, 变量 $\dfrac{r(h)}{h}$ 趋近于零. 定义 $f'(z) = m$. 证明 $(z^2)' = 2z$.

(c) 假设 $f = u + \mathrm{i}v$ 是可微的. 如果 h 在 (b) 部分是实数, 证明 f' 等于偏导数 $u_x + \mathrm{i}v_x$.

(d) 如果 h 是一个纯虚数, 证明 f' 等于 $-\mathrm{i}u_y + v_y$.

(e) 如果 $f = u + \mathrm{i}v$ 是可微的, 证明

$$u_x = v_y, \qquad u_y = -v_x.$$

(f) 假设函数 u 和 v 有连续二阶偏导数. 证明

$$u_{xx} + u_{yy} = 0, \qquad v_{xx} + v_{yy} = 0,$$

并验证当 $f(z) = z^2$ 和 $f(z) = z^3$ 时, 上述两个方程也是成立的.

3.34 按照以下步骤证明

$$\frac{\mathrm{d}}{\mathrm{d}t}\int_{y_1(t)}^{y_2(t)} g(x,t)\mathrm{d}x = \int_{y_1(t)}^{y_2(t)} g_t(x,t)\mathrm{d}x + g(y_2(t),t)y_2'(t) - g(y_1(t),t)y_1'(t),$$

其中 $g(x, t)$ 关于 (x, t) 是连续可微的而且 $y_1(t)$ 和 $y_2(t)$ 是连续可微的一元函数.

(a) 定义 $f(u, v, w) = \displaystyle\int_u^v g(x, w)\mathrm{d}x$. 运用微积分基本定理证明

$$f_u(u, v, w) = -g(u, w), \qquad f_v(u, v, w) = g(v, w).$$

(b) 运用积分号下求导数证明 $f_w(u, v, w) = \displaystyle\int_u^v \frac{\mathrm{d}g}{\mathrm{d}w}(x, w)\mathrm{d}x$.

(c) 证明 $\dfrac{\mathrm{d}}{\mathrm{d}t} f(y_1(t), y_2(t), t) = f_u y_1'(t) + f_v y_2'(t) + f_w$.

3.4 反 函 数

我们回忆关于一元可微函数的如下结果①:

假设 f 是单变量 x 在一个开区间上的连续可微函数, 并且假设在该区间内某点 a 处, $f'(a)$ 是非零的, 则 f 将 a 点附近一个充分小的邻域一一地映射到 $f(a)$ 附近的邻域. 记 f 的反函数是 g, 则 g 在点 $f(a)$ 是可微的, 而且 $g'(f(a)) = \dfrac{1}{f'(a)}$.

在这一节中, 我们将阐述和证明从 $\mathbb{R}^2$ 到 $\mathbb{R}^2$ 的函数也有类似的定理成立. 也就是说, 如果一个 C^1 函数 $\mathbf{F}$ 在点 $\mathbf{A}$ 具有可逆矩阵导数, 则存在一个包含点 $\mathbf{A}$ 的圆盘, 使 $\mathbf{F}$ 在其中有可微反函数. 首先我们比较 $\mathbf{F}$ 在点 $\mathbf{A}$ 附近不同点处的线性近似.

假设 $\mathbf{F}(x,y) = (f(x,y), g(x,y)) = (u,v)$ 是在 $\mathbb{R}^2$ 中开集 O 上的连续可微函数, 并且 $\mathbf{A} = (a,b)$ 是 O 内一点. 根据函数可微的定义, 函数 f 和 g 在点 (a,b) 附近的取值能通过一个常数加上线性函数来逼近, 表达式如下:

$$\begin{cases} u = f(x,y) = f(a,b) + f_x(a,b)(x-a) + f_y(a,b)(y-b) + r_1(x-a, y-b), \\ v = g(x,y) = g(a,b) + g_x(a,b)(x-a) + g_y(a,b)(y-b) + r_2(x-a, y-b), \end{cases} \tag{3.14}$$

其中当 $\sqrt{(x-a)^2 + (y-b)^2}$ 趋于零时,

$$\frac{|r_1(x-a, y-b)|}{\sqrt{(x-a)^2 + (y-b)^2}} \quad 和 \quad \frac{|r_2(x-a, y-b)|}{\sqrt{(x-a)^2 + (y-b)^2}}$$

趋近于零.

向量和矩阵记号能简化上面的表述. 记向量

$$\mathbf{A} = \begin{bmatrix} a \\ b \end{bmatrix}, \quad \mathbf{X} = \begin{bmatrix} x \\ y \end{bmatrix}, \quad \mathbf{P} = \mathbf{X} - \mathbf{A} = \begin{bmatrix} x-a \\ y-b \end{bmatrix}, \quad \mathbf{U} = \begin{bmatrix} u \\ v \end{bmatrix}.$$

记函数 $\mathbf{F}(\mathbf{X}) = \begin{bmatrix} f(x,y) \\ g(x,y) \end{bmatrix}$, 线性函数

$$\mathbf{L_A}(\mathbf{P}) = \begin{bmatrix} f_x(a,b) & f_y(a,b) \\ g_x(a,b) & g_y(a,b) \end{bmatrix} \mathbf{P} = D\mathbf{F}(\mathbf{A})\mathbf{P},$$

以及余项函数 $\mathbf{R}(\mathbf{P}) = \begin{bmatrix} r_1(x-a, y-b) \\ r_2(x-a, y-b) \end{bmatrix}$, 则用向量记号, (3.14) 可表示为

$$\mathbf{U} = \mathbf{F}(\mathbf{X}) = \mathbf{F}(\mathbf{A} + \mathbf{P}) = \mathbf{F}(\mathbf{A}) + \mathbf{L_A}(\mathbf{P}) + \mathbf{R}(\mathbf{P}). \tag{3.15}$$

① 参见 Peter Lax, Maria Terrell,《微积分及其应用》第 125 页, 科学出版社, 2018 年. ——译者注.

下面的定理用来比较 $\mathbf{A}$ 附近不同点处的余项 $\mathbf{R}(\mathbf{P})$ 和 $\mathbf{R}(\mathbf{Q})$.

引理 3.1 令 $\mathbf{F}=(f,g)$ 是一个定义在 $\mathbb{R}^2$ 中一个开集 O 上的连续可微函数. 则对于开集 O 中的每一个点 $\mathbf{A}$, 都存在一个以 $\mathbf{A}$ 为中心、以 $r>0$ 为半径的圆盘 N_r, 使得对所有的在 N_r 中的点 $\mathbf{A}+\mathbf{P}$ 和 $\mathbf{A}+\mathbf{Q}$,

$$\|\mathbf{R}(\mathbf{P})-\mathbf{R}(\mathbf{Q})\| \leqslant s(\mathbf{P},\mathbf{Q})\|\mathbf{P}-\mathbf{Q}\|, \tag{3.16}$$

而且当 r 趋近于零时, $s(\mathbf{P},\mathbf{Q})$ 趋近于零.

证明 令 N_r 是包含在开集 O 中以点 $\mathbf{A}$ 为中心的一个开球. 当 $\|\mathbf{P}\|$ 和 $\|\mathbf{Q}\|$ 都小于 r 时, $\mathbf{A}+\mathbf{P}$ 和 $\mathbf{A}+\mathbf{Q}$ 都在 O 中. 根据 (3.15)

$$\mathbf{R}(\mathbf{P})=\mathbf{F}(\mathbf{A}+\mathbf{P})-\mathbf{F}(\mathbf{A})-\mathbf{L}_{\mathbf{A}}(\mathbf{P}),$$
$$\mathbf{R}(\mathbf{Q})=\mathbf{F}(\mathbf{A}+\mathbf{Q})-\mathbf{F}(\mathbf{A})-\mathbf{L}_{\mathbf{A}}(\mathbf{Q}).$$

$\mathbf{R}(\mathbf{P})$ 减去 $\mathbf{R}(\mathbf{Q})$, 根据 $\mathbf{L}_{\mathbf{A}}$ 的线性性质, 有

$$\mathbf{R}(\mathbf{P})-\mathbf{R}(\mathbf{Q})=\mathbf{F}(\mathbf{A}+\mathbf{P})-\mathbf{F}(\mathbf{A}+\mathbf{Q})-\mathbf{L}_{\mathbf{A}}(\mathbf{P}-\mathbf{Q}).$$

由于点 $\mathbf{A}+\mathbf{P}$ 和点 $\mathbf{A}+\mathbf{Q}$ 在 N_r 中, 所以连接 $\mathbf{A}+\mathbf{Q}$ 和 $\mathbf{A}+\mathbf{P}$ 的部分也是在 N_r 中的. 根据中值定理 (定理 3.9), 存在一个矩阵 $\mathbf{M}$, 它的每一行为

$$\nabla f_i(\mathbf{A}+\mathbf{Q}+\theta_i(\mathbf{P}-\mathbf{Q})), \quad i=1,2,\ 0<\theta_i<1,$$

使得

$$\mathbf{F}(\mathbf{A}+\mathbf{P})-\mathbf{F}(\mathbf{A}+\mathbf{Q})=\mathbf{M}(\mathbf{P}-\mathbf{Q}).$$

所以

$$\begin{aligned}\mathbf{R}(\mathbf{P})-\mathbf{R}(\mathbf{Q})&=\mathbf{M}(\mathbf{P}-\mathbf{Q})-\mathbf{L}_{\mathbf{A}}(\mathbf{P}-\mathbf{Q})\\&=\mathbf{M}(\mathbf{P}-\mathbf{Q})-D\mathbf{F}(\mathbf{A})(\mathbf{P}-\mathbf{Q})\\&=(\mathbf{M}-D\mathbf{F}(\mathbf{A}))(\mathbf{P}-\mathbf{Q}).\end{aligned}$$

上式两边分别取范数, 并运用定理 2.2, 得到

$$\|\mathbf{R}(\mathbf{P})-\mathbf{R}(\mathbf{Q})\| \leqslant \|\mathbf{M}-D\mathbf{F}(\mathbf{A})\|\|\mathbf{P}-\mathbf{Q}\|.$$

这个不等式就是 (3.16) 中取 $s(\mathbf{P},\mathbf{Q})=\|\mathbf{M}-D\mathbf{F}(\mathbf{A})\|$ 的情形. 依据偏导数的连续性知, 当 r 趋近于零时, $\mathbf{M}$ 趋近于 $D\mathbf{F}(\mathbf{A})$, 所以 $\|\mathbf{M}-D\mathbf{F}(\mathbf{A})\|$ 趋近于零.

定理 3.11 (反函数定理)　设从 $\mathbb{R}^2$ 到 $\mathbb{R}^2$ 的函数 $\mathbf{U} = \mathbf{F}(\mathbf{X})$ 是定义在包含点 $\mathbf{A}$ 的一个开集上的连续可微函数. 如果 $D\mathbf{F}(\mathbf{A})$ 是可逆的, 则 $\mathbf{F}$ 一一地将一个包含点 $\mathbf{A}$ 的充分小的圆盘映射到 $\mathbf{U}$ 平面内的一个点集, 该点集包含了点 $\mathbf{F}(\mathbf{A})$ 附近一个圆盘内所有点. 也就是说, 在一个以 $\mathbf{A}$ 为中心的充分小的圆盘里, 函数 $\mathbf{F}$ 有反函数 $\mathbf{G}$, 且它在点 $\mathbf{F}(\mathbf{A})$ 处是可微的, 而且 $D\mathbf{G}(\mathbf{F}(\mathbf{A})) = D\mathbf{F}(\mathbf{A})^{-1}$.

证明　(i) 首先我们证明函数 $\mathbf{U} = \mathbf{F}(\mathbf{X})$ 关于 $\mathbf{X}$ 在点 $\mathbf{A}$ 附近是一一对应的. 假设 $\mathbf{F}(\mathbf{X}) = \mathbf{F}(\mathbf{Y})$, 其中

$$\mathbf{X} = \mathbf{A} + \mathbf{P}, \quad \mathbf{Y} = \mathbf{A} + \mathbf{Q}.$$

我们运用 (3.15) 表达 $\mathbf{F}(\mathbf{A} + \mathbf{P})$ 和 $\mathbf{F}(\mathbf{A} + \mathbf{Q})$:

$$\mathbf{F}(\mathbf{A} + \mathbf{P}) = \mathbf{F}(\mathbf{A}) + \mathbf{L_A}(\mathbf{P}) + \mathbf{R}(\mathbf{P}), \quad \mathbf{F}(\mathbf{A} + \mathbf{Q}) = \mathbf{F}(\mathbf{A}) + \mathbf{L_A}(\mathbf{Q}) + \mathbf{R}(\mathbf{Q}).$$

如果 $\mathbf{F}(\mathbf{A} + \mathbf{P})$ 等于 $\mathbf{F}(\mathbf{A} + \mathbf{Q})$, 则

$$\mathbf{L_A}(\mathbf{P}) + \mathbf{R}(\mathbf{P}) = \mathbf{L_A}(\mathbf{Q}) + \mathbf{R}(\mathbf{Q}),$$

它意味着

$$\mathbf{L_A}(\mathbf{P} - \mathbf{Q}) = \mathbf{R}(\mathbf{Q}) - \mathbf{R}(\mathbf{P}). \tag{3.17}$$

矩阵 $D\mathbf{F}(\mathbf{A})$ 表示假设 $\mathbf{L_A}$ 是可逆的. (3.17) 的两端同乘以 $D\mathbf{F}(\mathbf{A})^{-1}$, 有

$$\mathbf{P} - \mathbf{Q} = D\mathbf{F}(\mathbf{A})^{-1}(\mathbf{R}(\mathbf{P}) - \mathbf{R}(\mathbf{Q})).$$

由于两端是相等的, 两端同时取范数, 有

$$\|\mathbf{P} - \mathbf{Q}\| = \|D\mathbf{F}(\mathbf{A})^{-1}(\mathbf{R}(\mathbf{P}) - \mathbf{R}(\mathbf{Q}))\| \leqslant \|D\mathbf{F}(\mathbf{A})^{-1}\|\|\mathbf{R}(\mathbf{P}) - \mathbf{R}(\mathbf{Q})\|. \tag{3.18}$$

根据引理 3.1, 我们可以选择充分小的 r 使得 $|s(\mathbf{P}, \mathbf{Q})| < \frac{1}{2}\|D\mathbf{F}(\mathbf{A})^{-1}\|^{-1}$. 由 (3.16), 当 $\mathbf{A} + \mathbf{P}$ 和 $\mathbf{A} + \mathbf{Q}$ 在 N_r 中时,

$$\|\mathbf{R}(\mathbf{P}) - \mathbf{R}(\mathbf{Q})\| \leqslant \frac{1}{2\|D\mathbf{F}(\mathbf{A})^{-1}\|}\|\mathbf{P} - \mathbf{Q}\|, \tag{3.19}$$

其中 N_r 是一个中心在 $\mathbf{A}$、半径为 r 的圆盘. 运用 (3.19) 来估计 (3.18) 的右端项, 有

$$\|\mathbf{P} - \mathbf{Q}\| \leqslant \|D\mathbf{F}(\mathbf{A})^{-1}\| \frac{1}{2\|D\mathbf{F}(\mathbf{A})^{-1}\|}\|\mathbf{P} - \mathbf{Q}\| = \frac{1}{2}\|\mathbf{P} - \mathbf{Q}\|. \tag{3.20}$$

由此推得 $\|\mathbf{P}-\mathbf{Q}\|=0$; 然后有 $\mathbf{P}=\mathbf{Q}$. 至此我们证明了影射 $\mathbf{U}=\mathbf{F}(\mathbf{X})$ 当满足 $\|\mathbf{X}-\mathbf{A}\|<r$ 时是一一对应的. 所以, 函数 $\mathbf{F}$ 具有反函数. 记它为 $\mathbf{G}$.

(ii) 接下来证明函数 $\mathbf{F}$ 的值域包含 $\mathbf{F}(\mathbf{A})$ 附近一个小圆盘内的所有点. 令 $\mathbf{U}$ 是这样的一个向量. 我们将构造一个 N_r 内的一个向量 $\mathbf{X}=\mathbf{A}+\mathbf{P}$, 满足

$$\mathbf{U}=\mathbf{F}(\mathbf{X})=\mathbf{F}(\mathbf{A})+\mathbf{L}_{\mathbf{A}}(\mathbf{P})+\mathbf{R}(\mathbf{P}), \tag{3.21}$$

其中 r 是由证明的第 (i) 部分中所确定的数. 我们构造 $\mathbf{P}$ 是由如下定义的序列 $\mathbf{P}_n$ 的极限:

$$\begin{aligned}&\mathbf{P}_0=\mathbf{0},\\ &\mathbf{U}=\mathbf{F}(\mathbf{A})+D\mathbf{F}(\mathbf{A})\mathbf{P}_n+\mathbf{R}(\mathbf{P}_{n-1}).\end{aligned} \tag{3.22}$$

(3.22) 两边同乘以 $D\mathbf{F}(\mathbf{A})^{-1}$ 来表示 $\mathbf{P}_n$ 为

$$\mathbf{P}_n=D\mathbf{F}(\mathbf{A})^{-1}(\mathbf{U}-\mathbf{F}(\mathbf{A})-\mathbf{R}(\mathbf{P}_{n-1})). \tag{3.23}$$

再由引理 3.1, $\mathbf{R}$ 是连续的.

如果序列 $\mathbf{P}_n$ 收敛到点 $\mathbf{P}$, 则由 (3.22) 推出 (3.21).

为了证明当确保 $\mathbf{A}+\mathbf{P}$ 在 N_r 中时, 序列 $\mathbf{P}_n$ 收敛到点 $\mathbf{P}$, 我们首先需要对 j 用迭代方法证明

$$\|\mathbf{P}_j-\mathbf{P}_{j-1}\|<\frac{r}{2^{j+1}}. \tag{3.24}$$

迭代法的开始, 需要对 (3.24) 证明当 $n=1$ 时是成立的. 我们有 $\mathbf{P}_0=0$ 和

$$\mathbf{P}_1=D\mathbf{F}(\mathbf{A})^{-1}(\mathbf{U}-\mathbf{F}(\mathbf{A})),$$

所以

$$\|\mathbf{P}_1-\mathbf{P}_0\|\leqslant\|D\mathbf{F}(\mathbf{A})^{-1}\|\|\mathbf{U}-\mathbf{F}(\mathbf{A})\|.$$

假设 $\mathbf{U}$ 是足够靠近 $\mathbf{F}(\mathbf{A})$ 的, 使得

$$\|D\mathbf{F}(\mathbf{A})^{-1}\|\|\mathbf{U}-\mathbf{F}(\mathbf{A})\|<\frac{r}{2^2}.$$

这使得 $\|\mathbf{P}_1\|<\frac{r}{2^2}$, 而且指定小圆盘 $\mathbf{U}$ 满足

$$\|\mathbf{U}-\mathbf{F}(\mathbf{A})\|<\frac{r}{2^2\|D\mathbf{F}(\mathbf{A})^{-1}\|},$$

使得序列 $\mathbf{P}_n$ 收敛到点 $\mathbf{P}$, 并满足 $\mathbf{F}(\mathbf{A}+\mathbf{P})=\mathbf{U}$.

在迭代的第 n 步, 我们用对 $j=1,2,\cdots,n$ 的迭代假设条件

$$\|\mathbf{P}_j-\mathbf{P}_{j-1}\|<\frac{r}{2^{j+1}}$$

去估计 $\mathbf{P}_j$ 的范数, $j=1,2,\cdots,n$. 记

$$\mathbf{P}_j=\mathbf{P}_1+(\mathbf{P}_2-\mathbf{P}_1)+\cdots+(\mathbf{P}_j-\mathbf{P}_{j-1}).$$

根据上面的表达式及 (3.24) 式以及三角不等式, 有

$$\|\mathbf{P}_j\|\leqslant\|\mathbf{P}_1\|+\|\mathbf{P}_2-\mathbf{P}_1\|+\cdots+\|\mathbf{P}_j-\mathbf{P}_{j-1}\|<\frac{r}{2^2}+\frac{r}{2^3}+\cdots+\frac{r}{2^{j+1}}.\tag{3.25}$$

上面几何级数的和小于 $\frac{r}{2}$, 由此推得 $\|\mathbf{P}_j\|<\frac{r}{2}$.

由 $\mathbf{P}_n$ 的定义 (3.23), 有

$$\begin{aligned}\mathbf{P}_{n+1}-\mathbf{P}_n&=D\mathbf{F}(\mathbf{A})^{-1}(\mathbf{U}-\mathbf{F}(\mathbf{A})-\mathbf{R}(\mathbf{P}_n))-D\mathbf{F}(\mathbf{A})^{-1}(\mathbf{U}-\mathbf{F}(\mathbf{A})-\mathbf{R}(\mathbf{P}_{n-1}))\\&=D\mathbf{F}(\mathbf{A})^{-1}(\mathbf{R}(\mathbf{P}_{n-1})-\mathbf{R}(\mathbf{P}_n)).\end{aligned}$$

所以, 由 (3.19), 有

$$\|\mathbf{P}_{n+1}-\mathbf{P}_n\|\leqslant\frac{1}{2}\|\mathbf{P}_n-\mathbf{P}_{n-1}\|.$$

至此, 我们完成了不等式 (3.24) 的迭代证明, 证明了 $\mathbf{P}_j$ 是收敛到一点 $\mathbf{P}$ 的, 而且 $\|\mathbf{P}\|\leqslant\frac{r}{2}<r$. 这样我们确定了 N_r 中的一点 $\mathbf{A}+\mathbf{P}$, 该点通过 $\mathbf{F}$ 映射到 $\mathbf{U}$. 因此我们得出, 区域 $\mathbf{G}$ 包含了中心在 $\mathbf{F}(\mathbf{A})$ 的一个小圆盘.

(iii) 为了证明 $\mathbf{F}$ 的反函数 $\mathbf{G}$ 在点 $\mathbf{B}=\mathbf{F}(\mathbf{A})$ 处是可微的, 并且证明它的导数是 $(D\mathbf{F}(\mathbf{A}))^{-1}$, 我们证明当 $\|\mathbf{K}\|$ 趋近于零时,

$$\frac{\|\mathbf{G}(\mathbf{B}+\mathbf{K})-\mathbf{G}(\mathbf{B})-(D\mathbf{F}(\mathbf{A}))^{-1}\mathbf{K}\|}{\|\mathbf{K}\|}\tag{3.26}$$

是趋近于零的. 令

$$\mathbf{H}=\mathbf{G}(\mathbf{B}+\mathbf{K})-\mathbf{G}(\mathbf{B}).$$

由于 $\mathbf{G}(\mathbf{B})=\mathbf{A}$, 我们可以将其改写为

$$\mathbf{A}+\mathbf{H}=\mathbf{G}(\mathbf{B}+\mathbf{K}).$$

上式两边同时作用在 $\mathbf{F}$ 上, 得到 $\mathbf{F}(\mathbf{A}+\mathbf{H})=\mathbf{B}+\mathbf{K}$. 由 $\mathbf{B}=\mathbf{F}(\mathbf{A})$, 有

$$\mathbf{K}=\mathbf{F}(\mathbf{A}+\mathbf{H})-\mathbf{F}(\mathbf{A}).$$

运用上这些关系式, 并提取因式 $D\mathbf{F}(\mathbf{A})^{-1}$, 得出 (3.26) 等于

$$\frac{\|\mathbf{H}-(D\mathbf{F}(\mathbf{A}))^{-1}\mathbf{K}\|}{\|\mathbf{K}\|}=\frac{\|(D\mathbf{F}(\mathbf{A}))^{-1}(D\mathbf{F}(\mathbf{A})\mathbf{H}-\mathbf{K})\|}{\|\mathbf{K}\|}$$
$$=\frac{\|(D\mathbf{F}(\mathbf{A}))^{-1}(D\mathbf{F}(\mathbf{A})\mathbf{H}-(\mathbf{F}(\mathbf{A}+\mathbf{H})-\mathbf{F}(\mathbf{A})))\|}{\|\mathbf{K}\|}.$$

运用矩阵范数 (定理 2.2), 有

$$\frac{\|\mathbf{G}(\mathbf{B}+\mathbf{K})-\mathbf{G}(\mathbf{B})-(D\mathbf{F}(\mathbf{A}))^{-1}\mathbf{K}\|}{\|\mathbf{K}\|}$$
$$\leqslant\frac{\|(D\mathbf{F}(\mathbf{A}))^{-1}\|\|D(\mathbf{F}(\mathbf{A})\mathbf{H}-(\mathbf{F}(\mathbf{A}+\mathbf{H})-\mathbf{F}(\mathbf{A}))\|}{\|\mathbf{K}\|},\tag{3.27}$$

接下来, 我们证明

$$\|\mathbf{K}\|\geqslant\frac{\|\mathbf{H}\|}{2\|(D\mathbf{F}(\mathbf{A}))^{-1}\|}=\frac{\|\mathbf{G}(\mathbf{B}+\mathbf{K})-\mathbf{G}(\mathbf{B})\|}{2\|(D\mathbf{F}(\mathbf{A}))^{-1}\|}.\tag{3.28}$$

为了证明这个结论成立, 将式 $\mathbf{K}=\mathbf{F}(\mathbf{A}+\mathbf{H})-\mathbf{F}(\mathbf{A})=D\mathbf{F}(\mathbf{A})\mathbf{H}+\mathbf{R}(\mathbf{H})$ 两边同乘以 $D\mathbf{F}(\mathbf{A})^{-1}$, 得到

$$D\mathbf{F}(\mathbf{A})^{-1}\mathbf{K}=\mathbf{H}+D\mathbf{F}(\mathbf{A})^{-1}\mathbf{R}(\mathbf{H}).$$

运用定理 2.2 和三角不等式, 推出

$$\begin{aligned}\|D\mathbf{F}(\mathbf{A})^{-1}\|\|\mathbf{K}\|&\geqslant\|D\mathbf{F}(\mathbf{A})^{-1}\mathbf{K}\|\\&=\|\mathbf{H}+D\mathbf{F}(\mathbf{A})^{-1}\mathbf{R}(\mathbf{H})\|\\&\geqslant\|\mathbf{H}\|-\|D\mathbf{F}(\mathbf{A})^{-1}\mathbf{R}(\mathbf{H})\|.\end{aligned}\tag{3.29}$$

在不等式 (3.19) 中令 $\mathbf{P}=\mathbf{H}$ 和 $\mathbf{Q}=\mathbf{0}$, 有

$$\|\mathbf{R}(\mathbf{H})\|\leqslant\frac{\|\mathbf{H}\|}{2\|D\mathbf{F}(\mathbf{A})^{-1}\|},$$

这意味着

$$\|D\mathbf{F}(\mathbf{A})^{-1}\mathbf{R}(\mathbf{H})\|\leqslant\|D\mathbf{F}(\mathbf{A})^{-1}\|\|\mathbf{R}(\mathbf{H})\|<\frac{1}{2}\|\mathbf{H}\|.$$

取代 (3.29) 中的 $\|D\mathbf{F}(\mathbf{A})^{-1}\mathbf{R}(\mathbf{H})\|$ 为一个更大的数 $\frac{1}{2}\|\mathbf{H}\|$, 我们得到一个新的不等式

$$\|D\mathbf{F}(\mathbf{A})^{-1}\|\|\mathbf{K}\|\geqslant\|\mathbf{H}\|-\frac{1}{2}\|\mathbf{H}\|=\frac{1}{2}\|\mathbf{H}\|.$$

再除以 $\|D\mathbf{F}(\mathbf{A})^{-1}\|$, 我们完成了 (3.28) 的证明.

不等式 (3.28) 意味着 $\mathbf{G}$ 在点 $\mathbf{B}$ 处是连续的. 如果我们取代 (3.27) 中的分母 $\|\mathbf{K}\|$ 为更小的数 $\dfrac{\|\mathbf{H}\|}{2\|(D\mathbf{F}(\mathbf{A}))^{-1}\|}$, 并运用不等式 (3.27), 有

$$\begin{aligned}0 &\leqslant \frac{\|\mathbf{G}(\mathbf{B}+\mathbf{K})-\mathbf{G}(\mathbf{B})-(D\mathbf{F}(\mathbf{A}))^{-1}\mathbf{K}\|}{\|\mathbf{K}\|}\\ &\leqslant 2\|(D\mathbf{F}(\mathbf{A}))^{-1}\|^2\frac{\|\mathbf{F}(\mathbf{A}+\mathbf{H})-\mathbf{F}(\mathbf{A})-D\mathbf{F}(\mathbf{A})\mathbf{H}\|}{\|\mathbf{H}\|}.\end{aligned} \tag{3.30}$$

根据 $\mathbf{G}$ 在 $\mathbf{B}$ 点的连续性, 推得当 $\|\mathbf{K}\|$ 趋近于零时, $\|\mathbf{H}\|$ 是趋近于零的. 由于 $\mathbf{F}$ 在点 $\mathbf{A}$ 是可微的, 所以当 $\|\mathbf{H}\|$ 趋近于零时,

$$\frac{\|\mathbf{F}(\mathbf{A}+\mathbf{H})-\mathbf{F}(\mathbf{A})-D\mathbf{F}(\mathbf{A})\mathbf{H}\|}{\|\mathbf{H}\|}$$

是趋近于零的. 运用不等式 (3.30), 得到

$$\frac{\|\mathbf{G}(\mathbf{B}+\mathbf{K})-\mathbf{G}(\mathbf{B})-(D\mathbf{F}(\mathbf{A}))^{-1}\mathbf{K}\|}{\|\mathbf{K}\|}$$

是趋近于零的. 至此, 我们证明了 $\mathbf{G}$ 在点 $\mathbf{B}$ 处是可微的, 而且它在 $\mathbf{B}$ 点的矩阵导数是 $(D\mathbf{F}(\mathbf{A}))^{-1}$. 也就是说,

$$D\mathbf{G}(\mathbf{F}(\mathbf{A})) = (D\mathbf{F}(\mathbf{A}))^{-1},$$

我们完成了定理的证明.　　**证毕.**

例 3.18　函数 $\mathbf{F}(x,y)=(2-y+x^2y,\ 3x+2y+xy)$ 将 $\mathbb{R}^2$ 映射到 $\mathbb{R}^2$. 该函数是连续可微的.

$$\mathbf{F}(1,1)=(2,6),\quad D\mathbf{F}(x,y)=\begin{bmatrix}2xy & -1+x^2\\ 3+y & 2+x\end{bmatrix},\quad D\mathbf{F}(1,1)=\begin{bmatrix}2 & 0\\ 4 & 3\end{bmatrix}.$$

由于 $\det D\mathbf{F}(1,1)\neq 0$, 由定理 3.11 知, $\mathbf{F}$ 在一个包含点 $(2,6)$ 的开集上是可逆的. 反函数是可微的, 而且

$$D\mathbf{F}^{-1}(2,6)=(D\mathbf{F}(1,1))^{-1}.$$

由 2 阶方阵的求逆公式, 有

$$\begin{bmatrix}a & b\\ c & d\end{bmatrix}^{-1}=\frac{1}{ad-bc}\begin{bmatrix}d & -b\\ -c & a\end{bmatrix},$$

于是 $\mathbf{F}^{-1}$ 在 $(2,6)$ 点的导数为

$$D\mathbf{F}^{-1}(2,6)=\frac{1}{6}\begin{bmatrix}3 & 0\\ -4 & 2\end{bmatrix}=\begin{bmatrix}\frac{1}{2} & 0\\ -\frac{2}{3} & \frac{1}{3}\end{bmatrix}.$$

为了估计 $\mathbf{F}^{-1}(2.1, 5.8)$ 的值, 我们能用上线性近似

$$\mathbf{F}^{-1}(2+0.1, 6+(-0.2)) \approx \mathbf{F}^{-1}(2,6) + D\mathbf{F}^{-1}(2,6)\begin{bmatrix} 0.1 \\ -0.2 \end{bmatrix}$$

$$= \begin{bmatrix} 1 \\ 1 \end{bmatrix} + \begin{bmatrix} \frac{1}{2} & 0 \\ -\frac{2}{3} & \frac{1}{3} \end{bmatrix}\begin{bmatrix} 0.1 \\ -0.2 \end{bmatrix} = \begin{bmatrix} 1.05 \\ 0.86\cdots \end{bmatrix}.$$

例 3.19 给定方程组

$$\begin{cases} 2 - y + x^2y = 2, \\ 3x + 2y + xy = 6. \end{cases}$$

我们看出 $(x, y) = (1, 1)$ 是它的一个解. 令 $\mathbf{F}(x, y) = (2-y+x^2y, 3x+2y+xy)$. 在例 3.18 中, 我们已经得知 $\mathbf{F}$ 在一个包含点 $(2,6)$ 的开集内是可逆的. 也就是说, 对中心在 $(2,6)$ 的某充分小的一个圆盘内任意点 (u, v), 方程组

$$\begin{cases} 2 - y + x^2y = u, \\ 3x + 2y + xy = v \end{cases}$$

有唯一解 (x, y), 而且该解充分靠近 $(1, 1)$.

上述反函数定理的证明和陈述过程中没有用到变量的维数必须是二, 所以定理 3.11 对自变量是任意维数时也是成立的.

定理 3.12 (反函数定理) 令函数 $\mathbf{F} = (f_1, f_2, \cdots, f_n)$ 是 $\mathbb{R}^n$ 中开集 O 上的连续可微函数. 假设 $D\mathbf{F}(\mathbf{A})$ 在 O 中的点 $\mathbf{A}$ 处是可逆的, 则 $\mathbf{F}$ 将一个以 $\mathbf{A}$ 为中心的充分小的开球一一地映射到一个包含以 $\mathbf{F}(\mathbf{A})$ 为中心的一个开球的集合里. $\mathbf{F}$ 在这个集合上有反函数 $\mathbf{G}$. $\mathbf{G}$ 在点 $\mathbf{F}(\mathbf{A})$ 处是可微的, 而且 $D\mathbf{G}(\mathbf{F}(\mathbf{A})) = (D\mathbf{F}(\mathbf{A}))^{-1}$.

隐函数

反函数定理的一个推论是下面从 $\mathbb{R}^3$ 到 $\mathbb{R}$ 的函数的定理.

定理 3.13 (隐函数定理) 令 f 是从以 x, y, z 空间 $\mathbb{R}^3$ 中点 $\mathbf{P}$ 为中心的一个球到 $\mathbb{R}$ 的连续可微函数. 假设 $f_z(\mathbf{P}) \neq 0$, 则所有满足 $f(\mathbf{X}) = f(\mathbf{P})$ 充分靠近 $\mathbf{P}$ 点的点 $\mathbf{X}$ 具有形式 $\mathbf{X} = (x, y, g(x, y))$, 其中 g 是一个连续可微函数. 函数 g 的偏导数与函数 f 的偏导数的关系为

$$g_x = -\frac{f_x}{f_z}, \qquad g_y = -\frac{f_y}{f_z}.$$

证明　定义向量值函数 $\mathbf{F}(x,y,z)=(x,y,f(x,y,z))$. $\mathbf{F}$ 的矩阵导数为

$$D\mathbf{F}(x,y,z)=\begin{bmatrix}1&0&0\\0&1&0\\f_x&f_y&f_z\end{bmatrix}.$$

它的行列式是 $f_z(x,y,z)$. 由于它在点 $\mathbf{P}=(p_1,p_2,p_3)$ 处不等于零, 根据反函数定理知 $\mathbf{F}$ 在点 $\mathbf{P}$ 附近是可逆的, 而且它的反函数是可微的. 令 $f(\mathbf{P})=c$, 则 $\mathbf{F}(\mathbf{P})=(p_1,p_2,c)$. 函数 $\mathbf{F}$ 将一个中心在点 $\mathbf{P}$ 的小球一一地映射到 $\mathbb{R}^3$ 中的一个集合里, 这个集合包含了一个以 $\mathbf{F}(\mathbf{P})$ 为中心的球. 见图 3.11. 函数 $\mathbf{F}$ 的反函数具有形式

$$\mathbf{F}^{-1}(x,y,w)=(x,y,h(x,y,w)),$$

其中 h 是一个可微函数. 定义 $g(x,y)=h(x,y,c)$, 则 g 是可微的而且如下列两个关系式

$$\mathbf{F}^{-1}(x,y,c)=(x,y,g(x,y)),\quad (x,y,c)=\mathbf{F}(x,y,g(x,y))=(x,y,f(x,y,g(x,y))),$$

意味着

$$f(x,y,g(x,y))=f(\mathbf{P})=c. \tag{3.31}$$

等式两边关于 x 进行微分, 由链式法则得

$$\frac{\partial f}{\partial x}\frac{\partial(x)}{\partial x}+\frac{\partial f}{\partial y}\frac{\partial(y)}{\partial x}+\frac{\partial f}{\partial z}\frac{\partial g}{\partial x}=\frac{\partial(c)}{\partial x}=0$$

或

$$\frac{\partial f}{\partial x}+0+\frac{\partial f}{\partial z}\frac{\partial g}{\partial x}=0.$$

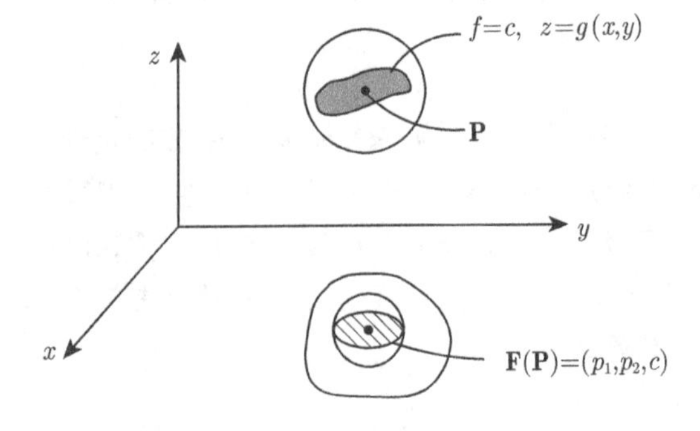

图 3.11　一个以 $\mathbf{P}$ 为中心的球被映射到一个集合, 该集合包含一个以 $\mathbf{F}(\mathbf{P})$ 为中心的球

由于 $f_z(\mathbf{P}) \neq 0$ 而且 f_z 是连续的, 推出 f_z 在充分靠近 $\mathbf{P}$ 的点不等于零. 所以, 上式除以 f_z, 得到 $g_x = -\dfrac{f_x}{f_z}$. 类似地, (3.31) 两边关于 y 微分, 由链式法则得

$$\frac{\partial f}{\partial x}\frac{\partial(x)}{\partial y} + \frac{\partial f}{\partial y}\frac{\partial(y)}{\partial y} + \frac{\partial f}{\partial z}\frac{\partial g}{\partial y} = \frac{\partial(c)}{\partial y} = 0,$$

因此

$$\frac{\partial f}{\partial y} + 0 + \frac{\partial f}{\partial z}\frac{\partial g}{\partial y} = 0.$$

从而有 $g_y = -\dfrac{f_y}{f_z}$. **证毕.**

例 3.20 考虑函数 $f(x,y,z) = xyz + z^3$ 在水平集

$$xyz + z^3 = 3$$

上的点 $(1,2,1)$. 经过计算, 有 $f_z(x,y,z) = xy + 3z^2$ 和 $f_z(1,2,1) = 5 \neq 0$. 由隐函数定理, 我们能在点 $(1,2)$ 附近, 将 z 表达为 x, y 的函数.

也就是说, 存在一个可微函数 g, 它定义在一个以 $(1,2)$ 为中心的开圆盘上, 满足 $g(1,2) = 1$, 它的图像 $(x,y,g(x,y))$ 是函数 f 的 3-水平集

$$f(x,y,g(x,y)) = xyg(x,y) + (g(x,y))^3 = 3.$$

函数 g 在点 $(1,2)$ 处的偏导数是

$$g_x(1,2) = -\frac{f_x(1,2,1)}{f_z(1,2,1)} = -\frac{yz}{xy+3z^2}\bigg|_{(1,2,1)} = -\frac{2}{5},$$

$$g_y(1,2) = -\frac{f_y(1,2,1)}{f_z(1,2,1)} = -\frac{xz}{xy+3z^2}\bigg|_{(1,2,1)} = -\frac{1}{5}.$$

与函数 g 的图像在点 $(1,2,1)$ 处相切的平面方程为

$$\left(-\frac{2}{5}, -\frac{1}{5}, -1\right) \cdot (x-1, y-2, z-1) = 0,$$

或 $(2,1,5) \cdot (x-1, y-2, z-1) = 0$, 与例 3.16 中得到的方程是一样的.

隐函数定理表明, 一个水平集 S, 比如, 一个 C^1 函数 f 的水平集 $f(x,y,z) = k$ 是一个可微函数的局部图像, 比如说 $z = g(x,y)$ 的图像. 如果点 (a,b,c) 在 S 上, 而且 $f_z(a,b,c) \neq 0$, 则

$$(g_x(a,b), g_y(a,b), -1) \cdot (x-a, y-b, z-c) = 0 \tag{3.32}$$

是点 (a,b,c) 处的切平面方程. 由于

$$g_x(a,b) = -\frac{f_x(a,b,c)}{f_z(a,b,c)}, \qquad g_y(a,b) = -\frac{f_y(a,b,c)}{f_z(a,b,c)},$$

方程 (3.32) 与下式相同

$$(f_x(a,b,c), f_y(a,b,c), f_z(a,b,c)) \cdot (x-a, y-b, z-c) = 0$$

或

$$\nabla f(a,b,c) \cdot (x-a, y-b, z-c) = 0,$$

后一个方程正好是 3.3 节的 (3.9).

例 3.21 气体的压强 P、温度 T 和密度 ρ 之间的关系是

$$P + a\rho^2 = \frac{R\rho T}{1-b\rho},$$

其中 a,b,R 是非零常数. 求密度关于温度的变化率函数. 与其求出 ρ 关于变量 T 和 P 的显函数, 我们不如运用隐函数定理来求. 定义

$$f(P,T,\rho) = P + a\rho^2 - \frac{R\rho T}{1-b\rho}.$$

如果对于某些给定的 P,T,ρ 有 $2a - \dfrac{RT}{(1-b\rho)^2} \neq 0$, 从而

$$f_\rho = 2a\rho - \frac{RT}{1-b\rho} - \frac{bR\rho T}{(1-b\rho)^2} = \left(2a - \frac{RT}{(1-b\rho)^2}\right)\rho \neq 0,$$

则此时存在一个定义在 (P,T) 附近的函数 g, 使得 $\rho = g(P,T)$, 其偏导数

$$\begin{aligned}
g_T(P,T) &= -\frac{f_T}{f_\rho} \\
&= \frac{\dfrac{Rg(P,T)}{1-bg(P,T)}}{\left(2a - \dfrac{RT}{(1-bg(P,T))^2}\right)g(P,T)} \\
&= \frac{R}{2a(1-bg(P,T)) - \dfrac{RT}{1-bg(P,T)}}.
\end{aligned}$$

注 例 3.21 中的 g_T 其物理记号是 $\left(\dfrac{\partial\rho}{\partial T}\right)_P$, 以提醒哪些变量视为常数.

下面给出定理 3.13 更一般的形式.

定理 3.14 (隐函数定理) 令

$$\mathbf{F}(\mathbf{X},\mathbf{Y})=(f_1(x_1,\cdots,x_n,y_1,\cdots,y_m),\cdots,f_m(x_1,\cdots,x_n,y_1,\cdots,y_m))$$

是一个从 $\mathbb{R}^{n+m}$ 到 $\mathbb{R}^m$ 定义在包含 $(\mathbf{A},\mathbf{B})$ 的一个开集上的 C^1 函数, 考虑 $\mathbb{R}^{n+m}$ 中集合 S 上的点 $(\mathbf{X},\mathbf{Y})$, 这些点满足方程组

$$\begin{cases} f_1(x_1,\cdots,x_n,y_1,\cdots,y_m)=c_1, \\ f_2(x_1,\cdots,x_n,y_1,\cdots,y_m)=c_2, \\ \qquad\cdots\cdots \\ f_m(x_1,\cdots,x_n,y_1,\cdots,y_m)=c_m. \end{cases}$$

假设 $(\mathbf{A},\mathbf{B})=(a_1,\cdots,a_n,b_1,\cdots,b_m)$ 在集合 S 上, 而且偏矩阵导数

$$\left[\frac{\partial f_i}{\partial y_j}(\mathbf{A},\mathbf{B})\right]$$

的行列式不等于零, 则存在一个从 $\mathbb{R}^n$ 到 $\mathbb{R}^m$ 的 C^1 函数 $\mathbf{G}$, 使得集合 S 上充分靠近 $(\mathbf{A},\mathbf{B})$ 的每一点 $(\mathbf{X},\mathbf{Y})$ 能够表达为 $(\mathbf{X},\mathbf{Y})=(\mathbf{X},\mathbf{G}(\mathbf{X}))$, 也就是说,

$$\begin{cases} y_1=g_1(x_1,\cdots,x_n), \\ y_2=g_2(x_1,\cdots,x_n), \\ \qquad\cdots\cdots \\ y_m=g_m(x_1,\cdots,x_n). \end{cases}$$

偏导数 f_i 和 g_j 的关系为

$$\begin{bmatrix} \dfrac{\partial f_1}{\partial x_j} \\ \vdots \\ \dfrac{\partial f_m}{\partial x_j} \end{bmatrix} + \begin{bmatrix} \dfrac{\partial f_1}{\partial y_1} & \cdots & \dfrac{\partial f_1}{\partial y_m} \\ \vdots & & \vdots \\ \dfrac{\partial f_m}{\partial y_1} & \cdots & \dfrac{\partial f_m}{\partial y_m} \end{bmatrix} \begin{bmatrix} \dfrac{\partial g_1}{\partial x_j} \\ \vdots \\ \dfrac{\partial g_m}{\partial x_j} \end{bmatrix} = \begin{bmatrix} 0 \\ \vdots \\ 0 \end{bmatrix}, \qquad j=1,\cdots,n. \tag{3.33}$$

证明 我们只对定理的最后一部分进行证明. 假设一个 C^1 函数 g_i 存在. 对每一个函数 f_i 运用链式法则, 有

$$\frac{\partial}{\partial x_j}\left(f_i(x_1,\cdots,x_n,g_1(x_1,\cdots,x_n),\cdots,g_m(x_1,\cdots,x_n))\right)=\frac{\partial}{\partial x_j}(c_i)=0.$$

由此推得

$$\frac{\partial f_i}{\partial x_j}+\frac{\partial f_i}{\partial y_1}\frac{\partial g_1}{\partial x_j}+\frac{\partial f_i}{\partial y_2}\frac{\partial g_2}{\partial x_j}+\cdots+\frac{\partial f_i}{\partial y_m}\frac{\partial g_m}{\partial x_j}=0$$

或者

$$\frac{\partial f_i}{\partial x_j}+\begin{bmatrix}\frac{\partial f_i}{\partial y_1} & \frac{\partial f_i}{\partial y_2} & \cdots & \frac{\partial f_i}{\partial y_m}\end{bmatrix}\begin{bmatrix}\frac{\partial g_1}{\partial x_j}\\ \frac{\partial g_2}{\partial x_j}\\ \vdots \\ \frac{\partial g_m}{\partial x_j}\end{bmatrix}=0.$$

正如我们在矩阵方程 (3.33) 中看到的那样. **证毕.**

例 3.22　方程组

$$\begin{cases} f_1(x_1,x_2,x_3,y_1,y_2)=2x_1y_1+x_2y_2=4,\\ f_2(x_1,x_2,x_3,y_1,y_2)=x_1^2x_3y_1^4+x_2y_2^2=3\end{cases}$$

的一个解是

$$(x_1,x_2,x_3,y_1,y_2)=(1,1,-1,1,2).$$

求点 $(1,1,-1,1,2)$ 处的偏导数 $\frac{\partial y_1}{\partial x_2}$ 和 $\frac{\partial y_2}{\partial x_2}$ 的值.

为了观察 y_1 和 y_2 在点 $(1,1,-1,1,2)$ 附近是不是 (x_1,x_2,x_3) 的函数, 我们计算行列式:

$$\det\begin{bmatrix}\frac{\partial f_1}{\partial y_1} & \frac{\partial f_1}{\partial y_2}\\ \frac{\partial f_2}{\partial y_1} & \frac{\partial f_2}{\partial y_2}\end{bmatrix}=\det\begin{bmatrix}2x_1 & x_2\\ 4x_1^2x_3y_1^3 & 2x_2y_2\end{bmatrix}=\det\begin{bmatrix}2 & 1\\ -4 & 4\end{bmatrix}=12.$$

上式不等于零, 所以可以运用隐函数定理. 方程 (3.33) 在点 $(1,1,-1,1,2)$ 处给出

$$\begin{bmatrix}\frac{\partial f_1}{\partial x_2}\\ \frac{\partial f_2}{\partial x_2}\end{bmatrix}+\begin{bmatrix}2 & 1\\ -4 & 4\end{bmatrix}\begin{bmatrix}\frac{\partial y_1}{\partial x_2}\\ \frac{\partial y_2}{\partial x_2}\end{bmatrix}=\begin{bmatrix}2\\ 2^2\end{bmatrix}+\begin{bmatrix}2 & 1\\ -4 & 4\end{bmatrix}\begin{bmatrix}\frac{\partial y_1}{\partial x_2}\\ \frac{\partial y_2}{\partial x_2}\end{bmatrix}=\begin{bmatrix}0\\ 0\end{bmatrix},$$

乘以逆矩阵, 得到

$$\begin{bmatrix}\frac{\partial y_1}{\partial x_2}\\ \frac{\partial y_2}{\partial x_2}\end{bmatrix}=-\frac{1}{12}\begin{bmatrix}4 & -1\\ 4 & 2\end{bmatrix}\begin{bmatrix}2\\ 4\end{bmatrix}=\begin{bmatrix}-\frac{1}{3}\\ -\frac{4}{3}\end{bmatrix}.$$

问题

3.35 令 $\mathbf{F}(x,y)=(\mathrm{e}^x\cos y,\mathrm{e}^x\sin y)$.

(a) 求矩阵导数 $D\mathbf{F}$. 也就是说, 记 $u=\mathrm{e}^x\cos y, v=\mathrm{e}^x\sin y$, 求矩阵

$$\begin{bmatrix}\dfrac{\partial u}{\partial x} & \dfrac{\partial u}{\partial y}\\ \dfrac{\partial v}{\partial x} & \dfrac{\partial v}{\partial y}\end{bmatrix}.$$

(b) 证明 $D\mathbf{F}(\mathbf{A})^{-1}$ 在任意点 $\mathbf{A}=(a,b)$ 处都是存在的, 从而 $\mathbf{F}$ 在点 $\mathbf{A}$ 处是局部可逆的.

(c) 证明 $\mathbf{F}$ 不是整体可逆的; 也就是说, 找到区域内不同的点, 它们映射到值域里的同一个值.

3.36 令 $\mathbf{F}(x,y)=(x\cos y,x\sin y)$, 其中 $x>0$.

(a) 求点 $\mathbf{A}=(a,b)$ 处的矩阵导数 $D\mathbf{F}(\mathbf{A})$.

(b) 证明 $D\mathbf{F}(\mathbf{A})^{-1}$ 在任意满足 $a>0$ 的点处都是存在的, 因此 $\mathbf{F}$ 在点 $\mathbf{A}$ 处是局部可逆的.

3.37 令函数 $\mathbf{F}(x,y)=(x^4+2xy+1,y)$, 考虑方程组

$$\begin{cases}x^4+2xy+1=u,\\ y=v.\end{cases}$$

也就是说, $\mathbf{F}(x,y)=(u,v)$.

(a) 证明当 $(u,v)=(0,1)$ 时, 方程组的一个解是 $(x,y)=(-1,1)$.

(b) 求矩阵导数 $D\mathbf{F}(x,y)$.

(c) 证明 $D\mathbf{F}(-1,1)$ 是可逆的, 而且 $\mathbf{F}^{-1}$ 在一个以 $(0,1)$ 为中心的充分小的圆盘上是存在的.

(d) 运用线性近似来估计 $\mathbf{F}^{-1}(0.2,1.01)$ 的值.

3.38 令 $\mathbf{F}(x,y)=(x+y^{-1},x^{-1}+y)$, 考虑如下方程组

$$\begin{cases}x+y^{-1}=1.5,\\ x^{-1}+y=3.\end{cases}$$

(a) 证明 $(x,y)=(1,2)$ 是它的一个解.

(b) 证明矩阵导数 $D\mathbf{F}(1,2)$ 是可逆的.

(c) 求 $\mathbf{F}^{-1}(1.49,2.9)$ 的一个线性近似.

3.39 f 是一个从 $\mathbb{R}^3$ 到 $\mathbb{R}$ 的 C^1 函数, 满足

$$f(1,0,3)=f(1,2,3)=f(1,2,-3)=5$$

和

$$\nabla f(1,0,3)=(0,1,0),\quad \nabla f(1,2,3)=\left(4,1,-\frac{1}{2}\right),\quad \nabla f(1,2,-3)=(0,0,0).$$

(a) 试问方程 $f(x,y,z)=5$ 在点 $(1,2,-3)$ 附近能将 z 表示为 (x,y) 的函数吗? 也就是说, 隐函数定理能保证存在一个将 $(1,2)$ 附近的圆盘映射到 $\mathbb{R}$ 的函数 g 使它满足 $g(1,2)=-3$ 且 $f(x,y,g(x,y))=5$ 吗?

(b) 方程 $f(x,y,z)=5$ 在点 $(1,0,3)$ 附近能将 y 表示为 (x,z) 的函数吗?

(c) 方程 $f(x,y,z)=5$ 在点 $(1,2,3)$ 附近能将 y 表示为 (x,z) 的函数吗?

(d) 存在一个方程 $y=g(x,z)$ 使得它同时满足 (b) 和 (c) 吗?

(e) 方程 $f(x,y,z)=5$ 在点 $(1,0,3)$ 附近能将 x 表示为 (y,z) 的函数吗?

3.40 令函数 $f(x,y,z)=z^4+2yz+x$, 考虑水平集

$$z^4+2yz+x=0.$$

(a) 证明点 $(0,2,0)$ 在这个水平集上.

(b) 求 f 的偏导数.

(c) 证明存在一个定义在点 $(0,2)$ 附近的函数 $z=g(x,y)$, 满足

$$f(x,y,g(x,y))=0.$$

(d) 求偏导数 $g_x(x,y)$ 和 $g_y(x,y)$, 并运用它们求偏导数的值 $g_{xx}(0,2)$, $g_{xy}(0,2)$, $g_{yy}(0,2)$.

3.41 考虑方程组

$$\begin{cases} f_1(x,y_1,y_2)=3y_1+y_2^2+4x=0,\\ f_2(x,y_1,y_2)=4y_1^3+y_2+x=0. \end{cases}$$

(a) 验证 $(x,y_1,y_2)=(-4,0,4)$ 是该方程组的一个解.

(b) 证明对点 $(-4,0,4)$ 附近的所有解, 存在一个函数 $\mathbf{G}=(g_1,g_2)$ 满足 $g_1(x)=y_1$, $g_2(x)=y_2$.

(c) 证明在点 $x=-4$ 处,

$$\frac{\mathrm{d}g_1}{\mathrm{d}x}=\frac{4}{3},\qquad \frac{\mathrm{d}g_2}{\mathrm{d}x}=-1.$$

3.42 假设 $\mathbf{F}(u,v,w)=(u+v+w,\ uv+vw+wu)$, 考虑方程组 $\mathbf{F}(u,v,w)=(2,-4)$, 也就是说,

$$\begin{cases} u+v+w=2, \\ uv+vw+wu=-4. \end{cases}$$

(a) 验证 $(2,2,-2)$ 是方程组的一个解.

(b) 记 $\mathbf{F}(u,v,w)=(f_1(u,v,w),f_2(u,v,w))$, 求 f_1 和 f_2 的所有一阶偏导数.

(c) 验证 $D\mathbf{F}(2,2,-2)=\begin{bmatrix}1&1&1\\0&0&4\end{bmatrix}$.

(d) 试问, 方程组在点 $(2,2,-2)$ 附近能解出 v 和 w 作为 u 的函数吗? 也就是说, 隐函数定理能保证存在一个定义在点 2 附近的区间上的函数 $\mathbf{G}=(g_1,g_2)$, 使得 $\mathbf{G}(2)=(2,-2)$ 且 $\mathbf{F}(u,g_1(u),g_2(u))=(2,-4)$?

(e) 在点 $(2,2,-2)$ 附近, 方程组能解出 u 和 v 作为 w 的函数吗?

3.43 令 T 是 $\mathbb{R}^4$ 中满足如下方程组

$$\begin{cases} x^2+y^2=1, \\ ux+vy=0 \end{cases}$$

的点 (x,y,u,v) 的集合, 则 T 是单位圆周上所有切向量的集合, 切向量见图 3.12.

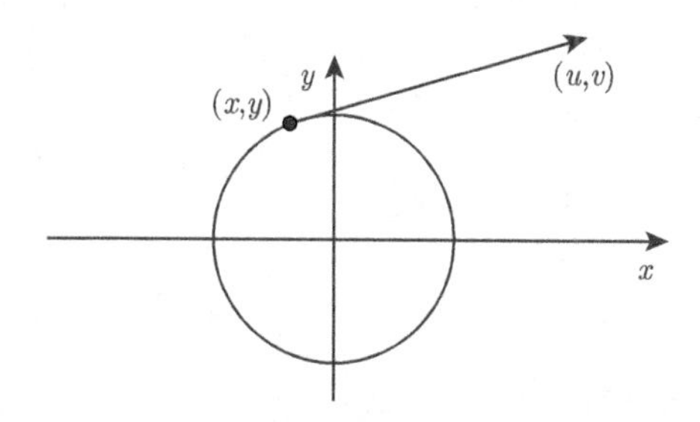

图 3.12 问题 3.43 中, 单位圆周上一点处的一个切向量

(a) 通过换元可以重新表述隐函数定理. 定义

$$\mathbf{F}(x_1,x_2,y_1,y_2)=(x_1^2+y_1^2,x_2x_1+y_2y_1),$$

其中 $x_1=x,y_1=y,x_2=u$ 且 $y_2=v$, 则 T 是如下定义的一个集合

$$\mathbf{F}(x_1,x_2,y_1,y_2)=(1,0).$$

计算矩阵 $\left[\dfrac{\partial f_i}{\partial y_j}\right]$.

(b) 运用隐函数定理, 证明满足 $y \neq 0$ 的任意点附近, 方程组 $x^2+y^2=1$, $ux+vy=0$ 能求出 y 和 v 作为 x 和 u 的函数.

(c) 求当 $y \neq 0$ 时, y 和 v 作为 x 和 u 的函数的表达式.

(d) 求当 $x \neq 0$ 时, x 和 u 作为 y 和 v 的函数的表达式.

3.5　散度和旋度

在这一节, 我们将介绍从 $\mathbb{R}^2$ 到 $\mathbb{R}^2$ 或者从 $\mathbb{R}^3$ 到 $\mathbb{R}^3$ 的函数的偏导数的两个组合. 它们对积分的重要性将在第 8 章中讨论. 定义

$\mathbf{G}(x,y)=(g_1(x,y),g_2(x,y))$ 和 $\mathbf{F}(x,y,z)=(f_1(x,y,z),f_2(x,y,z),f_3(x,y,z))$, 函数 $\mathbf{G}$ 在 (x,y) 和函数 $\mathbf{F}$ 在 (x,y,z) 点的偏导数矩阵是

$$D\mathbf{G}(x,y)=\begin{bmatrix}\dfrac{\partial g_1}{\partial x} & \dfrac{\partial g_1}{\partial y}\\ \dfrac{\partial g_2}{\partial x} & \dfrac{\partial g_2}{\partial y}\end{bmatrix}=\begin{bmatrix}g_{1x} & g_{1y}\\ g_{2x} & g_{2y}\end{bmatrix},$$

$$D\mathbf{F}(x,y,z)=\begin{bmatrix}\dfrac{\partial f_1}{\partial x} & \dfrac{\partial f_1}{\partial y} & \dfrac{\partial f_1}{\partial z}\\ \dfrac{\partial f_2}{\partial x} & \dfrac{\partial f_2}{\partial y} & \dfrac{\partial f_2}{\partial z}\\ \dfrac{\partial f_3}{\partial x} & \dfrac{\partial f_3}{\partial y} & \dfrac{\partial f_3}{\partial z}\end{bmatrix}=\begin{bmatrix}f_{1x} & f_{1y} & f_{1z}\\ f_{2x} & f_{2y} & f_{2z}\\ f_{3x} & f_{3y} & f_{3z}\end{bmatrix}.$$

函数 $\mathbf{G}$ 和 $\mathbf{F}$ 的偏导数的两个特殊的复合是**散度**和**旋度**, 定义如下:

$$\operatorname{div}\mathbf{G}=\frac{\partial g_1}{\partial x}+\frac{\partial g_2}{\partial y},\qquad \operatorname{div}\mathbf{F}=\frac{\partial f_1}{\partial x}+\frac{\partial f_2}{\partial y}+\frac{\partial f_3}{\partial z},$$

$$\operatorname{curl}\mathbf{G}=\frac{\partial g_2}{\partial x}-\frac{\partial g_1}{\partial y},\qquad \operatorname{curl}\mathbf{F}=\left(\frac{\partial f_3}{\partial y}-\frac{\partial f_2}{\partial z},\ -\left(\frac{\partial f_3}{\partial x}-\frac{\partial f_1}{\partial z}\right),\ \frac{\partial f_2}{\partial x}-\frac{\partial f_1}{\partial y}\right).$$

我们运用梯度记号 $\boldsymbol{\nabla}=\left(\dfrac{\partial}{\partial x},\dfrac{\partial}{\partial y},\dfrac{\partial}{\partial z}\right)$ 和计算数量积、向量积以及乘以一个标量的公式来分别表示 div $\mathbf{F}$, curl $\mathbf{F}$ 和 grad f. 对一个可微向量值场 $\mathbf{F}=(f_1,f_2,f_3)$,

$$\operatorname{div}\mathbf{F}=\boldsymbol{\nabla}\cdot\mathbf{F}=\frac{\partial}{\partial x}f_1+\frac{\partial}{\partial y}f_2+\frac{\partial}{\partial z}f_3,$$

而且

$$\operatorname{curl}\mathbf{F}=\nabla\times\mathbf{F}=\det\begin{bmatrix}\mathbf{i}&\mathbf{j}&\mathbf{k}\\ \dfrac{\partial}{\partial x}&\dfrac{\partial}{\partial y}&\dfrac{\partial}{\partial z}\\ f_1&f_2&f_3\end{bmatrix}$$
$$=\left(\frac{\partial f_3}{\partial y}-\frac{\partial f_2}{\partial z}\right)\mathbf{i}-\left(\frac{\partial f_3}{\partial x}-\frac{\partial f_1}{\partial z}\right)\mathbf{j}+\left(\frac{\partial f_2}{\partial x}-\frac{\partial f_1}{\partial y}\right)\mathbf{k}.$$

对一个从 $\mathbb{R}^3$ 到 $\mathbb{R}$ 的标量值可微函数 f, 有

$$\operatorname{grad} f=\nabla f=\left(\frac{\partial f}{\partial x},\frac{\partial f}{\partial y},\frac{\partial f}{\partial z}\right).$$

例 3.23 令 $\mathbf{F}(x,y,z)=(x^2,xy,zy)$. 则

$$\operatorname{div}\mathbf{F}=2x+x+y=3x+y,$$
$$\operatorname{curl}\mathbf{F}=(z-0,-(0-0),y-0)=(z,0,y).$$

例 3.24 假设对于 $(x,y,z)\neq(0,0,0)$, $\mathbf{F}(x,y,z)=\dfrac{(x,y,z)}{(x^2+y^2+z^2)^{3/2}}$, 则

$$\frac{\partial}{\partial x}\left(\frac{x}{(x^2+y^2+z^2)^{3/2}}\right)=\frac{(x^2+y^2+z^2)^{3/2}-x\frac{3}{2}(x^2+y^2+z^2)^{1/2}(2x)}{((x^2+y^2+z^2)^{3/2})^2}.$$

约掉公因子 $(x^2+y^2+z^2)^{1/2}$, 有

$$f_{1x}=\frac{x^2+y^2+z^2-3x^2}{(x^2+y^2+z^2)^{5/2}}.$$

同样地, 对于 f_{2y} 和 f_{3z}, 有

$$f_{2y}=\frac{x^2+y^2+z^2-3y^2}{(x^2+y^2+z^2)^{5/2}},\quad f_{3z}=\frac{x^2+y^2+z^2-3z^2}{(x^2+y^2+z^2)^{5/2}}.$$

所以 $\operatorname{div}\mathbf{F}(x,y,z)=\dfrac{3(x^2+y^2+z^2)-3x^2-3y^2-3z^2}{(x^2+y^2+z^2)^{5/2}}=0.$

例 3.25 假设 $\mathbf{F}$ 是例 3.24 中的平方反比向量场, 并假设

$$\mathbf{H}(\mathbf{X})=-\mathbf{F}(\mathbf{X}).$$

则

$$\operatorname{div}\mathbf{H}(\mathbf{X})=\operatorname{div}(-\mathbf{F}(\mathbf{X}))=-\operatorname{div}\mathbf{F}(\mathbf{X})=0.$$

例 3.26　令 $\mathbf{G}(x,y)=(-y,x)$, 则

$$\operatorname{div}\ \mathbf{G}(x,y)=\frac{\partial}{\partial x}(-y)+\frac{\partial}{\partial y}(x)=0,$$

而且

$$\operatorname{curl}\ \mathbf{G}(x,y)=\frac{\partial}{\partial x}(x)-\frac{\partial}{\partial y}(-y)=1-(-1)=2.$$

例 3.27　假设 $\mathbf{G}(x,y)=\left(\frac{-y}{x^2+y^2},\ \frac{x}{x^2+y^2}\right)$, $(x,y)\neq(0,0)$, 则

$$\operatorname{div}\ \mathbf{G}=\frac{\partial}{\partial x}\left(\frac{-y}{x^2+y^2}\right)+\frac{\partial}{\partial y}\left(\frac{x}{x^2+y^2}\right)=\frac{-(-y)2x}{(x^2+y^2)^2}+\frac{-(x)2y}{(x^2+y^2)^2}=0,$$

而且

$$\begin{aligned}\operatorname{curl}\ \mathbf{G}(x,y)&=\frac{\partial}{\partial x}\left(\frac{x}{x^2+y^2}\right)-\frac{\partial}{\partial y}\left(\frac{-y}{x^2+y^2}\right)\\&=\frac{(x^2+y^2)1-x(2x)}{(x^2+y^2)^2}-\frac{(x^2+y^2)(-1)-(-y)2y}{(x^2+y^2)^2}\\&=\frac{2(x^2+y^2)-2x^2-2y^2}{(x^2+y^2)^2}=0.\end{aligned}$$

接下来, 我们将探究散度和旋度会描述向量场的什么性质.

散度

假设函数 $\mathbf{F}(x,y,z)=(f_1(x,y,z),f_2(x,y,z),f_3(x,y,z))$ 表示一个流体某时刻在点 (x,y,z) 处的速度. 想想一个小盒子, 以 $\mathbf{P}=(x_0,y_0,z_0)$ 为一个顶点, 边长分别为 $\Delta x,\Delta y,\Delta z$, 如图 3.13 所示, 令 $\mathbf{N}$ 是盒子外表面上点处的单位外法向量.

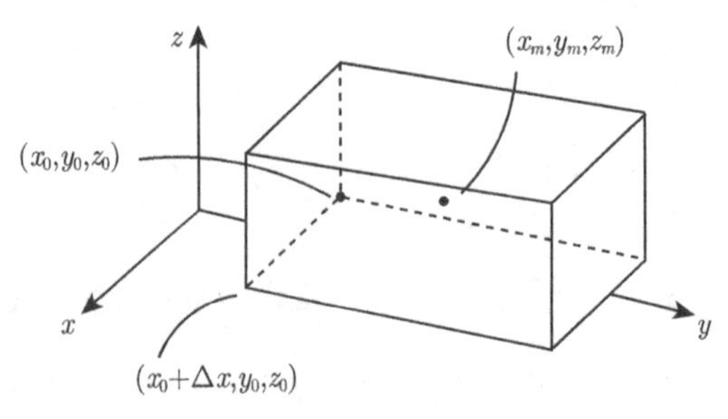

图 3.13　流体流过一个盒子

我们来估计流经盒子表面从盒子流出的水流的速度. 记 (x_m,y_m,z_m) 为盒子的中心点. 对于一个定义在小盒子上的 C^1 向量场 $\mathbf{F}$, $\mathbf{F}$ 在下表面上所有点的取值通

过 $\mathbf{F}(x_m, y_m, z_0)$ 来逼近, 而且在上表面点的取值通过 $\mathbf{F}(x_m, y_m, z_0+\Delta z)$ 来逼近. 经过这上下两个表面流出盒子的流体的综合速度可以用下式逼近

$$\begin{aligned}&\mathbf{F}(x_m, y_m, z_0+\Delta z)\cdot(0,0,1)\Delta x\Delta y+\mathbf{F}(x_m, y_m, z_0)\cdot(0,0,\ -1)\Delta x\Delta y\\=&\ (f_3(x_m, y_m, z_0+\Delta z)-f_3(x_m, y_m, z_0))\Delta x\Delta y.\end{aligned}$$

如图 3.14. 运用中值定理, 该式等于

$$\frac{\partial f_3}{\partial z}(x_m, y_m, \overline{z})\Delta z\Delta x\Delta y,$$

其中 $\overline{z}$ 位于 z_0 和 $z_0+\Delta z$ 之间.

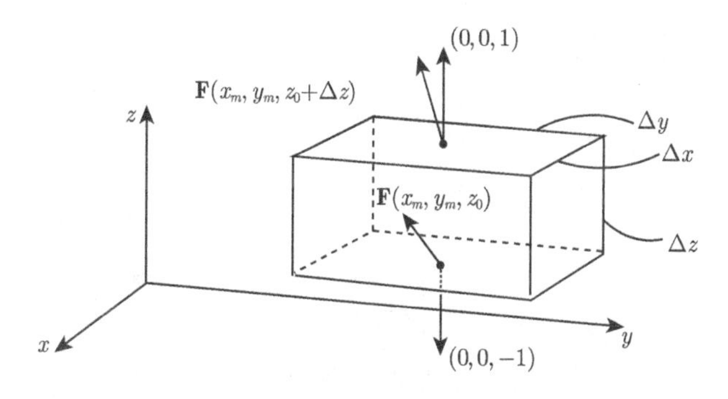

图 3.14 通过盒子上下表面的逼近流

类似地, 我们得到流体 $\mathbf{F}$ 流出盒子平行于 x, z 面的逼近速度为

$$\frac{\partial f_2}{\partial y}(x_m, \overline{y}, z_m)\Delta y\Delta x\Delta z,$$

其中 $\overline{y}$ 位于 y_0 和 $y_0+\Delta y$ 之间, 而且流经盒子表面平行于 y, z 平面的逼近速度是

$$\frac{\partial f_1}{\partial x}(\overline{x}, y_m, z_m)\Delta x\Delta y\Delta z,$$

其中 $\overline{x}$ 位于 x_0 和 $x_0+\Delta x$ 之间.

通过盒子表面向外的总的逼近流速为

$$\left(\frac{\partial f_1}{\partial x}(\overline{x}, y_m, z_m)+\frac{\partial f_2}{\partial y}(x_m, \overline{y}, z_m)+\frac{\partial f_3}{\partial z}(x_m, y_m, \overline{z})\right)\Delta x\Delta y\Delta z.$$

我们定义通过表面的向外的流体的流速除以盒子的体积为**平均流密度**, 则流体 $\mathbf{F}$ 流经盒子表面的平均流密度为

$$\frac{\partial f_1}{\partial x}(\overline{x}, y_m, z_m)+\frac{\partial f_2}{\partial y}(x_m, \overline{y}, z_m)+\frac{\partial f_3}{\partial z}(x_m, y_m, \overline{z}).$$

由于各个偏导数是连续的, 所以当 $\Delta x, \Delta y$ 和 Δz 趋近于零时, $\overline{x}$ 和 x_m 趋近于 $x_0, \overline{y}$ 和 y_m 趋近于 y_0, 且 $\overline{z}$ 和 z_m 趋近于 z_0, 平均流密度趋近于

$$\frac{\partial f_1}{\partial x}(x_0,y_0,z_0)+\frac{\partial f_2}{\partial y}(x_0,y_0,z_0)+\frac{\partial f_3}{\partial z}(x_0,y_0,z_0)=\operatorname{div}\mathbf{F}(\mathbf{P}).$$

$\operatorname{div}\mathbf{F}(\mathbf{P})$ 被称为流体 $\mathbf{F}$ 在点 $\mathbf{P}$ 的**流体密度**.

例 3.28　令 $\mathbf{F}(x,y,z)=(x,0,0)$, 则

$$\operatorname{div}\mathbf{F}=\frac{\partial x}{\partial x}+\frac{\partial 0}{\partial y}+\frac{\partial 0}{\partial z}=1.$$

见图 3.15.

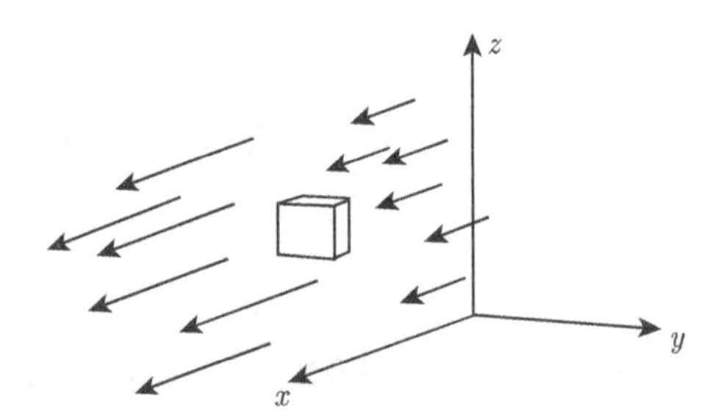

图 3.15　例 3.28 中, 向外的流速是正的

$\mathbb{R}^2$ 中的旋度

假设 $\mathbf{G}(x,y)$ 是位于 x,y 平面中一个流体在某时刻的速度, 并假设 $\mathbf{G}$ 是连续可微的. 如图 3.16 所示, 当我们穿过一个小的长方形边界时, 考虑 $\mathbf{G}$ 的切向分量.

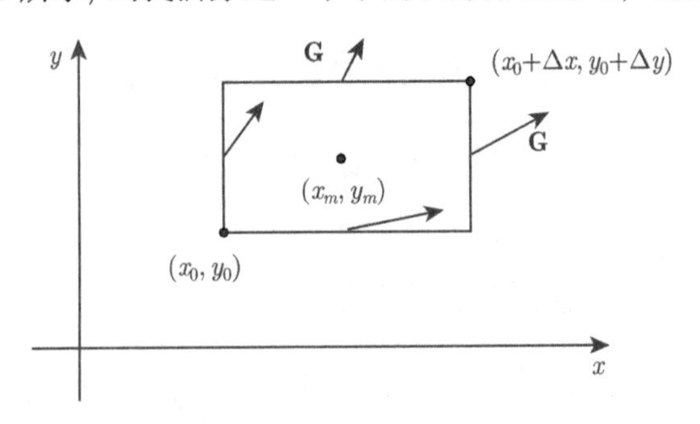

图 3.16　我们考虑 $\mathbf{G}$ 在边界上的切向分量

因为 $\mathbf{G}$ 是连续的而且这个长方形是比较小的, $\mathbf{G}(x,y)$ 沿着下边界上的点的取值逼近于 $\mathbf{G}(x_m,y_0)$, 沿着右边界逼近于 $\mathbf{G}(x_0+\Delta x,y_m)$, 沿着上边界逼近于 $\mathbf{G}(x_m,y_0+\Delta y)$, 而沿着左边界逼近于 $\mathbf{G}(x_0,y_m)$. $\mathbf{G}$ 在一个边界上的切向分量

与边界长度的乘积称为 $\mathbf{G}$ 沿着这个边界的**流量**. $\mathbf{G}$ 围绕这个长方形的流量为

$$\mathbf{G}(x_m, y_0)\cdot(1,\ 0)\Delta x + \mathbf{G}(x_0+\Delta x, y_m)\cdot(0,1)\Delta y$$

$$+\mathbf{G}(x_m, y_0+\Delta y)\cdot(-1,\ 0)\Delta x + \mathbf{G}(x_0, y_m)\cdot(0,\ -1)\Delta y.$$

运用数量积, $\mathbf{G}$ 围绕长方形的流量可以被重写为

$$g_1(x_m,y_0)\Delta x + g_2(x_0+\Delta x, y_m)\Delta y - g_1(x_m, y_0+\Delta y)\Delta x - g_2(x_0,y_m)\Delta y.$$

运用中值定理, 该式等于

$$(-g_{1y}(x_m,\overline{y})\Delta y)\Delta x+(g_{2x}(\overline{x},\ y_m)\Delta x)\Delta y.$$

由于当 Δx 和 Δy 趋近于零时, $\overline{x}$ 和 x_m 趋近于 x_0, 而 $\overline{y}$ 和 y_m 趋近于 y_0. 根据各个偏导数是连续的, 通量密度

$$\frac{(-g_{1y}(x_m,\overline{y})\Delta y)\Delta x + (g_{2x}(\overline{x},y_m)\Delta x)\Delta y}{\Delta x\Delta y}$$

趋近于

$$-g_{1y}(x_0,y_0)+g_{2x}(x_0,y_0) = \operatorname{curl}\mathbf{G}(x_0,y_0).$$

例 3.29 令 $\mathbf{G}(x,y)=(-y,x)$ 是一个速度场. 经过简单的计算, 可得在任意点处 $\operatorname{curl}\mathbf{G}=2$. 我们观察到

$$\begin{aligned}
\mathbf{G}(h,0)&=(0,h),\\
\mathbf{G}(0,h)&=(-h,0),\\
\mathbf{G}(-h,0)&=(0,-h),\\
\mathbf{G}(0,-h)&=(h,0).
\end{aligned}$$

如果考虑充分小的 $h>0$, 画出这个向量场, 得到在原点附近, $\mathbf{G}$ 是一个逆时针旋转的速度.

例 3.30 令 $\mathbf{G}(x,y)=(y,0)$, 则

$$\operatorname{curl}\mathbf{G}(x,y)=\frac{\partial}{\partial x}(0)-\frac{\partial}{\partial y}(y)=-1.$$

如图 3.17 所示, 漂浮在这个区域上的小物体沿顺时针旋转.

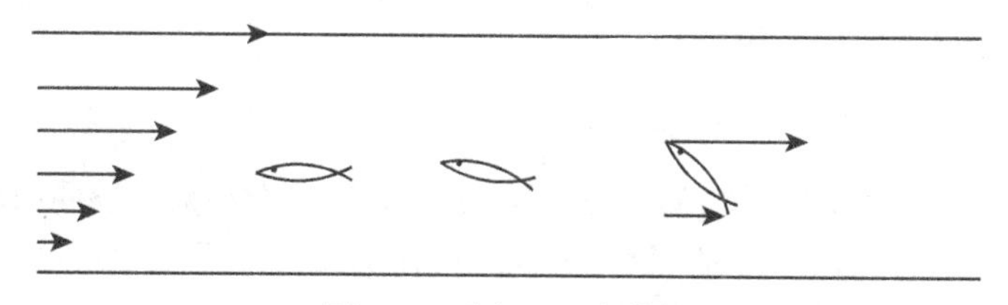

图 3.17 例 3.30 中的场

下面的例子将显示，一个流体的整体旋转与局部旋转或旋度可以是不同的.

例 3.31　令 $\mathbf{F}$ 是一个向量场 $\mathbf{F}(x,y)=\dfrac{(-y,x)}{(x^2+y^2)^p}$，其中 $p>0$. 向量 $\mathbf{F}$ 的草图如图 3.18 所示. 向量场显示在原点附近是逆时针旋转的. 当指数 p 分别大于 1，等于 1 或小于 1 时，该旋度 $\operatorname{curl}\mathbf{F}=\dfrac{2-2p}{(x^2+y^2)^p}$ 是负的、零或正的，该结果在问题 3.47 中要求验证.

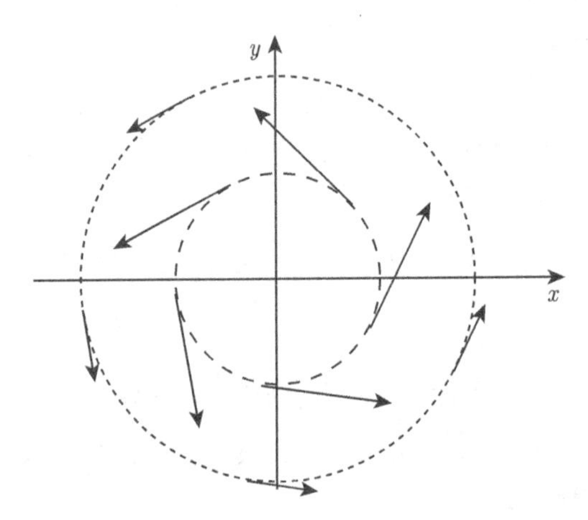

图 3.18　例 3.31 中一个典型的向量场的草图，$\mathbf{F}$ 的旋度可能是正的或负的

$\mathbb{R}^3$ 中的旋度

取一个小长方体，以 (x_0,y_0,z_0) 为一个顶点，边长分别为 $\Delta x,\Delta y,\Delta z$. 记它的中心点为 (x_m,y_m,z_m). 每个面的中心形成一个乘积 $(\mathbf{N}\times\mathbf{F})$ (该面的面积)，对所有的面求和，然后除以盒子的体积，我们得到

$$\frac{1}{\Delta x\Delta y\Delta z}\begin{bmatrix}(-1,0,0)\times\mathbf{F}(x_0,y_m,z_m)\,\Delta y\Delta z+(1,0,0)\times\mathbf{F}(x_0+\Delta x,y_m,z_m)\,\Delta y\Delta z\\+(0,-1,0)\times\mathbf{F}(x_m,y_0,z_m)\,\Delta x\Delta z+(0,1,0)\times\mathbf{F}(x_m,y_0+\Delta y,z_m)\,\Delta x\Delta z\\+(0,0,-1)\times\mathbf{F}(x_m,y_m,z_0)\,\Delta x\Delta y+(0,0,1)\times\mathbf{F}(x_m,y_m,z_0+\Delta z)\,\Delta x\Delta y\end{bmatrix}.$$

在问题 3.52 中，我们要求读者证明当 $\Delta x,\Delta y$ 和 Δz 趋近于零时，这个向量场趋近于旋度 $\operatorname{curl}\mathbf{F}(x_0,y_0,z_0)$.

梯度

在问题 3.53 中，我们要求读者去探索，通过计算一个小盒子表面的压力来得到流体中一点处压力的梯度公式. 每个表面上的压力逼近于乘积 $(-f\mathbf{N}$ (表面面积))，其中 f 是表面中心点处的压力. 我们要求读者去证明小盒子表面的总压力的逼

近值

$$
\begin{aligned}
&- f(x_0, y_m, z_m)(-1,0,0)\Delta y\Delta z - f(x_0+\Delta x, y_m, z_m)(1,0,0)\Delta y\Delta z\\
&- f(x_m, y_0, z_m)(0,-1,0)\Delta x\Delta z - f(x_m, y_0+\Delta y, z_m)(0,1,0)\Delta x\Delta z\\
&- f(x_m, y_m, z_0)(0,0,\ -1)\Delta x\Delta y - f(x_m, y_m, z_0+\Delta z)(0,0,1)\Delta x\Delta y
\end{aligned}
$$

等于

$$-(f_x(\overline{x}, y_m, z_m), f_y(x_m, \overline{y}, z_m), f_z(x_m, y_m, \overline{z}))\Delta x\Delta y\Delta z,$$

其中 $\overline{x}$ 位于 x_0 和 $x_0+\Delta x$ 之间, $\overline{y}$ 位于 y_0 和 $y_0+\Delta y$ 之间, $\overline{z}$ 位于 z_0 和 $z_0+\Delta z$ 之间. 除以体积, 我们得到单位体积上的压力为连续偏导数

$$-(f_x(\overline{x}, y_m, z_m), f_y(x_m, \overline{y}, z_m), f_z(x_m, y_m, \overline{z})),$$

当 $\Delta x, \Delta y$ 和 Δz 趋近于零时, 该式趋近于

$$-\boldsymbol{\nabla} f(x_0, y_0, z_0).$$

所以一点处压力的梯度可以解释为, 一个小盒子在相对的两个表面上的压力差所引起的一个向量, 代表的是在那个位置单位体积的总压力大小.

拉普拉斯算子

作用于标量函数的另一个重要的算子是散度和梯度的复合算子:

$$\text{div grad } f = \frac{\partial^2 f}{\partial x^2} + \frac{\partial^2 f}{\partial y^2} + \frac{\partial^2 f}{\partial z^2}.$$

该式记为 Δf, 并称 Δ 为**拉普拉斯算子**.

梯度算子和拉普拉斯算子都是线性的, 也就是说, 对所有分别为一次或二次的可微函数 f, g 及任意的数 a 和 b, 有

$$\boldsymbol{\nabla}(af+bg) = a\boldsymbol{\nabla} f + b\boldsymbol{\nabla} g,$$

$$\Delta(af+bg) = a\Delta f + b\Delta g.$$

我们通过对各分量分别运算来定义一个二次可微向量值函数的拉普拉斯算子 Δ. 拉普拉斯算子是线性算子, 而且旋度算子 curl 和散度算子 div 也是线性算子; 也就是说, 对所有的二次可微函数 $\mathbf{F}$, $\mathbf{G}$ 和数 a, b, 有

$$
\begin{aligned}
\Delta(a\mathbf{F}+b\mathbf{G}) &= a\Delta\mathbf{F} + b\Delta\mathbf{G},\\
\text{curl}(a\mathbf{F}+b\mathbf{G}) &= a\,\text{curl}\,\mathbf{F} + b\,\text{curl}\,\mathbf{G},\\
\text{div}(a\mathbf{F}+b\mathbf{G}) &= a\,\text{div}\,\mathbf{F} + b\,\text{div}\,\mathbf{G}.
\end{aligned}
$$

向量微分等式

令函数 f 和 g 是从 $\mathbb{R}^3$ 到 $\mathbb{R}$ 的标量值函数, 函数 $\mathbf{F}$ 和 $\mathbf{G}$ 是从 $\mathbb{R}^3$ 到 $\mathbb{R}^3$ 的向量场. 假设所有需要的一阶、二阶, 有时候三阶偏导数存在而且是连续的, 我们能得到一系列的等式.

我们要求读者在问题 3.56—问题 3.59 中验证如下的等式成立. 在 (e) 和 (f) 中, 定义

$$\mathbf{F}\cdot\nabla\mathbf{G}=f_1\mathbf{G}_x+f_2\mathbf{G}_y+f_3\mathbf{G}_z=(D\mathbf{G})\mathbf{F}.$$

(a) $\nabla(fg)=f\nabla g+g\nabla f$.

(b) $\mathrm{div}(f\mathbf{F})=f\mathrm{div}\mathbf{F}+\mathbf{F}\cdot\nabla f$.

(c) $\mathrm{div}(\mathbf{F}\times\mathbf{G})=(\mathrm{curl}\ \mathbf{F})\cdot\mathbf{G}-\mathbf{F}\cdot\mathrm{curl}\ \mathbf{G}$.

(d) $\mathrm{curl}(f\mathbf{F})=f\ \mathrm{curl}\ \mathbf{F}+(\nabla f)\times\mathbf{F}$.

(e) $\mathrm{curl}(\mathbf{F}\times\mathbf{G})=(\mathrm{div}\,\mathbf{G})\mathbf{F}+\mathbf{G}\cdot\nabla\mathbf{F}-((\mathrm{div}\ \mathbf{F})\mathbf{G}+\mathbf{F}\cdot\nabla\mathbf{G})$.

(f) $\nabla(\mathbf{F}\cdot\mathbf{G})=\mathbf{F}\times\mathrm{curl}\ \mathbf{G}+\mathbf{G}\times\mathrm{curl}\ \mathbf{F}+\mathbf{F}\cdot\nabla\mathbf{G}+\mathbf{G}\cdot\nabla\mathbf{F}$.

(g) $\mathrm{curl\ curl}\ \mathbf{F}=\nabla(\mathrm{div}\ \mathbf{F})-\Delta\mathbf{F}$, 其中 $\Delta\mathbf{F}=(\Delta f_1,\Delta f_2,\Delta f_3)$.

(h) $\Delta(fg)=f\Delta g+2\nabla f\cdot\nabla g+g\Delta f$.

(i) $\mathrm{div}\,(\nabla f\times\nabla g)=0$.

在接下来的两个例子中, 我们证明如下等式成立:

(1) $\mathrm{div\ curl}\ \mathbf{F}=0$.

(2) $\mathrm{curl}\,(\nabla f)=\mathbf{0}$.

例 3.32　假设函数 f 具有连续的二阶偏导数, 来验证 $\mathrm{curl}(\nabla f)=\mathbf{0}$.

$$\begin{aligned}\mathrm{curl}\,(\nabla f)&=\mathrm{curl}\,(f_x,f_y,f_z)\\&=\left(\frac{\partial}{\partial y}f_z-\frac{\partial}{\partial z}f_y,-\left(\frac{\partial}{\partial x}f_z-\frac{\partial}{\partial z}f_x\right),\frac{\partial}{\partial x}f_y-\frac{\partial}{\partial y}f_x\right).\end{aligned}$$

由于二阶连续可微函数的二阶混合偏导数是相等的, 所以上述结论等于 $(0,0,0)$.

例 3.33　令 $\mathbf{F}=(f_1,f_2,f_3)$ 是一个二阶连续可微向量函数. 证明 $\mathrm{div\ curl}\ \mathbf{F}=0$.

$$\mathrm{curl}\ \mathbf{F}=\nabla\times\mathbf{F}=\left(\frac{\partial}{\partial y}f_3-\frac{\partial}{\partial z}f_2,-\left(\frac{\partial}{\partial x}f_3-\frac{\partial}{\partial z}f_1\right),\frac{\partial}{\partial x}f_2-\frac{\partial}{\partial y}f_1\right),$$

因此有

$$\begin{aligned}\text{div curl } \mathbf{F} &= \nabla \cdot (\nabla \times \mathbf{F}) \\ &= \frac{\partial}{\partial x}\left(\frac{\partial}{\partial y}f_3 - \frac{\partial}{\partial z}f_2\right) + \frac{\partial}{\partial y}\left(\frac{\partial}{\partial z}f_1 - \frac{\partial}{\partial x}f_3\right) + \frac{\partial}{\partial z}\left(\frac{\partial}{\partial x}f_2 - \frac{\partial}{\partial y}f_1\right) \\ &= \frac{\partial}{\partial x}\frac{\partial}{\partial y}f_3 - \frac{\partial}{\partial x}\frac{\partial}{\partial z}f_2 + \frac{\partial}{\partial y}\frac{\partial}{\partial z}f_1 - \frac{\partial}{\partial y}\frac{\partial}{\partial x}f_3 + \frac{\partial}{\partial z}\frac{\partial}{\partial x}f_2 - \frac{\partial}{\partial z}\frac{\partial}{\partial y}f_1 \\ &= 0.\end{aligned}$$

问题

3.44 计算如下指定的旋度和散度.

(a) $\text{curl}\,(x, 0, 0)$, $\text{div}(x, 0, 0)$.

(b) $\text{curl}\,(0, x, 0)$, $\text{div}(0, x, 0)$.

(c) $\text{curl}\,(0, 0, x)$, $\text{div}(0, 0, x)$.

3.45 设 $\mathbf{F}(x, y, z)$ 和 $\mathbf{G}(x, y, z)$ 是可微的向量场, 分别满足

$$\text{curl}\,\mathbf{F}(x, y, z) = (5y + 7z, 3x, 0), \quad \text{div}\ \mathbf{F}(1, 2, -3) = 6,$$

$$\text{curl}\,\mathbf{G}(1, 2, -3) = (5, 7, 9), \qquad \text{div}\ \mathbf{G}(x, y, z) = x^2 - zy.$$

(a) 求点 $(1, 2, -3)$ 处的散度 $\text{div}\,(3\mathbf{F} + 4\mathbf{G})$.

(b) 证明 $\text{div curl}\,\mathbf{F}(x, y, z) = 0$.

(c) 求点 $(1, 2, -3)$ 处的旋度 $\text{curl}\,(3\mathbf{F} + 4\mathbf{G})$.

3.46 令 $\mathbf{F}(x, y, z) = (xy^2, yz^2, zx^2)$. 求旋度 $\text{curl}\,\mathbf{F}(1, 2, 3)$ 和散度 $\text{div}\,\mathbf{F}(1, 2, 3)$.

3.47 考虑 $(0, 0)$ 点以外的向量场 $\mathbf{H}(x, y) = \dfrac{(-y, x)}{(x^2 + y^2)^p}$. 画出向量 $\mathbf{H}(1, 0)$, $\mathbf{H}(0, 1)$, $\mathbf{H}(-1, 0)$ 和 $\mathbf{H}(0, -1)$. 证明当 p 分别等于 $1.05, 1, 0.95$ 时, 曲率

$$\text{curl}\ \mathbf{H} = \frac{(2 - 2p)}{(x^2 + y^2)^p}$$

分别是负的、零、正的.

3.48 证明旋度 $\text{curl}\,(u(x, y), v(x, y), 0) = (0, 0, v_x - u_y)$.

3.49 假设 (u, v, w) 是 $\mathbb{R}^3$ 中的向量场, 其旋度满足 $\text{curl}\,(u, v, w) = \mathbf{0}$, 即

$$u_y = v_x, \qquad u_z = w_x, \qquad v_z = w_y.$$

通过验证如下步骤, 证明存在函数 p, 使得 $\nabla p = (u, v, w)$:

$$p_x = u, \qquad p_y = v, \qquad p_z = w.$$

(a) 定义 $p_1 = \int_0^x u(s,y,z)\mathrm{d}s$, 则 $p_{1x} = u$, 且 $p_{1y} = v + n$, 其中 n 不依赖于 x.

(b) 定义 $p_2 = p_1 - c(y,z)$, 其中 $c = \int_0^y n(t,z)\mathrm{d}t$, 则 $p_{2x} = u$ 且 $p_{2y} = v$.

(c) 记 $p_{2z} = w + m$, 则 m 是不依赖于 x 和 y 的.

(d) 定义 $p_3 = p_2 - f(z)$, 其中 $f_z = m$, 则 $p_{3x} = u$, $p_{3y} = v$ 且 $p_{3z} = w$.

3.50 我们称向量场 $\mathbf{F}$ 具有向量势 $\mathbf{G}$, 当它可以表述为 $\mathbf{F} = \operatorname{curl} \mathbf{G}$ 时. 证明除了 x_3 数轴上的点, 在其余点处, 平方反比场 $-\frac{\mathbf{X}}{\|\mathbf{X}\|^3} = -\frac{(x_1,x_2,x_3)}{(x_1^2+x_2^2+x_3^2)^{3/2}}$ 具有向量势

$$\frac{x_3}{(x_1^2+x_2^2+x_3^2)^{1/2}} \frac{(-x_2,x_1,0)}{x_1^2+x_2^2}.$$

3.51 假设一个可微向量函数 $\mathbf{V}(\mathbf{X},t)$, 也就是说, 它依赖于空间和时间四个自变量的三个分量, 给出在 $\mathbb{R}^3$ 中运动的流体质点的速度, 使得 t 时刻位置在 $\mathbf{X}(t)$ 的质点的速度为

$$\frac{\mathrm{d}\mathbf{X}}{\mathrm{d}t} = \mathbf{V}(\mathbf{X}(t),t).$$

(a) 证明质点的加速度为

$$\frac{\mathrm{d}^2\mathbf{X}}{\mathrm{d}t^2} = \mathbf{V} + (D\mathbf{V})\mathbf{V}.$$

(b) 以 $\mathbf{X}(t) = \mathbf{C}_1 + t^{-1}\mathbf{C}_2$ 为例来验证, $\mathbf{V}(\mathbf{X},t) = t^{-1}(\mathbf{C}_1 - \mathbf{X})$, 其中 $\mathbf{C}_1$ 和 $\mathbf{C}_2$ 是常数向量.

3.52 证明当 $\Delta x, \Delta y$ 和 Δz 趋近于零时,

$$\frac{1}{\Delta x\Delta y\Delta z}\begin{bmatrix} (-1,0,0)\times\mathbf{F}(x_0,y_m,z_m)\Delta y\Delta z + (1,0,0)\times\mathbf{F}(x_0+\Delta x,y_m,z_m)\Delta y\Delta z \\ +(0,-1,0)\times\mathbf{F}(x_m,y_0,z_m)\Delta x\Delta z + (0,1,0)\times\mathbf{F}(x_m,y_0+\Delta y,z_m)\Delta x\Delta z \\ +(0,0,-1)\times\mathbf{F}(x_m,y_m,z_0)\Delta x\Delta y + (0,0,1)\times\mathbf{F}(x_m,y_m,z_0+\Delta z)\Delta x\Delta y \end{bmatrix}$$

趋近于 $\operatorname{curl} \mathbf{F}(x_0,y_0,z_0)$. 我们据此来描述旋度 $\operatorname{curl} \mathbf{F}$ 的几何意义.

3.53 证明作用在一个小立方体表面的压力之和为

$$-f(x_0,y_m,z_m)(-1,0,0)\Delta y\Delta z - f(x_0+\Delta x,y_m,z_m)(1,0,0)\Delta y\Delta z$$

$$-f(x_m,y_0,z_m)(0,-1,0)\Delta x\Delta z - f(x_m,y_0+\Delta y,z_m)(0,1,0)\Delta x\Delta z$$

$$-f(x_m,y_m,z_0)(0,0,-1)\Delta x\Delta y - f(x_m,y_m,z_0+\Delta z)(0,0,1)\Delta x\Delta y$$

等于

$$-(f_x(\overline{x},y_m,z_m), f_y(x_m,\overline{y},z_m), f_z(x_m,y_m,\overline{z}))\Delta x\Delta y\Delta z,$$

其中 $\overline{x}$ 是位于 x_0 和 $x_0+\Delta x$ 之间的某数, $\overline{y}$ 是位于 y_0 和 $y_0+\Delta y$ 之间的某数, $\overline{z}$ 是位于 z_0 和 $z_0+\Delta z$ 之间的某数.

3.54 对于从 $\mathbb{R}^3$ 到 $\mathbb{R}$ 的 C^2 函数 u, v, 证明 $\text{div}(v\nabla u) = v\Delta u + \nabla u \cdot \nabla v$.

3.55 对于从 $\mathbb{R}^3$ 到 $\mathbb{R}$ 的 C^2 函数 u, v, 证明 $\Delta(uv) = u\Delta v + v\Delta u + 2\nabla u \cdot \nabla v$.

3.56 证明文中罗列的向量微分等式 (a)—(d).

3.57 证明文中罗列的向量微分等式 (e).

3.58 证明文中罗列的向量微分等式 (f).

3.59 证明文中罗列的向量微分等式 (g)—(i).

3.60 令 $f(y,z)$ 是一个从 $\mathbb{R}^2$ 到 $\mathbb{R}$ 的 C^2 函数, 并假设存在一个数 c 使得

$$f_{yy} + f_{zz} = -c^2 f.$$

(a) 证明向量场 $\mathbf{F} = (cf, f_z, -f_y)$ 具有性质

$$\text{curl } \mathbf{F} = c\mathbf{F}.$$

(b) 证明函数 $f(y,z) = \sin(3y+4z)$ 具有该性质, 并求出相应的向量场 $\mathbf{F}$.

第 4 章　多元函数微分学的应用

摘要　本章介绍多元函数微分学的两个应用, 第一个是在求多元函数极值时的应用, 第二个是用多项式逼近多元函数时的应用.

4.1　多元函数的高阶导数

设函数 $f(x,y)$ 在平面 $\mathbb{R}^2$ 上的一个开集内有定义, 定理 3.10 表明, 若 $f(x,y)$ 的所有二阶偏导数都连续, 则

$$f_{xy}=f_{yx}.$$

对于多元函数的各阶偏导数也有类似的结论.

定义 4.1　f 是 $\mathbb{R}^k$ 到 $\mathbb{R}$ 的函数, 如果它的所有 n 阶混合偏导函数都是连续的, 我们就称函数 f 是 n **阶连续可微的**.

n 阶连续可微函数称为 C^n 函数.

定理 4.1　令 f 是 $\mathbb{R}^k$ 中一个开集到 $\mathbb{R}$ 的 C^n 函数. 只要对每个变量求偏导的次数都相等, 则 f 的任意两个阶数小于等于 n 的同阶混合偏导数都相等.

反复应用定理 3.10 就可以证明这一结果. 例如, 对一个 C^2 函数 $f(x,y,z)$, 若取定 z, 则由定理可得 $f_{xy}=f_{yx}$. 类似地, $f_{yz}=f_{zy}$ 和 $f_{zx}=f_{xz}$ 也成立. 进一步, 若 f 是 C^3 函数, 则应用定理 3.10 五次可得

$$f_{xyz}=f_{xzy}=f_{zxy}=f_{zyx}=f_{yzx}=f_{yxz}.$$

例 4.1　已知

$$f(x,y,z)=x^2yz^4,$$

求 f_{xzyy}. 我们可按照给定的次序求导.

$$f_x=2xyz^4,\quad f_{xz}=8xyz^3,\quad f_{xzy}=8xz^3,\quad f_{xzyy}=0.$$

另一方面, 由定理 4.1, 有

$$f_{xzyy}=f_{yyxz}.$$

由于 $f_{yy}=0$, 可得 $f_{yyxz}=0$.

偏微分方程涉及多元函数的偏导数. 如果一个函数满足这个方程, 我们就称它为这个偏微分方程的一个解.

例 4.2 令 $u(x,y,z,t)=\mathrm{e}^{-kt}(\cos x+\cos y+\cos z)$. 下面证明 u 满足偏微分方程

$$u_t-k\Delta u=0,$$

其中 Δ 是拉普拉斯算子, 定义为 $\Delta u=u_{xx}+u_{yy}+u_{zz}$. 简单计算可得

$$\begin{aligned}u_t&=-k\mathrm{e}^{-kt}(\cos x+\cos y+\cos z),\\u_{xx}&=\mathrm{e}^{-kt}(-\cos x),\\u_{yy}&=\mathrm{e}^{-kt}(-\cos y),\\u_{zz}&=\mathrm{e}^{-kt}(-\cos z).\end{aligned}$$

因此

$$k\Delta u=k\mathrm{e}^{-kt}(-\cos x-\cos y-\cos z)=u_t,$$

u 满足方程 $u_t-k\Delta u=0$.

问题

4.1 求下列偏导数.

(a) $f(x,y,z)=(x^2+y^2+z^2)^{-1/2}$, 其中 $(x,y,z)\neq(0,0,0)$, 求 f_{xx} 和 f_{zz}.

(b) $f(x,y,z)=xy+yz+zx$, 求 f_{xyz}.

(c) g 是 $\mathbb{R}^3$ 到 $\mathbb{R}$ 的三阶连续可微函数, 求 $g_{xxy}-g_{xyx}$.

(d) $\mathbf{A}=(a_1,\cdots,a_n)$ 是一个常向量, $\mathbf{X}=(x_1,\cdots,x_n)$, 函数 $h(\mathbf{X})=\mathbf{A}\cdot\mathbf{X}$, 求 h_{x_j} 和 $h_{x_jx_k}$.

4.2 求下列偏导数.

(a) $\dfrac{\partial}{\partial x_3}\left(x_1^2+2^2x_2^2+3^3x_3^2\right)$.

(b) $\dfrac{\partial}{\partial x_k}\left(\displaystyle\sum_{j=1}^{n}j^2x_j^2\right)$.

(c) $(x^3y+y^3z+z^3w)_{yyw}$.

(d) $\mathbf{X}\in\mathbb{R}^n, n\geqslant 5$, 求 $\dfrac{\partial}{\partial x_5}(\|\mathbf{X}\|^2)$.

(e) $\mathbf{X}\in\mathbb{R}^n, n\geqslant 5$, 求 $\dfrac{\partial^2}{\partial x_5\partial x_3}(\|\mathbf{X}\|^2)$.

4.3 函数 $f(x,y)=(x^2+y^2)^{3/2}$, 求 f_{xy}.

4.4 函数 $f(\mathbf{X})=\cos(\mathbf{A}\cdot\mathbf{X})$, 其中 $\mathbf{X}\in\mathbb{R}^n$, $\mathbf{A}$ 是 $\mathbb{R}^n$ 中的常向量, 即

$$f(x_1,\ x_2,\cdots,\ x_n)=\cos(a_1x_1+a_2x_2+\cdots+a_nx_n).$$

(a) 证明 $f_{x_1} = -a_1 \sin(\mathbf{A} \cdot \mathbf{X})$.

(b) 求偏导数 $f_{x_2x_2}$ 和 $f_{x_3x_2x_2x_4}$.

(c) 验证 $f_{x_1x_1} + f_{x_2x_2} + \cdots + f_{x_nx_n} = -\|\mathbf{A}\|^2 f$ 成立.

4.5　定义 $g(x, y, z, w) = \mathrm{e}^{ax+by+cz+dw}$, 其中 a, b, c, d 为常数.

(a) 证明 $g_x = ag$.

(b) 求偏导数 g_{xxww} 和 g_{yyzz}.

(c) 如果 g 满足方程

$$g_{xxww} + g_{yyzz} - 2g_{xyzw} = 0,$$

常数 a, b, c, d 满足什么关系?

(d) 如果 g 满足方程

$$g_{xxww} + g_{yyzz} - 2g = 0.$$

常数 a, b, c, d 满足什么关系?

4.6　f 和 g 是 $\mathbb{R}^n$ 到 $\mathbb{R}$ 的函数, f 和 g 的线性组合满足

$$\frac{\partial}{\partial x_k}(af + bg) = a\frac{\partial f}{\partial x_k} + b\frac{\partial g}{\partial x_k}, \qquad k = 1, \cdots, n,$$

其中 a 和 b 为常数. 如果 f, g 和 h 是 C^4 函数, 证明

(a) $\dfrac{\partial^2}{\partial x_k^2}(af + bg) = a\dfrac{\partial^2 f}{\partial x_k^2} + b\dfrac{\partial^2 g}{\partial x_k^2}$.

(b) $\dfrac{\partial^3}{\partial x_k^2 \partial_{x\ell}}(af + bg) = a\dfrac{\partial^3 f}{\partial x_k^2 \partial_{x\ell}} + b\dfrac{\partial^3 g}{\partial x_k^2 \partial_{x\ell}}$, $k, \ell = 1, 2, \cdots, n$.

(c) $(af + bg + ch)_{x_1} = af_{x_1} + bg_{x_1} + ch_{x_1}$.

(d) 如果 f, g, h 是 $\mathbb{R}^5$ 到 $\mathbb{R}$ 的 C^4 函数, 则

$$(af + bg + ch)_{x_1x_3x_4x_2} = af_{x_1x_4x_3x_2} + bg_{x_2x_3x_4x_1} + ch_{x_1x_3x_4x_2}.$$

4.7　已知 $\mathbf{X} \in \mathbb{R}^n$, $t > 0$, 证明函数 $u(\mathbf{X}, t) = t^{-n/2}\mathrm{e}^{-\|\mathbf{X}\|^2/4t}$, 满足方程

$$u_t = u_{x_1x_1} + u_{x_2x_2} + \cdots + u_{x_nx_n}.$$

4.8　如果 $f(x, y)$ 是 C^2 函数, 它至多有三个不同的二阶偏导函数, 即 f_{xx}, f_{xy} 和 f_{yy}. 如果 $f(x_1, x_2, x_3, x_4)$ 是 C^3 函数, 它至多有多少个不同的三阶偏导函数呢?

4.9　$\mathbf{X} \in \mathbb{R}^n (n \geqslant 3)$, 设 $u(\mathbf{X})$ 有二阶偏导函数, 定义 $\Delta u = u_{x_1x_1} + u_{x_2x_2} + \cdots + u_{x_nx_n}$. 令 $r = \|\mathbf{X}\|$. 证明

(a) 对任意常数 p, 以及 $r \neq 0$, 有 $(r^p)_{x_j} = pr^{p-2}x_j$.

(b) 对任意 $r \neq 0$, 有 $\Delta(r^{2-n}) = 0$.

4.10 设 u 是 $\mathbb{R}^2$ 到 $\mathbb{R}$ 的 C^4 函数. 定义 $\Delta u = u_{xx} + u_{yy}$.

(a) 证明 $\Delta(\Delta u) = u_{xxxx} + 2u_{xxyy} + u_{yyyy}$.

(b) 分别选取适当的常数 $a, b, c \neq 0$, 使多项式函数 $u(x,y) = ax^4 + bx^2y^2 + cy^4$ 满足 $\Delta(\Delta u)$ 恒正、恒负、恒等于 0.

(c) 证明对于 $(x,y) \neq (0,0)$, $\Delta(x^2+y^2)^{1/2} = (x^2+y^2)^{-1/2}$.

(d) 设 $u(x,y) = v(r)$, 其中 $r = \sqrt{x^2+y^2} > 0$, v 是 $\mathbb{R}$ 到 $\mathbb{R}$ 的 C^2 函数. 证明

$$\Delta u = v_{rr} + r^{-1}v_r.$$

(e) 证明对 $(x,y) \neq (0,0)$, $\Delta(\Delta(x^2+y^2)^{1/2}) = (x^2+y^2)^{-3/2}$.

4.11 设 $u(x,y,z)$ 是 $\mathbb{R}^3$ 到 $\mathbb{R}$ 的 C^2 函数. 定义 $\Delta u = u_{xx} + u_{yy} + u_{zz}$, 并令 $r = \sqrt{x^2+y^2+z^2}$.

(a) 证明对于 $(x,y,z) \neq (0,0,0)$, $\Delta(x^2+y^2+z^2)^{1/2} = 2(x^2+y^2+z^2)^{-1/2}$.

(b) 设 $u(x,y,z) = v(r)$, 其中 v 是 $\mathbb{R}$ 到 $\mathbb{R}$ 的 C^2 函数. 证明对 $r > 0$, 有

$$\Delta u = v_{rr} + 2r^{-1}v_r.$$

(c) 证明对于 $(x,y,z) \neq (0,0,0)$, $\Delta(\Delta(x^2+y^2+z^2)^{1/2}) = 0$.

4.12 $\mathbf{F}(x,y,z,t) = (f_1(x,y,z,t), f_2(x,y,z,t), f_3(x,y,z,t))$ 是 $\mathbb{R}^4$ 内一个开集上的 C^2 函数. 定义

$$\begin{aligned}
\text{curl } \mathbf{F} &= \left(\frac{\partial f_3}{\partial y} - \frac{\partial f_2}{\partial z}, \frac{\partial f_1}{\partial z} - \frac{\partial f_3}{\partial x}, \frac{\partial f_2}{\partial x} - \frac{\partial f_1}{\partial y}\right), \\
\text{div } \mathbf{F} &= \frac{\partial f_1}{\partial x} + \frac{\partial f_2}{\partial y} + \frac{\partial f_3}{\partial z}, \\
\Delta \mathbf{F} &= (\Delta f_1, \Delta f_2, \Delta f_3).
\end{aligned}$$

(a) 证明 $\text{curl}(\mathbf{F}_t) = (\text{curl } \mathbf{F})_t$.

(b) 证明 $\text{curl}(\text{curl}\,\mathbf{F}) = \boldsymbol{\nabla}\text{div}\mathbf{F} - \Delta\mathbf{F}$.

(c) 设

$$\mathbf{E}(x,y,z,t) = (E_1(x,y,z,t), E_2(x,y,z,t), E_3(x,y,z,t))$$

和

$$\mathbf{B}(x,y,z,t) = (B_1(x,y,z,t), B_2(x,y,z,t), B_3(x,y,z,t))$$

是 $\mathbb{R}^4$ 内某开集上的 C^2 函数, 满足如下的麦克斯韦方程:

$$\mathbf{E}_t = \text{curl } \mathbf{B}, \quad \mathbf{B}_t = -\text{curl } \mathbf{E}, \quad \text{div } \mathbf{E} = 0, \quad \text{div } \mathbf{B} = 0.$$

证明 $\mathbf{E}_{tt} = \Delta\mathbf{E}$ 和 $\mathbf{B}_{tt} = \Delta\mathbf{B}$.

(d) 验证函数

$$\mathbf{B}(\mathbf{X}, t) = (\cos(y-t), 0, 0), \qquad \mathbf{E}(\mathbf{X}, t) = (0, 0, \cos(y-t))$$

满足麦克斯韦方程. 图 4.1 中左图给出了某一时刻 t 时电磁场的图, 右图给出稍后时刻电磁场的图.

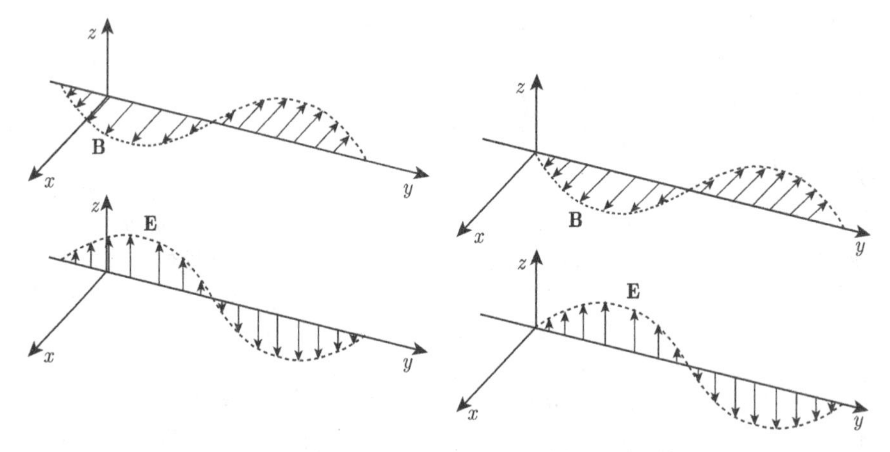

图 4.1　问题 4.12(d) 两个不同时刻 t 的电磁场

4.2　二元函数的极值

类似于一元函数, $\mathbb{R}^n$ 到 $\mathbb{R}$ 的多元函数 f 在其定义域内也可能有局部最大或最小值, 即极大值或极小值.

定义 4.2　设 $f: D \subset \mathbb{R}^n \to \mathbb{R}$. D 是 $\mathbb{R}^n$ 中一个以点 $\mathbf{A}$ 为中心的开邻域, 如果对任意 $\mathbf{X} \in D$, 都有

$$f(\mathbf{X}) \geqslant f(\mathbf{A}),$$

则称 f 在 D 内点 $\mathbf{A}$ 处取到**极小值** $f(\mathbf{A})$, 点 $\mathbf{A}$ 称为极小值点; 如果对任意 $\mathbf{X} \in D$, 都有

$$f(\mathbf{X}) \leqslant f(\mathbf{A}),$$

则称 f 在 D 内点 $\mathbf{A}$ 处取到**极大值** $f(\mathbf{A})$, 点 $\mathbf{A}$ 称为极大值点. 极小值点和极大值点统称为 f 在 D 内的极值点. 如果对一切 $\mathbf{X} \in D$ 且 $\mathbf{X} \neq \mathbf{A}$, 都有 $f(\mathbf{X}) > f(\mathbf{A})$ 或 $f(\mathbf{X}) < f(\mathbf{A})$, 则称 $f(\mathbf{A})$ 为**严格**极小值或极大值.

回忆起, 对一元可微函数 f, 若它在定义区间的某内点 a 处取得极值, 则必然有

$$f'(a) = 0.$$

对于多元函数, 也有类似结论.

一阶导数检验

对内部的局部极值, 有下述一阶必要条件.

定理 4.2 *f 是 $D \subset \mathbb{R}^n$ 到 $\mathbb{R}$ 的可微函数, $\mathbf{A}$ 是 D 的内点. 设 f 在点 $\mathbf{A}$ 取得极值 $f(\mathbf{A})$, 则 f 的各个一阶偏导函数在点 $\mathbf{A}$ 等于 0, 即*

$$\boldsymbol{\nabla} f(\mathbf{A}) = \mathbf{0}.$$

证明 利用一元函数的结论, 可直接得到这个结果. 设 $f(x_1, \cdots, x_n)$ 在 D 的内点 $\mathbf{A}$ 处取得极值. 固定其他变元, 只有第 i 个变元 x_i 变动 (图 4.2). 由于 $\mathbf{A}$ 是内点, 一元函数

$$f(a_1, \cdots, a_{i-1}, x_i, a_{i+1}, \cdots, a_n)$$

在以 a_i 为中心的某个区间内的 $x_i = a_i$ 处取得极值. 利用一元函数的结论, 可得

$$\frac{\partial f}{\partial x_i}(\mathbf{A}) = 0.$$

同理, 对所有 $i = 1, \cdots, n$, 结论都成立. **证毕.**

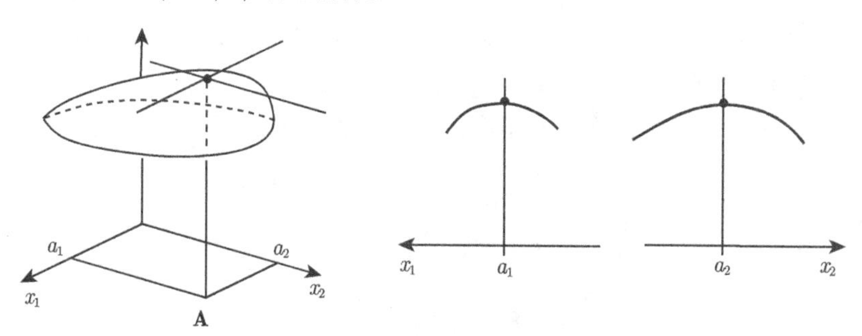

图 4.2 左: 函数 f 的图像在点 (a_1, a_2) 取得极大值; 中: $f(x_1, a_2)$ 在点 a_1 取得极大值; 右: $f(a_1, x_2)$ 在点 a_2 取得极大值

例 4.3 *在图 4.3 中,*

$$f(x, y) = x^2 + y^2, \qquad g(x, y) = -x^2 - y^2, \qquad h(x, y) = y^3.$$

f 在点 $(0,0)$ 取得极小值, 其偏导函数 $f_x = 2x$ 和 $f_y = 2y$ 在点 $(0,0)$ 处取值为零. g 在点 $(0,0)$ 取得极大值, 其偏导函数 $g_x(0,0) = 0$ 和 $g_y(0,0) = 0$. 由于

$\nabla h(x, y) = (0, 3y^2)$, 所以

$$\nabla h(0,0) = \mathbf{0}$$

也成立. 但由于

$$h(0, y) = y^3$$

在点 $(0,0)$ 附近既有使函数取正值的点, 也有使函数取负值的点, 所以点 $(0,0)$ 既非函数 h 的极大值点也非极小值点.

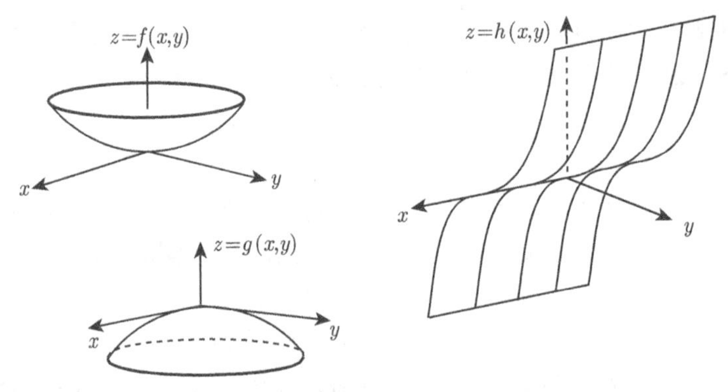

图 4.3　例 4.3 中函数 f, g, h 的图像

二阶导数检验

从上面例子我们看到, $\mathbb{R}^n$ 到 $\mathbb{R}$ 的多元函数 f 如果满足 $\nabla f(\mathbf{A}) = \mathbf{0}$, 它可能在点 $\mathbf{A}$ 取得极大值、极小值或者不取得极值. 为考察函数在区域内的极值点, 我们进一步研究函数的二阶导数. 先回顾一元函数的情形.

设 $f(x)$ 是一个二阶连续可微函数, 则由泰勒定理有

$$f(a+h) = f(a) + f'(a)h + \frac{f''(c)}{2}h^2,$$

其中 c 介于 a 和 $a+h$ 之间. 如果 $f'(a) = 0$, 可得

$$f(a+h) - f(a) = \frac{f''(c)}{2}h^2.$$

由于 f'' 连续, 如果 $f''(a) > 0$, 则 f'' 在点 a 的某个邻域内都是正的, 从而当 h 充分小时, c 将充分接近 a, 从而 $f''(c) > 0$. 这种情况下

$$f(a+h) = f(a) + \frac{f''(c)}{2}h^2 > f(a),$$

所以 f 在点 a 取得严格极小值. 类似地, 如果 $f'(a) = 0$ 且 $f''(a) < 0$, 则当 h 充分小时, $f''(c)$ 是负的,

$$f(a+h) = f(a) + \frac{f''(c)}{2}h^2 < f(a),$$

所以 f 在点 a 取得严格极大值.

$\mathbb{R}^n$ 到 $\mathbb{R}$ 的函数 f 有很多二阶偏导函数. 可把它们写成矩阵形式:

定义 4.3 f 是 $\mathbb{R}^n$ 内一个开集到 $\mathbb{R}$ 的 C^2 函数, 二阶偏导函数在点 $(x_1,\cdots,x_n)$ 的值所组成的 $n\times n$ 矩阵

$$\mathcal{H}f(x_1,\cdots,x_n)=\begin{bmatrix} f_{x_1x_1} & f_{x_1x_2} & \cdots & f_{x_1x_n}\\ f_{x_2x_1} & f_{x_2x_2} & \cdots & f_{x_2x_n}\\ \vdots & \vdots & & \vdots\\ f_{x_nx_1} & f_{x_nx_2} & \cdots & f_{x_nx_n}\end{bmatrix}$$

称为 f 在点 $(x_1,\cdots,x_n)$ 处的**黑塞矩阵**.

由于 $f_{x_ix_j}=f_{x_jx_i}$, $\mathcal{H}$ 是一个对称矩阵.

为了利用 f 在点 $\mathbf{X}$ 处二阶偏导数来研究函数的性质, 下面介绍正定矩阵的概念. 我们先从二维情形开始.

定义 4.4 $\mathbf{S}$ 是一个对称的 2×2 矩阵, 设

$$\mathbf{S}=\begin{bmatrix} p & q\\ q & r\end{bmatrix},$$

如果对任意 $\mathbf{U}\in\mathbb{R}^2$ 且 $\mathbf{U}=(u,v)\neq\mathbf{0}$, 与矩阵 $\mathbf{S}$ 相关的二次函数

$$S(u,v)=\mathbf{U}\cdot\mathbf{SU}>0,$$

则称矩阵 $\mathbf{S}$ 是**正定的**. 如果 $-\mathbf{S}$ 是正定的, 则称矩阵 $\mathbf{S}$ 是**负定的**. 如果 $\mathbf{U}\cdot\mathbf{SU}$ 既有正值又有负值, 则称矩阵 $\mathbf{S}$ 是**不定的**.

关于正定矩阵, 有下面重要性质.

定理 4.3 令 $\mathbf{S}=\begin{bmatrix} p & q\\ q & r\end{bmatrix}$, 则矩阵 $\mathbf{S}$ 是正定的一个充要条件是: 存在一个正数 m 对所有的 $(u,v)\in\mathbb{R}^2$, 都有

$$S(u,v)=[u\ v]\begin{bmatrix} p & q\\ q & r\end{bmatrix}\begin{bmatrix} u\\ v\end{bmatrix}=pu^2+2quv+rv^2\geqslant m(u^2+v^2). \tag{4.1}$$

证明 如果存在这样的数 m, 显然对所有的 $(u,v)\neq\mathbf{0}$ 都有 $S(u,v)>0$, 所以 $\mathbf{S}$ 是正定的.

反过来, 假设 $\mathbf{S}$ 是正定矩阵. 由于 $S(u,v)$ 是关于 u,v 的多项式, 从而 S 在 $\mathbb{R}^2$ 上是连续函数, 特别地, 在单位圆周 $u^2+v^2=1$ 上连续. 由有界闭集上连续函数的最值定理, S 在单位圆周上某点 (c,d) 处取得最小值 m. 由于 $(c,d)\neq 0$ 且 $\mathbf{S}$ 是

正定的, 这一最小值 $m=S(c,d)$ 是正的, 从而对单位圆周上所有点 (u,v), (4.1) 都成立.

下面证明 (4.1) 对任意向量 (u,v) 都成立. 向量 (u,v) 可以写成一个数乘单位向量 (z,w) 的形式:

$$(u,v)=a(z,w)=(az,aw),\quad a=\sqrt{u^2+v^2},\quad z^2+w^2=1.$$

$S(u,v)$ 等于 a^2 乘以 $S(z,w)$, 因为

$$\begin{aligned}S(u,v)=S(az,\ aw)&=pa^2z^2+2qazaw+ra^2w^2\\&=a^2(pz^2+2qzw+rw^2)=a^2S(z,w).\end{aligned}$$

对于单位圆周上的点 (z,w), 我们已经证明 $S(z,w)\geqslant m=m(z^2+w^2)$. 因此,

$$S(u,v)=a^2S(z,w)\geqslant a^2m(z^2+w^2)=m(u^2+v^2),$$

即证得 (4.1) 成立.

由定理 4.3 可得下面结论.

定理 4.4　设对称矩阵 $\mathbf{S}$ 正定, 并且对任意 $\mathbf{U}=(u,v)\in\mathbb{R}^2$, 都有

$$S(u,v)=\mathbf{U}\cdot\mathbf{SU}\geqslant m(u^2+v^2).$$

如果对称矩阵 $\mathbf{T}$ 的元素足够小, 则矩阵 $\mathbf{S}+\mathbf{T}$ 是正定的, 并且

$$(S+T)(u,v)=\mathbf{U}\cdot(\mathbf{S}+\mathbf{T})\mathbf{U}\geqslant\frac{m}{2}(u^2+v^2).$$

证明　首先证明如果矩阵 $\mathbf{T}$ 的元素足够小, 相应的二元函数 $T(u,v)$ 必定满足

$$T(u,v)\geqslant-\frac{m}{2}(u^2+v^2).$$

设

$$\mathbf{T}=\begin{bmatrix}a&b\\b&c\end{bmatrix},\qquad T(u,v)=[u\ v]\begin{bmatrix}a&b\\b&c\end{bmatrix}\begin{bmatrix}u\\v\end{bmatrix}=au^2+2buv+cv^2.$$

如果 $b\geqslant0$, 利用 $(u+v)^2=u^2+2uv+v^2\geqslant0$ 可得 $2buv\geqslant b(-u^2-v^2)$ 及

$$\begin{aligned}au^2+2buv+cv^2&\geqslant au^2+b(-u^2-v^2)+cv^2\\&=(a-b)u^2+(c-b)v^2.\end{aligned}$$

如果 $b<0$, 利用 $(u-v)^2=u^2-2uv+v^2\geqslant0$ 可得 $b(u^2+v^2)\leqslant2buv$ 及

$$\begin{aligned}au^2+2buv+cv^2&\geqslant au^2+b(u^2+v^2)+cv^2\\&=(a+b)u^2+(c+b)v^2.\end{aligned}$$

取 $|a|,|b|$ 和 $|c|$ 都小于$\frac{m}{4}$, 则 $|a-b|\leqslant|a|+|b|<\frac{m}{2}$, 所以 $a-b\geqslant-\frac{m}{2}$. 对于 $c-b, a+b$ 和 $c+b$, 也有同样结论. 因此当 $|a|,|b|$ 和 $|c|$ 都小于 $\frac{m}{4}$ 时,

$$\begin{aligned}T(u,v)&=au^2+2buv+cv^2\\&\geqslant-\frac{m}{2}(u^2+v^2).\end{aligned}$$

现在把 S 和 T 的不等式作和, 对所有 (u,v), 都有

$$\begin{aligned}(S+T)(u,v)&=S(u,v)+T(u,v)\\&\geqslant m(u^2+v^2)-\frac{m}{2}(u^2+v^2)\\&=\frac{m}{2}(u^2+v^2).\end{aligned}$$

由于$\frac{m}{2}>0$, 所以矩阵 $\mathbf{S}+\mathbf{T}$ 是正定的. **证毕.**

定理 4.5 (二阶导数检验) *f 是开集 $D\subset\mathbb{R}^2$ 内一个 C^2 函数, 在内点 $(c,d)\in D$ 满足*

$$\boldsymbol{\nabla}f(c,d)=\mathbf{0}.$$

令 $\mathcal{H}f(c,d)$ 为 f 在点 (c,d) 的黑塞矩阵, 即

$$\mathcal{H}f(c,d)=\begin{bmatrix}f_{xx}(c,d)&f_{xy}(c,d)\\f_{yx}(c,d)&f_{yy}(c,d)\end{bmatrix}.$$

(a) *如果 $\mathcal{H}f(c,d)$ 是正定的, 则 f 在 (c,d) 取得严格极小值;*

(b) *如果 $\mathcal{H}f(c,d)$ 是负定的, 则 f 在 (c,d) 取得严格极大值;*

(c) *如果 $\mathcal{H}f(c,d)$ 是不定的, 则 f 在 (c,d) 不取得极值.*

证明 (a) 假设 $\mathcal{H}f(c,d)$ 是正定的. 由定理 4.3, 存在 $m>0$, 使得

$$[u\ v]\mathcal{H}f(c,d)\begin{bmatrix}u\\v\end{bmatrix}\geqslant m(u^2+v^2).$$

记矩阵 $\mathbf{T}=\mathcal{H}f(x,y)-\mathcal{H}f(c,d)$, 由定理 4.4, 如果 $\mathbf{T}$ 的所有元素的绝对值都小于 $\frac{m}{4}$, 则

$$\mathcal{H}f(x,y)=\mathcal{H}f(c,d)+\mathbf{T}$$

是正定的. 由于 f 有连续的二阶偏导数, 必然存在以 (c,d) 为中心、半径为 r 的圆, 在其内部, 矩阵 $\mathbf{T}$ 的所有元素的绝对值都小于 $\frac{m}{4}$, 任取圆内一点 (x,y), (u,v) 为 (c,d) 指向 (x,y) 的向量, 即 $(u,v)=(x-c,y-d)$. 定义区间 $[0,1]$ 上关于单变量 t 的函数

$$g(t) = f(c + tu, d + tv).$$

函数 g 给出函数 f 沿 (c, d) 到 (x, y) 的线段上的取值, 其中

$$g(0) = f(c, d), \quad g(a) = f(x, y).$$

利用链式法则, 对 t 求导可得

$$\begin{aligned} g'(t) &= uf_x(c + tu, d + tv) + vf_y(c + tu, d + tv), \\ g''(t) &= u^2 f_{xx}(c + tu, d + tv) + 2uvf_{xy}(c + tu, d + tv) + v^2 f_{yy}(c + tu, d + tv). \end{aligned}$$

根据一元函数的泰勒定理, 存在 $\theta \in (0, 1)$ 使得

$$f(x, y) = g(1) = g(0) + g'(0)(1) + \frac{g''(\theta)}{2}(1)^2.$$

由于 $g'(0) = uf_x(c, d) + vf_y(c, d) = 0u + 0v = 0$, 可得

$$f(x, y) = f(c, d) + \frac{g''(\theta)}{2}. \tag{4.2}$$

$$\begin{aligned} g''(\theta) &= u^2 f_{xx}(c + \theta u, d + \theta v) + 2uvf_{xy}(c + \theta u, d + \theta v) + v^2 f_{yy}(c + \theta u, d + \theta v) \\ &= [u\ v]\mathcal{H}f(c + \theta u, d + \theta v) \begin{bmatrix} u \\ v \end{bmatrix}, \end{aligned}$$

其中 $(c + \theta u, d + \theta v)$ 在 (c, d) 到 (x, y) 的线段上, 所以到 (c, d) 的距离小于 r. 由于 $\mathcal{H}f(c + \theta u, d + \theta v)$ 是正定的, 所以 $g''(\theta)$ 是正的. 利用方程 (4.2) 得

$$f(x, y) > f(c, d).$$

(b) 如果 $\mathcal{H}f(c, d)$ 是负定的, 利用(a) 可得函数 $-f$ 在点 (c, d) 取得严格极小值, 所以函数 f 在点 (c, d) 取得严格极大值.

(c) 如果 $\mathcal{H}f(c, d)$ 是不定的, 则

$$g''(0) = u^2 f_{xx}(c, d) + 2uvf_{xy}(c, d) + v^2 f_{yy}(c, d)$$

在某些点 (u, v) 处取值是正的, 在另外一些点 (u, v) 处取值是负的. 对充分小的 r, $g''(\theta)$ 取值趋近于 $g''(0)$, 所以 $g''(\theta)$ 在某些 (u, v) 取值为正, 在另外一些 (u, v) 处取值为负, 从而在某些点 (x, y) 处 $f(x, y) > f(c, d)$, 在另外一些点处 $f(x, y) < f(c, d)$, 也就是说, 点 (c, d) 既非函数 f 的极大值点也非极小值点, 但是 $\boldsymbol{\nabla} f(c, d) = \mathbf{0}$. 这样的点称为 f 的**鞍点** (图 4.4), 这一名字令我们想起以马为交通工具的旧时代. **证毕.**

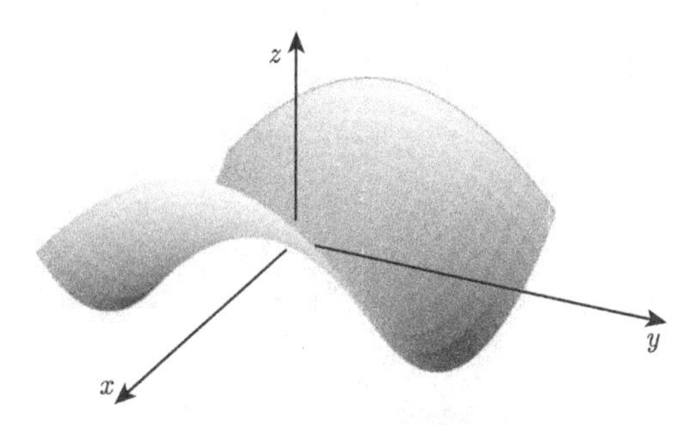

图 4.4　带有一个鞍点的函数的图像

下面的定理给出 2×2 矩阵正定或负定的判定方法.

定理 4.6　给定对称矩阵

$$\mathbf{S}=\begin{bmatrix} p & q \\ q & r \end{bmatrix}.$$

(a) 如果 $p>0$ 且 $pr-q^2>0$, 则 $\mathbf{S}$ 是正定的;

(b) 如果 $p<0$ 且 $pr-q^2>0$, 则 $\mathbf{S}$ 是负定的;

(c) 如果 $pr-q^2<0$, 则 $\mathbf{S}$ 是不定的.

证明　与矩阵 $\mathbf{S}$ 相关的二次函数定义为

$$S(u,v)=pu^2+2quv+rv^2.$$

当 $v\neq 0$ 时,

$$S(u,v)=v^2\left(p\left(\frac{u}{v}\right)^2+2q\frac{u}{v}+r\right).$$

令 $f(t)=pt^2+2qt+r$, 则

$$v^2 f\left(\frac{u}{v}\right)=S(u,v).$$

把 $f(t)$ 写成“完全平方式”

$$f(t)=p\left(t^2+2\frac{q}{p}t+\left(\frac{q}{p}\right)^2\right)+r-\frac{q^2}{p}=p\left(t+\frac{q}{p}\right)^2+\left(r-\frac{q^2}{p}\right).$$

(a) 如果

$$p>0 \quad 且 \quad r-\frac{q^2}{p}>0,$$

即 $p>0$ 且 $pr-q^2>0$, $f\left(\dfrac{u}{v}\right)$ 是正的, 因此 $S(u,v)$ 是正的.

(b) 如果

$$p<0 \quad 且 \quad r-\frac{q^2}{p}<0,$$

即 $p<0$ 且 $pr-q^2>0$, $f\left(\frac{u}{v}\right)$ 是负的, 因此 $S(u,v)$ 是负的. 当 $v=0$ 时,

$$S(u,0)=pu^2$$

与 p 的正负一致.

(c) $pr-q^2<0$ 的情形. 如果 $p>0$, 则 $\frac{pr-q^2}{p}<0$. 选择 (u,v) 使比值 $\frac{u}{v}$ 充分大使得

$$p\left(\frac{u}{v}+\frac{q}{p}\right)^2>-\frac{pr-q^2}{p}$$

成立. 这种情形下 $f\left(\frac{u}{v}\right)>0$, 所以 $S(u,v)>0$.

另一方面, 选取 (u,v) 使得 $\frac{u}{v}=-\frac{q}{p}$, 则

$$f\left(\frac{u}{v}\right)=0+r-\frac{q^2}{p}.$$

由于 $p>0$ 且 $pr-q^2<0$, 可得 $f\left(\frac{u}{v}\right)=r-\frac{q^2}{p}<0$, 所以

$$S(u,v)=v^2f\left(\frac{u}{v}\right)<0.$$

由上面的讨论可知, 在 $pr-q^2<0$ 情形下, 当 $p>0$ 时, $S(u,v)$ 对某些 (u,v) 取值为正, 对某些 (u,v) 取值为负. $p<0$ 时, 类似地讨论可得同样结论. **证毕.**

例 4.4　求函数 $f(x,y)=x^2+2x+y^2+2$ 的极值点. 梯度

$$\nabla f(x,y)=(2x+2,2y),$$

所以唯一的驻点是 $(-1,\ 0)$. f 在 $(-1,0)$ 的黑塞矩阵为

$$\mathcal{H}f(-1,0)=\begin{bmatrix}f_{xx}(-1,0) & f_{xy}(-1,0)\\ f_{yx}(-1,0) & f_{yy}(-1,0)\end{bmatrix}=\begin{bmatrix}2 & 0\\ 0 & 2\end{bmatrix}.$$

由于 $f_{xx}(-1,0)=2>0$ 且 $f_{xx}(-1,\ 0)f_{yy}(-1,\ 0)-f_{xy}^2(-1,0)=4>0$, $\mathcal{H}f(-1,0)$ 正定, 所以 f 在点 $(-1,0)$ 取得严格极小值. 由于 $\nabla f(x,y)$ 对所有 $(x,y)\in\mathbb{R}^2$ 都存在, 且只在点 $(-1,0)$ 处取值为零, 所以极值点唯一.

例 4.5　求函数 $f(x,y)=x^2-y^2$ 的极值点. 由

$$\nabla f(x,y)=(2x,-2y)$$

得 $\nabla f(0,0)=(0,0)$. 函数 f 的二阶偏导数为

$$f_{xx}(x,y)=2,\qquad f_{yy}(x,y)=-2,\qquad f_{xy}(x,y)=f_{yx}(x,y)=0.$$

矩阵

$$\mathcal{H}f(0,0) = \begin{bmatrix} 2 & 0 \\ 0 & -2 \end{bmatrix}.$$

所以有 $f_{xx}(0,0)f_{yy}(0,0) - f_{xy}^2(0,0) = 2(-2) - 0^2 = -4 < 0$, 从而 f 以 $(0,0)$ 为鞍点(图 4.4). 函数 f 没有极值点.

例 4.6 求函数 $f(x,y) = 2x^2 - xy + y^4$ 的极值点. 梯度

$$\nabla f(x,y) = (4x - y,\ -x + 4y^3),$$

当 $x = \frac{1}{4}y$ 且 $-x + 4y^3 = 0$ 时, $\nabla f(x,y) = (0,0)$. 这意味着 $-\frac{1}{4}y + 4y^3 = 0$, 其解为 $y = 0, \pm\frac{1}{4}$, 由于 $x = \frac{1}{4}y$, 从而求得全部驻点为

$$(0,0), \qquad \left(\frac{1}{16}, \frac{1}{4}\right), \qquad \left(-\frac{1}{16}, -\frac{1}{4}\right).$$

又黑塞矩阵 $\mathcal{H}f(x,y) = \begin{bmatrix} 4 & -1 \\ -1 & 12y^2 \end{bmatrix}$, 所以对 $(0,0)$ 点, 其黑塞矩阵为

$$\mathcal{H}f(0,0) = \begin{bmatrix} 4 & -1 \\ -1 & 0 \end{bmatrix},$$

由于其行列式 $\det \mathcal{H}f = 4 \cdot 0 - (-1)^2 < 0$, 可知 $(0,0)$ 是鞍点.

对 $\left(\frac{1}{16}, \frac{1}{4}\right)$ 点, 其黑塞矩阵为

$$\mathcal{H}f\left(\frac{1}{16}, \frac{1}{4}\right) = \begin{bmatrix} 4 & -1 \\ -1 & \frac{12}{16} \end{bmatrix},$$

由于 $4 > 0$, 且其行列式 $\det \mathcal{H}f = 4 \cdot \frac{12}{16} - (-1)^2 = 3 - 1 = 2 > 0$, 所以 f 在点 $\left(\frac{1}{16}, \frac{1}{4}\right)$ 取得严格极小值.

对 $\left(-\frac{1}{16}, -\frac{1}{4}\right)$ 点, 其黑塞矩阵为

$$\mathcal{H}f\left(-\frac{1}{16}, -\frac{1}{4}\right) = \begin{bmatrix} 4 & -1 \\ -1 & \frac{12}{16} \end{bmatrix}.$$

与上一个黑塞矩阵相同, 所以 f 在点 $\left(-\frac{1}{16}, -\frac{1}{4}\right)$ 也取得严格极小值.

例 4.7　三个函数

$$f(x,y)=x^2, \qquad x^3, \qquad -x^2$$

都有 $\nabla f(0,0)=\mathbf{0}$, 且黑塞矩阵

$$\mathcal{H}f(0,0)=\begin{bmatrix}0 & 0\\ 0 & 0\end{bmatrix}.$$

$\mathcal{H}f(0,0)$ 既非正定又非负定. 但对函数 $f(x,y)=x^2, f(0,0)$ 为极小值; 对 $f(x,y)=x^3$, $f(0,0)$ 非极值; 而对 $f(x,y)=-x^2, f(0,0)$ 是极大值. 对本例中的函数的极值问题, 根据黑塞矩阵无法判断.

问题

4.13　已知函数 $f(x,y)=(x-1)^2+2(y-2)^2+(y-2)^3=1-2x+x^2+4y-4y^2+y^3$.

(a) 计算 ∇f, 并求出满足 $\nabla f=\mathbf{0}$ 的两个点.

(b) 求 f 的黑塞矩阵 $\mathcal{H}f$, 并求出它在(a) 中所确定的两个点处的取值.

(c) 判断 f 在这两个点处是否取得极值, 抑或是鞍点.

4.14　由于计算有误, 一个对称 2×2 矩阵 $\mathbf{A}$ 被写成了对称矩阵 $\mathbf{S}$, 矩阵 $\mathbf{S}$ 的 (i,j) 元与矩阵 $\mathbf{A}$ 的 (i,j) 元误差在 10^{-3} 以内. 如果 $S(u,v)\geqslant 3\times 10^{-2}(u^2+v^2)$, 证明矩阵 $\mathbf{A}$ 正定.

4.15　求对称矩阵 $\mathbf{S}$, 把下面的二次函数写成 $\mathbf{X}\cdot\mathbf{S}\mathbf{X}$ 形式:

(a) $3x_1^2+4x_1x_2+x_2^2$.

(b) $-x_1^2+5x_1x_2+3x_2^2$.

4.16　已知函数 $f(x,y)=x^2+2xy+y^3$, 求其所有极值.

4.17　已知函数 $f(x,y)=-x^3+x^2+xy+3y^2$, 证明 $f(0,0)$ 是极小值.

4.18　$\mathbf{A}=(a_1,\ a_2)$, $\mathbf{B}=(b_1,\ b_2)$ 和 $\mathbf{C}=(c_1,\ c_2)$ 为 $\mathbb{R}^2$ 中的三个点, 函数 $f(x,y)$ 为点 $\mathbf{P}=(x,y)$ 到 $\mathbf{A},\mathbf{B}$ 以及 $\mathbf{C}$ 的距离之和.

(a) 如果 $\nabla f(\mathbf{P})=\mathbf{0}$, 证明单位向量之和

$$\frac{\mathbf{P}-\mathbf{A}}{\|\mathbf{P}-\mathbf{A}\|}+\frac{\mathbf{P}-\mathbf{B}}{\|\mathbf{P}-\mathbf{B}\|}+\frac{\mathbf{P}-\mathbf{C}}{\|\mathbf{P}-\mathbf{C}\|}=\mathbf{0}.$$

(b) 证明三个单位向量之和为零当且仅当每对向量之间的夹角为 120 度, 见图 4.5.

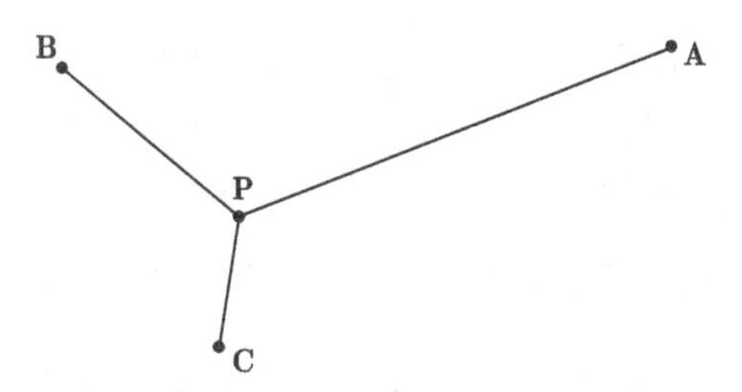

图 4.5 问题 4.18 中 $\mathbf{P}$ 到 $\mathbf{A}$, $\mathbf{B}$ 和 $\mathbf{C}$ 的距离之和的最小值

4.19 求 m 的范围使得

$$x^2 + qxy + y^2$$

在 $|q| < m$ 时正定.

4.20 设平面上的 C^2 函数 $f(x,y)$ 满足

$$f_{xx} + f_{yy} = 0.$$

(a) 假设 f_{xx} 在任意点取值都不等于零. 证明 f 无极值.

(b) 假设对每个点 (x,y), 二阶偏导函数 f_{xx}, f_{xy} 或者 f_{yy} 至少有一个不等于零. 证明 f 无极值.

4.21 已知 $f(x,y) = x^2 + 2y^2$ 和 $g(x,y) = x^4 + 2y^2$. 证明 f 和 g 在原点取得严格极值. 证明二阶偏导矩阵 $\mathcal{H}f(0,0)$ 正定, 而 $\mathcal{H}g(0,0)$ 不是正定的.

4.22 求原点到平面

$$z = x - 2y + 3$$

上的点的距离平方的极小值. 根据这一极小值确定平面上一个点, 使之到原点距离最近.

4.23 证明问题 4.22 中所找到的点与原点的连线是平面在这一点处的法向量. 并作图解释这一情况.

4.3 多元函数的极值

4.2 节所给出的关于二元函数的结论可推广到三元函数及三元以上的函数.

泰勒定理

回顾可微函数的定义, 函数 f 定义在 $\mathbb{R}^n$ 中一个开集内, 如果 f 能被 $f(\mathbf{A}) + \nabla f(\mathbf{A}) \cdot (\mathbf{X} - \mathbf{A})$ 很好地近似, 就称 f 在点 $\mathbf{A}$ 处是可微的. 即

$$f(\mathbf{X}) = f(\mathbf{A}) + \nabla f(\mathbf{A}) \cdot (\mathbf{X} - \mathbf{A}) + R(\mathbf{A}, \mathbf{X} - \mathbf{A}),$$

其中 $R(\mathbf{A},\mathbf{X}-\mathbf{A})$ 满足: 当 $\|\mathbf{X}-\mathbf{A}\|$ 趋于零时, $\dfrac{R(\mathbf{A},\mathbf{X}-\mathbf{A})}{\|\mathbf{X}-\mathbf{A}\|}$ 趋于零. 令

$$p_1(\mathbf{X}) = f(\mathbf{A}) + \nabla f(\mathbf{A})\cdot(\mathbf{X}-\mathbf{A}) = f(\mathbf{A}) + \sum_{i=1}^{n} f_{x_i}(\mathbf{A})(x_i - a_i).$$

称 p_1 为 f 在点 $\mathbf{A}$ 处的**一阶泰勒近似**. 令 $\mathbf{H}=\mathbf{X}-\mathbf{A}$, 则

$$p_1(\mathbf{X}) = p_1(\mathbf{A}+\mathbf{H}) = f(\mathbf{A}) + \nabla f(\mathbf{A})\cdot\mathbf{H} = f(\mathbf{A}) + \sum_{i=1}^{n} f_{x_i}(\mathbf{A})h_i.$$

例 4.8　写出函数

$$f(x,y,z) = \sin x + 2y + \mathrm{e}^{yz}$$

在点 $(0,0,0)$ 的一阶泰勒近似, 并利用它近似表示 $f(0.1,\ 0.2,\ 0.01)$.

函数 f 的梯度为

$$\nabla f(x,y,z) = (\cos x, 2 + z\mathrm{e}^{yz}, y\mathrm{e}^{yz}),$$

$\nabla f(0,0,0) = (1,2,0)$, 从而 f 在 $(0,0,0)$ 的一阶泰勒近似为

$$p_1(\mathbf{0}+\mathbf{H}) = p_1(h_1,h_2,h_3) = f(0,0,0) + \nabla f(0,0,0)\cdot(h_1,h_2,h_3) = 1 + h_1 + 2h_2,$$

所以 $f(0.1,\ 0.2,\ 0.01) \approx p_1(0.1,\ 0.2,\ 0.01) = 1 + 0.1 + 0.4 = 1.5$.

设函数 f 是 $\mathbb{R}^n$ 到 $\mathbb{R}$ 的一个 C^3 函数, 定义在 $\mathbb{R}^n$ 中一个开集内, 此开集含有一个以点 $\mathbf{A}$ 为中心的开球, 令 $\mathbf{X}=\mathbf{A}+\mathbf{H}$ 为球内一点. 定义函数

$$g(t) = f(\mathbf{A}+t\mathbf{H}),$$

其中 t 属于一个含有 0 和 1 的开区间. 对 $0 \leqslant t \leqslant 1$, 点 $\mathbf{A}+t\mathbf{H}$ 在以 $\mathbf{A}$ 和 $\mathbf{A}+\mathbf{H}$ 为端点的线段上, 且 $g(0)=f(\mathbf{A})$, $g(1)=f(\mathbf{A}+\mathbf{H})$. 由于 g 在这个含有区间 $[0,\ 1]$ 的开区间内是一个 C^3 函数, 我们可以计算 g', g'' 和 g''', 并写出函数 g 的带余项的二阶泰勒公式. 由链式法则,

$$g'(t) = \nabla f(\mathbf{A}+t\mathbf{H})\cdot\mathbf{H} = \sum_{i=1}^{n} f_{x_i}(\mathbf{A}+t\mathbf{H})h_i.$$

再由链式法则,

$$\begin{aligned} g''(t) &= \frac{\mathrm{d}}{\mathrm{d}t}\left(\sum_{i=1}^{n} h_i f_{x_i}(\mathbf{A}+t\mathbf{H})\right) = \sum_{i=1}^{n} h_i \left(\sum_{j=1}^{n} f_{x_i x_j}(\mathbf{A}+t\mathbf{H})h_j\right) \\ &= \sum_{i,j=1}^{n} h_i f_{x_i x_j}(\mathbf{A}+t\mathbf{H})h_j. \end{aligned}$$

在 $t=0$ 处, $g'(0)=\sum_{i=1}^{n} f_{x_i}(\mathbf{A})h_i$,

$$g''(0)=\sum_{i,j=1}^{n} h_i f_{x_ix_j}(\mathbf{A})h_j=[h_1\ h_2\ \cdots\ h_n][f_{x_ix_j}(\mathbf{A})]\begin{bmatrix}h_1\\h_2\\\vdots\\h_n\end{bmatrix},$$

其中 $[f_{x_ix_j}(\mathbf{A})]$ 是 f 在点 $\mathbf{A}$ 的黑塞矩阵. 再由链式法则

$$g'''(t)=\sum_{i,j,k=1}^{n} h_ih_jh_kf_{x_ix_jx_k}(\mathbf{A}+t\mathbf{H}).$$

根据一元函数的泰勒定理, 存 $\theta\in(0,\ 1)$ 使得

$$g(1)=g(0)+g'(0)+\frac{1}{2}g''(0)+\frac{1}{3!}g'''(\theta).$$

这样就把 $f(\mathbf{A}+\mathbf{H})$ 用它的**二阶泰勒近似** $p_2(\mathbf{A}+\mathbf{H})$ 加上余项表示出来. 指定 $\mathbf{H}$ 为列向量 $\begin{bmatrix}h_1\\\vdots\\h_n\end{bmatrix}$ 以及 $\mathbf{H}^{\mathrm{T}}$ 为行向量 $(h_1,\cdots,h_n)$, 可得

$$\begin{aligned}f(\mathbf{A}+\mathbf{H})&=f(\mathbf{A})+\nabla f(\mathbf{A})\cdot\mathbf{H}+\frac{1}{2}\mathbf{H}^{\mathrm{T}}[f_{x_ix_j}(\mathbf{A})]\mathbf{H}+R_2(\mathbf{A},\mathbf{H})\\&=p_2(\mathbf{A}+\mathbf{H})+R_2(\mathbf{A},\mathbf{H}).\end{aligned}$$

利用三角不等式, 得

$$\begin{aligned}|R_2(\mathbf{A},\mathbf{H})|&=\left|\frac{1}{3!}\sum_{i,j,k=1}^{n} h_ih_jh_kf_{x_ix_jx_k}(\mathbf{A}+\theta\mathbf{H})\right|\\&\leqslant\frac{1}{3!}\sum_{i,j,k=1}^{n}\left|h_ih_jh_kf_{x_ix_jx_k}(\mathbf{A}+\theta\mathbf{H})\right|.\end{aligned}$$

由于每个 $|h_i|\leqslant\|\mathbf{H}\|$, 所以 $|R_2(\mathbf{A},\mathbf{H})|\leqslant\frac{1}{3!}\|\mathbf{H}\|^3\sum_{i,j,k=1}^{n}|f_{x_ix_jx_k}(\mathbf{A}+\theta\mathbf{H})|$.

由于三阶偏导函数在以 $\mathbf{A}$ 为中心、$\|\mathbf{H}\|$ 为半径的闭球上是连续的, 所以有界. 令 K 为上式右边

$$\sum_{i,j,k=1}^{n}|f_{x_ix_jx_k}(\mathbf{A}+\theta\mathbf{H})|$$

的一个上界, 则

$$|R_2(\mathbf{A},\mathbf{H})| \leqslant \frac{1}{3!}K\|\mathbf{H}\|^3 = k\|\mathbf{H}\|^3,$$

当 $\mathbf{H} \neq \mathbf{0}$ 时, $0 \leqslant \dfrac{|R_2(\mathbf{A},\mathbf{H})|}{\|\mathbf{H}\|^2} \leqslant k\|\mathbf{H}\|$, 所以当 $\mathbf{H}$ 趋于零时, $\dfrac{|R_2(\mathbf{A},\mathbf{H})|}{\|\mathbf{H}\|^2}$ 也趋于零.

对于 C^m 函数, 我们定义函数 f 在点 $\mathbf{A}$ 的 m **阶泰勒近似**为

$$\begin{aligned} p_m(\mathbf{A}+\mathbf{H}) = f(\mathbf{A}) &+ \sum_{i_1=1}^{n} h_{i_1} f_{x_{i_1}}(\mathbf{A}) + \frac{1}{2}\sum_{i_1,i_2=1}^{n} h_{i_1}h_{i_2} f_{x_{i_1}x_{i_2}}(\mathbf{A}) \\ &+ \cdots + \frac{1}{m!}\sum_{i_1,\cdots,i_m=1}^{n}(h_{i_1}h_{i_2}\cdots h_{i_m}) f_{x_{i_1}x_{i_2}\cdots x_{i_m}}(\mathbf{A}). \end{aligned}$$

与证明二阶泰勒近似方法相同, 我们可以证明下面定理.

定理 4.7 (泰勒定理)　设函数 f 定义在一个以 $\mathbf{A}$ 为中心的开球上, 是 $\mathbb{R}^n$ 到 $\mathbb{R}$ 的 C^{m+1} 函数, 则对球内一点 $\mathbf{A}+\mathbf{H}$, 有

$$\begin{aligned} f(\mathbf{A}+\mathbf{H}) = f(\mathbf{A}) &+ \sum_{i_1=1}^{n} h_{i_1} f_{x_{i_1}}(\mathbf{A}) + \frac{1}{2}\sum_{i_1,i_2=1}^{n} h_{i_1}h_{i_2} f_{x_{i_1}x_{i_2}}(\mathbf{A}) \\ &+ \cdots + \frac{1}{m!}\sum_{i_1,\cdots,i_m=1}^{n}(h_{i_1}h_{i_2}\cdots h_{i_m}) f_{x_{i_1}x_{i_2}\cdots x_{i_m}}(\mathbf{A}) + R_m(\mathbf{A},\mathbf{H}), \end{aligned}$$

其中 $|R_m(\mathbf{A},\mathbf{H})| \leqslant k\|\mathbf{H}\|^{m+1}$, k 为常数. 在下述意义下, 余项是 $\|\mathbf{H}\|^m$ 的高阶无穷小

$$0 \leqslant \frac{|R_m(\mathbf{A},\mathbf{H})|}{\|\mathbf{H}\|^m} \leqslant k\|\mathbf{H}\|,$$

例 4.9　令 $f(x,y) = x^2 + \dfrac{3}{2}y^2 + \dfrac{3}{4}(x^4+y^4)$. 求 f 在点 $(1,\ 1)$ 处的一阶和二阶泰勒近似.

$$f\ (1,\ 1) = 4, \qquad \nabla f(x,y) = (2x+3x^3,\ 3y+3y^3), \qquad \nabla f(1,\ 1) = (5,6),$$

$$\mathcal{H}f(x,y) = \begin{bmatrix} 2+9x^2 & 0 \\ 0 & 3+9y^2 \end{bmatrix}, \qquad \mathcal{H}f(1,1) = \begin{bmatrix} 11 & 0 \\ 0 & 12 \end{bmatrix}.$$

所以

$$\begin{aligned} p_1(1+h_1,\ 1+h_2) &= f(1,\ 1) + \nabla f(1,\ 1)\cdot(h_1,\ h_2) = 4+5h_1+6h_2, \\ p_2(1+h_1,\ 1+h_2) &= p_1(1+h_1,\ 1+h_2) + \frac{1}{2}[h_1\ h_2]\mathcal{H}f(1,\ 1)\begin{bmatrix} h_1 \\ h_2 \end{bmatrix} \\ &= 4+5h_1+6h_2+\frac{11}{2}h_1^2+6h_2^2. \end{aligned}$$

也可以把 p_1 和 p_2 写成下面形式:

$$p_1(x,y)=4+5(x-1)+6(y-1),$$
$$p_2(x,y)=4+5(x-1)+6(y-1)+\frac{11}{2}(x-1)^2+6(y-1)^2.$$

图 4.6 给出了函数 f, p_1 和 p_2 的图.

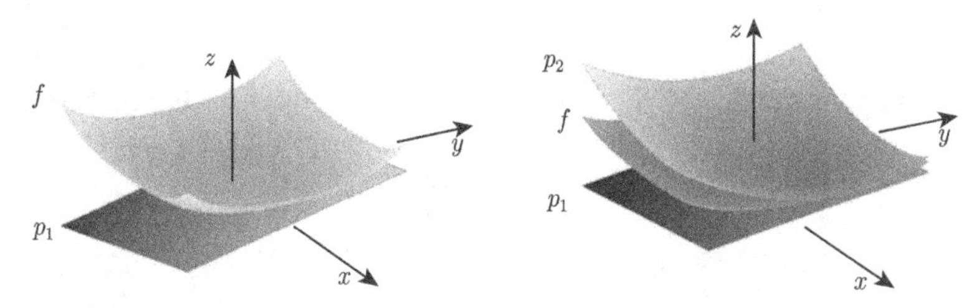

图 4.6 例 4.9 图, 左: f 和它的泰勒多项式 p_1; 右: f, p_1 和 p_2

例 4.10 求函数

$$f(x,y,z)=\sin x+2y+\mathrm{e}^{yz}$$

在点 $\mathbf{A}=(0,0,0)$ 的二阶泰勒近似, 并估计 $f(0.1,\ 0.2,\ 0.01)$ 的值. 回顾在例 4.8 中,

$$\nabla f(x,y,z)=(\cos x,\ 2+z\mathrm{e}^{yz},\ y\mathrm{e}^{yz})$$

以及 $\nabla f(0,0,0)=(1,2,0)$. 二阶偏导数为

$$\mathcal{H}f(x,y,z)=\begin{bmatrix}-\sin x & 0 & 0\\ 0 & z^2\mathrm{e}^{yz} & (1+yz)\mathrm{e}^{yz}\\ 0 & (1+yz)\mathrm{e}^{yz} & y^2\mathrm{e}^{yz}\end{bmatrix},\quad \mathcal{H}f(0,0,0)=\begin{bmatrix}0&0&0\\0&0&1\\0&1&0\end{bmatrix},$$

函数 f 在点 $(0,0,0)$ 的二阶泰勒近似为

$$p_2(\mathbf{H})=f(0)+\nabla f(0,0,0)\cdot\mathbf{H}+\frac{1}{2}\mathbf{H}^{\mathrm{T}}\begin{bmatrix}0&0&0\\0&0&1\\0&1&0\end{bmatrix}\mathbf{H}=1+h_1+2h_2+h_2h_3,$$

所以 $p_2(0.1,\ 0.2,\ 0.01)=1+0.1+2\cdot0.2+0.2\cdot0.01=1.502$.

极值

设函数 f 是 $\mathbb{R}^n$ 内一个开集到 $\mathbb{R}$ 的 C^3 映射, 且 f 在点 $\mathbf{A}$ 处的梯度为零. 由泰勒定理 (定理 4.7), 可得

$$f(\mathbf{A}+\mathbf{H})=f(\mathbf{A})+\frac{1}{2}\mathbf{H}^{\mathrm{T}}[f_{x_ix_j}(\mathbf{A})]\mathbf{H}+R_2(\mathbf{A},\mathbf{H}),$$

其中 $[f_{x_ix_j}(\mathbf{A})]$ 是由 f 在点 $\mathbf{A}$ 的二阶偏导数构成的黑塞矩阵, 且存在常数 k, 使得

$$|R_2(\mathbf{A},\mathbf{H})| \leqslant k\|\mathbf{H}\|^3.$$

由于 $[f_{x_ix_j}(\mathbf{A})]$ 是对称矩阵, 通过 $\mathbf{H}^{\mathrm{T}}[f_{x_ix_j}(\mathbf{A})]\mathbf{H}$ 的符号, 我们可以判断 f 是否在点 $\mathbf{A}$ 取得极值. 我们先假设矩阵是正定的, 即存在 $m>0$, 使得

$$\mathbf{H}^{\mathrm{T}}[f_{x_ix_j}(\mathbf{A})]\mathbf{H} \geqslant m\|\mathbf{H}\|^2.$$

则

$$f(\mathbf{A}+\mathbf{H})-f(\mathbf{A})=\frac{1}{2}\mathbf{H}^{\mathrm{T}}[f_{x_ix_j}(\mathbf{A})]\mathbf{H}+R_2(\mathbf{A},\mathbf{H}) \geqslant \frac{1}{2}m\|\mathbf{H}\|^2+R_2(\mathbf{A},\mathbf{H}).$$

利用泰勒定理可得 $|R_2(\mathbf{A},\mathbf{H})| \leqslant k\|\mathbf{H}\|^3$, 所以

$$\begin{aligned}f(\mathbf{A}+\mathbf{H})-f(\mathbf{A}) &\geqslant \frac{1}{2}m\|\mathbf{H}\|^2+R_2(\mathbf{A},\mathbf{H})\\ &> \frac{1}{2}m\|\mathbf{H}\|^2-k\|\mathbf{H}\|^3\\ &= m\|\mathbf{H}\|^2\left(\frac{1}{2}-\frac{k}{m}\|\mathbf{H}\|\right).\end{aligned}$$

只要 $\|\mathbf{H}\|$ 充分小, 就有 $\dfrac{1}{2}-\dfrac{k}{m}\|\mathbf{H}\|>0$, 所以 f 在点 $\mathbf{A}$ 取得极小值. 这就证明了二阶导数检验, 描述如下:

定理 4.8 (二阶导数检验)　函数 f 是一个 C^3 函数, 定义在 $\mathbb{R}^n$ 中一个含点 $\mathbf{A}$ 的开集内. 如果 $\nabla f(\mathbf{A})=\mathbf{0}$ 且黑塞矩阵 $[f_{x_ix_j}(\mathbf{A})]$ 在点 $\mathbf{A}$ 正定, 则 f 在点 $\mathbf{A}$ 取得极小值.

进一步观察定理 4.8 的证明过程, 注意到一般情况下, $\nabla f(\mathbf{A})$ 不一定为 $\mathbf{0}$, 根据近似表达式 $f(\mathbf{A}+\mathbf{H})\approx f(\mathbf{A})+\nabla f(\mathbf{A})\cdot\mathbf{H}$ 的误差的符号, 我们给出下述定理.

定理 4.9　函数 f 是一个 C^3 函数, 定义在 $\mathbb{R}^n$ 中一个含点 $\mathbf{A}$ 的开集内. 如果黑塞矩阵 $[f_{x_ix_j}(\mathbf{A})]$ 在点 $\mathbf{A}$ 正定, 则对充分小的 $\mathbf{H}$, **一阶泰勒近似**

$$p_1(\mathbf{A}+\mathbf{H})=f(\mathbf{A})+\nabla f(\mathbf{A})\cdot\mathbf{H}$$

是 $f(\mathbf{A}+\mathbf{H})$ 的一个不足的估计, 即我们有

$$f(\mathbf{A}+\mathbf{H}) \geqslant p_1(\mathbf{A}+\mathbf{H}).$$

证明　利用泰勒定理, 可得

$$f(\mathbf{A}+\mathbf{H})-p_1(\mathbf{A}+\mathbf{H})=\frac{1}{2}\mathbf{H}^{\mathrm{T}}[f_{x_ix_j}]\mathbf{H}+R_2(\mathbf{A},\mathbf{H}).$$

对上式中的 $R_2(\mathbf{A},\mathbf{H})$, 存在 $k\geqslant 0$, 使得 $|R_2(\mathbf{A},\mathbf{H})| \leqslant k\|\mathbf{H}\|^3$. 由于黑塞矩阵正定, 所以存在 $m>0$ 使得

$$f(\mathbf{A}+\mathbf{H})-p_1(\mathbf{A}+\mathbf{H}) \geqslant \frac{1}{2}m\|\mathbf{H}\|^2-k\|\mathbf{H}\|^3=m\|\mathbf{H}\|^2\left(\frac{1}{2}-\frac{k}{m}\|\mathbf{H}\|\right).$$

当 $\|\mathbf{H}\|$ 充分小时, 必有 $\dfrac{1}{2}-\dfrac{k}{m}\|\mathbf{H}\|>0$, 所以

$$f(\mathbf{A}+\mathbf{H})\geqslant p_1(\mathbf{A}+\mathbf{H})$$

成立, p_1 是小于 f 的一个近似.

应用二阶导数检验定理 (定理 4.8) 时, 需要判断一个对称矩阵是否正定, 如何判断矩阵是否正定呢? 把定理 4.6 进行推广, 我们给出下面的定理.

定理 4.10 设 $\mathbf{M}=[m_{ij}]$ 是一个 $n\times n$ 对称矩阵. 如果

$$m_{11},\quad \det\begin{bmatrix} m_{11} & m_{12}\\ m_{21} & m_{22}\end{bmatrix},\quad \det\begin{bmatrix} m_{11} & m_{12} & m_{13}\\ m_{21} & m_{22} & m_{23}\\ m_{31} & m_{32} & m_{33}\end{bmatrix},\cdots,\quad \det\mathbf{M}$$

都是正的, 则 $\mathbf{M}$ 是正定的.

定理 4.10 的证明请参考矩阵理论方面的教材.①

例 4.11 函数 $f(x,y,z)=x^2+y^2+z^2+2xyz$. f 在三点 $(0,0,0)$, $(1,1,1)$, $(-1,-1,-1)$ 中哪一点处取得极小值? 由

$$\nabla f(x,y,z)=(2x+2yz,2y+2xz,2z+2xy),$$

可得 $\nabla f(0,0,0)=(0,0,0)$, $\nabla f(1,1,1)=(4,4,4)$, $\nabla f(-1,-1,-1)=(0,0,0)$. 由于 $\nabla f(1,1,1)\neq\mathbf{0}$, 所以 $f(1,1,1)$ 不是极值. f 的二阶偏导矩阵为

$$\mathcal{H}f(x,y,z)=\begin{bmatrix} 2 & 2z & 2y\\ 2z & 2 & 2x\\ 2y & 2x & 2\end{bmatrix},$$

所以

$$\mathcal{H}f(0,0,0)=\begin{bmatrix} 2 & 0 & 0\\ 0 & 2 & 0\\ 0 & 0 & 2\end{bmatrix},\quad \mathcal{H}f(-1,-1,-1)=\begin{bmatrix} 2 & -2 & -2\\ -2 & 2 & -2\\ -2 & -2 & 2\end{bmatrix}.$$

由于当 $\mathbf{U}\neq\mathbf{0}$ 时,

$$\mathbf{U}^{\mathrm{T}}\mathcal{H}f(0,0,0)\mathbf{U}=2\|\mathbf{U}\|^2>0,$$

所以 $\mathcal{H}f(0,0,0)$ 正定, $f(0,0,0)$ 是函数的极小值. 也可以利用定理 4.10. 由于

$$2>0,\quad \det\begin{bmatrix} 2 & 0\\ 0 & 2\end{bmatrix}=4>0$$

① 比如, Peter Lax,《线性代数及其应用》, 傅莺莺、沈复兴译, 人民邮电出版社, 2009 年. ——译者注.

且 $\det \mathcal{H}f(0,0,0)=8>0$, 从而 $\mathcal{H}f(0,0,0)$ 是正定的. 在点 $(-1,-1,-1)$ 处, 对矩阵 $\mathcal{H}f(-1,\ -1,\ -1)$ 利用定理 4.10 的方法:

$$2>0,\quad \det\begin{bmatrix}2 & -2\\ -2 & 2\end{bmatrix}=4-4=0,$$

$$\det\begin{bmatrix}2 & -2 & -2\\ -2 & 2 & -2\\ -2 & -2 & 2\end{bmatrix}=2\cdot 0+2\cdot(-4-4)-2\cdot(4+4)=-32.$$

由于 2×2 矩阵的行列式为零, 无法利用定理 4.10 判断矩阵 $\mathcal{H}f(-1,\ -1,\ -1)$ 的正定性. 试着计算一些值, 我们发现

$$[1\ 0\ 0]\mathcal{H}f(-1,-1,-1)\begin{bmatrix}1\\0\\0\end{bmatrix}=2,\qquad [1\ 1\ 1]\mathcal{H}f(-1,-1,-1)\begin{bmatrix}1\\1\\1\end{bmatrix}=-8,$$

所以矩阵 $\mathcal{H}f(-1,-1,-1)$ 是不定的, 即 $(-1,-1,-1)$ 是鞍点.

问题

4.24　函数 $f(\mathbf{X})=\mathbf{C}\cdot\mathbf{X}$ 是 $\mathbb{R}^n$ 到 $\mathbb{R}$ 的线性函数, $\mathbf{A}$ 为 $\mathbb{R}^n$ 内一点. 证明 f 在点 $\mathbf{A}$ 处的一阶和二阶泰勒近似 p_1 与 p_2 都等于 f.

4.25　函数 $f(x,y,z)=\mathrm{e}^y\ln(1+x)+\sin z$.

(a) 证明 f 无极值;

(b) 求 f 在点 $(0,0,0)$ 的二阶泰勒近似 $p_2(h_1,h_2,h_3)$.

4.26　函数

$$f(x,y,z)=\frac{1}{1-xyz}.$$

求 f 在点 $\mathbf{A}=\left(\frac{1}{2},\frac{1}{2},\frac{1}{2}\right)$ 的一阶泰勒近似.

4.27　函数 $f(x,y,z)=x^2+xy+\frac{1}{2}y^2+2yz+z^3$.

(a) 证明 $\boldsymbol{\nabla} f$ 在 $(0,0,0)$ 和另外一点 $\mathbf{A}$ 处是零向量.

(b) 利用定理 4.10 证明 f 在点 $\mathbf{A}$ 处取得极小值.

(c) 对 $(0,0,0)$ 的任意邻域, 求出对应的两点, 使得 f 在其中一点处取值为正, 而在另外一点处取值为负, 从而证明 $(0,0,0)$ 是 f 的鞍点.

4.28　集合 S 是 $\mathbb{R}^3$ 中满足

$$z^2=x^2+2y^2+1$$

的点的集合. $(a,b,0)$ 为 $z=0$ 平面上的点. 利用关于变元 (x,y) 的二元函数的极值问题, 求出集合 S 中到 $(a,b,0)$ 距离最近的点.

4.29 已知 $\mathbf{X}\in\mathbb{R}^3$ 且 $\mathbf{X}\neq\mathbf{0}$, 函数 $f(\mathbf{X})=\|\mathbf{X}\|^{-1}$, $\mathbf{A}$ 是 $\mathbb{R}^3$ 中一个非零向量.

(a) 求 f 的一阶和二阶偏导数.

(b) 求 f 在点 $\mathbf{A}$ 的二阶泰勒近似.

4.30 利用定理 4.10 证明下列矩阵是正定的.

(a) $\begin{bmatrix}2&-1\\-1&1\end{bmatrix}$; (b) $\begin{bmatrix}2&-1&0\\-1&1&0\\0&0&4\end{bmatrix}$; (c) $\begin{bmatrix}2&-1&0\\-1&1&k\\0&k&6\end{bmatrix}$, 其中$k^2<3$.

4.31 函数 $f(x_1,x_2,x_3,x_4)=x_1+x_2+x_3+x_4+x_1x_2x_3x_4$. 求 f 在点 $\mathbf{A}=(0,0,0,0)$ 的一到五阶泰勒近似 p_1, p_2, p_3, p_4, p_5.

4.4 水平集上的极值

最值定理 (定理 2.11) 保证了有界闭集 $D\subset\mathbb{R}^n$ 到 $\mathbb{R}$ 的连续函数必有最大值和最小值. 在 4.2 节中, 我们看到, 如果一个 $D\subset\mathbb{R}^n$ 到 $\mathbb{R}$ 的 C^1 函数在内点 $\mathbf{A}$ 处取得极值, 则 $\nabla f(\mathbf{A})=\mathbf{0}$. 一阶导数检验给出了在 D 内部找极值点的方法. 本节将给出在 $\mathbb{R}^n$ 内一个无内点的水平集上求出 C^1 函数极值点的方法. 我们针对 $\mathbb{R}^3$ 到 $\mathbb{R}$ 的函数, 陈述并证明了这一结论, 类似结论在 $\mathbb{R}^2$ 或更高维空间仍然成立.

回顾如果对 $\mathbf{P}$ 点附近的任意 $\mathbf{Q}\in S$, 都有 $f(\mathbf{P})\geqslant f(\mathbf{Q})$ 或者 $f(\mathbf{P})\leqslant f(\mathbf{Q})$, 则称 $f(\mathbf{P})$ 是函数 f 在集合 S 上的极值.

定理 4.11 (拉格朗日乘子法) *f 和 g 是 $\mathbb{R}^3$ 到 $\mathbb{R}$ 的 C^1 函数, S 是水平集 $g(x,y,z)=c$. 如果 $\mathbf{P}\in S$ 满足*

(a) $\nabla g(\mathbf{P})\neq\mathbf{0}$, 且

(b) f 在 S 上点 $\mathbf{P}$ 处取得极值,

则存在数 λ 使得

$$\nabla f(\mathbf{P})=\lambda\nabla g(\mathbf{P}).$$

证明 由条件 (a), 根据隐函数定理, 在 S 上点 $\mathbf{P}$ 的小邻域内, (x,y,z) 中某一个变元可以表示为另外两个变元的函数, 比如 $g_z(\mathbf{P})\neq 0$ 且 $z=\phi(x,y)$, 则

$$g(x,y,\phi(x,y))=c.$$

由于 f 在点 $\mathbf{P}=(p_1,p_2,p_3)$ 取得极值, 所以在 (p_1,p_2) 为中心的开圆盘内, 函数

$$h(x,y)=f(x,y,\phi(x,y))$$

在点 (p_1,p_2) 处取得极值. 因此, $h(x,y)$ 关于 x 和 y 的偏导数在点 (p_1,p_2) 取值为零:

$$h_x=\frac{\partial f}{\partial x}+\frac{\partial f}{\partial z}\frac{\partial \phi}{\partial x}=0,\qquad h_y=\frac{\partial f}{\partial y}+\frac{\partial f}{\partial z}\frac{\partial \phi}{\partial y}=0. \tag{4.3}$$

对 $g(x,y,\phi(x,y))=c$ 分别关于 x,y 求导, 可得

$$\frac{\partial g}{\partial x}+\frac{\partial g}{\partial z}\frac{\partial \phi}{\partial x}=0,\qquad \frac{\partial g}{\partial y}+\frac{\partial g}{\partial z}\frac{\partial \phi}{\partial y}=0. \tag{4.4}$$

由于 $g_z\neq 0$,

$$\frac{\partial \phi}{\partial x}=-\frac{\dfrac{\partial g}{\partial x}}{\dfrac{\partial g}{\partial z}},\qquad \frac{\partial \phi}{\partial y}=-\frac{\dfrac{\partial g}{\partial y}}{\dfrac{\partial g}{\partial z}}.$$

把 ϕ 在点 (p_1,p_2) 的偏导数代入 (4.3), 得

$$\frac{\partial f}{\partial x}+\frac{\partial f}{\partial z}\left(-\frac{\dfrac{\partial g}{\partial x}}{\dfrac{\partial g}{\partial z}}\right)=0,\qquad \frac{\partial f}{\partial y}+\frac{\partial f}{\partial z}\left(-\frac{\dfrac{\partial g}{\partial y}}{\dfrac{\partial g}{\partial z}}\right)=0$$

在点 $\mathbf{P}$ 成立. 记 $\lambda=\dfrac{\dfrac{\partial f}{\partial z}}{\dfrac{\partial g}{\partial z}}(\mathbf{P})$, 则 $\nabla f(\mathbf{P})=\lambda\nabla g(\mathbf{P})$ 成立.

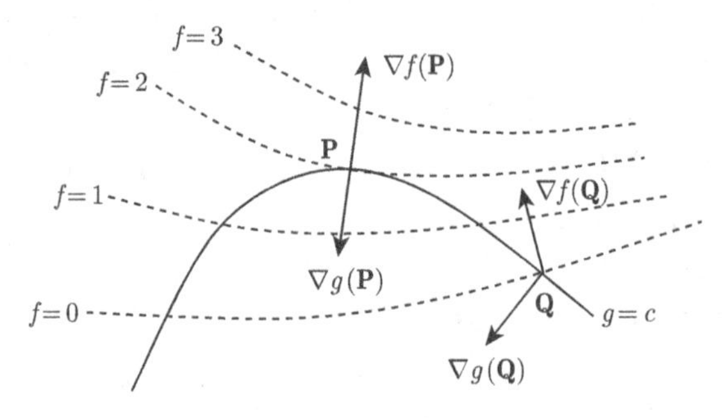

图 4.7　f 在 $g=c$ 上的最大值为 $f(\mathbf{P})=2$, 其中 $\nabla f(\mathbf{P})=\lambda\nabla g(\mathbf{P})$

例 4.12　一个长方体以原点为中心且所有边都平行于坐标轴, 顶点在椭球面

$$5x^2+3y^2+7z^2=1$$

上, 求这个长方体的最大体积.

设长方体在第一卦限的顶点坐标为 (x,y,z), 该点在水平集 $g(x,y,z)=5x^2+3y^2+7z^2-1=0$ 上, 则长方体的体积为 $f(x,y,z)=(2x)(2y)(2z)=8xyz$. 一般

地, 称方程 $g=0$ 为**约束条件**. 这个问题可以先从约束条件 $g=0$ 中解出 z, 表示成 (x,y) 的函数, 然后用 4.2 节中的方法求极值问题. 这里我们用拉格朗日乘子法来求极值问题. 解方程组

$$5x^2+3y^2+7z^2-1=0, \quad \nabla f=(8yz,8xz,8xy)=\lambda\nabla g=\lambda(10x,6y,14z),$$

分 $\lambda=0$ 和 $\lambda\neq 0$ 情况讨论. 如果 $\lambda=0$, 则 x,y,z 中至少有两个是零, 所以体积 $f=0$. 因此, 假设 $\lambda\neq 0$. 由于我们要求的是体积的最大值, 所以只考虑 x,y,z 均不为零的情况. 选取一些方程作商, 可得

$$\frac{8yz}{8xz}=\frac{y}{x}=\frac{\lambda(10x)}{\lambda(6y)}=\frac{5x}{3y}, \qquad \frac{8yz}{8xy}=\frac{z}{x}=\frac{\lambda(10x)}{\lambda(14z)}=\frac{5x}{7z},$$

所以 $y^2=\frac{5}{3}x^2$ 且 $z^2=\frac{5}{7}x^2$. 由约束条件 $g=0$ 可得

$$5x^2+3y^2+7z^2-1=5x^2+3\left(\frac{5}{3}x^2\right)+7\left(\frac{5}{7}x^2\right)-1=15x^2-1=0.$$

这给出函数 $f(x,y,z)$ 可能取到最大值的八个点, 坐标为

$$x=\pm\frac{1}{\sqrt{3}\sqrt{5}}, \qquad y=\pm\frac{1}{\sqrt{3}\sqrt{3}}, \qquad z=\pm\frac{1}{\sqrt{3}\sqrt{7}}.$$

由于 f 的定义域为第一卦限, 所以上面符号都取正. 可得长方体体积的最大值为 $f\left(\frac{1}{\sqrt{3}\sqrt{5}},\frac{1}{\sqrt{3}\sqrt{3}},\frac{1}{\sqrt{3}\sqrt{7}}\right)=\frac{8}{9\sqrt{35}}$, 三个边长分别为 $\frac{2}{\sqrt{3}\sqrt{5}}$, $\frac{2}{\sqrt{3}\sqrt{3}}$ 和 $\frac{2}{\sqrt{3}\sqrt{7}}$.

例 4.13 令 $\mathbf{Q}=\begin{bmatrix}p & q\\ q & r\end{bmatrix}$, 考虑二次型函数

$$Q(\mathbf{X})=\mathbf{X}\cdot\mathbf{QX}=[x\ y]\begin{bmatrix}p & q\\ q & r\end{bmatrix}\begin{bmatrix}x\\ y\end{bmatrix}=px^2+2qxy+ry^2,$$

其中 (x,y) 在单位圆周 $\|\mathbf{X}\|^2-1=x^2+y^2-1=0$ 上. 由于 Q 是连续函数且单位圆周是有界闭集, Q 在单位圆周上可取到最大值. 如果 $\mathbf{X}$ 是函数 Q 的最大值点, 根据定理 4.1, 必有

$$\nabla Q(\mathbf{X})=\lambda\nabla(\|\mathbf{X}\|^2),$$

即 $(2px+2qy,2qx+2ry)=\lambda(2x,2y)$. 两边同除以 2, 可以表示为

$$\mathbf{QX}=\lambda\mathbf{X}.$$

这样的 λ 就是矩阵 $\mathbf{Q}$ 的**特征值**, 向量 $\mathbf{X}$ 是相应的**特征向量**. 用 $\mathbf{X}$ 点乘方程 $\mathbf{QX}=\lambda\mathbf{X}$ 得

$$\mathbf{X}\cdot\mathbf{QX}=\lambda\|\mathbf{X}\|^2=\lambda,$$

表明该特征值是这个二次型函数在单位圆周上的最大值.

本例也说明任意 2×2 对称矩阵都有特征值.

例 4.14 假设有三件商品 $\mathbf{A},\mathbf{B},\mathbf{C}$, 单价分别为 p,q,r, 所购数量分别为 x, y, z. 预算或"财富约束"为

$$px+qy+rz=w, \tag{4.5}$$

其中 $w>0$ 是给定的常数. 令 $U(x,y,z)=x^a y^b z^c$ 为效用函数, 以确定消费者消费 x 数量 $\mathbf{A}$、y 数量 $\mathbf{B}$ 以及 z 数量 $\mathbf{C}$ 的满意度, 其中 a,b,c 是正常数. 由定理 4.11, 在给定的财富约束下, U 的最大值满足

$$\begin{aligned}
&ax^{a-1}y^b z^c=\lambda p,\\
&bx^a y^{b-1}z^c=\lambda q,\\
&cx^a y^b z^{c-1}=\lambda r,\\
&w=px+qy+rz.
\end{aligned}$$

如果 $\lambda=0$, 则 x,y,z 中至少有一个为 0, 效用为零. 如果 $\lambda\neq 0$, 前三个方程分别乘以 $\dfrac{x}{a},\dfrac{y}{b}$ 和 $\dfrac{z}{c}$, 可得

$$x^a y^b z^c=\lambda\frac{x}{a}p=\lambda\frac{y}{b}q=\lambda\frac{z}{c}r.$$

同除以 λ, 得

$$\frac{x}{a}p=\frac{y}{b}q=\frac{z}{c}r. \tag{4.6}$$

所以 $yq=\dfrac{b}{a}xp$, $zr=\dfrac{c}{a}xp$. 代入财富约束 (4.5) 中, 可得

$$w=px\left(1+\frac{b}{a}+\frac{c}{a}\right),$$

所以 $px=w\dfrac{a}{a+b+c}$. 根据 (4.6), 消费者购买商品 $\mathbf{A},\mathbf{B},\mathbf{C}$ 的数量 x,y,z 分别满足

$$px=\frac{aw}{a+b+c},\qquad qy=\frac{bw}{a+b+c},\qquad rz=\frac{cw}{a+b+c}.$$

例 4.15 设有 N 个粒子, 每个粒子能量为

$$e_1,\ e_2,\ \cdots\ e_m$$

之一. 令 x_i 为具有能量 e_i 的粒子的个数. 粒子能量的不同组合方式的数目为

$$W=\frac{(x_1+x_2+\cdots+x_m)!}{x_1!x_2!\cdots x_m!},$$

其中 $x_1+x_2+\cdots+x_m=N$ 为粒子的总个数. 物理学中, 希望在保持总能量

$$g(x_1,\cdots, x_m)=e_1x_1+e_2x_2+\cdots+e_mx_m=E$$

不变的情形下, 使 W 取最大值. 在相同的约束条件下, 我们来求 $\ln W$ 的最大值. 利用斯特林公式① $\ln(x!)\approx x\ln x$, 我们将 $\ln W$ 近似为

$$f(x_1,\cdots,x_m)=(x_1+\cdots+x_m)\ln(x_1+\cdots+x_m)-x_1\ln x_1-\cdots-x_m\ln x_m.$$

由 n 元函数情形的定理 4.11, 函数 f 可能的极值点 $\mathbf{X}$ 满足

$$\begin{aligned}\nabla f(\mathbf{X})&=(\ln(x_1+\cdots+x_m)-\ln x_1,\cdots,\ln(x_1+\cdots+x_m)-\ln x_m)\\&=\lambda\nabla g(\mathbf{X})=\lambda(e_1,\cdots,e_m),\end{aligned}$$

可得

$$\ln(x_1+\cdots+x_m)-\ln x_i=\lambda e_i,$$

即

$$\frac{x_i}{x_1+\cdots+x_m}=\mathrm{e}^{-\lambda e_i}.$$

由于 $x_1+\cdots+x_m=N$, 所以

$$x_i=N\mathrm{e}^{-\lambda e_i}.$$

在统计力学中, 拉格朗日乘子 λ 的物理含义就是温度的倒数!

问题

4.32 农场主有 400 米长的围栏, 要建一个长方形的农场. 在微积分中, 我们知道, 要使农场面积最大, 只有将农场建成边长为 100 米的正方形. 利用拉格朗日乘子法验证这一结论.

4.33 利用定理 4.11 证明函数

$$Q(x,y)=3x^2+2xy+3y^2$$

在单位圆周 $x^2+y^2=1$ 上的最大值为 4.

4.34 利用拉格朗日乘子法求直线 $y=mx+b$ 上到 $(0,0)$ 最近的点.

4.35 利用拉格朗日乘子法求超平面

$$\mathbf{C}\cdot\mathbf{X}=0$$

上一点, 使得它到定点 $A\in\mathbb{R}^n$ 的距离最近.

4.36 第一象限的可微函数 f 和 g 有如图 4.8 所示的水平集.

(a) 求函数 f 在曲线 $g=25$ 上的最小值.

(b) 确定 (a) 中拉格朗日乘子 λ 的正负号.

---

① 参见本书第一卷中译本《微积分及其应用》第 290 页定理 7.5. ——译者注.

(c) 求函数 g 在曲线 $f=80$ 上的最小值.

(d) 求函数 f 在曲线 $g=27$ 上的最大值. 这里是否满足方程 $\nabla f=\lambda\nabla g$?

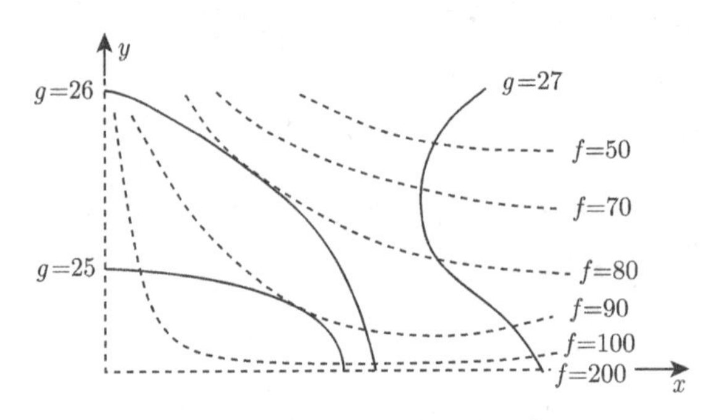

图 4.8　问题 4.36 中的水平集

4.37　矩阵 $\mathbf{A}=\begin{bmatrix}1 & 2\\ 2 & -2\end{bmatrix}$. $\mathbf{X}=(x,y)$ 满足约束条件 $\mathbf{X}\cdot\mathbf{X}=1$. 根据拉格朗日乘子法求二次型

$$\mathbf{X}\cdot\mathbf{AX}$$

在此约束条件下的最大值, 并把结果表示为特征方程 $\boldsymbol{A}\mathbf{X}=\lambda\mathbf{X}$ 的形式.

4.38　利用拉格朗日乘子法求曲线 $x^3+y^2=1$ 上到 $(-1,0)$ 最近的点. 如图 4.9 所示.

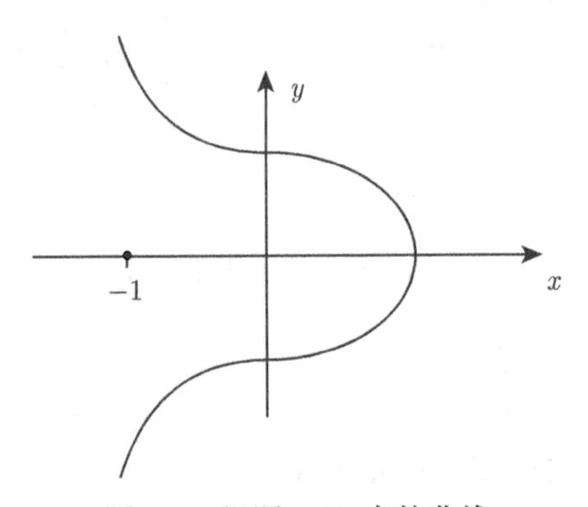

图 4.9　问题 4.38 中的曲线

4.39　利用拉格朗日乘子法求水平集

$$x^3+y^2+z^2=1$$

上到 $(-1,0,0)$ 最近的点.

4.40　函数 $f(x,y,z)=x^2y^3z^4$. 利用拉格朗日乘子法求函数 f 在平面 $12x+12y+24z=1$ 上的最大值.

第 5 章　应用于运动

摘要　微积分中的概念和技巧离不开关于动力学 (物质受力作用在空间运动的科学) 的描述和研究. 牛顿在 17 世纪晚期发明了它们, 彻底改变了数学和物理学. 本章描述质点动力学的基本概念和规律, 并推导它们在数学方面的结论.

5.1　空间中的运动

当然, 本质上不存在质点, 因为每个物体的体积都不是零, 但是在许多情形下, 小物体可以被一个点很好地近似. 小是相对的, 例如研究行星围绕太阳的运动时, 地球被当作一个点.

三维空间中点的位置用三维坐标 x, y, z 描述. 这些坐标构成 $\mathbb{R}^3$ 中的向量 $\mathbf{X}$. 质点运动时, 其位置由时间的向量值函数描述, 记为 $\mathbf{X}(t) = (x(t), y(t), z(t))$. 函数 $\mathbf{X}$ 将运动曲线参数化了. 简略地, 我们说运动 $\mathbf{X}(t)$ 或曲线 $\mathbf{X}(t)$.

正如 3.1 节所示, 位置函数关于时间的导数是质点在 t 时刻的速度, 表示为

$$\mathbf{V}(t) = \frac{\mathrm{d}\mathbf{X}(t)}{\mathrm{d}t} = \mathbf{X}'(t).$$

速度的模长 $\|\mathbf{V}(t)\|$ 表示质点的速率.

例 5.1　设 $\mathbf{X}(t) = (\cos t, \sin t, t)$ 表示某质点在 t 时刻的位置. 计算 $t = 0, t = \dfrac{\pi}{4}$ 时质点的位置、速度和速率.

$$\mathbf{V}(t) = \mathbf{X}'(t) = (-\sin t, \cos t, 1).$$

$t = 0$ 时质点位置 $\mathbf{X}(0) = (1, 0, 0)$, 速度 $\mathbf{V}(0) = (0, 1, 1)$. $t = \dfrac{\pi}{4}$ 时质点位置 $\mathbf{X}\left(\dfrac{\pi}{4}\right) = \left(\dfrac{1}{\sqrt{2}}, \dfrac{1}{\sqrt{2}}, \dfrac{\pi}{4}\right)$, 速度 $\mathbf{V}\left(\dfrac{\pi}{4}\right) = \left(-\dfrac{1}{\sqrt{2}}, \dfrac{1}{\sqrt{2}}, 1\right)$. t 时刻的速率是

$$\|\mathbf{V}(t)\| = \sqrt{(-\sin t)^2 + (\cos t)^2 + 1^2} = \sqrt{2}.$$

质点以恒定速率沿着曲线运动, 如图 5.1 所示.

速度函数关于 t 的导数称为质点在 t 时刻的*加速度*, 表示为

$$\frac{\mathrm{d}\mathbf{V}(t)}{\mathrm{d}t} = \frac{\mathrm{d}^2\mathbf{X}(t)}{\mathrm{d}t^2} = \mathbf{X}''(t).$$

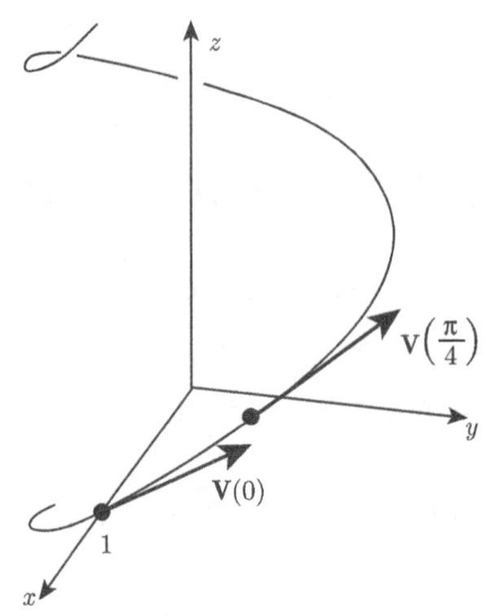

图 5.1　例 5.1 中的曲线, 显示在 $t=0$ 和 $t=\dfrac{\pi}{4}$ 时的位置和速度

例 5.2　设某质点以恒定速率沿着 C^2 曲线 $\mathbf{X}(t)$ 运动, 则 t 时刻速度和加速度正交. 因为速率为常数 $\|\mathbf{X}'(t)\|=c$, 两边平方得到 $\|\mathbf{X}'(t)\|^2=\mathbf{X}'(t)\cdot\mathbf{X}'(t)=c^2$. 由乘积求导法则

$$\frac{\mathrm{d}}{\mathrm{d}t}(\mathbf{X}'(t)\cdot\mathbf{X}'(t))=\mathbf{X}'(t)\cdot\mathbf{X}''(t)+\mathbf{X}''(t)\cdot\mathbf{X}'(t)=2\mathbf{X}'(t)\cdot\mathbf{X}''(t)=\frac{\mathrm{d}(c^2)}{\mathrm{d}t}=0.$$

因此速率恒定时速度和加速度正交.

牛顿力学

力学的基本概念是速度、加速度、质量和力. 力是向量, 用 $\mathbf{F}$ 表示. 力 $\mathbf{F}$ 作用在质量为 m 的质点上, 产生的加速度遵循牛顿定律

$$\text{力等于质量乘以加速度.} \tag{5.1}$$

用符号表示

$$\mathbf{F}=m\frac{\mathrm{d}^2\mathbf{X}(t)}{\mathrm{d}t^2}. \tag{5.2}$$

方程 (5.1) 称为运动方程, 即牛顿运动定律.

下面证明如下重要结果.

定理 5.1　设 $\mathbb{R}^3$ 中某质点在平行于位置向量 $\mathbf{X}$ 的外力场 $\mathbf{F}(\mathbf{X})$ 作用下运动, 即

$$\mathbf{F}(\mathbf{X})=k(\mathbf{X})\mathbf{X},$$

这里 $k(\mathbf{X})$ 是数值函数, 则质点在某平面内运动.

证明 首先证明当质点在平行于 $\mathbf{X}$ 的外立场的作用下运动时, $\mathbf{X}(t)$ 和 $\mathbf{X}'(t)$ 的向量积是常向量. 考虑 $(\mathbf{X}\times\mathbf{X}')'$, 由向量积的乘积求导法则

$$(\mathbf{X}\times\mathbf{X}')' = \mathbf{X}'\times\mathbf{X}' + \mathbf{X}\times\mathbf{X}''. \tag{5.3}$$

由 $\mathbf{F}(\mathbf{X}) = k(\mathbf{X})\mathbf{X}$, 我们根据牛顿运动定律得到

$$\mathbf{X}'' = \frac{k(\mathbf{X})}{m}\mathbf{X}.$$

将它代入方程 (5.2), 因为向量与自身的向量积为零, 所以

$$(\mathbf{X}\times\mathbf{X}')' = \mathbf{X}\times\left(\frac{k(\mathbf{X})}{m}\mathbf{X}\right) = \frac{k(\mathbf{X})}{m}\mathbf{X}\times\mathbf{X} = \mathbf{0}.$$

因此 $\mathbf{X}\times\mathbf{X}'$ 是常向量 $\mathbf{C}$. 向量积向量与自身的每个因子正交, 于是对任何 t,

$$\mathbf{C}\cdot\mathbf{X}(t) = 0.$$

若 $\mathbf{C}\neq\mathbf{0}$, 那么 $\mathbf{C}\cdot\mathbf{X} = 0$ 表示过原点的平面, 即质点在该平面内运动. 若 $\mathbf{C} = \mathbf{0}$, 则 $\mathbf{X}(t)$ 和 $\mathbf{X}'(t)$ 在任何时刻 t 都互相平行, 质点沿直线运动. 否则 $\mathbf{X}'(t) = \mathbf{0}$, 质点不动. 总之质点在某平面内运动. **证毕.**

问题

5.1 确定沿以下曲线运动的质点的速度、加速度和速率.

(a) $\mathbf{X}(t) = \mathbf{C}$, $\mathbf{C}$ 是常向量.

(b) $\mathbf{X}(t) = (t, t, t)$.

(c) $\mathbf{X}(t) = (1-t, 2-t, 3+t)$.

(d) $\mathbf{X}(t) = (t, 2t, 3t)$.

(e) $\mathbf{X}(t) = (t, t^2, t^3)$.

5.2 某质点沿直线运动, $\mathbf{X}(t)$ 表示 t 时刻的位置.

(a) 设 $\mathbf{X}(t) = \mathbf{A} + \mathbf{B}t$, 这里 $\mathbf{A}, \mathbf{B}$ 是常向量, $\mathbf{B}\neq\mathbf{0}$. $t = 0$ 时质点在什么位置?

(b) 确定 (a) 中质点 t 时刻的速度和加速度.

(c) 设 $\mathbf{X}(t) = \mathbf{A} + (t^3 - t)\mathbf{B}$. 确定 t 时刻的速度和加速度. 质点速率何时为零?

(d) 哪些时刻 (c) 中质点位置是 $\mathbf{X}(0)$?

5.3 质点在平面内沿一圆周运动,

$$\mathbf{X}(t) = (r\cos(\omega t), r\sin(\omega t)),$$

其中 r, ω 是常数.

(a) 确定质点的速度, 证明它与 $\mathbf{X}(t)$ 垂直, 即与圆周相切.

(b) 证明速率为 $r\omega$.

(c) 求出加速度, 证明它与 $\mathbf{X}(t)$ 平行, 但指向原点.

(d) 证明加速度模长为 $r\omega^2$.

5.4 单位质量的质点沿一梯度力场运动, 即对某函数 p,

$$\mathbf{X}'' = -\boldsymbol{\nabla} p(\mathbf{X}).$$

证明能量

$$\frac{1}{2}\|\mathbf{X}'(t)\|^2 + p(\mathbf{X}(t))$$

不随时间变化.

5.5 质点以非零速度沿以原点为球心的球面的可微曲线 $\mathbf{X}(t)$ 运动, 于是 $\|\mathbf{X}(t)\|$ 是常数. 证明它的速度与球面相切.

5.6 请举一个例子, 质点沿圆周 $x^2+y^2=4$ 上的曲线 $\mathbf{X}(t)=(x(t),y(t)), a<t<b$ 运动, 但加速度方向不指向原点.

5.7 设 $\mathbf{A},\mathbf{B},\mathbf{K},\mathbf{F}$ 是 $\mathbb{R}^3$ 中的常向量, m 是一个数. 证明当 $\mathbf{K}=\dfrac{1}{2m}\mathbf{F}$ 时, 函数

$$\mathbf{X}(t) = \mathbf{A} + \mathbf{B}t + \mathbf{K}t^2$$

满足运动方程 $\mathbf{F}=m\mathbf{X}''$. 求出 $\mathbf{A},\mathbf{B}$ 与初始位置 $\mathbf{X}(0)$、初始速度 $\mathbf{X}'(0)$ 的关系.

5.8 $\mathbf{A},\mathbf{B}$ 为常向量, 验证以下函数满足 $\mathbb{R}^3$ 中相应的运动方程.

(a) $\mathbf{X}(t)=\mathbf{A}\cos t$ 是 $\mathbf{X}''=-\mathbf{X}$ 的解.

(b) $\mathbf{X}(t)=\mathbf{A}\sin(2t)$ 是 $\mathbf{X}''=-4\mathbf{X}$ 的解.

(c) $\mathbf{X}(t)=\mathbf{A}\cos(3t)+\mathbf{B}\sin(3t)$ 是 $\dfrac{1}{9}\mathbf{X}''=-\mathbf{X}$ 的解.

5.9 对问题 5.8 中的每个运动 $\mathbf{X}(t)$, 根据定理 5.1 确定运动所在的平面.

5.10 考虑运动方程

$$\mathbf{X}'' = \mathbf{M}\mathbf{X},$$

这里 $\mathbf{M}$ 是常数矩阵. 设存在常向量 $\mathbf{U}$ 和常数 ω 使得

$$\mathbf{M}\mathbf{U} = -\omega^2\mathbf{U}.$$

证明 $\mathbf{X}(t)=\cos(\omega t)\mathbf{U}$ 是方程的解.

事实上, 数 $-\omega^2$ 是矩阵 $\mathbf{M}$ 的特征值, $\mathbf{U}$ 是相应的特征向量.

5.11 k 是正常数, $\mathbf{C},\mathbf{D}$ 是常向量, 验证 $\mathbf{X}(t)=\mathbf{C}+\dfrac{1-\mathrm{e}^{-kt}}{k}\mathbf{D}$ 满足运动方程

$$\mathbf{X}'' = -k\mathbf{X}'.$$

请找出 $\mathbf{C},\mathbf{D}$ 与初始位置 $\mathbf{X}(0)$、初始速度 $\mathbf{X}'(0)$ 的关系, 并确定质点的总位移

$$\lim_{t\to\infty}\mathbf{X}(t)-\mathbf{X}(0).$$

5.12 古代社会的人曾相信月亮被马拉着跨过天空, 围绕地球做圆周运动. 根据牛顿定律, 问题 5.3 的 (c), 月亮应该沿哪个方向运动?

5.13 质点以速度 $\mathbf{V}=(v_1,v_2,v_3)$ 和加速度

$$\mathbf{V}'=\mathbf{V}\times\mathbf{B}$$

在 $\mathbb{R}^3$ 中运动, 这里 $\mathbf{B}$ 是某向量场. 例如带正电的粒子遵循该法则, 此处 $\mathbf{B}$ 是电磁场. 设 $\mathbf{B}$ 是恒定场, $\mathbf{B}=(0,0,b)$. 见图 5.2.

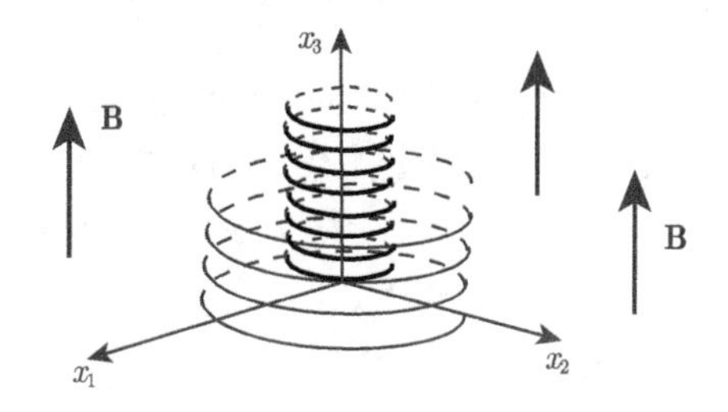

图 5.2 问题 5.13 中的粒子运动

(a) 证明加速度的分量为

$$\begin{aligned}v_1'&=bv_2,\\v_2'&=-bv_1,\\v_3'&=0.\end{aligned}$$

(b) 证明位置函数 $\mathbf{X}(t)=(a\sin(\omega t),a\cos(\omega t),bt)$ 满足方程 (5.3) 且 $\mathbf{X}''(t)=\mathbf{X}'(t)\times\mathbf{B}$.

(c) 描述 (b) 中螺旋曲线 $\mathbf{X}(t)$ 上点的 $\mathbf{V}'(t)$ 的方向.

5.14 位置函数为 $\mathbf{X}(t)$ 的、质量为 m 的质点用弹簧与另一质量为 m 的质点相接, 其位置函数为 $\mathbf{Y}(t)$. 运动方程为

$$\begin{aligned}m\mathbf{X}''&=k(\mathbf{Y}-\mathbf{X}),\\m\mathbf{Y}''&=-k(\mathbf{Y}-\mathbf{X}),\end{aligned}$$

这里 k 是依赖于弹簧张力的常数. 记 $\mathbf{W}=(\mathbf{X},\mathbf{Y})=(x_1,x_2,x_3,y_1,y_2,y_3)$, 有六个分量. 定义函数 $\mathbb{R}^6$ 中的函数 p 为

$$p(\mathbf{W})=p(\mathbf{X},\mathbf{Y})=\frac{1}{2}k\|\mathbf{X}-\mathbf{Y}\|^2.$$

(a) 证明运动方程可以写为

$$m\mathbf{W}''(t) = -\nabla p(\mathbf{W}(t)),$$

其中 $\nabla p(\mathbf{W})$ 是 p 关于 $\mathbf{W}$ 的 6 个分量的偏导数构成的向量.

(b) 证明量

$$\frac{1}{2}m\|\mathbf{W}'(t)\|^2 + p(\mathbf{W}(t))$$

不随时间变化.

5.2　平面中的运动

自然界中有各种不同的力场, 引力场是一个重要的例子. 特别地, 考虑一个质量为 m 的粒子在由位于原点的单位质量产生的力场中的运动.

根据万有引力定律, 位于 $\mathbf{X}$ 处的、质量为 m 的粒子受到的引力 $\mathbf{F}$ 其方向从 $\mathbf{X}$ 指向原点, 其大小等于 m 乘以 $\mathbf{X}$ 到原点距离的平方之倒数的某个常数倍. 为简化模型, 此处我们取引力常数为 1. 也就是说

$$\mathbf{F}(\mathbf{X}) = -m\frac{1}{\|\mathbf{X}\|^2}\frac{\mathbf{X}}{\|\mathbf{X}\|} = -m\frac{\mathbf{X}}{\|\mathbf{X}\|^3}.$$

对于这个力 $\mathbf{F}$, 牛顿运动定律即

$$m\mathbf{X}'' = -m\frac{\mathbf{X}}{\|\mathbf{X}\|^3}. \tag{5.4}$$

注意 m 作为因子出现在 (5.4) 的两边, 两边都除以 m 就给出运动方程:

$$\mathbf{X}'' = -\frac{\mathbf{X}}{\|\mathbf{X}\|^3}. \tag{5.5}$$

直观上讲, 物体在引力作用下的运动不依赖于运动物体的质量是显然的, 因为我们可以设想运动物体被分成两部分, 每一部分的运动轨迹都是一样的, 尽管这两部分的质量可能不同. 因此, 从现在起, 我们假定运动质点的质量 $m = 1$. 接下来我们注意到方程 (5.5) 的右边是一个梯度:

$$-\frac{\mathbf{X}}{\|\mathbf{X}\|^3} = \nabla p, \qquad \text{其中 } p(\mathbf{X}) = \frac{1}{\|\mathbf{X}\|}. \tag{5.6}$$

因此可以将 (5.5) 重写为

$$\mathbf{X}'' = \nabla p(\mathbf{X}). \tag{5.7}$$

能量守恒

现在考虑, 在由一个可微函数 p 的梯度给出的力场作用下, 一个单位质量的质点的运动. 我们看到, 单个质点给出的引力场就是这样的场. 由于梯度之和仍然是一个梯度, 所以质点的任意分布给出的引力场也是梯度场.

现在我们推导方程 (5.7)(其中 p 是一个可微函数) 的解的一个重要性质. 方程两边与 $\mathbf{X}'$ 作数量积, 得到

$$\mathbf{X}'' \cdot \mathbf{X}' = \nabla p(\mathbf{X}) \cdot \mathbf{X}'.$$

注意左边是 $\frac{1}{2}\mathbf{X}' \cdot \mathbf{X}'$ 关于 t 的导数, 而右边 —— 根据链式法则 —— 是 $p(\mathbf{X}(t))$ 关于 t 的导数. 既然它们的导数相等, 就有 $\frac{1}{2}\mathbf{X}' \cdot \mathbf{X}'$ 与 $p(\mathbf{X})$ 仅相差一个常数 E :

$$\frac{1}{2}\mathbf{X}' \cdot \mathbf{X}' - p(\mathbf{X}) = E. \tag{5.8}$$

(5.8) 中的第一项 $\frac{1}{2}\mathbf{X}' \cdot \mathbf{X}'$ 称为运动质点的**动能**; 第二项 $-p(\mathbf{X})$ 称为**势能**; 它们的和是运动质点的总能量. 等式 (5.8) 说运动质点的总能量在运动过程中保持不变. 这就是**能量守恒**定律.

因此我们证明了, 对于梯度力场下的运动质点, 能量守恒是牛顿运动定律的推论.

Kepler 定律

现在我们回到方程 (5.5), 它主控了质点在位于原点的单位质点产生的力场中的运动.

根据定理 5.1, 运动发生在一个经过原点的平面, 为简化计算, 不妨假设该平面为 x, y 平面, 因此在方程 (5.5) 中令 $z = 0$ 给出

$$x'' + \frac{x}{r^3} = 0, \qquad y'' + \frac{y}{r^3} = 0, \qquad r = \sqrt{x^2 + y^2}. \tag{5.9}$$

能量方程 (5.8) 可以写为

$$\frac{1}{2}((x')^2 + (y')^2) - \frac{1}{\sqrt{x^2 + y^2}} = E, \tag{5.10}$$

其中 E 是常数. 为得到 x, y, x', y' 之间的另一个关系式, 我们将 (5.9) 中的第一式乘以 y, 第二式乘以 x, 并将得到的两个式子相减, 得到

$$xy'' - yx'' = 0.$$

由于 $xy''-yx''$ 恰好是 $xy'-yx'$ 关于 t 的导数, 我们可以下结论说, $xy'-yx'$ 是一个常数, 记为 A:

$$xy'-yx'=A. \tag{5.11}$$

现在引入极坐标:

$$x=r\cos\phi, \qquad y=r\sin\phi. \tag{5.12}$$

将这些等式关于 t 求导给出

$$x'=r'\cos\phi-r\phi'\sin\phi, \qquad y'=r'\sin\phi+r\phi'\cos\phi. \tag{5.13}$$

利用 (5.13), 一个简短的计算表明

$$(x')^2+(y')^2=(r')^2+r^2(\phi')^2.$$

将 (5.12) 和 (5.13) 代入 (5.11) 给出

$$xy'-yx'=r^2\phi'=A.$$

因此, 可以将 ϕ' 表达为

$$\phi'=\frac{A}{r^2}. \tag{5.14}$$

当 $A=0$ 时, ϕ 是一个常数, 因此运动发生在该平面的一条直线上. 而这种一维运动没什么意思, 所以我们考虑 $A\neq 0$ 的情形. 事实上可以假设 $A>0$ (见问题 5.19). 能量方程 (5.10) 就变成

$$(r')^2+r^2(\phi')^2-\frac{2}{r}=2E.$$

将 (5.14) 中关于 ϕ' 的表达式代入上式, 就得到

$$(r')^2+\frac{A^2}{r^2}-\frac{2}{r}=2E. \tag{5.15}$$

r 和 ϕ 都是 t 的函数. 从 (5.14) 可知, ϕ' 有固定的符号, 从而 ϕ 是 t 的单调函数. 这样 t 可以视为 ϕ 的函数, 进而 r 可以视为 ϕ 的函数. 根据链式法则, 有

$$r'=\frac{\mathrm{d}r}{\mathrm{d}t}=\frac{\mathrm{d}r}{\mathrm{d}\phi}\phi'.$$

利用 (5.14) 将 ϕ' 表达为 $\frac{A}{r^2}$, 得到

$$r'=\frac{\mathrm{d}r}{\mathrm{d}\phi}\frac{A}{r^2}.$$

将 r' 的这个表达式代入 (5.15) 的左边, 得到

$$\left(\frac{\mathrm{d}r}{\mathrm{d}\phi}\right)^2\frac{A^2}{r^4}+\frac{A^2}{r^2}-\frac{2}{r}=2E. \tag{5.16}$$

由于 $A\neq 0$, 我们将这个方程两边乘以 $\dfrac{r^4}{A^2}$ 可以得到

$$\left(\frac{\mathrm{d}r}{\mathrm{d}\phi}\right)^2+r^2-\frac{2r^3}{A^2}=2E\frac{r^4}{A^2}, \tag{5.17}$$

我们引入缩写记号

$$a=\frac{2E}{A^2},\qquad b=\frac{1}{A^2}, \tag{5.18}$$

将 (5.17) 重写为

$$\left(\frac{\mathrm{d}r}{\mathrm{d}\phi}\right)^2=ar^4+2br^3-r^2. \tag{5.19}$$

导数 $\dfrac{\mathrm{d}r}{\mathrm{d}\phi}$ 与 $\dfrac{\mathrm{d}\phi}{\mathrm{d}r}$ 互为倒数 (见问题 5.20), 对 (5.19) 两边同时取倒数, 得到

$$\left(\frac{\mathrm{d}\phi}{\mathrm{d}r}\right)^2=\frac{1}{ar^4+2br^3-r^2}. \tag{5.20}$$

我们引入 $u=\dfrac{1}{r}$ 作为新变量. 根据链式法则

$$\frac{\mathrm{d}\phi}{\mathrm{d}r}=\frac{\mathrm{d}\phi}{\mathrm{d}u}\cdot\frac{\mathrm{d}u}{\mathrm{d}r}=\frac{\mathrm{d}\phi}{\mathrm{d}u}\left(-\frac{1}{r^2}\right).$$

用上式来表达 (5.20) 的左端, 并且两边同时乘以 r^4, 得到

$$\left(\frac{\mathrm{d}\phi}{\mathrm{d}u}\right)^2=\frac{r^4}{ar^4+2br^3-r^2}=\frac{1}{a+2bu-u^2}.$$

开方得到

$$\frac{\mathrm{d}\phi}{\mathrm{d}u}=\frac{1}{\sqrt{a+2bu-u^2}}. \tag{5.21}$$

为了从 (5.21) 积分积出函数 $\phi(u)$, 回忆起反正弦函数的导数是

$$\frac{\mathrm{d}}{\mathrm{d}y}\arcsin y=\frac{1}{\sqrt{1-y^2}}.$$

令 $y=p+qu$, 其中 p,q 是常数且 $q>0$. 我们得到

$$\frac{\mathrm{d}}{\mathrm{d}u}(\arcsin(p+qu))=\frac{q}{\sqrt{1-(p+qu)^2}}=\frac{1}{\sqrt{a+2bu-u^2}},$$

其中 a 和 b 分别为

$$a=\frac{1-p^2}{q^2},\qquad b=-\frac{p}{q}. \tag{5.22}$$

这表明, 我们可以取 (5.21) 中的 $\phi(u)$ 为

$$\phi(u)=\arcsin(p+qu),$$

其中 p,q 与 a,b 之间的关系由 (5.22) 给出. 因此

$$\sin\phi=p+qu.$$

我们略去一些关于 (5.22) 的简短计算, 它们足以表明, 除了可能的圆周轨道之外, q 总是正的. 在问题 5.15 中求出所有的圆周轨道.

回忆起 $u=\dfrac{1}{r}$, 上式两端同乘以 r, 得到

$$r\sin\phi=pr+q. \tag{5.23}$$

我们断言这是圆锥曲线在极坐标系下的方程. 很容易写出它在直角坐标 x,y 下对应的方程:

$$y=p\sqrt{x^2+y^2}+q. \tag{5.24}$$

从而有

$$p^2(x^2+y^2)=(y-q)^2. \tag{5.25}$$

从 (5.18) 可知 $b>0$. 根据 (5.22), $b=-\dfrac{p}{q}$, 因此 $p<0$, 特别地, $p\neq 0$. 这表明 (5.25) 关于 x 和 y 是二次的, 因此它的零点集是一条圆锥曲线.

在问题 5.21 和问题 5.22 中证明, 当 $p<-1$ 时该圆锥曲线是椭圆, 当 $p=-1$ 时该圆锥曲线是抛物线, 而当 $-1<p<0$ 时该圆锥曲线是双曲线. 图 7.20 摹画了月球环绕地球的椭圆轨道.

Kepler 基于对行星的观测提出了他的三大定律. 他的第一定律说, 太阳系中的行星的运动轨道是椭圆并且以太阳为其中一焦点. 上面的计算表明, Kepler 第一定律是引力的平方反比定律的推论. 在问题中将讨论 Kepler 的其他定律.

牛顿证明了, Kepler 三大定律都是引力平方反比定律的推论. 这个惊人的结果, 令引力平方反比定律得到普遍接受.

问题

5.15　考虑由

$$\mathbf{X}(t)=(x(t),y(t))=(a\cos\omega t,\ a\sin\omega t)$$

定义的圆形轨道, 其中 a 和 ω 是常数.

(a) 证明半径函数 $r=\sqrt{x^2+y^2}$ 是常数 a.

(b) 证明若 $\omega^2a^3=1$, 则 $\mathbf{X}$ 是方程 (5.9) 的一个解:

$$x''+\frac{x}{(x^2+y^2)^{3/2}}=0,\qquad y''+\frac{y}{(x^2+y^2)^{3/2}}=0.$$

(c) 证明 (5.11) 式所定义的 A 等于 ωa^2.

注 本问题中的 ω^2a^3 是常数乃 Kepler 定律之一, 此处针对圆形轨道, 更一般情形见问题 5.21. 一个例子是预言了土星的轨道半径:

$$\frac{(1\ \text{地球轨道半径})^3}{(1\ \text{地球年})^2}=\frac{(a_{\text{土星}}\ \text{地球轨道半径})^3}{(29.5\ \text{地球年})^2},$$

给出 $a_{\text{土星}}=\sqrt[3]{29.5^2}\approx 9.5$, 因此土星与太阳的距离是地球与太阳距离的 9.5 倍.

5.16 本题将要求你验证圆锥与一个平面的交线是椭圆[①]. 参见图 5.3, 与圆锥与平面同时相切的球面有两个. 设 A,B,D,F 共线. 这两个球面与平面的切点 C 和 E 为椭圆的两个焦点. 为验证这一点, 依次证明下述命题.

(a) 线段 BD 与 DC 等长.

(b) 线段 FD 与 DE 等长.

(c) 对交线上的每一点 D, BD 与 FD 的长度之和是定值.

(d) 对交线上的每一点 D, DC 与 DE 的长度之和是定值.

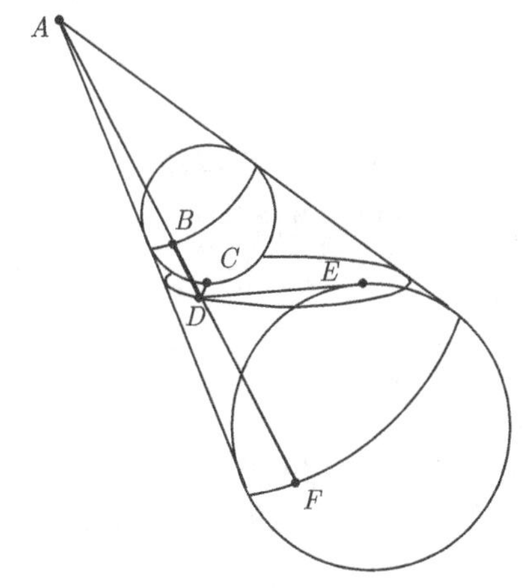

图 5.3 问题 5.16 中圆锥、球面与椭圆

5.17 Kepler 第二定律说, 行星在相同的时间内“扫过”相同的面积, 换言之, 图 5.4 中的面积变化率是常数. 请通过解释以下各条证明这一点.

① 准确地说, 圆锥与平面相交会产生三种可能的曲线: 椭圆 (包括圆在内)、抛物线、双曲线, 它们统称圆锥截线. 有兴趣的读者请参见 Wikipedia 条目: Dandelin spheres 与 conic section.——译者注.

(a) 设行星在 t 时刻的位置是 $\mathbf{U} = (x(t), y(t))$, 则在 $t + h$ 时刻的位置近似为 $\mathbf{W} = (x(t) + x'(t)h, y(t) + y'(t)h)$.

(b) 定向三角形 $\mathbf{0UW}$ 的有向面积为 $\dfrac{h}{2}(xy' - yx')$.

(c) 面积的变化率为 $\dfrac{1}{2}A$, 其中 A 是 (5.11) 式中的常数.

(d) 若轨道是封闭的, 从 (c) 推出它所包围的面积等于 $\dfrac{1}{2}A$ 乘以轨道的周期 T.

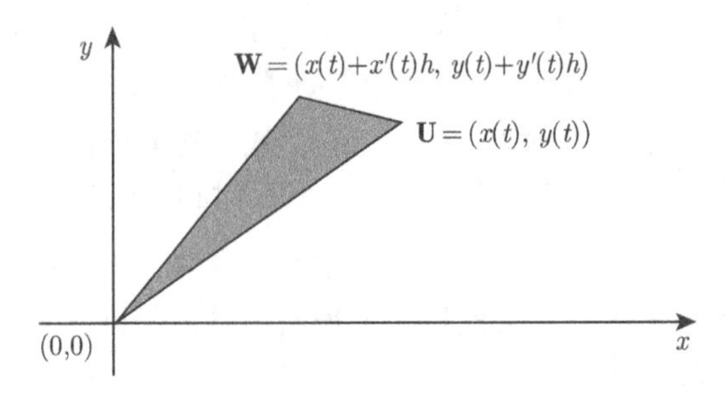

图 5.4　问题 5.17 中的 Kepler 第二定律, 行星在时间 h 内扫过的近似面积

5.18　在物理学教材中, 牛顿定律 (5.4)

$$m\mathbf{X}'' = -m\frac{\mathbf{X}}{\|\mathbf{X}\|^3}$$

通常写作

$$m\mathbf{r}'' = -mMG\frac{\mathbf{r}}{|\mathbf{r}|^3}.$$

定义 $\mathbf{X}(t) = \mathbf{r}(kt)$, 其中 k 是待定常数. 利用链式法则确定 k 使得上述方程化为 (5.4), 换言之, 我们可以重新标度时间以消除因子 MG.

5.19　设 $(x, y) = (f(t), g(t))$ 是 (5.9) 的一个解, 且使得 $xy' - yx' < 0$. 证明

$$(x, y) = (-f(t), g(t))$$

定义出 (5.9) 的另一个解且使得 $xy' - yx' > 0$.

5.20　利用 (5.16) 证明至多存在 r 的两个值使得 $\dfrac{\mathrm{d}r}{\mathrm{d}\phi} = 0$. 由此推出, 至多除了这两个可能的 r 值, 我们可以得到 ϕ 作为 r 的函数, 从而 $\dfrac{\mathrm{d}r}{\mathrm{d}\phi}$ 与 $\dfrac{\mathrm{d}\phi}{\mathrm{d}r}$ 互为倒数.

5.21　将轨道曲线 (5.24) 写成 $-pr = q - y$ 并考虑 $p < -1$ 的情形, 证明下面的断言.

(a) 运动发生的区域在 $y < q$.

(b) 轨道与 y 轴有两个交点. 推出这是一个椭圆轨道.

(c) 证明长半轴长为 $\dfrac{-pq}{p^2-1}$ 且短半轴长为 $\dfrac{q}{\sqrt{p^2-1}}$.

(d) 证明短半轴长等于 A 乘以长半轴长的平方根.

(e) 椭圆的面积等于 π 与长半轴、短半轴的乘积. 从 (d) 以及问题 5.17 的 (d) 部分推出

$$\frac{1}{2}AT = \pi A a^{\frac{3}{2}},$$

其中 a 为半长轴. 由此推出 Kepler 第三定律: 椭圆轨道周期的平方正比于长半轴的立方.

5.22 将轨道曲线 (5.24) 写成 $-pr = q - y$, 证明下述断言.

(a) 运动发生的区域在 $y < q$.

(b) 若 $p = -1$, 则轨道是抛物线.

(c) 若 $-1 < p < 0$, 则轨道是双曲线的一支.

5.23 我们从 (5.14) 式看到, 朝向引力的运动有可能沿着一条直线, 事实上这是 (与质点源) 发生碰撞的唯一可能. 现在考虑一个五次方反比定律,

$$\mathbf{X}'' = \|\mathbf{X}\|^{-6}\mathbf{X}.$$

(a) 证明 $\frac{1}{4}\|\mathbf{X}\|^{-4}$ 是一个势函数, 因此 $\frac{1}{2}\|\mathbf{X}'\|^2 - \frac{1}{4}\|\mathbf{X}\|^{-4}$ 守恒.

(b) 令 $a > 0$. 设存在一个形如 $\mathbf{X}(t) = (a + a\cos\theta(t), a\sin\theta(t))$ 的半圆轨道. 证明 $\frac{1}{2}a^2(\theta')^2 - \dfrac{1}{16a^4(1+\cos\theta)^2}$ 是常数.

(c) 设 (b) 中的常数等于 0, 且 $\theta' > 0$. 求出常数 k 使得

$$\theta'(t) = \frac{k}{1+\cos\theta(t)}.$$

(d) 上述方程两边同乘以 $1+\cos\theta$ 并关于 t 积分, 假设 $\theta(0) = 0$. 由此推出 $\theta(t) + \sin\theta(t) = kt$. 绘出作为 θ 的函数 $f(\theta) = \theta + \sin\theta$ 的草图, 以证明在 $0 \leqslant t \leqslant \dfrac{\pi}{k}$ 内, 存在一个满足上述方程的函数 $\theta(t)$.

(e) 证明存在着不是直线的轨道, 使得在有限时间内坍塌到原点.

5.24 设 N 个质点 $m_1, \cdots, m_N$ 通过引力相互吸引, 各自具有位置函数 $\mathbf{X}_1(t)$, $\cdots, \mathbf{X}_N(t)$. 牛顿定律给出

$$\mathbf{X}_k'' = -\sum_{j\neq k, j=1}^{N} m_j G \frac{\mathbf{X}_k - \mathbf{X}_j}{\|\mathbf{X}_k - \mathbf{X}_j\|^3}.$$

体系质心的位置为 $\mathbf{C}(t) = \dfrac{\sum_{k=1}^N m_k \mathbf{X}_k(t)}{\sum_{j=1}^N m_j}$. 证明质心的加速度等于 0: $\mathbf{C}''(t) = \mathbf{0}$.

5.25　设 $\mathbf{X}(t)$ 是牛顿定律 $X'' = -\|\mathbf{X}\|^{-3}\mathbf{X}$ 的一个解. 令 $\mathbf{Y}(t) = a\mathbf{X}(bt)$, 其中 a 和 b 不等于 0. 证明 $\mathbf{Y}$ 也是同一个方程的解, 即 $\mathbf{Y}'' = -\|\mathbf{Y}\|^{-3}\mathbf{Y}$, 假定 $a^3b^2 = 1$. (这包含了特例 $(a, b) = (1, -1)$, 这个解是时间倒流解, $\mathbf{X}(-t)$.)

5.26　令 $\mathbf{X}_j$ 是问题 5.24 中牛顿定律体系的一个解, 令 $\mathbf{Y}_j(t) = a\mathbf{X}_j(bt)$, 其中 a 和 b 不等于 0. 证明 $\mathbf{Y}_j$ 也是同一个方程组的解, 假定 $a^3b^2 = 1$.

第 6 章 积 分

摘要 本章引入多重积分的概念 —— 求平面或空间区域内某量总和的精确数学表示, 例如面积、体积、某物体的总质量、某地区的总电量或某国家的总人口.

6.1 面积、体积和积分

积分的例子

我们通过两个问题引入二元函数及多元函数的积分.

质量

令 D 是空间中的一个集合, 分布着某种物质, $f(x,y,z)$[质量/体积] 是点 (x,y,z) 处的密度, 我们如何求 D 中的总质量 $M(f,D)$?

如果密度在下限 ℓ 和上限 u 之间, 那么总质量有如下的界

$$\ell V(D) \leqslant M(f,D) \leqslant uV(D),$$

其中 $V(D)$ 表示 D 的体积. 对 D 的质量的估计是一个不错的开始, 但也许我们能做得更好. 把 D 分成两个子集 D_1 和 D_2, 每个子集上 f 都有相应的下界和上界:

$$\begin{aligned} \ell_1 \leqslant f(x,y,z) \leqslant u_1 \quad 在D_1, \\ \ell_2 \leqslant f(x,y,z) \leqslant u_2 \quad 在D_2. \end{aligned}$$

我们有

$$\begin{aligned} \ell_1 V(D_1) \leqslant M(f,D_1) \leqslant u_1 V(D_1), \\ \ell_2 V(D_2) \leqslant M(f,D_2) \leqslant u_2 V(D_2). \end{aligned}$$

将上述不等式相加, 得到

$$\ell_1 V(D_1) + \ell_2 V(D_2) \leqslant M(f,D_1) + M(f,D_2) \leqslant u_1 V(D_1) + u_2 V(D_2).$$

D_1 和 D_2 的质量之和就是 D 的质量 $M(f,D)$. D_1 和 D_2 的密度上界小于等于 u:

$$u_1 \leqslant u, \qquad u_2 \leqslant u.$$

下界大于等于 ℓ:

$$\ell \leqslant \ell_1, \qquad \ell \leqslant \ell_2.$$

把这些放在一起, 得到总质量 $M(f,D)$ 满足

$$\ell V(D) \leqslant \ell_1 V(D_1) + \ell_2 V(D_2) \leqslant M(f,D) \leqslant u_1 V(D_1) + u_2 V(D_2) \leqslant uV(D).$$

通过将 D 细分为 n 个不相交的子集 $D_1, \cdots, D_n$, 我们可以重复上述过程, 得到一系列不等式, 从而更接近 D 的实际质量:

$$\sum_{j=1}^{n} \ell_j V(D_j) \leqslant M(f,D) \leqslant \sum_{j=1}^{n} u_j V(D_j).$$

人口

类似地, 令 D 是平面中的一个集合, 比如一个国家的地图. 假设点 (x,y) 处人口密度是 $f(x,y)$ [人口/面积], 且 D 中人口密度介于 ℓ 和 u 之间, 即

$$\ell \leqslant f(x,y) \leqslant u.$$

如果知道 D 的面积 $A(D)$, 那我们就可以估计 D 中的总人口数 $P(f,D)$,

$$\ell A(D) \leqslant P(f,D) \leqslant uA(D).$$

采用计算质量时的方法, 将 D 分割成互不相交的子集 D_1, D_2, 从而改进估计. 对 D_1, D_2 的人口密度, 令 ℓ_1, ℓ_2 为其下界, u_1, u_2 为其上界, 则有

$$\ell_1 A(D_1) + \ell_2 A(D_2) \leqslant P(f,D) \leqslant u_1 A(D_1) + u_2 A(D_2).$$

将 D 分成 n 个互不相交的子集 $D_1, \cdots, D_n$, 得到 D 中总人口满足

$$\sum_{j=1}^{n} \ell_j A(D_j) \leqslant P(f,D) \leqslant \sum_{j=1}^{n} u_j A(D_j).$$

这两个例子引出了两个重要的问题:

(a) 我们如何求平面子集的面积或者空间子集的体积?

(b) f 和 D 的哪些性质确保取上下界的过程收敛于唯一的数?

这个数如果存在, 就是我们所说的 D 上的积分.

首先, 我们看面积和体积的问题.

面积

我们对面积的讨论基于平面内面积的三条基本性质. 稍后将解释, 经过适当地修改, 以下论述适用于 $\mathbb{R}^3$ 中的体积以及 $\mathbb{R}^n$ 中的 n 维体积.

(a) 如果平面中的集合 C 和 D 有面积, C 包含在 D 中, 那么 C 的面积小于等于 D 的面积.

(b) 如果平面中的集合 C 和 D 有面积, 只有边界上的点是它们的交点, 那么 C 和 D 并集的面积就是它们各自面积之和.

(c) 两边平行于 x 和 y 轴的矩形的面积是矩形边长的乘积. 矩形中是否包含所有边界、部分边界或没有边界并不重要.

为了知道平面中的子集 D 是否有面积, 我们引入 D 的**下面积**和**上面积**. 令 $h>0$, 用直线 $x=kh, y=mh$ 将整个平面分割成边长为 h 的方块, 其中 k 和 m 是整数. 每个 h-方块的边界都包含在 h-方块中.

对每个有界集合 D, 设 $N_L(D,h)$ 是 D 中的 h-方块数, $A_L(D,h)$ 是所有这些方块的面积

$$A_L(D,h)=h^2N_L(D,h).$$

D 中边长为$\frac{1}{2}h$ 的方块覆盖了 D 中边长为 h 的所有方块, 甚至更多, 如图 6.1 所示. 因此它们的总面积大于等于边长 h 的方块总面积:

$$A_L\left(D,\frac{1}{2}h\right)\geqslant A_L(D,h). \tag{6.1}$$

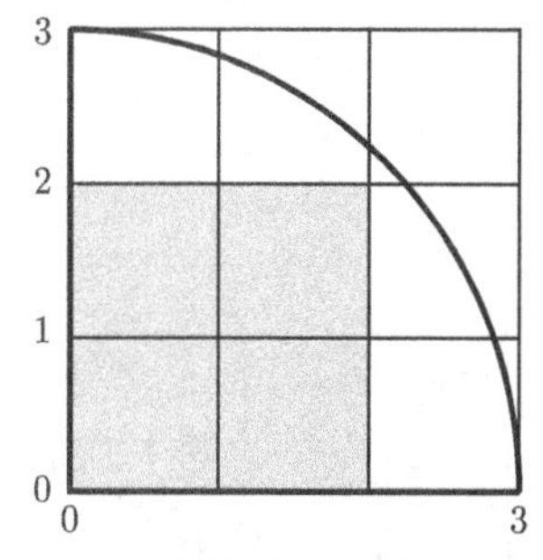

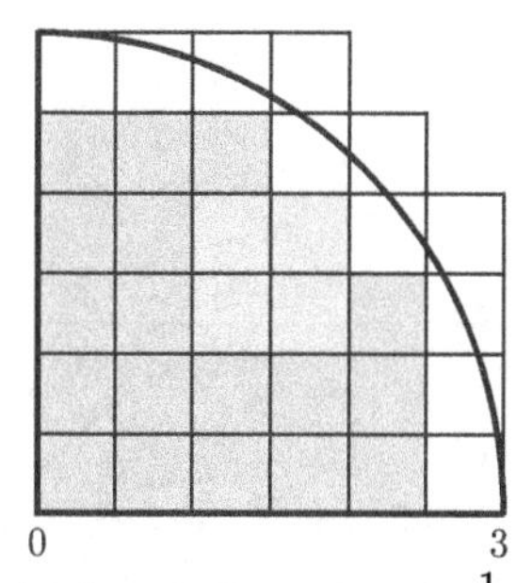

图 6.1　D 是四分之一圆盘, 包含边界. D 中有四个 1-方块, 二十四个 $\frac{1}{2}$-方块, 后者覆盖了更大的面积

在不等式 (6.1) 中, 令 $h=\frac{1}{2^n}$, 则数列

$$A_L\left(D,\frac{1}{2^n}\right)=\left(\frac{1}{2^n}\right)^2N_L\left(D,\ \frac{1}{2^n}\right)\qquad n=1,2,3,\cdots \tag{6.2}$$

是单调递增的. 由于 D 是有界的, 所以 D 中包含的 h-方块的总面积小于包含集合 D 的大正方形的面积. 因此 (6.2) 是一个有界数列. 根据单调收敛定理, 有上界的递增序列有极限. 我们把这个极限称为 D 的**下面积**, 记为 $A_L(D)$:

$$A_L(D)=\lim_{n\to\infty}A_L\left(D,\ \frac{1}{2^n}\right).$$

接下来定义上面积. $N_U(D,h)$ 表示所有与 D 相交的 h-方块. $A_U(D,h)$ 表示这些方块的面积之和:

$$A_U(D,h)=h^2N_U(D,h).$$

如果边长为 $\frac{1}{2}h$ 的方块与 D 相交, 那么包含它的边长为 h 的方块也相交. 因此

$$A_U\left(D,\ \frac{1}{2}h\right)\leqslant A_U(D,h). \tag{6.3}$$

这说明序列

$$A_U\left(D,\frac{1}{2^n}\right)=\left(\frac{1}{2^n}\right)^2N_U\left(D,\ \frac{1}{2^n}\right),\qquad n=1,2,3,\cdots$$

是单调递减的. 同样, 由单调收敛定理, 非负递减序列有极限. 我们把这个极限称为 D 的**上面积**, 记作 $A_U(D)$:

$$A_U(D)=\lim_{n\to\infty}A_U\left(D,\ \frac{1}{2^n}\right). \tag{6.4}$$

因为包含在 D 内的 h-方块比与 D 相交的方块少, 所以 $A_L(D,h)$ 小于等于 $A_U(D,h)$. 如图 6.1 和图 6.2 所示. 因此, 它们的极限也是如此:

$$A_L(D)\leqslant A_U(D). \tag{6.5}$$

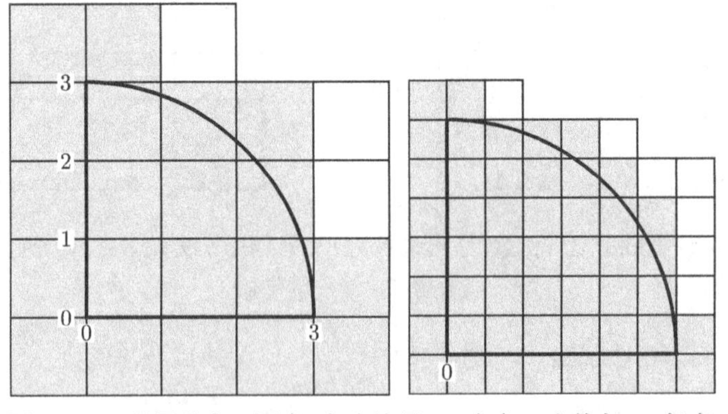

图 6.2　D 是四分之一圆盘, 包含边界. 二十个 1-方块与 D 相交, 五十个 $\frac{1}{2}$-方块与 D 相交, 并且覆盖的面积比 1-方块少

总之, 下面积小于或等于上面积. 现在我们定义面积的概念.

定义 6.1 如果集合 D 的下面积等于它的上面积, 则称 D **有面积**, 这个公共值称为 D 的**面积**, 记作 $A(D)$.

接下来, 我们验证所定义的面积具有本节开头列出的三条性质.

(a) *如果平面中的集合 C 和 D 有面积, C 包含在 D 中, 那么 C 的面积小于等于 D 的面积.*

假设 C 包含在 D 中, 对于每个 h, 有 $A_L(C,h) \leqslant A_L(D,h)$. 所以下面积 $A_L(C) \leqslant A_L(D)$. 设 C 和 D 有面积, 即

$$A_L(C) = A(C), \qquad A_L(D) = A(D),$$

则有 $A(C) \leqslant A(D)$.

(b) *如果平面中的集合 C 和 D 有面积且相交只有边界点, 那么 C 和 D 并集的面积是 C 和 D 的面积之和.*

因为 C 和 D 仅在边界处重合, 所以在 C 或 D 中的边长为 h 的方块也在 C 和 D 的并集 $C \cup D$ 中. 然而, 如果 C 和 D 共享边界的一部分, 那么 C 和 D 可能含有更多的边长为 h 的方块. 所以

$$A_L(C,h) + A_L(D,h) \leqslant A_L(C \cup D, h).$$

类似地, 如果一些边长为 h 的方块在 C 和 D 的并集中, 那么 C 中的方块数加上 D 中的方块数大于等于 C 和 D 的并集的方块数. 因此

$$A_U(C \cup D, h) \leqslant A_U(C,h) + A_U(D,h).$$

在下述不等式

$$A_L(C,h) + A_L(D,h) \leqslant A_L(C \cup D, h) \leqslant A_U(C \cup D, h) \leqslant A_U(C,h) + A_U(D,h)$$

中令 $h = \dfrac{1}{2^n}$, 则不等式右侧趋于 $A(C) + A(D)$, 不等式左侧也趋于 $A(C) + A(D)$, 因此两端趋于同一个数值即 $A(C \cup D)$.

(c) *两边与 x 轴和 y 轴平行的矩形的面积是矩形边长的乘积. 矩形中是否包含所有边界点、部分边界点或没有边界点并不重要.*

令 R 表示矩形 $[a,b] \times [c,d]$. 与 R 的边界相交的 h-方块数不超过周长除以 h 的两倍 (当 h 小于 R 的边长). 因此

$$0 \leqslant (b-a)(d-c) - A_L(R,h) \leqslant \frac{4\left((b-a)+(d-c)\right)}{h}h^2,$$

$$0 \leqslant A_U(R,h) - (b-a)(d-c) \leqslant \frac{4\left((b-a)+(d-c)\right)}{h}h^2.$$

令 h 趋于 0, 我们可以看出 R 的上面积和下面积都等于 $(b-a)(d-c)$. 无论矩形 R 是否包含它的一些边界或没有边界, 都可以使用类似的论证.

光滑有界集

现在我们说明直观上有面积的集合 —— 光滑有界的几何图形 —— 在上述意义下都有面积.

定义 6.2　平面上的**光滑有界集合** D 是有界闭集, 并且它的边界是有限条曲线的并集, 每条曲线都是一个连续可微函数

$$y = f(x), \qquad x \text{ 在某闭区间内}$$

或

$$x = f(y), \qquad y \text{ 在某闭区间内}$$

的图像.

例 6.1　图 6.3 中的集合 D 是光滑有界集. D 的边界是三条曲线的并集, 这三条曲线是连续可微函数

$$x = f_1(y) = y^2 \qquad (0 \leqslant y \leqslant 1),$$
$$x = f_2(y) = 2 - y^2 \qquad (0 \leqslant y \leqslant 1)$$

和

$$y = f_3(x) = 0 \qquad (0 \leqslant x \leqslant 2)$$

的图像.

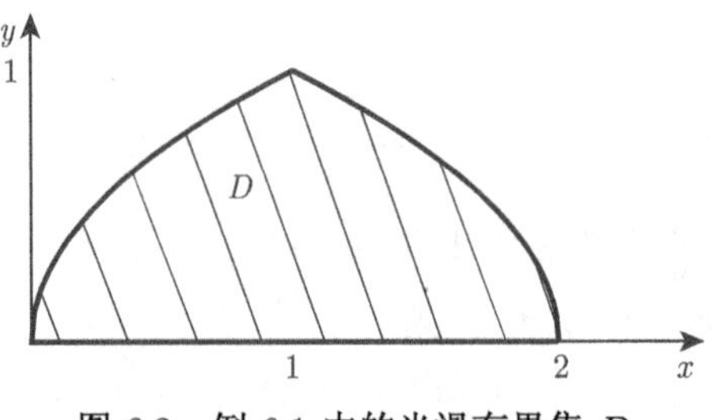

图 6.3　例 6.1 中的光滑有界集 D

例 6.2　图 6.4 所示的集合 D 的边界是连续可微函数的图像. D 是光滑有界集.

定理 6.1　如果 D 是一个光滑有界的集合, 那么它的上下面积相等, 即 D 有面积.

证明定理 6.1 所需要的关键如下.

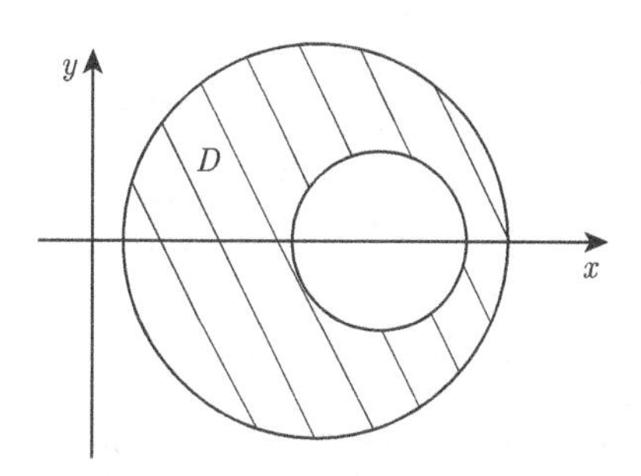

图 6.4 例 6.2 中的光滑有界集 D

定理 6.2 设 C 为 $\mathbb{R}^2$ 中光滑有界集合 D 的边界. 用 $C(h)$ 表示与 C 相交的边长为 h 的方块数, 则

$$C(h) \leqslant \frac{c}{h}, \tag{6.6}$$

c 是由 C 决定的常数.

证明 D 是光滑有界的, 所以它的边界 C 是连续可微函数的图像的并集. 为证明该定理, 我们对一个连续可微函数

$$y = g(x) \qquad a \leqslant x \leqslant b$$

的图像证明不等式 (6.6), 然后将它们相加. 用 m 表示 g 在 $[a, b]$ 上的导数的上界

$$|g'(x)| \leqslant m.$$

在带状区域

$$nh \leqslant x \leqslant (n+1)h$$

与 g 相交的 h-方块的最大个数是 $m+2$, 所以在区间 $[a, b]$ 上与 g 的图像相交的 h-方块数最多是 $m+2$ 乘以 $[a, b]$ 中 h-区间的个数. $[a, b]$ 中的 h-区间数小于等于 $\dfrac{b-a}{h}$. 如图 6.5 所示. 因此

$$C(h) \leqslant (m+2)\frac{b-a}{h} = \frac{(m+2)(b-a)}{h}.$$

令 $c = (m+2)(b-a)$, 我们对边界为一个光滑函数图像的情形证明了不等式 (6.6). 如果 D 的边界由有限条光滑曲线组成, 那么将每部分的系数 c 相加就能证明 (6.6). 这就完成了定理 6.2 的证明. **证毕.**

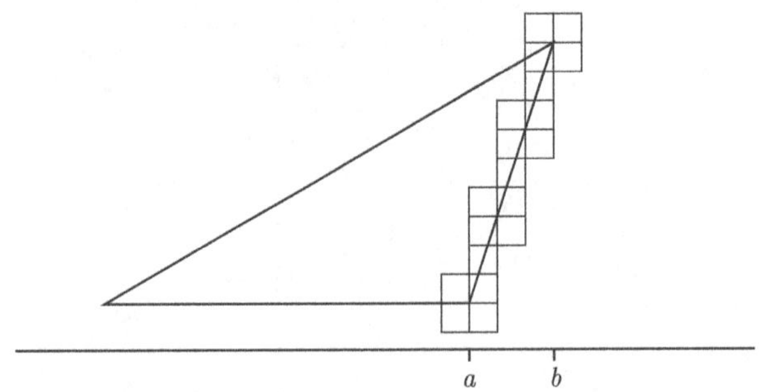

图 6.5　在区间 $[a,b]$ 上, $y=3x$ 的图像被不超过 $(3+2)\left(\dfrac{b-a}{h}\right)$ 的 h-方块覆盖

现在我们证明光滑有界集的上、下面积相等.

(定理 6.1 的) 证明　令 $C(h)$ 是与 D 边界相交的 h-方块数, 则

$$C(h) \geqslant N_U(D,h) - N_L(D,h).$$

由定理 6.2, 对于某个数 c, 有

$$0 \leqslant h^2N_U(D,h) - h^2N_L(D,h) \leqslant h^2C(h) < ch. \tag{6.7}$$

令$h=\dfrac{1}{2^n}$ 趋于 0, 则序列 $h^2N_U(D,h)$ 和 $h^2N_L(D,h)$ 分别趋近于 D 的上面积和下面积. 由不等式 (6.7) 得出极限

$$A_U(D) = \lim_{h\to 0} h^2N_U(D,h) = \lim_{h\to 0} h^2N_L(D,h) = A_L(D). \tag{6.8}$$

这个极限值就是面积, 所以面积存在.　　**证毕.**

注解　对 B 是光滑有界集边界的特殊情形, 对任意 h, $A_L(B,h)=0$, 所以 $A_L(B)=0$. 由式 (6.8) 可知, $A_U(B)=A_L(B)$, B 的面积为 0. 通过面积性质 (a) 和 (b) 可以看出, 无论边界点是否包含在 D 中, 以 B 为边界的光滑有界集合 D 的面积都相同.

体积

用平面 $x=kh, y=mh, z=nh$ 将空间分成边长为 h 的立方体, 其中 k,m 和 n 是整数. 见图 6.6.

我们用完全类似于面积的方式来定义体积. 用 h-方体代替 h-方块, 在 3 维空间中定义有界集合 D 的**下体积** $V_L(D)$ 和**上体积** $V_U(D)$.

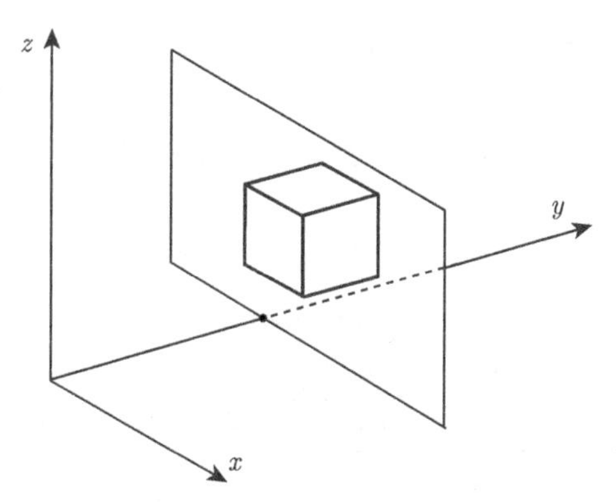

图 6.6 由平面围成的 3 维空间中的 h-方体 (图中标出了一个平面)

定义 6.3 如果 D 的上体积和下体积相等, 这个公共值称为 D 的**体积**, 记作 $\mathrm{V}(D)$, 我们说 D **有体积**.

接下来, 我们定义空间中一个有体积的集合类.

定义 6.4 $\mathbb{R}^3$ 中**光滑有界集**指的是一个有界闭集, 其边界是有限个连续可微函数

$$z = f(x, y) \quad 或 \quad y = f(x, z) \quad 或 \quad x = f(y, z)$$

图像的并集, 它们定义在坐标平面的有界光滑集合上.

球和立方体是 $\mathbb{R}^3$ 中光滑有界集合的例子.

下面的结果是定理 6.2 的三维推广.

定理 6.3 设 S 是 $\mathbb{R}^3$ 中光滑有界集的边界, 用 $S(h)$ 表示与 S 相交的 h-方体的个数. 我们有

$$S(h) \leqslant \frac{s}{h^2},$$

其中 s 是依赖于 S 的常数.

见图 6.7. 这个定理的证明与定理 6.2 类似.

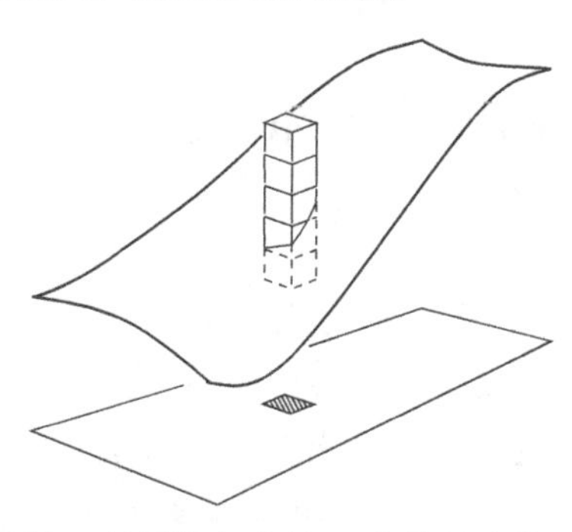

图 6.7 与函数 f 的图像相交的 h-方体的个数由其导数决定

证明　因为 S 是有限个连续可微函数图像的并集, 只需对一个可微函数图像证明不等式, 比如 $z=f(x,y)$, 它定义在 x,y 平面的光滑有界集合 D 上. 考虑 D 的 h-方块, 对 h-方块中的点 $\mathbf{P}_1$ 和 $\mathbf{P}_2$, 有一个点 $\mathbf{P}$, 使得

$$\begin{aligned}|f(\mathbf{P}_1)-f(\mathbf{P}_2)|=&|\boldsymbol{\nabla} f(\mathbf{P})\cdot(\mathbf{P}_1-\mathbf{P}_2)|\\ \leqslant&\max_{\mathbf{Q}\in D}\|\boldsymbol{\nabla} f(\mathbf{Q})\|\|\mathbf{P}_1-\mathbf{P}_2\|\\ \leqslant&\max_{\mathbf{Q}\in D}\sqrt{\left(\frac{\partial f}{\partial x}(\mathbf{Q})\right)^2+\left(\frac{\partial f}{\partial y}(\mathbf{Q})\right)^2}\sqrt{2}h.\end{aligned}$$

由该不等式可知, 与 f 相交的 h-方体的个数除以与 D 相交的 h-方块的个数之商小于 $2m$, m 是 f 的一阶偏导数的模在 D 的上界. 如上所说, 因为与 D 相交的 h-方块数小于 $\dfrac{a}{h^2}$, a 是包含 D 的矩形的面积, 与曲线 f 相交的 h-方体数小于 $\dfrac{2am}{h^2}$.

证毕.

由定理 6.3 可知, 与 S 相交的 h-方体的体积小于 $\dfrac{s}{h^2}h^3=sh$, 当 h 趋于 0 时, 它也趋于 0.

根据定理 6.3, 三维空间中的光滑有界集合 D 的上下体积相等. 由此我们得出下面的定理.

定理 6.4　$\mathbb{R}^3$ 中的光滑有界集有体积.

$\mathbb{R}^n$ 中的体积. 在 n 维空间中, 体积完全可以用 n 维方体定义. 一个 n 维方体由所有点 $\mathbf{X}=(x_1,x_2,\cdots,x_n)$ 组成, 其中

$$n_jh\leqslant x_j\leqslant(n_j+1)h,\qquad j=1,\cdots,n. \tag{6.9}$$

n_j 是整数. 令此 n 维方体的体积为 h^n.

n 维空间 $\mathbb{R}^n$ 中的光滑有界集及它的体积是三维空间情形的直接推广. 定理 6.3 和定理 6.4 的陈述和证明可以很容易地拓展到 n 维情形. 在问题 6.6 中, 求出几个 h-方体的体积.

我们知道, $\mathbb{R}^2$ 上的光滑有界区域有面积, $\mathbb{R}^3$ 上的光滑有界区域有体积. 接下来我们看两个有界集的例子: 一个在平面上, 它的面积没有定义; 另一个在空间中, 它的体积没有定义.

例 6.3　定义 D 为单位方块中的点集 $(x,y),0\leqslant x\leqslant 1,0\leqslant y\leqslant 1$, x,y 都是有理数. 上面积的 h-方块之和大于 1. 当 h 趋于 0 时得到 $A_U(D)=1$. 因为每一个 h-方块无论多小都包含有理坐标和无理坐标, D 的内部是空的, 我们得到 $A_L(D)=0$. 即使 D 包含在一个面积不大的正方形中, 我们也不能说 D 的面积是多少, 因为 $A_L(D)\neq A_U(D)$. 见图 6.8.

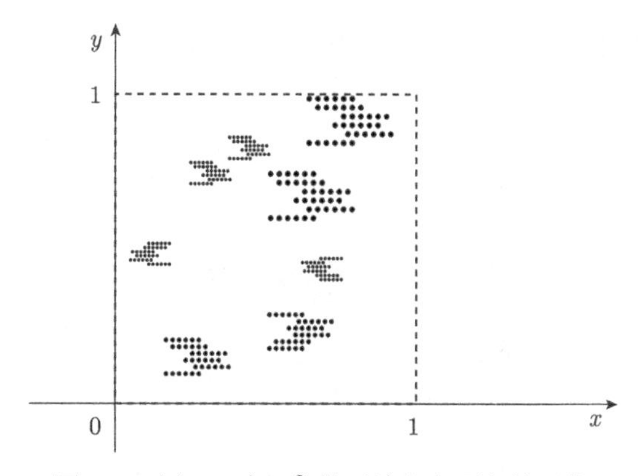

图 6.8 例 6.3 中 $\mathbb{R}^2$ 的无法定义面积的子集

例 6.4 定义 D 为单位立方体中的点集 $(x,y,z), 0 \leqslant x \leqslant 1, 0 \leqslant y \leqslant 1, 0 \leqslant z \leqslant 1$, x 是无理数. 也就是说从立方体中移除所有满足 $x=r$ 的平面, 这里 r 是有理数. 与 D 相交的 h-方体的总体积大于 1, 当 h 趋于 0 时得到 $V_U(D)=1$. 因为 D 没有内点, 所以 $V_L(D)=0$. 因此 $V_L(D) \neq V_U(D)$. D 没有体积. 见图 6.9.

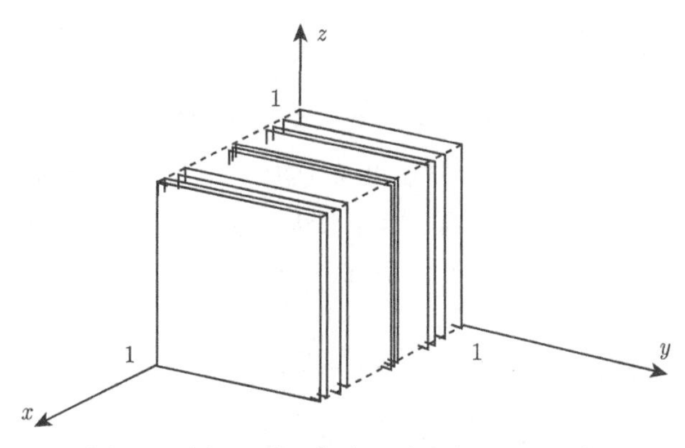

图 6.9 例 6.4 的 $\mathbb{R}^3$ 中无法定义体积的子集

多重积分的例子和性质

在正式定义积分之前, 我们先给出两个关于函数 f 在集合 D 的积分的例子, 并研究它们共有的一些性质.

例 6.5 令 D 是 $\mathbb{R}^2$ 中的光滑有界集. $z=f(x,y) \geqslant 0$ 是 f 的图像的高度. $\mathbb{R}^3$ 中由不等式

$$0 \leqslant z \leqslant f(x,y), \qquad (x,y) \in D$$

定义的区域 R 的体积 $V(f, D)$ 是 f 关于 D 积分的例子

$$V(f, D) = \int_D f(x, y)\mathrm{d}A.$$

见图 6.10. 该积分的另一个记号是

$$V(f, D) = \int_D f(x, y)\mathrm{d}x\mathrm{d}y.$$

$\mathrm{d}x\mathrm{d}y$ 的意义将在 6.3 节中解释.

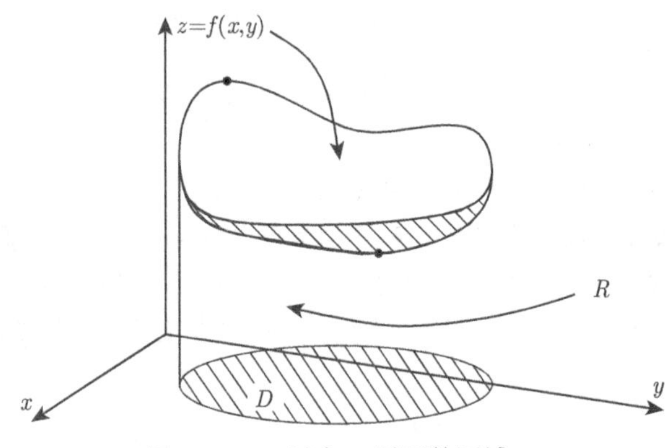

图 6.10　D 以上 f 以下的区域 R

例 6.6　令 D 是 $\mathbb{R}^3$ 中的光滑有界集. $f(x, y, z)$ 表示分布在 D 中的某物质在点 (x, y, z) 的密度. D 中总质量 $M(f, D)$ 是函数 f 在 D 上的积分, 表示为

$$M(f, D) = \int_D f(x, y, z)\mathrm{d}V.$$

我们会在 6.3 节看到这个积分的另一个表达形式

$$M(f, D) = \int_D f(x, y, z)\mathrm{d}x\mathrm{d}y\mathrm{d}z.$$

我们用这两个例子来说明定义积分的关键性质, 即积分对函数 f 和集合 D 的依赖关系.

(a) 在例 6.5 中, 考虑三个同样以 D 为底, 以 $f, g, f+g$ 为高的空间区域, 见图 6.11. 高为 $(f+g)(x, y)$ 的柱体的体积是两个柱体的体积之和, 其中 (x, y) 在圆柱的底 D 上, 两个薄柱一个高为 $f(x, y)$, 另一个高为 $g(x, y)$. 因此, 由

$$0 \leqslant z \leqslant f(x, y) + g(x, y), \qquad (x, y) \in D$$

定义的区域的体积可以写成和式

$$V(f+g, D) = V(f, D) + V(g, D).$$

将它们表示为高度对面积的积分, 则有

$$\int_D (f+g)\mathrm{d}A = \int_D f\mathrm{d}A + \int_D g\mathrm{d}A.$$

在例 6.6 中, 假设有两种物质分布在 D 中, 密度分别为 f 和 g, 它们的总密度是 $f+g$, 这个区域的总质量是两种物质质量之和:

$$M(f+g,D) = M(f,D) + M(g,D).$$

把总质量表示为密度对体积的积分, 有

$$\int_D (f+g)\mathrm{d}V = \int_D f\mathrm{d}V + \int_D g\mathrm{d}V.$$

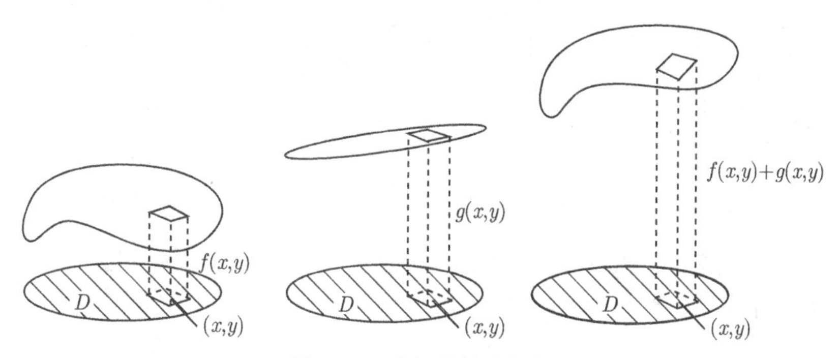

图 6.11 将柱体的高相加

(b) 在例 6.5 中将高度 f 乘以一个因子 c, 体积也要乘以相同的因子:

$$V(cf,D) = cV(f,D),$$

用积分的形式表达为

$$\int_D cf\mathrm{d}A = c\int_D f\mathrm{d}A.$$

在例 6.6 中为质量引入另外的单位, 那么密度和总质量也随之乘以相同的因子

$$M(cf,D) = cM(f,D).$$

质量是密度 f 的积分, 则可记作

$$\int_D cf\mathrm{d}V = c\int_D f\mathrm{d}V.$$

从性质 (a) 和 (b) 中, 我们可以总结出 f 在 D 上的积分**线性**依赖于 f.

(c) 在例 6.5 中, 令 ℓ 和 u 分别为下界和上界, 即对所有 $(x,y) \in D$ 高度满足 $\ell \leqslant f(x,y) \leqslant u$, 则 D 上的体积有如下的界:

$$\ell A(D) \leqslant V(f,D) \leqslant uA(D).$$

见图 6.12. 我们可以写为

$$\ell A(D) \leqslant \int_D f\mathrm{d}A \leqslant uA(D).$$

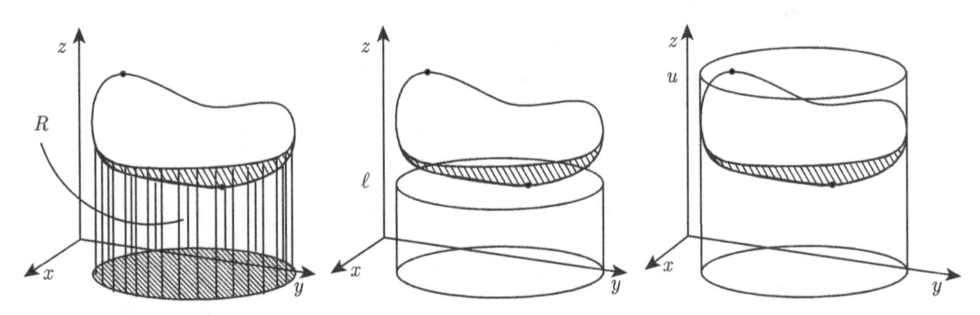

图 6.12　左: f 下方的体积 R; 中: 高为 ℓ 的柱体包含于 R 中; 右: 高度为 u 的柱体包含 R

同样地, 在例 6.6 中, 如果 D 的所有点的密度 $\ell \leqslant f(x,y,z) \leqslant u$, 那么 D 上的总质量有如下的界:

$$\ell V(D) \leqslant M(f,D) \leqslant uV(D),$$

这被称为**上下界性质**. 我们也可以写成

$$\ell V(D) \leqslant \int_D f\mathrm{d}V \leqslant uV(D).$$

(d) 在例 6.5 中, 如果 D 是两个不相交的集合 C 和 E 的并集, 则总体积是 C 上的体积与 E 上的体积之和, $V(f,C\cup E) = V(f,C) + V(f,E)$. 我们也可以写成

$$\int_{C\cup E} f\mathrm{d}A = \int_C f\mathrm{d}A + \int_E f\mathrm{d}A \qquad (C\text{和}E\text{内部不重叠}).$$

类似地, 在例 6.6 中, 两个不相交集 C 和 E 的并集中包含的总质量是每个集合中包含的质量之和, $M(f,C\cup E) = M(f,C) + M(f,E)$, 见图 6.13. 这个性质称为**可加性**. 我们也可以写为

$$\int_{C\cup E} f\mathrm{d}V = \int_C f\mathrm{d}V + \int_E f\mathrm{d}V.$$

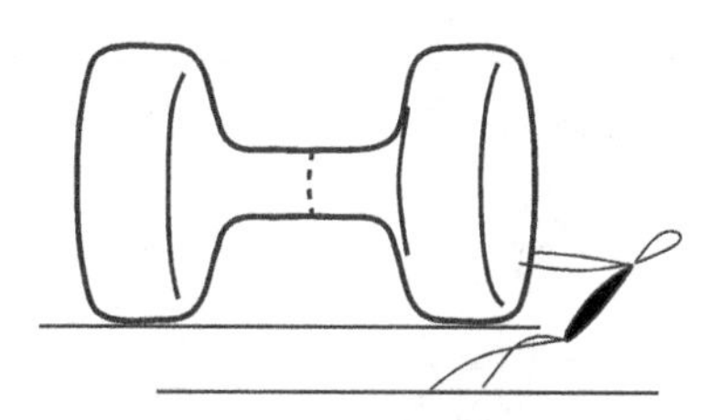

图 6.13 仅有边界相邻的物体质量的可加性

问题

6.1 设 D 是 $\mathbb{R}^2$ 中满足 $0 \leqslant y \leqslant 1-x^2$ 的点 (x, y) 的集合.

(a) D 中有多少个 $\frac{1}{4}$-方块?

(b) $\frac{1}{8}$-方块 $\left[\frac{1}{2}, \frac{5}{8}\right] \times \left[\frac{5}{8}, \frac{3}{4}\right]$ 与 D 相交吗?

6.2 设 D 为第一象限的闭四分之一圆盘, 圆盘中心在原点, 半径为 3, 如图 6.1 所示.

(a) 计算 $A_U\left(D, \frac{1}{2}\right)$.

(b) 计算 $A_L\left(D, \frac{1}{2}\right)$.

6.3 画出矩形: $0 \leqslant x \leqslant \pi, 0 \leqslant y \leqslant \pi$ 的草图, 计算:

(a) 包含在 D 中的 $\frac{1}{2}$-方块的个数 $N_L\left(D, \frac{1}{2}\right)$, 以及它们的面积和.

(b) 与 D 相交的 $\frac{1}{2}$-方块的个数 $N_U\left(D, \frac{1}{2}\right)$, 以及它们的面积和.

(c) 与 D 边界相交的 $\frac{1}{2}$-方块的个数 $C\left(\frac{1}{2}\right)$, 以及它们的面积和.

(d) 证明 $C\left(\frac{1}{2}\right) \geqslant N_U\left(D, \frac{1}{2}\right) - N_L\left(D, \frac{1}{2}\right)$.

6.4 证明 $\mathbb{R}^3$ 中的球 $\|\mathbf{X}\| \leqslant 1$ 是光滑有界集.

6.5 如图 6.14 所示, $\mathbb{R}^3$ 中光滑有界集合 D 和 E 的交集是光滑有界曲面, 证明

$$\mathrm{V}(D \cup E) = \mathrm{V}(D) + \mathrm{V}(E).$$

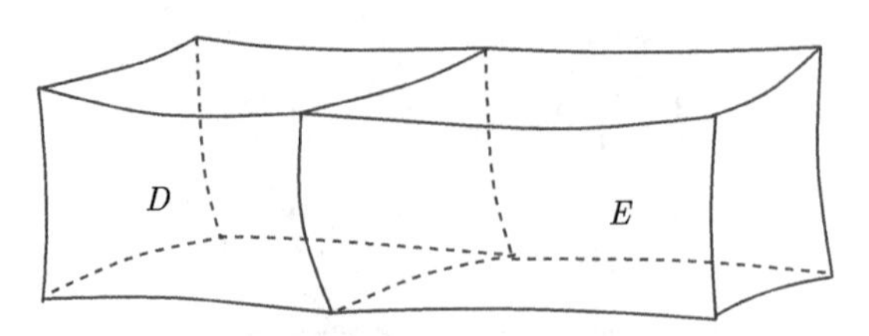

图 6.14 问题 6.5 中的集合 D 和 E

6.6 求下列每个集合的 n 维体积.

(a) $\mathbb{R}^n$ 中 57 个 h-方体的并集.

(b) $\mathbb{R}^3$ 中的 $0 \leqslant x_j \leqslant 10, j = 1,2,3, n = 3$ 确定的方体.

(c) $\mathbb{R}^6$ 中的 $0 \leqslant x_j \leqslant 10, j = 1,2,3,4,5,6, n = 6$ 确定的方体.

(d) $\mathbb{R}^3$ 中的 $0 \leqslant x_j \leqslant \dfrac{1}{10}, j = 1,2,3, n = 3$ 确定的方体.

(e) $\mathbb{R}^6$ 中的 $0 \leqslant x_j \leqslant \dfrac{1}{10}, j = 1,2,3,4,5,6, n = 6$ 确定的方体.

6.7 图 6.15 所示的平板 D 具有密度 $f(x,y)$, $m(D)$ 表示其质量.

(a) 如果 $2 \leqslant f(x,y) \leqslant 7$, 证明 $630 \leqslant m(D) \leqslant 2205$.

(b) 如果 D_1 中 $2 \leqslant f(x,y) \leqslant 4$, D_2 中 $4 \leqslant f(x,y) \leqslant 7$, 利用可加性证明 $990 \leqslant m(D) \leqslant 1800$.

(c) 更多地, D_3 中 $2 \leqslant f(x,y) \leqslant 4$, D_4 中 $f = 2, D_5$ 中 $4 \leqslant f(x,y) \leqslant 6$, D_6 中 $6 \leqslant f(x,y) \leqslant 7$, 利用可加性和上下界性质证明

$$1230 \leqslant m(D) \leqslant 1686.$$

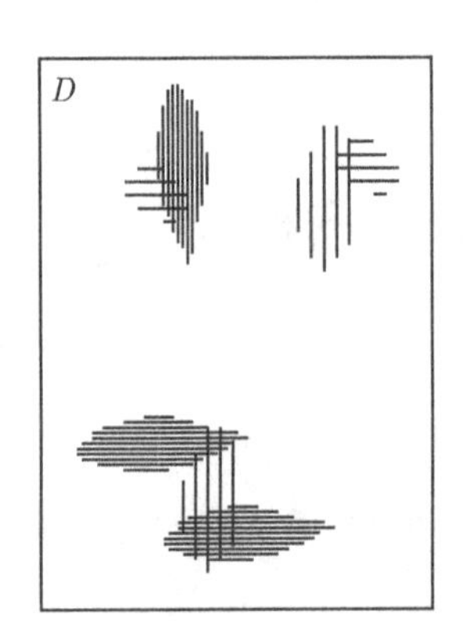

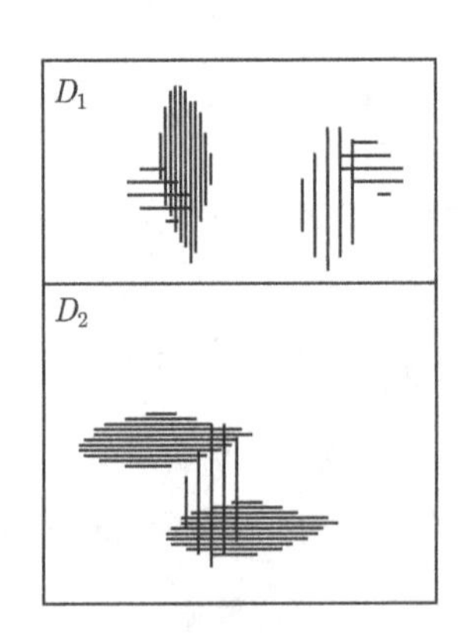

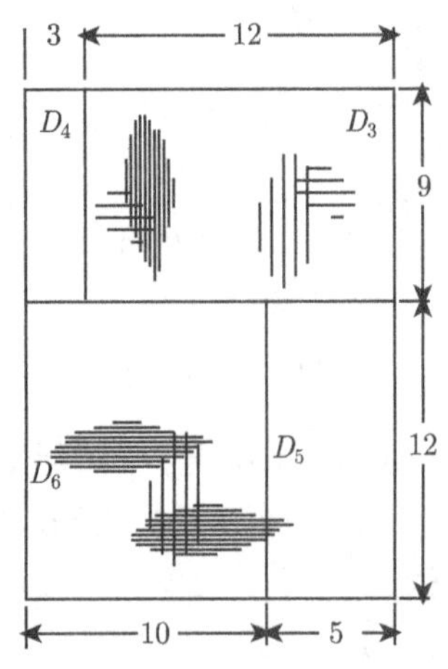

图 6.15 问题 6.7 中变密度的平板 (图中展示了三种划分)

6.8 一个地区被分为几个县, 不同县的人口密度 (人员/平方英里①) 用函数 f 表示, 如图 6.16 所示. 该图给出每个区域的上下界:

$$P:\ 0 \leqslant f(x,y) \leqslant 10,$$
$$Q:\ 20 \leqslant f(x,y) \leqslant 40,$$
$$R:\ 10 \leqslant f(x,y) \leqslant 20,$$
$$S:\ 80 \leqslant f(x,y) \leqslant 160,$$
$$T:\ 160 \leqslant f(x,y) \leqslant 320,$$
$$U:\ 40 \leqslant f(x,y) \leqslant 80.$$

(a) Q 县的面积是 250 平方英里. 求 Q 县人口的上界.

(b) 西部地区由面积较大的 P, R, U 三个县组成, 其面积分别是 $80, 100, 120$ 平方英里. 求西部地区人口的上界.

(c) S 县和 T 县的面积大致相同, $\int_S f(x,y)\mathrm{d}A$ 可能大于 $\int_T f(x,y)\mathrm{d}A$ 吗?

(d) 证明 $-4600 \leqslant \int_Q f\mathrm{d}A - \int_U f\mathrm{d}A \leqslant 5200$.

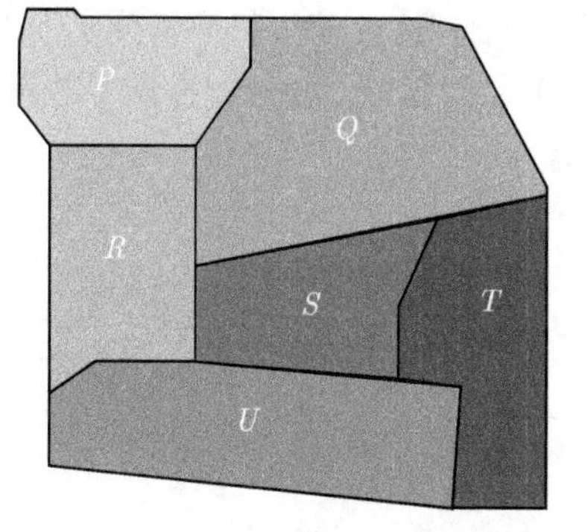

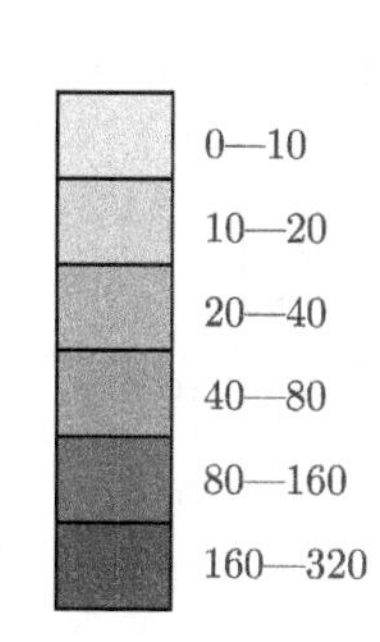

图 6.16 问题 6.8 的人口密度地图

6.9 在图 6.17 中, D 中液体密度为 ρ, C 中液体密度 $\delta = 200$(千克/立方米), C 和 D 的体积都为 0.05 立方米. 液体的总质量为

$$\int_C \delta \mathrm{d}V + \int_D \rho \mathrm{d}V = 30.$$

(a) 求每个积分的值.

(b) 证明 ρ 的最小值 $\rho_{\min}$ 和最大值 $\rho_{\max}$ 满足

$$\rho_{\min} \leqslant 400 \leqslant \rho_{\max}.$$

① 1 平方英里 ≈ 2.59 平方千米.

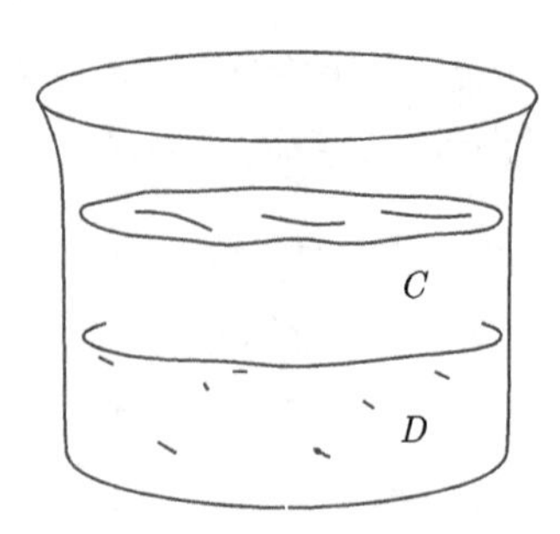

图 6.17　问题 6.9 中液体的体积

6.10　令 D 表示平面中的闭单位圆盘 $x^2+y^2 \leqslant 1$, U 表示开圆盘 $x^2+y^2<1$.

(a) 写出 D 的边界.

(b) 写出 U 的边界.

(c) $\mathrm{A}(D)$ 是多少? $\mathrm{A}(U)$ 呢?

6.2　二元连续函数的积分

本节将重点讨论平面中光滑有界集合 D 上的连续函数 f 的积分.

我们首先对非负连续函数 f 定义上积分 $I_U(f,D)$ 和下积分 $I_L(f,D)$, 并证明它们相等. 它们的公共值定义为 f 在 D 上的积分, 记作 $I(f,D)$. 之后我们将证明 $I(f,D)$ 有 6.1 节中介绍的四条基本性质.

(a) $I(f+g,D)=I(f,D)+I(g,D)$;

(b) 对每个数 c, 都有 $I(cf,D)=cI(f,D)$;

(c) 若对于 D 中所有 (x,y), 有 $\ell \leqslant f(x,y) \leqslant u$, 则

$$\ell A(D) \leqslant I(f,D) \leqslant uA(D);$$

(d) 如果 C 和 D 不相交或只有共同的边界点, 那么

$$I(f,C\cup D)=I(f,C)+I(f,D).$$

然后, 我们将积分的定义扩展到可能具有负值的函数, 并验证上面列出的四条性质.

在定理 6.10 中, 我们将证明积分都遵循这四条性质.

连续函数 f 在 D 上的上积分和下积分

根据最值定理 (定理 2.11), f 在 D 上有界. 将平面划分为 6.1 节中描述的边长为 h 的方块, 并取所有与 D 相交的 h-方块. 在每个 h-方块 B_j 中, 将 f 的上、下界

表示为 u_j 和 ℓ_j:

$$0 \leqslant \ell_j \leqslant f(x,y) \leqslant u_j \leqslant M, \quad (x,y) \in B_j. \tag{6.10}$$

将与 D 相交的 h-方块上的和

$$\sum_j h^2 u_j \tag{6.11}$$

称为一个 **h-上和**. 将包含在 D 内的 h-方块上的和

$$\sum_j h^2 u_j \tag{6.12}$$

称为一个 **h-下和**.

我们断言: 对于非负函数 f, 任意 h-上和大于等于任意 h-下和.

为弄清这点, 我们观察到, 因为上界 u_j 大于等于下界 ℓ_j, 对包含在 D 中的 h-方块, (6.11) 中 h^2u_j 大于等于 (6.12) 中 $h^2\ell_j$. 与 D 相交的 h-方块和在 (6.11) 中的对应项不包含在 D 中, 不会出现在 (6.12) 中. 因为函数 f 是非负的, 所以上界 u_j 和 u_jh^2 也是非负的. 于是对于相同的 h, 上和大于或等于下和.

下面我们证明: 对于非负函数 f, 任意给定一个 h-上和, 存在一个不超过它的 $\frac{h}{2}$-上和.

为证明这点, 我们观察到如果 $\frac{h}{2}$-方块与 D 相交, 那么包含它的 h-方块也与 D 相交. f 在 h-方块中的上界 u_j 是 f 在其中的 $\frac{h}{2}$-方块的上界. 如果 h-方块中包含的 4 个 $\frac{h}{2}$-方块与 D 相交, 它们对 $\frac{h}{2}$-上和的贡献 (使用相同的 u_j) 等于 h-方块对上和的贡献. 如果一些 $\frac{h}{2}$-方块不与 D 相交, 它们对 $\frac{h}{2}$ 方块求和的贡献就不超过 h-方块对 h-上和的贡献 (使用相同的 u_j). 这表明我们可以选择使得 $\frac{h}{2}$-上和不超过 h-上和.

因为 $f \geqslant 0$, 所有 h-上和是非负数, h-上和的集合的一个下界是 0. **下确界定理**表明, 如果一数集有下界, 那么该集合存在下确界. 记之为 $U(f,D,h)$. 我们已经证明对 f 的每个 h-上和, 都存在一个不超过它的 $\frac{h}{2}$-上和, 因此 $U\left(f,D,\frac{h}{2}\right)$ 不超过 $U(f,D,h)$. 这就说明

$$U(f,D,h), \qquad h = \frac{1}{2^n}, \qquad n = 1,2,\cdots \tag{6.13}$$

是大于或等于零的递减数列. 因此, 根据**单调收敛定理**, 当 n 趋于无穷时, 它有极限. 该极限称为 f 的**上积分**, 记为

$$I_U(f,D) = \lim_{n\to\infty} U(f,D,2^{-n}).$$

对下和有类似的结论: $f \geqslant 0$, 给定一个 h-下和, 则必存在大于或等于它的一个 $\frac{h}{2}$-下和.

为证明这一点, 我们注意到 D 中所有 $\frac{h}{2}$-方块的并集包含 D 中所有 h-方块. f 在 h-方块中的下界 ℓ_j 是含于其中的 $\frac{h}{2}$-方块的下界. 如果我们为 f 选择一个非负的下界, 那么不包含在 D 中 h-方块中的那些 $\frac{h}{2}$-方块, 它们对 $\frac{h}{2}$-和的贡献是非负的. 这使得 $\frac{h}{2}$-下和大于或等于相应的 h-下和.

每个 h-下和小于 uA, u 是 f 在 D 上的一个上界, A 是包含 D 的正方形的面积. 上确界定理指出, 如果一个数集有上界, 那么它必有上确界. 用 $L(f, D, h)$ 表示 h-下和的上确界. 我们证明了 $f \geqslant 0$, 对于每一个 h-下和, 都有一个大于或等于它的 $\frac{h}{2}$-下和, 因此 $L(f, D, h/2)$ 大于或等于 $L(f, D, h)$, 所以

$$L(f, D, h), \qquad h = \frac{1}{2^n}, \qquad n = 1, 2, \cdots \tag{6.14}$$

是一个小于或等于 uA 的递增序列. 根据单调收敛定理, 这个有界的递增序列存在极限, 称为 f 在 D 上的**下积分**, 我们记作

$$I_L(f, D) = \lim_{n \to \infty} L(f, D, 2^{-n}).$$

定理 6.5　*f 是 $\mathbb{R}^2$ 中光滑有界集合 D 上的连续非负函数, 则其上积分和下积分相等, 即*

$$I_L(f, D) = I_U(f, D).$$

证明　要证明非负连续函数的上下积分相等只需要说明对于任意小的 $\epsilon > 0$, 当 h 充分小时, h-上和与 h-下和之差必小于 ϵ.

对于 $f \geqslant 0$, 我们已经证明每个 h-下和不超过每个 h-上和.

边界造成的差. (6.11) 中 h-上和与 (6.12) 中 h-下和项数之差不超过与 D 边界相交的 h-方块的个数 $C(h)$. 我们在定理 6.2 中证明了对某个由边界确定的常数 c, $C(h)$ 小于等于 $\frac{c}{h}$. 因此这些项对 h-上和的贡献小于等于

$$Mh^2 C(h) \leqslant Mh^2 \frac{c}{h} = Mch,$$

M 是 u_j 所在集合的上界. 当 h 趋于 0 时, 上式也趋于 0. 这表明, 当 h 趋于 0 时, 不在下和中的那些项的上和趋于 0, 因此当 h 很小时, 它小于 $\frac{\epsilon}{2}$.

D 中 h-方块造成的差. 我们证明当 h 趋于 0 时, 这些项的上和与下和的差也趋于 0. D 中 h-方块的上和与下和之差是

$$\sum_j h^2 (u_j - \ell_j). \tag{6.15}$$

函数 f 在有界闭集 D 上是连续的, 因此它是一致连续的: 对于每一个变差 t, 我们可以选择一个非常小的 p, 如果 D 中两点之间的距离小于 p, 那么函数 f 在这两点上的值的差小于 t. 取 h 的值小到使得 h-方块上两点之间的距离小于 p. 如果 u_j 是 f 在 h-方块上的最大值, ℓ_j 是 f 在 h-方块上的最小值, 就有

$$u_j - \ell_j < t.$$

用这个不等式估计 (6.15) 中的项可知包含在区域 D 内 h-方块的差小于 Nh^2t, 其中 N 是求和的项数. 而 N 是包含在 D 中的 h-方块数, 小于 A/h^2, 这里 A 是包含 D 的矩形的面积. 这就表明 (6.15) 的差小于 At. 设有一个正数 ϵ, 令 $t = \dfrac{\epsilon}{2A}$, 那么 (6.15) 的差小于 $\dfrac{\epsilon}{2}$.

将两个值相加, 我们得到如果 h 足够小, 那么 h-上和与 h-下和的差小于 ϵ. 这就说明上、下积分是相等, 从而完成定理 6.5 的证明. **证毕.**

有界函数的上、下积分

虽然我们聚焦的情形是: f 在 D 及其边界上连续, 但定义的 $I_U(f,D), I_L(f,D)$ 适用于光滑有界集 D 上的有界函数 f, 且不必连续. 在这种情况下, 上、下积分 $I_U(f,D), I_L(f,D)$ 都存在, 但可能不相等.

定义 6.5 设 f 是光滑有界集合 D 上的有界函数, 若 $I_U(f,D) = I_L(f,D)$, 则称 f 在 D 上**可积**, f 在 D 上的**积分**存在, 记作

$$I_L(f,D) = I_U(f,D) = \int_D f\mathrm{d}A.$$

f 称为**被积函数**. 对于平面上的直角坐标 x, y, f 在 D 上的积分也可表示为

$$\int_D f(x,y)\mathrm{d}x\mathrm{d}y.$$

称之为**二重积分**.

注解 用本质上和定理 6.5 一样的论证, 可证明在光滑有界集内部连续的有界函数是可积的, 即 $I_L(f,D) = I_U(f,D)$.

例 6.7 D 表示矩形 $[0,1) \times (0,2)$,

$$f(x,y) = y\sin\frac{1}{1-x^2},$$

那么 $0 \leqslant f(x,y) \leqslant y \leqslant 2$. f 在 D 的内部连续, 因此积分

$$\int_D y\sin\frac{1}{1-x^2}\mathrm{d}A$$

存在.

近似积分

接下来证明, 不必计算上和或下和, D 上 f 的积分能够以任意精度估计.

定义 6.6　设 f 定义在平面内的光滑有界集 D 上. 像之前一样, 将平面划分为 h-方块, 并用 $\mathbf{C}_j = (x_j, y_j)$ 表示 D 中第 j 个 h-方块中的某点, 定义**近似积分**或**黎曼和**为

$$S(f, D, h) = \sum_j f(\mathbf{C}_j) h^2. \tag{6.16}$$

这里的和是对 D 中所有 h-方块求的.

定理 6.6　令 $f \geqslant 0$ 是光滑有界集合 D 上的可积函数, 当 $h = 2^{-n}$ 趋于 0 时, 每个近似积分序列

$$S(f, D, h) = \sum_j f(\mathbf{C}_j) h^2$$

收敛于

$$\int_D f \mathrm{d}A,$$

积分值与点 $\mathbf{C}_j$ 的选择无关.

证明　因为 $f(\mathbf{C}_j)$ 介于 f 在第 j 个 h-方块的下界与上界之间, 所以 $S(f, D, h)$ 大于或等于 h-下和. 因为 $f \geqslant 0$, 不含于 D 中的 h-方块对应的 h-和非负, 所以 $S(f, D, h)$ 小于或等于 h-上和. 于是 $S(f, D, h)$ 在 h-下和的上确界和 h-上和的下确界之间:

$$L(f, D, h) \leqslant S(f, D, h) \leqslant U(f, D, h). \tag{6.17}$$

因为 f 在 D 上可积, $L(f, D, h)$ 和 $U(f, D, h)$ 有相同的极限, 即 f 在 D 上的积分. 由不等式 (6.17) 可得 $S(f, D, h)$ 也趋于同样的极限:

$$\lim_{h \to 0} S(f, D, h) = \int_D f \mathrm{d}A.$$

证毕.

例 6.8　令 $f \geqslant 0$ 是平面上光滑有界集合 D 上的连续可微函数, R 表示 D 以上和曲面 f 以下的区域, 见图 6.18. R 是 $\mathbb{R}^3$ 中的光滑有界集合. 我们证明 $\int_D f \mathrm{d}A$ 是 R 的体积. 由定理 6.6, 当 h 趋于 0 时, 黎曼和 $\sum_i f(x_i, y_i) h^2$ 收敛于 $\int_D f \mathrm{d}A$. 每个 h-方块的黎曼和都大于等于 R 上 h-方体的下体积, 小于等于 R 上 h-方体的上体积,

$$V_L(R, h) \leqslant \sum_i f(x_i, y_i) h^2 \leqslant V_U(R, h).$$

因为 R 是光滑有界的, 所以当 h 趋于 0 时, 上体积与下体积有相同的极限, 这也是黎曼和的极限, 因此

$$\int_D f \mathrm{d}A = V(R).$$

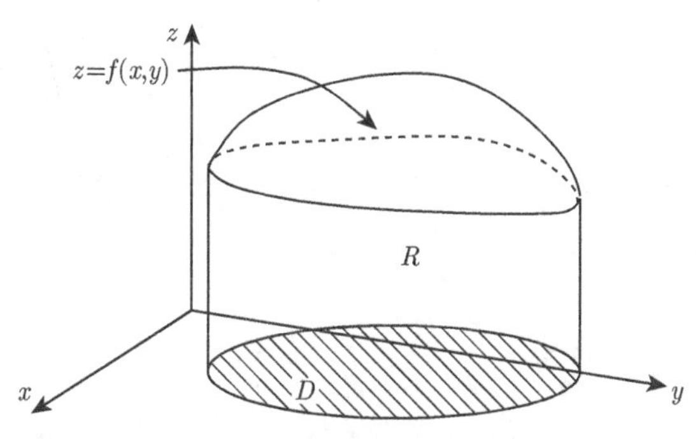

图 6.18 例 6.8 中的集合 D 和 R

例 6.9 在光滑有界集合 D 上 $f(x,y)=1$, R 表示 D 以上曲面以下的区域, 由例 6.8 可得

$$V(R)=\int_D 1\mathrm{d}A.$$

又由体积的定义, 有

$$V(R)=A(D)\cdot 1=A(D).$$

两式比较就有

$$\int_D 1\mathrm{d}A=A(D).$$

例 6.10 求

$$\int_D y\mathrm{d}A.$$

D 表示矩形 $0\leqslant x\leqslant 5, 0\leqslant y\leqslant 3$, D 上的曲面 $f(x,y)=y$. 如图 6.19 所示. 由例 6.8 知, 积分就是由点 (x,y,z) 组成的集合 R 的体积, 其中 $0\leqslant z\leqslant f(x,y), 0\leqslant x\leqslant 5, 0\leqslant y\leqslant 3$.

$$\int_D y\mathrm{d}A=V(R)=\frac{1}{2}(3\cdot 3\cdot 5)=22.5.$$

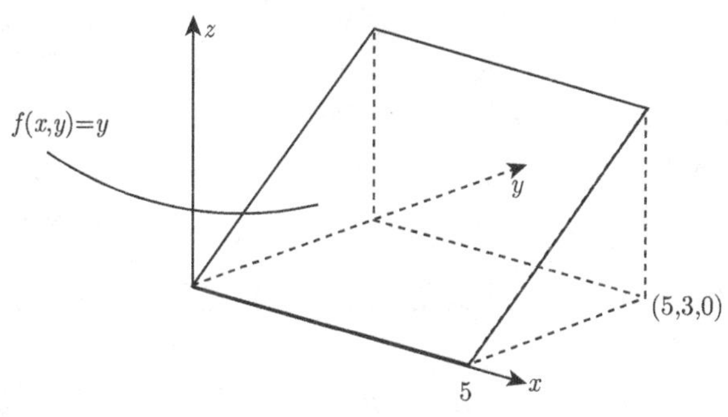

图 6.19 例 6.10 中 $0\leqslant x\leqslant 5, 0\leqslant y\leqslant 3$ 时 $f(x,y)=y$ 的图像

接下来证明, 定义在光滑有界集上非负连续函数的积分 $\int_D f\mathrm{d}A$ 满足我们在本节开始提到的四条性质.

定理 6.7　D 是光滑有界集, f 和 g 是 D 上的非负连续函数, c 是非负数, 有

(a) $\int_D (f+g)\mathrm{d}A = \int_D f\mathrm{d}A + \int_D g\mathrm{d}A$.

(b) $\int_D cf\mathrm{d}A = c\int_D f\mathrm{d}A$.

(c) 若在 D 上 $\ell \leqslant f(x,y) \leqslant u$, 那么 $\ell A(D) \leqslant \int_D f\mathrm{d}A \leqslant uA(D)$.

(d) 如果 C 和 D 是互不相交或者仅有共同边界的两个光滑有界集合, $C\cup D$ 光滑有界, 那么

$$\int_{C\cup D} f\mathrm{d}A = \int_C f\mathrm{d}A + \int_D f\mathrm{d}A.$$

证明　(a) 根据近似积分的定义, 如果我们使用相同的点 $\mathbf{C}_j$, 那么

$$S(f+g,D,h) = S(f,D,h) + S(g,D,h).$$

令 h 趋向于 0, 就得到了性质 (a).

(b) 类似地,

$$S(cf,D,h) = cS(f,D,h).$$

令 h 趋向于 0, 就得到了性质 (b).

(c) 为了得到 f 在 D 上积分的上界, 我们用函数 f 的上界 u 替换黎曼和 (6.16) 中的每个 $f(\mathbf{C}_i)$, 得到黎曼和的上界. 当 h 趋于 0 时, 这个上界的极限是 $uA(D)$. 如第 (c) 部分所述, 它是积分的上界. 类似可证 $\ell A(D) \leqslant \int_D f\mathrm{d}A$.

(d) 如果 C 和 D 不相交, 那么对于足够小的 h 来说, h-方块可能属于 C 或 D, 但不同时属于 C 和 D. 在这种情况下, f 在 $C\cup D$ 的黎曼和就等于 f 在 C 上的黎曼和加上 f 在 D 上的黎曼和. 如果 C 和 D 有共同的边界, 则存在 h-方块属于 $C\cup D$, 但它既不属于 C 也不属于 D. 这些 h-方块在 C 和 D 的边界上. 因为 C 和 D 的边界是光滑的曲线, 所以它们相交的 h-方块数小于 $\frac{1}{h}$ 的常数倍. 所以当 h 趋于 0 时, 它们的总面积趋于 0. 因此这些方块的黎曼和趋于 0, 这证明了 (d) 部分. **证毕.**

例 6.11　令 $f(x,y) = 4+y$, D 表示矩形 $[0,5]\times[0,3]$, 即区域

$$0 \leqslant x \leqslant 5, \qquad 0 \leqslant y \leqslant 3.$$

由例 6.10 可知 $\int_D y\mathrm{d}A = 22.5$. 由例 6.9 可知

$$4\int_D 1\mathrm{d}A = 4A(D) = 4 \cdot 15 = 60.$$

所以由定理 6.7 可得

$$\int_D (4+y)\mathrm{d}A = 4\int_D 1\mathrm{d}A + \int_D y\mathrm{d}A = 60 + 22.5 = 82.5.$$

现在将积分的定义扩展到可能有负值的函数.

定义 6.7 设 D 是 $\mathbb{R}^2$ 中的光滑有界集, f 是 D 上的连续函数. 将 f 写成两个非负连续函数 $g \geqslant 0, k \geqslant 0$ 的差

$$f = g - k.$$

我们定义 f 在 D 上的积分等于 g, k 在 D 上的积分之差

$$\int_D f\mathrm{d}A = \int_D g\mathrm{d}A - \int_D k\mathrm{d}A.$$

f 有很多不同的差式.① 我们证明所有这些差式具有相同的积分值. 取 f 的两个分解

$$f = g - k, \qquad f = m - n, \tag{6.18}$$

其中 g, k, m, n 在 D 上非负连续. 我们将表明用 f 的任意一种分解计算 f 的积分都能得到相同的值, 即证明

$$\int_D g\mathrm{d}A - \int_D k\mathrm{d}A = \int_D m\mathrm{d}A - \int_D n\mathrm{d}A.$$

为证明这个关系, 我们把它改写成

$$\int_D g\mathrm{d}A + \int_D n\mathrm{d}A = \int_D m\mathrm{d}A + \int_D k\mathrm{d}A.$$

由定理 6.7(a) 部分, 因为 $g + n \geqslant 0, m + k \geqslant 0$, 我们可以把上式写成

$$\int_D (g+n)\mathrm{d}A = \int_D (m+k)\mathrm{d}A.$$

根据 (6.18) 中的关系, $g + n$ 和 $m + k$ 相等, 它们的积分也相等. 这证明了 f 的积分定义并不取决于如何把 f 写成两个非负函数的差.

① 一个典型的写成两个非负函数之差的表达式, 参见 6.5 节定理 6.14 的证明. ——译者注.

如果 $f \geqslant 0$, 那么

$$-f = 0 - f,$$

就有

$$\int_D (-f)\mathrm{d}A = \int_D 0\mathrm{d}A - \int_D f\mathrm{d}A.$$

因为 $\int_D 0\mathrm{d}A = 0$, 得到

$$\int_D (-f)\mathrm{d}A = -\int_D f\mathrm{d}A.$$

接下来利用定理 6.6 证明, 对所有的连续函数 f(不仅仅是非负的), 当 h 趋于 0 时, f 在 D 上的积分等于黎曼和 $S(f, D, h)$ 的极限. 将 f 表示成两个非负函数 g 和 k 的差, 对于每个函数取相同的点, 则

$$\begin{aligned}\sum f(\mathbf{C}_i)h^2 &= S(f, D, h) \\ &= S(g-k, D, h) = \sum (g(\mathbf{C}_i) - k(\mathbf{C}_i))h^2 \\ &= \sum g(\mathbf{C}_i)h^2 - \sum k(\mathbf{C}_i)h^2 = S(g, D, h) - S(k, D, h).\end{aligned}$$

将定理 6.6 应用于函数 g 和 k, 当 h 趋于 0 时, 右侧趋向于

$$\int_D g\mathrm{d}A - \int_D k\mathrm{d}A.$$

左边也是如此. 因为 $g - k = f$, 由定义 6.7 得左边等于 $\int_D f\mathrm{d}A$.

用类似的推理, 被积函数是非负函数的差时可证明定理 6.7 中关于积分的线性、有界性和可加性也成立. 我们将其表述如下.

定理 6.8　对于光滑有界集合 C 和 D 上的连续函数 f 和 g 以及常数 c, 有

(a) $\int_D (f+g)\mathrm{d}A = \int_D f\mathrm{d}A + \int_D g\mathrm{d}A$.

(b) $\int_D cf\mathrm{d}A = c\int_D f\mathrm{d}A$.

(c) 若在 D 上 $\ell \leqslant f(x, y) \leqslant u$, 那么 $\ell A(D) \leqslant \int_D f\mathrm{d}A \leqslant uA(D)$.

(d) 如果 C 和 D 是互不相交或者仅有共同边界的两个光滑有界集合, $C \cup D$ 光滑有界, 那么

$$\int_{C\cup D} f\mathrm{d}A = \int_C f\mathrm{d}A + \int_D f\mathrm{d}A.$$

例 6.12　D 是以原点为中心的闭单位圆盘, 求

$$\int_D x^3y^2\mathrm{d}A.$$

注意被积函数 $f(x,y)=x^3y^2$ 具有对称性:

$$f(-x,y)=-x^3y^2=-f(x,y).$$

考虑如下方式构成的黎曼和, 对于每个点 $\mathbf{C}_j=(x_j,y_j)$, 选取 $x_j>0$ 的 h-方块和 y 轴另一侧的对应点 $(-x_j,y_j)$. 黎曼和正好是零. 因为这对每个 h 都成立, 积分是黎曼和的极限, 所以我们得到

$$\int_D x^3y^2\mathrm{d}A=0.$$

在问题 6.23 中, 用上面的性质证明下述定理.

定理 6.9 f,g 是定义在 $\mathbb{R}^2$ 中光滑有界集合 C,D 上的连续函数.

(a) 若对于 D 上所有点 (x,y), $g(x,y)\leqslant f(x,y)$, 那么

$$\int_D g\mathrm{d}A\leqslant\int_D f\mathrm{d}A.$$

(b) 如果 C 是 D 的子集, 在 D 上 $f\geqslant 0$, 那么

$$\int_C f\mathrm{d}A\leqslant\int_D f\mathrm{d}A.$$

例 6.13 $f\geqslant 0$ 是 D 上一个连续的人口密度函数, $a>0$ 是 f 像集中的一个数. 假设在光滑有界集合 $C\subset D$ 上 $f\geqslant a$. 根据定理 6.9, 我们得出 D 上的人口满足

$$\int_D f\mathrm{d}A\geqslant\int_C f\mathrm{d}A\geqslant\int_C a\mathrm{d}A=aA(C).$$

见图 6.20.

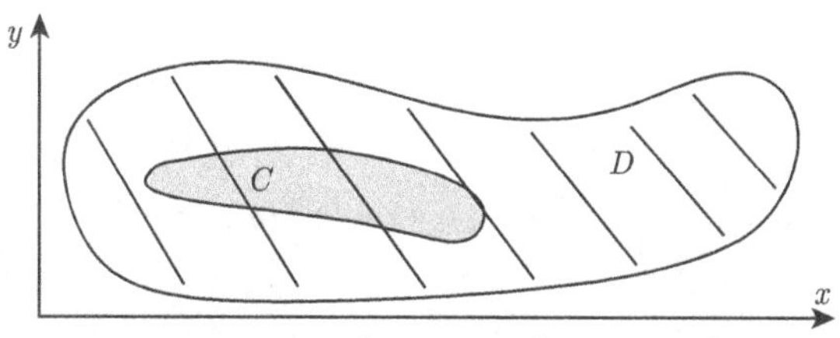

图 6.20 在 C 中 $f\geqslant 0$ 和 $f\geqslant a$, 因此 $\int_D f\mathrm{d}A\geqslant\int_C f\mathrm{d}A\geqslant\int_C a\mathrm{d}A=aA(C)$ (见例 6.13)

正如本章开始提到的, 光滑有界集合 D 上连续函数的情况是基本的, 我们集中研究了这种情况. 实际上, 定义 6.7、定理 6.7—定理 6.9 都适用于光滑有界集上的有界可积函数.

接下来我们将证明, 如果一个数 $\mathscr{I}(f,D)$ 对光滑有界集合 D 上的所有连续函数 f 都有定义, 它满足定理 6.8 中列出的四条性质, 那么 $\mathscr{I}(f,D)$ 就是 f 在 D 上的积分.

定理 6.10　假设 $\mathscr{I}(f,D)$ 对光滑有界集合 D 上的每个连续函数 f 都有定义, 满足以下性质:

(a) $\mathscr{I}(f+g,D)=\mathscr{I}(f,D)+\mathscr{I}(g,D)$.

(b) 对于每个常数 c, $\mathscr{I}(cf,D)=c\mathscr{I}(f,D)$.

(c) 如果对 D 中所有 (x,y) 有 $\ell\leqslant f(x,y)\leqslant u$, 那么

$$\ell A(D)\leqslant\mathscr{I}(f,D)\leqslant uA(D).$$

(d) C 和 D 是互不相交或者仅有共同边界的两个光滑有界集合, 若 $C\cup D$ 光滑有界, 则

$$\mathscr{I}(f,C\cup D)=\mathscr{I}(f,C)+\mathscr{I}(f,D).$$

那么一定有

$$\mathscr{I}(f,D)=\int_D f\mathrm{d}A.$$

证明　当 $f\geqslant 0$ 时, 从这四条性质我们可以推导出 $\mathscr{I}(f,D)$ 小于等于每个上和, 大于等于每个下和. 为说明这一点, 取 h-上和与 h-下和, 将 D 中 h-方块有交点的子集记作 D_i. 用 ℓ_i 和 u_i 分别表示 f 在 D_i 上的下界与上界. 由性质 (c) 和 (d), 我们得到

$$\sum_{D\text{ 中 }h\text{-方块}}\ell_i h^2\leqslant\sum\ell_i A(D_i)\leqslant\mathscr{I}(f,D)\leqslant\sum u_i A(D_i)\leqslant\sum_{\text{与 }D\text{ 相交的 }h\text{-方块}}u_i h^2.$$

所以

$$L(f,D,h)\leqslant\mathscr{I}(f,D)\leqslant U(f,D,h).$$

当 h 趋于 0 时, 有

$$I_L(f,D)\leqslant\mathscr{I}(f,D)\leqslant I_U(f,D).$$

如果 $I_U(f,D)=I_L(f,D)=\displaystyle\int_D f\mathrm{d}A$, 那么它们的共同值就是 $\mathscr{I}(f,D)$. 现给定一个连续函数 f, f 不一定非负, 取一个正函数 p 使 $f+p$ 是正的. 根据性质 (a),

$$\mathscr{I}(f+p,D)=\mathscr{I}(f,D)+\mathscr{I}(p,D).$$

所以

$$\int_D(f+p)\mathrm{d}A=\mathscr{I}(f,D)+\int_D p\mathrm{d}A,$$

即

$$\mathscr{I}(f,D)=\int_D(f+p)\mathrm{d}A-\int_D p\mathrm{d}A=\int_D f\mathrm{d}A.$$

证毕.

问题

6.11 用积分的面积或体积含义计算下列积分.

(a) D 是由不等式 $1 \leqslant x \leqslant 2, 0 \leqslant y \leqslant \ln x$ 确定的区域, 求 $\int_D 1\mathrm{d}A$.

(b) D 是由不等式 $0 \leqslant x \leqslant 3, -1 \leqslant y \leqslant 1$ 确定的区域, 求 $\int_D x\mathrm{d}A$.

(c) U 是以原点为中心的单位圆盘, 求 $\int_U \sqrt{1-x^2-y^2}\mathrm{d}A$.

(d) H 是由不等式 $x^2+y^2+z^2 \leqslant 1, z \geqslant 0$ 确定的半球, 求 $\int_H 1\mathrm{d}V$.

6.12 对于下面的函数, 利用积分的体积含义求 $\int_D f\mathrm{d}A$.

(a) D 是以 $(0,0)$ 为圆心、5 为半径的圆盘, $f(x,y)=3$.

(b) D 表示矩形 $-2 \leqslant x \leqslant 3, 0 \leqslant y \leqslant 4, f(x,y)=\dfrac{1}{2}y$.

(c) D 是以原点为中心的单位圆盘, $f(x,y)=\sqrt{x^2+y^2}$.

6.13 画出平面矩形 $D=[-a,0]\times[0,b], E=[0,1]\times[-c,c]$ 的草图, 其中 a,b,c 都是正数. 在不计算的情况下, 确定哪些积分是正的.

(a) $\int_D x\mathrm{d}A$.

(b) $\int_E x\mathrm{d}A$.

(c) $\int_E (1-x)\mathrm{d}A$.

(d) $\int_E y^2\mathrm{d}A$.

6.14 设 $f(x,y)$ 为光滑有界集合 D 上的连续函数, f 关于原点对称, 即 D 包含每个点的对称点. 假设对 D 中所有点有 $f(-x,-y)=-f(x,y)$.

(a) 若 $(0,0)\in D$, 求 $f(0,0)$.

(b) 证明 f 在 D 上的近似积分恰好等于 0.

(c) 证明 $\int_D f\mathrm{d}A=0$.

(d) D 是以原点为中心的单位圆盘, 求 $\int_D xy\mathrm{d}A$.

(e) 下列哪个函数满足 $f(-x,-y)=-f(x,y)$?

$$x,\quad y^2,\quad x\cos?y,\quad xy^2,\quad x-y.$$

6.15 利用积分的性质、对称性和体积含义计算:

$$\int_D (y^3 + 3xy + 2)\mathrm{d}A.$$

D 是以原点为中心的单位圆盘.

6.16 D 是 $\mathbb{R}^2$ 中的光滑有界集合, 假设 f 是 D 上的有界函数.

(a) 证明如果 $A(D) = 0$, 那么 D 的内部是空的.

(b) 证明如果 D 的内部是空的, 那么 $I_L(f, D) = 0$.

(c) 证明如果 f 是可积函数且 $A(D) = 0$, 那么 $\int_D f\mathrm{d}A = 0$.

6.17 验证以下论述从而证明结论: 如果 f 是 $\mathbb{R}^2$ 上的连续函数, 对于所有光滑有界集合 R 都有 $\int_R f\mathrm{d}A = 0$, 那么 f 在 $\mathbb{R}^2$ 上所有点的值都是 0.

(a) 如果 $f(a, b) = p > 0$, 那么存在以 (a, b) 为中心、半径 r 大于 0 的圆盘 D, $f(x, y) > \frac{1}{2}p$.

(b) 如果函数 f 是连续的, 在圆盘 R 上, $f(x, y) \geqslant p_1 > 0$, 那么

$$\int_R f\mathrm{d}A \geqslant p_1 \cdot A(R) > 0.$$

(c) 如果函数 f 是连续的, 对于所有的光滑有界区域 R, $\int_R f\mathrm{d}A = 0$, 那么 f 在任何点上都不可能是正的.

(d) f 在任何点都不是负的.

6.18 取 (x_j, y_j) 为每个 $\frac{1}{4}$-方块的右上角的点, 写出下式的黎曼和

$$\int_{[0,1]\times[0,1]} x^2y^3\mathrm{d}A.$$

6.19 关于整数 i, j 的和

$$\sum_{i^2+j^2\leqslant 10h^{-2}} ((ih)^2 + (jh)^2)^2h^2$$

更接近下列哪个积分的值:

$$\int_{x^2+y^2\leqslant 10^2} (x^2 + y^2)^2\mathrm{d}A, \qquad \int_{x^2+y^2\leqslant 10} (x^2 + y^2)^2\mathrm{d}A?$$

6.20 D 表示矩形 $[a, b] \times [c, d]$, 函数 f 和 g 是一元连续函数, 考虑积分

$$\int_D f(x)g(y)\mathrm{d}A.$$

用黎曼和证明乘积的积分是积分的乘积:

$$\int_D f(x)g(y)\mathrm{d}A = \int_a^b f(x)\mathrm{d}x \int_c^d g(y)\mathrm{d}y.$$

6.21 因为被积函数在 $[0,1]\times[0,1]$ 方块内部是连续有界的, 所以积分

$$J = \int_{[0,1]\times[0,1]} \sin\left(\frac{1}{(1-x^2)(1-y^2)}\right)\mathrm{d}A$$

存在.

(a) 求这个积分的一个上界和下界.

(b) 利用黎曼和可知

$$\int_{[0,0.999]\times[0,0.999]} \sin\left(\frac{1}{(1-x^2)(1-y^2)}\right)\mathrm{d}A \approx 0.423.$$

假设这是正确的, 求 J 的界.

6.22 D 是以原点为中心、$r(r<2)$ 为半径的圆盘, $f(x,y)=(4-x^2-y^2)^{-\frac{1}{2}}$ 是定义在 D 上的函数, f 有界吗? f 在 D 上可积吗?

6.23 通过以下步骤证明定理 6.9.

(a) 对于 (a) 部分:

(i) $0 \leqslant f(x,y)-g(x,y)$.

(ii) $0 \leqslant \int_D (f-g)\mathrm{d}A$.

(iii) $0 \leqslant \int_D (f-g)\mathrm{d}A = \int_D f\mathrm{d}A - \int_D g\mathrm{d}A$.

(iv) $\int_D g\mathrm{d}A \leqslant \int_D f\mathrm{d}A$.

(b) 对于 (b) 部分:

(i) C 中的每个 h-方块都在 D 中.

(ii) 对于每个 $\int_C f\mathrm{d}A$ 的黎曼和, 都有一个 $\int_D f\mathrm{d}A$ 的黎曼和大于或等于它.

(iii) 每个 $\int_C f\mathrm{d}A$ 的黎曼和不会超过 $\int_D f\mathrm{d}A$.

(iv) $\int_C f\mathrm{d}A \leqslant \int_D f\mathrm{d}A$.

6.3 累次积分与二重积分

当 f 是定义在 $\mathbb{R}^2$ 中光滑有界集合 D 上的连续函数时, 我们定义了

$$\int_D f\mathrm{d}A.$$

现在说明如何用一元定积分来计算它. 本节将证明, 对于这类积分, 可以先计算对 x 的积分, 再计算对 y 的积分.

如果有界集合 D 具有以下性质, 我们说它是 x **坐标简单**的: D 中所有第二坐标为 y 的点是与 x 轴平行的区间 $D(y)$, 其端点 $a(y)$ 和 $b(y)$ 是 y 的连续函数

$$a(y) \leqslant x \leqslant b(y), \qquad c \leqslant y \leqslant d.$$

见图 6.21. 连续函数 $f(x,y)$ 在区间 $D(y)$ 上关于 x 的积分

$$\int_{D(y)} f(x,y)\mathrm{d}x = \int_{a(y)}^{b(y)} f(x,y)\mathrm{d}x$$

是 y 的连续函数. 在 c 和 d 之间对这个函数关于 y 积分, 得到

$$\int_c^d \left(\int_{a(y)}^{b(y)} f(x,y)\mathrm{d}x\right) \mathrm{d}y.$$

称之为**累次积分**. 我们可以对 y **坐标简单**的集合上的函数做类似计算: D 中所有第一个坐标为 x 的点的集合是与 y 轴平行的区间 $D(x)$, 其端点 $c(x)$ 和 $d(x)$ 是关于 x 的连续函数:

$$c(x) \leqslant y \leqslant d(x), \qquad a \leqslant x \leqslant b.$$

见图 6.21. 我们可以计算这个累次积分

$$\int_a^b \left(\int_{D(x)} f(x,y)\mathrm{d}y\right) \mathrm{d}x = \int_a^b \left(\int_{c(x)}^{d(x)} f(x,y)\mathrm{d}y\right) \mathrm{d}x.$$

让我们看一些例子.

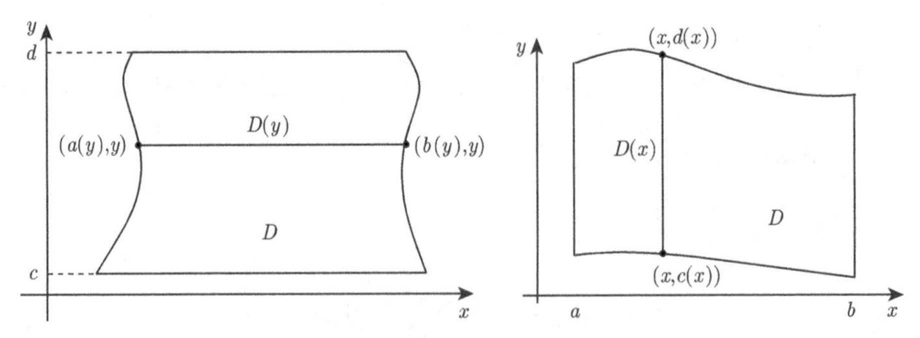

图 6.21　左: D 是 x 坐标简单; 右: D 是 y 坐标简单的

例 6.14　设 D 是由 $0 \leqslant x \leqslant 2\pi$ 和图 $y = \sin x, y = 0$ 组成的区域, 求出 D 上的常值函数 $f(x,y) = 7$ 的累次积分, 区域 D 的草图见图 6.22, D 是两个 y 坐标简

单集的并集. 对 $0 \leqslant x \leqslant \pi$ 有 $0 \leqslant y \leqslant \sin x$, 对 $\pi \leqslant x \leqslant 2\pi$ 有 $\sin x \leqslant y \leqslant 0$, 所以我们得到了两个累次积分

$$\begin{aligned}
&\int_0^\pi \left(\int_0^{\sin x} 7\mathrm{d}y\right)\mathrm{d}x + \int_\pi^{2\pi}\left(\int_{\sin x}^0 7\mathrm{d}y\right)\mathrm{d}x \\
=&\int_0^\pi 7\sin x\mathrm{d}x + \int_\pi^{2\pi} -7\sin x\mathrm{d}x \\
=&\Big[-7\cos x\Big]_0^\pi + \Big[7\cos x\Big]_\pi^{2\pi} \\
=&-7(-1-1)+7(1-(-1)) \\
=&28.
\end{aligned}$$

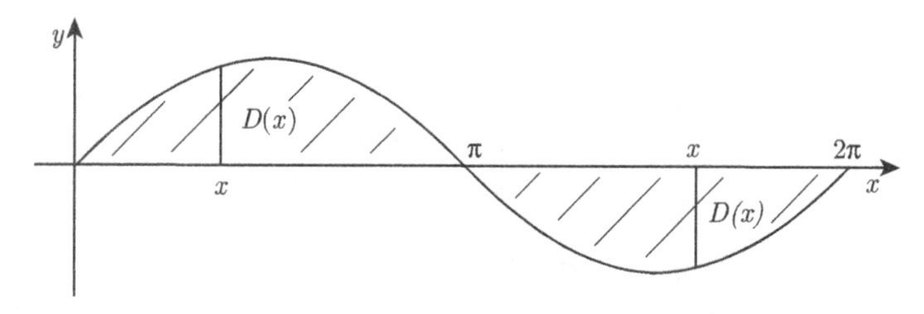

图 6.22 例 6.14 中的集合 D

例 6.15 设 D 为 $x = y^2$ 和 $x = y$ 的图像所限定的区域, $f(x,y) = 2xy^3$. 如图 6.23 所示, 区域 D 既是 x 坐标简单的又是 y 坐标简单的. D 中的每一个点 (x,y) 都有 $0 \leqslant y \leqslant 1$, 对于每一个在 0 到 1 之间的 y, $D(y)$ 是介于 y^2 和 y 之间的区间, 累次积分

$$\begin{aligned}
\int_0^1 \left(\int_{D(y)} 2xy^3\mathrm{d}x\right)\mathrm{d}y &= \int_0^1\left(\int_{y^2}^y 2xy^3\mathrm{d}x\right)\mathrm{d}y \\
&= \int_0^1 \Big[x^2y^3\Big]_{x=y^2}^{x=y}\mathrm{d}y = \int_0^1 (y^2y^3 - y^4y^3)\mathrm{d}y \\
&= \int_0^1 (y^5-y^7)\mathrm{d}y = \left[\frac{1}{6}y^6 - \frac{1}{8}y^8\right]_0^1 \\
&= \frac{1}{6}-\frac{1}{8} = \frac{1}{24}.
\end{aligned}$$

把 D 看成 y 坐标简单集, 我们可以看到 D 中每个点都满足 $0 \leqslant x \leqslant 1$. 集合 $D(x)$

在 x 和 $\sqrt{x}$ 之间, 累次积分

$$\begin{aligned}
\int_0^1\left(\int_{D(x)} 2xy^3\mathrm{d}y\right)\mathrm{d}x &= \int_0^1\left(\int_x^{\sqrt{x}} 2xy^3\mathrm{d}y\right)\mathrm{d}x \\
&= \int_0^1 \left[\frac{1}{2}xy^4\right]_{y=x}^{y=\sqrt{x}}\mathrm{d}x \\
&= \int_0^1\left(\frac{1}{2}x^3-\frac{1}{5}x^5\right)\mathrm{d}x \\
&= \frac{1}{8}-\frac{1}{12} \\
&= \frac{1}{24}.
\end{aligned}$$

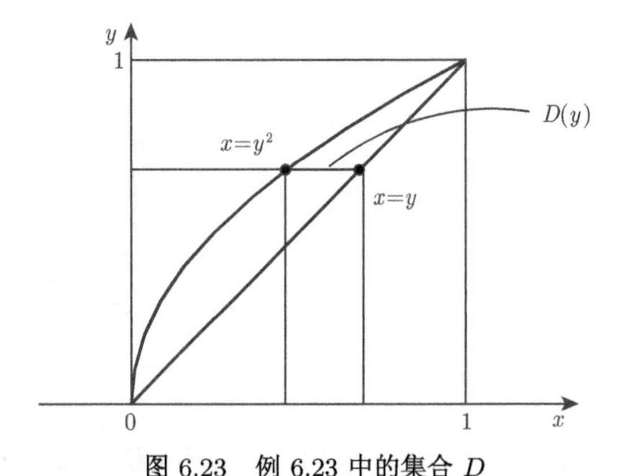

图 6.23　例 6.23 中的集合 D

我们可以将 x 坐标简单集上累次积分的概念推广到更复杂的集合上. 用 $D(y)$ 表示集合 D 中所有的第二坐标为 y 的点的集合, 对于每一个 y 值, 假定 $D(y)$ 是由有限多个平行于 x 轴的区间组成, 它的端点是 y 的分段连续函数. 如果 D 是有界的, 那么 $D(y)$ 对于所有的在区间 (c,d) 外的 y 都是空的. 从一元微积分我们知道, 对于这样的集合 D, 连续函数 $f(x,y)$ 关于 x 在 $D(y)$ 上的积分是 y 的分段连续函数. 在 c 和 d 之间对该函数关于 y 积分, 结果表示为

$$\mathcal{I}I(f,D)=\int_c^d\left(\int_{D(y)} f(x,y)\mathrm{d}x\right)\mathrm{d}y.$$

我们称它为 f 在 D 上的**累次积分**. 现在我们叙述

定理 6.11　设 f 是光滑有界集合 D 上的连续函数, 那么累次积分 $\mathcal{I}I(f,D)$ 等于积分 $\int_D f\mathrm{d}A$.

证明 为了证明这一点, 我们证明累次积分具有定理 6.10 中所列的四条性质.

性质 (a):

$$\mathcal{I}I(f+g,D)=\mathcal{I}I(f,D)+\mathcal{I}I(g,D)$$

可以从一元函数积分的性质得到, 这是因为对每个 y, $f+g$ 关于 x 在 $D(y)$ 上的积分是 $D(y)$ 上 f 关于 x 的积分和 g 关于 x 的积分的和. 这个和关于 y 的积分是这两项关于 y 积分的和.

同理得性质 (b):

$$\mathcal{I}I(cf,D)=c\mathcal{I}I(f,D).$$

性质 (c): 为了得到累次积分的上下界性质, 我们首先应用关于 x 积分的上下界性质. 用 $L(y)$ 表示构成 $D(y)$ 的区间长度之和, 假设 $f(x,y)$ 的值是在 ℓ 和 u 之间, 那么对于所有的 y, $f(x,y)$ 在 $D(y)$ 上关于 x 的积分介于 $\ell L(y)$ 和 $uL(y)$ 之间:

$$\ell L(y)\leqslant\int_{D(y)}f(x,y)\mathrm{d}x\leqslant uL(y).$$

由一元函数的积分性质得出

$$\ell\int_c^d L(y)\mathrm{d}y\leqslant\int_c^d\left(\int_{D(y)}f(x,y)\mathrm{d}x\right)\mathrm{d}y\leqslant u\int_c^d L(y)\mathrm{d}y.$$

从一元微积分, 或者类似于例 6.8 中的论证, 我们知道 $L(y)$ 关于 y 的积分是区域 D 的面积, 所以上面的不等式又可以写为

$$\ell A(D)\leqslant\mathcal{I}I(f,D)\leqslant uA(D).$$

这是累次积分的性质 (c).

为了说明性质 (d), 即关于积分区域的可加性, 我们注意到如果 C 和 D 是不相交的或者只有共同的边界点, 那么 $C(y)$ 和 $D(y)$ 不相交或者只有共同的边界点. 因此对于每一个 y,

$$\int_{(C\cup D)(y)}f(x,y)\mathrm{d}x=\int_{C(y)}f(x,y)\mathrm{d}x+\int_{D(y)}f(x,y)\mathrm{d}x,$$

两边对 y 积分, 可以得到

$$\begin{aligned}\mathcal{I}I(f,C\cup D)&=\int_c^d\left(\int_{(C\cup D)(y)}f(x,y)\mathrm{d}x\right)\mathrm{d}y\\&=\int_c^d\left(\int_{C(y)}f(x,y)\mathrm{d}x\right)\mathrm{d}y+\int_c^d\left(\int_{D(y)}f(x,y)\mathrm{d}x\right)\mathrm{d}y\\&=\mathcal{I}I(f,C)+\mathcal{I}I(f,D).\end{aligned}$$

这就完成了累次积分的可加性的证明.

既然我们已经证明了累次积分有 6.2 节开头列出的积分的四条性质, 借助定理 6.10, 这意味着 $\mathcal{I}I(f,D)$ 等于 f 在 D 上的积分. **证毕.**

交换 x 和 y, 我们得到了累次积分

$$\int_a^b \left(\int_{D(x)} f(x,y)\mathrm{d}y \right) \mathrm{d}x$$

类似的结果.

在特殊情形下, f 在矩形区域 $[a,b]\times[c,d]$ 上连续, 那么由定理 6.11 得

$$\int_D f\mathrm{d}A = \int_c^d \left(\int_a^b f(x,y)\mathrm{d}x \right) \mathrm{d}y$$

和

$$\int_D f\mathrm{d}A = \int_a^b \left(\int_c^d f(x,y)\mathrm{d}y \right) \mathrm{d}x.$$

因此

$$\int_a^b \left(\int_c^d f\mathrm{d}y \right) \mathrm{d}x = \int_c^d \left(\int_a^b f\mathrm{d}x \right) \mathrm{d}y.$$

例 6.16　设 D 是由

$$2 \leqslant x \leqslant 3, \qquad 0 \leqslant y \leqslant 1$$

围成的矩形区域, 那么

$$\int_D xy^2\mathrm{d}A = \int_2^3 \left(\int_0^1 xy^2\mathrm{d}y \right) \mathrm{d}x = \int_2^3 \left[\frac{1}{3}xy^3 \right]_{y=0}^{y=1} \mathrm{d}x = \int_2^3 \frac{1}{3}x\mathrm{d}x = \frac{5}{6}.$$

若先对 x 积分再对 y 积分, 得到同样的结果:

$$\int_D xy^2\mathrm{d}A = \int_0^1 \left(\int_2^3 xy^2\mathrm{d}x \right) \mathrm{d}y = \int_0^1 \frac{5}{2}y^2\mathrm{d}y = \frac{5}{6}.$$

例 6.17　我们可以计算定义在 D 上的 $f(x,y) = xy^3$ 的二重积分, D 如图 6.24 所示, D 由直线 $y=0, y=1$ 和函数 (x 用 y 表示)$x=1, x=\sqrt{y}$ 的图像围成, 那么

$$\int_D xy^3\mathrm{d}A = \int_0^1 \left(\int_{\sqrt{y}}^1 xy^3\mathrm{d}x \right) \mathrm{d}y = \int_0^1 \frac{1}{2}(y^3 - y^4)\mathrm{d}y = \frac{1}{2}\left(\frac{1}{4} - \frac{1}{5} \right) = \frac{1}{40}.$$

这个二重积分也可以这样算:

$$\begin{aligned}\int_D xy^3\mathrm{d}A &= \int_0^1 \left(\int_0^{x^2} xy^3\mathrm{d}y\right)\mathrm{d}x\\ &= \int_0^1 x\left(\frac{1}{4}(x^2)^4 - \frac{1}{4}\cdot 0^2\right)\mathrm{d}x\\ &= \int_0^1 \frac{1}{4}x^9\mathrm{d}x\\ &= \frac{1}{40}.\end{aligned}$$

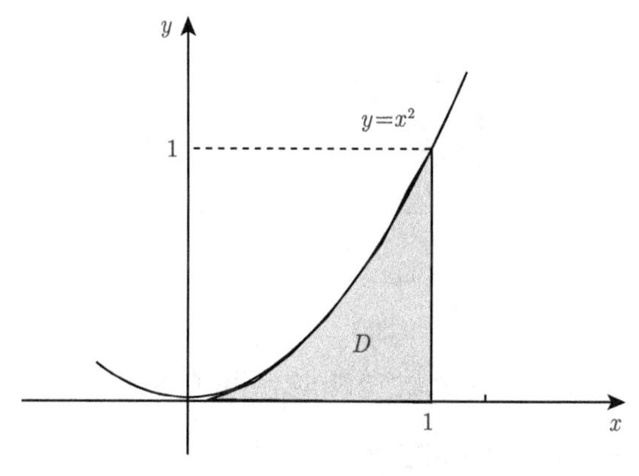

图 6.24 例 6.17 中的区域

问题

6.24 计算

$$\int_D f(x,y)\mathrm{d}A,$$

其中 D 由平面曲线 $y=1$, $x=y$, $x=4-y$ 和 $f(x,y)=\mathrm{e}^{x+y}$ 围成.

6.25 计算

$$\int_D y\mathrm{d}A,$$

其中 D 是由 $x^2+y^2\leqslant 1$ 和 $y\geqslant 0$ 确定的半圆盘.

6.26 计算下列积分.

(a) $\int_D (x^2-y^2)\mathrm{d}A$, 其中 $D=[-1,1]\times[0,2]$.

(b) $\int_D x^2y^2(x+y)\mathrm{d}x\mathrm{d}y$, 其中 $D=[0,1]\times[0,1]$.

6.27　考虑下面几个积分

$$\int_D \sqrt{y}\mathrm{d}A,\quad \int_D x\mathrm{d}A,\quad \int_D (\sqrt{y}+x)\mathrm{d}A,$$

定义域 D 是图 6.25 中的三角区域.

(a) 用函数 $\sqrt{y}, x$ 和 $\sqrt{y}+x$ 的不等式将它们在 D 上的积分按照从小到大的顺序列出.

(b) 通过累次积分计算这些重积分.

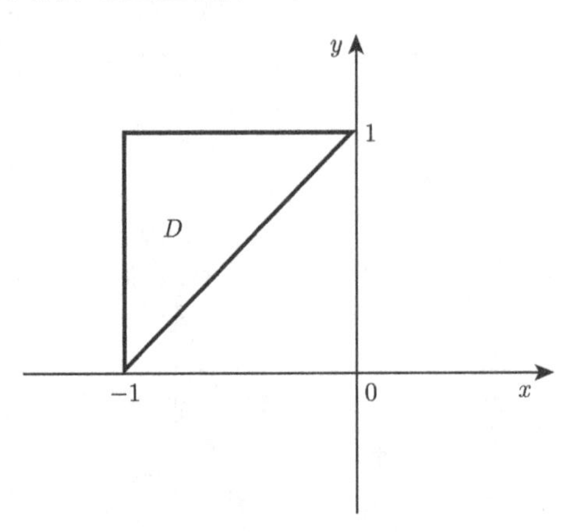

图 6.25　问题 6.27 中的区域

6.28　图 6.26 是 D 县的人口密度 [人口/面积], 由于每个人都想住在西南角附近, 密度函数为

$$p(x,y)=\frac{c}{(1+3x+y)^2}.$$

总的人口为 10^5, c 是一个常数.

(a) 求平均人口密度.

(b) 将总人口表示为 D 上的积分, 并用累次积分计算积分值.

(c) 求 c.

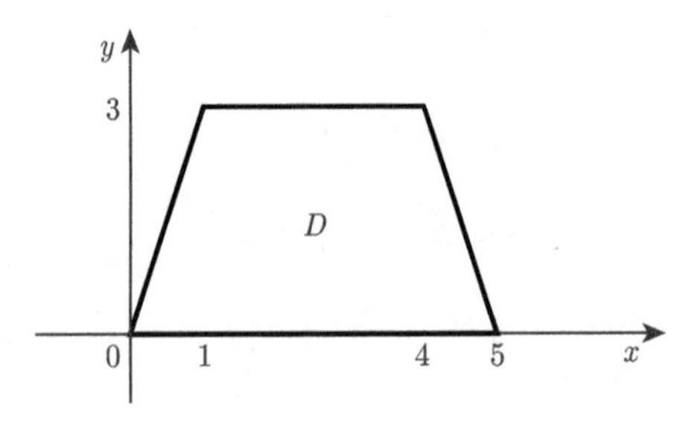

图 6.26　问题 6.28 中的 D 县

6.29 求

$$\int_R \sin y \mathrm{d}A,$$

R 由 $0 \leqslant x \leqslant 1, 0 \leqslant y \leqslant \sqrt{x}$ 给出.

6.30 求

$$\int_R \mathrm{e}^y x \mathrm{d}A,$$

R 由 $y = x + 2, y = x^2$ 围成.

6.31 补充缺失的数字

$$\int_{[0,2]\times[-1,(?)]} (3xy^2 + 5x^4y^3)\mathrm{d}A$$
$$= (?)\left(\int_0^{(?)} x\mathrm{d}x\right)\left(\int_{-1}^{1} y^2\mathrm{d}y\right) + (?)\left(\int_0^{2} x^4\mathrm{d}x\right)\left(\int_{-1}^{(?)} y^3\mathrm{d}y\right).$$

6.4 二重积分的变量替换

变量替换通过 $\mathbb{R}^2$ 到 $\mathbb{R}^2$ 的映射 $\mathbf{F}$ 联系两个变量 (x, y) 和 (u, v).

定义 6.8 如果定义在平面 $\mathbb{R}^2$ 中的开集 U 上的连续可微函数

$$\mathbf{F}(u, v) = (x(u, v), y(u, v))$$

是一一的, 并且它的矩阵导数在 U 的每一点都可逆, 则称之为**光滑变量替换**.

如果 $\mathbf{F}$ 是光滑的变量替换, 那么雅可比行列式

$$J\mathbf{F}(u, v) = \det D\mathbf{F}(u, v) = \det \begin{bmatrix} x_u & x_v \\ y_u & y_v \end{bmatrix}$$

非零, 且其绝对值可解释为在该映射下, 面积在 (u, v) 处的局部放大系数. 为了看清这点, 取三角形 S 的顶点为

$$(u, v), \quad (u + h, v), \quad (u, v + h),$$

这些点被映射成平面 x, y 上的三角形 T 的顶点

$$(x(u, v), y(u, v)),\ (x(u + h, v), y(u + h, v)),\ (x(u, v + h), y(u, v + h)),$$

如图 6.27 所示.

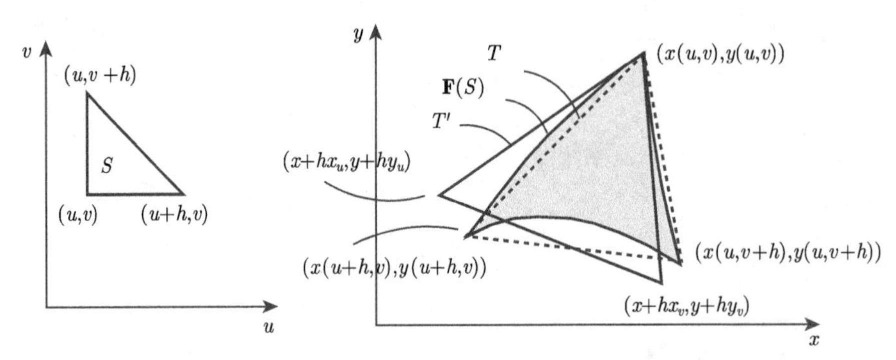

图 6.27　$A(T)-A(T')$ 不超过 h^2 的常数倍

我们用 $(x+hx_u,y+hy_u)$ 近似 $(x(u+h,v),y(u+h,v))$, 用 $(x+hx_v,y+hy_v)$ 近似 $(x(u,v+h),y(u,v+h))$. 其中函数 x,y 和它们的偏导数在 (u,v) 处取值. T' 表示顶点为

$$(x,y),\ (x+hx_u,y+hy_u),\ (x+hx_v,y+hy_v)$$

的三角形. 因为 h 很小, 图 6.27 中阴影部分的面积 $\mathbf{F}(S)$ 约等于三角形区域 T 的面积, T 和 T' 的边的线性近似误差小于 h^2 的倍数. T' 的两个边长为 $\|(hx_u,hy_u)\|$ 和 $\|(hx_v,hy_v)\|$, 是 h 的倍数, 所以把 T' 一边的长度乘以 h^2 的倍数, 则对于某个数 k(见问题 6.33), 面积变化不超过 kh^3, 即有 T 的面积和 T' 的面积之间的差小于 kh^3. 因此, 图 6.27 的面积小于 $T-T'$ 的常数倍

$$0\leqslant\frac{A(T)-A(T')}{A(S)}\leqslant\frac{kh^3}{\frac{1}{2}h^2},$$

当 h 趋于 0 时商的极限是 0. 因此当 h 趋于 0 时, $\dfrac{A(T)}{A(S)},\dfrac{A(T')}{A(S)}$ 有相同的极限. 三角区域 T' 的面积

$$A(T')=\left|\frac{1}{2}(hx_uhy_u-hx_vhy_u)\right|=\frac{1}{2}\left|x_uy_u-x_uy_u\right|h^2.$$

S 的面积是 $\dfrac{1}{2}h^2$, 这两个面积的比值是

$$|J\mathbf{F}(u,v)|=|x_uy_v-x_vy_u|,\tag{6.19}$$

即雅可比行列式在 (u,v) 处的绝对值. 如果映射 $\mathbf{F}$ 保持定向, 也就是说, 它把 (u,v) 平面上的小正向三角形映射到 (x,y) 平面上的正向近似三角形, 那么面积比就是这个映射的雅可比行列式 J.

下面是积分的变量替换定理.

定理 6.12 设 $\mathbf{F}(u,v)=(x(u,v),y(u,v))$ 表示光滑变量替换, 该替换将光滑有界集合 C 映射到光滑有界集合 D, 从而将 C 的边界映射到 D 的边界, 且 f 是 D 上的连续函数, 则有

$$\int_D f(x,y)\mathrm{d}x\mathrm{d}y=\int_C f(x(u,v),y(u,v))|J\mathbf{F}(u,v)|\mathrm{d}u\mathrm{d}v, \tag{6.20}$$

其中 $J\mathbf{F}$ 是这个映射的雅可比行列式.

证明 把 u,v 平面划分成 h-方块, 并用

$$S(f,C,h)=\sum_j f(\mathbf{F}(u_j,v_j))|J\mathbf{F}(u_j,v_j)|h^2$$

近似

$$\int_C f(x(u,v),y(u,v))|J\mathbf{F}(u,v)|\mathrm{d}u\mathrm{d}v,$$

其中 (u_j,v_j) 为第 j 个 h-方块中的某一点, 求和取遍所有方块. 映射 $\mathbf{F}$ 将 u,v 平面上的 h-方块映射到 x,y 平面上的光滑有界集 D_j, D_j 的面积大约是 $|J\mathbf{F}(u_j,v_j)|h^2$, 误差小于 h^3 的倍数.

用 D' 表示 D_j 的并集. f 在 D' 上的积分是 f 在 D_j 积分的和

$$\int_{D'} f\mathrm{d}x\mathrm{d}y=\sum_j\int_{D_j} f\mathrm{d}x\mathrm{d}y.$$

我们将第 j 个 D_j 上的积分近似为 $f(u_j,v_j)A(D_j)$, 还通过 $|J\mathbf{F}(u_j,v_j)|h^2$ 来近似表示 $A(D_j)$. 因此, 对于某个常数 c, 求和中每一项的误差都小于 ch^3. 总的误差会小于或等于单个误差的总和. 由于每个单独的误差小于 ch^3, 求和项的个数小于 $\dfrac{A(D)}{h^2}$, 总的误差小于

$$\frac{A(D)}{h^2}(ch^3)=A(D)ch.$$

这就表明

$$\left|S(f,C,h)-\int_{D'} f(x,y)\mathrm{d}A\right|\leqslant Ch.$$

所以 $\displaystyle\int_D f(x,y)\mathrm{d}A$ 和 $\displaystyle\int_C f(x(u,v),y(u,v))|J\mathbf{F}(u,v)|\mathrm{d}u\mathrm{d}v$ 的差小于某个常数乘以 h, 因为 h 足够小, 在 D 中不属于 D' 的点集的面积不会超过 Mch, 其中 M 是 $|J\mathbf{F}(u,v)|$ 在 C 上的一个上界, c 是依赖于 C 的边界的常数. 因此 $\displaystyle\int_D f(x,y)\mathrm{d}A$ 与 $\displaystyle\int_{D'} f(x,y)\mathrm{d}A$ 的差随着 h 趋于 0 而趋于 0. **证毕.**

例 6.18　定义集合

$$C=\{(u,v):u^2+v^2\leqslant r^2\},\qquad D=\left\{(x,y):\left(\frac{x}{a}\right)^2+\left(\frac{y}{b}\right)^2\leqslant r^2\right\}.$$

C 的边界是圆, D 的边界是椭圆. 如图 6.28 所示, 映射 $\mathbf{F}(u,v)=(au,bv)=(x,y)$(其中 $a>0,b>0$) 将 C 中的点 (u,v) 一对一映射到 D 中的点 (x,y). 计算 D 的面积. 我们有

$$J\mathbf{F}(u,v)=\det D\mathbf{F}=\det\begin{bmatrix}a&0\\0&b\end{bmatrix}=ab>0,$$

所以 $\mathbf{F}$ 是保持定向的. 由变量替换公式

$$A(D)=\int_D 1\mathrm{d}x\mathrm{d}y=\int_C 1(ab)\mathrm{d}u\mathrm{d}v=ab\pi r^2.$$

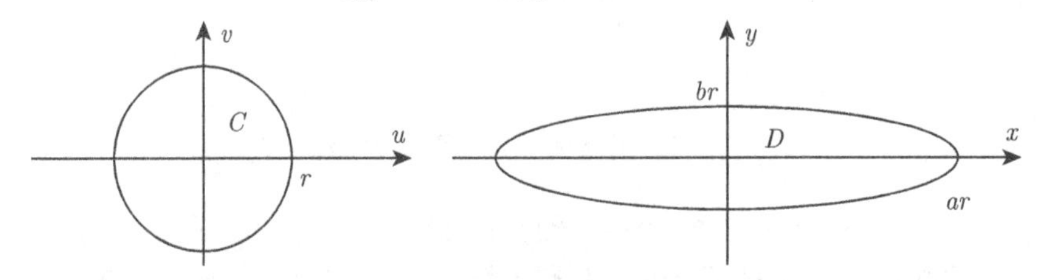

图 6.28　例 6.18 中的映射将圆周映射为椭圆

例 6.19　D 是图 6.29 中右边的阴影部分. 计算 $\int_D \mathrm{e}^{x^2+y^2}\mathrm{d}A$. 利用 x,y 的坐标我们可以得到累次积分, 但这无助于计算这个积分, 因为没有关于 x 或 y 的原函数. 所以我们改用变量替换 $\mathbf{F}$, 这里极坐标变换是合适的

$$x=u\cos v,\quad y=u\sin v.$$

注意 $\mathbf{F}$ 是定义在一个包含矩形 $C:2\leqslant u\leqslant 5,0\leqslant v\leqslant\dfrac{2\pi}{3}$ 在内的开集上的一一映射, 其雅可比行列式

$$J\mathbf{F}(u,v)=\det D\mathbf{F}=\det\begin{bmatrix}\cos v&-u\sin v\\\sin v&u\cos v\end{bmatrix}=u\cos^2 v+u\sin^2 v=u,$$

雅可比行列式在 C 中为正. 由变量替换定理,

$$\begin{aligned}\int_D \mathrm{e}^{x^2+y^2}\mathrm{d}x\mathrm{d}y&=\int_C \mathrm{e}^{u^2\cos^2 v+u^2\sin^2 v}u\mathrm{d}u\mathrm{d}v\\&=\int_0^{\frac{2\pi}{3}}\left(\int_2^5 \mathrm{e}^{u^2}u\mathrm{d}u\right)\mathrm{d}v\\&=\int_0^{\frac{2\pi}{3}}\left[\frac{1}{2}\mathrm{e}^{u^2}\right]_2^5\mathrm{d}v\\&=\int_0^{\frac{2\pi}{3}}\frac{1}{2}(\mathrm{e}^{25}-\mathrm{e}^4)\mathrm{d}v\\&=\frac{\pi}{3}(\mathrm{e}^{25}-\mathrm{e}^4).\end{aligned}$$

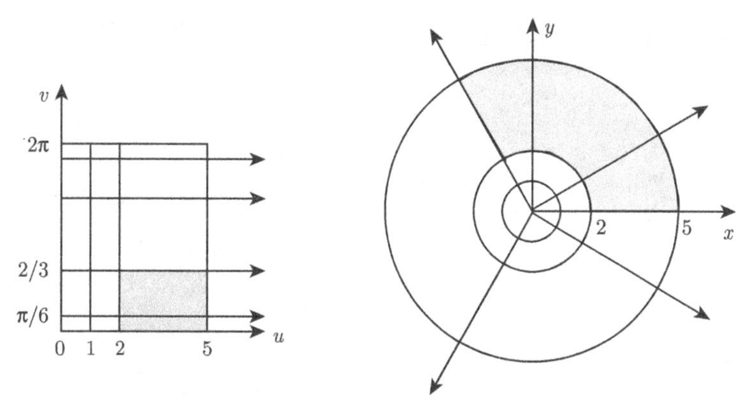

图 6.29 例 6.19 和例 6.20 中的映射 **F**

注解 按照惯例, 极坐标用 (r,θ), 而不是 (u,v), 那么变量替换公式是

$$\int_D f(x,y)\mathrm{d}x\mathrm{d}y = \int_C f(r\cos\theta, r\sin\theta)r\mathrm{d}r\mathrm{d}\theta.$$

例 6.20 设 $D=\{(x,y):x^2+y^2\leqslant 25\}$, 设 C 表示为矩形 $0\leqslant u\leqslant 5, 0\leqslant v\leqslant 2\pi$. 如图 6.29 所示, 我们计算

$$\int_D \mathrm{e}^{x^2+y^2}\mathrm{d}A.$$

在包含原点的集合上极坐标替换 $\mathbf{F}(u,v)=(u\cos v, u\sin v)$ 不是一一对应, $\mathbf{F}(u,0)=\mathbf{F}(u,2\pi)$. 对 $\epsilon>0$, 令

$$C_\epsilon=\{(u,v):\epsilon\leqslant u\leqslant 5, 0\leqslant v\leqslant 2\pi-\epsilon\}.$$

设 $D_\epsilon=\mathbf{F}(C_\epsilon)$, 然后应用变量替换定理. 被积函数 $\mathrm{e}^{x^2+y^2}$ 在 D 上有界且当 ϵ 趋于 0, 区域 $C-C_\epsilon$ 的面积和区域 $D-D_\epsilon$ 的面积都趋于零. 因此当 ϵ 趋于零, 等式

$$\int_{D_\epsilon} \mathrm{e}^{x^2+y^2}\mathrm{d}x\mathrm{d}y = \int_{C_\epsilon} \mathrm{e}^{u^2}u\mathrm{d}u\mathrm{d}v$$

收敛到

$$\int_D \mathrm{e}^{x^2+y^2}\mathrm{d}x\mathrm{d}y = \int_C \mathrm{e}^{u^2}u\mathrm{d}u\mathrm{d}v,$$

我们用累次积分计算后一个积分

$$=\int_0^{2\pi}\left(\int_0^5 \mathrm{e}^{u^2}u\mathrm{d}u\right)\mathrm{d}v = \int_0^{2\pi}\left[\frac{1}{2}\mathrm{e}^{u^2}\right]_0^5\mathrm{d}v = \pi(\mathrm{e}^{25}-1).$$

例 6.21 设 D 为 $\mathbb{R}^2$ 中由四条直线

$$y=-x+5,\quad y=-x+2,\quad y=2x-1,\quad y=2x-4$$

围成的平行四边形. 用 R 表示单位正方形 $[0,1]\times[0,1]$. 见图 6.30. 计算

$$\int_D \mathrm{e}^x \mathrm{d}A.$$

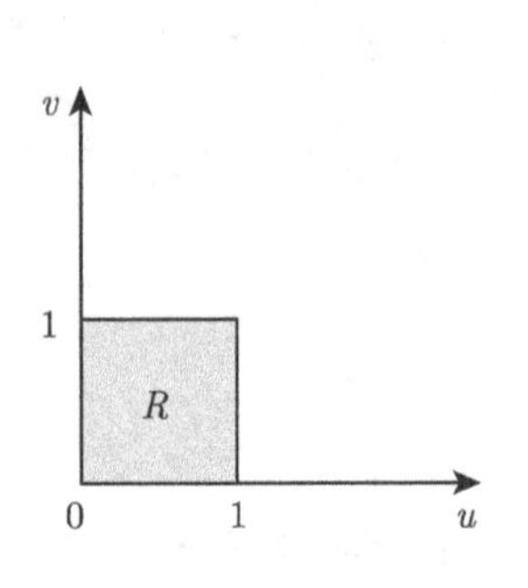

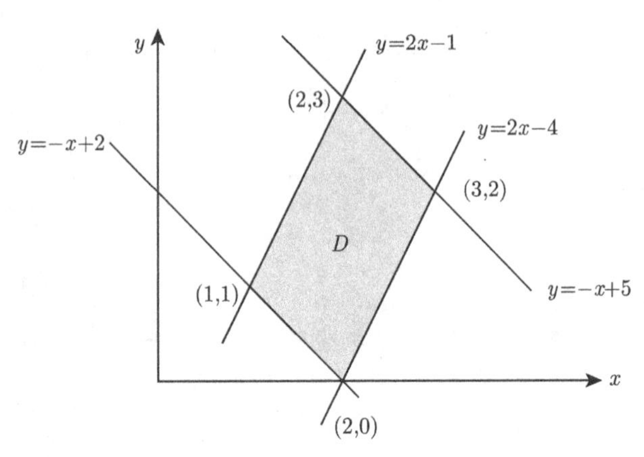

图 6.30 例 6.21 中的区域

映射 $\mathbf{F}(u,v)=(u+v+1,-u+2v+1)$ 将 R 一一映射到平行四边形 D.

$$D\mathbf{F}(u,v)=\begin{bmatrix}1 & 1\\ -1 & 2\end{bmatrix}, \qquad J\mathbf{F}(u,v)=\det(D\mathbf{F}(u,v))=3.$$

所以

$$\begin{aligned}\int_D \mathrm{e}^x \mathrm{d}x\mathrm{d}y &= \int_R \mathrm{e}^{u+v+1}|3|\mathrm{d}u\mathrm{d}v\\ &= 3\mathrm{e}\int_0^1\int_0^1 \mathrm{e}^u\mathrm{e}^v \mathrm{d}u\mathrm{d}v\\ &= 3\mathrm{e}\left(\int_0^1 \mathrm{e}^u \mathrm{d}u\right)\left(\int_0^1 \mathrm{e}^v \mathrm{d}v\right)\\ &= 3\mathrm{e}(\mathrm{e}-1)^2.\end{aligned}$$

问题

6.32 考虑映射

$$\begin{bmatrix}x\\ y\end{bmatrix}=\begin{bmatrix}1 & 1\\ 0 & 1\end{bmatrix}\begin{bmatrix}u\\ v\end{bmatrix}.$$

(a) 证明雅可比行列式为 1.

(b) 绘制顶点为 $(1,0),(1,1)$ 和 $(0,1)$ 的三角形及其映射下的像. 说明它们有相同的面积.

6.33 图 6.31 是一个三角形, 它的边是 h 的倍数, 通过移动一边改变三角形的大小, 使得对某个 k 而言, 边改变为 kh^2. 通过用下面的步骤来证明面积变化小于或等于某个常数乘以 h^3.

(a) 证明存在 k_1 使得 $\ell = k_1h^2$.

(b) 证明存在 k_2, k_3 使得 $m = k_2h + k_3h^2$.

(c) 证明如果 h 足够小, 面积变化小于 h^3 的倍数.

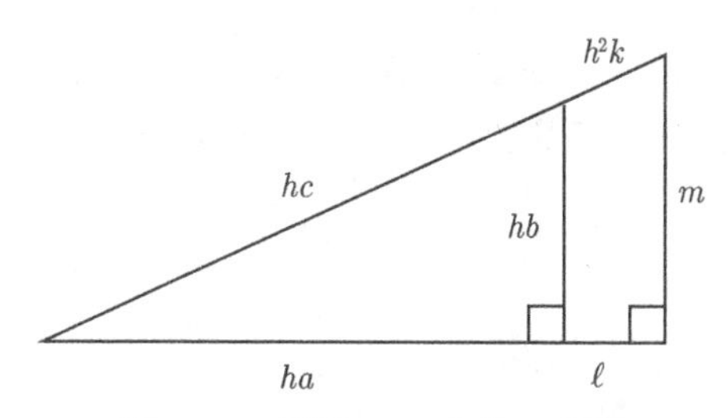

图 6.31 问题 6.33 中的三角形

6.34 对形如 $(x, y) = (f(u), g(v))$ 的映射, 证明雅可比行列式

$$\det \begin{bmatrix} x_u & x_v \\ y_u & y_v \end{bmatrix} = f'(u)g'(v).$$

6.35 考虑由复数平方定义的映射

$$x + \mathrm{i}y = (u + \mathrm{i}v)^2,$$

即 $x = u^2 - v^2, y = 2uv$. 例如, 它将图 6.32 所示的四分之一圆环映射到半圆环. 求出点 $(1,0)$ 处的雅可比行列式, 并画出顶点在 $(1,0), (1.1,0), (1,0.1)$ 的小三角形在该映射下的近似图像.

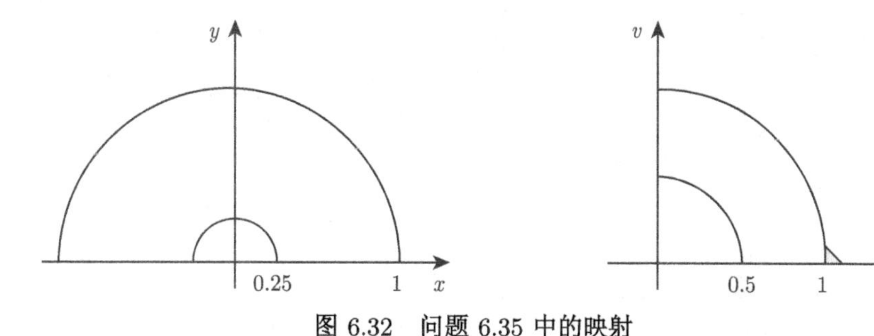

图 6.32 问题 6.35 中的映射

6.36 使用变量替换 $(x, y) = (u\cos v, u\sin v)$ 计算积分, 其中 U 是以原点为中心的单位圆盘.

(a) $\int_U \sqrt{x^2 + y^2}\mathrm{d}A$.

(b) $\int_U (3+x^4+2x^2y^2+y^4)\mathrm{d}A$.

(c) $\int_U y\mathrm{d}A$.

6.37　用极坐标变量替换 $(x,y)=(r\cos\theta, r\sin\theta)$ 计算积分

$$\int_D \mathrm{e}^{-\|\mathbf{X}\|}\mathrm{d}A,$$

其中 D 是满足 $a^2 \leqslant x^2+y^2 \leqslant b^2$ 的点 $\mathbf{X}$ 的集合, a,b 是正常数.

6.38　利用对称性或者变量替换 $(x,y)=(r\cos\theta, r\sin\theta)$ 计算下列积分, 其中 D 是圆环:

$$1 \leqslant \sqrt{x^2+y^2} \leqslant 8.$$

(a) $\int_D (x^2+y^2)^p\mathrm{d}A$, p 是常数.

(b) $\int_D (3+y-x^2)\mathrm{d}A$.

(c) $\int_D \ln(x^2+y^2)\mathrm{d}A$.

6.39　验证以下每个公式都定义了单位正方形 C 到图 6.33 所示矩形 D 的映射. 在每一种情况下, 做一个略图, 显示 C 中大写字母和它们在 D 中的像.

(a) $(x,y)=(5u,3v)$.

(b) $(x,y)=(5v,3u)$.

(c) $(x,y)=(5v,3-3u)$.

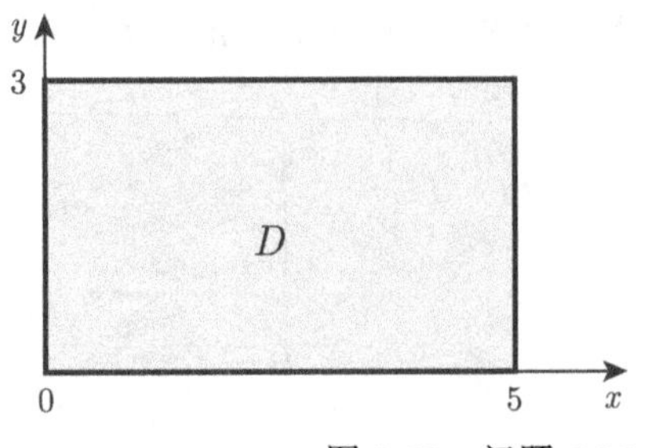

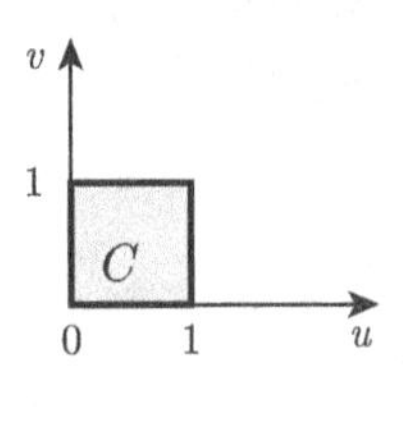

图 6.33　问题 6.39 中的集合

6.40　对于问题 6.39 中的每个映射.

(a) 计算雅可比行列式 $\det\begin{bmatrix} x_u & x_v \\ y_u & y_v \end{bmatrix}$.

(b) 映射是否保持定向?

6.41　用问题 6.39 中的映射和问题 6.40 中的雅可比行列式计算积分 $\int_D (1+xy)\mathrm{d}x\mathrm{d}y$, 证明公式:

(a) $\int_D (1+xy)\mathrm{d}x\mathrm{d}y = \int_C (1+15uv)15\mathrm{d}u\mathrm{d}v$

(b) $\int_D (1+xy)\mathrm{d}x\mathrm{d}y \neq \int_C (1+15uv)(-15)\mathrm{d}u\mathrm{d}v$

(c) $\int_D (1+xy)\mathrm{d}x\mathrm{d}y = \int_C (1+15v(1-u))15\mathrm{d}u\mathrm{d}v.$

6.5 无界集合上的积分

要对函数 f 在无界集合上积分, 我们要求无界集合 D 是光滑有界递增集合

$$D_1 \subset D_2 \subset D_3 \subset \cdots$$

的并集.

我们来举一些例子.

例 6.22 (a) 由点 (x,y), x,y 非负构成的第一象限 D 是无界的. 令 D_n 为图 6.34 中的方形区域 $0 \leqslant x \leqslant n, 0 \leqslant y \leqslant n$, D 是集合 D_n 的并集.

(b) D 是第一象限, 令 D_n 为 $x \geqslant 0, y \geqslant 0$ 和 $x+y \leqslant n$ 确定的集合. D 为 D_n 的并集, 如图 6.34 所示.

(c) D 是由所有点 $(x,y), x \geqslant 0$ 组成的半平面, D_n 是矩形区域 $0 \leqslant x \leqslant n, -n \leqslant y \leqslant n$.

(d) D 是整个平面, D_n 是方形区域 $-n \leqslant x \leqslant n, -n \leqslant y \leqslant n$.

(e) D 是整个平面, D_n 是以原点为圆心、半径为 n 的圆盘 $x^2+y^2 \leqslant n^2$.

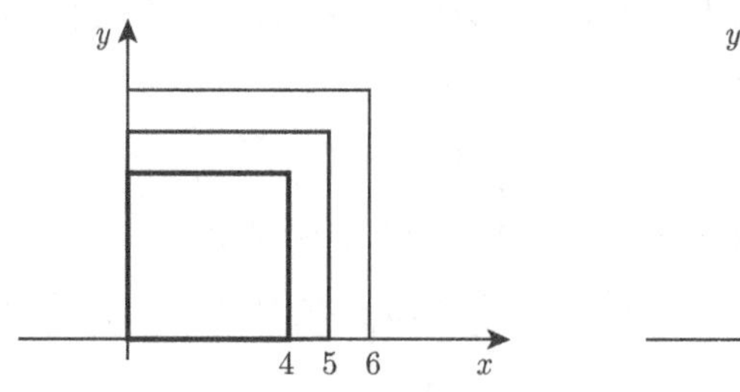

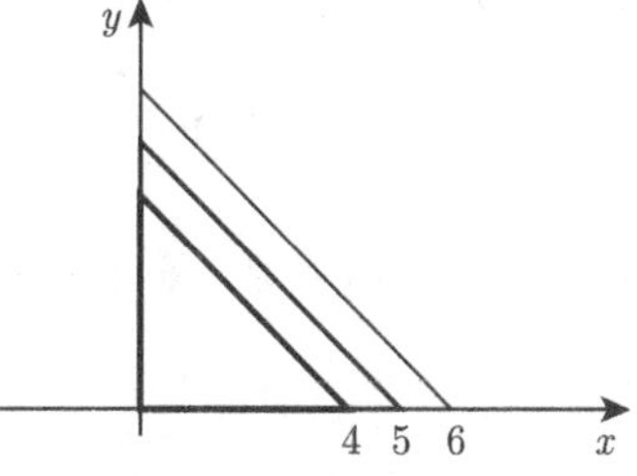

图 6.34 第一象限是递增的矩形或者三角形的并集

连续函数 f 在无界集合 D 上的积分是通过 f 在光滑有界集合上积分序列的极限来定义的.

定义 6.9 设 D 是 $\mathbb{R}^2$ 中的无界集合. 用 $D(n)$ 表示 D 中距离原点小于等于 n 的点集合, 见图 6.35. 如果数列

$$\int_{D(n)} f\mathrm{d}A, \quad n=1,2,3,\cdots$$

收敛, 则称 D 上的非负连续函数 f **可积**. 这个序列的极限称为 f 在 D 上的**积分**. 此时我们称积分**存在**, 并记为

$$\int_D f \mathrm{d}A = \lim_{n\to\infty} \int_{D(n)} f \mathrm{d}A.$$

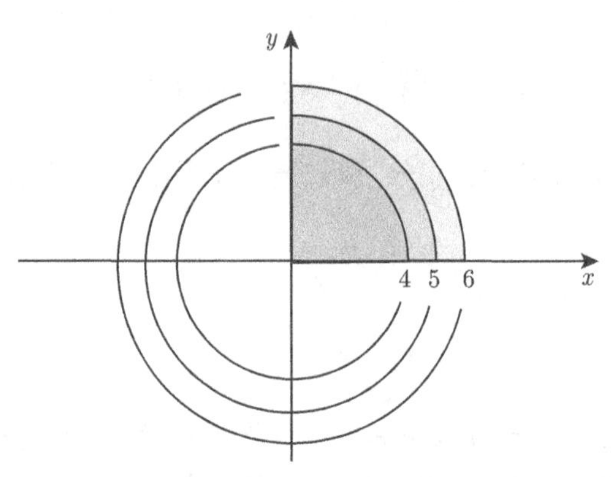

图 6.35　$D(n)$ 充满了第一象限 (图中展示了 $D(4), D(5), D(6)$)

现在我们证明, 可以把序列 $D(n)$ 替换成任意递增的有界序列 D_n, 只要它们的并集是 D.

定理 6.13　设 D 为无界集, 且

$$D_1 \subset D_2 \subset D_3 \subset \cdots$$

是 D 的光滑有界递增子集序列, 其并集为 D. 设 f 为 D 上的非负连续函数, 那么

$$\lim_{m\to\infty} \int_{D_m} f \mathrm{d}A = \lim_{n\to\infty} \int_{D(n)} f \mathrm{d}A.$$

意思是, 如果一侧极限存在, 另一侧极限也存在, 且极限值相等.

证明　首先假设 $\lim\limits_{m\to\infty} \int_{D_m} f \mathrm{d}A$ 存在, 对于非负连续函数 f, 上面两个积分序列都是递增的. 我们观察到, 对于每一个 $D(n)$, 只要 m 足够大, 那么 D_m 包含 $D(n)$, 由此可见

$$\lim_{m\to\infty} \int_{D_m} f \mathrm{d}A \geqslant \int_{D(n)} f \mathrm{d}A.$$

因此根据单调收敛定理, $\int_{D(n)} f \mathrm{d}A$ 存在并且

$$\lim_{m\to\infty} \int_{D_m} f \mathrm{d}A \geqslant \lim_{n\to\infty} \int_{D(n)} f \mathrm{d}A.$$

既然集合 D_m 是有界的, 那么 n 足够大时 $D(n)$ 包含 D_m. 由此得出相反的不等式. 因此这两个极限相等. 如果我们互换 D_n 与 $D(n)$, 同样的论证也适用. **证毕.**

下面是一个关于整个平面的积分的例子

$$\int_{\mathbb{R}^2} \mathrm{e}^{-x^2-y^2} \mathrm{d}A. \tag{6.21}$$

我们用两种不同的方法计算这个平面上的积分.

(i) 选择序列 D_n 为 $-n \leqslant x \leqslant n, -n \leqslant y \leqslant n$, 根据定理 6.11, 得

$$\int_{D_n} \mathrm{e}^{-x^2-y^2} \mathrm{d}A = \int_{-n}^{n} \left(\int_{-n}^{n} \mathrm{e}^{-x^2-y^2} \mathrm{d}x \right) \mathrm{d}y = \int_{-n}^{n} \mathrm{e}^{-y^2} \mathrm{d}y \int_{-n}^{n} \mathrm{e}^{-x^2} \mathrm{d}x.$$

右边关于 x 的积分和关于 y 的积分相等, 所以右边等于

$$\left(\int_{-n}^{n} \mathrm{e}^{-x^2} \mathrm{d}x \right)^2.$$

这个数列收敛吗? 对于 $x \geqslant 1$, 我们有 $0 \leqslant \mathrm{e}^{-x^2} \leqslant \mathrm{e}^{-x}$, 并且因为 $\int_0^{+\infty} \mathrm{e}^{-x} \mathrm{d}x$ 存在, $\int_0^{+\infty} \mathrm{e}^{-x^2} \mathrm{d}x$ 也存在. 由对称性得到

$$\int_{-\infty}^{0} \mathrm{e}^{-x^2} \mathrm{d}x = \int_0^{+\infty} \mathrm{e}^{-x^2} \mathrm{d}x,$$

所以 $\int_{-n}^{n} \mathrm{e}^{-x^2} \mathrm{d}x$ 收敛于 $\int_{-\infty}^{+\infty} \mathrm{e}^{-x^2} \mathrm{d}x$ 并且

$$\int_{\mathbb{R}^2} \mathrm{e}^{-x^2-y^2} \mathrm{d}A = \left(\int_{-\infty}^{+\infty} \mathrm{e}^{-x^2} \mathrm{d}x \right)^2. \tag{6.22}$$

接下来我们计算它的值.

(ii) 选择 D_n 为 $x^2 + y^2 \leqslant n^2$. 在 D_n 上积分, 作极坐标变换 $x = r\cos\theta, y = r\sin\theta$. 正如我们在例 6.20 中看到的, 变换变量后, 得到

$$\int_{D_n} \mathrm{e}^{-x^2-y^2} \mathrm{d}A = \int_{P_n} \mathrm{e}^{-r^2} r \mathrm{d}r \mathrm{d}\theta,$$

其中 P_n 是极坐标系下的矩形 $0 \leqslant r \leqslant n, 0 \leqslant \theta < 2\pi$. 这个积分可以具体算出来; 它等于

$$\int_0^n \left(\int_0^{2\pi} \mathrm{d}\theta \right) \mathrm{e}^{-r^2} r \mathrm{d}r = \pi(1 - \mathrm{e}^{-n^2}).$$

当 n 趋于无穷时其极限是 π. 这说明 $\int_{\mathbb{R}^2} \mathrm{e}^{-x^2-y^2}\mathrm{d}A = \pi$. 由等式 (6.22) 得到

$$\int_{-\infty}^{\infty} \mathrm{e}^{-x^2}\mathrm{d}x = \sqrt{\pi}. \tag{6.23}$$

很奇妙的是, 我们通过对二元积分 (6.21) 求值, 找到了一元定积分 (6.23) 的值. 注意到积分 (6.23) 的计算在概率论中是基本的. 函数

$$f(x) = \frac{1}{\sqrt{\pi}}\mathrm{e}^{-x^2}$$

的图像是经典的正态分布钟形曲线. 概率是无界集积分的一个重要应用.

不是所有描述概率的函数在 $\mathbb{R}^2$ 上都是连续的. 因此, 我们将无界集合 D 上的积分概念推广到在 D 上不连续的函数.

定义 6.10　设 D 为平面上的无界集合, f 是 D 上的一个有界非负函数, 在某个 $D(m)$(见定义 6.9) 上可积, 并且在 $D - D(m)$ 上是连续的. 如果积分序列

$$\int_{D(m)} f\mathrm{d}A,\ \int_{D(m+1)} f\mathrm{d}A,\ \int_{D(m+2)} f\mathrm{d}A,\ \cdots$$

收敛, 那么称 f 在 D 上**可积**. 我们记

$$\lim_{n\to\infty}\int_{D(n)} f\mathrm{d}A = \int_D f\mathrm{d}A.$$

定义 6.11　我们说函数 p 是一个**概率密度函数**, 如果

(a) 对于 $\mathbb{R}^2$ 上的所有 $(x, y), p(x, y) \geqslant 0$;

(b) $\int_{\mathbb{R}^2} p(x, y)\mathrm{d}A = 1$.

如果 p 在集合 D 上是可积的, 那么 (x, y) 属于 D 的**概率**是 $\int_D p(x, y)\mathrm{d}A$.

例 6.23　证明 $p(x, y) = \frac{1}{\pi}\mathrm{e}^{-x^2-y^2}$ 是概率密度函数, 求 (x, y) 在第一象限的概率. 我们已经算出 $\int_{\mathbb{R}^2} \mathrm{e}^{-x^2-y^2}\mathrm{d}A = \pi$, 所以

$$\frac{1}{\pi}\int_{\mathbb{R}^2} \mathrm{e}^{-x^2-y^2}\mathrm{d}A = 1.$$

因为 p 是非负的, 所以 p 是概率密度函数. (x, y) 在第一象限的概率是

$$\int_{x\geqslant 0, y\geqslant 0} \frac{1}{\pi}\mathrm{e}^{-x^2-y^2}\mathrm{d}A = \lim_{n\to\infty}\int_0^{\frac{\pi}{2}} \frac{1}{\pi}\int_0^n \mathrm{e}^{-r^2} r\mathrm{d}r\mathrm{d}\theta = \frac{\pi}{2}\frac{1}{\pi}\lim_{n\to\infty}\left[\frac{-1}{2}\mathrm{e}^{-r^2}\right]_0^n = \frac{1}{4}.$$

我们也可以通过对称性推导出 p 在四个象限上的积分相等, 因此概率是 $\frac{1}{4}$.

在下一个例子中, p 在 $\mathbb{R}^2$ 上不连续, 但它在 $\mathbb{R}^2$ 上可积.

例 6.24 设

$$p(x,y)=\begin{cases}\dfrac{2x+c-y}{4}, & 0\leqslant x\leqslant 1\text{ 且 }0\leqslant y\leqslant 2,\\ 0, & \text{其他}.\end{cases}$$

求 c 使得 p 是一个概率密度函数. p 在 $\mathbb{R}^2$ 上不连续, 但是根据定义 6.10, p 在 $\mathbb{R}^2$ 上可积. 在 $\mathbb{R}^2$ 上的积分

$$\begin{aligned}\int_{\mathbb{R}^2} p\mathrm{d}A &= \int_{D=[0,1]\times[0,2]} p\mathrm{d}A + \int_{\mathbb{R}^2-D} p\mathrm{d}A\\ &= \int_0^2\int_0^1 \frac{2x+c-y}{4}\mathrm{d}x\mathrm{d}y + 0\\ &= \int_0^2 \frac{1+c-y}{4}\mathrm{d}y\\ &= \frac{2+2c-2}{4}\\ &= \frac{c}{2}.\end{aligned}$$

所以 $c=2$, 我们验证 p 是非负的: 在矩形 $0\leqslant x\leqslant 1, 0\leqslant y\leqslant 2$ 上, 有 $x\geqslant 0, 2-y\geqslant 0$, 所以

$$p(x,y)=\frac{2x+(2-y)}{4}\geqslant 0.$$

在本节最后, 我们将无界域中的可积性概念推广到取值可正可负的连续函数.

定理 6.14 设 D 是一个无界集合, f 是 D 上的一个连续函数, 并且在 D 上其绝对值可积, 即

$$\int_D |f|\mathrm{d}A \quad \text{存在}.$$

设 D_n 为 D 递增的光滑有界子集序列, 它们的并为 D:

$$D_1\subset D_2\subset\cdots\subset D_n\subset\cdots,\qquad \bigcup_n D_n = D.$$

那么 f 在 D_n 上积分值的极限

$$\lim_{n\to\infty}\int_{D_n} f\mathrm{d}A \quad \text{存在}.$$

并且, 这个极限对于所有这样的序列 D_n 是相同的.

证明 把 f 分解成正负部分的差, $f=f_+-f_-$, 其中

$$f_+=\frac{|f|+f}{2},\qquad f_-(x,y)=\frac{|f|-f}{2},$$

其中 $|f|$ 是 f 的绝对值函数. 显然, f_+, f_- 都是非负函数, 而且都不超过 $|f|$, 因为 $|f|$ 在 D 上可积, 所以 f_+, f_- 也可积 (见问题 6.50).

根据定理 6.13, f_+ 和 f_- 在 D 上的积分是 f_+, f_- 在 D 的任意光滑有界递增子集 D_n 上积分序列的极限, 这里 D_n 的并为 D. 即我们有

$$\lim_{n\to\infty}\int_{D_n} f_+\mathrm{d}A = \int_D f_+\mathrm{d}A,$$

$$\lim_{n\to\infty}\int_{D_n} f_-\mathrm{d}A = \int_D f_-\mathrm{d}A.$$

两式相减, 就有

$$\lim_{n\to\infty}\int_{D_n} (f_+ - f_-)\mathrm{d}A = \int_D f_+\mathrm{d}A - \int_D f_-\mathrm{d}A,$$

既然 $f_+ - f_- = f$, 这就是说 f 在 D 上可积. 并且根据定理 6.13, 其积分不依赖于序列 D_n 的选取. 这就完成了定理 6.14 的证明. **证毕.**

基于定理 6.14, 我们做如下定义.

定义 6.12 连续函数 f 在无界集合 D 中取正值和负值, 如果它的绝对值 $|f|$ 是可积的, 就称它在 D 上可积.

问题

6.42 描述下列函数取正值的集合.

(a) $f(x,y) = 1 - x^2$.

(b) $f(x,y) = xy$.

(c) $f(x,y) = \cos(2\pi\sqrt{x^2+y^2})$.

6.43 D 是 $\mathbb{R}^2$ 中满足 $x \geqslant 0$ 和 $0 \leqslant y \leqslant 1$ 的点形成的区域.

(a) 计算 $\displaystyle\int_D \mathrm{e}^{-x}\mathrm{d}x\mathrm{d}y$.

(b) 计算 $\displaystyle\int_D \mathrm{e}^{-x\sqrt{y}}\mathrm{d}x\mathrm{d}y$.

(c) 证明 e^{-xy} 在 D 上不可积.

6.44 设 $a > 0, b > 0$, 用变量替换定理证明

$$\int_{x^2+y^2\leqslant n^2} \mathrm{e}^{-(ax^2+by^2)}\mathrm{d}x\mathrm{d}y = \int_{\frac{u^2}{a}+\frac{v^2}{b}\leqslant n^2} \mathrm{e}^{-(u^2+v^2)}\frac{1}{\sqrt{ab}}\mathrm{d}u\mathrm{d}v,$$

并计算

$$\int_{\mathbb{R}^2} \mathrm{e}^{-(ax^2+by^2)}\mathrm{d}A.$$

6.45 设 $U = \{(x,y) \in \mathbb{R}^2 : x^2+y^2<r^2\}$ 是以原点为中心、半径为 $r \in (0,1)$ 的开单位圆盘, 下列函数中哪些在 $\mathbb{R}^2 - U$ 中可积?

(a) $\ln r$.

(b) $\dfrac{1}{r^2}$.

(c) $\dfrac{1}{r^{2.1}}$.

(d) r^{-3}.

6.46 对下列数 x 和函数 f 逐一检验关于正部、负部的恒等式.

(a) $|x| = x_+ + x_-$.

(b) $x = x_+ - x_-$.

(c) $|f| = f_+ + f_-$.

(d) $f = f_+ - f_-$.

6.47 用变量替换求 $\displaystyle\int_{-\infty}^{+\infty} \mathrm{e}^{-(x^2/4t)}\mathrm{d}x$ 的值, 其中 t 是一个正常数.

6.48 用对称性论证计算 $\displaystyle\int_0^{+\infty} \mathrm{e}^{-x^2}\mathrm{d}x$.

6.49 证明 f 连续则其正部 f_+ 也连续.

6.50 用下面的步骤证明, 如果 f 在 $\mathbb{R}^2$ 上可积, 并且 g 是一个满足 $0 \leqslant g \leqslant f$ 的连续函数, 那么 g 在 $\mathbb{R}^2$ 上可积.

(a) $\displaystyle\int_{D(n)} g\mathrm{d}A$ 存在.

(b) $0 \leqslant \displaystyle\int_{D(n)} g\mathrm{d}A \leqslant \int_{D(n)} f\mathrm{d}A$.

(c) $\displaystyle\int_{D(n)} g\mathrm{d}A$ 是递增有上界的序列.

(d) $\displaystyle\lim_{n\to\infty}\int_{D(n)} g\mathrm{d}A$ 存在.

6.51 设 p 为例 6.24 中的概率密度函数.

(a) 在 $\mathbb{R}^2$ 中画出区域 $x+y \leqslant 2$.

(b) 求 $x+y \leqslant 2$ 的概率.

6.52 设 $0 \leqslant x \leqslant 1, 0 \leqslant y \leqslant 1$ 时 $p(x,y) = 2x$, 其他情形 $p(x,y) = 0$.

(a) 证明 p 是概率密度函数.

(b) 画出 $\mathbb{R}^2$ 中的集合 $x \geqslant y$.

(c) 求 $x \geqslant y$ 的概率.

6.53 设 p 为 $\mathbb{R}^2$ 中的概率密度函数. $\mathbb{R}^2$ 中的每个点要么在 D 中要么不在 D 中, 你能从方程

$$\int_D p\mathrm{d}A + \int_{\mathbb{R}^2 - D} p\mathrm{d}A = \int_{\mathbb{R}^2} p\mathrm{d}A$$

得到 (x, y) 不在 D 中的概率吗?

6.54 假设 f 和 g 是 $\mathbb{R}^2$ 的连续函数, 那么 f^2 和 g^2 在 $\mathbb{R}^2$ 上可积. 用不等式

$$2ab \leqslant a^2 + b^2$$

证明下面的函数也是可积的.

(a) $|fg|$.

(b) fg.

(c) $(f+g)^2$.

6.55 对下面每个函数 f, 证明 f^2 在 $\mathbb{R}^2$ 上可积:

(a) $\dfrac{r}{1+r^4}$, 其中 $r = \sqrt{x^2+y^2}$.

(b) e^{-r}.

(c) $\dfrac{|x|}{1+r^4}$, 其中 $r = \sqrt{x^2+y^2}$.

(d) $y\mathrm{e}^{-r}$, 其中 $r = \sqrt{x^2+y^2}$.

6.56 按照步骤 (a)—(d) 证明: 若 $f : \mathbb{R}^2 \to \mathbb{R}$ 连续且在无界集合 D 上可积, 则有

$$\left|\int_D f\mathrm{d}A\right| \leqslant \int_D |f|\mathrm{d}A.$$

(a) $\displaystyle\int_D f\mathrm{d}A = \int_D f_+\mathrm{d}A - \int_D f_-\mathrm{d}A \leqslant \int_D f_+\mathrm{d}A + \int_D f_-\mathrm{d}A = \int_D |f|\mathrm{d}A.$

(b) $\displaystyle\int_D (-f)\mathrm{d}A \leqslant \int_D |f|\mathrm{d}A.$

(c) $\displaystyle-\int_D f\mathrm{d}A \leqslant \int_D |f|\mathrm{d}A.$

(d) $\displaystyle\left|\int_D f\mathrm{d}A\right| \leqslant \int_D |f|\mathrm{d}A.$

6.6 三重及高维积分

我们将概述关键的定义, 陈述定理, 并且展示很多关于三元或多元函数积分的例子.

$\mathbb{R}^n$ 的光滑有界集合的概念是通过维数 n 归纳定义的.

定义 6.13 $\mathbb{R}^n$ 中的闭集 D 称为**光滑有界集合**, 如果它的边界是有限个 C^1 函数

$$x_k = g(x_1, \cdots, x_{k-1}, x_{k+1}, \cdots, x_n), \quad \text{某个 } k = 1, \cdots, n$$

的图像的并集, 这些函数定义在超平面 $x_k = 0$ 的光滑有界集上.

类似于 $\mathbb{R}^2$ 中光滑有界集的面积, 我们定义 $\mathbb{R}^n$ 中光滑有界集的体积. 以同样的方法, 我们定义下体积和上体积, 如果一个集合的上体积和下体积相等, 则该集合具有体积 $V(D)$, 下面的定理类似于定理 6.4.

定理 6.15 $\mathbb{R}^n$ 中的光滑有界集合有体积.

我们可以照搬二元函数积分的定义给出 n 元函数的积分定义.

定义 6.14 设 f 是定义在 $\mathbb{R}^n$ 中光滑有界集合 D 上的有界函数. 就像我们在 $\mathbb{R}^2$ 中做的那样, 对于有界非负函数, 定义**上积分**和**下积分**

$$I_U(f, D), \quad I_L(f, D).$$

如果上积分等于下积分, 我们说 f 在 D 上**可积**, 记其积分值为

$$I_U(f, D) = I_L(f, D) = \int_D f \mathrm{d}^n \mathbf{X}.$$

正如对从 $\mathbb{R}^2$ 到 $\mathbb{R}$ 的函数所做的那样, 我们可以证明光滑有界集合上的连续函数是可积的.

定理 6.16 对于定义在 $\mathbb{R}^n$ 的光滑有界集合 D 上的连续函数 f, f 在 D 上的上积分等于下积分, f 的积分存在

$$I_U(f, D) = I_L(f, D) = \int_D f \mathrm{d}^n \mathbf{X}.$$

关于线性、有界性和可加性, 我们有以下四条性质.

定理 6.17 对于所有定义在光滑有界集合 C 和 D 上从 $\mathbb{R}^n$ 到 $\mathbb{R}$ 的连续函数 f 和 g, 以及任意常数 c:

(a) $\int_D (f+g) \mathrm{d}^n \mathbf{X} = \int_D f \mathrm{d}^n \mathbf{X} + \int_D g \mathrm{d}^n \mathbf{X}$;

(b) $\int_D c f \mathrm{d}^n \mathbf{X} = c \int_D g \mathrm{d}^n \mathbf{X}$;

(c) 若 $\ell \leqslant f(\mathbf{X}) \leqslant u$, 则 $\ell V(D) \leqslant \int_D f \mathrm{d}^n \mathbf{X} \leqslant u V(D)$;

(d) 如果 C 和 D 相交为空或者交集仅为边界点, $C \cup D$ 光滑有界, 那么

$$\int_{C \cup D} f \mathrm{d}^n \mathbf{X} = \int_C f \mathrm{d}^n \mathbf{X} + \int_D f \mathrm{d}^n \mathbf{X}.$$

例 6.25 常值函数 $f(x_1, \cdots, x_n) = 1$ 在 $\mathbb{R}^n$ 上连续, 并且 $1 \leqslant f(\mathbf{X}) \leqslant 1$. 它在任何光滑有界集合 D 上都是可积的. 根据有界性及定理 6.17(c) 部分

$$V(D) \leqslant \int_D 1 \mathrm{d}^n \mathbf{X} \leqslant V(D).$$

因此 $V(D) = \int_D 1\mathrm{d}^n\mathbf{X}$.

积分是以定理 6.17 中的四条性质为特征的. 我们有下面的定理.

定理 6.18　$\mathscr{I}(f,D)$ 对每个连续函数和光滑有界集合 D 有定义, 它有以下性质:

(a) $\mathscr{I}(f+g,D) = \mathscr{I}(f,D) + \mathscr{I}(g,D)$.

(b) 对任意常数 c, $\mathscr{I}(cf,D) = c\mathscr{I}(f,D)$.

(c) 对所有 $(x_1,\cdots,x_n) \in D$, 如果 $\ell \leqslant f(x_1,\cdots,x_n) \leqslant u$, 那么

$$\ell \mathrm{V}(D) \leqslant \mathscr{I}(f,D) \leqslant uV(D).$$

(d) 对所有光滑有界集合 C, D, 若它们相交为空或者交集仅为边界点, 则

$$\mathscr{I}(f, C\cup D) = \mathscr{I}(f,C) + \mathscr{I}(f,D),$$

那么

$$\mathscr{I}(f,D) = \int_D f\mathrm{d}^n\mathbf{X}.$$

这个证明类似于二重积分定理 6.10 的证明.

与二重积分一样, 我们通常使用近似积分 (黎曼和) 来计算积分.

定理 6.19　连续函数 f 在 $\mathbb{R}^n$ 的光滑有界集合 D 上的积分 $\int_D f\mathrm{d}^n\mathbf{X}$ 等于 h 趋于 0 时近似积分

$$\sum_j f(\mathbf{P}_j)h^n$$

的极限. 这里求和取遍在 D 中所有的 h-方体, $\mathbf{P}_j$ 是第 j 个方体中的任意一点.

函数的平均值

积分可以定义函数的平均值.

定义 6.15　可积函数在光滑有界集合 D 上的**平均值**为

$$\frac{1}{V(D)}\int_D f\mathrm{d}^n\mathbf{X} = \frac{\displaystyle\int_D f\mathrm{d}^n\mathbf{X}}{\displaystyle\int_D 1\mathrm{d}^n\mathbf{X}}.$$

下面的定理给出了一个条件使得 f 的平均值等于 f 在某点的值. 如果对 D 中任意两点 $\mathbf{A}$ 和 $\mathbf{B}$, 存在从某区间 $[a,b]$ 到 D 的连续映射 $\mathbf{X}$ 使得 $\mathbf{X}(a)=\mathbf{A}, \mathbf{X}(b)=\mathbf{B}$, 则称 $\mathbb{R}^n$ 中的集合 D 是**连通**的.

定理 6.20 (积分中值定理) 设 f 是定义在光滑有界连通集 D 上的从 $\mathbb{R}^n$ 到 $\mathbb{R}$ 的连续函数, 且 $V(D) \neq 0$, 那么存在 D 中的点 $\mathbf{P}$ 使得

$$f(\mathbf{P}) = \frac{\int_D f \mathrm{d}^n \mathbf{X}}{V(D)}.$$

证明 根据最值定理, D 中存在点 $\mathbf{A}$ 和 $\mathbf{B}$ 使 f 取得最小值 m 和最大值 M,

$$m = f(\mathbf{A}) \leqslant f(\mathbf{X}) \leqslant f(\mathbf{B}) = M.$$

根据积分的有界性

$$f(\mathbf{A}) \leqslant \frac{\int_D f \mathrm{d}^n \mathbf{X}}{V(D)} \leqslant f(\mathbf{B}),$$

因为 D 是连通的, 所以存在从某个区间 $[a, b]$ 到 D 的映射 $\mathbf{X}$ 满足 $\mathbf{X}(a) = \mathbf{A}, \mathbf{X}(b) = \mathbf{B}$, 所以

$$f \circ \mathbf{X}(a) \leqslant \frac{\int_D f \mathrm{d}^n \mathbf{X}}{V(D)} \leqslant f \circ \mathbf{X}(b).$$

$f \circ \mathbf{X}$ 是连续函数, 由介值定理得出存在 a, b 间的值 c,

$$f \circ \mathbf{X}(c) = \frac{\int_D f \mathrm{d}^n \mathbf{X}}{V(D)}.$$

取 $\mathbf{P} = \mathbf{X}(c)$ 即可.

我们将在本节的其余部分重点讨论三元函数的积分.

三重积分

$\mathbb{R}^3$ 中的连续函数 f 在光滑有界集合 D 上的积分称为**三重积分**, 并表示为

$$\int_D f \mathrm{d}V.$$

例 6.26 设 $f(x, y, z) = x^5$, D 是集合 $1 \leqslant x^2 + y^2 + z^2 \leqslant 4$, 求

$$\int_D x^5 \mathrm{d}V.$$

我们观察到 $f(-x, y, z) = -f(x, y, z)$, 并且 D 关于 y, z 平面是对称的. 在 y, z 平面的两侧的 D 的 h-方体中选取对称点 $(-x_i, y_i, z_i)$ 和 (x_i, y_i, z_i), 就得到近似积分

$\sum_j f(\mathbf{P}_j)h^3$. 如果我们将 h-方体中 y,z 平面 $x>0$ 的部分编号 $i=1,2,\cdots,N$, 近似积分各项互相抵消了

$$\sum_{i=1}^{N}(x_i)^5h^3+(-x_i)^5h^3=0,$$

因此 $\int_D x^5\mathrm{d}V=0$.

例 6.27 设 D 为集合 $1\leqslant x^2+y^2+z^2\leqslant 4, f(x,y,z)=\sin(z^3)+x^5+200$. 我们在例 6.26 中证明了 $\int_D x^5\mathrm{d}V=0$, 同样地, 因为 $\sin(z^3)$ 是奇函数, 并且 D 关于 x,y 平面对称, 所以 $\int_D \sin(z^3)\mathrm{d}V=0$. 因为常数 200 在 D 上的积分是 $200V(D)$, 所以

$$\int_{1\leqslant x^2+y^2+z^2\leqslant 4}(\sin(z^3)+x^5+200)\mathrm{d}V=0+0+200V(D)=200V(D).$$

D 的体积是球面 $x^2+y^2+z^2=4$ 内部的体积减去球面 $x^2+y^2+z^2=1$ 内部的体积, 所以 $V(D)=\frac{4}{3}\pi(2^3-1^3)=\frac{28}{3}\pi$, 从而

$$\int_{1\leqslant x^2+y^2+z^2\leqslant 4}(\sin(z^3)+x^5+200)\mathrm{d}V=200V(D)=\frac{5600}{3}\pi.$$

例 6.28 设 D_1 是 $\mathbb{R}^3$ 中满足 $x^2+y^2+z^2\leqslant 4$ 的点 (x,y,z) 形成的集合, D_2 为集合 $4<x^2+y^2+z^2\leqslant 9$. 设

$$f(x,y,z)=\begin{cases}2, & (x,y,z)\in D_1,\\ 1, & (x,y,z)\in D_2.\end{cases}$$

$D=D_1\cup D_2$ 是以原点为球心的半径为 3 的球. 则 f 在 D 上的平均值是

$$\frac{\int_D f\mathrm{d}V}{V(D)}=\frac{\int_{D_1}2\mathrm{d}V+\int_{D_2}1\mathrm{d}V}{V(D)}=\frac{2V(D_1)+V(D_2)}{V(D)}=\frac{35}{27}.$$

与二重积分类似, 三重积分有时可以通过三个累次积分来计算. 假设 D 是 $\mathbb{R}^3$ 中满足

$$g_1(x,y)\leqslant z\leqslant g_2(x,y),\qquad x,y\in D_{xy}$$

的点的集合, 其中 D_{xy} 是 x,y 平面上的光滑有界集, g_1,g_2 是可微的. 见图 6.36. D 是 $\mathbb{R}^3$ 中光滑有界集. 如果 f 在 D 上连续, 那么 $\int_D f\mathrm{d}V$ 存在. 对于 D_{xy} 中的每个 x,y, 设 $D(x,y)$ 为点 (x,y,z) 满足

$$g_1(x,y)\leqslant z\leqslant g_2(x,y)$$

的区间. 见图 6.36. f 关于 z 从 $g_1(x,y)$ 到 $g_2(x,y)$ 积分为

$$\int_{D(x,y)} f(x,y,z)\mathrm{d}z = \int_{g_1(x,y)}^{g_2(x,y)} f(x,y,z)\mathrm{d}z.$$

结果是 (x,y) 的连续函数, 从而可以在 D_{xy} 进行积分. 类似二重积分的情形, 我们可以证明累次积分满足线性、有界性和可加性的四条基本性质. 因此, 根据定理 6.18, 累次积分等于三重积分

$$\int_{D_{xy}} \left(\int_{g_1(x,y)}^{g_2(x,y)} f(x,y,z)\mathrm{d}z \right) \mathrm{d}A = \int_D f\mathrm{d}V.$$

如果 D_{xy} 是 y 坐标简单集, 即 $a \leqslant x \leqslant b, c(x) \leqslant y \leqslant d(x)$, 其中 c 和 d 是 C^1 函数, 见图 6.37, 我们可以通过下面的等式计算三重积分

$$\int_D f\mathrm{d}V = \int_a^b \left(\int_{c(x)}^{d(x)} \left(\int_{g_1(x,y)}^{g_2(x,y)} f(x,y,z)\mathrm{d}z \right) \mathrm{d}y \right) \mathrm{d}x.$$

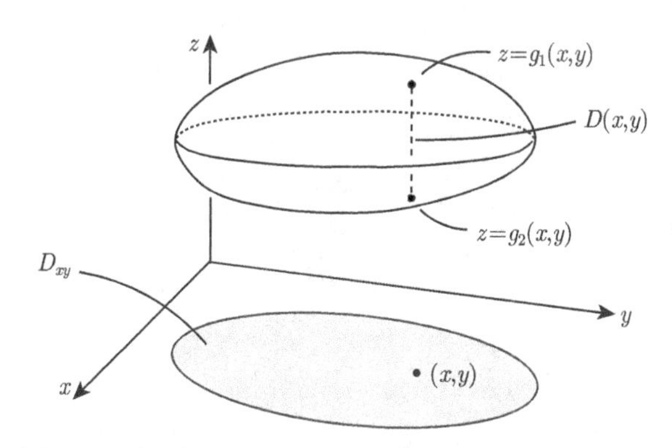

图 6.36　在 $g_1(x,y) \leqslant z \leqslant g_2(x,y)$ 图像之间的集合 D

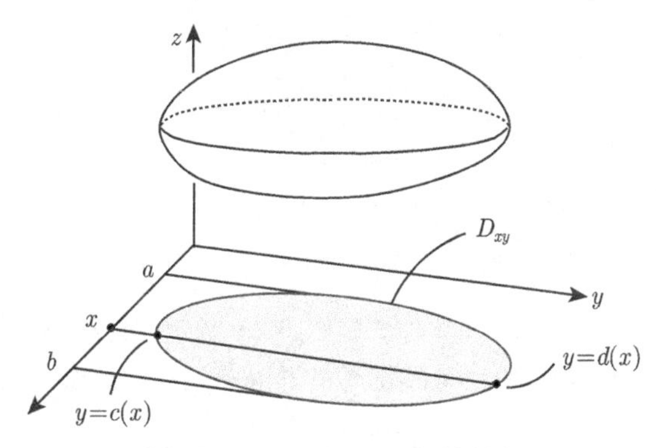

图 6.37　D_{xy} 是 y 坐标简单集

例 6.29　设 D 为第一卦限中由曲面 $z=x^2+y^2$ 和平面 $z=4$ 给出的集合, 定义 $f(x,y,z)=x$, 计算

$$\int_D f\mathrm{d}V.$$

图 6.38 显示了 D 的图像. D_{xy} 是 x,y 平面上的四分之一圆盘, 由 x,y 轴和 $y=\sqrt{4-x^2}$ 的图像构成

$$\int_D x\mathrm{d}V=\int_{D_{xy}}\left(\int_{x^2+y^2}^4 x\mathrm{d}z\right)\mathrm{d}A.$$

因为 D_{xy} 由满足 $0\leqslant x\leqslant 2$ 和 $0\leqslant y\leqslant\sqrt{4-x^2}$ 的点 (x,y) 构成, 所以有

$$\begin{aligned}\int_D x\mathrm{d}V&=\int_{D_{xy}}\Big[xz\Big]_{z=x^2+y^2}^{z=4}\mathrm{d}A\\&=\int_{D_{xy}}x(4-x^2-y^2)\mathrm{d}A\\&=\int_0^2\left(\int_0^{\sqrt{4-x^2}}x(4-x^2-y^2)\mathrm{d}y\right)\mathrm{d}x\\&=\int_0^2\left[x\left((4-x^2)y-\frac{1}{3}y^3\right)\right]_{y=0}^{y=\sqrt{4-x^2}}\mathrm{d}x\\&=\int_0^2\frac{2}{3}x(4-x^2)^{3/2}\mathrm{d}x\\&=\left[-\frac{2}{15}(4-x^2)^{5/2}\right]_0^2\\&=\frac{64}{15}.\end{aligned}$$

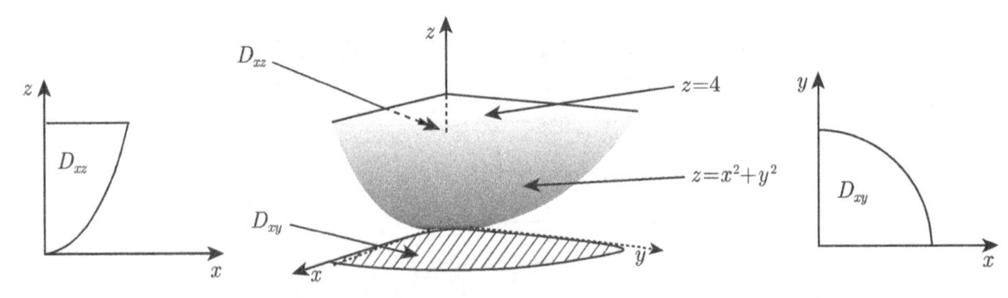

图 6.38　例 6.29 和例 6.30 中的集合 D

例 6.30　设 D 和 $f(x,y,z)=x$ 如例 6.29 所示. 现在将 D 看作由 $y=0$ 和 $y=\sqrt{z-x^2}$ 给出的函数图像之间的光滑有界集合 D_{xz}, 如图 6.38 所示.

$$\int_D f\mathrm{d}V=\int_{D_{xz}}\left(\int_0^{\sqrt{z-x^2}}x\mathrm{d}y\right)\mathrm{d}A$$

$$
\begin{aligned}
&= \int_0^4 \left(\int_0^{\sqrt{z}} \left(\int_0^{\sqrt{z-x^2}} x \mathrm{d}y \right) \mathrm{d}x \right) \mathrm{d}z \\
&= \int_0^4 \left(\int_0^{\sqrt{z}} x(z-x^2)^{1/2} \mathrm{d}x \right) \mathrm{d}z \\
&= \int_0^4 \left[-\frac{1}{3}(z-x^2)^{\frac{3}{2}} \right]_{x=0}^{x=\sqrt{z}} \mathrm{d}z \\
&= \int_0^4 \frac{1}{3} z^{3/2} \mathrm{d}z \\
&= \frac{64}{15}.
\end{aligned}
$$

变量替换

二重积分的变量替换定理 (定理 6.12) 可以类比到三重积分和 n 重积分.

光滑变量替换 $\mathbf{F}$ 是指定义在集合 U 的从 $\mathbb{R}^n$ 到 $\mathbb{R}^n$ 的连续可微的一一映射, $D\mathbf{F}(\mathbf{P})$ 在 U 中任一点 $\mathbf{P}$ 可逆. 我们回顾定义 3.4, 一个映射在点 $\mathbf{P}$ 处的雅可比行列式 $J\mathbf{F}(\mathbf{P}) = \det(D\mathbf{F}(\mathbf{P}))$.

定理 6.21 设 $\mathbf{F}$ 为光滑变量替换, 将光滑有界集 C 映射到光滑有界集 D, 所以 C 的边界对应着 D 的边界. 设 f 是 D 上的一个连续函数, 那么

$$
\int_D f(\mathbf{X}) \mathrm{d}^n \mathbf{X} = \int_C f(\mathbf{F}(\mathbf{U})) |J\mathbf{F}(\mathbf{U})| \mathrm{d}^n \mathbf{U}.
$$

在下面的一些变量替换的例子中, 我们默认使用类似于例 6.20 中极坐标那样的极限论证.

例 6.31 求出 $f(x,y,z) = z\sqrt{x^2+y^2}$ 在区域 D 上的积分. 区域 D 由 $z = 6$, $z = 0$, $x^2+y^2 = 4$, $x^2+y^2 = 1$ 确定, 其中 $x \geqslant 0$, 见图 6.39. 在直角坐标系中的累次积分是

$$
\int_{D_{xy}} \left(\int_0^6 3\sqrt{x^2+y^2} \mathrm{d}z \right) \mathrm{d}x\mathrm{d}y = \int_{D_{xy}} 18\sqrt{x^2+y^2} \mathrm{d}x\mathrm{d}y,
$$

其中 D_{xy} 由区域 $1 \leqslant x^2+y^2 \leqslant 4$ 和 $x \geqslant 0$ 组成, 二重积分是 $\sqrt{x^2+y^2}$ 关于 x 或 y 的积分. 用柱坐标变量替换 $x = r\cos\theta, y = r\sin\theta, z = z$, 其雅可比行列式

$$
\det \begin{bmatrix} \cos\theta & -r\sin\theta & 0 \\ \sin\theta & r\cos\theta & 0 \\ 0 & 0 & 1 \end{bmatrix} = r(\cos^2\theta + \sin^2\theta) = r.
$$

映射 $\mathbf{F}(r,\theta,z) = (x(r,\theta,z), y(r,\theta,z), z(r,\theta,z))$ 将 $1 \leqslant r \leqslant 2, 0 \leqslant \theta \leqslant \pi, 0 \leqslant z \leqslant 6$ 给出的矩形区域 C 一一映射到 D 上, 由变量替换定理有

$$
\int_D f(x,y,z) \mathrm{d}x\mathrm{d}y\mathrm{d}z = \int_C f(\mathbf{F}(r,\theta,z)) r \mathrm{d}r\mathrm{d}\theta\mathrm{d}z.
$$

因为 $x^2+y^2=r^2, f(\mathbf{F}(r,\theta,z))=zr$, 所以积分

$$\begin{aligned}\int_D f\mathrm{d}x\mathrm{d}y\mathrm{d}z &= \int_0^6\int_0^\pi\int_1^2 zr^2\mathrm{d}r\mathrm{d}\theta\mathrm{d}z\\&=\left(\int_0^6 z\mathrm{d}z\right)\left(\int_0^\pi \mathrm{d}\theta\right)\left(\int_1^2 r^2\mathrm{d}r\right)\\&=18\pi\left(\frac{8-1}{3}\right)\\&=42\pi.\end{aligned}$$

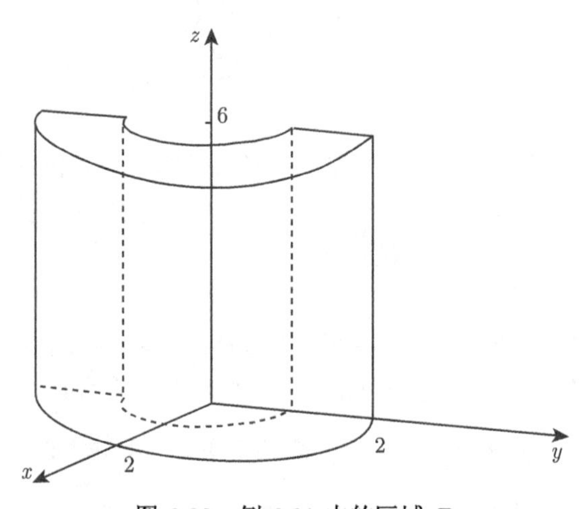

图 6.39　例 6.31 中的区域 D

下面的例子说明为什么要求 $\mathbf{F}$ 是一一映射.

例 6.32　映射 $\mathbf{F}(r,\theta,z)=(r\cos\theta, r\sin\theta, z)$ 将由

$$1\leqslant r\leqslant 2,\quad 0\leqslant\theta\leqslant 4\pi,\quad 0\leqslant z\leqslant 6$$

确定的矩形区域 C 上的点映满到如图 6.40 所示的两圆柱之间. D 的体积是

$$V(D)=\pi(2^2-1^2)6=18\pi.$$

如果我们错误地使用变量替换公式来计算 D 的体积, 将得到

$$V(D)=\int_D 1\mathrm{d}x\mathrm{d}y\mathrm{d}z \overset{?}{=} \int_C |J\mathbf{F}(r,\theta,z)|\mathrm{d}r\mathrm{d}\theta\mathrm{d}z.$$

右侧是

$$=\int_C r\mathrm{d}r\mathrm{d}\theta\mathrm{d}z=\left(\int_1^2 r\mathrm{d}r\right)\left(\int_0^{4\pi}\mathrm{d}\theta\right)\left(\int_0^6\mathrm{d}z\right)=\frac{1}{2}(2^2-1^2)\cdot 4\pi\cdot 6=36\pi.$$

到底是哪里错了? 尽管在每一个点都有 $J\mathbf{F}(r,\theta,z)=r\neq 0$, 但是这个映射在一个体积为正的集合上并不是一对一的, $2\pi\leqslant\theta\leqslant 4\pi$ 上的点被映射为 $0\leqslant\theta\leqslant 2\pi$ 范围内相同的点.

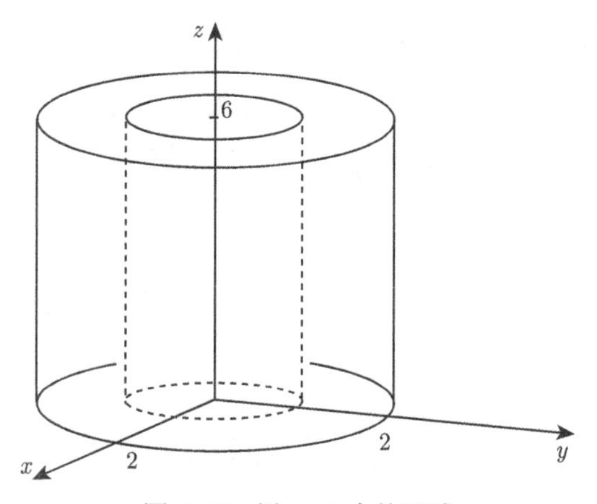

图 6.40 例 6.33 中的区域

例 6.33 化学反应容器 D 由下式给出:

$$x^2+y^2\leqslant 4,\quad 0\leqslant z\leqslant 3.$$

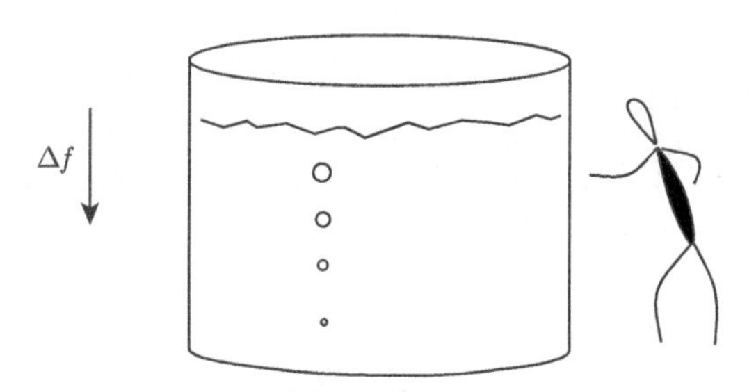

图 6.41 例 6.33 中的能量密度函数 f, 越靠近容器底部密度越大

假设能量密度 ([能量/体积]) 在 D 中的点 $(x,,y,z)$ 是 $f(x,y,z)=100-5z$. 求槽内总能量和平均能量密度. 总能量是

$$\begin{aligned}\int_D f\mathrm{d}V &= \int_0^{2\pi}\int_0^2\left(\int_0^3(100-5z)\mathrm{d}z\right)r\mathrm{d}r\mathrm{d}\theta\\&=\left(\int_0^{2\pi}\mathrm{d}\theta\right)\left(\int_0^2 r\mathrm{d}r\right)\left(\int_0^3(100-5z)\mathrm{d}z\right)\\&=(2\pi)\frac{4}{2}\left[\frac{1}{2\cdot(-5)}(100-5z)^2\right]_0^3\\&=\frac{4\pi}{10}(100^2-85^2)\\&=1110\pi.\end{aligned}$$

圆筒形储罐的体积是 $\pi \cdot 2^2 \cdot 3 = 12\pi$, 所以在 D 中的平均密度是

$$\frac{1}{V(D)}\int_D f\mathrm{d}V = \frac{1110\pi}{12\pi} = 92.5.$$

例 6.34　设 C 是 $\mathbb{R}^3$ 中由

$$0 \leqslant w \leqslant 1, \quad u+v \leqslant 1, \quad u \geqslant 0, \quad v \geqslant 0$$

给出的棱柱. 设 D 是

$$x+y+z \leqslant 1, \quad x \geqslant 0, \quad y \geqslant 0, \quad z \geqslant 0$$

确定的四面体, 如图 6.42 所示. 映射 $(x,y,z) = \mathbf{F}(u,v,w) = ((1-w)u, (1-w)v, w)$ 将 C 中的点一一映射到 D, 雅可比行列式是

$$\det D\mathbf{F}(u,v,w) = \det \begin{bmatrix} 1-w & 0 & -u \\ 0 & 1-w & v \\ 0 & 0 & 1 \end{bmatrix} = (1-w)^2.$$

由变量替换定理有

$$V(D) = \int_D 1\mathrm{d}V = \int_C (1-w)^2 \mathrm{d}u\mathrm{d}v\mathrm{d}w.$$

作为累次积分, 它等于

$$\begin{aligned}\int_{C_{uv}} \left(\int_0^1 (1-w)^2 \mathrm{d}w\right)\mathrm{d}A &= \int_{C_{uv}} \left[-\frac{1}{3}(1-w)^3\right]_0^1 \mathrm{d}A \\ &= \frac{1}{3}\int_{C_{uv}} \mathrm{d}A = \frac{1}{3}\frac{1}{2} = \frac{1}{6}.\end{aligned}$$

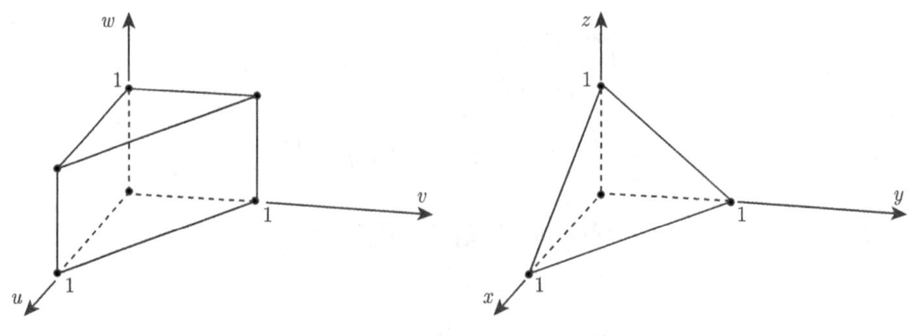

图 6.42　左: 棱柱 C; 右: 四面体 D

球面坐标

设

$$(x,y,z)=\mathbf{F}(\rho,\phi,\theta)=(\rho\sin\phi\cos\theta,\rho\sin\phi\sin\theta,\rho\cos\phi)$$

是直角坐标和球面坐标之间的映射, 这里 $\rho\geqslant 0, 0\leqslant\phi\leqslant\pi, 0\leqslant\theta\leqslant 2\pi$. $\mathbf{F}$ 将区域 (ρ,ϕ,θ) 映射到 (x,y,z).

$$D\mathbf{F}(\rho,\phi,\theta)=\begin{bmatrix}\sin\phi\cos\theta & \rho\cos\phi\cos\theta & -\rho\sin\phi\sin\theta\\ \sin\phi\sin\theta & \rho\cos\phi\sin\theta & \rho\sin\phi\sin\theta\\ \cos\phi & -\rho\sin\phi & 0\end{bmatrix}.$$

我们要求读者在问题 6.62 中验证

$$J\mathbf{F}(\rho,\phi,\theta)=\det D\mathbf{F}(\rho,\phi,\theta)=\rho^2\sin\phi.$$

注意对于 $\rho=0,\phi=0,\theta=\pi$, 矩阵导数 $D\mathbf{F}(\rho,\phi,\theta)$ 是不可逆的. 当 $\theta=0$ 或 2π 时 $\mathbf{F}$ 不是一对一的. 变量替换公式可以通过 ρ 趋于零, ϕ 趋于 0 或 π, θ 趋于 0 或 2π 来证明. 关于极坐标的类似论证, 请参见示例 6.20.

例 6.35 设 D 为以原点为中心、半径为 a 和半径为 b 的球体之间的区域. 求 D 上 $f(x,y,z)=\sqrt{x^2+y^2+z^2}$ 的积分. 使用球面坐标变换 $\mathbf{F}(\rho,\phi,\theta)$, 它将 $a\leqslant\rho\leqslant b, 0\leqslant\phi\leqslant\pi, 0\leqslant\theta\leqslant 2\pi$ 给出的区域 C 映射到 D 中. 由变量替换定理,

$$\begin{aligned}\int_D\sqrt{x^2+y^2+z^2}\mathrm{d}x\mathrm{d}y\mathrm{d}z&=\int_C\sqrt{\rho^2}\rho^2\sin\phi\mathrm{d}\rho\mathrm{d}\phi\mathrm{d}\theta\\&=\left(\int_a^b\rho^3\mathrm{d}\rho\right)\left(\int_0^\pi\sin\phi\mathrm{d}\phi\right)\left(\int_0^{2\pi}\mathrm{d}\theta\right)\\&=\frac{1}{4}(b^4-a^4)(2)(2\pi)\\&=\pi(b^4-a^4).\end{aligned}$$

例 6.36 D 由坐标系中 $0\leqslant\rho\leqslant 5, 0\leqslant\phi\leqslant\frac{\pi}{6}, 0\leqslant\theta\leqslant 2\pi$ 确定, 如图 6.43 所示, 则 D 的体积

$$\begin{aligned}V(D)&=\int_D\mathrm{d}x\mathrm{d}y\mathrm{d}z\\&=\int_0^{2\pi}\mathrm{d}\theta\int_0^{\frac{\pi}{6}}\int_0^5\rho^2\sin\phi\mathrm{d}\rho\mathrm{d}\phi\mathrm{d}\theta\\&=\left(\int_0^{2\pi}\mathrm{d}\theta\right)\left(\int_0^{\frac{\pi}{6}}\sin\phi\mathrm{d}\phi\right)\left(\int_0^5\rho^2\mathrm{d}\rho\right)\end{aligned}$$

$$= (2\pi)\Big[-\cos\phi\Big]_0^{\frac{\pi}{6}}\left(\frac{1}{3}5^3\right)$$
$$= \frac{125\pi}{3}(2-\sqrt{3}).$$

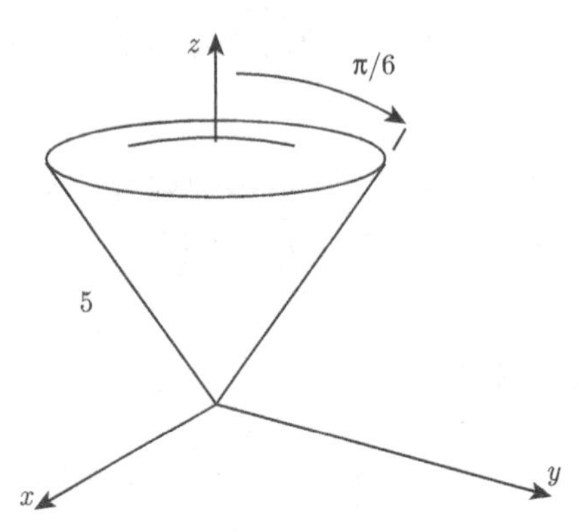

图 6.43 例 6.36 中的锥形区域

例 6.37 在单位球 $\rho \leqslant 1$ 内, 函数

$$f(\rho,\phi,\theta) = \rho^2\sin^2\theta$$

给出了电荷密度 [电荷/体积]. 计算球体内总电荷.

$$\begin{aligned}\int_{\rho\leqslant 1} f\mathrm{d}V &= \int_0^{2\pi}\int_0^{\pi}\int_0^1 \rho^2\sin^2\theta\rho^2\sin\phi\mathrm{d}\rho\mathrm{d}\phi\mathrm{d}\theta \\ &= \left(\int_0^{2\pi}\sin^2\theta\mathrm{d}\theta\right)\left(\int_0^{\pi}\sin\phi\mathrm{d}\phi\right)\left(\int_0^1\rho^4\mathrm{d}\rho\right) \\ &= \pi\cdot 2\cdot\frac{1}{5} \\ &= \frac{2\pi}{5}.\end{aligned}$$

关于参数的求导

通常在三重积分中会出现第四个变量, 如果 $f(x,y,z,t)$ 是时间 t 处的能量密度, 那么在时刻 t, D 的总能量

$$\int_D f(x,y,z,t)\mathrm{d}x\mathrm{d}y\mathrm{d}z$$

是时间 t 的函数. 总能量在 D 中的变化率是多少?

定理 6.22 设 f 是 $D\times[a,b]$ 上的连续函数, 其中 D 是 $\mathbb{R}^3$ 中的光滑有界集.

(a) $\int_D f(\mathbf{X},t)\mathrm{d}V$ 是 t 的连续函数.

(b) 如果 f 是 t 的连续可微函数, 那么

$$\int_D f(\mathbf{X},t)\mathrm{d}V$$

是关于 t 的连续可微函数并且

$$\frac{\mathrm{d}}{\mathrm{d}t}\int_D f(\mathbf{X},t)\mathrm{d}V = \int_D f_t(\mathbf{X},t)\mathrm{d}V.$$

证明 (a)

$$\int_D f(\mathbf{X},t)\mathrm{d}V - \int_D f(\mathbf{X},s)\mathrm{d}V = \int_D (f(\mathbf{X},t) - f(\mathbf{X},s))\mathrm{d}V.$$

根据定理 2.12, 有界闭集上的连续函数是一致连续的, 因此对于任意正的 ϵ, 存在 δ, 使得 $|t-s|<\delta$ 时, 对任何 $\mathbf{X}\in D$, 有

$$|f(\mathbf{X},t) - f(\mathbf{X},s)| < \epsilon,$$

因此当 $|t-s|<\delta$ 时, $f(\mathbf{X},t)$ 和 $f(\mathbf{X},s)$ 积分的差小于 $\epsilon V(D)$.

(b) 对 t 连续可微意味着对任意 $\epsilon>0$, 总存在一个 δ 使得 $|h|<\delta$ 时, 对任何 $\mathbf{X}\in D$,

$$\left|\frac{f(\mathbf{X},t+h) - f(\mathbf{X},t)}{h} - f_t(\mathbf{X},t)\right| < \epsilon. \tag{6.24}$$

理由如下: f_t 一致连续, 所以对于任意给定的 ϵ, 存在 δ 使得当 $|t-s|<\delta$ 时对于任意 $\mathbf{X}$, $|f_t(\mathbf{X},t) - f_t(\mathbf{X},s)| < \epsilon$. 取 $|h|<\delta$, 由中值定理可得

$$\left|\frac{f(\mathbf{X},t+h) - f(\mathbf{X},t)}{h} - f_t(\mathbf{X},t)\right| = |f_t(\mathbf{X},c) - f_t(\mathbf{X},t)| < \epsilon,$$

这里 $|c-t|<|h|<\delta$. 从估计 (6.24) 得 h 趋于零时,

$$\frac{\displaystyle\int_D f(\mathbf{X},t+h)\mathrm{d}V - \int_D f(\mathbf{X},t)\mathrm{d}V}{h} = \int_D \frac{f(\mathbf{X},t+h) - f(\mathbf{X},t)}{h}\mathrm{d}V$$

收敛到 $\displaystyle\int_D f_t(\mathbf{X},t)\mathrm{d}V$. 由 (a), 导数是连续的. **证毕.**

例 6.38 假设在例 6.33 的化学反应能量密度为 $f(x,y,z,t) = \mathrm{e}^{-t^2}(100-5z)$, 依赖于时间. 计算油箱中能量的变化率. 总能量为

$$\int_D f\mathrm{d}V = \int_D \mathrm{e}^{-t^2}(100-5z)\mathrm{d}V.$$

我们计算出了 $\int_D (100-5z)\mathrm{d}V = 1110\pi$, 所以总能量

$$\int_D \mathrm{e}^{-t^2}(100-5z)\mathrm{d}V = \mathrm{e}^{-t^2}1110\pi.$$

时间变化率

$$\frac{\mathrm{d}}{\mathrm{d}t}\int_D \mathrm{e}^{-t^2}(100-5z)\mathrm{d}V = (-2t)\mathrm{e}^{-t^2}1110\pi = -2220\pi t\mathrm{e}^{-t^2}.$$

例 6.39 设 $p(x,y,t)$ 是一个 C^1 函数, 表示 t 时刻 $\mathbb{R}^2$ 中的一个地区 D 的人口密度 [人口/面积]. 用积分表示 t 时刻 D 区域的人口变化率. t 时刻的人口是

$$P(t) = \int_D p(x,y,t)\mathrm{d}A.$$

它的变化率是 $P'(t) = \frac{\mathrm{d}}{\mathrm{d}t}\int_D p(x,y,t)\mathrm{d}A = \int_D p_t(x,y,t)\mathrm{d}A.$

概率密度函数

在 $\mathbb{R}^3$ 中的无界集上, 可积函数可类似于 6.5 节中的定义给出. 类似于 $\mathbb{R}^2$ 中的情形, 我们给出 $\mathbb{R}^3$ 中概率密度函数 p 的定义.

定义 6.16 $\mathbb{R}^3$ 中的**概率密度函数**是一个积分值等于 1 的非负可积函数.

例 6.40 我们已经证明了

$$\int_{-\infty}^{+\infty} \mathrm{e}^{-x^2}\mathrm{d}x = \pi^{\frac{1}{2}}.$$

令 $p(x,y,z) = \pi^{-\frac{3}{2}}\mathrm{e}^{-x^2-y^2-z^2} > 0$, 那么 p 是一个概率密度函数

$$\begin{aligned}
\int_{\mathbb{R}^3} \pi^{-\frac{3}{2}}\mathrm{e}^{-x^2-y^2-z^2}\mathrm{d}V &= \pi^{-\frac{3}{2}} \lim_{n\to\infty}\int_{-n}^{n}\int_{-n}^{n}\int_{-n}^{n} \mathrm{e}^{-x^2}\mathrm{e}^{-y^2}\mathrm{e}^{-z^2}\mathrm{d}x\mathrm{d}y\mathrm{d}z \\
&= \pi^{-\frac{3}{2}}\left(\int_{-\infty}^{+\infty}\mathrm{e}^{-z^2}\mathrm{d}z\right)\left(\int_{-\infty}^{+\infty}\mathrm{e}^{-y^2}\mathrm{d}y\right)\left(\int_{-\infty}^{+\infty}\mathrm{e}^{-x^2}\mathrm{d}x\right) \\
&= \pi^{-\frac{3}{2}}\pi^{\frac{1}{2}}\pi^{\frac{1}{2}}\pi^{\frac{1}{2}} \\
&= 1.
\end{aligned}$$

例 6.41 化学中用形如

$$f(\rho,\phi,\theta) = \rho\mathrm{e}^{-\rho}\cos\phi$$

的函数描述一个电子的 $2p$ 轨道 (见问题 9.48). 在应用中, 用来求点 $p(\rho,\phi,\theta)$ 处的电子的概率密度函数是

$$p(\rho,\phi,\theta) = c\left(f(\rho,\phi,\theta)\right)^2.$$

这里 c 要使得 $\int_{\mathbb{R}^3} p\mathrm{d}V = 1$. 为了确定 c, 我们计算积分

$$\begin{aligned}\int_{\mathbb{R}^3} p\mathrm{d}V &= \int_{\theta=0}^{\theta=2\pi}\int_{\phi=0}^{\phi=\pi}\int_{\rho=0}^{\rho=+\infty} c\rho^2\mathrm{e}^{-2\rho}\cos^2\phi\rho^2\sin\phi\mathrm{d}\rho\mathrm{d}\phi\mathrm{d}\theta \\ &= c\left(\int_0^{2\pi}\mathrm{d}\theta\right)\left(\int_0^{\pi}\cos^2\phi\sin\phi\mathrm{d}\phi\right)\left(\int_0^{+\infty}\rho^2\mathrm{e}^{-2\rho}\rho^2\mathrm{d}\rho\right) \\ &= c(2\pi)\left[-\frac{1}{3}\cos^3\phi\right]_0^{\pi}\left(\int_0^{+\infty}\rho^4\mathrm{e}^{-2\rho}\,\mathrm{d}\rho\right) \\ &= c(2\pi)\frac{2}{3}\left(\int_0^{+\infty}\rho^4\mathrm{e}^{-2\rho}\,\mathrm{d}\rho\right) \\ &= c\frac{4\pi}{3}\left(\int_0^{+\infty}\rho^4\mathrm{e}^{-2\rho}\,\mathrm{d}\rho\right).\end{aligned}$$

在问题 6.63 中我们要求读者验证最后一个积分值是 $\frac{3}{4}$, 所以 $c = \frac{1}{\pi}$.

问题

6.57 $D = [0, a]^5$ 表示 $\mathbb{R}^5$ 中的方体, 其中的点 $\mathbf{X} = (x_1, x_2, x_3, x_4, x_5)$ 满足 $0 \leqslant x_j \leqslant a$ $(j = 1, 2, 3, 4, 5)$. 计算下列积分:

(a) $V(D)$.

(b) $\int_D x_1^2\mathrm{d}^5\mathbf{X}$.

(c) $\int_D (x_1^2 - x_4^2 + 7x_5x_3)\mathrm{d}^5\mathbf{X}$.

6.58 求函数 $f(x, y, z) = x^2 + y^2 - z^2$ 在以下集合上的平均值:

(a) $[-1, 1]^3$.

(b) $x^2 + y^2 + z^2 \leqslant 1$.

6.59 在以下两个区域上求积分 $\int_D xz^2\mathrm{d}V$:

(a) 矩形区域 $D = [1, 2] \times [3, 5] \times [-1, 10]$.

(b) $D = [1, 2] \times [3, 5] \times [-1, 10]$ 的满足 $z > x + y$ 的子集.

6.60 D 是一个立方体, 其中 x, y, z 均从 -2 变化到 2.

(a) 用对称论证的方法解释 $\int_D xz^2\mathrm{d}V = 0$.

(b) 计算 $\int_D (8x + 2xz^2 - 4y^2z + 10)\mathrm{d}V$.

6.61 用以原点为中心的、半径为 R 的球体表示一个行星, 它在 (x, y, z) 的能量密度 [能量/体积] 是 $f(x, y, z) = \mathrm{e}^{-\sqrt{x^2+y^2+z^2}}$. 求这个行星的总能量.

6.62　验证从直角坐标到球坐标变换

$$(x,y,z)=\mathbf{F}(\rho,\phi,\theta)=(\rho\sin\phi\cos\theta,\rho\sin\phi\sin\theta,\rho\cos\phi)$$

的雅可比行列式是

$$J\mathbf{F}(p,\phi,\theta)=\rho^2\sin\phi.$$

6.63　在本问题中我们计算在例 6.41 中用过的积分

$$\int_0^{+\infty}\rho^4\mathrm{e}^{-2\rho}\mathrm{d}\rho=\frac{3}{4}.$$

(a) 验证 $\displaystyle\int_0^{+\infty}\mathrm{e}^{-2\rho}\mathrm{d}\rho=\frac{1}{2}$.

(b) k,n 都是正的, 证明 $\displaystyle\int_0^{n}\rho^k\mathrm{e}^{-2\rho}\mathrm{d}\rho=n^k\frac{-\mathrm{e}^{-2n}}{2}-\int_0^{n}k\rho^{k-1}\frac{\mathrm{e}^{-2\rho}}{-2}\mathrm{d}\rho$.

(c) 记 $i_k=\displaystyle\int_0^{+\infty}\rho^k\mathrm{e}^{-2\rho}\mathrm{d}\rho$. 证明 $i_k=\dfrac{k}{2}i_{k-1}(k\geqslant 1)$.

(d) 推导出 $i_4=\dfrac{3}{4}$.

6.64　无界集 $\mathbb{R}^n$ 上的积分定义为递增的有界光滑集的序列

$$D_1\subset D_2\subset\cdots\subset D_n\subset\cdots$$

上积分的极限, 这里 D_n 的并集是 $\mathbb{R}^n$. 用变量替换来证明

$$\int_{\mathbb{R}^n}\frac{1}{(4\pi t)^{n/2}}\mathrm{e}^{-\frac{\|\mathbf{X}\|^2}{4t}}\mathrm{d}^n\mathbf{X}=1.$$

6.65　令 p 是一个正数, 定义 $\mathbb{R}^3$ 到 $\mathbb{R}$ 的函数 f 如下:

$$f(\mathbf{X})=\begin{cases}0, & \|\mathbf{X}\|<p,\\ \mathrm{e}^{-\|\mathbf{X}\|}, & \|\mathbf{X}\|\geqslant p.\end{cases}$$

用球坐标变换计算积分

$$\int_{\mathbb{R}^3}f\mathrm{d}V.$$

6.66　设 $a_1,\cdots,a_n$ 是正常数. 用变量替换证明

$$\int_{\mathbb{R}^n}\mathrm{e}^{-(a_1x_1^2+\cdots+a_nx_n^2)}\mathrm{d}^n\mathbf{X}=\frac{1}{(4\pi)^{\frac{n}{2}}\sqrt{a_1a_2\cdots a_n}}.$$

6.67　考虑在 n 维方体上的积分

$$\int_{[0,1]^n}\|\mathbf{X}\|^2\mathrm{d}^n\mathbf{X}=\int_{[0,1]^n}x_1^2\mathrm{d}^n\mathbf{X}+\cdots+\int_{[0,1]^n}x_n^2\mathrm{d}^n\mathbf{X}.$$

(a) 用累次积分计算 $\int_{[0,1]^n} x_1^2 \mathrm{d}^n\mathbf{X}$. 由对称性得 $\int_{[0,1]^n} x_j^2 \mathrm{d}^n\mathbf{X}$ 有相同的值.

(b) 计算 $\int_{[0,1]^n} \|\mathbf{X}\|^2 \mathrm{d}^n\mathbf{X}$.

(c) 求 $\|\mathbf{X}\|^2$ 在 $[0,1]^n$ 上的平均值.

(d) 求 $\|\mathbf{X}\|^2$ 在 $[0,2]^n$ 上的平均值.

6.68 设 $0 < a < b$, 考虑积分

$$\int_D (x^2 + y^2 + z^2)^q \mathrm{d}V,$$

这里 D 是 $\mathbb{R}^3$ 中以原点为球心, a, b 为半径的球面之间的区域. 对于 (c) 和 (d), 参考定义 6.9, 用相应的 $\mathbb{R}^3$ 的无界集合上积分的概念.

(a) 计算 $q = -\dfrac{3}{2}$ 时的积分.

(b) 计算 q 取其他值的积分.

(c) 验证 $\int_{x^2+y^2+z^2>1} (x^2 + y^2 + z^2)^{-2} \mathrm{d}V$ 存在, 并计算它的值.

(d) 验证 $\int_{x^2+y^2+z^2>1} (x^2 + y^2 + z^2)^{-3/2} \mathrm{d}V$ 不存在.

第 7 章　曲线积分和曲面积分

摘要　我们利用积分来求空间中曲线或曲面上的某些量的总和. 例如: 一根金属丝的总质量, 力沿一条曲线所做的功, 一张曲面上的总电荷, 通过一张曲面的通量等等.

7.1　曲 线 积 分

由单变量微积分可知, 若在 $x=a$ 到 $x=b$ 之间的区间有一根直的金属丝, 该金属丝的密度 [质量/长度] 函数为 $f(x)$, 则这根金属丝的总质量为 $\int_a^b f(x)\mathrm{d}x$. 还有, 如果沿着运动方向, 随着位置 x, 作用力 $f(x)$ 连续地变化, 则该作用力沿 x 轴从点 a 到点 b 所做的功为 $\int_a^b f(x)\mathrm{d}x$. 这一节我们将介绍**曲线积分**, 并利用曲线积分求解弯曲金属丝的总质量以及力沿曲线做的功.

定义 7.1　设 $\mathbf{X}$ 为 $[a,b]$ 到 $\mathbb{R}^3$ 的 C^1 映射, $\mathbf{X}(t)=(x(t),y(t),z(t))$, 且在区间 $[a,b]$ 上满足 $\mathbf{X}'(t)\neq\mathbf{0}$. $\mathbf{X}$ 的像 (值域) C 称为从 $\mathbf{X}(a)$ 到 $\mathbf{X}(b)$ 的一条**光滑曲线**. $\mathbf{X}$ 称为 C 的一个**光滑参数化**. 该曲线的**长度**或弧长定义为

$$L(C)=\int_C \mathrm{d}s=\int_a^b \|\mathbf{X}'(t)\|\mathrm{d}t.$$

一条分段光滑曲线是由有限条光滑曲线 $C_1,\cdots,C_m$ 首尾连续地接在一起的, 但在连接处不一定可微. 一条分段光滑曲线的长度为所有光滑部分的长度的总和.

下面计算一些曲线的弧长.

例 7.1　设曲线 C_1 为从点 $(0,0,1)$ 到 $(1,2,2)$ 的直线段, 其参数化为

$$\mathbf{X}_1(t)=(t,2t,t+1),\qquad 0\leqslant t\leqslant 1.$$

C_1 的弧长即为两个端点之间的距离,

$$\sqrt{(1-0)^2+(2-0)^2+(2-1)^2}=\sqrt{6}.$$

由 C_1 的弧长定义, 我们发现

$$x'(t)=(t)'=1,\qquad y'(t)=(2t)'=2,\qquad z'(t)=(t+1)'=1,$$

因而可得

$$\int_{C_1} \mathrm{d}s = \int_0^1 \sqrt{1^2+2^2+1^2}\mathrm{d}t = \int_0^1 \sqrt{6}\mathrm{d}t = \sqrt{6}.$$

例 7.2 求出曲线 C_2

$$\mathbf{X}_2(u) = (\mathrm{e}^u - 1, 2\mathrm{e}^u - 2, \mathrm{e}^u), \qquad 0 \leqslant u \leqslant \ln 2$$

的弧长.

由 $\mathbf{X}_2'(u) = (\mathrm{e}^u, 2\mathrm{e}^u, \mathrm{e}^u)$, 可得

$$\int_{C_2} \mathrm{d}s = \int_0^{\ln 2} \sqrt{(\mathrm{e}^u)^2 + (2\mathrm{e}^u)^2 + (\mathrm{e}^u)^2}\mathrm{d}u = \int_0^{\ln 2} \sqrt{6}\mathrm{e}^u\mathrm{d}u = \sqrt{6}(\mathrm{e}^{\ln 2} - \mathrm{e}^0) = \sqrt{6}.$$

注意, 例 7.1 中的 C_1 和例 7.2 中的 C_2 实际上是同一条曲线, 只是参数表示不同. 令

$$0 \leqslant u \leqslant \ln 2, \qquad 0 \leqslant t \leqslant 1, \qquad t = \mathrm{e}^u - 1.$$

则 $\mathbf{X}_1$ 和 $\mathbf{X}_2$ 有如下关系：$\mathbf{X}_2(u) = \mathbf{X}_1(t(u))$. 由链式法则知

$$\mathbf{X}_2'(u) = \mathbf{X}_1'(t(u))t'(u),$$

再由积分的变量替换定理可得

$$\int_0^1 \|\mathbf{X}_1'(t)\|\mathrm{d}t = \int_0^{\ln 2} \|\mathbf{X}_1'(t(u))\||t'(u)|\mathrm{d}u = \int_0^{\ln 2} \|\mathbf{X}_2'(u)\|\mathrm{d}u.$$

利用同样的论证, 我们可以证明曲线的弧长不依赖于其参数表示. 如若 $t = t(u)$, $\alpha \leqslant u \leqslant \beta$ 为另一参数, 且 $\dfrac{\mathrm{d}t}{\mathrm{d}u}$ 为正, 则

$$\frac{\mathrm{d}\mathbf{X}(t(u))}{\mathrm{d}u} = \frac{\mathrm{d}\mathbf{X}}{\mathrm{d}t}\frac{\mathrm{d}t}{\mathrm{d}u},$$

再用变量替换公式, 得

$$L(C) = \int_a^b \left\|\frac{\mathrm{d}\mathbf{X}}{\mathrm{d}t}\right\|\mathrm{d}t = \int_\alpha^\beta \left\|\frac{\mathrm{d}\mathbf{X}}{\mathrm{d}t}\right\|\frac{\mathrm{d}t}{\mathrm{d}u}\mathrm{d}u = \int_\alpha^\beta \left\|\frac{\mathrm{d}\mathbf{X}}{\mathrm{d}t}\frac{\mathrm{d}t}{\mathrm{d}u}\right\|\mathrm{d}u = \int_\alpha^\beta \left\|\frac{\mathrm{d}\mathbf{X}(t(u))}{\mathrm{d}u}\right\|\mathrm{d}u.$$

关于 $\|\mathbf{X}'(t)\|$ 的积分的两种不同理解

在第 5 章中我们了解到, 如果

$$\mathbf{X}(t) = (x(t), y(t), z(t))$$

为粒子在 t 时刻的位置, 则 $\mathbf{X}'(t)$ 为其运动速度, $\|\mathbf{X}'(t)\|$ 为其速率. 沿着从 $t = a$ 到 $t = b$ 的区间对速率积分, 可得总的距离或者从 $t = a$ 到 $t = b$ 的路径的总长度.

或者, 考虑数轴上的区间 $[a,b]$, 我们这把个区间想象成一条橡皮筋, 将其拉伸成空间中的一条曲线. 如图 7.1 所示. 原本介于 t 和 $t+\Delta t$ 之间的部分会变为介于 $\mathbf{X}(t)$ 和 $\mathbf{X}(t+\Delta t)$ 之间的曲线. 原本这一段带子的长度为 Δt. 而现在这部分的长度约为 $\mathbf{X}(t)$ 到 $\mathbf{X}(t+\Delta t)$ 的距离, 即

$$\|\mathbf{X}(t+\Delta t)-\mathbf{X}(t)\|.$$

由中值定理可知, 上式约等于

$$\|\mathbf{X}'(t)\||\Delta t|.$$

也就是说, 自 t 至 $t+\Delta t$ 映射到自 $\mathbf{X}(t)$ 至 $\mathbf{X}(t+\Delta t)$ 的曲线的拉伸系数为 $\|\mathbf{X}'(t)\|$. 这一段段曲线的长度 $\|\mathbf{X}'(t)\|\Delta t$ 之和趋向于曲线的弧长.

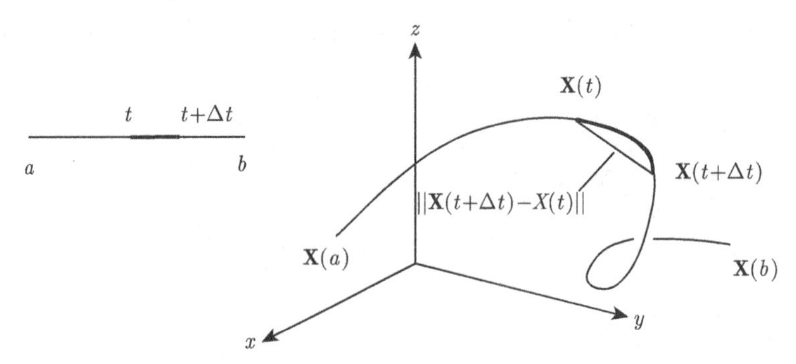

图 7.1　定义域中子区间的参数化伸缩

弧长参数表示

记 C 为一条弧长为 L 的光滑曲线. 曲线 C 有很多参数表示. 其中一种称为**弧长参数**. 该参数表示将区间 $[0,L]$ 一对一地映到 C 上, 且映射过程中任何一点都没有伸缩. 即, 区间 $[0,L]$ 上任意一点 s 的导数 $\dfrac{\mathrm{d}\mathbf{X}(s)}{\mathrm{d}s}$ 都是单位向量, 因此拉伸系数 $\|\mathbf{X}'(t)\|$ 为 1. 在问题 7.3 中我们将举一弧长参数的例子. 容易证明, 光滑曲线都存在弧长参数. 事实上, 设 $\mathbf{X}$ 为曲线 C 的光滑参数化, 其定义域为 $[a,b]$. 定义 $s(t)$ 为 $\mathbf{X}(a)$ 到 $\mathbf{X}(t)$ 的弧长:

$$s(t)=\int_a^t\|\mathbf{X}'(\tau)\|\mathrm{d}\tau.$$

由微积分基本定理知 $s'(t)=\|\mathbf{X}'(t)\|$. 由于 $\mathbf{X}$ 是光滑的, $\|\mathbf{X}'(t)\|$ 不为零, 因此 $s'(t)$ 为正. 故 s 单调增且可逆, 于是 t 可以写成 s 的函数, $t=t(s)$. 由一元函数的反函数定理知该反函数是可微的, 且

$$\frac{\mathrm{d}t}{\mathrm{d}s}=\frac{1}{\|\mathbf{X}'(t)\|}.$$

定义 $\mathbf{X}(t(s))$ 为**弧长参数表示**. 由链式法则,

$$\frac{\mathrm{d}(\mathbf{X}(t(s)))}{\mathrm{d}s}=\frac{\mathrm{d}\mathbf{X}}{\mathrm{d}t}\frac{\mathrm{d}t}{\mathrm{d}s}=\frac{\mathbf{X}'(t)}{\|\mathbf{X}'(t)\|},$$

这是一个单位向量. 弧长参数曲线在每一点的速率皆为 1.

我们证明了光滑曲线 C 都存在弧长参数表示. 这个存在性非常有用. 下例中, 弧长参数有个简单公式表达, 但是这种情况并不常见.

例 7.3 设 C 为螺旋线, 有如下参数表示:

$$\mathbf{X}(t)=(a\cos t, a\sin t, bt),\quad 0\leqslant t\leqslant 2\pi,\ a^2+b^2\neq 0.$$

则 $\|\mathbf{X}'(t)\|=\sqrt{a^2+b^2}$ 对任意 t 成立. 若有 $a^2+b^2=1$ 成立, 则 $\mathbf{X}$ 为该螺旋线的弧长参数表示. 如若不然, 则 $s=\int_0^t\|\mathbf{X}'(\tau)\|\mathrm{d}\tau=\sqrt{a^2+b^2}t$,

$$\mathbf{X}(t(s))=\left(a\cos\left(\frac{s}{\sqrt{a^2+b^2}}\right), a\sin\left(\frac{s}{\sqrt{a^2+b^2}}\right), b\frac{s}{\sqrt{a^2+b^2}}\right),\quad 0\leqslant s\leqslant 2\pi\sqrt{a^2+b^2}$$

为其弧长参数表示.

曲线积分

作为定义曲线积分的动机, 我们考虑一根具有连续密度 $f(x,y,z)$[质量/长度] 的金属丝, 假设该金属丝落在一条光滑曲线 C 上, 该曲线可参数化表示为

$$\mathbf{X}(t)=(x(t),y(t),z(t)),\qquad a\leqslant t\leqslant b.$$

将该曲线分割成若干小段 C_i. 由 f 的连续性, 若这些曲线段足够短, 则每一段上的密度变化不会太大. 我们用曲线段的一个端点的密度 $f(\mathbf{X}(t_i))$ 乘以曲线段的长度来近似第 i 段的质量 m_i:

$$m_i\approx f(\mathbf{X}(t_i))L(C_i).$$

它们的和是这段金属丝总质量的一个估计 (图 7.2). C_i 的弧长 $L(C_i)$ 与割线长度 $\|\mathbf{X}(t_i)-\mathbf{X}(t_{i-1})\|$ 相近. 由中值定理以及 $\mathbf{X}'$ 的连续性可知, $\|\mathbf{X}(t_i)-\mathbf{X}(t_{i-1})\|$ 与 $\|\mathbf{X}'(t_i)\||t_i-t_{i-1}|$ 相近. 因此该段金属丝的质量约等于如下和式

$$\sum_i m_i\approx\sum_i f(\mathbf{X}(t_i))\|\mathbf{X}'(t_i)\||t_i-t_{i-1}|.$$

当子区间的长度 t_i-t_{i-1} 趋向于零时, 上式右端的和式趋向于积分

$$\int_a^b f(\mathbf{X}(t))\|\mathbf{X}'(t)\|\mathrm{d}t.$$

由此例可以引出 f 沿着 C 关于弧长的曲线积分的定义.

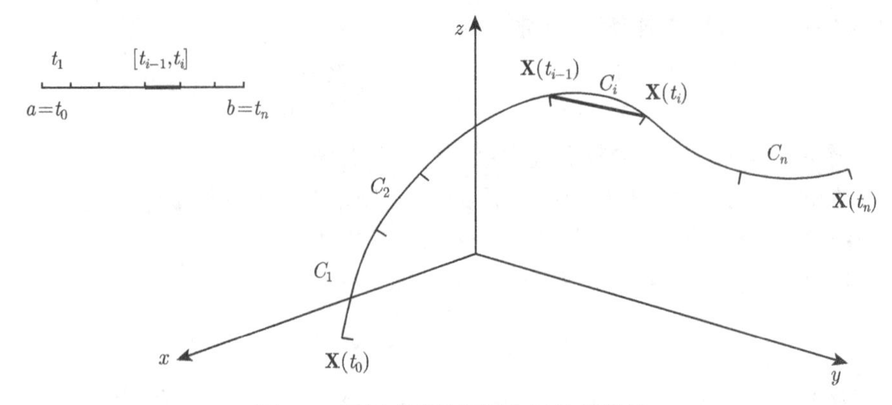

图 7.2　用短直线段逼近金属丝的质量

定义 7.2　设有光滑曲线 C, 其参数表示为 $\mathbf{X}(t) = (x(t), y(t), z(t))$, $a \leqslant t \leqslant b$. f 为 C 上的连续函数. f **沿着** C **关于弧长的积分**定义为

$$\int_C f\mathrm{d}s = \int_a^b f(\mathbf{X}(t))\|\mathbf{X}'(t)\|\mathrm{d}t.$$

若 C 为分段光滑曲线, 则沿 C 的曲线积分定义为每段光滑曲线上的积分的总和.

与 C 的弧长一样, 连续函数 f 沿光滑曲线的积分也与参数的选取无关.

例 7.4　一根金属丝位于螺旋线 C 上, 设 C 为

$$\mathbf{X}(t) = (\cos t, \sin t, t), \qquad 0 \leqslant t \leqslant 4\pi.$$

设其密度函数为 $f(x, y, z) = z$[质量/长度]. 求出这根金属丝的质量. 我们沿着 C 对 f 进行积分

$$\int_C f\mathrm{d}s = \int_a^b \underbrace{f(\mathbf{X}(t))}_{\text{质量/长度}} \underbrace{\|\mathbf{X}'(t)\|\mathrm{d}t}_{\text{弧长}},$$

其中 $\mathbf{X}'(t) = (-\sin t, \cos t,\ 1)$, $f(\mathbf{X}(t)) = t$. 则该金属丝的总质量为

$$\begin{aligned}
\int_C f\mathrm{d}s &= \int_0^{4\pi} t\sqrt{(-\sin t)^2 + (\cos t)^2 + 1^2}\mathrm{d}t \\
&= \int_0^{4\pi} t\sqrt{2}\mathrm{d}t \\
&= \frac{\sqrt{2}}{2}t^2\bigg|_0^{4\pi} \\
&= 8\pi^2\sqrt{2}.
\end{aligned}$$

例 7.5 例 7.4 中的曲线 C 亦可参数表示为

$$\mathbf{X}_1(\tau) = (\cos(4\tau), \sin(4\tau), 4\tau), \qquad 0 \leqslant \tau \leqslant \pi.$$

由这个参数表示, 我们可得 $f(x,y,z) = z$ 沿 C 的积分为

$$\int_C f\mathrm{d}s = \int_0^{\pi} f(\mathbf{X}_1(\tau))\|\mathbf{X}_1'(\tau)\|\mathrm{d}\tau = \int_0^{\pi}(4\tau)(4\sqrt{2})\mathrm{d}\tau = 8\sqrt{2}\pi^2.$$

定义 7.3 设有光滑曲线 C, 其参数表示为 $\mathbf{X}(t) = (x(t), y(t), z(t))$, $a \leqslant t \leqslant b$. f 为 C 上的连续函数. f 在 C 上的**平均值**为

$$\frac{\displaystyle\int_C f\mathrm{d}s}{\displaystyle\int_C \mathrm{d}s} = \frac{\displaystyle\int_a^b f(\mathbf{X}(t))\|\mathbf{X}'(t)\|\mathrm{d}t}{\displaystyle\int_a^b \|\mathbf{X}'(t)\|\mathrm{d}t}.$$

例 7.6 在例 7.4 中我们看到 $f(x,y,z)$ 沿着 C 随着点的变动而变化. 要求 C 的平均密度, 我们用金属丝的质量 $\displaystyle\int_C f\mathrm{d}s$, 除以其长度 $\displaystyle\int_C \mathrm{d}s$. 计算可得

$$L(C) = \int_C \mathrm{d}s = \int_0^{4\pi}\|\mathbf{X}'(t)\|\mathrm{d}t = \int_0^{4\pi}\sqrt{2}\mathrm{d}t = 4\pi\sqrt{2}.$$

平均密度为

$$\frac{\displaystyle\int_C f\mathrm{d}s}{\displaystyle\int_C \mathrm{d}s} = \frac{8\pi^2\sqrt{2}}{4\pi\sqrt{2}} = 2\pi[\text{质量}/\text{长度}].$$

沿一条曲线做功

常作用力 $\mathbf{F}$ 将一物体沿直线从点 $\mathbf{A}$ 移动到点 $\mathbf{B}$ 所做的功为

$$\mathbf{F}\cdot(\mathbf{B}-\mathbf{A}).$$

变力 $\mathbf{F}$ 沿光滑曲线 C 将一物体从点 $\mathbf{A}$ 移动到点 $\mathbf{B}$ 所做的功为 $\mathbf{F}$ 在 C 的切向分量沿曲线 C 的积分, 称为 $\mathbf{F}$ 沿 C 的积分.

定义 7.4 设 C 为一条光滑曲线, 表示为 $\mathbf{X}(t) = (x(t), y(t), z(t))$, $a \leqslant t \leqslant b$. $\mathbf{F}$ 为沿 C 的连续向量场. 沿 t 增加方向, C 的**单位切向量**为

$$\mathbf{T} = \frac{\mathbf{X}'(t)}{\|\mathbf{X}'(t)\|},$$

从而 $\mathbf{T}$ 给出 C 的定向, 从 $\mathbf{A} = \mathbf{X}(a)$ 到 $\mathbf{B} = \mathbf{X}(b)$, 如图 7.3 所示. $\mathbf{F}$ **(顺着切向)沿** C **从** $\mathbf{A} = \mathbf{X}(a)$ **到** $\mathbf{B} = \mathbf{X}(b)$ **的积分**为

$$\int_C \mathbf{F}\cdot\mathbf{T}\mathrm{d}s = \int_a^b \mathbf{F}(\mathbf{X}(t))\cdot\mathbf{T}(\mathbf{X}(t))\|\mathbf{X}'(t)\|\mathrm{d}t = \int_a^b \mathbf{F}(\mathbf{X}(t))\cdot\mathbf{X}'(t)\mathrm{d}t.$$

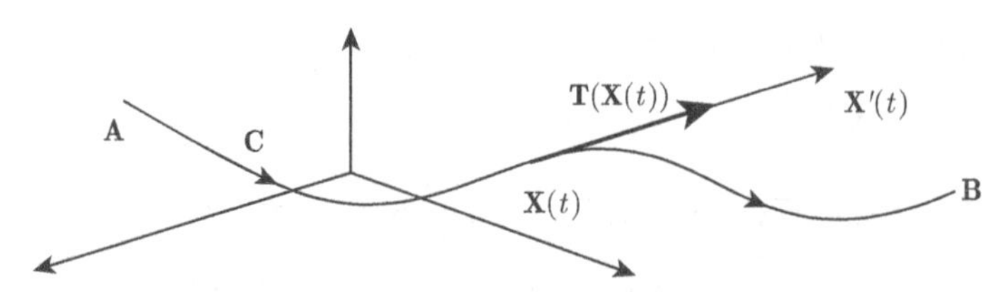

图 7.3　点 $\mathbf{X}(t)$ 处的单位切向量 $\mathbf{T}$

若 C 为分段光滑曲线, $\mathbf{F}$ 沿 C 的积分定义为 $\mathbf{F}$ 沿着光滑曲线段的积分之和.

在图 7.4 中, 曲线 C 从 $\mathbf{A}$ 通至 $\mathbf{B}$. 若将 C 反向, 从 $\mathbf{B}$ 通至 $\mathbf{A}$, 我们记之为 $-C$. 记 $\mathbf{T}_1$ 为 C 上的单位切向量场, $\mathbf{T}_2$ 为 $-C$ 上的单位切向量场. 在每一点, $\mathbf{T}_1$ 和 $\mathbf{T}_2$ 的方向都恰好是相反的, 因此 $\mathbf{F}\cdot\mathbf{T}_1=-\mathbf{F}\cdot\mathbf{T}_2$, 且

$$\int_{-C}\mathbf{F}\cdot\mathbf{T}_2\mathrm{d}s=-\int_C\mathbf{F}\cdot\mathbf{T}_1\mathrm{d}s.$$

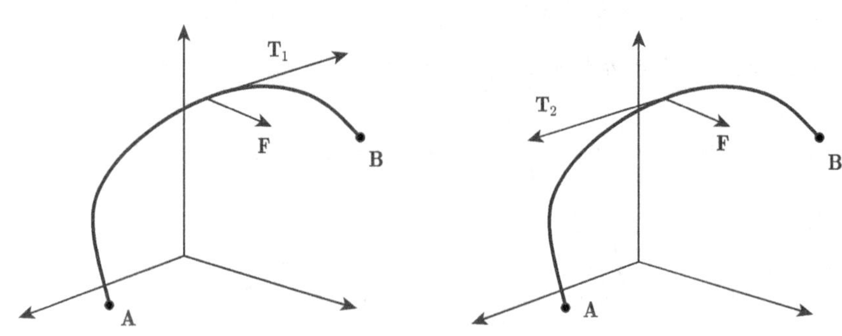

图 7.4　将曲线反向, 单位切向量方向改变, $\mathbf{F}\cdot\mathbf{T}_1=-\mathbf{F}\cdot\mathbf{T}_2$

例 7.7　求出力 $\mathbf{F}(x,y,z)=(y,\ -x,z)$ 沿着螺旋线从点 $(1,0,0)$ 移动到 $(1,0,2\pi)$ 所做的功, 其中 C 表示为 $\mathbf{X}(t)=(\cos t,\sin t,t)$, $0\leqslant t\leqslant 2\pi$. 在 C 上一点 $\mathbf{X}(t)$,

$$\mathbf{F}(\mathbf{X}(t))=(\sin t,-\cos t,t),\qquad \mathbf{X}'(t)=(-\sin t,\cos t,\ 1).$$

从而所做的功为

$$\begin{aligned}\int_C\mathbf{F}\cdot\mathbf{T}\mathrm{d}s&=\int_0^1\mathbf{F}(\mathbf{X}(t))\cdot\mathbf{X}'(t)\mathrm{d}t\\&=\int_0^{2\pi}(\sin t,\ -\cos t,t)\cdot(-\sin t,\cos t,1)\mathrm{d}t\\&=\int_0^{2\pi}(t-1)\mathrm{d}t\\&=\left[\frac{1}{2}t^2-t\right]_0^{2\pi}\\&=2\pi^2-2\pi.\end{aligned}$$

例 7.8 求力 $\mathbf{F}(x,y,z)=(y,-x,z)$ 沿直线 C_2 从 $(1,0,2\pi)$ 到 $(1,0,0)$ 所做的功. 我们将 C_2 参数化:

$$\mathbf{X}(t)=(1,0,2\pi)+t(0,0,\ -2\pi)=(1,0,\ -2\pi t+2\pi),\qquad 0\leqslant t\leqslant 1.$$
$$\mathbf{F}(\mathbf{X}(t))=(0,-1,-2\pi t+2\pi),\qquad \mathbf{X}'(t)=(0,0,\ -2\pi),\qquad \|\mathbf{X}'(t)\|=2\pi,$$
$$\mathbf{T}(\mathbf{X}(t))=(0,0,-1).$$

所做的功为

$$\begin{aligned}\int_{C_2}\mathbf{F}\cdot\mathbf{T}\mathrm{d}s&=\int_0^1\mathbf{F}(\mathbf{X}(t))\cdot\mathbf{X}'(t)\mathrm{d}t\\&=\int_0^1(0,-1,-2\pi t+2\pi)\cdot(0,0,-2\pi)\mathrm{d}t\\&=\int_0^1 4\pi^2(t-1)\mathrm{d}t\\&=2\pi^2(t-1)^2\Big|_0^1\\&=-2\pi^2.\end{aligned}$$

例 7.8 中的直线段有多种参数化方法. 在问题 7.12 中, 我们将请读者造出两种不同的参数化方法, 并且证明对不同的参数化, 计算所得的功是相同的.

例 7.9 求出力 $\mathbf{F}(x,y,z)=(y,-x,z)$ 沿曲线 $C=C_1\cup C_2$ 从点 $(1,0,0)$ 到 $(1,0,0)$ 所做的功, 其中 C_1 为例 7.7 中从 $(1,0,0)$ 到 $(1,0,2\pi)$ 的螺旋线, C_2 为例 7.8 中从点 $(1,0,2\pi)$ 到点 $(1,0,0)$ 的直线段. 所做的功为沿两段光滑曲线所做功之和.

$$\begin{aligned}\int_C\mathbf{F}\cdot\mathbf{T}\mathrm{d}s&=\int_{C_1\cup C_2}\mathbf{F}\cdot\mathbf{T}\mathrm{d}s\\&=\int_{C_1}\mathbf{F}\cdot\mathbf{T}\mathrm{d}s+\int_{C_2}\mathbf{F}\cdot\mathbf{T}\mathrm{d}s\\&=2\pi^2-2\pi-2\pi^2\\&=-2\pi.\end{aligned}$$

注意, 力 $\mathbf{F}(x,y,z)=(y,-x,z)$ 沿闭路 $C_1\cup C_2$ 移动物体所做的功不为零, 如图 7.5 所示.

例 7.10 $\mathbf{F}(x,y)=\left(\dfrac{-y}{x^2+y^2},\ \dfrac{x}{x^2+y^2}\right)$, C_R 是以原点为心、半径为 R 的圆周, 方向为逆时针. 求

$$\int_{C_R}\mathbf{F}\cdot\mathbf{T}\mathrm{d}s$$

的一种办法, 是将 C_R 参数化. 另一种办法是利用 $\mathbf{P}$ 点向量 $\mathbf{F}(\mathbf{P})$ 与 C_R 的切向量 $\mathbf{T}(\mathbf{P})$ 之间特殊的几何关系. 如图 7.6 所示. 观察到

$$\mathbf{F}(x,y)\cdot(x,y)=0 \quad 且 \quad \mathbf{T}(x,y)\cdot(x,y)=0,$$

因而, 在 C_R 上的每一点, $\mathbf{F}$ 是 $\mathbf{T}$ 的某个倍数. 因此 $\mathbf{F}$ 和 $\mathbf{T}$ 的夹角为零, $\mathbf{F}$ 的切向分量 $\mathbf{F}\cdot\mathbf{T}=\|\mathbf{F}\|\|\mathbf{T}\|\cos\theta$ 等于 $\mathbf{F}$ 的大小, 即 $\|\mathbf{F}(x,y)\|=\dfrac{1}{\sqrt{x^2+y^2}}$, 即 $\mathbf{X}$ 到原点的距离的倒数, 在 C_R 上为 $\dfrac{1}{R}$. 因此

$$\int_{C_R}\mathbf{F}\cdot\mathbf{T}\mathrm{d}s=\int_{C_R}\frac{1}{R}\mathrm{d}s=\frac{1}{R}L(C_R)=\frac{2\pi R}{R}=2\pi.$$

问题 7.6 将要求读者利用参数化 C_R 的办法重新求解例 7.10.

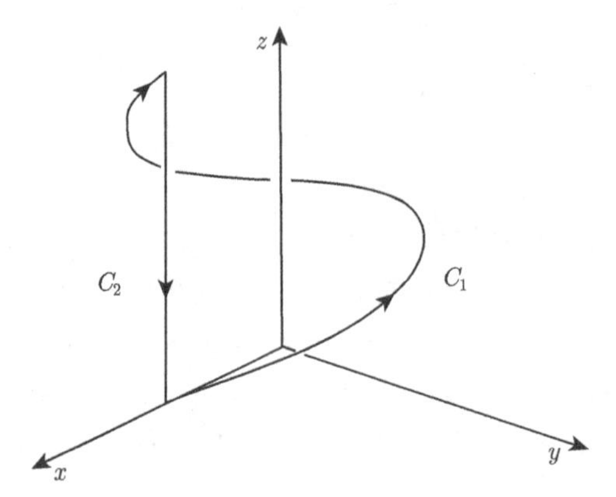

图 7.5　例 7.9 中力 $\mathbf{F}(x,y,z)=(y,-x,z)$ 沿闭路 $C_1\cup C_2$ 所做的功非零

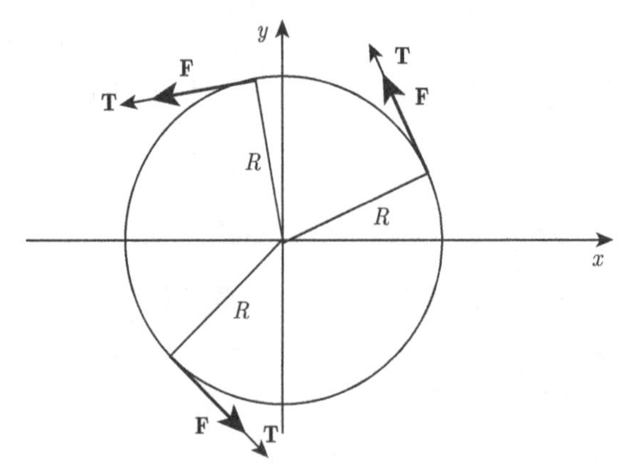

图 7.6　例 7.10 中 $\mathbf{T}(\mathbf{P})$ 和 $\mathbf{F}(\mathbf{P})$ 在圆周上每一点 $\mathbf{P}$ 处方向都相同

曲线积分的计算

设分段光滑曲线 C 的参数表示为

$$\mathbf{X}(t)=(x(t),y(t),z(t)),\quad a\leqslant t\leqslant b,$$

$\mathbf{F}=(f_1,f_2,f_3)$ 沿 C 的切向分量的积分为

$$\int_C \mathbf{F}\cdot\mathbf{T}\mathrm{d}s=\int_a^b \mathbf{F}(\mathbf{X}(t))\cdot\mathbf{X}'(t)\mathrm{d}t.$$

记

$$\mathbf{T}\mathrm{d}s=(\mathrm{d}x,\mathrm{d}y,\mathrm{d}z),$$

则

$$\begin{aligned}\int_C \mathbf{F}\cdot\mathbf{T}\mathrm{d}s&=\int_C f_1(x,y,z)\mathrm{d}x+f_2(x,y,z)\mathrm{d}y+f_3(x,y,z)\mathrm{d}z\\&=\int_C f_1(x,y,z)\mathrm{d}x+\int_C f_2(x,y,z)\mathrm{d}y+\int_C f_3(x,y,z)\mathrm{d}z.\end{aligned}$$

由 $\mathbf{X}$ 的参数化方程可得

$$\begin{aligned}\int_C f_1(x,y,z)\mathrm{d}x&=\int_a^b f_1(\mathbf{X}(t))x'(t)\mathrm{d}t,\\\int_C f_2(x,y,z)\mathrm{d}y&=\int_a^b f_2(\mathbf{X}(t))y'(t)\mathrm{d}t,\\\int_C f_3(x,y,z)\mathrm{d}z&=\int_a^b f_3(\mathbf{X}(t))z'(t)\mathrm{d}t.\end{aligned}$$

这种做法的好处是我们可以利用 C 的不同参数表示来计算 $\mathbf{F}$ 的不同分量的积分. 我们来看一个例子.

例 7.11 求力

$$\mathbf{F}(x,y)=(x^2+3,2)$$

沿图 7.7 中所示曲线 C, 从 $(1,4)$ 到 $(3,4)$ 的积分. 一种求解办法是将曲线段 C_1, C_2, C_3 参数化, 并求出曲线积分的和. 我们来看分量函数沿 C 的积分, 是否有助于简化该问题.

$$\int_C \mathbf{F}\cdot\mathbf{T}\mathrm{d}s=\int_C (x^2+3)\mathrm{d}x+2\mathrm{d}y=\int_C (x^2+3)\mathrm{d}x+\int_C 2\mathrm{d}y.$$

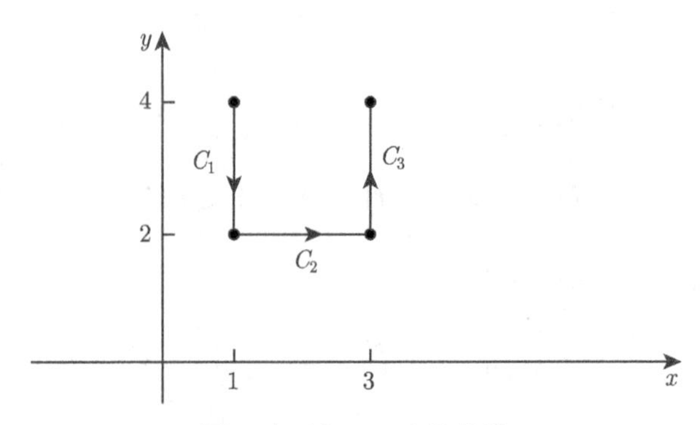

图 7.7　例 7.11 中的曲线

考虑第一个分量的积分

$$\int_C (x^2+3)\mathrm{d}x = \int_{C_1} (x^2+3)\mathrm{d}x + \int_{C_2} (x^2+3)\mathrm{d}x + \int_{C_3} (x^2+3)\mathrm{d}x.$$

在 C_1 上, x 不改变, 因此 $x'(t)=0$. 于是有 $\int_{C_1}(x^2+3)\mathrm{d}x=0$. 同理可得 $\int_{C_3}(x^2+3)\mathrm{d}x=0$. 曲线 C_2 平行于 x 轴, 因此可设 $\mathbf{X}(t)=(t,2), 1\leqslant t\leqslant 3$. 故 $x=t$, $\mathrm{d}x=\mathrm{d}t$, 从而

$$\int_{C_2}(x^2+3)\mathrm{d}x = \int_1^3 (t^2+3)\mathrm{d}t = \int_1^3 (x^2+3)\mathrm{d}x = \left[\frac{1}{3}x^3+3x\right]_1^3 = \frac{26}{3}+6=\frac{44}{3}.$$

类似地, 考虑第二个分量函数

$$\int_C 2\mathrm{d}y = 2\left(\int_{C_1}\mathrm{d}y+\int_{C_2}\mathrm{d}y+\int_{C_3}\mathrm{d}y\right) = 2(2-4)+0+2(4-2)=0.$$

因此 $\int_C \mathbf{F}\cdot\mathbf{T}\mathrm{d}s = \frac{44}{3}$.

应用曲线积分求通量

平面上一个流体在某一时刻的速度可以用向量场来表示

$$\mathbf{U}(x,y)=(u(x,y),v(x,y)).$$

函数 u 和 v 分别为点 (x,y) 处速度的 x 方向的分量和 y 方向的分量.

例 7.12　如图 7.8 所示.

(i) 速度场 $\mathbf{U}(x,y)=(y,0)$ 表示平行于 x 轴的流体, 它只依赖于 y. 区域 $0\leqslant y\leqslant 1$ 模拟了深度为 1 的河流.

(ii) 速度场 $\mathbf{U}(x,y)=(-y,x)$ 表示围绕原点逆时针旋转的流, 速率为 $\|\mathbf{U}(x,y)\|=\sqrt{x^2+y^2}$, 恰等于点 (x,y) 到原点的距离.

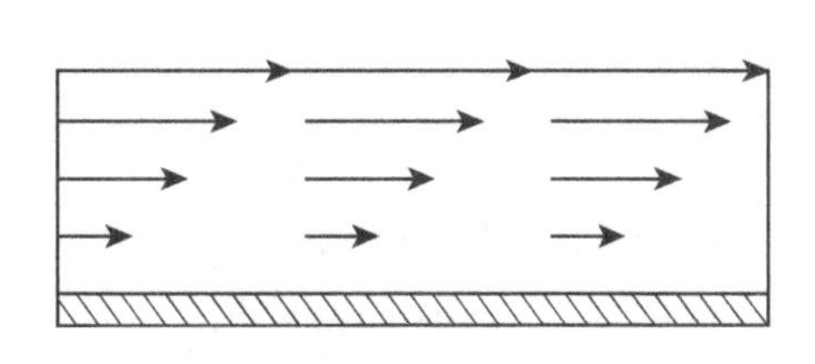

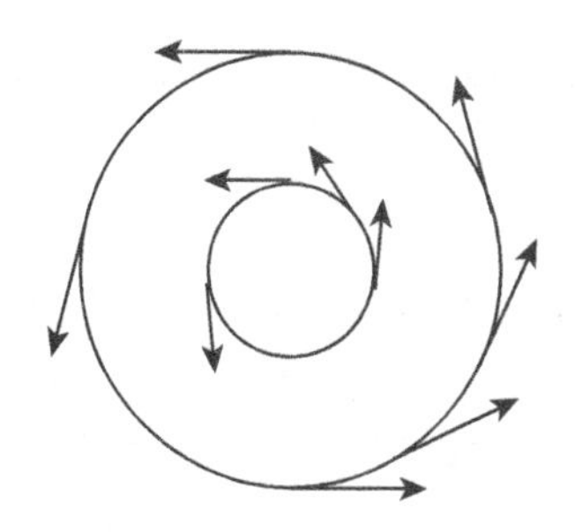

图 7.8 例 7.12 中的向量场, 左: $\mathbf{U}(x,y)=(y,0)$; 右: $\mathbf{U}(x,y)=(-y,x)$

若 $\mathbf{U}$ 为一个流体的速度场, 则曲线积分

$$\int_C \mathbf{U}\cdot\mathbf{T}\mathrm{d}s=\int_C u\mathrm{d}x+v\mathrm{d}y$$

称为 $\mathbf{U}$ 沿着 C 的**流量**. 考虑一条闭路上的流量 (环流) 是特别有趣的. 我们来看一些例子.

例 7.13 图 7.9 中所示向量场 $\mathbf{U}$ 和曲线 C 的信息表明, 在 C 上每一点, $\mathbf{U}\cdot\mathbf{T}<0$. 因此 $\mathbf{U}$ 沿 C 的流量为负值,

$$\int_C \mathbf{U}\cdot\mathbf{T}\mathrm{d}s<0.$$

如果将 C 反向, 则 $\mathbf{U}$ 沿反向曲线 $-C$ 的流量为正值,

$$\int_{-C} \mathbf{U}\cdot\mathbf{T}\mathrm{d}s>0.$$

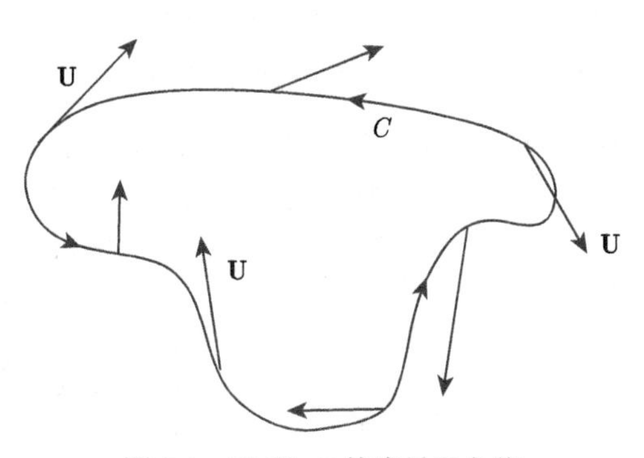

图 7.9 $\mathbf{U}$ 沿 C 的流量是负值

例 7.14 如图 7.10 所示, C 为顺时针圆周, 单位切向量 $\mathbf{T}$ 画得比较轻. 速度向量场为

$$\mathbf{U}(x,y)=(y,0),$$

在图中用水平方向的向量表示. $\mathbf{U}$ 沿 C 的流量

$$\int_C \mathbf{U}\cdot\mathbf{T}\mathrm{d}s$$

是正, 是负, 还是零? 设 $\mathbf{P}$ 和 $\mathbf{Q}$ 为 C 上的两个对径点, $\mathbf{P}$ 落在 C 的上半部分 C_1 上, $\mathbf{Q}$ 落在其下半部分 C_2 上. 单位切向量 $\mathbf{T}(\mathbf{P})$ 和 $\mathbf{T}(\mathbf{Q})$ 方向相反, 速度向量 $\mathbf{U}(\mathbf{P})$ 和 $\mathbf{U}(\mathbf{Q})$ 只是长度不同, $\mathbf{U}(\mathbf{P})$ 比 $\mathbf{U}(\mathbf{Q})$ 长. 从而有

$$\mathbf{U}(\mathbf{P})\cdot\mathbf{T}(\mathbf{P})>0,\qquad \mathbf{U}(\mathbf{Q})\cdot\mathbf{T}(\mathbf{Q})<0,$$

且 $\mathbf{U}(\mathbf{P})\cdot\mathbf{T}(\mathbf{P})>\mathbf{U}(\mathbf{Q})\cdot\mathbf{T}(\mathbf{P})=\mathbf{U}(\mathbf{Q})\cdot(-\mathbf{T}(\mathbf{Q}))$. 因此

$$\int_{C_1}\mathbf{U}\cdot\mathbf{T}\mathrm{d}s>-\int_{C_2}\mathbf{U}\cdot\mathbf{T}\mathrm{d}s.$$

从而得知, 沿 C 的总的流量为正:

$$\int_C \mathbf{U}\cdot\mathbf{T}\mathrm{d}s=\int_{C_1}\mathbf{U}\cdot\mathbf{T}\mathrm{d}s+\int_{C_2}\mathbf{U}\cdot\mathbf{T}\mathrm{d}s>0.$$

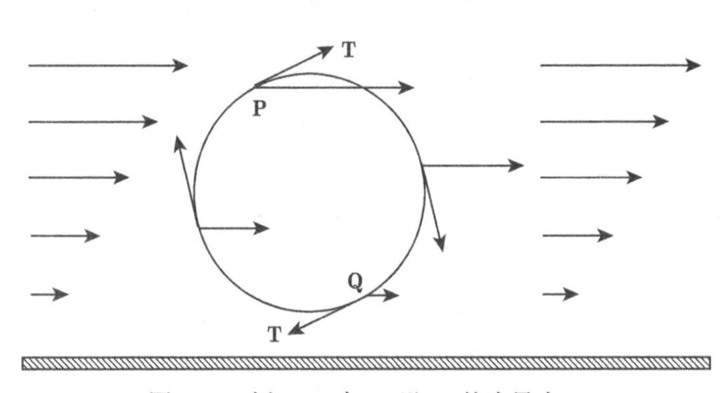

图 7.10 例 7.14 中 $\mathbf{U}$ 沿 C 的流量为正

在第 8 章我们将会看到, 一个向量场沿一个小的闭回路的流量与其局部旋转程度有关, 称为速度场的**旋度**, curl $\mathbf{U}(\mathbf{P})$. 我们在 3.5 节中定义了旋度.

例 7.15 设 $\mathbf{U}(x,y)=\dfrac{(-y,x)}{(x^2+y^2)^a}$, a 为一常数. 曲线 C 是以原点为心、半径为 r 的圆周, 方向为逆时针. 求出 $\mathbf{U}$ 沿曲线 C 的流量.

在 C 上任一点 (x,y), 向量 $(-y,x)$ 与 (x,y) 正交, 其方向与 C 的切向量相同. 其模长为 $\|(-y,x)\|=r$. 因此单位切向量为 $\mathbf{T}=\dfrac{1}{r}(-y,x)$. 故 $\mathbf{U}\cdot\mathbf{T}=\dfrac{y^2+x^2}{r^{2a+1}}=\dfrac{1}{r^{2a-1}}$. 流量为

$$\int_C \mathbf{U}\cdot\mathbf{T}\mathrm{d}s=\frac{1}{r^{2a-1}}\int_C \mathrm{d}s=\frac{1}{r^{2a-1}}2\pi r=\frac{2\pi}{r^{2a-2}}.$$

例 7.16 注意例 7.15 中 $a=1$ 时的特殊情况.

$$\mathbf{U}(x,y)=\frac{(-y,x)}{x^2+y^2}$$

沿圆周 $x^2+y^2=r^2$ 的流量为 2π, 与半径 r 无关. 在 8.1 节中我们将看到, 只要 C 不包含原点, $\mathbf{U}$ 的流量皆为零. 在问题 7.17 中概述了这一事实的几何原因.

向量场穿过 $\mathbb{R}^2$ 中的一条曲线的通量

向量场 $\mathbf{F}$ 关于 C 的切向分量 $\mathbf{F}\cdot\mathbf{T}$ 沿定向曲线 C 的积分可以理解为沿曲线所做的功或者流量. $\mathbf{F}$ 关于 C 的法向分量的积分称为 $\mathbf{F}$ 穿过 C 的**通量**. 设 C 为平面上的一条光滑曲线, 参数表示为 $\mathbf{X}(t)=(x(t),y(t))$, 满足 $\mathbf{X}'(t)=(x'(t),y'(t))\neq\mathbf{0}$. 在点 $(x(t),y(t))$ 处, 有两个单位向量与 C 垂直.

$$\mathbf{N}=\frac{(-y'(t),x'(t))}{\|\mathbf{X}'(t)\|},\qquad -\mathbf{N}=\frac{(y'(t),-x'(t))}{\|\mathbf{X}'(t)\|}.$$

它们都垂直于 $\mathbf{X}'(t)$, 方向相反.

定义 7.5 设 C 为一条光滑曲线, 参数化为 $\mathbf{X}(t)=(x(t),y(t))$, $a\leqslant t\leqslant b$, $\mathbf{F}=(f_1,\ f_2)$ 是 C 上的一个连续向量场. $\mathbf{F}$ 沿法向

$$\mathbf{N}=\mathbf{N}(x(t),y(t))=\frac{(-y'(t),x'(t))}{\|\mathbf{X}'(t)\|}$$

穿过 C 的通量定义为

$$\int_C\mathbf{F}\cdot\mathbf{N}\mathrm{d}s=\int_a^b\mathbf{F}(\mathbf{X}(t))\cdot\frac{(-y'(t),x'(t))}{\|\mathbf{X}'(t)\|}\|\mathbf{X}'(t)\|\mathrm{d}t=\int_C-f_1\mathrm{d}y+f_2\mathrm{d}x.$$

例 7.17 C 是以原点为心、半径为 3 的圆周. 求出 $\mathbf{F}(x,y)=(x,y)$ 朝外穿过 C 的通量. C 可参数化为

$$\mathbf{X}(t)=(3\cos t,3\sin t),\qquad 0\leqslant t\leqslant 2\pi.$$

则 $\mathbf{X}'(t)=(-3\sin t,3\cos t)$, $\mathbf{T}(t)=(-\sin t,\cos t)$. 两个单位法向量分别为

$$\mathbf{N}(t)=(\cos t,\sin t),\qquad -\mathbf{N}(t)=-(\cos t,\sin t).$$

$\mathbf{N}$ 在每一点都指向 C 的外边. 穿出 C 的通量为

$$\begin{aligned}\int_C\mathbf{F}\cdot\mathbf{N}\mathrm{d}s&=\int_0^{2\pi}(3\cos t,3\sin t)\cdot(\cos t,\sin t)\|\mathbf{X}'(t)\|\mathrm{d}t\\&=\int_0^{2\pi}3(\cos^2t+\sin^2t)3\mathrm{d}t\end{aligned}$$

$$= 9 \cdot (2\pi)$$
$$= 18\pi.$$

另有一种办法计算该积分, 观察到在 C 上每一点, $\mathbf{F}$ 和 $\mathbf{N}$ 平行. 因此 $\mathbf{F} \cdot \mathbf{N} = \|\mathbf{F}\|\|\mathbf{N}\| \cos 0 = \|\mathbf{F}\|$. 由于 (x, y) 落在 C 上, 因此上式等于 $\sqrt{x^2 + y^2} = 3$. 从而

$$\int_C \mathbf{F} \cdot \mathbf{N} \mathrm{d}s = \int_C 3 \mathrm{d}s = 3L(C) = 3(2\pi \cdot 3) = 18\pi.$$

$\mathbb{R}^n$ 中的曲线积分

类似地, $\mathbb{R}^n$ 中的光滑曲线 C 可定义为一个 C^1 函数 $\mathbf{X}(t) = (x_1(t), \cdots, x_n(t))$, $a \leqslant t \leqslant b$, 且满足 $\mathbf{X}'(t) \neq 0$ 的值域. $\mathbf{X}$ 称为 C 的**光滑参数化**. C 的**弧长**定义为

$$L(C) = \int_a^b \|\mathbf{X}'(t)\| \mathrm{d}t.$$

如上定义的曲线的弧长与曲线的参数无关. 因为, 设 $t = t(u)$, $\alpha \leqslant u \leqslant \beta$ 为另一个参数, 且 $\dfrac{\mathrm{d}t}{\mathrm{d}u}$ 为正值, 则

$$\frac{\mathrm{d}\mathbf{X}(t(u))}{\mathrm{d}u} = \frac{\mathrm{d}\mathbf{X}}{\mathrm{d}t} \frac{\mathrm{d}t}{\mathrm{d}u}.$$

再由变量替换公式可得

$$L(C) = \int_a^b \left\| \frac{\mathrm{d}\mathbf{X}}{\mathrm{d}t} \right\| \mathrm{d}t = \int_\alpha^\beta \left\| \frac{\mathrm{d}\mathbf{X}}{\mathrm{d}t} \right\| \frac{\mathrm{d}t}{\mathrm{d}u} \mathrm{d}u = \int_\alpha^\beta \left\| \frac{\mathrm{d}\mathbf{X}}{\mathrm{d}t} \frac{\mathrm{d}t}{\mathrm{d}u} \right\| \mathrm{d}u = \int_\alpha^\beta \left\| \frac{\mathrm{d}\mathbf{X}(t(u))}{\mathrm{d}u} \right\| \mathrm{d}u.$$

给定 $\mathbb{R}^n$ 到 $\mathbb{R}$ 上的函数 f, 设 f 在 C 上连续, **f 沿 C 的积分**为

$$\int_C f \mathrm{d}s = \int_a^b f(\mathbf{X}(t)) \|\mathbf{X}'(t)\| \mathrm{d}t.$$

特别地, 取 $f(\mathbf{X}) = 1$, 则有

$$L(C) = \int_C \mathrm{d}s = \int_a^b \|\mathbf{X}'(t)\| \mathrm{d}t.$$

f 在 C 上的**平均值**定义为

$$\frac{1}{L(C)} \int_C f \mathrm{d}s.$$

例 7.18 证明 $\mathbb{R}^n$ 中从 $\mathbf{A} = (a_1, \cdots, a_n)$ 到 $\mathbf{B} = (b_1, \cdots, b_n)$ 的直线段上点的第一个分量的平均值为

$$\frac{1}{2}(a_1 + b_1).$$

令 $\mathbf{X}(t)=\mathbf{A}+t(\mathbf{B}-\mathbf{A}), 0\leqslant t\leqslant 1$ 为 $\mathbf{A}$ 到 $\mathbf{B}$ 的直线段的参数化, 令 $f(x_1,\cdots,x_n)=x_1$. f 在读者线段上的平均值为

$$\frac{\int_0^1 f(\mathbf{X}(t))\|\mathbf{X}'(t)\|\mathrm{d}t}{\int_0^1\|\mathbf{X}'(t)\|\mathrm{d}t}=\frac{\int_0^1(a_1+t(b_1-a_1))\|\mathbf{B}-\mathbf{A}\|\mathrm{d}t}{\int_0^1\|\mathbf{B}-\mathbf{A}\|\mathrm{d}t}$$

$$=\frac{\|\mathbf{B}-\mathbf{A}\|\int_0^1(a_1+t(b_1-a_1))\mathrm{d}t}{\|\mathbf{B}-\mathbf{A}\|}$$

$$=\frac{1}{2}(a_1+b_1).$$

问题 7.5 证明以上结论对所有坐标均成立.

令 $\mathbf{F}$ 为 $\mathbb{R}^n$ 中一向量场

$$\mathbf{F}(x_1,\cdots,x_n)=(f_1(x_1,\cdots,x_n),\cdots,f_n(x_1,\cdots,x_n)),$$

曲线 C 参数化为

$$\mathbf{X}(t)=(x_1(t),\cdots,x_n(t)),\quad a\leqslant t\leqslant b.$$

设 $\mathbf{F}$ 在 C 上连续. 我们记单位切向量为沿 t 增长的方向, $\mathbf{T}(\mathbf{X}(t))=\dfrac{\mathbf{X}'(t)}{\|\mathbf{X}'(t)\|}$. 与 $\mathbb{R}^3$ 中一样, $\mathbf{F}$ 的切向分量沿 C 的曲线积分为

$$\int_C\mathbf{F}\cdot\mathbf{T}\mathrm{d}s=\int_a^b\mathbf{F}(\mathbf{X}(t))\cdot\frac{\mathbf{X}'(t)}{\|\mathbf{X}'(t)\|}\|\mathbf{X}'(t)\|\mathrm{d}t=\int_a^b\mathbf{F}(\mathbf{X}(t))\cdot\mathbf{X}'(t)\mathrm{d}t.$$

例 7.19 在 $\mathbb{R}^n$ 中定义 $\mathbf{F}(\mathbf{X})=\mathbf{X}$, C 为从点 $\mathbf{A}=\mathbf{X}(a)$ 到 $\mathbf{B}=\mathbf{X}(b)$ 的一条光滑曲线. 则

$$\int_C\mathbf{F}(\mathbf{X})\cdot\mathbf{T}\mathrm{d}s=\int_a^b\mathbf{X}(t)\cdot\mathbf{X}'(t)\mathrm{d}t$$

$$=\int_a^b(x_1(t)x_1'(t)+x_2(t)x_2'(t)+\cdots+x_n(t)x_n'(t))\,\mathrm{d}t$$

$$=\int_a^b\frac{\mathrm{d}}{\mathrm{d}t}\left(\frac{1}{2}(x_1^2+\cdots+x_n^2)\right)\mathrm{d}t$$

$$=\left[\frac{1}{2}\|\mathbf{X}(t)\|^2\right]_a^b$$

$$=\frac{1}{2}(\|\mathbf{B}\|^2-\|\mathbf{A}\|^2).$$

问题

7.1　设 C 为 x,y 平面上端点为 $\mathbf{A}$ 和 $\mathbf{B}$ 的直线段. 考虑 C 的两个参数化: 第一个 $\mathbf{X}(t)=\mathbf{A}+t(\mathbf{B}-\mathbf{A})$, $0\leqslant t\leqslant 1$, 第二个 $\mathbf{Y}(u)=\mathbf{B}+\dfrac{1}{2}u(\mathbf{A}-\mathbf{B})$, $0\leqslant u\leqslant 2$. 分别用这两个参数化计算下列积分.

(a) $\displaystyle\int_C \mathrm{d}s$.

(b) $\displaystyle\int_C y\mathrm{d}s$.

(c) y 在 C 上的平均值.

7.2　C_1 和 C_2 为图 7.11 所示线段, 记 $C_1\cup C_2$ 为 C_1 后接 C_2. 利用几何意义求下列曲线积分的值.

(a) $\displaystyle\int_{C_1} \mathrm{d}s$.

(b) $\displaystyle\int_{C_2} \mathrm{d}s$.

(c) $\displaystyle\int_{C_1\cup C_2} \mathrm{d}s$.

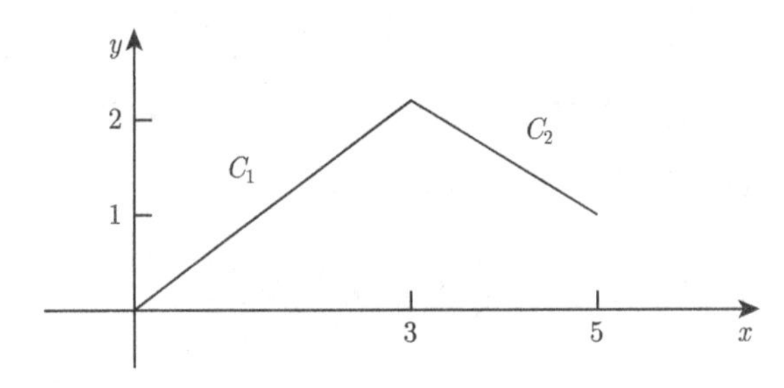

图 7.11　问题 7.2 中的 C_1 和 C_2 为直线段

7.3　$\mathbf{X}(t)=\mathbf{A}+t(\mathbf{B}-\mathbf{A})$, $0\leqslant t\leqslant 1$ 为从 $\mathbf{A}$ 到 $\mathbf{B}$ 的线段 C 的参数化. 若代换 $t=ks$ 为一个新的参数化 $\mathbf{Y}(s)=\mathbf{X}(ks)$, 且满足

$$\mathbf{Y}(0)=\mathbf{A},\quad 0\leqslant s\leqslant L(C),\quad \mathbf{Y}(L(C))=\mathbf{B},\quad \|\mathbf{Y}'(s)\|=1,$$

求 k, 其中 $\mathbf{Y}(s)$ 为 C 的弧长参数.

7.4　设 C 为 $\mathbb{R}^4$ 中光滑曲线, 参数表示为 $\mathbf{X}:[0,2\pi]\to\mathbb{R}^4$,

$$\mathbf{X}(t)=(\cos t,\sin t,\cos kt,\sin kt),$$

其中 k 为常数.

(a) 求 $\mathbf{X}'(t)$ 以及 $\mathbf{X}(t)$ 处的单位切向量 $\mathbf{T}$.

(b) 求出 C 的弧长.

(c) 证明对任意数 k, 曲线 C 都落在球面 $x_1^2+x_2^2+x_3^2+x_4^2=2$ 上.

(d) 设 $f(x_1,x_2,x_3,x_4)=x_1$, $g(x_1,x_2,x_3,x_4)=x_4$. 证明 f 在 C 上的平均值为 0, 但是 g 的平均值不为零, 除非 k 是整数.

7.5 证明在任意维空间中, $\mathbf{A}=(a_1,\cdots,a_n)$ 到 $\mathbf{B}=(b_1,\cdots,b_n)$ 的直线段上点的第 i 个分量 x_i 的平均值为

$$\frac{1}{2}(a_i+b_i).$$

7.6 设 $\mathbf{F}(x,y)=\dfrac{(-y,x)}{x^2+y^2}$, C_R 是以原点为心、R 为半径的圆周, 其方向为逆时针方向. 由参数化 $\mathbf{X}(t)=(R\cos t,R\sin t)$, $0\leqslant t\leqslant 2\pi$ 计算

$$\int_{C_R}\mathbf{F}\cdot\mathbf{T}\mathrm{d}s.$$

7.7 设 C 是一个三角形, 其顶点为 $(0,0)$, $(1,0)$ 和 $(1,1)$, 方向为逆时针方向. 计算曲线积分

$$\int_C y^2\mathrm{d}x+x\mathrm{d}y.$$

7.8 设 $\mathbf{F}=(p,q)$ 为一个常向量场, C 是平面上的一个直线段. 选取 C 的两个单位法向量之一 $\mathbf{N}$. 证明 $\mathbf{F}$ 穿过 C 的通量为

$$\int_C\mathbf{F}\cdot\mathbf{N}\mathrm{d}s=(\mathbf{F}\cdot\mathbf{N})L(C).$$

7.9 设光滑曲线 C 的单位切向量为 $\mathbf{T}=(t_1,t_2)$. 在每一点, 取 C 的单位法向量为 $\mathbf{N}=(t_2,-t_1)$. 设 $\mathbf{F}=(f_1,f_2)$ 是一个向量场, 在每一点定义向量场 $\mathbf{G}=(f_2,-f_1)$. 证明

$$\int_C\mathbf{F}\cdot\mathbf{T}\mathrm{d}s=\int_C\mathbf{G}\cdot\mathbf{N}\mathrm{d}s.$$

7.10 设 C 为从 $(0,0)$ 到 $(4,3)$ 的直线段, 参数化为

$$(x(t),y(t))=\left(\frac{4}{5}t,\ \frac{3}{5}t\right),\quad 0\leqslant t\leqslant 5.$$

C_a 是一个圆周, 参数化为

$$\mathbf{X}(t)=(a\cos t,a\sin t),\quad 0\leqslant t\leqslant 2\pi,\quad a>0.$$

设 $\mathbf{F}=(8,0)$ 是一个常值向量场.

(a) 求 C 的法向量 $\mathbf{N}(x(t),y(t))$, 可由单位切向量 $\mathbf{T}$ 顺时针旋转 90 度所得.

(b) 求 $\mathbf{F}$ 穿过 C 的通量.

(c) 求 C_a 上每一点指向外的单位法向量 $\mathbf{N}_a$.

(d) 求 $\mathbf{F}$ 朝外穿过 C_a 的通量.

7.11　设光滑曲线 C 为定义在 $[a,b]$ 上的函数 $y=f(x)$ 的图. 由参数化

$$\mathbf{X}(t)=(t,f(t)),\quad a\leqslant t\leqslant b,$$

证明 C 的弧长为

$$\int_a^b \sqrt{1+(f'(t))^2}\mathrm{d}x.$$

证明上述结论对 $y=3x, 0\leqslant x\leqslant 1$ 成立.

7.12　求出力 $\mathbf{F}(x,y,z)=(y,\ -x,z)$ 在从 $(1,\ 0,2\pi)$ 到 $(1,\ 0,0)$ 沿直线段 C 运动所做的功. 造出 C 的两个参数化表达, 证明在这两种参数化下, 计算所得的功是一样的.

7.13　设 C_1 是 $\mathbb{R}^2$ 中以原点为心的单位圆, C_2 为以原点为中心的 2 乘 2 的正方形的边界. 不用计算, 利用对称论证以及积分的性质证明下列等式:

(a) $\displaystyle\int_{C_1} x^2\mathrm{d}s=\frac{1}{2}\int_{C_1}(x^2+y^2)\mathrm{d}s.$

(b) $\displaystyle\int_{C_2} x^2\mathrm{d}s=\frac{1}{2}\int_{C_2}(x^2+y^2)\mathrm{d}s.$

(c) $\displaystyle\int_{C_1}(x^2+y^2)^{10}\mathrm{d}s=L(C_1).$

7.14　设 C 为如图 7.12 所示的分段光滑闭曲线, 该曲线由函数 g_1 和 g_2 的图像 C_1 和 C_2 组成, 方向为顺时针方向. 设 $\mathbf{F}(x,y)=(y,0)$. $\mathbf{F}$ 所做的功为

$$\int_{C_1\cup C_2}\mathbf{F}\cdot\mathbf{T}\mathrm{d}s=\int_{C_1}\mathbf{F}\cdot\mathbf{T}\mathrm{d}s+\int_{C_2}\mathbf{F}\cdot\mathbf{T}\mathrm{d}s=\int_C y\,\mathrm{d}x.$$

(a) 由 g_2 写出 C_2 的一个参数化, 并证明

$$\int_{C_2}\mathbf{F}\cdot\mathbf{T}\mathrm{d}s=\int_a^b g_2(x)\,\mathrm{d}x.$$

(b) 由 g_1 写出 C_1 的一个参数化, 并证明

$$\int_{C_1}\mathbf{F}\cdot\mathbf{T}\mathrm{d}s=-\int_a^b g_1(x)\mathrm{d}x.$$

(c) 证明介于 g_1 和 g_2 的图像之间区域的面积为 $\displaystyle\int_C y\mathrm{d}x$.

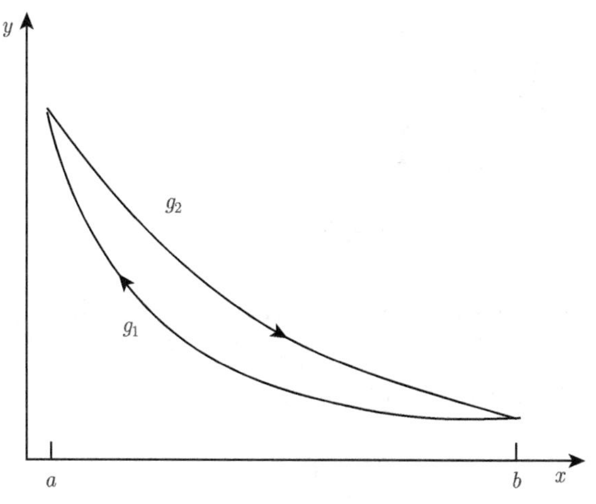

图 7.12 问题 7.14 中的曲线

7.15 一艘集装箱船由一个大的柴油机驱动. 假设在圆柱内每一个活塞位置 x, 燃油机的压力 p 已由工程师测得. 如图 7.13 所示. 标记为 K 的曲线表示当活塞向上运动挤压空气的压力, 当燃料燃烧活塞下降时, 压力用曲线 E 表示. 一个循环所做的功 [焦耳] 为曲线积分

$$\int_{K\cup E} p\mathrm{d}x.$$

(a) $\int_K p\mathrm{d}x$ 和 $\int_E p\mathrm{d}x$ 符号相同还是相反? 为什么?

(b) 利用问题 7.14 中的结果证明一个循环所做的功等于两个函数图像所围区域的面积.

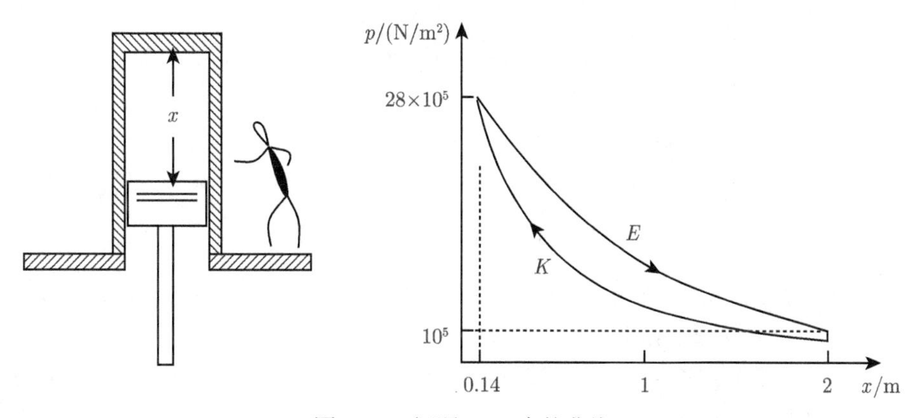

图 7.13 问题 7.15 中的曲线

7.16 $x^2+y^2=R^2$ 是半径为 R、逆时针方向的圆周, 求出下列向量场沿该圆

周所做的功.

(a) $\mathbf{U}(x,y)=(-3y,2x)$.

(b) $\mathbf{V}(x,y)=-5\mathbf{U}(x,y)=(15y,\ -10x)$.

7.17　验证下列几条内容, 从而证明

$$\mathbf{U}(x,y)=\frac{(-y,x)}{x^2+y^2}$$

沿任意不包含原点的圆周的流量皆为零. 如图 7.14 所示, 其中 $\mathbf{W}$ 表示垂直于径向直线的单位向量.

(a) 如图所示, 取非常小的角度 $\Delta\theta$, 积分

$$\int_C \mathbf{U}\cdot\mathbf{T}\mathrm{d}s$$

可由线段 Δs_1, Δs_2 上的值的和来逼近, 其中 r_1 和 r_2 分别为原点到线段的距离.

(b) $\mathbf{U}=\dfrac{1}{r}\mathbf{W}$.

(c) $\Delta\theta\approx-\dfrac{1}{r_1}\mathbf{W}\cdot(\mathbf{T}_1\Delta s_1)\approx\dfrac{1}{r_2}\mathbf{W}\cdot(\mathbf{T}_2\Delta s_2)$.

(d) $\displaystyle\int_C \mathbf{U}\cdot\mathbf{T}\mathrm{d}s\approx\sum\left(\frac{1}{r_2}\mathbf{W}\cdot(\mathbf{T}_2\Delta s_2)+\frac{1}{r_1}\mathbf{W}\cdot(\mathbf{T}_1\Delta s_1)\right)$, 右侧趋向于零.

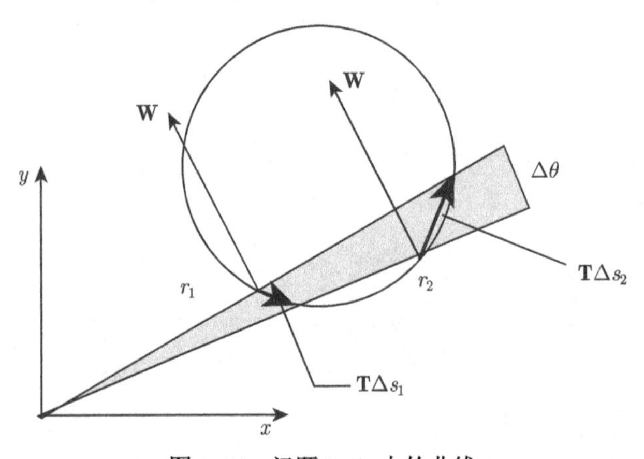

图 7.14　问题 7.17 中的曲线

7.18　设 $\mathbf{F}(x,y)=\nabla\ln r$, 其中 $r=\sqrt{x^2+y^2}$, 设 C 为圆周 $x^2+y^2=a^2$. 求 $\mathbf{F}$ 朝外穿过 C 的通量, 并证明它不依赖于半径 a.

7.19　计算下列沿 C 的曲线积分, 其中 C 为从 $\mathbf{A}=(0,0)$ 到 $\mathbf{B}=(3,4)$ 的直线段. 下列哪个等式成立?

(a) $\displaystyle\int_C x\mathrm{d}x=?\left[\frac{1}{2}x^2\right]_{\mathbf{A}}^{\mathbf{B}}$.

(b) $\int_C x\mathrm{d}y =? \Big[xy\Big]_{\mathbf{A}}^{\mathbf{B}}$.

(c) $\int_C \mathrm{d}x + 5\mathrm{d}y =? \Big[x+5y\Big]_{\mathbf{A}}^{\mathbf{B}}$.

7.2 保守向量场

有些向量场 $\mathbf{F}$ 具有如下性质, 沿任意分段光滑**闭曲线** —— 即满足 $\mathbf{X}(a)=\mathbf{X}(b)$ 的曲线 $\mathbf{X}(t)$, $a \leqslant t \leqslant b$ —— 的积分为零. 由例 7.9 可知, 并非所有向量场都具有该性质. 在这一节我们将找出判断一个向量场是否满足此性质的一些依据.

定义 7.6 如果一个向量场 $\mathbf{F}$ 为某个连续可微函数 g 的梯度, 即

$$\mathbf{F}(\mathbf{P}) = \nabla g(\mathbf{P}),$$

对 $\mathbf{F}$ 的定义域中任意点 $\mathbf{P}$ 成立, 则该向量场称为**保守向量场**. 函数 g 称为 $\mathbf{F}$ 的一个**势函数**.

例 7.20 设 $g(x,y,z) = -(x^2+y^2+z^2)^{-1/2} = -\dfrac{1}{\|\mathbf{X}\|}$. 我们已知

$$\nabla g(x,y,z) = \frac{(x,y,z)}{(x^2+y^2+z^2)^{3/2}} = \frac{\mathbf{X}}{\|\mathbf{X}\|^3} = \frac{1}{\|\mathbf{X}\|^2}\frac{\mathbf{X}}{\|\mathbf{X}\|}$$

为平方反比向量场. 这说明平方反比向量场是保守向量场, 且 $-\dfrac{1}{\|\mathbf{X}\|}$ 为它的一个势函数.

定理 7.1 假设 $\mathbf{F}$ 是从 $\mathbb{R}^n$ 中连通开子集 D 到 $\mathbb{R}^n$ 的连续向量场, 其中 $n \geqslant 2$. 则下列三个命题是等价的.

(a) $\mathbf{F}$ 是保守的.

(b) 对于 D 中任意一条分段光滑闭曲线 C, $\int_C \mathbf{F}\cdot\mathbf{T}\mathrm{d}s = 0$.

(c) 对于 D 中任意两点 $\mathbf{A}$ 和 $\mathbf{B}$, 以及 D 中任意两条从 $\mathbf{A}$ 到 $\mathbf{B}$ 的曲线 C_1 和 C_2, 都有

$$\int_{C_1} \mathbf{F}\cdot\mathbf{T}\mathrm{d}s = \int_{C_2} \mathbf{F}\cdot\mathbf{T}\mathrm{d}s.$$

证明 我们将由 (a) 推 (b), (b) 推 (c), (c) 推 (a). 由此可知这几个论题是互相等价的, 自然若其中一个不成立, 其他也不成立. 我们给出从 $\mathbb{R}^3$ 到 $\mathbb{R}^3$ 的向量场的情形①.

假设 (a) 成立. 则存在函数 g, 满足

$$\mathbf{F}(x,y,z) = (g_x(x,y,z), g_y(x,y,z), g_z(x,y,z)).$$

① n 维情形是类似的. ——译者注

设 C 为 D 中一条光滑曲线, 表示为 $\mathbf{X}(t)$, $a \leqslant t \leqslant b$,

$$\int_C \mathbf{F} \cdot \mathbf{T}\mathrm{d}s = \int_a^b \mathbf{F}(\mathbf{X}(t)) \cdot \mathbf{X}'(t)\mathrm{d}t = \int_a^b \boldsymbol{\nabla} g(\mathbf{X}(t)) \cdot \mathbf{X}'(t)\mathrm{d}t.$$

由曲线的链式法则, $\boldsymbol{\nabla} g(\mathbf{X}(t)) \cdot \mathbf{X}'(t) = \dfrac{\mathrm{d}}{\mathrm{d}t} g(\mathbf{X}(t))$, 因此

$$\int_C \mathbf{F} \cdot \mathbf{T}\mathrm{d}s = \int_a^b \boldsymbol{\nabla} g(\mathbf{X}(t)) \cdot \mathbf{X}'(t)\mathrm{d}t = \int_a^b \frac{\mathrm{d}}{\mathrm{d}t} g(\mathbf{X}(t))\mathrm{d}t = g(\mathbf{X}(b)) - g(\mathbf{X}(a)). \quad (7.1)$$

若 C 为闭曲线, 则有 $\mathbf{X}(b) = \mathbf{X}(a)$, $g(\mathbf{X}(b)) - g(\mathbf{X}(a))$ 为零. 若 C 为分段光滑曲线, 假设从 $\mathbf{X}(a)$ 到 $\mathbf{X}(c)$ 为第一段光滑部分, 从 $\mathbf{X}(c)$ 到 $\mathbf{X}(b) = \mathbf{X}(a)$ 为第二段光滑部分, 计算光滑曲线段上的积分, 得

$$g(\mathbf{X}(c)) - g(\mathbf{X}(a)) + g(\mathbf{X}(b)) - g(\mathbf{X}(c)) = -g(\mathbf{X}(a)) + g(\mathbf{X}(b)) = 0.$$

任意多段光滑曲线的情形是类似的. 因此由 (a) 证得 (b).

假设 (b) 成立. 设 $\mathbf{A}$ 和 $\mathbf{B}$ 为 D 中的两个点. 设 C_1 和 C_2 为 D 中任意两条从 $\mathbf{A}$ 到 $\mathbf{B}$ 的光滑曲线, 记 $C = C_1 \cup (-C_2)$. 则 C 为一条分段光滑闭曲线, 由 (b) 知

$$\int_C \mathbf{F} \cdot \mathbf{T}\mathrm{d}s = 0.$$

由曲线积分的性质可得

$$\int_{C_1 \cup (-C_2)} \mathbf{F} \cdot \mathbf{T}\mathrm{d}s = \int_{C_1} \mathbf{F} \cdot \mathbf{T}\mathrm{d}s + \int_{-C_2} \mathbf{F} \cdot \mathbf{T}\mathrm{d}s = \int_{C_1} \mathbf{F} \cdot \mathbf{T}\mathrm{d}s - \int_{C_2} \mathbf{F} \cdot \mathbf{T}\mathrm{d}s = 0.$$

因此

$$\int_{C_1} \mathbf{F} \cdot \mathbf{T}\mathrm{d}s = \int_{C_2} \mathbf{F} \cdot \mathbf{T}\mathrm{d}s.$$

因此由 (b) 推出 (c).

假设 (c) 正确. $\mathbb{R}^3$ 中的连通开集具有如下性质, 连通开集中任意两点都可以由一段分段光滑曲线连接. 这个性质我们不予证明. 现设 $\mathbf{A}$ 为 D 中一点. 由于 D 为连通开集, 对 D 中任意一点 (x, y, z), 存在 D 中一条从 $\mathbf{A}$ 到 (x, y, z) 的曲线 C. 定义函数 g:

$$g(x, y, z) = \int_C \mathbf{F} \cdot \mathbf{T}\mathrm{d}s,$$

(x, y, z) 为 D 中的点, C 为 D 中任意一条从 $\mathbf{A}$ 到 (x, y, z) 的曲线.

我们要证 $\boldsymbol{\nabla} g = \mathbf{F}$. 由于 (c) 成立, 则从 $\mathbf{A}$ 到 (x, y, z) 的任意一条曲线, 都会得到相同的数 $g(x, y, z)$. 由于 D 为连通开集, D 中存在一点 (c, y, z), 满足 $c < x$, 使

得从 (c,y,z) 到 (x,y,z) 的直线段 C_1 落在 D 中, 且有 D 中一条从 $\mathbf{A}$ 到 (c,y,z) 的曲线 C_2, 与 C_1 组成一条 $\mathbf{A}$ 到 (x,y,z) 的曲线. 如图 7.15 所示. 利用这些曲线,

$$g(x,y,z)=\int_{C=C_1\cup C_2}\mathbf{F}\cdot\mathbf{T}\mathrm{d}s=\int_{C_1}\mathbf{F}\cdot\mathbf{T}\mathrm{d}s+\int_{C_2}\mathbf{F}\cdot\mathbf{T}\mathrm{d}s.$$

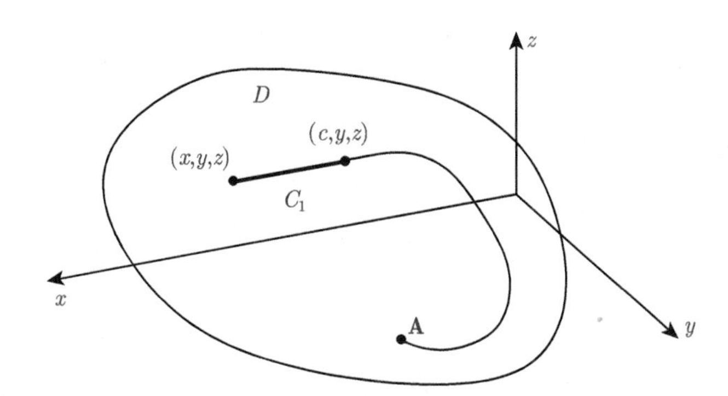

图 7.15 从 $\mathbf{A}$ 到 (x,y,z) 的一条曲线, 其末端平行于 x 轴

将 C_1 参数化为 $\mathbf{X}_1(t)=(t,y,z)$, $c\leqslant t\leqslant x$. 由 $\mathbf{F}=(f_1,f_2,f_3)$ 可得

$$\int_{C_1}\mathbf{F}\cdot\mathbf{T}\mathrm{d}s=\int_c^x\mathbf{F}(t,y,z)\cdot(1,0,0)\mathrm{d}t=\int_c^x f_1(t,y,z)\mathrm{d}t.$$

g 关于 x 的导数为

$$g_x(x,y,z)=\frac{\partial}{\partial x}\left(\int_c^x f_1(t,y,z)\mathrm{d}t+\int_{C_2}\mathbf{F}\cdot\mathbf{T}\mathrm{d}s\right).$$

第二个积分与 x 无关, 因此它关于 x 的导数为零. 由微积分基本定理可知

$$g_x(x,y,z)=\frac{\partial}{\partial x}\int_c^x f_1(t,y,z)\mathrm{d}t=f_1(x,y,z).$$

类似可证 $g_y=f_2$, $g_z=f_3$. 因此 $\nabla g=\mathbf{F}$, 故 $\mathbf{F}$ 是保守的. 因此由 (c) 推出 (a), 这是我们论证链中的最后一环. **证毕.**

定理 7.1 的证明中, 我们证明了若 $\mathbf{F}=\nabla g$, 则 $\mathbf{F}$ 沿任意一条从 $\mathbf{A}$ 到 $\mathbf{B}$ 的分段光滑曲线的积分为 $g(\mathbf{B})-g(\mathbf{A})$, 见 (7.1) 式, 这通常称为**曲线积分基本定理**.

定理 7.2 (曲线积分基本定理) 设 g 为一个连续可微函数, C 为 g 的定义域内一条从 $\mathbf{A}$ 到 $\mathbf{B}$ 的分段光滑曲线, 则

$$\int_C\nabla g\cdot\mathbf{T}\mathrm{d}s=g(\mathbf{B})-g(\mathbf{A}).$$

因为 $g(\mathbf{B})-g(\mathbf{A})$ 只依赖于势函数在曲线端点的值, 故保守向量场的积分与路径无关.

若知一个向量场为保守向量场, 这在计算曲线积分时是很有用的.

例 7.21　求 $\mathbf{F}(x,y,z)=(x,y,z)$ 沿图 7.16 中的曲线 C 的积分. 观察可知 $\mathbf{F}$ 是保守向量场, 因为

$$\mathbf{F}(x,y,z)=\boldsymbol{\nabla} g(x,y,z)=\boldsymbol{\nabla}\left(\frac{1}{2}(x^2+y^2+z^2)\right),$$

由曲线积分基本定理, 有

$$\int_C \mathbf{F}\cdot\mathbf{T}\mathrm{d}s=g(1,0,0)-g(1,0,1)=\frac{1}{2}-1=-\frac{1}{2}.$$

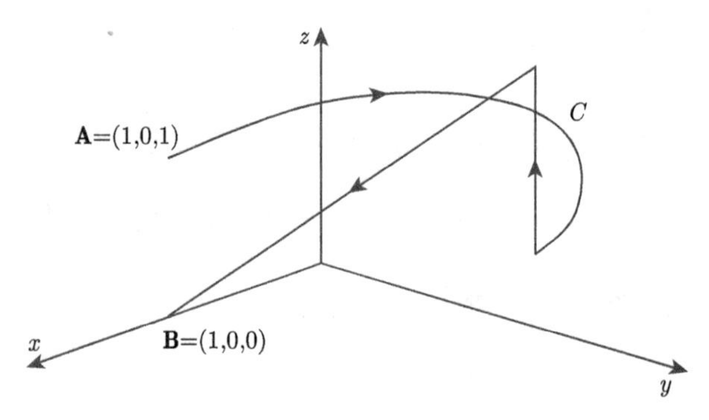

图 7.16　例 7.21 中的曲线

例 7.22　求 $\mathbf{F}(x,y,z)=(x^2+y,\ \sin y,z)$ 沿图 7.17 所示曲线 C 的积分. 观察可知

$$\boldsymbol{\nabla}\left(\frac{1}{3}x^3-\cos y+\frac{1}{2}z^2\right)=(x^2,\sin y,z).$$

将积分写为和式:

$$\begin{aligned}\int_C \mathbf{F}\cdot\mathbf{T}\mathrm{d}s&=\int_C\left((x^2+y)\mathrm{d}x+\sin y\mathrm{d}y+z\mathrm{d}z\right)\\&=\int_C(x^2\mathrm{d}x+\sin y\mathrm{d}y+z\mathrm{d}z)+\int_C y\mathrm{d}x.\end{aligned}$$

第一个积分可由曲线积分基本定理计算而得

$$\begin{aligned}\int_C x^2\mathrm{d}x+\sin y\mathrm{d}y+z\mathrm{d}z&=\int_C\boldsymbol{\nabla}\left(\frac{1}{3}x^3-\cos y+\frac{1}{2}z^2\right)\cdot\mathbf{T}\mathrm{d}s\\&=\left[\frac{1}{3}x^3-\cos y+\frac{1}{2}z^2\right]_{(2,0,0)}^{(0,2,3)}\end{aligned}$$

$$= \left(0 - \cos 2 + \frac{1}{2}3^2\right) - \left(\frac{1}{3}2^3 - 1 + 0\right)$$
$$= -\cos 2 + \frac{17}{6}.$$

对于第二个积分, 沿 C_1 或 C_2, x 无变化. 因此

$$\int_C y\mathrm{d}x = \int_{C_3} y\mathrm{d}x = \int_{C_3} 2\mathrm{d}x.$$

再由基本定理,

$$\int_{C_3} 2\mathrm{d}x = \int_{C_3} \boldsymbol{\nabla}(2x)\cdot\mathbf{T}\mathrm{d}s = \Big[2x\Big]_{(2,2,1)}^{(0,2,3)} = -4.$$

因此

$$\int_C \mathbf{F}\cdot\mathbf{T}\mathrm{d}s = -\cos 2 + \frac{17}{6} - 4 = -\cos 2 - \frac{7}{6}.$$

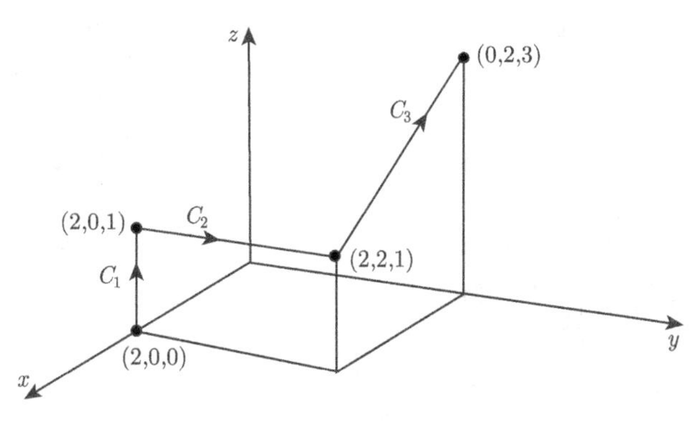

图 7.17 例 7.22 中的曲线

例 7.21 中, 通过构造了一个势函数 g, 可知 $\mathbf{F}(x,y,z) = (x,y,z)$ 是保守向量场. 在例 7.9 中我们看到, 由一些积分的计算结果可知, $\mathbf{F}(x,y,z) = (y,-x,z)$ 的积分不满足与曲线无关的性质. 故由定理 7.1 可知, $(y,\ -x,z)$ 不是保守向量场. 下面的定理为我们提供了一个判断 $\mathbb{R}^3$ 或 $\mathbb{R}^2$ 上的向量场是否为保守向量场的依据.

定理 7.3 (a) 若 $\mathbf{F}$ 为 $\mathbb{R}^3$ 到 $\mathbb{R}^3$ 的 C^1 保守向量场, 则 $\operatorname{curl}\mathbf{F} = \mathbf{0}$.

(b) 若 $\mathbf{F}$ 为 $\mathbb{R}^2$ 到 $\mathbb{R}^2$ 的 C^1 的保守向量场, 则 $\operatorname{curl}\mathbf{F} = 0$.

证明 我们仅证明 (a). 若 $\mathbf{F} = \boldsymbol{\nabla} g$, 则 $\mathbf{F} = (f_1, f_2, f_3) = (g_x, g_y, g_z)$ 且

$$\operatorname{curl}\mathbf{F} = (f_{3y} - f_{2z},\ -f_{3x} + f_{1z},\ f_{2x} - f_{1y}) = (g_{zy} - g_{yz},\ -(g_{zx} - g_{xz}),\ g_{yx} - g_{xy}).$$

由于 $\mathbf{F} = \boldsymbol{\nabla} g$ 是连续可微的, g 为两阶连续可微的, 故其两阶复合偏导数与微分顺序无关. 由此证得 $\operatorname{curl}\mathbf{F} = 0$. **证毕.**

例 7.23　令 $\mathbf{F}(x,y,z)=(y,\ -x,z)$. 则

$$\operatorname{curl}\mathbf{F}=(0-0,\ -(0-0),\ -1-1)=(0,0,\ -2).$$

根据定理 7.3, 因为 $\operatorname{curl}\mathbf{F}\neq 0$, 所以 $\mathbf{F}$ 不是保守向量场.

下例将说明 $\mathbf{F}$ 是保守向量场, $\operatorname{curl}\mathbf{F}=\mathbf{0}$ 是它的一个必要条件, 并非充分条件.

例 7.24　设 $\mathbf{F}(x,y,z)=\left(\dfrac{-y}{x^2+y^2},\ \dfrac{x}{x^2+y^2},\ 0\right)$, $(x,y)\neq(0,0)$, 则

$$\operatorname{curl}\mathbf{F}=\left(0-0,\ -(0-0),\ \frac{y^2-x^2}{(x^2+y^2)^2}-\frac{y^2-x^2}{(x^2+y^2)^2}\right)=\mathbf{0}.$$

记 C_R 为 x,y 平面上以原点为心、半径为 R 的圆周, 方向为逆时针. 见图 7.18. 沿圆周 C_R 上每一点, 向量 $\mathbf{F}(x,y,0)$ 长度为 R^{-1}, 且与单位切向量 $\mathbf{T}(x,y,0)$ 指向相同. 因此 $\mathbf{F}\cdot\mathbf{T}=R^{-1}$ 且

$$\int_{C_R}\mathbf{F}\cdot\mathbf{T}\mathrm{d}s=R^{-1}L(C_R)=R^{-1}2\pi R=2\pi.$$

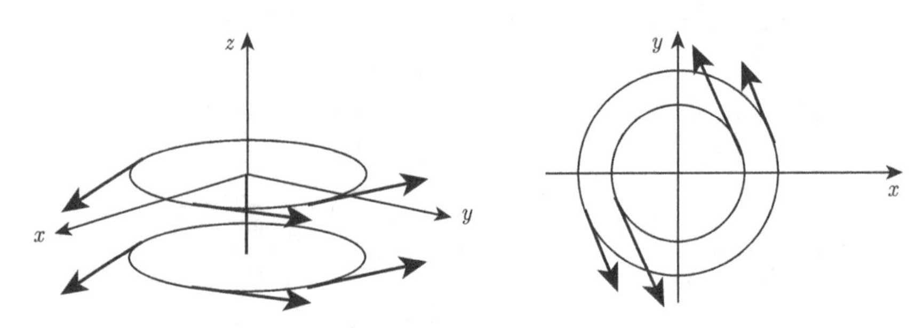

图 7.18　例 7.24 中向量场的图示, $\mathbf{F}$ 不是保守的

虽然 $\operatorname{curl}\mathbf{F}=\mathbf{0}$, 但 $\mathbf{F}$ 不是保守的, 因为它沿闭曲线 C_R 的积分不为零.

例 7.25　图 7.19 所示为 $\mathbb{R}^2$ 中的 C^1 函数 f 的某些水平集, 以及 $\mathbb{R}^2$ 中的分段光滑曲线 C_1 和 C_2. 若 $\mathbf{F}=\nabla f$, 求 $\displaystyle\int_{C_1}\mathbf{F}\cdot\mathbf{T}\mathrm{d}s$ 以及 $\displaystyle\int_{C_2}\mathbf{F}\cdot\mathbf{T}\mathrm{d}s$.

$$\int_{C_1}\mathbf{F}\cdot\mathbf{T}\mathrm{d}s=\int_{C_1}\nabla f\cdot\mathbf{T}\mathrm{d}s=f(\mathbf{Q})-f(\mathbf{P})=30-40=-10.$$

由于 $\mathbf{F}$ 是保守的, 且 C_2 为闭曲线, 故曲线积分

$$\int_{C_2}\mathbf{F}\cdot\mathbf{T}\mathrm{d}s=0.$$

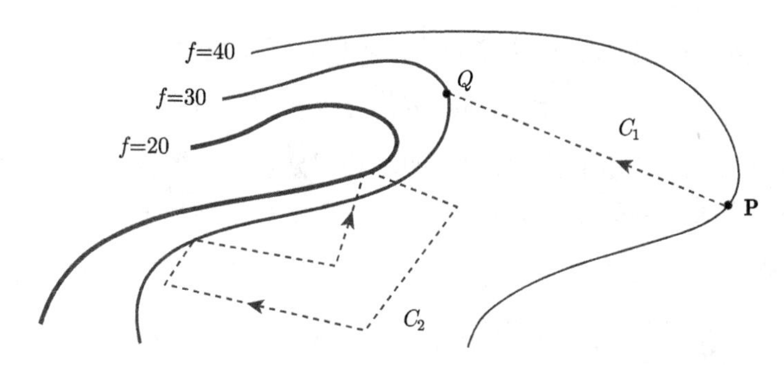

图 7.19 例 7.25 中的水平集与曲线

例 7.26 求出势函数 g 使得 $\mathbf{F}=\nabla g$, 从而证明 $\mathbf{F}(x,y)=(x+y,y^2+x)$ 为保守向量场. 也就是说,

$$g_x = x+y, \quad g_y = y^2+x.$$

g_x 关于 x 的逆导数为

$$g(x,y)=\frac{1}{2}x^2+xy+h(y),$$

其中 $h(y)$ 为关于 y 的某个函数. 因此关于 y 的偏导数为

$$g_y = x+h'(y).$$

取 $h(y)=\frac{1}{3}y^3$, 则 $g_y=y^2+x$. 由此可得

$$\nabla\left(\frac{1}{2}x^2+xy+\frac{1}{3}y^3\right)=(x+y,y^2+x).$$

例 7.27 $\mathbf{F}(x,y)=(x+y,y^2)$ 是保守的吗? 我们计算

$$\operatorname{curl}\mathbf{F}(x,y)=\frac{\partial}{\partial x}(y^2)-\frac{\partial}{\partial y}(x+y)=0-1\neq 0.$$

由定理 7.3 知, $\mathbf{F}$ 不是保守向量场.

问题

7.20 为下列每个保守向量场找出一个势函数.

(a) $(x,0,0)$.

(b) $(0,z,y)$.

(c) 常值向量场 (a,b,c).

(d) $\mathbf{F}+\mathbf{G}$, 其中 $\mathbf{F}$ 和 $\mathbf{G}$ 皆为保守向量场.

7.21 设

$$\mathbf{G}(x,y)=\left(\frac{x}{x^2+y^2},\frac{y}{x^2+y^2}\right), \qquad \mathbf{F}(x,y)=\left(\frac{-y}{x^2+y^2},\frac{x}{x^2+y^2}\right).$$

(a) 求出势函数 $g(x,y)$ 使得 $\nabla g=\mathbf{G}$. g 的定义域是什么?

(b) 求 $\nabla\arctan\left(\dfrac{y}{x}\right)$. 为什么 $\arctan\left(\dfrac{y}{x}\right)$ 不是 $\mathbf{F}$ 的势函数?

7.22 通过求出相应的势函数, 证明下列积分中的向量场为保守向量场, 利用曲线积分基本定理, 计算它们沿从点 $(0,0,0)$ 到 (a,b,c) 的任意光滑曲线 C 的积分.

(a) $\displaystyle\int_C z^2\mathrm{d}z$.

(b) $\displaystyle\int_C \nabla(xy)\cdot\mathbf{T}\mathrm{d}s$.

(c) $\displaystyle\int_C z\mathrm{d}x+y\mathrm{d}y+x\mathrm{d}z$.

7.23 设 C 为一条从 $(0,0,0)$ 到 (a,b,c) 的光滑曲线. 下列积分哪个可由曲线积分基本定理计算? 求出可计算的积分.

(a) $\displaystyle\int_C x^2\mathrm{d}y$.

(b) $\displaystyle\int_C (\nabla(xy)-3\nabla(z^2\cos y))\cdot\mathbf{T}\mathrm{d}s$.

(c) $\displaystyle\int_C \mathrm{d}x+\mathrm{d}y$.

7.24 (a) 由

$$\frac{2(x,y)}{(x^2+y^2)^2}=\nabla\left(\frac{-1}{x^2+y^2}\right)$$

计算

$$\int_C \frac{x}{(x^2+y^2)^2}\mathrm{d}x+\frac{y}{(x^2+y^2)^2}\mathrm{d}y,$$

其中 C 为任意一条从 $(1,2)$ 到 $(2,2)$ 且不经过原点的光滑曲线.

(b) 为什么要求 C 为不经过原点的曲线?

7.25 (a) 由 $\nabla(\|\mathbf{X}\|^{-1})=-\|\mathbf{X}\|^{-3}\mathbf{X}$ 计算

$$\int_C \frac{-x_1\mathrm{d}x_1-x_2\mathrm{d}x_2-x_3\mathrm{d}x_3}{(x_1^2+x_2^2+x_3^2)^{3/2}},$$

其中 C 为任意一条从 $(1,1,2)$ 到 $(2,2,1)$ 且不经过原点的光滑曲线.

(b) 为什么要求 C 为不经过原点的曲线?

7.26 下列每一个向量场都是平方反比向量场

$$\|\mathbf{X}\|^{-3}\mathbf{X}=\nabla(-\|\mathbf{X}\|^{-1})$$

的某种变形. 找出每一个向量场的势函数.

(a) $\dfrac{2(-x,-y,-z)}{(x^2+y^2+z^2)^{3/2}}$.

(b) $\dfrac{3}{(x^2+y^2+z^2)^{3/2}}(x,y,z)$.

(c) $\dfrac{(x,y-5,z)}{(x^2+(y-5)^2+z^2)^{3/2}}$.

(d) $\dfrac{3(x+1,y-5,z)}{((x+1)^2+(y-5)^2+z^2)^{3/2}}+\dfrac{(x,y,z)}{(x^2+y^2+z^2)^{3/2}}$.

7.27 问题 7.26 中的平方反比向量场可以用来建立质点的引力以及点电荷的静电力的模型. 假设 $\mathbf{P}_1,\cdots,\mathbf{P}_k$ 为 $\mathbb{R}^3$ 中 k 个不同的点, 每一个点都置有质点或点电荷. 令 $c_1,\cdots,c_k$ 表示质量或电荷的大小, 在引力的情况下, 它们的符号皆相同. 则向量场

$$\mathbf{F}(\mathbf{X})=\sum_{j=1}^{k}c_j\|\mathbf{X}-\mathbf{P}_j\|^{-3}(\mathbf{X}-\mathbf{P}_j)$$

可以表示这 k 个给定粒子作用在其他质点或点电荷上的作用力. 找出满足 $\mathbf{F}=\nabla g$ 的势函数 $g(\mathbf{X})$, 从而证明 $\mathbf{F}$ 是保守向量场.

7.28 月亮绕地球的椭圆形轨道可以表达为第 5 章所讨论的形式.

$$y=-19\sqrt{x^2+y^2}+7.2\times10^9[\text{米}].$$

见图 7.20, 其中椭圆进行了伸缩, 几乎是圆的. (月亮和地球画得很大, 便于观看.)

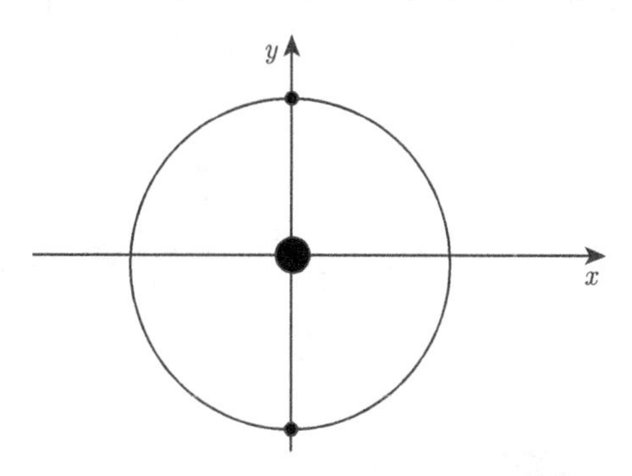

图 7.20 问题 7.28 中的月亮绕地球的轨道

(a) 由该轨道方程证明在远地点, 即距离地球最远的点 (在图底部), 月亮与地球的距离为 400×10^6 米; 在近地点, 即距离地球最近的点 (在图的顶部), 距离地球最近, 月亮与地球的距离为 360×10^6 米.

(b) 在半年的时间段内, 将月亮从远日点拉到近日点所做的功为

$$\int_{\text{半轨道}}\mathbf{F}\cdot\mathbf{T}\mathrm{d}s,$$

其中力为

$$\mathbf{F} = -mMG\nabla\left(\frac{1}{\sqrt{x^2+y^2}}\right),$$

m 和 M 分别为月亮和地球的质量, G 为引力常数. 由定理 7.2 证明其所做的功为

$$mMG\left(\frac{1}{\sqrt{近地距离}} - \frac{1}{\sqrt{远地距离}}\right).$$

7.29 保守向量场

$$\mathbf{F}(\mathbf{X}) = \|\mathbf{X}\|^{-3}\mathbf{X} = \nabla(-\|\mathbf{X}\|^{-1})$$

表示位于原点的一个正电荷的电场.

(a) 对任意非常小的 $h>0$, 场 $\dfrac{\mathbf{F}(\mathbf{X}+(h,0,0))-\mathbf{F}(\mathbf{X})}{h}$ 可以表示位于 $(-h,0,0)$ 点的一个强正电荷以及位于原点的强负电荷的电场. 证明该电场是保守向量场.

(b) 证明 $\displaystyle\lim_{h\to 0}\frac{\mathbf{F}(\mathbf{X}+(h,0,0))-\mathbf{F}(\mathbf{X})}{h}$ 是保守的.

(c) 设 g 为一个三阶连续可微函数, 令 $\mathbf{G} = \nabla g$. 证明每一个偏导数 $\mathbf{G}_x, \mathbf{G}_y$ 以及 $\mathbf{G}_z$ 都是保守的.

7.30 在问题 7.27 中我们看到, 有限个点电荷生成的电场为平方反比向量场的线性组合. 假设在 $\mathbb{R}^3$ 中的一个有界集 D 上, 有连续分布的电荷, 每一点的密度为 $c(\mathbf{X})$[电量/体积]. D 之外任一点 $\mathbf{P}$ 的势为

$$g(\mathbf{P}) = \int_D \frac{c(\mathbf{X})}{\|\mathbf{X}-\mathbf{P}\|}\mathrm{d}V.$$

(a) 假设 $\mathbf{P}$ 到 D 中每一点的距离至少为一个单位距离. 证明被积函数

$$\frac{c(\mathbf{X})}{\|\mathbf{X}-\mathbf{P}\|}$$

为 D 上关于 $\mathbf{X}$ 的有界连续函数.

(b) 对如下泰勒逼近进行积分 (见问题 4.29)

$$\|\mathbf{X}-\mathbf{P}\|^{-1} \approx \|\mathbf{P}\|^{-1} + \|\mathbf{P}\|^{-3}\mathbf{P}\cdot\mathbf{X} + \frac{1}{2}\|\mathbf{P}\|^{-5}(3(\mathbf{P}\cdot\mathbf{X})^2 - \|\mathbf{P}\|^2\|\mathbf{X}\|^2),$$

可得势函数的一个逼近:

$$g(\mathbf{P}) \approx \left(\int_D c(\mathbf{X})\mathrm{d}V\right)\|\mathbf{P}\|^{-1} + \sum_{j=1}^{3}\left(\int_D c(\mathbf{X})x_j\mathrm{d}V\right)p_j\|\mathbf{P}\|^{-3}$$

$$+\frac{1}{2}\left(\sum_{j,k=1}^{3}\left(\int_D c(\mathbf{X})3x_kx_j\mathrm{d}V\right)p_jp_k\|\mathbf{P}\|^{-5}-\int_D c(\mathbf{X})\|\mathbf{X}\|^2\mathrm{d}V\|\mathbf{P}\|^{-3}\right).$$

(c) 证明被积量 $c(\mathbf{X})x_j, c(\mathbf{X})x_kx_j$ 以及 $c(\mathbf{X})\|\mathbf{X}\|^2$ 都是 D 上的有界连续函数.

(d) 证明当 $\mathbf{P}$ 趋向于无穷时, 逼近的三项分别被 $a_1\|\mathbf{P}\|^{-1}$, $a_2\|\mathbf{P}\|^{-2}, a_3\|\mathbf{P}\|^{-3}$ 控制, 其中 a_i 为不同的常数.

注 上述逼近中的三项的梯度在物理学中分别称为场的库仑、偶极以及四极部分.

7.3 曲面和曲面积分

我们利用参数化的办法来引入 $\mathbb{R}^3$ 中的光滑曲面.

定义 7.7 D 为 $\mathbb{R}^2$ 中的有界子集, 其边界光滑. $\mathbf{X}$ 为 D 到 $\mathbb{R}^3$ 的 C^1 函数, 记为 $\mathbf{X}(u,v)=(x(u,v),y(u,v),z(u,v))$. 假设 $\mathbf{X}$ 在 D 的内部满足下列条件:

(a) $\mathbf{X}$ 是一一映射;

(b) $\mathbf{X}$ 的分量函数的偏导数是有界的;

(c) 偏导数

$$\mathbf{X}_u(u,v)=(x_u(u,v),y_u(u,v),z_u(u,v)),$$
$$\mathbf{X}_v(u,v)=(x_v(u,v),y_v(u,v),z_v(u,v))$$

是线性无关的, 故而 $\mathbf{X}_u(u,v)\times\mathbf{X}_v(u,v)\neq\mathbf{0}$,

则 $\mathbf{X}$ 的像 S 称为由 $\mathbf{X}$ 参数化的一个**光滑曲面**. 包含点 $\mathbf{X}(u,v)$ 且法向量为 $\mathbf{X}_u(u,v)\times\mathbf{X}_v(u,v)$ 的平面称为 S 在 $\mathbf{X}(u,v)$ 点的**切平面**, $\mathbf{X}$ 称为 S 的一个**参数表示**.

例 7.28 设

$$\mathbf{X}(u,v)=(3\cos v\sin u,3\sin v\sin u,3\cos u),$$

其中 $0\leqslant u\leqslant\pi, 0\leqslant v\leqslant 2\pi$.

$$\|\mathbf{X}(u,v)\|^2=3^2(\cos^2 v+\sin^2 v)\sin^2 u+3^2\cos^2 u=3^2,$$

点 $\mathbf{X}(u,v)$ 位于原点为心、半径为 3 的球面上. 如图 7.21 所示. 在定义域的内部 $0<u<\pi, 0<v<2\pi$, $\mathbf{X}$ 是一一的. 偏导数

$$\mathbf{X}_u(u,v)=(3\cos v\cos u,3\sin v\cos u,-3\sin u)$$
$$\mathbf{X}_v(u,v)=(-3\sin v\sin u,3\cos v\sin u,0)$$

是线性无关的, 其中 $\sin u \neq 0$. 我们计算切平面的法向量,

$$\mathbf{X}_u(u,v) \times \mathbf{X}_v(u,v) = 9\sin u(\cos v \sin u, \sin v \sin u, \cos u),$$

其模长为

$$\|\mathbf{X}_u(u,v) \times \mathbf{X}_v(u,v)\| = 9\sin u.$$

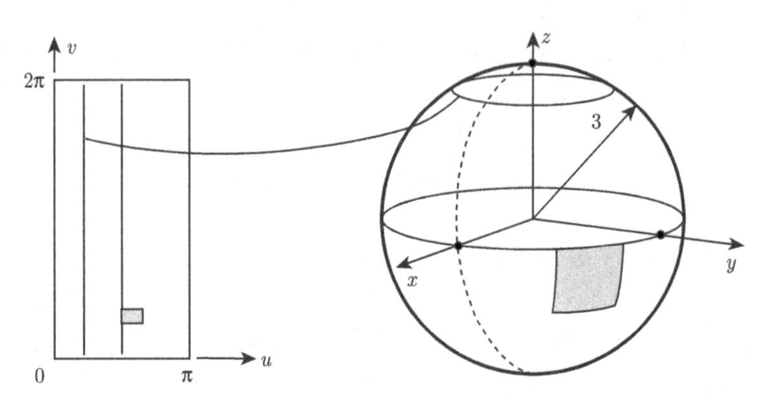

图 7.21　例 7.28 中的曲面

将 C^1 函数 $f(x,y)=z$ 的图像参数化的一个办法是: 定义一个从 x,y 平面到 $\mathbb{R}^3$ 的新映射 $\mathbf{F}(x,y)=(x,y,f(x,y))$.

例 7.29　设 $f(x,y)=\sqrt{R^2-x^2-y^2}, R>0$. 定义

$$\mathbf{X}(x,y) = (x, y, \sqrt{R^2-x^2-y^2}),$$

其中 $x^2+y^2 \leqslant a^2 < R^2$. 如图 7.22 所示. 偏导数

$$\mathbf{X}_x = \left(1, 0, -\frac{x}{\sqrt{R^2-x^2-y^2}}\right), \qquad \mathbf{X}_y = \left(0, 1, -\frac{y}{\sqrt{R^2-x^2-y^2}}\right)$$

是线性无关的, 这是因为在这两个向量中, 0 和 1 出现的模式, 使得任何一个向量都不可能是另一个的倍数. 由于 $0 \leqslant x^2+y^2 \leqslant a^2 < R^2$, 导数是有界的:

$$\left|-\frac{x}{\sqrt{R^2-x^2-y^2}}\right| \leqslant \frac{R}{\sqrt{R^2-x^2-y^2}} \leqslant \frac{R}{\sqrt{R^2-a^2}},$$

同时

$$\left|-\frac{y}{\sqrt{R^2-x^2-y^2}}\right| \leqslant \frac{R}{\sqrt{R^2-a^2}}.$$

$\mathbf{X}$ 的像 S 是以原点为心、半径为 R 的上半球面的部分, 位于在 x,y 平面上以原点为心、半径为 $a>0$ 的圆盘之上. 如图 7.22 所示. S 在点 $\mathbf{X}(x,y)$ 的切平面的一个

法向量为

$$\mathbf{X}_x(x,y)\times\mathbf{X}_y(x,y)=\left(\frac{x}{\sqrt{R^2-x^2-y^2}},\ \frac{y}{\sqrt{R^2-x^2-y^2}},1\right),$$

其模长为 $\|\mathbf{X}_x(x,y)\times\mathbf{X}_y(x,y)\|=\dfrac{R}{\sqrt{R^2-x^2-y^2}}$.

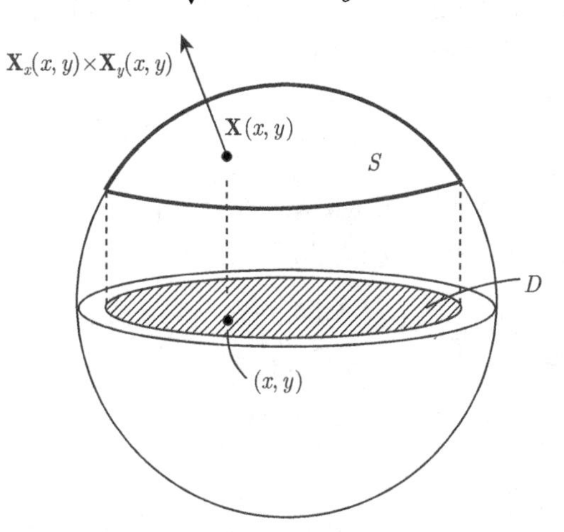

图 7.22 例 7.29 中的曲面 S

我们称 $\mathbf{X}(x,y)=(x,y,f(x,y))$ 为 f 的图像的 (x,y) 参数化. 此时

$$\mathbf{X}_x(x,y)=(1,0,f_x(x,y)),\qquad \mathbf{X}_y(x,y)=(0,1,f_y(x,y)).$$

点 $(x,y,f(x,y))$ 处的一个法向量为

$$\mathbf{X}_x(x,y)\times\mathbf{X}_y(x,y)=(-f_x(x,y),\ -f_y(x,y),\ 1).$$

面积

既然我们已经有了光滑曲面, 下面来定义其面积.

定义 7.8 假设 S 是一个光滑曲面, $\mathbf{X}$ 为其参数化, 是从 u,v 平面的一个具有光滑边界的有界集 D 到 $\mathbb{R}^3$ 的光滑映射. S 的**面积**定义为

$$A(S)=\int_S \mathrm{d}\sigma=\int_D \|\mathbf{X}_u(u,v)\times\mathbf{X}_v(u,v)\|\mathrm{d}u\mathrm{d}v.$$

考虑 D 上某光滑函数 f 的图像 S, 在这种情况下, S 可参数化为 $\mathbf{X}(x,y)=(x,y,f(x,y))$. 则 $\|\mathbf{X}_x(x,y)\times\mathbf{X}_y(x,y)\|=\sqrt{1+f_x^2+f_y^2}$, S 的面积为

$$A(S)=\int_D\sqrt{1+f_x^2+f_y^2}\mathrm{d}x\mathrm{d}y.$$

通过一些估计，我们证明如上定义是光滑曲面面积的一个合理的定义. 取 S 上一点 $\mathbf{X}(u,v)$ 及其附近的三个点 $\mathbf{X}(u+\Delta u,v)$, $\mathbf{X}(u,v+\Delta v)$, $\mathbf{X}(u+\Delta u,v+\Delta v)$.

固定 v, 让 u 变化, $\mathbf{X}(u,v)$ 参数化出 S 上的一条曲线. 由于 $\mathbf{X}$ 是 C^1 函数, 割线向量 $\mathbf{X}(u+\Delta u,v)-\mathbf{X}(u,v)$ 与切向量 $\mathbf{X}_u(u,v)\Delta u$ 非常逼近. 类似地, 若我们固定 u 让 v 变化, 可得 S 上的另一条曲线, 以及割线向量 $\mathbf{X}(u,v+\Delta v)-\mathbf{X}(u,v)$ 与切向量 $\mathbf{X}_v(u,v)\Delta v$ 非常逼近. 由定义, $\mathbf{X}_u(u,v)$ 和 $\mathbf{X}_v(u,v)$ 是线性无关的. 由这两个切向量组成的平行四边形的面积为

$$\|\mathbf{X}_u(u,v)\Delta u\times\mathbf{X}_v(u,v)\Delta v\|.$$

这是由 $\mathbf{X}(u,v)$, $\mathbf{X}(u+\Delta u,v)$, $\mathbf{X}(u,v+\Delta v)$ 及 $\mathbf{X}(u+\Delta u,v+\Delta v)$ 这四个点为顶点的曲面四边形面积的一个好的近似, 如图 7.23 所示.

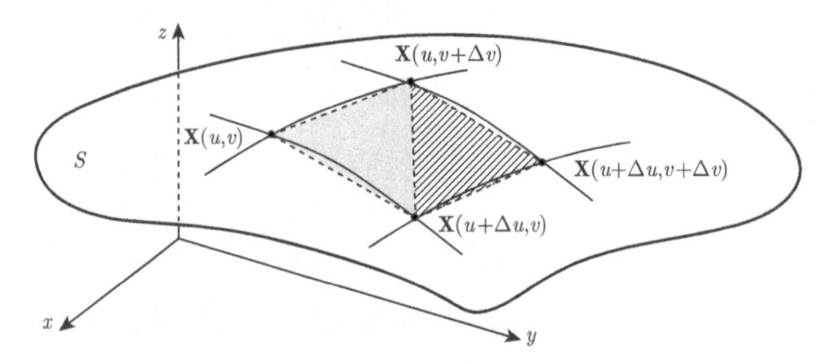

图 7.23　两个内接三角形

这些切平行四边形的面积之和趋向于 S 的面积的积分公式:

$$A(S)=\int_D\|\mathbf{X}_u\times\mathbf{X}_v\|\mathrm{d}u\mathrm{d}v.$$

注　一般情况下, 一个非光滑的曲面的面积不能用内接三角形 (图 7.24) 的面积之和来逼近, 因为内接三角形的极限不一定趋向于曲面的切平面. ①

例 7.30　利用下列参数表示, 求出半径为 $R>0$ 的球面 S 的面积.

$$\mathbf{X}(u,v)=(R\cos v\sin u,R\sin v\sin u,R\cos u)\qquad(0\leqslant u\leqslant\pi,\ 0\leqslant v\leqslant 2\pi).$$

我们有

$$\mathbf{X}_u(u,v)\times\mathbf{X}_v(u,v)=R^2\sin u(\cos v\sin u,\sin v\sin u,\cos u),$$

① 参见小平邦彦《微积分入门》(裴东河译, 人民邮电出版社) 第 415–416 页, 以及菲赫金哥尔茨《数学分析原理》第二卷 (丁寿田译, 高等教育出版社) 第 235–236 页. 在与作者 Maria Terrell 沟通后, 译者做了少许修改并补充了本注释. ——译者注.

故 $\|\mathbf{X}_u(u,v)\times\mathbf{X}_v(u,v)\| = R^2\sin u$. 因此

$$\begin{aligned}
A(S) &= \int_D \|\mathbf{X}_u\times\mathbf{X}_v\|\mathrm{d}u\mathrm{d}v\\
&= \int_0^{2\pi}\int_0^{\pi} R^2\sin u\mathrm{d}u\mathrm{d}v\\
&= R^2\left(\int_0^{2\pi}\mathrm{d}v\right)\left(\int_0^{\pi}\sin u\mathrm{d}u\right)\\
&= R^2(2\pi)2\\
&= 4\pi R^2.
\end{aligned}$$

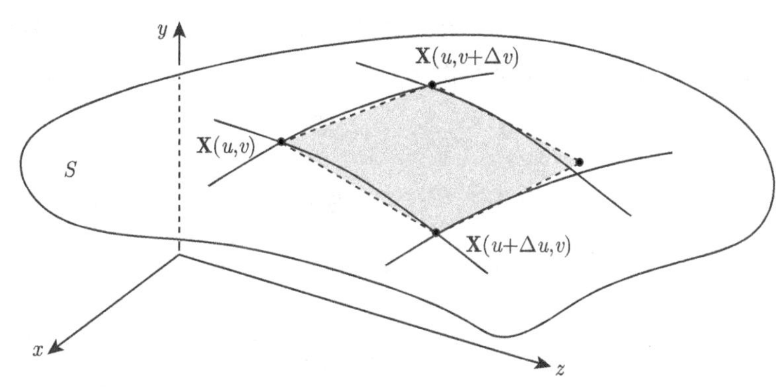

图 7.24 面积用平行四边形逼近

注 例 7.30 中的曲面参数化是受球面坐标的启发, 其中 u 和 v 分别扮演的是地图上纬度和经度的角色. 因此我们用 (θ,ϕ) 来标记参数, 而不用 (u,v).

例 7.31 求出例 7.29 中用 (x,y) 参数化的上半球面的一部分

$$\mathbf{X}(x,y)=\left(x,y,\sqrt{R^2-x^2-y^2}\right),\qquad D: x^2+y^2\leqslant a^2$$

的面积, 其中 $0<a^2<R^2$. 在例 7.29 中, 我们证明了

$$\|\mathbf{X}_x(x,y)\times\mathbf{X}_y(x,y)\| = \frac{R}{\sqrt{R^2-x^2-y^2}},$$

因此

$$A(S)=\int_S \mathrm{d}\sigma = \int_D \frac{R}{\sqrt{R^2-x^2-y^2}}\mathrm{d}x\mathrm{d}y.$$

我们用极坐标换元, 积分更容易计算. 在极坐标下的区域为 $0\leqslant\theta\leqslant 2\pi, 0\leqslant r\leqslant a$. 因此

$$A(S)=\int_D \frac{R}{\sqrt{R^2-x^2-y^2}}\mathrm{d}x\mathrm{d}y$$

$$\begin{aligned}
&= R\int_0^{2\pi}\int_0^a \frac{r\mathrm{d}r\mathrm{d}\theta}{\sqrt{R^2-r^2}} \\
&= 2\pi R\Big[-(R^2-r^2)^{1/2}\Big]_{r=0}^{r=a} \\
&= 2\pi R(R-(R^2-a^2)^{1/2}).
\end{aligned}$$

在问题 7.34 中我们将要求利用该公式推导出阿基米德的一个经典发现. 注意当 a 趋向于 R 时, 面积趋向于半径为 R 的上半球面的面积 $2\pi R^2$.

既然已经证明了面积公式对球面成立, 接下来看一些其他简单例子, 这些例子中的曲面面积我们可能并不知道.

例 7.32 设 S 为曲面 $z^2=x^2+y^2$ 介于平面 $z=1$ 和 $z=3$ 之间的部分. 如图 7.25 所示. 求出 S 的面积. 我们需要找出 S 的一个参数化, 最简单的办法是 (x,y) 参数化, 因为 S 是下列函数的图

$$z=f(x,y)=\sqrt{x^2+y^2},$$

其中 f 定义在 x,y 平面的圆环区域 $D=\{(x,y)\,|\,1\leqslant x^2+y^2\leqslant 9\}$ 上. 在 D 上, 令

$$\mathbf{X}(x,y)=(x,y,f(x,y))=\left(x,y,\sqrt{x^2+y^2}\right),$$

则有

$$\begin{aligned}
&\mathbf{X}_x(x,y)=\big(1,0,f_x(x,y)\big)=\big(1,0,x(x^2+y^2)^{-1/2}\big),\\
&\mathbf{X}_y(x,y)=\big(0,1,f_y(x,y)\big)=\big(0,1,y(x^2+y^2)^{-1/2}\big),\\
&\mathbf{X}_x(x,y)\times\mathbf{X}_y(x,y)=(-f_x(x,y),\ -f_y(x,y),\ 1),\\
&\|\mathbf{X}_x(x,y)\times\mathbf{X}_y(x,y)\|=\sqrt{f_x^2+f_y^2+1}.
\end{aligned}$$

我们求得

$$\sqrt{f_x^2+f_y^2+1}=\sqrt{\frac{x^2}{x^2+y^2}+\frac{y^2}{x^2+y^2}+1}=\sqrt{2}.$$

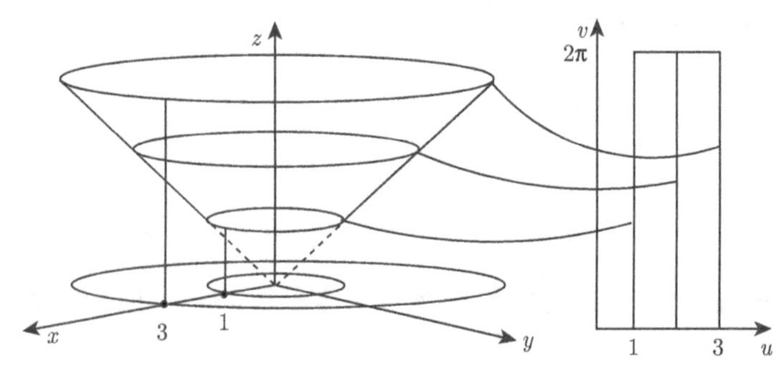

图 7.25 例 7.32 中的曲面为圆锥面介于 $z=1$ 和 $z=3$ 之间的部分. u,v 矩形为例 7.33 中的参数化

因此

$$\begin{aligned}
A(S) &= \int_S \mathrm{d}\sigma \\
&= \int_D \|\mathbf{X}_x(x,y) \times \mathbf{X}_y(x,y)\| \mathrm{d}A \\
&= \int_D \sqrt{2} \mathrm{d}x \mathrm{d}y \\
&= \sqrt{2} A(D) \\
&= \sqrt{2}(\pi 3^2 - \pi 1^2) \\
&= 8\pi\sqrt{2}.
\end{aligned}$$

例 7.33 例 7.32 中曲面 $z^2 = x^2 + y^2$ 的那一部分 S 的面积的另一种计算办法是用极坐标. 有如下参数化表示

$$\mathbf{X}(u,v) = (u\cos v, u\sin v, u), \quad 1 \leqslant u \leqslant 3, \quad 0 \leqslant v \leqslant 2\pi.$$

D 为矩形区域 $[1, 3] \times [0, 2\pi]$. 当 $u = k$ 时, 下列点

$$\mathbf{X}(k,v) = (k\cos v, k\sin v, k)$$

落在 $\mathbb{R}^3$ 中平面 $z = k$ 上以 $(0,0,k)$ 为心、半径为 k 的圆周上. 当 k 增大时, 越大的圆周映入越高的平面上. 我们计算

$$\begin{aligned}
&\mathbf{X}_u(u,v) = (\cos v, \sin v, 1), \\
&\mathbf{X}_v(u,v) = (-u\sin v, u\cos v, 0), \\
&\mathbf{X}_u(u,v) \times \mathbf{X}_v(u,v) = (-u\cos v, -u\sin v, u\cos^2 v + u\sin^2 v), \\
&\|\mathbf{X}_u(u,v) \times \mathbf{X}_v(u,v)\| = \sqrt{2}u.
\end{aligned}$$

从而有

$$\begin{aligned}
A(S) &= \int_S \mathrm{d}\sigma \\
&= \int_D \sqrt{2} u \mathrm{d}u \mathrm{d}v \\
&= \int_0^{2\pi} \int_1^3 \sqrt{2} u \mathrm{d}u \mathrm{d}v \\
&= 2\pi\sqrt{2} \frac{3^2 - 1^2}{2} \\
&= 8\pi\sqrt{2}.
\end{aligned}$$

我们看过了几个例子, 可以利用曲面的两种不同参数化来计算曲面的面积. 接下来还有一类这样的例子. 第一种情况, S 为水平集

$$g(x,y,z)=c$$

的一部分, 其中 $\nabla g \neq \mathbf{0}$. 由隐函数定理, 在 S 上任一点的小邻域内, 函数的其中一个或多个变量是另外两个变量的函数, 假设我们有

$$z=f(x,y),\quad (x,y)\in D. \tag{7.2}$$

则 $f_x=-\dfrac{g_x}{g_z}$, $f_y=-\dfrac{g_y}{g_z}$, S 的面积为

$$\int_D \sqrt{f_x^2+f_y^2+1}\,\mathrm{d}x\mathrm{d}y.$$

例 7.34　求出曲面 $g(x,y,z)=x^2+y^2-z^2=0$ 位于 x,y 平面中的集合 $1\leqslant x^2+y^2\leqslant 9$ 上方的部分的面积 (见例 7.32 和例 7.33). 由隐函数定理, 对 $z=f(x,y)$,

$$f_x=\frac{-2x}{-2z},\qquad f_y=\frac{-2y}{-2z}.$$

面积为

$$\begin{aligned}\int_D \sqrt{\frac{x^2}{z^2}+\frac{y^2}{z^2}+1}\,\mathrm{d}x\mathrm{d}y &= \int_D \sqrt{\frac{x^2+y^2}{z^2}+1}\,\mathrm{d}x\mathrm{d}y\\ &= \int_D \sqrt{1+1}\,\mathrm{d}x\mathrm{d}y\\ &= \sqrt{2}A(D)\\ &= 8\pi\sqrt{2}.\end{aligned}$$

假设式 (7.2) 中的曲面 S 还可以表示为下列函数的图像

$$y=h(x,z),\qquad (x,z)\in E.$$

则 $h_x=-\dfrac{g_x}{g_y}$, $h_z=-\dfrac{g_z}{g_y}$. 于是

$$\int_D \sqrt{f_x^2+f_y^2+1}\,\mathrm{d}x\mathrm{d}y=\int_E \sqrt{h_x^2+h_z^2+1}\,\mathrm{d}x\mathrm{d}y.$$

$\mathbf{F}$ 为从 E 到 D 的映上,

$$\mathbf{F}(x,z)=(x,h(x,z))=(x,y).$$

如图 7.26 所示. $\mathbf{F}$ 的雅可比行列式为

$$J\mathbf{F}(x,z) = \det \begin{bmatrix} 1 & 0 \\ h_x & h_z \end{bmatrix} = h_z = -\frac{g_z}{g_y}.$$

由定理 6.12 中的变量替换公式可得

$$\int_D \sqrt{f_x^2 + f_y^2 + 1}\,\mathrm{d}x\mathrm{d}y = \int_E \sqrt{\frac{g_x^2 + g_y^2 + g_z^2}{g_z^2}} \left|\frac{-g_z}{g_y}\right| \mathrm{d}x\mathrm{d}z = \int_E \sqrt{h_x^2 + 1 + h_z^2}\,\mathrm{d}x\mathrm{d}y.$$

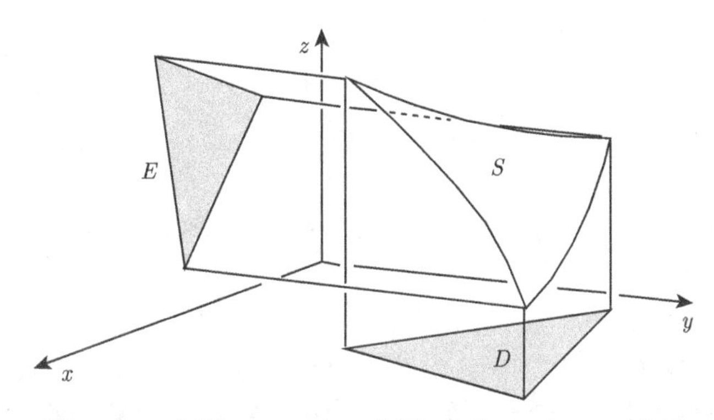

图 7.26 S 既是 $z = f(x,y)$ 的图, 也是 $y = h(x,z)$ 的图

更一般地, 假设我们有两个参数表示, 其中一个为 $\mathbf{X}_1(u,v)$, 从 D_1 到 S, 另一个为 $\mathbf{X}_2(s,t)$, 从 D_2 到 S, 还有一个可微的“变量替换” $\mathbf{G}$,

$$(s,t) = \mathbf{G}(u,v)$$

使得

$$\mathbf{X}_2(s,t) = \mathbf{X}_2(\mathbf{G}(u,v)) = \mathbf{X}_1(u,v),$$

对所有 $(s,t) \in D_2, (u,v) \in D_1$ 成立. 如图 7.27 所示. 由链式法则,

$$D\mathbf{X}_2(\mathbf{G}(u,v))D\mathbf{G}(u,v) = D\mathbf{X}_1(u,v). \tag{7.3}$$

问题 7.45 中我们将引导你证明: (7.3) 可导出

$$\mathbf{X}_{2s}(u,v) \times \mathbf{X}_{2t}(u,v) \det D\mathbf{G}(u,v) = \mathbf{X}_{1u}(u,v) \times \mathbf{X}_{1v}(u,v). \tag{7.4}$$

由 (7.4) 以及变量替换公式,

$$A(S) = \int_{D_2} \|\mathbf{X}_{2s}(s,t) \times \mathbf{X}_{2t}(s,t)\| \mathrm{d}s\mathrm{d}t$$

$$
\begin{aligned}
&= \int_{D_1} \|\mathbf{X}_{2s}(\mathbf{G}(u,v)) \times \mathbf{X}_{2t}(\mathbf{G}(u,v))\| |\det D\mathbf{G}(u,v)| \mathrm{d}u\mathrm{d}v \\
&= \int_{D_1} \|\mathbf{X}_{1u}(u,v) \times \mathbf{X}_{1v}(u,v)\| \mathrm{d}u\mathrm{d}v.
\end{aligned}
$$

S 的面积与其参数化无关.

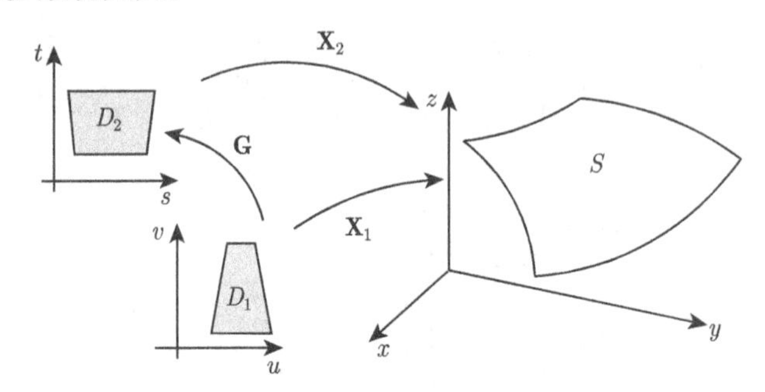

图 7.27　S 可由 $\mathbf{X}_1$ 和 $\mathbf{X}_2$ 参数化

曲面积分

假设已知在曲面 S 上每一点 (x,y,z), 电荷密度为 $f(x,y,z)$[电荷/面积]. 分布在 S 上的总电荷为多少? 给定 S 的一个参数化, $\mathbf{X}(u,v)$ 定义在 D 上, 我们考虑 S 上的一个曲面片, 它为 D 中一个 Δu 乘 Δv 的矩形在 S 的像. 我们用这一曲面片上一点的密度 $f(\mathbf{X}(u,v))$ 乘以曲面片的近似面积来近似该曲面片上的电荷:

$$
f(\mathbf{X}(u,v))\|\mathbf{X}_u(u,v)\Delta u \times \mathbf{X}_v(u,v)\Delta v\| = f(\mathbf{X}(u,v))\|\mathbf{X}_u(u,v) \times \mathbf{X}_v(u,v)\||\Delta u\Delta v|.
$$

总电荷为曲面片上的电荷总和. 由此可导出 f 在 S 上的曲面积分的定义.

定义 7.9　设 S 为一个光滑曲面, $\mathbf{X}$ 是其局部参数化, 从 u,v 平面上的光滑有界集 D 到 $\mathbb{R}^3$, 假设 f 是 S 上的连续函数. f **在 S 上的曲面积分**定义为

$$
\int_S f \mathrm{d}\sigma = \int_D f(\mathbf{X}(u,v))\|\mathbf{X}_u \times \mathbf{X}_v\| \mathrm{d}u\mathrm{d}v.
$$

特别地, S 的面积为函数 $f=1$ 的积分.

例 7.35　设 S 为例 7.32—例 7.34 中的曲面 $x^2+y^2=z^2, 1 \leqslant z \leqslant 3$. 假设 S 上每一点 (x,y,z) 的电荷密度为

$$
f(x,y,z) = \mathrm{e}^{-x^2-y^2},
$$

求 S 上的总电荷. 我们将 S 参数化为

$$
\mathbf{X}(u,v) = (u\cos v, u\sin v, u), \qquad 1 \leqslant u \leqslant 3, \quad 0 \leqslant v \leqslant 2\pi.
$$

总电荷为

$$\begin{aligned}\int_S f\mathrm{d}\sigma &= \int_D f(\mathbf{X}(u,v))\|\mathbf{X}_u \times \mathbf{X}_v\|\mathrm{d}A\\ &= \int_0^{2\pi}\int_1^3 \mathrm{e}^{-u^2}\sqrt{2}u\mathrm{d}u\mathrm{d}v\\ &= 2\pi\sqrt{2}\int_1^3 \mathrm{e}^{-u^2}u\mathrm{d}u\\ &= 2\pi\sqrt{2}\left[-\frac{1}{2}\mathrm{e}^{-u^2}\right]_1^3 = \pi\sqrt{2}(\mathrm{e}^{-1}-\mathrm{e}^{-9}).\end{aligned}$$

由之前求得的面积可知, S 上的**平均**电荷密度为

$$f_{平均} = \frac{\int_S f\mathrm{d}\sigma}{\int_S \mathrm{d}\sigma} = \frac{\pi\sqrt{2}(\mathrm{e}^{-1}-\mathrm{e}^{-9})}{8\pi\sqrt{2}} = \frac{1}{8}(\mathrm{e}^{-1}-\mathrm{e}^{-9}).$$

曲面积分的性质

由二重积分的性质, 可得曲面积分有如下性质: 设 f 和 g 为连续函数, c 为常数, 则

(a) $\int_S cf\mathrm{d}\sigma = c\int_S f\mathrm{d}\sigma$.

(b) $\int_S (f+g)\mathrm{d}\sigma = \int_S f\mathrm{d}\sigma + \int_S g\mathrm{d}\sigma$.

(c) 若 $m \leqslant f \leqslant M$, 则 $mA(S) \leqslant \int_S f\mathrm{d}\sigma \leqslant MA(S)$.

我们还可以定义*分片光滑曲面*上的积分. 若 S 为有限多个光滑曲面 $S_1, \cdots, S_m$ 的并, 且它们两两只相交于共同的边界上, 例如立方体的六个面, 它们只相交于棱上, 我们有

$$\int_{S_1\cup S_2\cup\cdots\cup S_m} f\mathrm{d}\sigma = \int_{S_1} f\mathrm{d}\sigma + \cdots + \int_{S_m} f\mathrm{d}\sigma.$$

向量场穿过曲面的通量

一个常向量场 $\mathbf{U}$ 穿过由 $\mathbf{V}$ 和 $\mathbf{W}$ 张成的平行四边形, 我们在第 1 章定义了该向量场沿 $\mathbf{V}\times\mathbf{W}$ 的容积流率或**通量**为

$$\mathbf{U}\cdot(\mathbf{V}\times\mathbf{W}).$$

如图 7.28 所示. 单位法向量记为 $\mathbf{N} = \dfrac{\mathbf{V}\times\mathbf{W}}{\|\mathbf{V}\times\mathbf{V}\|}$, 平行四边形记为 S, 则 $\mathbf{U}$ 沿方向 $\mathbf{V}\times\mathbf{W}$ 穿过 S 的通量为

$$\mathbf{U}\cdot(\mathbf{V}\times\mathbf{W}) = \mathbf{U}\cdot\frac{\mathbf{V}\times\mathbf{W}}{\|\mathbf{V}\times\mathbf{W}\|}\|\mathbf{V}\times\mathbf{W}\| = \mathbf{U}\cdot\mathbf{N}A(S).$$

现假设 $\mathbf{F}$ 为一向量场, 其定义域包含光滑曲面 S, 该曲面参数化为 $\mathbf{X}$, 由 u, v 到 $\mathbb{R}^3$. 由定义 7.7 知, $\mathbf{X}_u(u,v)$ 和 $\mathbf{X}_v(u,v)$ 是线性无关的, 且决定了 S 在 $\mathbf{X}(u,v)$ 的切平面. 向量

$$\mathbf{N}(\mathbf{X}(u,v)) = \frac{1}{\|\mathbf{X}_u(u,v) \times \mathbf{X}_v(u,v)\|}\mathbf{X}_u(u,v) \times \mathbf{X}_v(u,v)$$

是 $\mathbf{X}(u,v)$ 点处的切平面的单位法向量. 如图 7.29. 我们称

$$\mathbf{F}(\mathbf{X}(u,v)) \cdot \mathbf{N}(\mathbf{X}(u,v)) = \mathbf{F}(\mathbf{X}(u,v)) \cdot \frac{\mathbf{X}_u(u,v) \times \mathbf{X}_v(u,v)}{\|\mathbf{X}_u(u,v) \times \mathbf{X}_v(u,v)\|}$$

为 $\mathbf{F}$ 在 $\mathbf{X}(u,v)$ 点处的**法向分量**. 接下来定义 $\mathbf{F}$ 穿过 S 的**通量**.

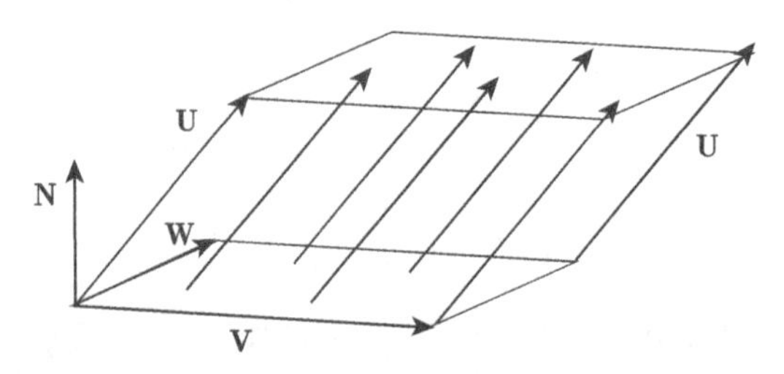

图 7.28 $\mathbf{U}$ 穿过由 $\mathbf{V}$ 和 $\mathbf{W}$ 张成的平行四边形的通量

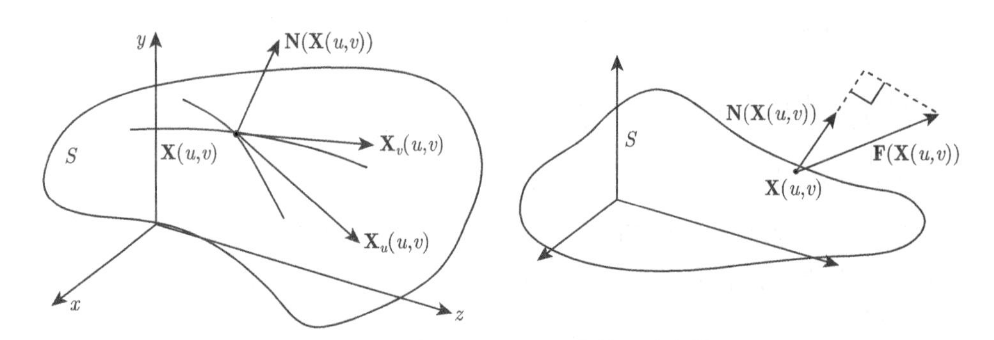

图 7.29 左: S 上点 $\mathbf{X}(u,v)$ 处的单位法向量 $\mathbf{N}$;
右: $\mathbf{F}(\mathbf{X}(u,v)) \cdot \mathbf{N}(\mathbf{X}(u,v))$ 为 $\mathbf{F}$ 在 $\mathbf{X}(u,v)$ 处的单位法向量

定义 7.10 设 S 为光滑曲面, $\mathbf{X}$ 为其参数化, 定义在 u, v 平面上的光滑有界集 D 上.

设 $\mathbf{F}(x,y,z) = (f_1\ (x,y,z), f_2(x,y,z), f_3(x,y,z))$ 为 S 上的一个连续函数. $\mathbf{F}$ 的法向分量 $\mathbf{F} \cdot \mathbf{N}$, 沿 S 的积分称为 $\mathbf{F}$ 沿法向量 $\mathbf{N}$ 穿过 S 的**通量**. 由定义可得

$$\begin{aligned}\int_S \mathbf{F} \cdot \mathbf{N} d\sigma &= \int_D \mathbf{F}(\mathbf{X}(u,v)) \cdot \mathbf{N}(\mathbf{X}(u,v)) \|\mathbf{X}_u(u,v) \times \mathbf{X}_v(u,v)\| \mathrm{d}u\mathrm{d}v \\ &= \pm \int_D \mathbf{F}(\mathbf{X}(u,v)) \cdot (\mathbf{X}_u(u,v) \times \mathbf{X}_v(u,v)) \mathrm{d}u\mathrm{d}v,\end{aligned}$$

其中 $\pm$ 的选择要使 $\pm\mathbf{X}_u(u,v)\times\mathbf{X}_v(u,v)$ 与给定的法向一致.

例 7.36 设 S 为曲面 $x^2+y^2=z^2, 1\leqslant z\leqslant 3$. 求 $\mathbf{F}(x,y,z)=(-y,x,z)$ 穿过 S 的通量, $\int_S \mathbf{F}\cdot\mathbf{N}\mathrm{d}\sigma$, 其中 $\mathbf{N}$ 指向 z 轴反向. 由例 7.33 可知

$$\mathbf{X}(u,v)=(u\cos v, u\sin v, u),\quad 1\leqslant u\leqslant 3,\quad 0\leqslant v\leqslant 2\pi$$

为 S 的一个参数表示,

$$\begin{aligned}\mathbf{X}_u(u,v)&=(\cos v,\sin v,\ 1),\\ \mathbf{X}_v(u,v)&=(-u\sin v, u\cos v, 0),\\ \mathbf{X}_u(u,v)\times\mathbf{X}_v(u,v)&=(-u\cos v,-u\sin v,u),\\ \|\mathbf{X}_u(u,v)\times\mathbf{X}_v(u,v)\|&=\sqrt{2}u.\end{aligned}$$

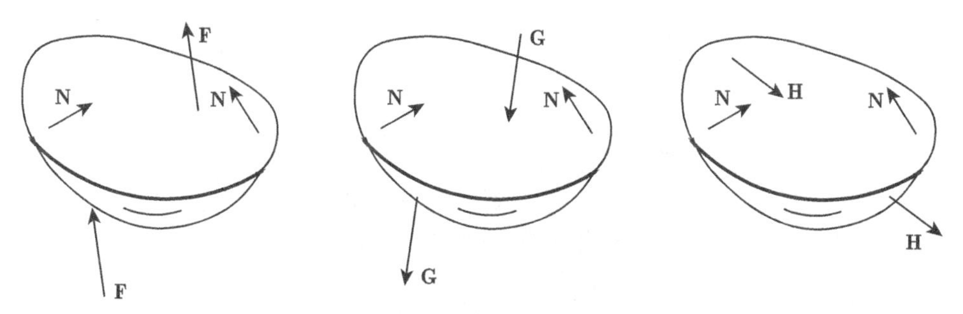

图 7.30 左侧: **F** 穿过 S 的通量为正, 中间 **G** 穿过 S 的通量为负,
右侧: **H** 我们无法一眼看出其通量的正负

向量

$$\mathbf{N}(u,v)=\frac{\mathbf{X}_u(u,v)\times X_v(u,v)}{\|\mathbf{X}_u(u,v)\times X_v(u,v)\|}=\frac{(-u\cos v,-u\sin v,u)}{\sqrt{2}u}=\frac{(-\cos v,-\sin v,1)}{\sqrt{2}}$$

是 S 在 $\mathbf{X}(u,v)$ 处的一个单位法向量. 在 $u=2, v=\dfrac{\pi}{2}$ 处, $\mathbf{X}=(0,2,2)$, 而向量

$$\mathbf{N}\left(2,\frac{\pi}{2}\right)=\frac{\left(-\cos\dfrac{\pi}{2},-\sin\dfrac{\pi}{2},1\right)}{\sqrt{2}}=\left(0,-\frac{1}{\sqrt{2}},\frac{1}{\sqrt{2}}\right)$$

指向 z 轴, 如图 7.31 所示. 而 $\mathbf{X}=(0,2,2)$ 处的单位法向量是远离 z 轴的, 所以要得到 $\mathbf{F}$ 沿着离开 z 轴的方向穿过 S 的净通量, 我们就要用

$$-\mathbf{X}_u(u,v)\times\mathbf{X}_v(u,v)=(u\cos v, u\sin v,-u).$$

$$\int_S \mathbf{F}\cdot\mathbf{N}\mathrm{d}\sigma=\int_0^{2\pi}\int_1^3 \mathbf{F}(\mathbf{X}(u,v))\cdot(\mathbf{X}_v(u,v)\times\mathbf{X}_u(u,v))\mathrm{d}u\mathrm{d}v$$

$$= \int_0^{2\pi} \int_1^3 (-u\sin v, u\cos v, u) \cdot (u\cos v, u\sin v, -u) \mathrm{d}u\mathrm{d}v$$

$$= \int_0^{2\pi} \int_1^3 (-u^2) \mathrm{d}u\mathrm{d}v = 2\pi \left[-\frac{1}{3}u^3 \right]_1^3$$

$$= \frac{1}{3} 2\pi(-26) = -\frac{52}{3}\pi.$$

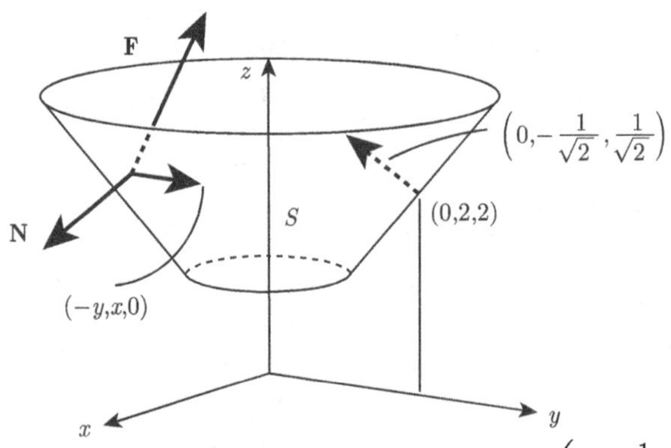

图 7.31　例 7.36 中点 $(0,2,2)$ 处的一个单位法向量 $\left(0,-\dfrac{1}{\sqrt{2}},\dfrac{1}{\sqrt{2}}\right)$, 指向圆锥面内部, 朝向 z 轴

曲面的定向

注意, 在通量积分 $\int_S \mathbf{F}\cdot\mathbf{N}\mathrm{d}\sigma$ 的定义中, 有一个很重要的事情, 要选择 $\pm$ 使得 $\pm\mathbf{X}_u(u,v)\times\mathbf{X}_v(u,v)$ 与给定的法向量 $\mathbf{N}$ 方向一致. S 的法向量有两种选择. 对封闭的曲面, 它可以有一组指向外的单位法向量, 还可以有一组指向内部的单位法向量. 在例 7.28 中, 我们将原点为心、半径为 3 的球面参数化为

$$\mathbf{X}(u,v) = (3\cos v\sin u, 3\sin v\sin u, 3\cos u), \qquad 0 \leqslant u \leqslant \pi, \quad 0 \leqslant v \leqslant 2\pi.$$

单位法向量

$$\frac{\mathbf{X}_u(u,v)\times\mathbf{X}_v(u,v)}{\|\mathbf{X}_u(u,v)\times\mathbf{X}_v(u,v)\|}$$

指向何方? 我们发现 $\mathbf{X}_u(u,v)\times\mathbf{X}_v(u,v) = 9\sin u(\cos v\sin u, \sin v\sin u, \cos u)$, 其中 $\sin u$ 为正, 这是球面上点 $\mathbf{X}(u,v)$ 的正的倍数, 因此这些法向量指向外.

如果我们为法向量选择了一个指向, 此时称曲面 S 是**定向的**. 设曲面 S 为 n 个定向曲面 $S_1,\cdots,S_n$ 的并, 若可以选取单位法向量, 使得若曲面间的边是可光滑化的, 我们可以将法向量连续地延拓出光滑化的边界之外, 此时, 曲面 S 称为**可定向的**. 我们再看一个例子.

例 7.37 设正方形 S_1 和 S_2 参数化为

$$\begin{aligned}\mathbf{X}_1(x,y)&=(x,y,4), \quad 0\leqslant x\leqslant 1, \quad 2\leqslant y\leqslant 3,\\ \mathbf{X}_2(x,z)&=(x,3,z), \quad 0\leqslant x\leqslant 1, \quad 4\leqslant z\leqslant 5.\end{aligned}$$

如图 7.32 所示. S_1 的单位法向量为 $(0,0,1)$ 或 $(0,0,-1)$, S_2 的单位法向量为 $(0,1,0)$ 或 $(0,-1,0)$. 要使 $S=S_1\cup S_2$ 为定向曲面, 我们需要选择相容的单位法向量, 故如图示中间的曲面上,

$$\mathbf{N}(\mathbf{X})=\begin{cases}(0,0,-1), & \mathbf{X}\in S_1,\\ (0,1,0), & \mathbf{X}\in S_2.\end{cases}$$

如图示左侧的曲面上,

$$\mathbf{N}(\mathbf{X})=\begin{cases}(0,0,1), & \mathbf{X}\in S_1,\\ (0,-1,0), & \mathbf{X}\in S_2.\end{cases}$$

图 7.32 中右侧曲面有两个面组成, 是可定向的, 但是这样取单位法向量的话, 无法得到一个定向的曲面.

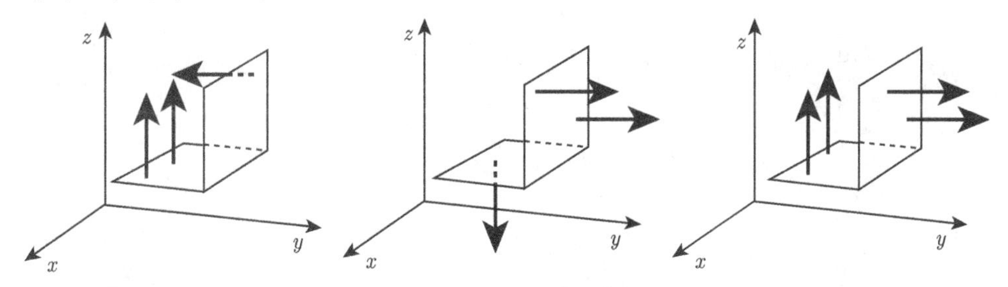

图 7.32 例 7.37 中的曲面, 左侧与中间的曲面是定向的; 右侧曲面不是定向的

不是所有的曲面都是可定向的, 或者说有两个面的. 拿一根纸带, 将其扭转半圈[①], 并将短的两边粘在一起, 成为一根默比乌斯带. 在将纸带的两端粘起来之前, 这个纸带还是可定向的. 它有两个面. 但是当扭转并将两端粘接起来, 任何法向量沿曲面绕行一周以后, 方向与原来相反.

向量场穿过曲面的流量这一概念只对可定向曲面有意义, 因此我们只研究可定向曲面的情形.

例 7.38 求 $\mathbf{F}(x,y,z)=(x^2,y+1,z-y)$ 朝外穿过 S 的通量. 其中 S 为盒子 $[0,2]\times[0,\ 3]\times[0,4]$ 的表面, 如图 7.33 所示.

$$\int_S \mathbf{F}\cdot\mathbf{N}\mathrm{d}\sigma=\int_{S_1\cup S_2\cup S_3\cup S_4\cup S_5\cup S_6}\mathbf{F}\cdot\mathbf{N}\mathrm{d}\sigma$$

① 180°. 默比乌斯带只有一个面.——译者注.

$$
\begin{aligned}
&= \int_{S_1} \mathbf{F}\cdot\mathbf{N}\mathrm{d}\sigma + \int_{S_2} \mathbf{F}\cdot\mathbf{N}\mathrm{d}\sigma + \int_{S_3} \mathbf{F}\cdot\mathbf{N}\mathrm{d}\sigma \\
&\quad + \int_{S_4} \mathbf{F}\cdot\mathbf{N}\mathrm{d}\sigma + \int_{S_5} \mathbf{F}\cdot\mathbf{N}\mathrm{d}\sigma + \int_{S_6} \mathbf{F}\cdot\mathbf{N}\mathrm{d}\sigma,
\end{aligned}
$$

将 S_1 参数化为 $\mathbf{X}_1(y,z)=(2,y,z)$. 朝外的单位法向量为 $(1,0,0)$ 且有

$$
\int_{S_1} \mathbf{F}\cdot\mathbf{N}\mathrm{d}\sigma = \int_0^4\int_0^3 (2^2, y+1, z-y)\cdot(1,\ 0,0)\mathrm{d}y\mathrm{d}z = 4\cdot 12 = 48.
$$

类似地,

$$
\begin{aligned}
\int_{S_2} \mathbf{F}\cdot\mathbf{N}\mathrm{d}\sigma &= \int_0^4\int_0^3 (0, y+1, z-y)\cdot(-1,\ 0,0)\mathrm{d}y\mathrm{d}z = 0, \\
\int_{S_3} \mathbf{F}\cdot\mathbf{N}\mathrm{d}\sigma &= \int_0^4\int_0^2 (x^2, 3+1, z-3)\cdot(0,1,\ 0)\mathrm{d}x\mathrm{d}z = 4\cdot 8 = 32, \\
\int_{S_4} \mathbf{F}\cdot\mathbf{N}\mathrm{d}\sigma &= \int_0^4\int_0^2 (x^2, 1, z-0)\cdot(0,-1,0)\mathrm{d}x\mathrm{d}z = -1\cdot 8 = -8, \\
\int_{S_5} \mathbf{F}\cdot\mathbf{N}\mathrm{d}\sigma &= \int_0^3\int_0^2 (x^2, y+1, 4-y)\cdot(0,0,1)\mathrm{d}x\mathrm{d}y = 2\left[-\frac{1}{2}(4-y)^2\right]_0^3 = 15, \\
\int_{S_6} \mathbf{F}\cdot\mathbf{N}\mathrm{d}\sigma &= \int_0^3\int_0^2 (x^2, y+1,\ 0-y)\cdot(0,0,-1)\mathrm{d}x\mathrm{d}y = 2\left[\frac{1}{2}y^2\right]_0^3 = 9.
\end{aligned}
$$

从而

$$
\int_S \mathbf{F}\cdot\mathbf{N}\mathrm{d}\sigma = 48+0+32-8+15+9 = 96.
$$

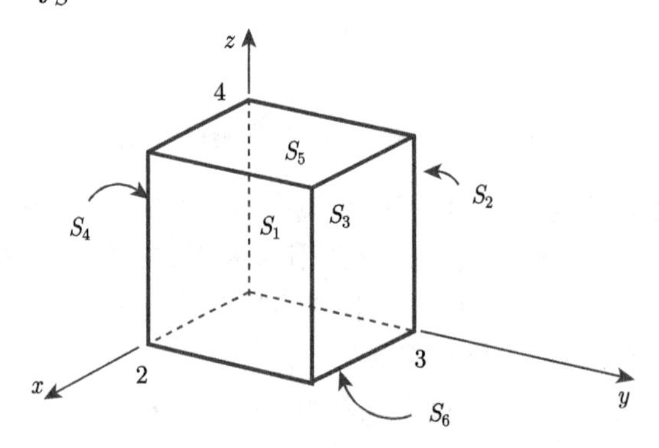

图 7.33　例 7.38 中盒子的表面 S

求 F 穿过 S 的通量的另一种办法

若 S 为 D 上一个 C^1 函数 $z=f(x,y)$ 的图, 我们也可以将 S 看作 C^1 函数 g 的水平集, 其中 g 为从 $\mathbb{R}^3$ 到 $\mathbb{R}$ 的函数.

$$
g(x,y,z) = z - f(x,y) = 0.
$$

因为 g 的梯度在 S 上每一点都是垂直于 S, 而

$$\nabla g(x,y,z)=(-f_x(x,y),\ -f_y(x,y),\ 1),$$

所以 S 上一点 $(x,y,f(x,y))$ 的单位法向量有两个:

$$\mathbf{N}=\pm\frac{(-f_x(x,y),-f_y(x,y),1)}{\sqrt{f_x^2+f_y^2+1}}.$$

注意到

$$\mathbf{N}\cdot(0,0,1)=\pm\frac{1}{\sqrt{f_x^2+f_y^2+1}}$$

为 $\pm\cos\theta$, 其中 θ 为 S 在点 $(x,y,f(x,y))$ 处的切平面与 x,y 平面的夹角. 如图 7.34 所示. 这给我们提供了一种办法, 可以用来估计坐落在 x,y 平面的区域 D 中一小部分之上的 S 的面积. 即 x,y 平面上那一小部分的面积乘以 $\cos\theta$ 的倒数, $\mathrm{d}\sigma\approx\sqrt{f_x^2+f_y^2+1}\,\mathrm{d}A$. 因此 $\mathbf{F}$ 朝上侧穿过 S 的通量为

$$\int_S\mathbf{F}\cdot\mathbf{N}\mathrm{d}\sigma=\int_D\mathbf{F}(x,y,f(x,y))\cdot(-f_x(x,y),\ -f_y(x,y),\ 1)\mathrm{d}x\mathrm{d}y,$$

其中 D 为 f 的定义域, S 为 f 在 D 上的图像.

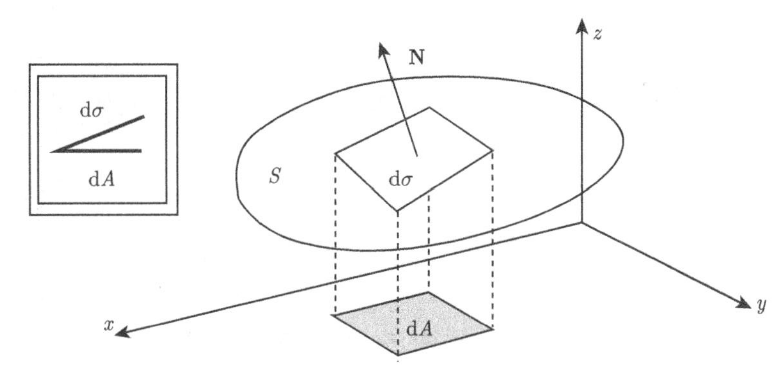

图 7.34 切平面和 x,y 平面的夹角, $\mathbf{N}$ 朝上

例 7.39 设曲面 S 为函数 $f(x,y)=x^2+y^2$ 在矩形 $R=[0,1]\times[0,3]$ 上的图像部分, 单位法向量 $\mathbf{N}$ 的 z 分量为负值. $\mathbf{F}(x,y,z)=(-x,3,z)$ 穿过 S 的通量为

$$\begin{aligned}\int_S\mathbf{F}\cdot\mathbf{N}\mathrm{d}\sigma&=\int_D\mathbf{F}(x,y,f(x,y))\cdot(f_x(x,y),f_y(x,y),-1)\mathrm{d}x\mathrm{d}y\\&=\int_0^3\int_0^1(-x,3,x^2+y^2)\cdot(2x,2y,-1)\mathrm{d}x\mathrm{d}y\\&=\int_0^3\int_0^1(-3x^2-y^2+6y)\mathrm{d}x\mathrm{d}y=15.\end{aligned}$$

利用几何办法计算 $\int_S \mathbf{F}\cdot\mathbf{N}\mathrm{d}\sigma$

有时候, 利用向量场 $\mathbf{F}$ 和曲面 S 的特殊几何关系, 我们不需要参数化, 也可以计算通量积分.

例 7.40　设 $\mathbf{F}(\mathbf{X}) = -\dfrac{\mathbf{X}}{\|\mathbf{X}\|^3}$ 是平方反比向量场. 求出 $\mathbf{F}$ 朝外通过原点为心、R 为半径的球面 S_R 的通量. $\mathbf{F}(\mathbf{X})$ 的方向与 $\mathbf{X}$ 相反, 且 $\|\mathbf{F}(\mathbf{X})\| = \|\mathbf{X}\|^{-2} = R^{-2}$. 外单位法向量 $\mathbf{N}(\mathbf{X}) = \dfrac{\mathbf{X}}{\|\mathbf{X}\|}$ 指向 $\mathbf{F}(\mathbf{X})$ 的反方向. 因此

$$\mathbf{F}(\mathbf{X})\cdot\mathbf{N}(\mathbf{X}) = \|\mathbf{F}(\mathbf{X})\|\|\mathbf{N}(\mathbf{X})\|\cos\theta = \|\mathbf{F}(\mathbf{X})\|(1)(-1) = -R^{-2}.$$

$\mathbf{F}$ 朝外通过 S_R 的通量为

$$\int_{S_R} \mathbf{F}\cdot\mathbf{N}\mathrm{d}\sigma = \int_{S_R} -\frac{1}{R^2}\mathrm{d}\sigma = -\frac{1}{R^2}A(S_R) = -\frac{1}{R^2}4\pi R^2 = -4\pi.$$

在例 7.40 中, 若我们计算该向量场朝向球面内部的通量, 用向内的单位法向量, $\mathbf{F}$ 和 $\mathbf{N}$ 之间夹角的余弦应该是 1, 而不是 -1. $\mathbf{F}$ 向内穿过 S 的通量为 4π.

例 7.41　假设在曲面 S 上每一点, $\mathbf{F}(\mathbf{X})$ 切于 S. 求 $\mathbf{F}$ 穿过 S 的通量. 由于 $\mathbf{F}(\mathbf{X})$ 切于 S, $\mathbf{F}(\mathbf{X})\cdot\mathbf{N}(\mathbf{X}) = 0$ 在每一点都成立, 故

$$\int_S \mathbf{F}\cdot\mathbf{N}\mathrm{d}\sigma = 0.$$

例 7.42　求 $\mathbf{F}(x,y,z) = (x, y+3x^2, z)$ 朝外穿过原点为心、半径为 R 的球面的通量. 在球面上任一点 (x,y,z), 外单位法向量为

$$\mathbf{N} = \frac{(x,y,z)}{\sqrt{x^2+y^2+z^2}} = \frac{1}{R}(x,y,z).$$

通量为

$$\begin{aligned}\int_S \mathbf{F}\cdot\mathbf{N}\mathrm{d}\sigma &= \int_S (x, y+3x^2, z)\cdot\left(\frac{1}{R}(x,y,z)\right)\mathrm{d}\sigma\\ &= \frac{1}{R}\int_S \left(x^2+y^2+3x^2y+z^2\right)\mathrm{d}\sigma\\ &= \frac{1}{R}\left(\int_S \left(x^2+y^2+z^2\right)\mathrm{d}\sigma + 3\int_S (x^2y)\mathrm{d}\sigma\right).\end{aligned}$$

在球面 S 上有 $x^2+y^2+z^2=R^2$, 因此第一个积分为

$$\int_S (x^2+y^2+z^2)\mathrm{d}\sigma = R^2\int_S \mathrm{d}\sigma = R^2A(S) = 4\pi R^4.$$

由对称性,可知第二个积分 $\int_S (x^2y)\mathrm{d}\sigma$ 为零 (见问题 7.37). 因此通量为 $R^{-1}(4\pi R^4) = 4\pi R^3$.

问题

7.31 分别建立 $z=x^2+y^2$ 和 $z=x^2-y^2$ 在 $\mathbb{R}^2$ 中光滑有界集 D 上的图像的面积的积分. 证明对所有的 D, 两个图像的面积都是相等的.

7.32 设 S_1 为平面

$$\frac{2}{7}x+\frac{3}{7}y+\frac{6}{7}z=10$$

在 x,y 平面中矩形 $0\leqslant x\leqslant 1, 0\leqslant y\leqslant 1$ 之上的部分. S_2 为同一平面在 y,z 平面中矩形 $0\leqslant y\leqslant 1, 0\leqslant z\leqslant 1$ 之上的部分. 证明 $A(S_1)=\dfrac{7}{6}, A(S_2)=\dfrac{7}{2}$.

7.33 设 $a^2+b^2+c^2=1$, S 为平面 $ax+by+cz=d$ 在 x,y 平面中矩形 D 之上的部分. 证明

$$|c|A(S)=A(D).$$

7.34 设 R 为球面半径. 阿基米德的一个经典的发现, 其中有一部分是说高为 h 球冠的面积为 $2\pi Rh$, 与高度同为 h、半径同为 R 的圆柱面面积相等.

(a) 证明例 7.31 中的表达式 $(R-(R^2-a^2)^{1/2})$ 为球冠的高度, 故而可证阿基米德的结果.

(b) 不用计算任何曲面积分, 推导出阿基米德的另一发现: 球面上每一段高为 h 的部分的面积都相同. 如图 7.35 所示.

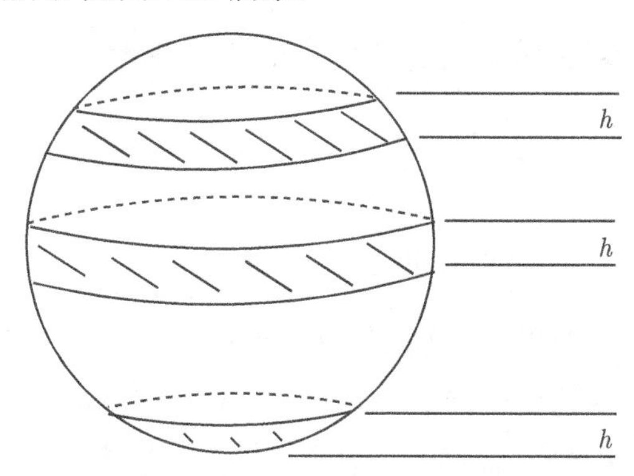

图 7.35 问题 7.34 中, 球面上相同高度的截面具有相同的面积

7.35 设 $\mathbf{X}(u,v)=(\sqrt{2}uv,u^2,v^2)$ $(1\leqslant u\leqslant 2, 1\leqslant v\leqslant 2)$.

(a) 计算 $\mathbf{X}_u, \mathbf{X}_v$ 和 $\mathbf{X}_u\times\mathbf{X}_v$.

(b) 证明 $\mathbf{X}$ 是 S 在 $\mathbb{R}^3$ 中的一个参数化, 且在 S 上每一点 (x,y,z), 都有 $x^2=2yz$.

(c) 求 S 的面积.

(d) 计算积分 $\displaystyle\int_S y\mathrm{d}\sigma$.

7.36　设 S 为 $\mathbb{R}^3$ 中的圆柱面: $x^2+y^2=r^2$, $0\leqslant z\leqslant h$, 其中 r 和 h 是正的常数.

(a) 证明下列 $\mathbf{X}$ 为 S 的一个参数化

$$\mathbf{X}(u,v)=(r\cos u, r\sin u, v),\qquad 0\leqslant u\leqslant 2\pi,\quad 0\leqslant v\leqslant h.$$

(b) 由 $\mathbf{X}(u,v)$ 证明 S 的面积为 $2\pi rh$.

(c) 计算 $\int_S y\mathrm{d}\sigma$.

(d) 计算 $\int_S y^2\mathrm{d}\sigma$.

7.37　设 S 为 $\mathbb{R}^3$ 中以原点为心的单位球面. S 具有对称性: S 上任意点 (x,y,z), $(-x,-y,-z)$ 也在 S 上. 证明

$$\int_S x^2y\mathrm{d}\sigma=0.$$

7.38　设 S 为 $\mathbb{R}^3$ 中以原点为心的单位球面. 尽量少计算, 估计出下列几项.

(a) $\int_S 1\mathrm{d}\sigma$.

(b) $\int_S \|\mathbf{X}\|^2\mathrm{d}\sigma$.

(c) 试用对称或参数化的办法而不用计算积分, 证明

$$\int_S x_1^2\mathrm{d}\sigma=\int_S x_2^2\mathrm{d}\sigma=\int_S x_3^2\mathrm{d}\sigma.$$

(d) 利用 (b) 和 (c) 的结果求出 $\int_S x_1^2\mathrm{d}\sigma$ 的值.

7.39　设 S 为 $\mathbb{R}^3$ 中以原点为心的单位球面.

(a) 证明在 S 上, $x_1^4+x_2^4+x_3^4+2(x_1^2x_2^2+x_2^2x_3^2+x_3^2x_1^2)=1$ 成立.

(b) 用球面坐标计算 $\int_S x_3^4\mathrm{d}\sigma$.

(c) 利用 (a),(b) 及对称性, 计算 $\int_S x_1^2x_2^2\mathrm{d}\sigma$.

7.40　设 S 为 $\mathbf{V}$ 和 $\mathbf{W}$ 张成的平行四边形, $\mathbf{N}=\dfrac{\mathbf{V}\times\mathbf{W}}{\|\mathbf{V}\times\mathbf{W}\|}$. 证明常值向量场 $\mathbf{F}$ 穿过 S 的通量为

$$\int_S \mathbf{F}\cdot\mathbf{N}\mathrm{d}\sigma=\mathbf{F}\cdot\mathbf{N}A(S).$$

7.41　求常值向量场 $\mathbf{F}=(2,3,4)$ 分别通过图 7.36 中四个定向曲面的通量.

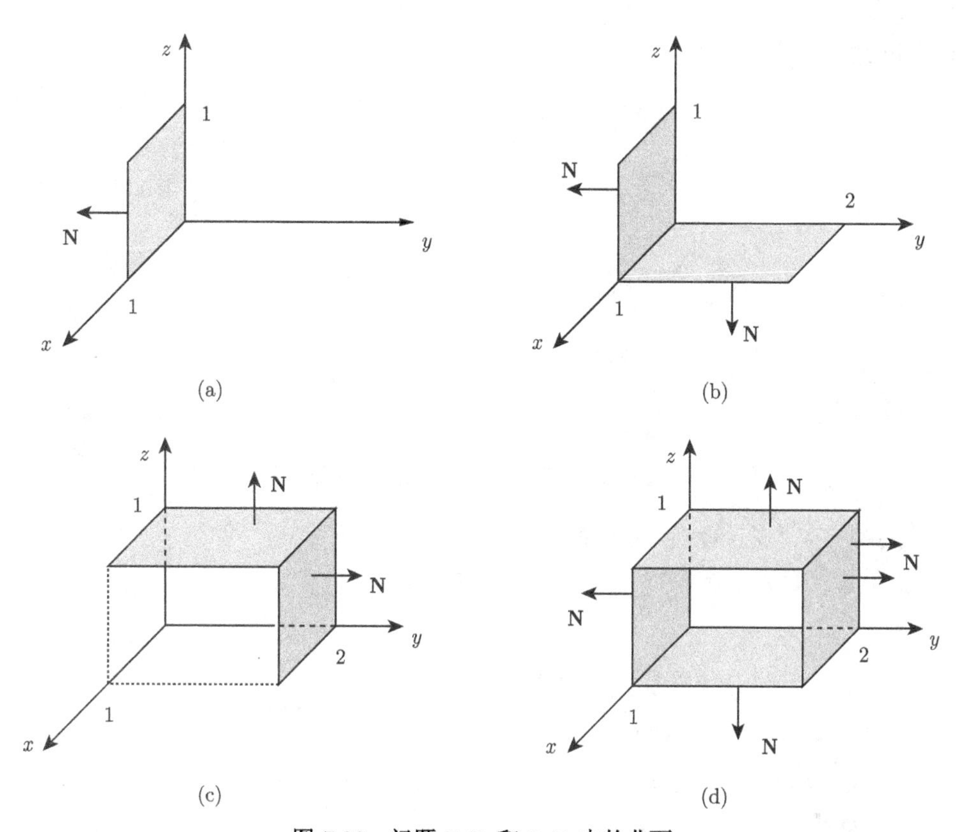

图 7.36 问题 7.41 和 7.42 中的曲面

7.42 求向量场 $\mathbf{F}=(2y,3z,4x)$ 通过图 7.36 所示曲面 (a) 的通量.

7.43 求 $\mathbf{F}=(2y,3z,4x)$ 穿过由 $\mathbf{V}=(1,1,1)$ 和 $\mathbf{W}=(0,0,2)$ 张成的平行四边形的通量, 朝向为 $\mathbf{V}\times\mathbf{W}$.

7.44 设 S 为图 7.37 所示定向曲面. 不用计算, 确定下列哪个通量是正的.

(a) $\displaystyle\int_S(0,1,0)\cdot\mathbf{N}\mathrm{d}\sigma$.

(b) $\displaystyle\int_S(0,3y,0)\cdot\mathbf{N}\mathrm{d}\sigma$.

(c) $\displaystyle\int_S(1,3y,0)\cdot\mathbf{N}\mathrm{d}\sigma$.

(d) $\displaystyle\int_S(x^3,0,5)\cdot\mathbf{N}\mathrm{d}\sigma$.

7.45 假设 $\mathbf{A},\mathbf{B},\mathbf{C},\mathbf{D}$ 为 $\mathbb{R}^3$ 中的列向量, 且

$$\underbrace{[\,\mathbf{A}\quad\mathbf{B}\,]}_{3\times2}\begin{bmatrix}a & b\\ c & d\end{bmatrix}=\underbrace{[\,\mathbf{C}\quad\mathbf{D}\,]}_{3\times2},$$

验证下列论证从而证明

$$(ad-bc)\mathbf{A}\times\mathbf{B}=\mathbf{C}\times\mathbf{D}. \tag{7.5}$$

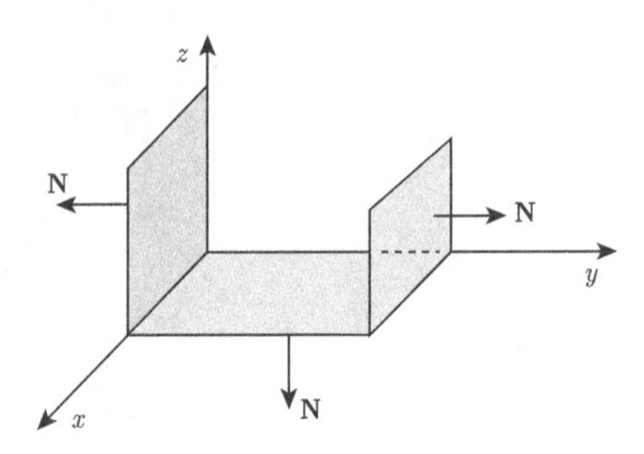

图 7.37　问题 7.44 中的定向曲面

注解　在“变量替换”时可利用该公式.

(a) 若我们加入第三列 $\mathbf{Y}$, 生成一个方阵, 则

$$\underbrace{\begin{bmatrix}\mathbf{A} & \mathbf{B} & \mathbf{Y}\end{bmatrix}}_{3\times 3}\begin{bmatrix}b & a & 0\\ d & c & 0\\ 0 & 0 & 1\end{bmatrix}=\underbrace{\begin{bmatrix}\mathbf{C} & \mathbf{D} & \mathbf{Y}\end{bmatrix}}_{3\times 3}.$$

(b) 则 $\mathbf{Y}\cdot(\mathbf{A}\times\mathbf{B})(ad-bc)=\mathbf{Y}\cdot(\mathbf{C}\times\mathbf{D})$.

(c) 总结可得式 (7.5).

7.46　在第 8 章我们会看到, 流体穿过曲面 S 的通量为

$$\int_S(\rho\mathbf{V})\cdot\mathbf{N}\mathrm{d}\sigma,$$

其中 ρ 为流体密度, $\mathbf{V}$ 为速度. 计算下列两种情况下的积分:

(a) S 是个正方形, 平行于 x,y 平面, 面积为 A, 单位法向量为 $\mathbf{N}=(0,0,1)$. ρ 是一个常数, $\mathbf{V}=(a,b,c)$ 是一个常值向量.

(b) S 是个正方形, 平行于 x,y 平面, 面积为 A, 单位法向量为 $\mathbf{N}$. ρ 是一个常数, $\mathbf{V}=k\mathbf{N}$ 是常值向量.

7.47　在第 8 章我们会看到, 流体力矩穿过曲面 S 的通量为向量值 (按分量积分):

$$\int_S(\rho\mathbf{V})\mathbf{V}\cdot\mathbf{N}\mathrm{d}\sigma,$$

其中 ρ 为流体密度, $\mathbf{V}$ 为速度. 计算下列两种情况下的积分:

(a) S 是个正方形, 平行于 x,y 平面, 面积为 A, 单位法向量为 $\mathbf{N}=(0,0,1)$. ρ 是一个常数, $\mathbf{V}=(a,b,c)$ 是一个常值向量.

(b) S 是个正方形, 平行于 x, y 平面, 面积为 A, 单位法向量为 $\mathbf{N}$. ρ 是一个常数, $\mathbf{V} = k\mathbf{N}$ 是常值向量.

7.48 设 S 为平面

$$3x - 2y + z = 10$$

上位于 x, y 平面上的正方形区域 $D = [0,1] \times [0,1]$ 之上的部分, 取朝上的法向量 $\mathbf{N}$, 即 z 分量是正的.

(a) 将该平面表示为关于 x 和 y 的某个函数的图, 并求出 $\mathbf{N}$.

(b) 求出 S 的面积, 并证明 S 的面积不小于 D 的面积.

(c) 设 $\mathbf{F}$ 为常值向量场 (a, b, c). 求 $\mathbf{F}$ 穿过 S 的通量.

7.49 设 S 为 $\mathbb{R}^3$ 中原点为心、半径为 $R > 0$ 的球面. 考虑平方反比向量场 $\mathbf{F}(\mathbf{X}) = \dfrac{\mathbf{X}}{\|\mathbf{X}\|^3}$. 证明向外的通量为

$$\int_S \mathbf{F} \cdot \mathbf{N} \mathrm{d}\sigma = 4\pi,$$

由此可知通量不依赖于 S 的半径. 如图 7.38 所示.

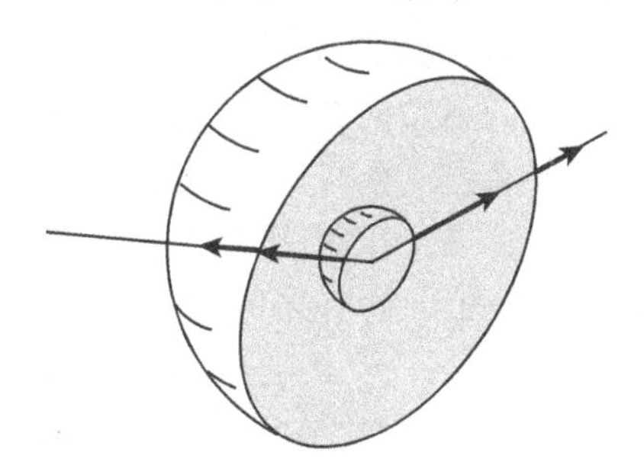

图 7.38 问题 7.49 和 7.50 中平方反比向量场穿过球面的通量

7.50 设 S 为 $\mathbb{R}^3$ 中原点为心、半径为 $R > 0$ 的球面. 考虑如下形式的向量场

$$\mathbf{F}(\mathbf{X}) = k(\|\mathbf{X}\|)\mathbf{X},$$

其中 k 为只与模长 $\|\mathbf{X}\|$ 有关的函数. 假设朝外的通量 $\int_S \mathbf{F} \cdot \mathbf{N} \mathrm{d}\sigma$ 不依赖于 S 的半径. 证明 $k(\|\mathbf{X}\|)$ 为 $\|\mathbf{X}\|^{-3}$ 的某个倍数. 如图 7.38 所示.

7.51 假设曲面 S 可由 $\mathbf{X}(u, v)$ 参数化, 其中 (u, v) 为某个光滑有界集 D 上的点, k 是一个正数. 设 T 为满足下列条件的集合

$$\mathbf{Y}(u, v) = k\mathbf{X}(u, v), \qquad (u, v) \in D.$$

证明 T 是一个光滑曲面, 且可由 $\mathbf{Y}$ 参数化表示. 证明

$$A(T) = k^2 A(S).$$

第 8 章　散度定理、斯托克斯定理、守恒律

摘要　本章将揭示一元函数微分与积分之间关系的基本定理如何推广到多元函数, 即格林定理与斯托克斯定理.

8.1　平面上的格林定理和散度定理

一元函数的微积分基本定理表明微分与积分是一组逆运算. 更确切地讲, 若函数 f 具有连续导数 f', 则

$$\int_a^b f'(x)\mathrm{d}x = f(b) - f(a). \tag{8.1}$$

具有一阶连续偏导数的二元函数的类似结果称为散度定理. 如下面所述, 这一结果可通过对其中一个变量应用一元函数的结果并对另一个变量积分得到.

首先考虑平面上光滑有界集 D, 且关于 x, y 坐标都是简单的情形. 记 D 的边界为 ∂D. 令 c 和 d 分别表示 D 中点 (x, y) 的纵坐标 y 的最小值和最大值. 因为 D 是 x 坐标简单的, 所以对任意介于 c 和 d 之间的 y_0, D 内点集 (x, y_0) 是一水平区间 $[a(y_0), b(y_0)]$, 且 $a(y)$ 和 $b(y)$ 在 $[c, d]$ 上都是连续的. 令 a 和 b 分别表示 D 内点 (x, y) 的横坐标 x 的最小值和最大值. 因为 D 是 y 坐标简单的, 所以对每一个介于 a 和 b 之间的 x_0, D 内点集 (x_0, y) 是一竖直区间 $[c(x_0), d(x_0)]$, 且 $c(x)$ 和 $d(x)$ 在 $[a, b]$ 上都是连续的. 见图 8.1.

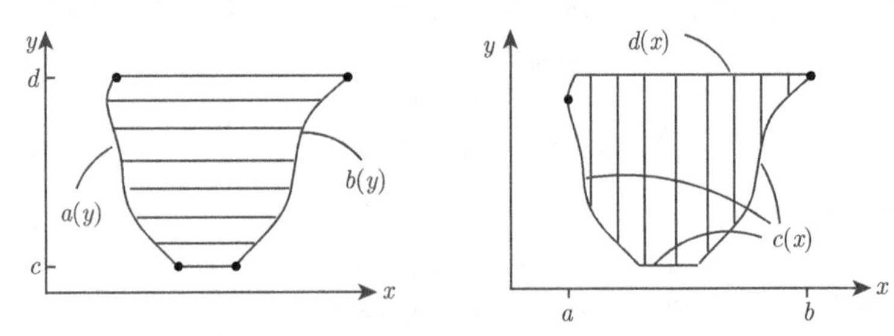

图 8.1　左: D 是 x 坐标简单区域, 边界函数为 $x = a(y)$ 及 $x = b(y)$;
右: D 是 y 坐标简单区域, 边界函数为 $y = c(x)$ 及 $y = d(x)$

图 8.1 给出的区域关于 x, y 坐标都是简单的, 而图 8.2 给出的区域只有其中某一个坐标是简单的. 设 f 在 D 上具有一阶连续偏导数 f_x 和 f_y. 将 y 固定并利用

一元函数的微积分基本定理可得

$$\int_{a(y)}^{b(y)} f_x(x,y)\mathrm{d}x = f(b(y),y) - f(a(y),y),$$

其中 y 介于 c 和 d 之间.

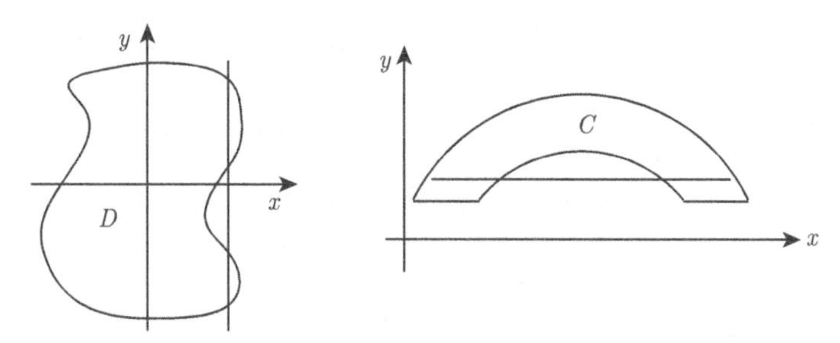

图 8.2 左: D 是 x 坐标简单, 而非 y 坐标简单的; 右: C 是 y 坐标简单, 而非 x 坐标简单的

上式对 y 从 c 到 d 积分可得

$$\int_c^d \int_{a(y)}^{b(y)} f_x(x,y)\mathrm{d}x\mathrm{d}y = \int_c^d \Big(f(b(y),y) - f(a(y),y)\Big)\mathrm{d}y.$$

左边的累次积分是 f_x 在 D 上的积分, $\displaystyle\int_D f_x \mathrm{d}x\mathrm{d}y$. 进一步可以看出右边的积分等于按逆时针方向沿边界 D 的曲线积分

$$\int_{\partial D} f\mathrm{d}y,$$

∂D 在 $x = b(y)$ 部分的参数化取作 $\mathbf{X}_1(y) = (b(y), y)$, 其中 y 从 c 增大到 d, 而 ∂D 在 $x = a(y)$ 部分的参数化取作 $\mathbf{X}_2(y) = (a(y), y)$, 其中 y 从 d 减小到 c.

因此积分可写为

$$\int_D f_x \mathrm{d}x\mathrm{d}y = \int_{\partial D} f\mathrm{d}y. \tag{8.2}$$

设 g 为 D 上另一连续可微函数. 则对于 g_y 在 D 上的积分, 有如下类似的公式:

$$\int_a^b \int_{c(x)}^{d(x)} g_y(x,y)\mathrm{d}y\mathrm{d}x = \int_a^b \Big(g(x,d(x)) - g(x,c(x))\Big)\mathrm{d}x.$$

左边是 $\displaystyle\int_D g_y \mathrm{d}x\mathrm{d}y$, 右边等于 g 在 ∂D 上沿顺时针方向的曲线积分. 若沿逆时针方向, 则有

$$\int_D g_y \mathrm{d}x\mathrm{d}y = -\int_{\partial D} g\mathrm{d}x. \tag{8.3}$$

将 (8.2) 与 (8.3) 两式相加可得

$$\int_D (f_x + g_y)\mathrm{d}x\mathrm{d}y = \int_{\partial D} f\mathrm{d}y - g\mathrm{d}x. \tag{8.4}$$

我们用向量的语言重述这一结果. 设 $\mathbf{X}(s) = (x(s), y(s))$ 为 D 的边界, s 是沿逆时针方向增加的弧长参数. s 介于 0 和 ∂D 的长度之间. 由于切向量 $\left(\frac{\mathrm{d}x}{\mathrm{d}s}, \frac{\mathrm{d}y}{\mathrm{d}s}\right)$ 在 ∂D 上每一点处模长为 1, 因此 $\mathbf{N} = \left(\frac{\mathrm{d}y}{\mathrm{d}s}, -\frac{\mathrm{d}x}{\mathrm{d}s}\right)$ 是单位外法向量. 回顾 3.5 节中的定义 $\mathrm{div}\ \mathbf{F} = f_x + g_y$, 其中 $\mathbf{F} = (f, g)$. 因此我们可将 (8.4) 写成

$$\int_D \mathrm{div}\ \mathbf{F}\mathrm{d}x\mathrm{d}y = \int_{\partial D} \mathbf{F}\cdot\mathbf{N}\mathrm{d}s. \tag{8.5}$$

这一结果被称作**散度定理**.

例 8.1　在 $\mathbf{F}(x,y) = (x,y)$, D 为以原点为圆心、R 为半径的圆盘区域的情形下, 验证散度定理. 在边界 ∂D 上每一点, 单位外法向量与 $\mathbf{F}$ 平行. 见图 8.3. 因此 ∂D 上每一点处, $\mathbf{F}\cdot\mathbf{N} = \|\mathbf{F}\| = R$. 曲线积分为

$$\int_{\partial D} \mathbf{F}\cdot\mathbf{N}\,\mathrm{d}s = \int_{\partial D} \|\mathbf{F}\|\mathrm{d}s = R\int_{\partial D} \mathrm{d}s = R(2\pi R) = 2\pi R^2.$$

由于 $\mathrm{div}\ \mathbf{F} = \frac{\partial}{\partial x}(x) + \frac{\partial}{\partial y}(y) = 2$, $\mathrm{div}\ \mathbf{F}$ 在 D 上的积分为

$$\int_D \mathrm{div}\ \mathbf{F}\mathrm{d}A = 2\int_D \mathrm{d}A = 2\pi R^2.$$

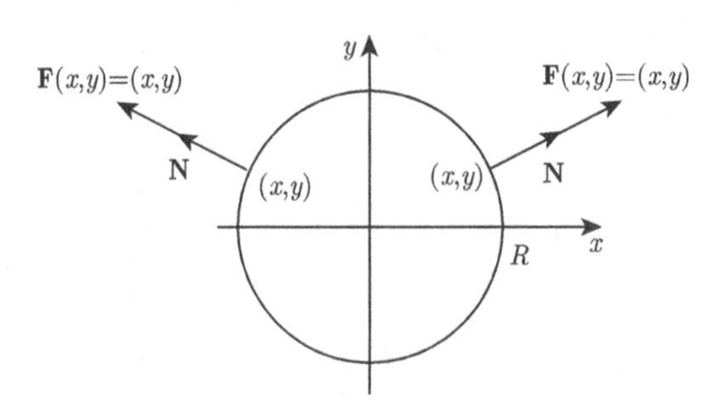

图 8.3　在例 8.1 中, 圆的边界上单位法向量与 $\mathbf{F}$ 平行

例 8.2　设 $\mathbf{F}(x,y) = (x,y)$, D 为矩形区域

$$-3 \leqslant x \leqslant 5, \quad -7 \leqslant y \leqslant 2.$$

求 $\mathbf{F}$ 向外穿过 ∂D 的通量. 见图 8.4. 由于 $\text{div}\ \mathbf{F}=2$, 根据散度定理有

$$\int_{\partial D}\mathbf{F}\cdot\mathbf{N}\mathrm{d}s=\int_D \text{div}\ \mathbf{F}\mathrm{d}A=\int_D 2\mathrm{d}A=2A(D)=2\cdot 8\cdot 9=144.$$

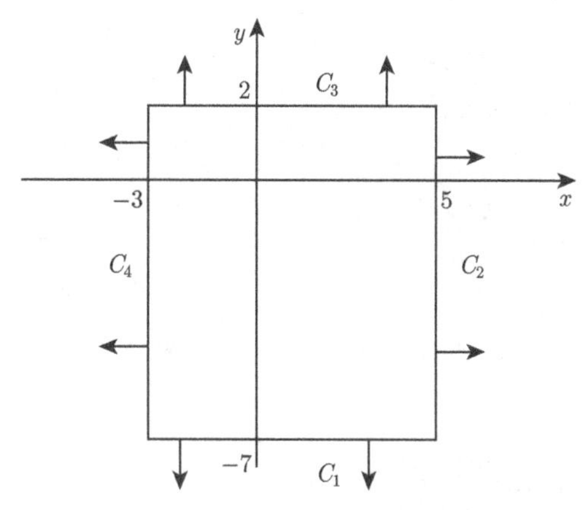

图 8.4　例 8.2 中的矩形及其单位外法向量

例 8.3　我们也可以通过计算四个曲线积分来求例 8.2 中的 $\int_{\partial D}\mathbf{F}\cdot\mathbf{N}\mathrm{d}s$.

$$\int_{\partial D}\mathbf{F}\cdot\mathbf{N}\,\mathrm{d}s=\int_{C_1}\mathbf{F}\cdot\mathbf{N}\,\mathrm{d}s+\int_{C_2}\mathbf{F}\cdot\mathbf{N}\,\mathrm{d}s+\int_{C_3}\mathbf{F}\cdot\mathbf{N}\,\mathrm{d}s+\int_{C_4}\mathbf{F}\cdot\mathbf{N}\,\mathrm{d}s.$$

计算可得

$$\begin{aligned}
\int_{C_1}\mathbf{F}\cdot\mathbf{N}\,\mathrm{d}s&=\int_{-3}^{5}(x,\ -7)\cdot(0,\ -1)\mathrm{d}x=\int_{-3}^{5}7\mathrm{d}x=56,\\
\int_{C_3}\mathbf{F}\cdot\mathbf{N}\,\mathrm{d}s&=\int_{-3}^{5}(x,2)\cdot(0,1)\mathrm{d}x=16,\\
\int_{C_2}\mathbf{F}\cdot\mathbf{N}\,\mathrm{d}s&=\int_{-7}^{2}(5,y)\cdot(1,\ 0)\mathrm{d}y=\int_{-7}^{2}5\mathrm{d}y=45,\\
\int_{C_4}\mathbf{F}\cdot\mathbf{N}\,\mathrm{d}s&=\int_{-7}^{2}(-3,y)\cdot(-1,\ 0)\mathrm{d}y=27.
\end{aligned}$$

因此 $\int_{\partial D}\mathbf{F}\cdot\mathbf{N}\,\mathrm{d}s=56+16+45+27=144$. 这与例 8.2 中的计算结果吻合.

例 8.4　设 $\mathbf{F}(x,y)=(2x+y^2,y+\cos x)$, $\text{div}\ \mathbf{F}=3$. 于是, $\mathbf{F}$ 向外穿过面积为 10 的关于 x 和 y 都是简单的光滑有界区域 D 的边界的通量为

$$\int_{\partial D}\mathbf{F}\cdot\mathbf{N}\,\mathrm{d}s=\int_D \text{div}\ \mathbf{F}\mathrm{d}A=3\int_D \mathrm{d}A=3\cdot 10=30.$$

接下来我们将散度定理推广到有限多个关于 x, y 坐标都是简单的光滑有界集的并集上.

设 D 是 x, y 平面上的光滑有界集合. 在 D 内通过连接其边界上两点的分段光滑曲线 C, 将 D 分成 D_1 和 D_2 两部分. 见图 8.5.

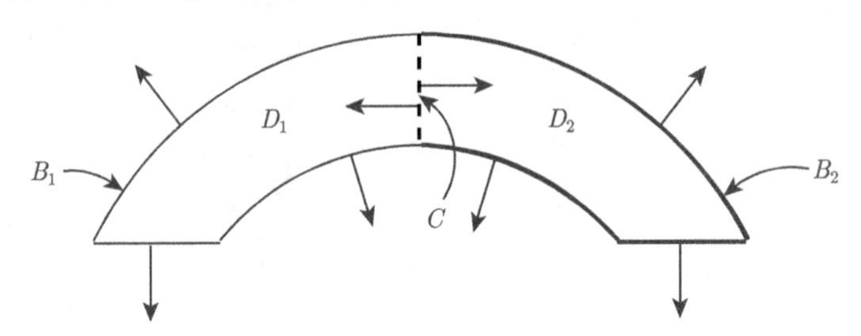

图 8.5　集合 D_1, D_2 及其外法向量, 曲线 B_1, B_2 和 C 分别由细、粗和点线表示

我们现证明:

若一 C^1 向量场 $\mathbf{F}$ 在集合 D_1 和 D_2 上满足

$$\int_{D_1} \operatorname{div} \mathbf{F} \mathrm{d}A = \int_{\partial D_1} \mathbf{F} \cdot \mathbf{N} \, \mathrm{d}s \quad 和 \quad \int_{D_2} \operatorname{div} \mathbf{F} \mathrm{d}A = \int_{\partial D_2} \mathbf{F} \cdot \mathbf{N} \, \mathrm{d}s, \tag{8.6}$$

则在并集 $D = D_1 \cup D_2$ 上, 有

$$\int_{D} \operatorname{div} \mathbf{F} \mathrm{d}A = \int_{\partial D} \mathbf{F} \cdot \mathbf{N} \, \mathrm{d}s.$$

为证明这一结论, 将 (8.6) 中两式相加. 左边之和是 $\operatorname{div} \mathbf{F}$ 在 D 上的积分. 我们可断言右边之和是 $\mathbf{F} \cdot \mathbf{N}$ 在 D 边界上的积分. 为说明这一点, 注意图 8.5 中曲线 C 的端点将 D 的边界分成 B_1 和 B_2 两部分. D_1 的边界是 B_1 与 C 的并, D_2 的边界是 B_2 与 C 的并.

注意到连接曲线 C 在 D_1 上的外法向量恰与在 D_2 上的外法向量反向. 因此, 在 (8.6) 右侧的和中, $\mathbf{F} \cdot \mathbf{N}$ 沿 D_1 和 D_2 的边界 C 上的积分相互抵消! 余下的 D_1 和 D_2 上的积分之和就是 $\mathbf{F} \cdot \mathbf{N}$ 沿边界 D 上的积分.

我们可以将散度定理推广到关于 x, y 坐标均简单的集合的并集所构成的光滑有界集上.

定义 8.1　我们称一光滑有界集 D 是**正则的**, 若它是有限个光滑有界子集的并集, 其中每一子集是关于 x, y 坐标均简单的区域, 且任意两个子集的交要么是空集要么是一条公共的边界弧.

对于关于 x, y 坐标均简单的光滑有界集上的 C^1 向量场, 我们已经证明了散度定理. 另外证明了, 如果散度定理对于两个子集成立, 则对于其并集也成立. 反复应用这一性质我们可得到下述定理.

定理 8.1 (散度定理) 设 $\mathbf{F}$ 是从正则集 $D\subset\mathbb{R}^2$ 到 $\mathbb{R}^2$ 的 C^1 向量场, 则

$$\int_D \mathrm{div}\ \mathbf{F}\mathrm{d}A=\int_{\partial D}\mathbf{F}\cdot\mathbf{N}\,\mathrm{d}s.$$

所有实际或理论的重要集合都是正则的, 因此我们将限定在正则集上研究.

例 8.5 $\mathbf{F}(x,y)=(x,0)$, $\mathrm{div}\ \mathbf{F}=1$. D 是 $\mathbb{R}^2$ 上的正则集. 应用散度定理有

$$A(D)=\int_D 1\mathrm{d}A=\int_D \mathrm{div}\ \mathbf{F}\mathrm{d}A=\int_{\partial D}x\mathrm{d}y.$$

这表明 D 的面积可仅通过边界上的度量计算得到. 见图 8.6.

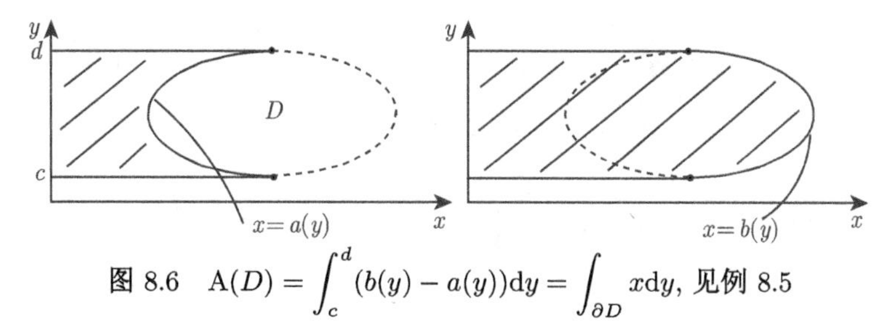

图 8.6 $\mathrm{A}(D)=\int_c^d(b(y)-a(y))\mathrm{d}y=\int_{\partial D}x\mathrm{d}y$, 见例 8.5

例 8.6 设 $\mathbf{F}(x,y)=(x,-y)$. 求 $\mathbf{F}$ 外向穿过图 8.7 所示 D 边界的通量.

计算有

$$\mathrm{div}\ \mathbf{F}=\frac{\partial}{\partial x}(x)+\frac{\partial}{\partial y}(-y)=1-1=0.$$

利用散度定理 $\mathbf{F}$ 外向穿过 ∂D 的通量是

$$\int_{\partial D}\mathbf{F}\cdot\mathbf{N}\,\mathrm{d}s=\int_D \mathrm{div}\ \mathbf{F}\mathrm{d}A=\int_D 0\mathrm{d}A=0.$$

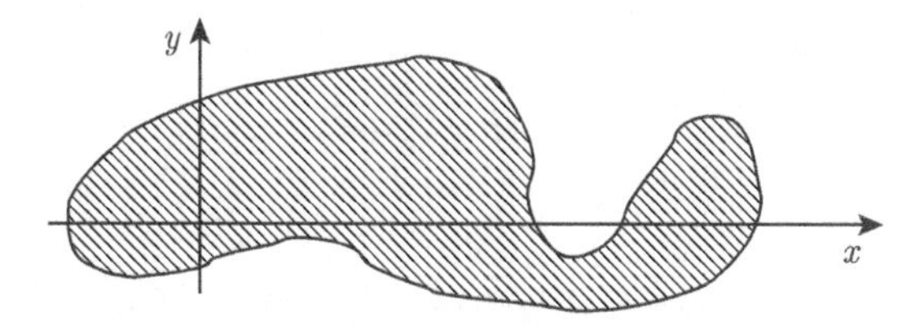

图 8.7 例 8.6 中的集合 D

下面说明如何利用散度定理来求 $\mathbf{F}$ 的切向分量沿 ∂D 的积分,

$$\int_{\partial D}\mathbf{F}\cdot\mathbf{T}\mathrm{d}s.$$

设 $\mathbf{F}$ 是正则集 D 上的 C^1 向量场, 且 ∂D 沿逆时针方向赋以定向. 若 ∂D 上一点的单位外法向量为 $\mathbf{N}=(n_1,n_2)$, 则其单位切向量为 $\mathbf{T}=(t_1,t_2)=(-n_2,n_1)$. 见图 8.8.

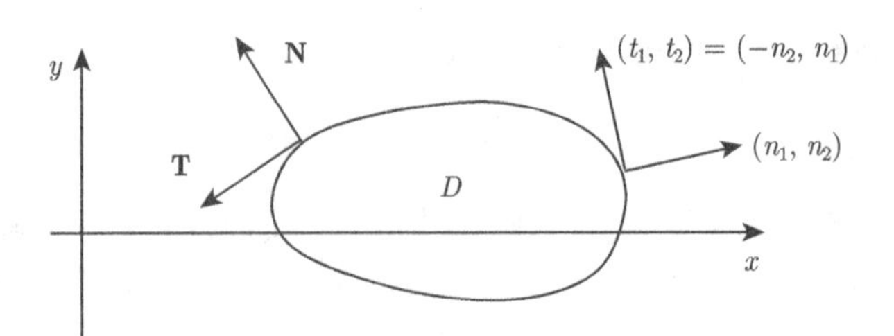

图 8.8　单位法向量和切向量

因此对 $\mathbf{F} = (f, g)$,

$$\int_{\partial D} \mathbf{F} \cdot \mathbf{T} \mathrm{d}s = \int_{\partial D} (ft_1 + gt_2) \mathrm{d}s = \int_{\partial D} (gn_1 - fn_2) \mathrm{d}s.$$

利用散度定理及 3.5 节旋度的定义有

$$\int_{\partial D} (gn_1 + (-f)n_2) \mathrm{d}s = \int_D \left(\frac{\partial g}{\partial x} + \frac{\partial (-f)}{\partial y} \right) \mathrm{d}A = \int_D \left(\frac{\partial g}{\partial x} - \frac{\partial f}{\partial y} \right) \mathrm{d}A = \int_D \mathrm{curl}\, \mathbf{F} \mathrm{d}A.$$

至此我们证明了格林定理.

定理 8.2 (格林定理)　如果 $\mathbf{F} = (f, g)$ 在正则集 $D \subset \mathbb{R}^2$ 上连续可微, 则

$$\int_D \mathrm{curl}\, \mathbf{F} \mathrm{d}A = \int_{\partial D} \mathbf{F} \cdot \mathbf{T} \mathrm{d}s,$$

其中 D 的边界沿逆时针方向.

例 8.7　求在力 $\mathbf{F}(x, y) = (-y, x)$ 的作用下, 质点沿以原点为中心、R 为半径的圆按逆时针方向转一周所做的功. 可如下应用格林定理. 做的功为

$$\int_{\partial D} \mathbf{F} \cdot \mathbf{T} \mathrm{d}s = \int_D \left(\frac{\partial}{\partial x}(x) - \frac{\partial}{\partial y}(-y) \right) \mathrm{d}A = \int_D (1 + 1) \mathrm{d}A = 2A(D) = 2\pi R^2.$$

或者, 也可以不用格林定理, 只要注意到 ∂D 上任一点 $\mathbf{T}$ 和 $\mathbf{F}$ 同向 (图 8.9). 因此 $\mathbf{F} \cdot \mathbf{T} = \|\mathbf{F}\| = \sqrt{x^2 + y^2} = R$ 及

$$\int_{\partial D} \mathbf{F} \cdot \mathbf{T} \mathrm{d}s = \int_{\partial D} R \mathrm{d}s = R\big(L(\partial D)\big) = R(2\pi R) = 2\pi R^2.$$

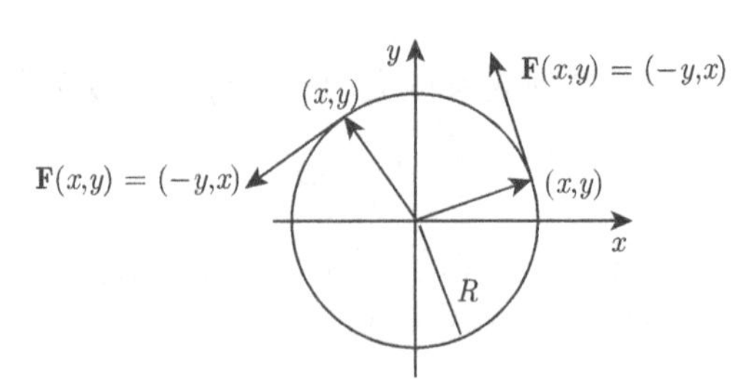

图 8.9　例 8.7 中圆上任一点 (x, y) 处单位切向量与 $\mathbf{F}(x, y)$ 同向

例 8.8 设 $\mathbf{F}(x,y)=\left(\dfrac{-y}{x^2+y^2},\ \dfrac{x}{x^2+y^2}\right)$, D 是以原点为圆心、半径为 R 的圆. 求

$$\int_{\partial D}\mathbf{F}\cdot\mathbf{T}\mathrm{d}s,$$

其中 ∂D 沿逆时针方向. 我们不能应用格林定理来计算这一积分, 是因为 $\mathbf{F}$ 的定义域不包含 $(0,0)$, 因此 $\mathbf{F}$ 不是在整个 D 上都可微的 (即便有定义). 计算 $\int_{\partial D}\mathbf{F}\cdot\mathbf{T}\mathrm{d}s$ 及 $\int_D(g_x-f_y)\mathrm{d}A$ 的值并比较结果.

$\mathbf{F}$ 与 $\mathbf{T}$ 同向, 且 $\mathbf{F}\cdot\mathbf{T}=\|\mathbf{F}\|=\dfrac{1}{R}$. 因此,

$$\int_{\partial D}\mathbf{F}\cdot\mathbf{T}\mathrm{d}s=\int_{\partial D}\frac{1}{R}\mathrm{d}s=\frac{1}{R}(L(\partial D))=\frac{1}{R}2\pi R=2\pi.$$

另一方面,

$$\begin{aligned}g_x&=\frac{\partial}{\partial x}\left(\frac{x}{x^2+y^2}\right)=\frac{(x^2+y^2)-x(2x)}{(x^2+y^2)^2}=\frac{y^2-x^2}{(x^2+y^2)^2},\\ f_y&=\frac{\partial}{\partial y}\left(\frac{-y}{x^2+y^2}\right)=\frac{(x^2+y^2)(-1)-(-y)(2y)}{(x^2+y^2)^2}=\frac{y^2-x^2}{(x^2+y^2)^2}.\end{aligned}$$

因此, $\int_D(g_x-f_y)\mathrm{d}A=\int_D 0\mathrm{d}A=0$. 这两个积分并不相等.

例 8.9 求 $\int_C\mathbf{F}\cdot\mathbf{T}\mathrm{d}s$, 其中 $\mathbf{F}(x,y)=\left(\dfrac{-y}{x^2+y^2},\ \dfrac{x}{x^2+y^2}\right)$, C 为图 8.10 中所示逆时针方向的环路.

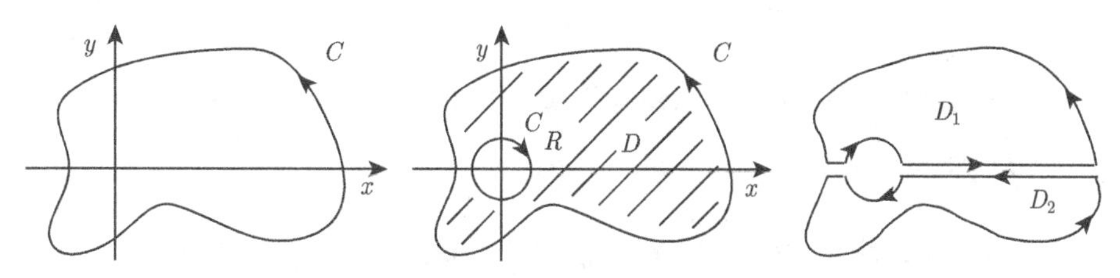

图 8.10 左: 例 8.9 中的包含原点的环 C; 中: D 的边界是 $C\cup C_R$; 右: D 由两个子区域 D_1 和 D_2 组成

$\mathbf{F}$ 在 (0,0) 无定义但在 C 和 C_R 之间的正则区域 D 上有定义, C_R 是以原点为圆心、半径为 R 的圆, 且与 C 不相交. D 的边界为 $C\cup C_R$. 由例 8.8 可知

$$\frac{\partial}{\partial x}\left(\frac{x}{x^2+y^2}\right)-\frac{\partial}{\partial y}\left(\frac{-y}{x^2+y^2}\right)=0.$$

利用格林定理,

$$\int_{\partial D} \mathbf{F} \cdot \mathbf{T} \mathrm{d}s = \int_D 0 \mathrm{d}A = 0.$$

如图 8.10 中将 D 划分为 D_1, D_2 两个区域, 且 C_R 沿顺时针方向, 可得

$$\begin{aligned} 0 = \int_{\partial D} \mathbf{F} \cdot \mathbf{T} \mathrm{d}s &= \int_{\partial D_1} \mathbf{F} \cdot \mathbf{T} \mathrm{d}s + \int_{\partial D_2} \mathbf{F} \cdot \mathbf{T} \mathrm{d}s \\ &= \int_C \mathbf{F} \cdot \mathbf{T} \mathrm{d}s + \int_{C_{R\text{顺时针}}} \mathbf{F} \cdot \mathbf{T} \mathrm{d}s \end{aligned}$$

从例 8.8 中我们已得知逆时针方向沿 C_R 的积分为 2π, 故顺时针方向时的积分为 -2π. 因此 $\int_C \mathbf{F} \cdot \mathbf{T} \mathrm{d}s = 2\pi$.

问题

8.1　设 R 是 $|x| \leqslant 4, |y| \leqslant 2$ 的矩形区域, U 是以 $\mathbf{0}$ 为圆心的闭单位圆, S 为 $x^2+y^2 \leqslant 25$ 的圆. 在 $\mathbb{R}^2$ 上定义如下两个集合. D_1 为由 R 去除 U 得到的闭包. D_2 为由 S 去除 R 得到的闭包. 给出 D_1 和 D_2 的图形并证明它们是正则集.

8.2　证明对边界沿逆时针方向的有界正则集 D, 有

$$\int_{\partial D} x \mathrm{d}y = -\int_{\partial D} y \mathrm{d}x = A(D).$$

8.3　利用散度定理计算向外的通量

$$\int_C (x + 6y^2, y + 6x^2) \cdot \mathbf{N} \, \mathrm{d}s,$$

其中

(a) C 为单位圆 $x^2 + y^2 = 1$,

(b) C 为矩形区域 $[a, b] \times [c, d]$ 的边界.

8.4　利用散度定理计算下列积分值, 其中 D 是单位法向量 $\mathbf{N}$ 向外的正则集.

(a) $\displaystyle\int_{\partial D} \boldsymbol{\nabla}(x^2 - y^2) \cdot \mathbf{N} \mathrm{d}s$.

(b) $\displaystyle\int_{\partial D} \boldsymbol{\nabla} f \cdot \mathbf{N} \mathrm{d}s$, 其中 f 是 D 上满足 $f_{xx} + f_{yy} = 0$ 的 C^2 函数.

8.5　设 D 为单位圆盘的右半部分,

$$x^2 + y^2 \leqslant 1, \qquad x \geqslant 0,$$

且 $\mathbf{F}(x, y) = (1 + x^2 y^2, 0)$. 通过计算

$$\int_{\partial D} \mathbf{F} \cdot \mathbf{N} \mathrm{d}s = \int_D \mathrm{div}\ \mathbf{F} \mathrm{d}A$$

的两侧验证散度定理, 其中 $\mathbf{N}$ 是单位外法向量.

8.6 设 $\mathbf{F}(x,y)=(-y,x)$, D 是具有单位外法向量 $\mathbf{N}$ 的四分之一圆, 即

$$D=\{(x,y)\in\mathbb{R}^2\,|\,x^2+y^2\leqslant 1, x\geqslant 0, y\geqslant 0\},$$

R 如图 8.11 所示.

(a) 不使用散度定理直接计算积分

$$\int_D \operatorname{div}\mathbf{F}\mathrm{d}A,\qquad \int_{\partial D}\mathbf{F}\cdot\mathbf{N}\mathrm{d}s.$$

(b) 求 $\mathbf{F}$ 外向穿过 ∂R 的通量.

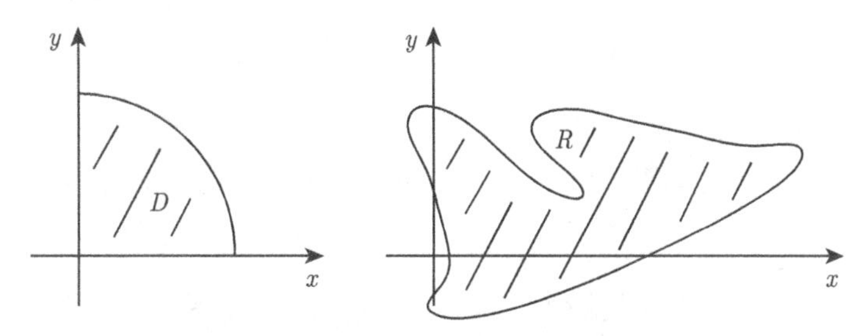

图 8.11 问题 8.6 中的区域 D 和 R

8.7 设 D 是 $\mathbb{R}^2$ 上以 $\mathbf{P}_0,\mathbf{P}_1,\cdots,\mathbf{P}_n$ 为顶点的凸多边形. $\mathbf{N}_i$ 是从 $\mathbf{P}_{i-1}$ 到 $\mathbf{P}_i$ 的第 i 条边 D_i (D_1 是从 $\mathbf{P}_n$ 到 $\mathbf{P}_1$ 的边) 的单位外法向量. 逐条核实下列每一步来证明

$$\sum_{i=1}^{n}\|\mathbf{P}_i-\mathbf{P}_{i-1}\|\mathbf{N}_i=\mathbf{0}.$$

$n=3$ 的情形可见图 8.12.

(a) 设 $\mathbf{F}_1(x,y)=(1,0)$, $\mathbf{N}=(n_1,n_2)$ 为单位外法向量. 应用散度定理证明

$$\int_{\partial D} n_1\mathrm{d}s=0.$$

(b) 设 $\mathbf{F}_2(x,y)=(0,1)$, 证明

$$\int_{\partial D} n_2\mathrm{d}s=0.$$

(c) 向量值函数的积分是按分量逐项计算. 推导下列结论

$$\int_{\partial D}\mathbf{N}\,\mathrm{d}s=\left(\int_{\partial D} n_1\mathrm{d}s,\int_{\partial D} n_2\mathrm{d}s\right)=\mathbf{0}.$$

(d) 证明 $\int_{D_i} \mathbf{N}_i \mathrm{d}s = \|\mathbf{P}_i - \mathbf{P}_{i-1}\| \mathbf{N}_i$.

(e) 证明 $\sum_{i=1}^{n} \|\mathbf{P}_i - \mathbf{P}_{i-1}\| \mathbf{N}_i = \mathbf{0}$.

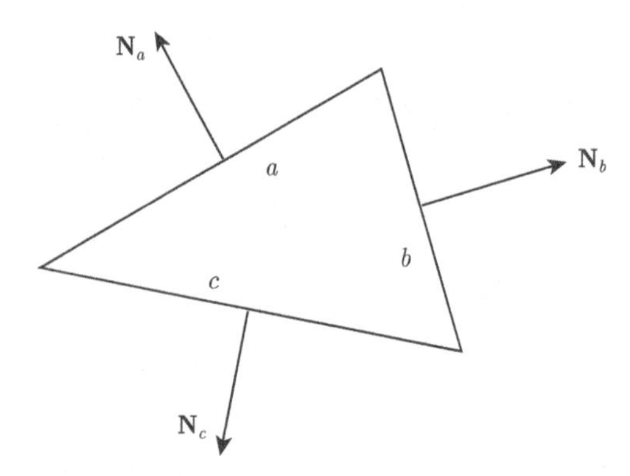

图 8.12　问题 8.7 中 a, b, c 为三边长, $a\mathbf{N}_a + b\mathbf{N}_b + c\mathbf{N}_c = \mathbf{0}$

8.8　考虑边平行于 x 轴与 y 轴的矩形区域.

(a) 给出边界上各点向量场为 $\mathbf{F}(x, y) = (0, \cos x)$ 的区域的示意图. 解释为何穿过边界的净通量为零.

(b) 另画一满足向量场 $\mathbf{G}(x, y) = (y^2, 0)$ 穿过边界的净通量为零的区域.

(c) 证明向量场 $\mathbf{H}(x, y) = (y^2, \cos x)$ 穿过区域边界的净通量为零.

8.9　设 C 是平面上不穿过 $(0, 0)$ 的闭路. 证明

$$\mathbf{F}(x, y) = \left(\frac{-y}{x^2 + y^2}, \frac{x}{x^2 + y^2} \right)$$

沿 C 逆时针方向的环流是 0 或者 2π.

8.10　设 $\mathbf{F}$ 是 $\mathbb{R}^2$ 中环面 D 上的 C^1 向量场, 其边界由一沿顺时针方向半径为 1 的内圆 C_2, 以及一沿逆时针方向半径为 3 的外圆 C_1 构成. 若

$$\int_{C_1} \mathbf{F} \cdot \mathbf{T} \mathrm{d}s = 11, \qquad \int_{C_2} \mathbf{F} \cdot \mathbf{T} \mathrm{d}s = -9,$$

求函数 $\operatorname{curl} \mathbf{F}$ 在 D 上的平均值.

8.11　设 g 是从 $\mathbb{R}^2$ 到 $\mathbb{R}$, 以及 $\mathbf{F}$ 从 $\mathbb{R}^2$ 到 $\mathbb{R}^2$, 定义在正则集 D 的上 C^1 函数.

(a) 证明 $\operatorname{div}(g\mathbf{F}) = g \operatorname{div} \mathbf{F} + \mathbf{F} \cdot \boldsymbol{\nabla} g$.

(b) 设 ∂D 上 $g = 0$. 利用散度定理证明

$$\int_D (\operatorname{div} \mathbf{F}) g \mathrm{d}A = -\int_D \mathbf{F} \cdot \boldsymbol{\nabla} g \mathrm{d}A.$$

(c) 设 g 是 C^2 函数, 并有 $\mathbf{F}=\nabla g$. 若在 D 的边界上都有 $g=0$, 证明

$$\int_D (\Delta g) g \mathrm{d}A = -\int_D |\nabla g|^2 \mathrm{d}A.$$

8.12 设 $g_1(x,y)=\sin x \sin y$ 定义在区域 D: $0\leqslant x\leqslant \pi$, $0\leqslant y\leqslant \pi$ 上.

(a) 验证 g_1 在 D 的边界上取值为零, 且 $\Delta g_1=-2g_1$.

(b) 设 g 是在 D 的边界上取值为零的 C^2 函数, 且 $\Delta g=2g$. 利用问题 8.11 的结果证明 g 恒为零.

8.13 设 $\mathbf{F}(x,y)=(f(x,y),g(x,y))$ 是 C^1 的, 且光滑曲线 $\mathbf{X}(t)=(x(t),y(t))$ 满足微分方程

$$\mathbf{X}'=\mathbf{F}(\mathbf{X}),$$

即

$$x'(t)=f(x(t),y(t)), \qquad y'(t)=g(x(t),y(t)).$$

我们称 $\mathbf{X}$ 是具有周期 p 的**周期轨道**, 若 p 是满足

$$\mathbf{X}(t+p)=\mathbf{X}(t)$$

的最小正数. 一周期轨道是一正则集的边界. 利用散度定理证明: 若 $\operatorname{div}\mathbf{F}>0$, 则满足 $\mathbf{X}'=\mathbf{F}(\mathbf{X})$ 的曲线 $\mathbf{X}$ 不可能有周期轨道.

8.14 设 P 是平面上以多边形为边界的正则区域. 我们将 n 个顶点

$$(x_1,y_1),\ (x_2,y_2),\ \cdots,\ (x_n,y_n)$$

按逆时针顺序沿边界排列. 通过逐一验证下列各条来证明

$$2A(P)=(-y_1x_2+x_1y_2)+(-y_2x_3+x_2y_3)+\cdots+(-y_nx_1+x_ny_1).$$

(a) $\displaystyle\int_{\partial P} -y\mathrm{d}x+x\mathrm{d}y=2A(P)$.

(b) 若 C 表示从点 (a,b) 到 (p,q) 的直线段, 则有

$$\int_C -y\mathrm{d}x+x\mathrm{d}y=-bp+aq.$$

8.2 三维空间中的散度定理

可以证明, 散度定理对 $\mathbb{R}^3$ 中关于 x,y,z 三个坐标都是简单的光滑有界集 D 上的、三分量向量值函数也成立. 证明的思路与二维情形相同. 对其中一个变量应用微积分基本定理后再对另外的两个变量求积分. 设

$$\mathbf{F}(x,y,z)=(f(x,y,z),\ g(x,y,z),\ h(x,y,z)).$$

由于 D 是 x 坐标简单的, 可令 D_{yz} 表示 D 内所有点 (x,y,z) 相应的 (y,z) 的集合. 见图 8.13. 假设 D_{yz} 是 y,z 平面上的光滑有界集, 以及

$$a(y,z) \leqslant x \leqslant b(y,z)$$

表示 D 中那些 (y,z) 落在 D_{yz} 中的点 (x,y,z) 的 x 坐标所在的区间.

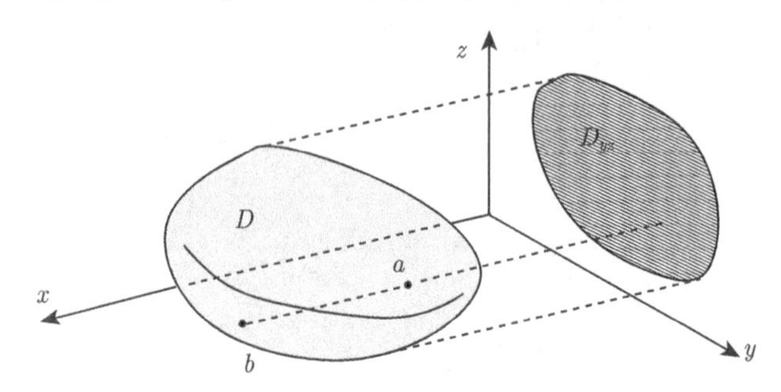

图 8.13 $\mathbb{R}^3$ 中的集合 D 及 y,z 平面上的 D_{yz}

利用微积分基本定理, 有

$$\int_{a(y,z)}^{b(y,z)} \frac{\partial f}{\partial x}(x,y,z)\mathrm{d}x = f(b(y,z),y,z) - f(a(y,z),y,z).$$

对其在 D_{yz} 上积分可得

$$\begin{aligned}\int_D \frac{\partial f}{\partial x}\mathrm{d}x\mathrm{d}y\mathrm{d}z &= \int_{D_{yz}} \left(\int_{a(y,z)}^{b(y,z)} \frac{\partial f}{\partial x}(x,y,z)\mathrm{d}x\right)\mathrm{d}y\mathrm{d}z \\ &= \int_{D_{yz}} \left(f(b(y,z),y,z) - f(a(y,z),y,z)\right)\mathrm{d}y\mathrm{d}z. \qquad (8.7)\end{aligned}$$

在曲面 $x = b(y,z)$ 上的每一点处, 曲面的切平面与 y,z 平面间的夹角余弦为 $\mathbf{N}\cdot\mathbf{i} = n_1$, 即单位外法向量 $\mathbf{N}$ 的 x 分量. 见图 8.14.

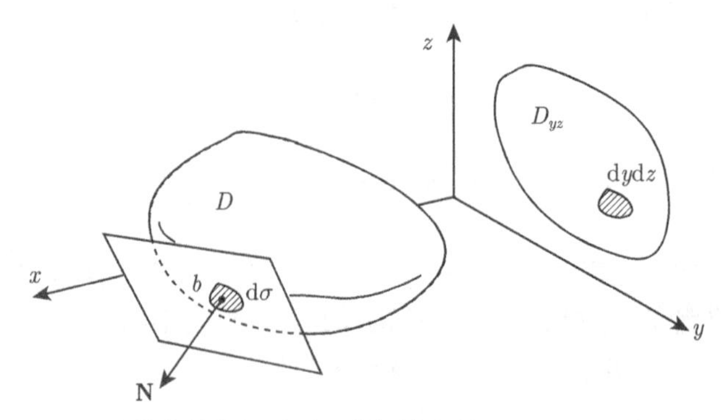

图 8.14 $x = b(y,z)$ 上某点处的切平面及单位法向量 $\mathbf{N}$, $n_1 > 0$ 为正向; $n_1\mathrm{d}\sigma = \mathrm{d}y\mathrm{d}z$

因此 y, z 平面上关于 $\mathrm{d}y\mathrm{d}z$ 的积分, 与 $x = b(y, z)$ 上相应的曲面面积 $\mathrm{d}\sigma$ 之间的关系 (图 8.15) 为

$$n_1\mathrm{d}\sigma = \mathrm{d}y\mathrm{d}z,$$

所以

$$f(b(y,z),y,z)n_1\mathrm{d}\sigma = f(b(y,z),y,z)\mathrm{d}y\mathrm{d}z.$$

类似地, y, z 平面与曲面 $x = a(y, z)$ 的切平面间的夹角余弦为 $-n_1$, 其中 n_1 是单位外法向量的 x 分量. 因此在 $x = a(y, z)$ 上, 有

$$n_1\mathrm{d}\sigma = -\mathrm{d}y\mathrm{d}z,$$

从而

$$f(a(y,z),y,z)n_1\mathrm{d}\sigma = -f(a(y,z),y,z)\mathrm{d}y\mathrm{d}z.$$

见图 8.16.

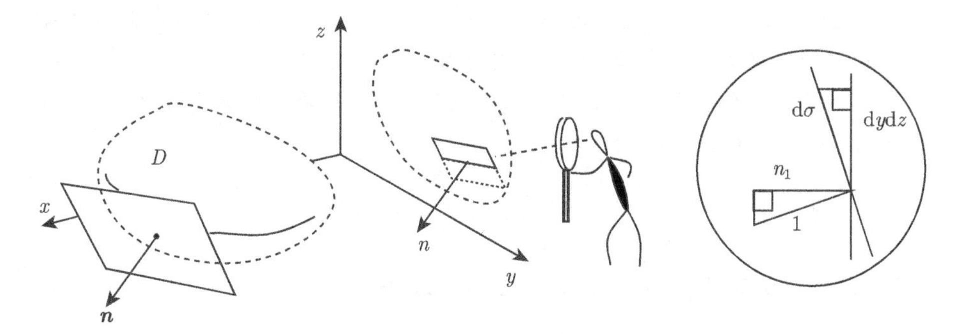

图 8.15 $\mathrm{d}y\mathrm{d}z$ 与 $\mathrm{d}\sigma$ 之比为 n_1

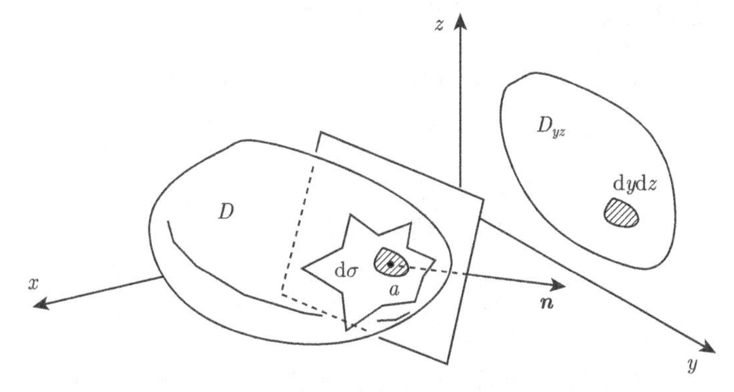

图 8.16 $x = a(y, z)$ 上某点处的切平面及单位法向量 $\mathbf{N}$, $n_1 < 0$; $n_1\mathrm{d}\sigma = -\mathrm{d}y\mathrm{d}z$

因此在 $x = b(y,z)$ 和 $x = a(y,z)$ 上积分并求和, 有

$$\int_{D_{yz}} (f(b(y,z),y,z) - f(a(y,z),y,z))\mathrm{d}y\mathrm{d}z = \int_{\partial D} fn_1 \mathrm{d}\sigma.$$

与 (8.7) 相结合有

$$\int_D \frac{\partial f}{\partial x}\mathrm{d}x\mathrm{d}y\mathrm{d}z = \int_{\partial D} fn_1 \mathrm{d}\sigma.$$

现对另外两个坐标重复同样的过程有

$$\begin{aligned}&\int_D \frac{\partial f}{\partial x}\mathrm{d}x\mathrm{d}y\mathrm{d}z + \int_D \frac{\partial g}{\partial y}\mathrm{d}x\mathrm{d}y\mathrm{d}z + \int_D \frac{\partial h}{\partial z}\mathrm{d}x\mathrm{d}y\mathrm{d}z\\ =&\int_{\partial D} fn_1 \mathrm{d}\sigma + \int_{\partial D} gn_2 \mathrm{d}\sigma + \int_{\partial D} hn_3 \mathrm{d}\sigma,\end{aligned}$$

这就给出

$$\int_D \operatorname{div} \mathbf{F}\mathrm{d}x\mathrm{d}y\mathrm{d}z = \int_{\partial D} \mathbf{F}\cdot\mathbf{N}\mathrm{d}\sigma, \tag{8.8}$$

其中 $\mathbf{N}$ 是边界 D 的单位外法向量. 正如 $\mathbb{R}^2$ 中的情形一样, 我们可以将 (8.8) 的结果推广到 $\mathbb{R}^3$ 中的正则集 D 上, 即 $\mathbb{R}^3$ 中有限个关于 x, y, z 坐标都简单且交点都是边界点的光滑有界集合的并集. 这一结果被称作散度定理.

定理 8.3 (散度定理) 设 $\mathbf{F}$ 是 $\mathbb{R}^3$ 中正则集 D 上的 C^1 向量场, $\mathbf{N}$ 是 ∂D 的指向 D 外侧的单位法向量. 则

$$\int_{\partial D} \mathbf{F}\cdot\mathbf{N}\,\mathrm{d}\sigma = \int_D \operatorname{div} \mathbf{F}\mathrm{d}V.$$

例 8.10 设 $\mathbf{F}(x,y,z) = (x,y,z)$, D 为长方体:

$$2 \leqslant x \leqslant 4, \quad 7 \leqslant y \leqslant 10, \quad 1 \leqslant z \leqslant 5.$$

求 $\mathbf{F}$ 向外穿过 D 的边界 ∂D 的通量. 利用散度定理有

$$\int_{\partial D} \mathbf{F}\cdot\mathbf{N}\,\mathrm{d}\sigma = \int_D \operatorname{div} \mathbf{F}\mathrm{d}V.$$

因为

$$\operatorname{div} \mathbf{F} = \frac{\partial(x)}{\partial x} + \frac{\partial(y)}{\partial y} + \frac{\partial(z)}{\partial z} = 1+1+1 = 3,$$

所以

$$\int_{\partial D} \mathbf{F}\cdot\mathbf{N}\mathrm{d}\sigma = \int_D 3\mathrm{d}V = 3V(D) = 3\cdot(2\cdot 3\cdot 4) = 72.$$

例 8.11 设 D 是底面积为 A, 高为 h 的圆锥体, 如图 8.17 所示.

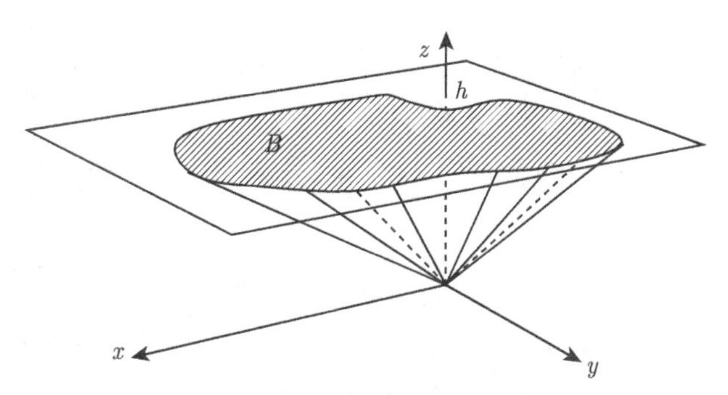

图 8.17 例 8.11 中的圆锥体

我们用向量场 $\mathbf{F}(x,y,z)=(x,y,z)$ 证明圆锥体的体积为 $\frac{1}{3}hA$. 由于 $\text{div }\mathbf{F}=3$, 散度定理给出

$$\int_{\partial D}\mathbf{F}\cdot\mathbf{N}\mathrm{d}\sigma=\int_D \text{div }\mathbf{F}\mathrm{d}V=3V(D).$$

D 的边界由底面 B 与侧面 S 组成. B 的单位法向量为 $\mathbf{k}=(0,0,1)$, S 的法向量垂直于 $\mathbf{F}$. 因此

$$\int_{\partial D}\mathbf{F}\cdot\mathbf{N}\mathrm{d}\sigma=\int_B\mathbf{F}\cdot\mathbf{k}\mathrm{d}\sigma+\int_S\mathbf{F}\cdot\mathbf{N}\mathrm{d}\sigma=\int_B h\mathrm{d}\sigma+0=hA,$$

从而 $V(D)=\frac{1}{3}hA$.

例 8.12 设 $\mathbf{F}(x,y,z)=\frac{(x,y,z)}{(x^2+y^2+z^2)^{3/2}}$. 则该向量场的散度为零, 这是因为

$$\frac{\partial}{\partial x}\frac{x}{(x^2+y^2+z^2)^{3/2}}=\frac{(x^2+y^2+z^2)-3x^2}{(x^2+y^2+z^2)^{5/2}},$$

$$\frac{\partial}{\partial y}\frac{y}{(x^2+y^2+z^2)^{3/2}}=\frac{(x^2+y^2+z^2)-3y^2}{(x^2+y^2+z^2)^{5/2}},$$

$$\frac{\partial}{\partial z}\frac{z}{(x^2+y^2+z^2)^{3/2}}=\frac{(x^2+y^2+z^2)-3z^2}{(x^2+y^2+z^2)^{5/2}},$$

它们的和为 $\frac{\partial f_1}{\partial x}+\frac{\partial f_2}{\partial y}+\frac{\partial f_3}{\partial z}=\text{div }\mathbf{F}=0$.

下面的例子我们将计算 $\mathbf{F}$ 穿过各种曲面的通量.

例 8.13 设 $\mathbf{F}(x,y,z)=\frac{(x,y,z)}{(x^2+y^2+z^2)^{3/2}}$. 求 $\mathbf{F}$ 向外穿过以原点为中心、半径为 R 的球面 S_R 的通量. 由于 $\mathbf{F}$ 在 $(0,0,0)$ 没有定义, 无法应用散度定理, 因此我们计算曲面积分. 球面上的任一点处, $\mathbf{F}$ 的方向都是径向的且与球面正交, 因此

$\mathbf{F} \cdot \mathbf{N} = \|\mathbf{F}\|$. 在 S_R 上的任一点处, $\|\mathbf{F}\| = \dfrac{1}{R^2}$. 因此

$$\int_{S_R} \mathbf{F} \cdot \mathbf{N} \, \mathrm{d}\sigma = \int_{S_R} \|\mathbf{F}\| \mathrm{d}\sigma = \int_{S_R} \frac{1}{R^2} \mathrm{d}\sigma = \frac{1}{R^2} 4\pi R^2 = 4\pi.$$

例 8.14　设 $\mathbf{F}(x,y,z) = \dfrac{(x,y,z)}{(x^2+y^2+z^2)^{3/2}}$. 求 $\mathbf{F}$ 向外穿过原点为内点的正则集 D 的边界的通量. 因为 $\mathbf{F}$ 在原点处无定义, 我们不能直接应用散度定理计算 $\mathbf{F}$ 穿过 ∂D 的通量. 由于 $(0,0,0)$ 是 D 的内点, 则存在以原点为球心、半径为 R 的小球 S_R, 见图 8.18. S_R 与 ∂D 之间的区域是不包含 $(0,0,0)$ 的正则集. 称之为 W. 在 W 上我们对 $\mathbf{F}$ 应用散度定理可得

$$\int_{\partial W} \mathbf{F} \cdot \mathbf{N} \, \mathrm{d}\sigma = \int_W \mathrm{div}\ \mathbf{F} \mathrm{d}V.$$

例 8.12 中, 我们发现 $\mathrm{div}\ \mathbf{F} = 0$. 因此 $\displaystyle\int_W \mathrm{div}\ \mathbf{F} \mathrm{d}V = 0$. 利用散度定理可知 $\mathbf{F}$ 向外穿过

$$\partial W = (\partial D) \cup S_R$$

的通量也为零. 利用例 8.13 的结果可得

$$0 = \int_{\partial W} \mathbf{F} \cdot \mathbf{N} \, \mathrm{d}\sigma = \int_{\partial D} \mathbf{F} \cdot \mathbf{N} \, \mathrm{d}\sigma - \int_{S_R} \mathbf{F} \cdot \mathbf{N} \, \mathrm{d}\sigma = \int_{\partial D} \mathbf{F} \cdot \mathbf{N} \, \mathrm{d}\sigma - 4\pi.$$

因此 $\displaystyle\int_{\partial D} \mathbf{F} \cdot \mathbf{N} \mathrm{d}\sigma = 4\pi$.

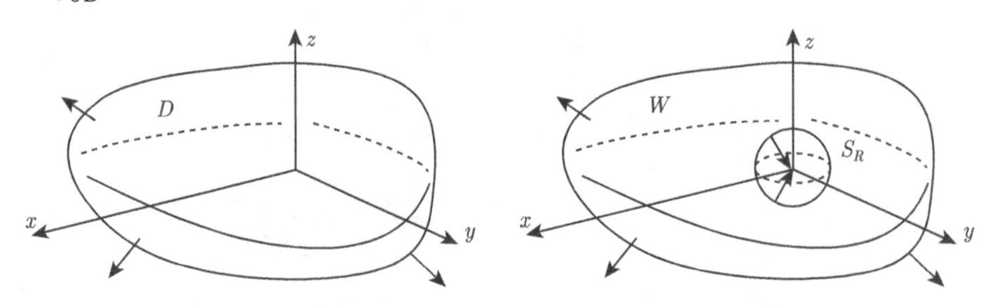

图 8.18　左: 原点为内点的正则集 D; 右: 不包括 $(0,0,0)$ 的正则集 W. 见例 8.14

问题

8.15　设 $\mathbf{F}(\mathbf{X}) = \mathbf{X}$. 利用散度定理计算

$$\int_{\partial D} \mathbf{F} \cdot \mathbf{N} \, \mathrm{d}\sigma,$$

其中 D 为 $\mathbb{R}^3$ 中的下列集合.

(a) D 为单位球, $\|\mathbf{X}\| \leqslant 1$.

(b) D 为球, $\|\mathbf{X}-\mathbf{A}\| \leqslant r$, $\mathbf{A}$ 和 $r>0$ 为常数.

8.16 设 D 是 $\mathbb{R}^3$ 中的正则集, $\mathbf{N}$ 是 ∂D 的单位外法向量, $\mathbf{F}$ 是 C^2 向量场. 证明

$$\int_{\partial D}(\mathrm{curl}\ \mathbf{F})\cdot\mathbf{N}\,\mathrm{d}\sigma=0.$$

8.17 利用散度定理计算下列积分, 其中 S 为球面 $x^2+y^2+z^2=8^2$, 法向 $\mathbf{N}$ 由原点指向外.

(a) $\displaystyle\int_S(x+2y,3y+4z,5z+6x)\cdot\mathbf{N}\,\mathrm{d}\sigma$.

(b) $\displaystyle\int_S(1,0,0)\cdot\mathbf{N}\,\mathrm{d}\sigma$.

(c) $\displaystyle\int_S(x,0,0)\cdot\mathbf{N}\,\mathrm{d}\sigma$.

(d) $\displaystyle\int_S(x^2,0,0)\cdot\mathbf{N}\,\mathrm{d}\sigma$.

(e) $\displaystyle\int_S(0,x^2,0)\cdot\mathbf{N}\,\mathrm{d}\sigma$.

8.18 利用散度定理计算 $\mathbf{F}$ 向外穿过长方体 $D=[a,b]\times[c,d]\times[e,f]$ 的边界的通量.

(a) $\mathbf{F}(x,y,z)=(p+qx+rx^2,0,0)$, p,q,r 为常数.

(b) $\mathbf{F}(x,y,z)=(0,p+qx+rx^2,0)$, p,q,r 为常数.

(c) $\mathbf{F}=\boldsymbol{\nabla}h$, h 是一满足 $\Delta h=0$ 的 C^2 函数.

(d) $\mathbf{F}(x,y,z)=(\mathrm{e}^x,\mathrm{e}^y,\mathrm{e}^z)$.

8.19 设 $\mathbf{F}$ 是 $\mathbb{R}^3$ 中正则集 D 上的 C^1 向量场. 逐步核实下列每一步来证明

$$\int_D \mathrm{curl}\ \mathbf{F}\mathrm{d}V=\int_{\partial D}\mathbf{N}\times\mathbf{F}\mathrm{d}\sigma,$$

其中 $\mathbf{N}$ 是单位外法向量, 对向量的积分是按分量积分.

(a) $(\mathbf{N}\times\mathbf{F})\cdot\mathbf{C}=\mathbf{N}\cdot(\mathbf{F}\times\mathbf{C})$, 其中 $\mathbf{C}=(c_1,c_2,c_3)$ 是一常向量.

(b) $\displaystyle\int_{\partial D}\mathbf{N}\cdot(\mathbf{F}\times\mathbf{C})\mathrm{d}\sigma=\int_D\mathrm{div}(\mathbf{F}\times\mathbf{C})\mathrm{d}V$.

(c) $\displaystyle\int_{\partial D}\mathbf{N}\cdot(\mathbf{F}\times\mathbf{C})\mathrm{d}\sigma=\int_D(\mathrm{curl}\ \mathbf{F})\cdot\mathbf{C}\mathrm{d}V$.

(d) $\displaystyle\int_{\partial D}(\mathbf{N}\times\mathbf{F})\cdot\mathbf{C}\mathrm{d}\sigma-\int_D(\mathrm{curl}\ \mathbf{F})\cdot\mathbf{C}\mathrm{d}V=0$.

(e) $\left(\int_{\partial D} \mathbf{N} \times \mathbf{F} \mathrm{d}\sigma - \int_D \operatorname{curl} \mathbf{F} \mathrm{d}V\right) \cdot \mathbf{C} = 0.$

(f) $\int_{\partial D} \mathbf{N} \times \mathbf{F} \mathrm{d}\sigma - \int_D \operatorname{curl} \mathbf{F} \mathrm{d}V = \mathbf{0}.$

8.20　设 p 是 $\mathbb{R}^3$ 中正则集 D 上的 C^1 函数. 逐步核实下列每一步来证明

$$\int_D \boldsymbol{\nabla} p \mathrm{d}V = \int_{\partial D} \mathbf{N} p \mathrm{d}\sigma.$$

这里对向量的积分是按分量积分. 设 $\mathbf{C} = (c_1, c_2, c_3)$ 是一常向量.

(a) $\int_{\partial D} \mathbf{N} \cdot (p\mathbf{C}) \mathrm{d}\sigma = \int_D \operatorname{div}(p\mathbf{C}) \mathrm{d}V = \int_D (\boldsymbol{\nabla} p \cdot \mathbf{C} + p \operatorname{div} \mathbf{C}) \mathrm{d}V = \int_D \boldsymbol{\nabla} p \cdot \mathbf{C} \mathrm{d}V.$

(b) $0 = \int_{\partial D} \mathbf{N} p \mathrm{d}\sigma \cdot \mathbf{C} - \int_D \boldsymbol{\nabla} p \mathrm{d}V \cdot \mathbf{C} = \left(\int_{\partial D} \mathbf{N} p \mathrm{d}\sigma - \int_D \boldsymbol{\nabla} p \mathrm{d}V\right) \cdot \mathbf{C}.$

(c) $\int_{\partial D} \mathbf{N} p \mathrm{d}\sigma = \int_D \boldsymbol{\nabla} p \mathrm{d}V.$

8.21　假设多面体 D 的面为 $S_1, \cdots, S_k$. $\mathbf{N}_i$ 为 S_i 的单位外法向量. 逐步核实下列每一步证明面积乘以单位法向量之和为零向量 (图 8.19):

$$\sum_{i=1}^{k} A(S_i) \mathbf{N}_i = \mathbf{0}.$$

(a) 对常向量 $\mathbf{F} = (1, 0, 0)$ 应用散度定理证明

$$\int_{\partial D} n_1 \mathrm{d}\sigma = 0,$$

其中 $\mathbf{N} = (n_1, n_2, n_3)$ 是单位外法向量.

(b) 证明 $\int_{\partial D} \mathbf{N} \mathrm{d}\sigma = \mathbf{0}$, 其中对向量的积分是指按分量积分.

(c) 对 D 的每一个面, $\int_{S_i} \mathbf{N}_i \mathrm{d}\sigma = A(S_i) \mathbf{N}_i.$

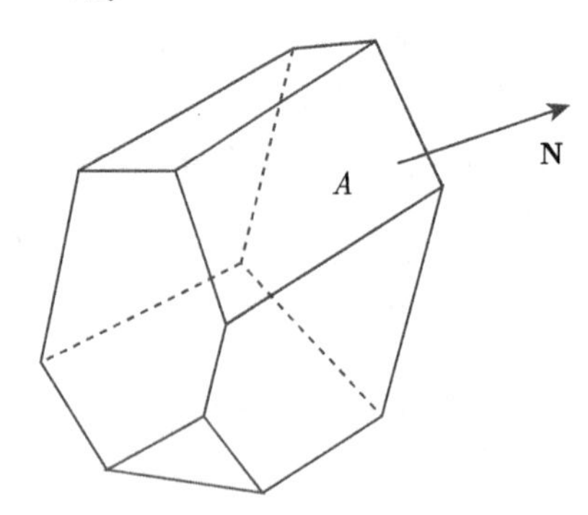

图 8.19　问题 8.21 中, 每个面的表面积 A 与其单位法向量 $\mathbf{N}$ 的乘积之和是零向量

8.22 记例 8.12 中的平方反比向量场 $\mathbf{F}(x, y, z) = \dfrac{(x, y, z)}{(x^2+y^2+z^2)^{3/2}}$ 为

$$\mathbf{F}(\mathbf{X}) = \|\mathbf{X}\|^{-3}\mathbf{X},$$

且定义一向量场 $\mathbf{G}(\mathbf{X}) = \mathbf{F}(\mathbf{X} - \mathbf{A})$, 即 $\mathbf{F}$ 平移一常向量 $\mathbf{A}$.

(a) $\mathbf{G}$ 的定义域是什么?

(b) 证明 $\operatorname{div} \mathbf{G} = 0$.

(c) 设 W 是一个正则集, 而且 $\mathbf{A}$ 不在 ∂W 上. 证明 $\mathbf{G}$ 向外穿过正则集 W 边界的通量

$$\int_{\partial W} \mathbf{G} \cdot \mathbf{N} \, \mathrm{d}\sigma$$

要么为 0 要么为 4π, 取决于 $\mathbf{A}$ 在 W 的外部或内部.

8.23 设 $\mathbf{G}(\mathbf{X}) = c_1\mathbf{F}(\mathbf{X} - \mathbf{A}_1) + \cdots + c_n\mathbf{F}(\mathbf{X} - \mathbf{A}_n)$ 为平方反比向量场的线性组合, 其中 $\mathbf{F}(\mathbf{X}) = \|\mathbf{X}\|^{-3}\mathbf{X}$.

(a) $\mathbf{G}$ 的定义域是什么?

(b) 证明 $\operatorname{div} \mathbf{G} = 0$.

(c) 设 W 是一个正则集, 而且每个 $\mathbf{A}_k$ 都不在 W 的边界上. 证明 $\mathbf{G}$ 向外穿过 W 的通量为

$$\int_{\partial W} \mathbf{G} \cdot \mathbf{N} \, \mathrm{d}\sigma = \sum_{\mathbf{A}_k \in W} 4\pi c_k,$$

其中求和取遍所有位于 W 内部的 $\mathbf{A}_k$ 所给出的指标 k.

8.24 设 $\mathbf{X} = (x_1, x_2, x_3)$ 及平方反比向量场对第一个分量 x_1 的偏导数为 $\mathbf{H}(\mathbf{X}) = (\|\mathbf{X}\|^{-3}\mathbf{X})_{x_1}$. 见图 8.20.

(a) 证明 $\mathbf{H} = \|\mathbf{X}\|^{-3}(1, 0, 0) - 3x_1\|\mathbf{X}\|^{-5}\mathbf{X}$.

(b) $\mathbf{H}$ 的定义域是什么?

(c) 证明 $\operatorname{div} \mathbf{H} = 0$.

(d) 利用散度定理证明 $\mathbf{H}$ 向外穿过任一不含原点的正则集 D 的通量为零.

(e) 直接计算

$$\int_{\partial B} \mathbf{H} \cdot \mathbf{N} \, \mathrm{d}\sigma,$$

B 为闭单位球 $\|\mathbf{X}\| \leqslant 1$. 解释散度定理为何不能在此应用.

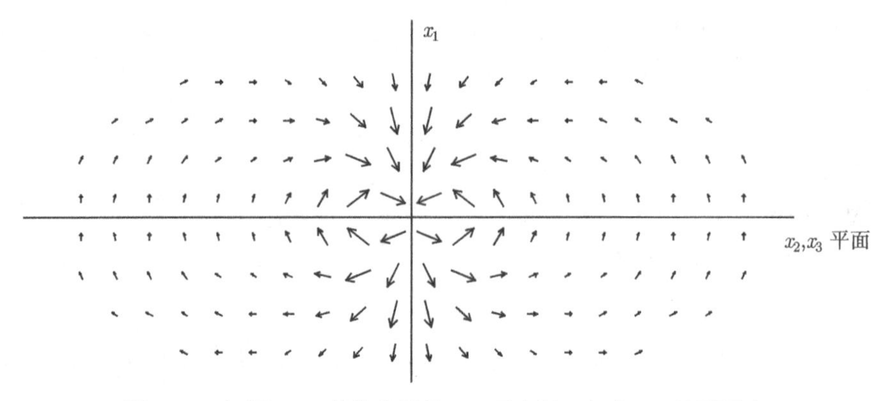

图 8.20 问题 8.24 中的向量场 $\mathbf{H}$, 画在任一包含 x_1 的平面中

8.25 设 u 和 v 是 $\mathbb{R}^3$ 中正则集 D 上的 C^2 函数. 证明 $\operatorname{div}(v\boldsymbol{\nabla}u) = v\Delta u + \boldsymbol{\nabla}v \cdot \boldsymbol{\nabla}u$, 并利用散度定理导出

(a) $\displaystyle\int_D (u\Delta u + |\boldsymbol{\nabla}u|^2)\mathrm{d}V = \int_{\partial D} u\boldsymbol{\nabla}u \cdot \mathbf{N}\,\mathrm{d}\sigma$.

(b) $\displaystyle\int_D (v\Delta u - u\Delta v)\mathrm{d}V = \int_{\partial D} (v\boldsymbol{\nabla}u - u\boldsymbol{\nabla}v) \cdot \mathbf{N}\,\mathrm{d}\sigma$.

8.26 设 $f(x,y,z) = \sin(x)\sin(y)\sin(z)$.

(a) 证明在立方体 $[0,\pi]^3$ 内有 $\Delta f = -3f$ 且在边界上 $f = 0$.

(b) 假设函数 g 满足在立方体内 $\Delta g = 3g$ 且在边界上 $g = 0$. 利用问题 8.25(a) 的结果证明 g 在立方体内恒为 0.

8.27 设 D 为 $\mathbb{R}^3$ 中一正则集. 假设 f 是 D 上的 C^2 函数, λ 为正常数. 证明若 f 满足

$$\begin{cases} \Delta f = \lambda f, & \text{在 } D \text{ 内}, \\ f = 0, & \text{在 } \partial D, \end{cases}$$

则 f 在 D 内为零.

8.28 定义 $\mathbf{F}(\mathbf{X}) = (\|\mathbf{X}\|^2 - 2)\mathbf{X}$, 其中 $\mathbf{X} = (x,y,z)$, 以及 D 为集合 $\|\mathbf{X}\| \leqslant r$, 其中 r 为一正常数. 求 r 使得

$$\int_D \operatorname{div} \mathbf{F}\mathrm{d}V = 0.$$

8.3 斯托克斯定理

格林定理说, 对平面正则集 D 上的 C^1 向量场 $\mathbf{F}(x,y) = (f_1(x,y), f_2(x,y))$ 有

$$\int_D \operatorname{curl} \mathbf{F}\mathrm{d}A = \int_{\partial D} \mathbf{F} \cdot \mathbf{T}\mathrm{d}s.$$

假设 $\mathbb{R}^3$ 中的平面 $z=c$ 上有一平坦曲面 S. 记 S_{xy} 为 S 在 x,y 平面上的投影, 即 S 内 (x,y,c) 相应的点 $(x,y,0)$ 构成的集合. 见图 8.21. 对 $\mathbf{G}(x,y,z)=(g_1(x,y,z),g_2(x,y,z),g_3(x,y,z))$ 有

$$\begin{aligned}\int_S(\operatorname{curl}\mathbf{G})\cdot\mathbf{N}\,\mathrm{d}\sigma&=\int_S(\operatorname{curl}\mathbf{G})\cdot(0,0,1)\mathrm{d}\sigma\\&=\int_{S_{xy}}\left(\frac{\partial g_2}{\partial x}(x,y,c)-\frac{\partial g_1}{\partial y}(x,y,c)\right)\mathrm{d}\sigma\\&=\int_{\partial S_{xy}}g_1(x,y,c)\mathrm{d}x+g_2(x,y,c)\mathrm{d}y\\&=\int_{\partial S}\mathbf{G}\cdot\mathbf{T}\mathrm{d}s.\end{aligned}$$

因此

$$\int_S(\operatorname{curl}\mathbf{G})\cdot\mathbf{N}\,\mathrm{d}\sigma=\int_{\partial S}\mathbf{G}\cdot\mathbf{T}\mathrm{d}s. \tag{8.9}$$

等式 (8.9) 对任一平面内的曲面都成立, 并不仅仅局限于平行于 x,y 的平面. 因此若曲面是有限多个边界相交的平面多边形的并集, 则我们可以对曲面应用曲面积分和曲线积分的可加性得到

$$\int_S(\operatorname{curl}\mathbf{G})\cdot\mathbf{N}\mathrm{d}\sigma=\sum_{i=1}^n\int_{S_i}(\operatorname{curl}\mathbf{G})\cdot\mathbf{N}_i\mathrm{d}\sigma=\sum_{i=1}^n\int_{\partial S_i}\mathbf{G}\cdot\mathbf{T}_i\mathrm{d}\sigma=\int_{\partial S}\mathbf{G}\cdot\mathbf{T}\mathrm{d}s.$$

见图 8.21. 这就给出了斯托克斯定理, 即对格林定理成立的集合的映像的分片光滑曲面, 等式 (8.9) 都成立.

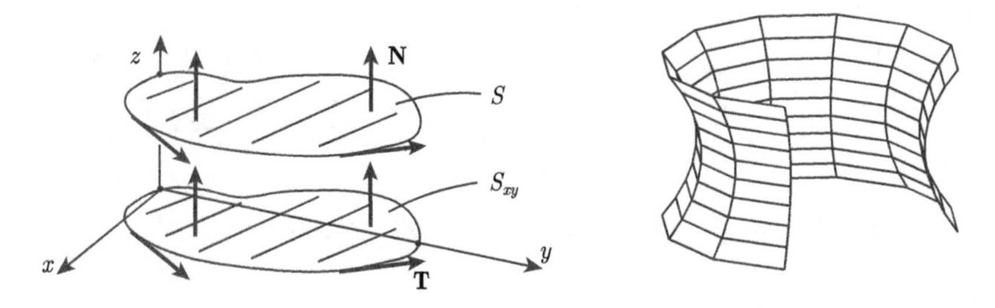

图 8.21 左: 平面 S 及其投影; 右: 多边形的并集构成的曲面

定理 8.4 (斯托克斯定理) 设 $\mathbf{G}$ 是 $\mathbb{R}^3$ 中边界 ∂S 为分段光滑曲线的分片光滑定向曲面 S 上的 C^1 向量场, S 参数化的定义域是 $\mathbb{R}^2$ 上的正则集, 则

$$\int_S\operatorname{curl}\mathbf{G}\cdot\mathbf{N}\,\mathrm{d}\sigma=\int_{\partial S}\mathbf{G}\cdot\mathbf{T}\mathrm{d}s, \tag{8.10}$$

其中 S 的单位法向量 $\mathbf{N}$ 和边界上单位切向量 $\mathbf{T}$ 方向的选取如图 8.22 所示.

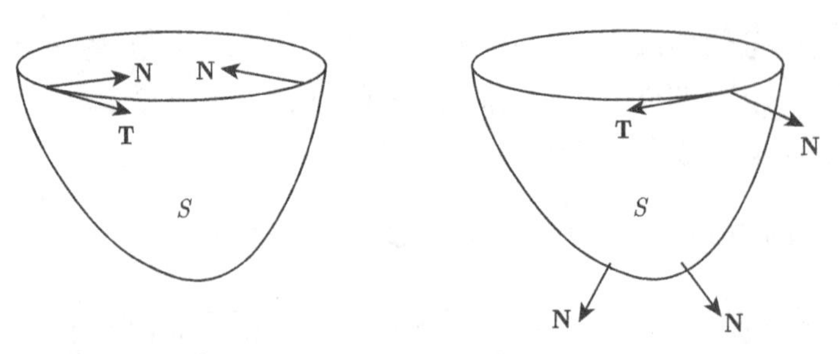

图 8.22 斯托克斯定理中曲面 S 的两种定向方式, 以及相应的边界定向

我们给出两种证明. 第一种证明是将曲面近似看作由一系列三角形构成, 并对其每一个应用格林定理. 第二种证明是对 S 的原像应用格林定理.

证明 (逼近论证) 设 $\mathbf{X}$ 是对构成 S 的任一光滑曲面的从 u, v 平面上 D 到 $\mathbb{R}^3$ 中的参数化. 因为 $\mathbf{X}_u(u,v)$ 与 $\mathbf{X}_v(u,v)$ 是线性无关的, 顶点为

$$(u_0, v_0), \quad (u_0+h, v_0), \quad (u_0, v_0+h)$$

的三角形区域 T 映射到 S 上顶点为

$$\mathbf{X}(u_0, v_0), \quad \mathbf{X}(u_0+h, v_0), \quad \mathbf{X}(u_0, v_0+h)$$

的曲边三角形区域 $\mathbf{X}(T)$. 记 $\mathbb{R}^3$ 中以这些点为顶点的三角形为 T'. 见图 8.23.

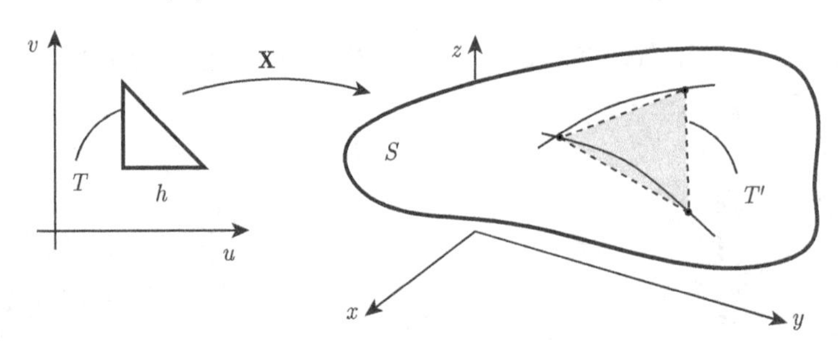

图 8.23 斯托克斯定理证明中的三角形 T 和 T'

利用中值定理, 有

$$\mathbf{X}(u_0+h, v_0) - \mathbf{X}(u_0, v_0) = \mathbf{X}_u(\tilde{u}, v_0)h,$$

$$\mathbf{X}(u_0, v_0+h) - \mathbf{X}(u_0, v_0) = \mathbf{X}_v(u_0, \tilde{v})h.$$

两个向量积的范数等于三角形 T' 面积的 2 倍. T 的面积是 $\frac{1}{2}h^2$. 因为 $\mathbf{X}_u$ 和 $\mathbf{X}_v$ 是连续函数, 对任意 $\epsilon > 0$, 我们可选取足够小的 h, 使得对 T 中每一点 $(u_1,\ v_1)$ 都

有

$$\int_T \left\|\mathbf{X}_u(u,v)\times\mathbf{X}_v(u,v)-\mathbf{X}_u(u_1,\ v_1)\times\mathbf{X}_v(u_1,\ v_1)\right\|\mathrm{d}u\mathrm{d}v\leqslant\epsilon\left(\frac{1}{2}h^2\right).$$

记 $\mathbf{X}_1(u,v)$ 为 $\mathbf{X}(u,v)$ 在 T' 内的线性近似. 由于 $\mathbf{X}(u,v)$ 具有一阶连续导数, 对任意 $\epsilon>0$, 充分小的 h, 都有

$$\|\text{curl }\mathbf{G}(\mathbf{X}(u,v))-\text{curl }\mathbf{G}(\mathbf{X}_1(u,v))\|<\epsilon.$$

另外, 由于 $\mathbf{X}_1(u,v)$ 是 $\mathbf{X}(u,v)$ 在 T' 内的线性近似, 从而对充分小的 h,

$$\|\mathbf{X}(u,v)-\mathbf{X}_1(u,v)\|<\epsilon$$

对 T 内一切 (u,v) 都成立. 我们证明 curl $\mathbf{G}$ 穿过 $\mathbf{X}(T)$ 的通量与 curl $\mathbf{G}$ 穿过 T' 的通量相差很小:

$$\begin{aligned}&\left|\int_{\mathbf{X}(T)}(\text{curl }\mathbf{G})\cdot\mathbf{N}\,\mathrm{d}\sigma-\int_{T'}(\text{curl }\mathbf{G})\cdot\mathbf{N}\,\mathrm{d}\sigma\right|\\ =&\left|\int_T\Big((\text{curl }\mathbf{G}(\mathbf{X}(u,v)))\cdot\mathbf{X}_u\times\mathbf{X}_v-(\text{curl }\mathbf{G}(\mathbf{X}_1(u,v)))\cdot\mathbf{X}_{1u}\times\mathbf{X}_{1v}\Big)\mathrm{d}u\mathrm{d}v\right|.\end{aligned}$$

根据三角不等式, 存在依赖于 $\|\text{curl }\mathbf{G}\|$ 最大值的常数 k, 使得

$$\begin{aligned}\leqslant&\left|\int_T\Big((\text{curl }\mathbf{G}(\mathbf{X}(u,v))-\text{curl }\mathbf{G}(\mathbf{X}_1(u,v)))\cdot\mathbf{X}_u\times\mathbf{X}_v\Big)\mathrm{d}u\mathrm{d}v\right|\\ &+\left|\int_T\Big((\text{curl }\mathbf{G}(\mathbf{X}_1(u,v)))\cdot(\mathbf{X}_u\times\mathbf{X}_v-\mathbf{X}_{1u}\times\mathbf{X}_{1v})\Big)\mathrm{d}u\mathrm{d}v\right|\\ \leqslant&\int_T\Big\|\text{curl }\mathbf{G}(\mathbf{X}(u,v))-\text{curl }\mathbf{G}(\mathbf{X}_1(u,v))\Big\|\Big\|\mathbf{X}_u\times\mathbf{X}_v\Big\|\mathrm{d}u\mathrm{d}v\\ &+\int_T\Big\|\text{curl }\mathbf{G}(\mathbf{X}_1(u,v))\Big\|\Big\|\mathbf{X}_u\times\mathbf{X}_v-\mathbf{X}_u(\tilde{u},v_0)\times\mathbf{X}_v(u_0,\tilde{v})\Big\|\mathrm{d}u\mathrm{d}v\\ \leqslant&k\epsilon A(T)=k\epsilon\frac{h^2}{2}.\end{aligned}$$

区域 D 中有 $\dfrac{A(D)}{\dfrac{1}{2}h^2}$ 个三角形区域. 用三角形区域进行估计的误差

$$\int_{\bigcup_i\mathbf{X}(T_i)}(\text{curl }\mathbf{G})\cdot\mathbf{N}\,\mathrm{d}\sigma$$

以所有三角形的误差之和为上界:

$$\frac{A(D)}{\dfrac{1}{2}h^2}\left(k\epsilon\frac{h^2}{2}\right)=A(D)k\epsilon.$$

令 h 充分小, 我们可得到积分之间的差小于 ϵ:

$$\left|\int_{\bigcup_i \mathbf{X}(T_i)} (\text{curl }\mathbf{G})\cdot\mathbf{N}\,\mathrm{d}\sigma - \int_{\bigcup_i T_i'} (\text{curl }\mathbf{G})\cdot\mathbf{N}\,\mathrm{d}\sigma\right| < \epsilon. \tag{8.11}$$

现对任一平面三角形 T_i' 应用格林定理,

$$\int_{T_i'} (\text{curl }\mathbf{G})\cdot\mathbf{N}\,\mathrm{d}\sigma = \int_{\partial T_i'} \mathbf{G}\cdot\mathbf{T}\mathrm{d}s,$$

可得到

$$\int_{T_i'} (\text{curl }\mathbf{G})\cdot\mathbf{N}\,\mathrm{d}\sigma - \int_{\partial T_i'} \mathbf{G}\cdot\mathbf{T}\mathrm{d}s = 0. \tag{8.12}$$

在边界上采用类似于三角形区域的处理可证明对足够小的 h 有

$$\left|\int_{\bigcup_i \partial T_i'} \mathbf{G}\cdot\mathbf{T}\mathrm{d}s - \int_{\bigcup_i \partial\mathbf{X}(T_i)} \mathbf{G}\cdot\mathbf{T}\mathrm{d}s\right| < \epsilon. \tag{8.13}$$

类似地, 对充分小的 h, 有

$$\left|\int_S (\text{curl }\mathbf{G})\cdot\mathbf{N}\,\mathrm{d}\sigma - \int_{\cup_i\mathbf{X}(T_i)} (\text{curl }\mathbf{G})\cdot\mathbf{N}\,\mathrm{d}\sigma\right| < \epsilon \tag{8.14}$$

及

$$\left|\int_{\partial S} \mathbf{G}\cdot\mathbf{T}\mathrm{d}s - \int_{\bigcup_i \partial\mathbf{X}(T_i)} \mathbf{G}\cdot\mathbf{T}\mathrm{d}s\right| < 2\epsilon. \tag{8.15}$$

根据 (8.11)—(8.15), 利用三角不等式可使得

$$\left|\int_S (\text{curl }\mathbf{G})\cdot\mathbf{N}\,\mathrm{d}\sigma - \int_{\partial S} \mathbf{G}\cdot\mathbf{T}\mathrm{d}s\right|$$

要多小有多小, 只要 h 取得充分小. 这就证明了定理 8.4 的 (8.10). **证毕.**

第二种证明是以一种不同的方式应用格林定理. 见图 8.24.

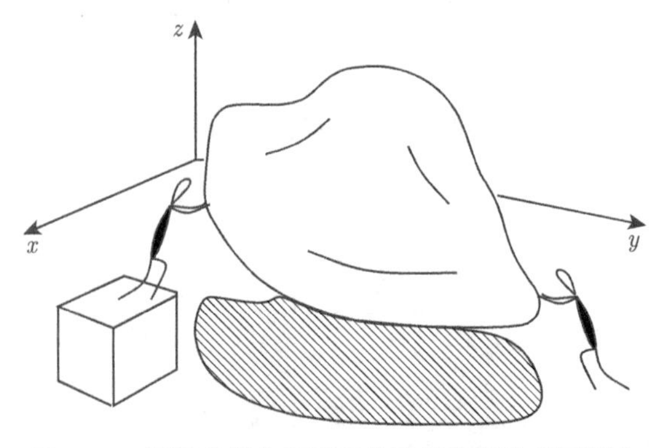

图 8.24　斯托克斯定理可看作格林定理的曲面版本

证明　我们首先考虑曲面 S 是从 u,v 平面到 $\mathbb{R}^3$ 的单参数光滑 $\mathbf{X}$ 函数的图像的情形. 因此 $S=\mathbf{X}(D)$, 其中 D 是 $\mathbb{R}^2$ 上的正则集且 $\mathbf{X}(\partial D)=\partial S$. 则有

$$\int_S(\text{curl }\mathbf{G})\cdot\mathbf{N}\,\mathrm{d}\sigma=\int_D(\text{curl }\mathbf{G})(\mathbf{X}(u,v))\cdot\mathbf{X}_u\times\mathbf{X}_v\mathrm{d}u\mathrm{d}v.$$

利用链式法则并化简, 留作问题 8.38, 可得

$$(\text{curl }\mathbf{G})(\mathbf{X}(u,v))\cdot\mathbf{X}_u\times\mathbf{X}_v=(\mathbf{G}(\mathbf{X}(u,v)))_u\cdot\mathbf{X}_v-(\mathbf{G}(\mathbf{X}(u,v)))_v\cdot\mathbf{X}_u.$$

定义 $\mathbb{R}^2$ 内 D 上的向量场

$$\mathbf{F}(u,v)=(\mathbf{G}(\mathbf{X}(u,v))\cdot\mathbf{X}_u(u,v),\mathbf{G}(\mathbf{X}(u,v))\cdot\mathbf{X}_v(u,v)),$$

则

$$\begin{aligned}\text{curl }\mathbf{F}(u,v)&=\frac{\partial}{\partial u}\Big(\mathbf{G}(\mathbf{X}(u,v))\cdot\mathbf{X}_v(u,v)\Big)-\frac{\partial}{\partial v}\Big(\mathbf{G}(\mathbf{X}(u,v))\cdot\mathbf{X}_u(u,v)\Big)\\&=\mathbf{G}(\mathbf{X}(u,v))\cdot\mathbf{X}_{vu}(u,v)+\mathbf{X}_v(u,v)\cdot\frac{\partial}{\partial u}\mathbf{G}(\mathbf{X}(u,v))\\&\quad-\mathbf{G}(\mathbf{X}(u,v))\cdot\mathbf{X}_{uv}(u,v)-\mathbf{X}_u(u,v)\cdot\frac{\partial}{\partial v}\mathbf{G}(\mathbf{X}(u,v))\\&=(\text{curl }\mathbf{G})\big(\mathbf{X}(u,v)\big)\cdot\mathbf{X}_u\times\mathbf{X}_v.\end{aligned}$$

因此,

$$\begin{aligned}\int_S(\text{curl }\mathbf{G})\cdot\mathbf{N}\,\mathrm{d}\sigma&=\int_D(\text{curl }\mathbf{G})(\mathbf{X}(u,v))\cdot\mathbf{X}_u\times\mathbf{X}_v\mathrm{d}u\mathrm{d}v\\&=\int_D\text{curl}\,(\mathbf{G}(\mathbf{X}(u,v))\cdot\mathbf{X}_u(u,v),\mathbf{G}(\mathbf{X}(u,v))\cdot\mathbf{X}_v(u,v))\,\mathrm{d}u\mathrm{d}v\\&=\int_D\text{curl }\mathbf{F}\mathrm{d}u\mathrm{d}v.\end{aligned}$$

利用格林定理有

$$\int_D\text{curl }\mathbf{F}\mathrm{d}u\mathrm{d}v=\int_{\partial D}\mathbf{F}\cdot\mathbf{T}\mathrm{d}s.$$

现设 $\mathbf{R}(t)=(u(t),v(t)),a\leqslant t\leqslant b$ 为 ∂D 的参数化. 则 $\mathbf{X}(\mathbf{R}(t))$ 参数化 ∂S.

$$\begin{aligned}\int_{\partial D}\mathbf{F}\cdot\mathbf{T}\mathrm{d}s&=\int_a^b\mathbf{F}(\mathbf{R}(t))\cdot\mathbf{R}'(t)\mathrm{d}t\\&=\int_a^b\Big(\mathbf{G}(\mathbf{X}(\mathbf{R}(t)))\cdot\mathbf{X}_u(\mathbf{R}(t)),\mathbf{G}(\mathbf{X}(\mathbf{R}(t)))\cdot\mathbf{X}_v(\mathbf{R}(t))\Big)\cdot\mathbf{R}'(t)\mathrm{d}t\\&=\int_a^b(g_1x_u+g_2y_u+g_3z_u,g_1x_v+g_2y_v+g_3z_v)\cdot\mathbf{R}'(t)\mathrm{d}t\end{aligned}$$

$$
\begin{aligned}
&= \int_a^b \left((g_1 x_u + g_2 y_u + g_3 z_u) u' + (g_1 x_v + g_2 y_v + g_3 z_v) v' \right) \mathrm{d}t \\
&= \int_{\partial S} g_1 \mathrm{d}x + g_2 \mathrm{d}y + g_3 \mathrm{d}z \\
&= \int_{\partial S} \mathbf{G} \cdot \mathbf{T} \mathrm{d}s.
\end{aligned}
$$

这就对 S 是单参数的情形得出结论.

现假设 S 是两个具有公共边界的曲面之并. 假定它们的定向使得相连部分的曲线积分能相互抵消. 见图 8.25. 非两部分的公共边界构成 ∂S, 因此对 S 参数化部分相加可得 S 上的斯托克斯公式. **证毕.**

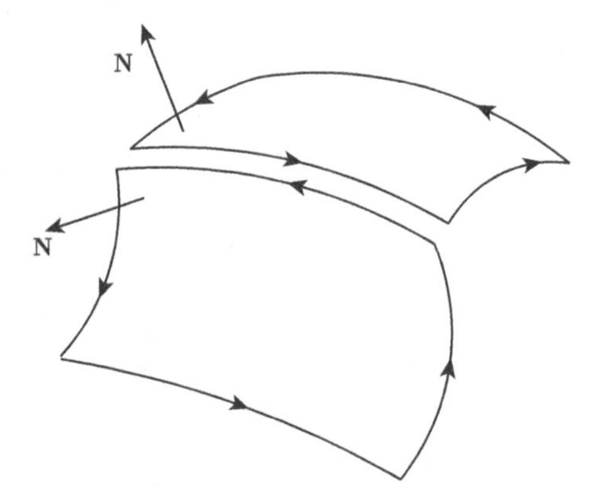

图 8.25　斯托克斯定理证明中, 两部分曲面的参数化. 公共边界被画得分离开是为了说明为何曲线积分相互抵消

例 3.32 中已证明, 若 $\mathbf{F} = \nabla f$, 则 $\mathrm{curl}\,\mathbf{F} = \mathbf{0}$. 我们现证明, 在对 $\mathbf{F}$ 的定义域补充适当条件后, 其逆也能成立. 假设 $\mathbf{F}$ 定义域中每一条闭路都是 D 中一光滑曲面 S 的边界 ∂S. 若 $\mathrm{curl}\,\mathbf{F} = \mathbf{0}$, 利用斯托克斯定理可得

$$
\int_{C=\partial S} \mathbf{F} \cdot \mathbf{T} \mathrm{d}s = \int_S \mathrm{curl}\,\mathbf{F} \cdot \mathbf{N}\, \mathrm{d}\sigma = 0,
$$

并且由定理 7.1 知存在一势函数 g 使得 $\nabla g = \mathbf{F}$. 具有我们所需性质的定义域被称作单连通的.

定义 8.2　*我们称 $\mathbb{R}^n$ 中的集合为***单连通的***, 若它是连通的且集合中的任一简单闭曲线都可连续收缩为集合内某一点.*

我们不加证明地给出以下结论: 若集合是单连通的, 则集合内任一分段光滑简单闭曲线是集合内分片光滑曲面的边界.

因此我们有下面的定理.

定理 8.5 设 $\mathbf{F}$ 是 $\mathbb{R}^3$ 中满足 $\text{curl}\,\mathbf{F}=\mathbf{0}$ 的单连通开集 U 上的 C^1 向量场. 则存在一从 U 到 $\mathbb{R}$ 上的函数 g 使得 $\nabla g=\mathbf{F}$.

例 8.15 $\mathbb{R}^3$ 中满足 $\|\mathbf{X}\|\neq 0$ 的点集 D_1 是单连通的. $\mathbb{R}^3$ 中除 z 轴外的点集 D_2 是非单连通的.

若 $\mathbf{F}_1$ 是 D_1 上满足 $\text{curl}\,\mathbf{F}_1=\mathbf{0}$ 的 C^1 向量场, 则 $\mathbf{F}_1$ 必有势函数.

若 $\mathbf{F}_2$ 是 D_2 上满足 $\text{curl}\,\mathbf{F}_2=\mathbf{0}$ 的 C^1 向量场, 则我们不能得出任何有关 $\mathbf{F}_2$ 势函数存在的结论.

例 8.16 对 $\mathbf{F}(x,y,z)=(z^2,-2x,y^5)$ 及以原点为球心、1 为半径的上半球面 S, 验证斯托克斯定理. 见图 8.26.

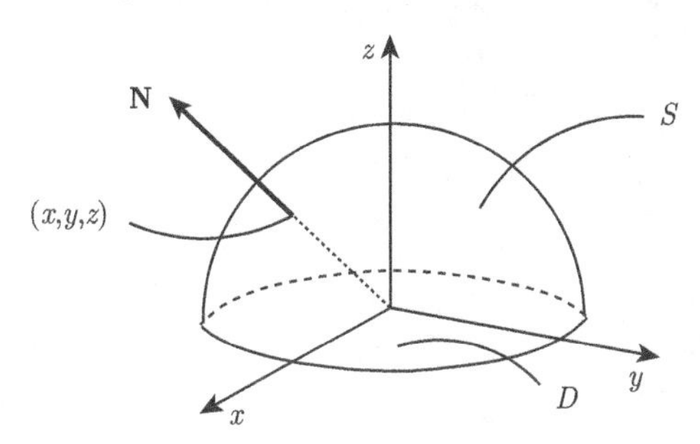

图 8.26 例 8.16 中的半球面

计算 $\text{curl}\,\mathbf{F}(x,y,z)=(5y^4,2z,-2)$. S 上任一点 (x,y,z) 处的单位法向量为 $\mathbf{N}=(x,y,z)$.

$$\begin{aligned}\int_S(\text{curl}\,\mathbf{F})\cdot\mathbf{N}\,\mathrm{d}\sigma&=\int_S(5y^4,2z,-2)\cdot(x,y,z)\mathrm{d}\sigma\\&=\int_S 5y^4x\mathrm{d}\sigma+\int_S 2zy\mathrm{d}\sigma-\int_S 2z\mathrm{d}\sigma.\end{aligned}$$

由对称性可知前两个积分为零. 将上半球面在定义域 $D: 0\leqslant x^2+y^2\leqslant 1$ 内参数化, 有

$$\mathbf{X}(x,y)=(x,y,\sqrt{1-x^2-y^2}),\quad 0\leqslant x^2+y^2\leqslant 1,\quad \|\mathbf{X}_x\times\mathbf{X}_y\|=\frac{1}{\sqrt{1-x^2-y^2}}.$$

$$\int_S(\text{curl}\,\mathbf{F})\cdot\mathbf{N}\,\mathrm{d}\sigma=-\int_S 2z\mathrm{d}\sigma=-2\int_D\frac{\sqrt{1-x^2-y^2}}{\sqrt{1-x^2-y^2}}\mathrm{d}x\mathrm{d}y=-2(A(D))=-2\pi.$$

为计算 $\int_{\partial S}\mathbf{F}\cdot\mathbf{T}\mathrm{d}s$, 我们将 ∂S 参数化 $\mathbf{X}(t)=(\cos t,\ \sin t,0), 0\leqslant t\leqslant 2\pi$, 该参数化与 S 的单位外法向量相容, 可得

$$\int_{\partial S}\mathbf{F}\cdot\mathbf{T}\mathrm{d}s=\int_0^{2\pi}(0,-2\cos t,\sin^5 t)\cdot(-\sin t,\cos t,0)\mathrm{d}t=\int_0^{2\pi}-2\cos^2 t\mathrm{d}t=-2\pi.$$

例 8.17　设 $\mathbf{F}(x,y,z)=\left(\dfrac{-y}{x^2+y^2},\ \dfrac{x}{x^2+y^2},\ 0\right)$.

(a) 设 C_1 是不环绕 z 轴也不与 z 轴相交的分段光滑简单闭曲线, 求 $\mathbf{F}$ 沿 C_1 的环流.

(b) 设 C_2 是环绕 z 轴一周 (但不与之相交) 的分段光滑简单闭曲线, 求 $\mathbf{F}$ 沿 C_2 的环流.

见图 8.27. 在 (a) 中 S 是满足 $\partial S=C_1$ 的分片光滑曲面. 则根据 $\operatorname{curl}\mathbf{F}=\mathbf{0}$ 以及斯托克斯定理, 有

$$\int_{C_1=\partial S}\mathbf{F}\cdot\mathbf{T}\mathrm{d}s=\int_S \operatorname{curl}\mathbf{F}\cdot\mathbf{N}\,\mathrm{d}\sigma=0.$$

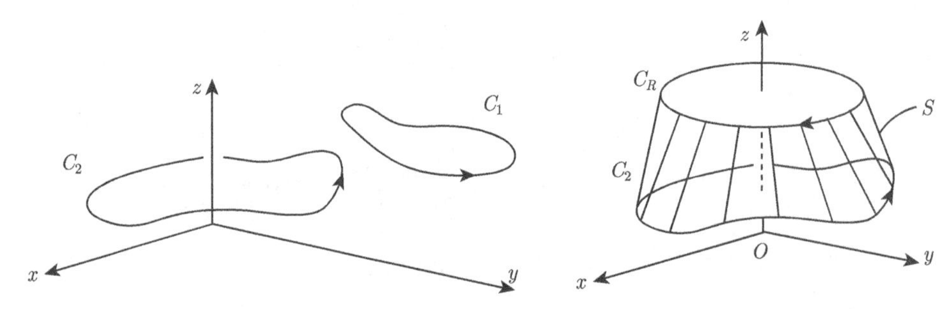

图 8.27　例 8.17 中的左: 曲线; 右: 曲面

(b) 中由于 $\mathbf{F}$ 在 z 轴上无定义, 故 $\operatorname{curl}\mathbf{F}$ 在其上也无定义. 任一以 C_2 为边界的曲面都包含 z 轴上一点. 在这样的曲面上斯托克斯定理无法应用. 考虑水平面 $z=k$ 上以 z 轴为圆心、R 为半径且不与 C_2 相交的圆 C_R. 设 S 是以 $C_R\cup C_2$ 为边界的分片光滑定向曲面. 在这样的曲面上应用斯托克斯定理有

$$\int_{C_2}\mathbf{F}\cdot\mathbf{T}\mathrm{d}s+\int_{C_R}\mathbf{F}\cdot\mathbf{T}\mathrm{d}s=\int_{\partial S=C_R\cup C_2}\mathbf{F}\cdot\mathbf{T}\mathrm{d}s=\int_S \operatorname{curl}\mathbf{F}\cdot\mathbf{N}\,\mathrm{d}\sigma=\int_S 0\mathrm{d}\sigma=0.$$

假设 C_2 如图 8.27 所示按逆时针方向环绕 z 轴, 而 C_R 按顺时针方向. 用 $\mathbf{X}(t)=(R\cos t,-R\sin t,k)$, $0\leqslant t\leqslant 2\pi$ 对 C_R 参数化, 可以得到

$$\begin{aligned}
0&=\int_{C_2}\mathbf{F}\cdot\mathbf{T}\mathrm{d}s+\int_{C_R}\mathbf{F}\cdot\mathbf{T}\mathrm{d}s\\
&=\int_{C_2}\mathbf{F}\cdot\mathbf{T}\mathrm{d}s+\int_0^{2\pi}\left(\frac{R\sin t}{R^2},\ \frac{R\cos t}{R^2},0\right)\cdot(-R\sin t,\ -R\cos t,0)\mathrm{d}t\\
&=\int_{C_2}\mathbf{F}\cdot\mathbf{T}\mathrm{d}s+\int_0^{2\pi}(-1)\mathrm{d}t\\
&=\int_{C_2}\mathbf{F}\cdot\mathbf{T}\mathrm{d}s-2\pi.
\end{aligned}$$

从而

$$\int_{C_2} \mathbf{F} \cdot \mathbf{T} \mathrm{d}s = 2\pi,$$

即, $\mathbf{F}$ 绕 C_2 的环流为 2π. 类似地, C_2 沿另一方向绕 z 轴一周的环流为 -2π.

考虑如图 8.28 所示的具有同一定向边界的两光滑曲面 S_1 和 S_2,

$$\partial S_1 = \partial S_2,$$

以及两曲面上的 C^1 向量场 $\mathbf{F}$. 由于

$$\int_{\partial S_1} \mathbf{F} \cdot \mathbf{T} \mathrm{d}s = \int_{\partial S_2} \mathbf{F} \cdot \mathbf{T} \mathrm{d}s,$$

斯托克斯定理蕴含着 curl $\mathbf{F}$ 穿过 S_1 与 S_2 的通量是相等的,

$$\int_{S_1} \operatorname{curl} \mathbf{F} \cdot \mathbf{N} \, \mathrm{d}\sigma = \int_{S_2} \operatorname{curl} \mathbf{F} \cdot \mathbf{N} \, \mathrm{d}\sigma,$$

其中法向量 $\mathbf{N}$ 与边界定向相容.

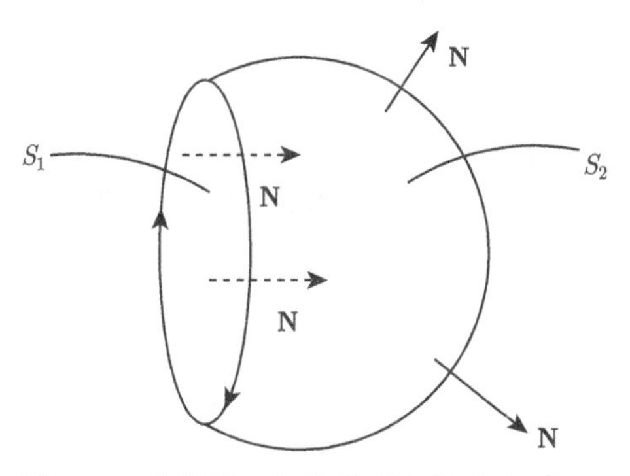

图 8.28 具有同一边界的两个曲面 S_1 与 S_2

例 8.18 设 $\mathbf{F}(x, y, z) = (z^2, -2x, y^5)$, S 为例 8.16 所示的上半单位球. 设 S_1 是 x, y 平面上的单位圆 $x^2 + y^2 \leqslant 1$, 其单位法向量为 $(0, 0, 1)$. 则

$$\begin{aligned}\int_{S} \operatorname{curl} \mathbf{F} \cdot \mathbf{N} \, \mathrm{d}\sigma &= \int_{S_1} \operatorname{curl} \mathbf{F} \cdot (0, 0, 1) \mathrm{d}\sigma \\ &= -2 \int_{S_1} \mathrm{d}\sigma = -2A(S_1) = -2\pi.\end{aligned}$$

电磁学的例子

斯托克斯定理常用于研究电磁学. 我们知道, 电场强度 $\mathbf{E}$[力/电荷] 与磁感应强度 $\mathbf{B}$[力/电荷/速度] 满足麦克斯韦微分方程组

$$\mu_0 \epsilon_0 \mathbf{E}_t = \operatorname{curl} \mathbf{B} - \mu_0 \mathbf{J}, \quad \mathbf{B}_t = -\operatorname{curl} \mathbf{E}, \quad \operatorname{div} \mathbf{E} = \frac{\rho}{\epsilon_0}, \quad \operatorname{div} \mathbf{B} = 0,$$

其中 μ_0, ϵ_0 为常数, ρ [电荷/体积] 为电荷密度, 且 $\mathbf{J}$ [电荷/时间/面积] 为电流密度. 这些量之间的一些关系留作问题用来说明向量微积分的应用.

问题

8.29 利用斯托克斯定理计算曲线积分

$$\int_C \mathbf{F}\cdot\mathbf{T}\mathrm{d}s.$$

(a) $\mathbf{F}(x,y,z)=(0,x,0)$, C 表示平面 $z=0$ 上的圆 $x^2+y^2=1$, 其方向从 z 轴正向看为逆时针.

(b) $\mathbf{F}(x,y,z)=(y,0,0)$, C 是从 $\mathbf{A}=(a,0,0)$ 到 $\mathbf{B}=(0,b,0)$ 到 $\mathbf{C}=(0,0,c)$ 再到 $\mathbf{A}$ 的三条线段组成的三角形路径, 其中 a,b,c 为正数.

8.30 对下面的情形通过计算左右两边的积分验证斯托克斯公式

$$\int_S \operatorname{curl}\mathbf{F}\cdot\mathbf{N}\,\mathrm{d}\sigma=\int_{\partial S}\mathbf{F}\cdot\mathbf{T}\mathrm{d}s.$$

(a) $\mathbf{F}(x,y,z)=(-y,x,1)$, S 为立方体 $[0,\ 1]^3$ 的顶面, 且 $\mathbf{N}$ 指向 $+z$.

(b) $\mathbf{F}(x,y,z)=(-y,x,1)$, S 为立方体 $[0,\ 1]^3$ 的其他五个面, 且 $\mathbf{N}$ 指向内部.

8.31 对下面的情形通过计算左右两边的积分验证斯托克斯公式

$$\int_S \operatorname{curl}\mathbf{F}\cdot\mathbf{N}\,\mathrm{d}\sigma=\int_{\partial S}\mathbf{F}\cdot\mathbf{T}\mathrm{d}s.$$

(a) $\mathbf{F}(x,y,z)=(-y,x,2)$, S 为 $\mathbf{N}$ 指向 $+z$ 的半球面 $x^2+y^2+z^2=r^2, z\geqslant 0, r$ 为常数.

(b) $\mathbf{F}(x,y,z)=(-y,x,2)$, S 为 $\mathbf{N}$ 指向 $+z$ 的圆盘 $x^2+y^2\leqslant r^2, z=0, r$ 为常数.

8.32 用 C^1 向量场 $\mathbf{V}$ 模拟如图 8.29 所示的旋转风暴的流体速度. 图中的曲面 S 是一顶部与底部开口的垂直圆柱, 其中 C_1 和 C_2 是边界圆, $\mathbf{V}_1$ 和 $\mathbf{V}_2$ 分别表示 $\mathbf{V}$ 在 C_1 和 C_2 上的值. 假设下述两个性质成立:

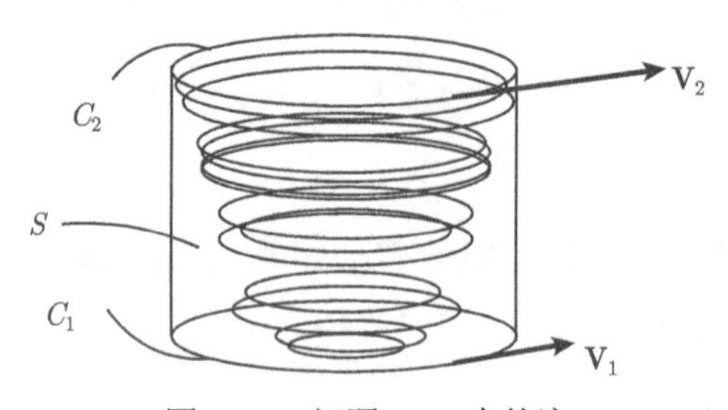

图 8.29　问题 8.32 中的流

(a) curl $\mathbf{V} = (0, 0, h(x, y, z))$ 平行于圆柱的轴,

(b) 图中 $\mathbf{V}_1$ 和 $\mathbf{V}_2$ 分别与 C_1 和 C_2 相切, 且具有固定模长 $\|\mathbf{V}_1\| < \|\mathbf{V}_2\|$.

利用斯托克斯定理证明上述两个性质是彼此不相容的.

8.33 设 S 为球面, $\mathbf{F}$ 是 S 上 C^1 向量场. 证明

$$\int_S \text{curl}\ \mathbf{F} \cdot \mathbf{N}\, \mathrm{d}\sigma = 0.$$

8.34 设 S 是 $\mathbb{R}^3$ 中以原点为球心的单位球的半球面 $x \leqslant 0$, 其法线指向远离原点的方向. 计算

$$\int_S \text{curl}(x^3 z, x^3 y, y) \cdot \mathbf{N}\, \mathrm{d}\sigma.$$

8.35 绕 z 轴的半径为 R 的线圈 (图 8.30) 拥有定常电流密度 $\mathbf{J} = (0, 0, j)$ 与一形如

$$\mathbf{B} = \begin{cases} c_1(-y, x, 0), & r < R, \\ c_2 \dfrac{(-y, x, 0)}{r^p}, & r > R \end{cases}$$

的磁感应强度, 其中 $r = \sqrt{x^2 + y^2}$ 且 c_1, c_2 和 p 为常数. 在线圈外部 $\mathbf{J} = \mathbf{0}$, 且与时间 t 无关.

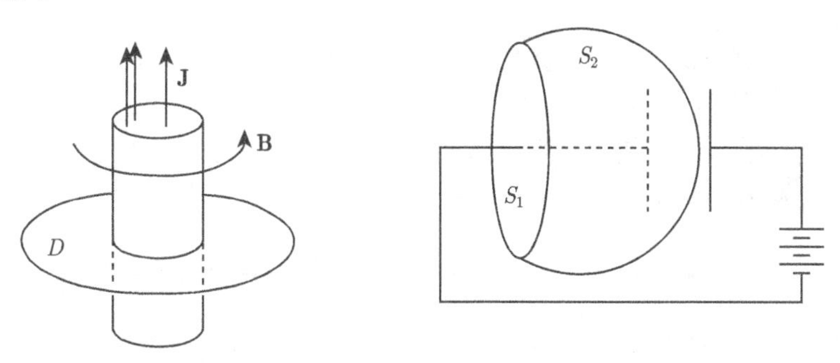

图 8.30 左: 问题 8.35 中线圈上的电流; 右: 问题 8.37 中移入的曲面产生的位移电流

(a) 在线圈的内部应用麦克斯韦方程 $\mathbf{0} = \text{curl}\ \mathbf{B} - \mu_0 \mathbf{J}$ 求 c_1.

(b) 求使得 $\mathbf{0} = \text{curl}\ \mathbf{B} - \mu_0 \mathbf{J}$ 在线圈外部成立的 p.

(c) 求使得 $\mathbf{B}$ 在 $\mathbb{R}^3$ 中连续的 c_2.

(d) 设 D 是圆心在 z 轴上且与 x, y 平面平行的圆盘, 半径为 $R_1 > R$, 其法向量 $\mathbf{N}$ 与 $\mathbf{J}$ 一致. 则 curl $\mathbf{B}$ 在 D 上是不连续函数. 证明斯托克斯公式

$$\int_D \text{curl}\ \mathbf{B} \cdot \mathbf{N}\, \mathrm{d}\sigma = \int_{\partial D} \mathbf{B} \cdot \mathbf{T} \mathrm{d}s$$

成立. 请解释不连续函数的曲面积分的意义.

8.36 我们称向量场 $\mathbf{F}$ 为向量场 $\mathbf{G}$ 的向量势, 若 $\mathbf{G} = \text{curl}\, \mathbf{F}$. 证明若 $\mathbf{F}$ 是 $\mathbf{G}$ 的一势向量, 则 $\mathbf{G}$ 穿过曲面 S 的通量仅与 $\mathbf{F}$ 在 S 边界上的值有关. 因此, 我们称若 $\mathbf{G}$ 有向量势, 则其通量"与曲面无关".

8.37 安培原创性的定律表述了穿过 S 的电流 $\mathbf{J}$ 沿任一定向曲面 S 边界的磁场 $\mathbf{B}$ 为

$$\int_{\partial S} \mathbf{B} \cdot \mathbf{T} \mathrm{d}s = \mu_0 \int_S \mathbf{J} \cdot \mathbf{N}\, \mathrm{d}\sigma,$$

μ_0 为常数.

(a) 利用斯托克斯公式推导

$$\text{curl}\, \mathbf{B} = \mu_0 \mathbf{J}.$$

(b) 证明 (a) 与电荷守恒定律

$$\rho_t + \text{div}\mathbf{J} = 0$$

矛盾, 其中 ρ 为随时间变化的电荷密度.

注 后来麦克斯韦将安培定律 $\text{curl}\, \mathbf{B} = \mu_0 \mathbf{J}$ 修正为

$$\text{curl}\, \mathbf{B} = \mu_0 (\mathbf{J} + \epsilon_0 \mathbf{E}_t),$$

称 $\epsilon_0 \mathbf{E}_t$ 为"位移电流". 这一修改将光学与电磁学统一起来. 图 8.30 给出了曲面移入电容内磁场变化区域的示意图.

8.38 证明: 若 $\mathbf{G}$ 是包含光滑曲面 S 的集合上的连续可微向量场, 且 S 由平面上定义域为 D 的 $\mathbf{X}(u, v)$ 参数化, 则

$$\big((\text{curl}\, \mathbf{G})(\mathbf{X}(u, v))\big) \cdot (\mathbf{X}_u \times \mathbf{X}_v) = (\mathbf{G} \circ \mathbf{X})_u \cdot \mathbf{X}_v - (\mathbf{G} \circ \mathbf{X})_v \cdot \mathbf{X}_u.$$

我们在斯托克斯定理的第二种证明中已利用了这一公式.

8.39 利用斯托克斯公式, 从麦克斯韦定律 $\mathbf{B}_t = \text{curl}\, \mathbf{E}$ 导出

$$\frac{\mathrm{d}}{\mathrm{d}t} \int_S \mathbf{B} \cdot \mathbf{N}\, \mathrm{d}\sigma = -\int_{\partial S} \mathbf{E} \cdot \mathbf{T} \mathrm{d}s.$$

见图 8.31.

注 这一结果与电能的产生有关.

8.40 下述哪些集合是单连通的?

(a) $\mathbb{R}^3$ 中不在 x 轴上的点 (x, y, z) 的集合.

(b) $\mathbb{R}^2$ 上除 $(0, 0)$ 外所有点的集合.

(c) $\mathbb{R}^3$ 中实心环面 (轮胎状) 内所有点的集合.

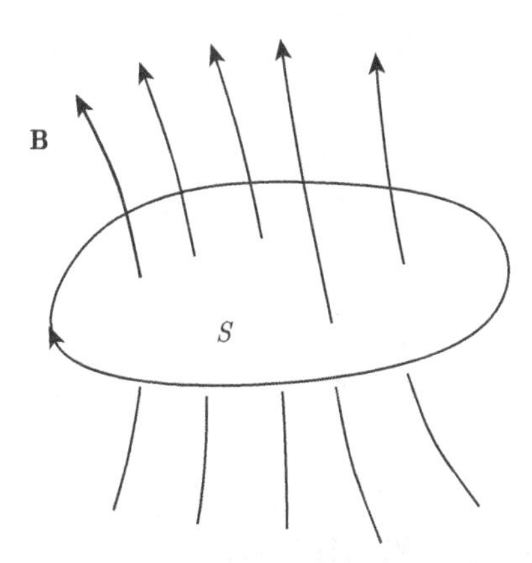

图 8.31 问题 8.39 中环上的电场产生变化的磁通量

8.4 守 恒 律

我们通过讨论守恒律来阐述多变量微积分的应用. 守恒律表达了这样一事实: 集合 D 内含有的某种物质 (质量、动量、能量) 总量的变化率等于物质进入集合的速率. 我们记物质的密度为 s [物质/体积], 并记流的速度为 $\mathbf{F}$ [物质/面积/时间]. 则 t 时刻 D 内物质的总量为

$$\int_D s\mathrm{d}V.$$

单位时间流出 D 的物质的总量为

$$\int_{\partial D} \mathbf{F}\cdot\mathbf{N}\,\mathrm{d}\sigma,$$

其中单位法向量 $\mathbf{N}$ 朝向外侧. 根据守恒律, D 内含有的物质的变化率

$$\frac{\mathrm{d}}{\mathrm{d}t}\int_D s\mathrm{d}V$$

等于物质向内流过 D 边界的速率. 物质守恒可由下述方程描述

$$\frac{\mathrm{d}}{\mathrm{d}t}\int_D s\mathrm{d}V = -\int_{\partial D} \mathbf{F}\cdot\mathbf{N}\,\mathrm{d}\sigma. \tag{8.16}$$

左侧我们在积分号里对 t 求微分, 右侧应用散度定理可将 D 边界上的积分转换为 D 上的积分. 可以得到

$$\int_D s_t\mathrm{d}V = -\int_D \mathrm{div}\ \mathbf{F}\mathrm{d}V.$$

将两侧合并, 有

$$\int_D (s_t + \mathrm{div}\ \mathbf{F})\mathrm{d}V = 0.$$

因这一关系在任一正则区域 D 上都成立, 故被积函数必为零 (见问题 6.17):

$$s_t + \operatorname{div} \mathbf{F} = 0. \tag{8.17}$$

这是守恒律的微分形式.

流体中流的守恒律

现在我们将给出流的质量、动量、能量的三个基本守恒律, 作为一般守恒律 (8.17) 的举例.

流体动力学, 研究流体的流, 是一门极其有趣和重要的科学分支, 囊括了数学、物理、工程各方面. 它是理解飞机飞行的基础.

A. 质量守恒

我们用希腊字母 ρ 表示流体的密度 [质量/体积]. $\mathbf{V} = (u, v, w)$ 表示流体速度 [位移/时间]. 因此物质运送的速度为 $\rho\mathbf{V}$[质量/面积/时间]. 在守恒律 (8.17) 中令

$$s = p, \quad \mathbf{F} = \rho\mathbf{V},$$

可得出质量守恒定律:

$$\rho_t + \operatorname{div}(\rho\mathbf{V}) = 0. \tag{8.18}$$

对不可压缩流体来说, 密度 ρ 为与空间和时间无关的常数; 对这样的流体, 质量守恒方程为

$$\operatorname{div} \mathbf{V} = 0. \tag{8.19}$$

B. 动量守恒

与前面相同, 我们用 ρ 和 $\mathbf{V} = (u, v, w)$ 分别表示流体的密度和速度. P [力/面积] 为压强.

我们将证明

$$\rho \underbrace{(\mathbf{V}_t + \mathbf{V} \cdot \nabla\mathbf{V})}_{\text{加速度}} = -\nabla P,$$

这是牛顿运动定律的一个版本.

动量在 x 方向的密度是 $\rho\mathbf{V}$ 的 x 分量, ρu. 我们假设它依照两种机制被转移到集合 D:

(a) 它由穿过 ∂D 流入 D 的物质携入.

(b) 它由作用在 ∂D 上流体压强的 x 分量赋予.

现在我们详尽地描述这些机制.

a) 被流携入区域 D 的 x 动量的速率为

$$-\int_{\partial D} \rho u \mathbf{V} \cdot \mathbf{N}\, \mathrm{d}\sigma,$$

其中 $\mathbf{N} = (n_1, n_2, n_3)$ 是单位外法向量.

b) 边界上流体的 x 动量变化率是沿 x 方向作用在 ∂D 上的压强,

$$-\int_{\partial D} P n_1 \mathrm{d}\sigma.$$

假设仅有压强的作用. x 动量变化的总速率是和式

$$-\int_{\partial D} (\rho u \mathbf{V} \cdot \mathbf{N} + P n_1) \mathrm{d}\sigma.$$

因此形如 (8.16) 的 x 动量的守恒律为

$$\frac{\mathrm{d}}{\mathrm{d}t} \int_D \rho u \mathrm{d}V = -\int_{\partial D} (\rho u \mathbf{V} \cdot \mathbf{N} + P n_1) \mathrm{d}\sigma = -\int_{\partial D} (\rho u \mathbf{V} + (P, 0, 0)) \cdot \mathbf{N} \mathrm{d}\sigma.$$

形如 (8.17) 的微分形式为

$$(\rho u)_t + \mathrm{div}(\rho u \mathbf{V} + (P, 0, 0)) = 0.$$

根据质量守恒方程 (8.18) 将上式中的 ρ_t 表示成 $-\mathrm{div}(\rho \mathbf{V})$ 可得

$$\rho u_t - u\mathrm{div}(\rho \mathbf{V}) + \mathrm{div}(\rho u \mathbf{V}) + P_x = 0.$$

应用求导法则可得 $\mathrm{div}(\rho u \mathbf{V}) = \boldsymbol{\nabla} u \cdot (\rho \mathbf{V}) + u\mathrm{div}(\rho \mathbf{V})$. 代入并化简有

$$\rho u_t + \rho \boldsymbol{\nabla} u \cdot \mathbf{V} + P_x = 0$$

或者

$$\rho(u_t + u u_x + v u_y + w u_z) + P_x = 0.$$

类似的方程对其他两个坐标也成立; 我们将这三个方程写成向量方程

$$\rho \left(\begin{bmatrix} u_t \\ v_t \\ w_t \end{bmatrix} + u \frac{\partial}{\partial x} \begin{bmatrix} u \\ v \\ w \end{bmatrix} + v \frac{\partial}{\partial y} \begin{bmatrix} u \\ v \\ w \end{bmatrix} + w \frac{\partial}{\partial z} \begin{bmatrix} u \\ v \\ w \end{bmatrix} \right) + \begin{bmatrix} P_x \\ P_y \\ P_z \end{bmatrix} = \begin{bmatrix} 0 \\ 0 \\ 0 \end{bmatrix}$$

或者

$$\rho\,(\mathbf{V}_t + \mathbf{V} \cdot \boldsymbol{\nabla} \mathbf{V}) + \boldsymbol{\nabla} P = \mathbf{0}. \tag{8.20}$$

问题 8.44 中要求读者确认向量

$$\begin{bmatrix} u_t + uu_x + vu_y + wu_z \\ v_t + uv_x + vv_y + wv_z \\ w_t + uw_x + vw_y + ww_z \end{bmatrix} = \mathbf{V}_t + \mathbf{V} \cdot \nabla \mathbf{V}$$

为流体在点 (x, y, z, t) 处的加速度 $\mathbf{X}''(t)$. 因此方程 (8.20) 表明

$$\text{密度} \times \text{加速度} + \nabla(\text{压强}) = \mathbf{0},$$

这是牛顿运动定律的一个版本.

C. 能量守恒

D 内含有的流的总能量是其动能与内能之和. 内能密度, 记作 e, 定义为单位体积的内能, 与流体密度 ρ 和压强 P 有关. 假设 D 内能量通过两种机制被赋予:

(a) 穿过 ∂D 流入 D 的物质携带的能量.

(b) 流体压强在 D 的边界上做功.

内能和动能流出 D 的速率为

$$\int_{\partial D} \left(e + \frac{1}{2} \rho \mathbf{V} \cdot \mathbf{V} \right) \mathbf{V} \cdot \mathbf{N} \mathrm{d}\sigma, \tag{8.21}$$

其中 $\mathbf{N}$ 为外法向量. 因此能量流入 D 的速率是 (8.21) 的负值.

流体压强在 D 的边界上做功的速率为

$$-\int_{\partial D} P \mathbf{V} \cdot \mathbf{N} \, \mathrm{d}\sigma.$$

因此能量传送给 D 的总速率为

$$-\int_{\partial D} \left(e + \frac{1}{2} \rho \mathbf{V} \cdot \mathbf{V} + P \right) \mathbf{V} \cdot \mathbf{N} \, \mathrm{d}\sigma;$$

函数 $e + \frac{1}{2} \rho \mathbf{V} \cdot \mathbf{V} + P$ 被称为焓.

D 内包含的流的总能量 $E(D)$ 是 D 中包含的流的动能与内能之和:

$$E(D) = \int_D \left(e + \frac{1}{2} \rho \mathbf{V} \cdot \mathbf{V} \right) \mathrm{d}V.$$

因此形如 (8.16) 的守恒律为

$$\frac{\mathrm{d}}{\mathrm{d}t} \int_D \left(e + \frac{1}{2} \rho \mathbf{V} \cdot \mathbf{V} \right) \mathrm{d}V = -\int_{\partial D} \left(e + \frac{1}{2} \rho \mathbf{V} \cdot \mathbf{V} + P \right) \mathbf{V} \cdot \mathbf{N} \, \mathrm{d}\sigma.$$

写成形如 (8.17) 的微分形式为

$$e_t + \frac{1}{2}\rho_t \mathbf{V} \cdot \mathbf{V} + \rho \mathbf{V} \cdot \mathbf{V}_t = -\mathrm{div}\Big(\Big(e + \frac{1}{2}\rho \mathbf{V} \cdot \mathbf{V} + P\Big)\mathbf{V}\Big).$$

方程可整理为

$$e_t + \mathrm{div}(e\mathbf{V}) = -\frac{1}{2}\rho_t \mathbf{V} \cdot \mathbf{V} - \rho \mathbf{V} \cdot \mathbf{V}_t - \mathrm{div}\Big(\Big(\frac{1}{2}\rho \mathbf{V} \cdot \mathbf{V} + P\Big)\mathbf{V}\Big).$$

我们现说明右边可化简为 $-P\mathrm{div}\ \mathbf{V}$. 利用求导法则 $\mathrm{div}(f\mathbf{W}) = f\mathrm{div}\mathbf{W} + \mathbf{W} \cdot \boldsymbol{\nabla} f$ 有

$$\mathrm{div}\Big(\Big(\frac{1}{2}\rho \mathbf{V} \cdot \mathbf{V} + P\Big)\mathbf{V}\Big) = \frac{1}{2}\mathrm{div}(\rho \mathbf{V})\mathbf{V} \cdot \mathbf{V} + \frac{1}{2}\rho \mathbf{V} \cdot \boldsymbol{\nabla}(\mathbf{V} \cdot \mathbf{V}) + \mathrm{div}(P\mathbf{V}).$$

因此

$$e_t + \mathrm{div}(e\mathbf{V}) = -\frac{1}{2}\rho_t \mathbf{V} \cdot \mathbf{V} - \rho \mathbf{V} \cdot \mathbf{V}_t - \frac{1}{2}\mathrm{div}(\rho \mathbf{V})\mathbf{V} \cdot \mathbf{V} - \frac{1}{2}\rho \mathbf{V} \cdot \boldsymbol{\nabla}(\mathbf{V} \cdot \mathbf{V}) - \mathrm{div}(P\mathbf{V}).$$

利用质量守恒定律 $\rho_t + \mathrm{div}(\rho \mathbf{V}) = 0$, 右边的第一项和第三项相抵消, 有

$$e_t + \mathrm{div}(e\mathbf{V}) = -\rho \mathbf{V} \cdot \mathbf{V}_t - \frac{1}{2}\rho \mathbf{V} \cdot \boldsymbol{\nabla}(\mathbf{V} \cdot \mathbf{V}) - \mathrm{div}(P\mathbf{V}).$$

再次应用 $\mathrm{div}(f\mathbf{W}) = f\mathrm{div}\mathbf{W} + \mathbf{W} \cdot \boldsymbol{\nabla} f$, 上式右边变为

$$= -\rho \mathbf{V} \cdot \mathbf{V}_t - \frac{1}{2}\rho \mathbf{V} \cdot \boldsymbol{\nabla}(\mathbf{V} \cdot \mathbf{V}) - \mathbf{V} \cdot \boldsymbol{\nabla} P - P\mathrm{div}\ \mathbf{V}.$$

问题 8.43 中要求读者证明 $\mathbf{V} \cdot \boldsymbol{\nabla}(\mathbf{V} \cdot \mathbf{V}) = 2\mathbf{V} \cdot (\mathbf{V} \cdot \boldsymbol{\nabla}\mathbf{V})$. 因此最后表达式为

$$= -\mathbf{V} \cdot (\rho \mathbf{V}_t + \rho \mathbf{V} \cdot \boldsymbol{\nabla}\mathbf{V} + \boldsymbol{\nabla} P) - P\mathrm{div}\ \mathbf{V},$$

且根据动量守恒定律 (8.20) 有

$$\text{上式右端} = -P\mathrm{div}\ \mathbf{V}.$$

因此能量方程为

$$e_t + \mathrm{div}(e\mathbf{V}) = -P\mathrm{div}\ \mathbf{V}. \tag{8.22}$$

能量方程由刻画内能 e 为密度与压强函数的状态方程补充. 当唯一力是由压强梯度引起时, 由状态方程补充的三个守恒律方程 (8.18), (8.20) 与 (8.22) 控制着流体的流动.

问题

8.41　质量守恒定律的积分形式为

$$\frac{\mathrm{d}}{\mathrm{d}t}\int_D \rho \mathrm{d}V = -\int_{\partial D} \rho \mathbf{V} \cdot \mathbf{N}\, \mathrm{d}\sigma.$$

考虑这样的情形, 向量场 $\mathbf{V} = (u, 0, 0)$ 与 x 轴同向, ρ 和 $\mathbf{V}$ 仅与 x 有关, 集合 D 是横截面积为 A、中心轴为 $a \leqslant x \leqslant b$ 的圆柱. 证明质量守恒意味着

$$0 = (\rho(b)u(b) - \rho(a)u(a))A.$$

8.42　证明对所有的可微函数 ρ 和 $\mathbf{V}$ 成立

$$\rho_t + \mathrm{div}(\rho \mathbf{V}) = \rho_t + \mathbf{V} \cdot \boldsymbol{\nabla}\rho + \rho \mathrm{div}\ \mathbf{V}.$$

8.43　对所有满足

$$u(u^2+v^2+w^2)_x+v(u^2+v^2+w^2)_y+w(u^2+v^2+w^2)_z = 2(u,v,w)\cdot \begin{bmatrix} uu_x + vu_y + wu_z \\ uv_x + vv_y + wv_z \\ uw_x + vw_y + ww_z \end{bmatrix}$$

的可微函数 u, v 及 w, 证明在能量方程中用到的公式 $\mathbf{V}\cdot\boldsymbol{\nabla}(\mathbf{V}\cdot\mathbf{V}) = 2\mathbf{V}\cdot(\mathbf{V}\cdot\boldsymbol{\nabla}\mathbf{V})$.

8.44　设 $\mathbf{X}(t)$ 是随流体运动的一质点的路径. 这意味着路径上任一点处它的速度与流体的速度相同:

$$\mathbf{X}'(t) = \mathbf{V}(\mathbf{X}(t), t).$$

利用链式法则证明

$$\mathbf{V}_t + \mathbf{V}\cdot\boldsymbol{\nabla}\mathbf{V} = \begin{bmatrix} u_t + uu_x + vu_y + wu_z \\ v_t + uv_x + vv_y + wv_z \\ w_t + uw_x + vw_y + ww_z \end{bmatrix}$$

是质点的加速度, 即

$$\mathbf{X}''(t) = \mathbf{V}_t(\mathbf{X}(t), t) + \mathbf{V}(\mathbf{X}(t), t)\cdot\boldsymbol{\nabla}\mathbf{V}(\mathbf{X}(t), t).$$

注　$\mathbf{V}\cdot\boldsymbol{\nabla}\mathbf{V} = (D\mathbf{V})\mathbf{V}$, 其中 $D\mathbf{V}$ 是 u, v, w 关于 x, y, z 的矩阵导数.

8.45　设流体速度为 $\mathbf{V}(X) = c\|\mathbf{X}\|^{-3}\mathbf{X}$, 其中 c 为常数.

(a) 证明 $\mathrm{div}\ \mathbf{V} = 0$.

(b) 证明加速度 (见问题 8.44) 为 $-2c^2\|\mathbf{X}\|^{-6}\mathbf{X}$.

(c) 这是一个锥形管道中流体的模型. 给出图 8.32 中三种情形下加速度的方向.

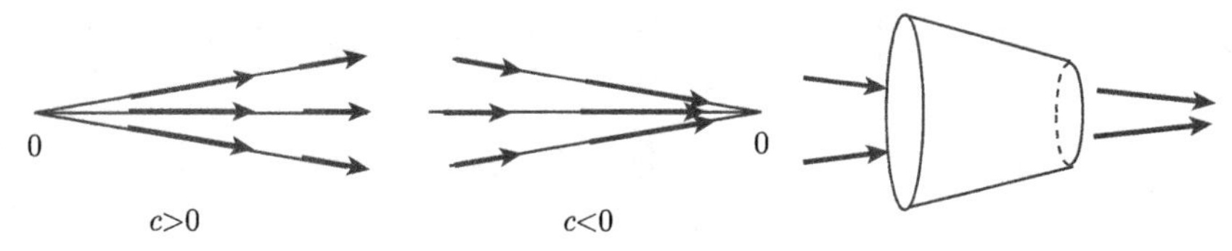

图 8.32 问题 8.45 中所用的流 $\mathbf{V}$

注 麦克斯韦曾用这一流体类比静电场.

8.46 对 (a) 和 (b) 中的函数直接计算或利用散度定理证明

$$\int_D \nabla P \mathrm{d}V = \int_{\partial D} \mathbf{N} P \mathrm{d}\sigma,$$

其中 D 是由 $\|\mathbf{X}\|^2 \leqslant r^2$ 给出的半径为 r 的球.

(a) $P(\mathbf{X}) = a\|\mathbf{X}\|^2$, $a > 0$ 为常数.

(b) $P(\mathbf{X}) = \mathbf{B} \cdot \mathbf{X}$, $\mathbf{B} \neq \mathbf{0}$ 为常数.

(c) 利用压强的概念,

$$-\int_{\partial D} \mathbf{N} P \mathrm{d}\sigma = D \text{ 上的压力},$$

(a) 或 (b) 的哪一个能给出球上一非零的力?

8.47 设流体速度为

$$\mathbf{V}(\mathbf{X}, t) = \frac{1}{1+t}\mathbf{X}.$$

(a) 描述流体在 $t = 0$ 与 $t = 1$ 时刻的速度.

(b) 通过计算散度 div $\mathbf{V}$ 说明这是一可压缩流.

(c) 求数 a 使得函数

$$\rho(\mathbf{X}, t) = (1+t)^a \|\mathbf{X}\|^2, \qquad \mathbf{V}(\mathbf{X}, t) = \frac{1}{1+t}\mathbf{X}$$

满足质量守恒方程

$$\rho_t + \mathrm{div}(\rho \mathbf{V}) = 0.$$

8.48 以仅与 x 和 t 有关且速度平行于 x 轴的流 $\mathbf{V} = (u, 0, 0)$ 为例. 证明质量、动量和能量方程为

$$\begin{aligned} \rho_t + (\rho u)_x &= 0, \\ u_t + u u_x &= -\frac{P_x}{\rho}, \\ e_t + (eu)_x &= -P u_x. \end{aligned}$$

注　问题 8.49—问题 8.51 介绍了*声波*. 另外在第 9 章中也对波动方程进行了讨论.

8.49　对理想气体而言, 压强和能量与密度的关系为

$$P = k\rho^{\gamma}, \qquad e = \frac{ck}{R}\rho^{\gamma},$$

其中 k, c, R, γ 都是常数. 证明对理想气体而言, 流能量方程 (8.22) 蕴含在质量方程 (8.18) 中, 若令

$$\gamma = 1 + \frac{R}{c}.$$

8.50　对理想气体流, 利用问题 8.48 和问题 8.49 的结果导出方程

$$\rho_t + (\rho u)_x = 0,$$
$$u_t + uu_x = -k\gamma\rho^{\gamma-2}\rho_x.$$

8.51　在问题 8.50 的方程中, 考虑了速度 u 很小, 且密度 ρ 近似为常数时的情形, 即

$$u = \epsilon f(x,t), \qquad \rho = \rho_0 + \epsilon g(x,t),$$

其中 ϵ 很小. 证明

$$g_t + \rho_0 f_x = 0,$$
$$f_t + (k\gamma\rho_0^{\gamma-2})g_x = 0$$

在忽略 ϵ 高阶项的情况下近似成立. 推导 g 满足*波动方程*

$$g_{tt} = (k\gamma\rho_0^{\gamma-1})g_{xx}.$$

8.52　若引入我们已考虑过的效应, 存在作用在流上的重力加速度 $(0,-g,0)$, y 方向的守恒律为

$$\frac{\mathrm{d}}{\mathrm{d}t}\int_D \rho v \mathrm{d}V = -\int_{\partial D}\Big(\rho v\mathbf{V} + (0,P,0)\Big)\cdot\mathbf{N}\,\mathrm{d}\sigma + \int_D -\rho g\mathrm{d}V.$$

证明导出的微分方程为

$$\rho(v_t + uv_x + vv_y + wv_z + g) + P_y = 0.$$

8.5　守恒律和一维流

描述微积分基本定理的一种方式为

$$\int_a^b f'(x)\mathrm{d}x = f(b) - f(a), \qquad f\ 是\ C^1\ 的.$$

它在高维中的类似结论就是散度定理, 表述为

$$\int_D \operatorname{div} \mathbf{F} \mathrm{d}V = \int_{\partial D} \mathbf{F} \cdot \mathbf{N} \, \mathrm{d}\sigma, \qquad \mathbf{F} \text{ 是 } C^1 \text{ 向量场, } \mathbf{N} \text{ 是单位外法向量.} \tag{8.23}$$

正如我们在 8.4 节中所看到的, (8.23) 的右侧会有一个很有趣的理解, 若 $\mathbf{F}$ 是某些物理量的流速, 如质量、动量或能量 (单位时间单位面积的物质). 点积 $\mathbf{F} \cdot \mathbf{N}$ 是流在 $\mathbf{N}$ 方向的速率. 因此 (8.23) 右侧的积分是*物质向外流过 D 边界的速率*.

一维的情形更为简单. 此时流的速率 $f(x)$ 是一标量 (单位时间的物质), 表示物质流入 x *正向*的速率. 量 $f(b)$ 则为物质从区间 $[a,b]$ 的右端点处流出的速率, $f(a)$ 为物质从区间 $[a,b]$ 的左端点处流入的速率. 因此 $f(b) - f(a)$ 是区间 $[a,b]$ 上*物质流出的速率*.

还有另外一种方式计算变化的区间中含有物质的流的速率. ρ 表示所考虑的物质 (质量、动量、能量) 的*密度* (单位长度的物质). 区间 $[a,b]$ 中含有的物质的总量为密度的积分

$$\int_a^b \rho(x) \, \mathrm{d}x.$$

如果密度与时间 t 和位置 x 有关, 则区间 $[a,b]$ 中含有的物质的总量为

$$\int_a^b \rho(x,t) \, \mathrm{d}x.$$

$[a,b]$ 中含有的物质总量的变化率为时间的导数

$$\frac{\mathrm{d}}{\mathrm{d}t} \int_a^b \rho(x,t) \, \mathrm{d}x.$$

现假设无化学反应发生, 那么物质既不会产生也不会湮灭. 因此 $[a,b]$ 中物质总量改变的唯一方法是物质通过 $[a,b]$ 的边界进入或离开. 根据先前的讨论, 物质通过边界离开 $[a,b]$ 的速率为 $f(b,t) - f(a,t)$. $[a,b]$ 中含有物质的量的变化率是物质通过边界离开的速率的*负值*,

$$\frac{\mathrm{d}}{\mathrm{d}t} \int_a^b \rho(x,t) \mathrm{d}x = -f(b,t) + f(a,t). \tag{8.24}$$

若我们假设 ρ 和 f 是关于 t 和 x 的连续可微函数, 在 (8.24) 左侧的积分号里对 t 求导, 并利用微积分基本定理将右侧表示为

$$\int_a^b \rho_t \mathrm{d}x = -\int_a^b f_x \mathrm{d}x. \tag{8.25}$$

我们将此重写为

$$\int_a^b (\rho_t + f_x) \mathrm{d}x = 0. \tag{8.26}$$

这一关系对任一区间 $[a,b]$ 都成立. 因此对所有的 x 和 t, 我们得出结论

$$\rho_t + f_x = 0. \tag{8.27}$$

这是因为, 若 (8.27) 在某点 x_0 与时刻 t_0 时不成立, 不妨设 $(\rho_t + f_x)(x_0, t_0)$ 是正的, 由于假定偏导数 ρ_t 与 f_x 连续, 则 $\rho_t + f_x$ 在 $[a,b]$ 的一足够小区间 $[x_0 - \epsilon, x_0 + \epsilon]$ 上恒为正. 进而积分

$$\int_{x_0-\epsilon}^{x_0+\epsilon} (\rho_t + f_x)\mathrm{d}x$$

为正, 与 (8.26) 矛盾.

正如我们在 8.4 节所看到的, 在三维中应用同样的分析可得到用微分方程表示的质量守恒律,

$$\rho_t + \mathrm{div}(\rho\mathbf{V}) = 0.$$

推导流速满足的微分方程仅是研究流的第一步. 主要的任务是求解这些方程. 这些解将告诉我们流的行为如何. 以一维空间中流的方程为例, 我们给出、求解并简化模型. 为简单起见, 我们假设流速 [物质/时间] 仅是密度的函数, $f = f(\rho)$. 则流的方程 (8.27) 为

$$\rho_t + f(\rho)_x = 0. \tag{8.28}$$

为简单起见, 同时假设 f 是密度的二次函数, $f(\rho) = \dfrac{1}{2}\rho^2$. 则守恒律方程为

$$\rho_t + \rho\rho_x = 0. \tag{8.29}$$

如果 $t = 0$ 时刻密度 ρ 的值是已知的,

$$\rho(x, 0) = \rho_0(x),$$

我们将说明如何利用方程 (8.29) 来获得密度 ρ 在未来时刻的值.

考虑满足微分方程

$$\frac{\mathrm{d}x}{\mathrm{d}t} = \rho(x, t) \tag{8.30}$$

的函数 $x = x(t)$. x 的图像是一条用来检测 ρ 值的曲线. 记曲线的初始点为 x_0:

$$x(0) = x_0.$$

接下来计算 $\rho(x(t), t)$ 沿该曲线的导数. 利用链式法则可得

$$\frac{\mathrm{d}}{\mathrm{d}t}\rho(x(t), t) = \rho_x \frac{\mathrm{d}x}{\mathrm{d}t} + \rho_t. \tag{8.31}$$

根据 (8.30), $\frac{\mathrm{d}x}{\mathrm{d}t}=\rho$. 代入 (8.31) 得

$$\frac{\mathrm{d}}{\mathrm{d}t}\rho(x(t),t)=\rho_x\rho+\rho_t. \tag{8.32}$$

但根据 ρ 满足守恒律的微分方程 (8.29), (8.32) 的右边为零! 这表明 $\frac{\mathrm{d}}{\mathrm{d}t}\rho(x(t),t)=0$, 仅在下述情形才会发生, 在 t 时刻 $x(t)$ 处的密度 $\rho(x(t),t)$ 与 t 无关.

这就得出方程 (8.30) 的右边是常数并且 x 的图形是一条直线! 该直线传播的速度 $\frac{\mathrm{d}x}{\mathrm{d}t}$ 在 $t=0$ 时可确定: $\rho(x(t),t)=\rho(x_0,0)$, 即 ρ 在点 x_0 处的初始值. 记 $\rho(x_0,0)$ 为 ρ_0; 方程 (8.30) 的解为

$$x(t)=x_0+\rho_0 t, \tag{8.33}$$

且 (8.29) 的解满足

$$\rho(x_0+\rho_0 t)=\rho_0. \tag{8.34}$$

公式 (8.33) 的几何解释如下: 从 $t=0$ 的线上任一点 x_0 处画一条沿 t 正方向传播速度为 ρ_0 的射线. 设在射线上 $\rho(x,t)=\rho_0$. 利用隐函数定理可证明, 若密度 $\rho_0(x)$ 的初始值是关于 x 的光滑函数, 则对充分小的 t, 这里定义的 $\rho(x,t)$ 是一个关于 x 和 t 的光滑函数, 且是方程 (8.29) 的解. 在问题 8.62 中将引导你做出证明诊断.

一个有趣的问题是: 当 t 不是充分小时, 将会发生什么? 假设对任两个值 $x_1<x_2$, 都有 $\rho_0(x_1)>\rho_0(x_2)$.

由方程 (8.33) 给出的射线在某个正的临界值 t 时*相交*. 在交点 (x,t) 处, 密度 $\rho(x,t)$ 定义为与 $\rho_1=\rho_0(x_1)$ 和 $\rho_2=\rho_0(x_2)$ 都相等, *矛盾*. 这表明, 对描述的这种初值 $\rho_0(x)$, 当 t 大于临界值时方程 (8.29) 无解.

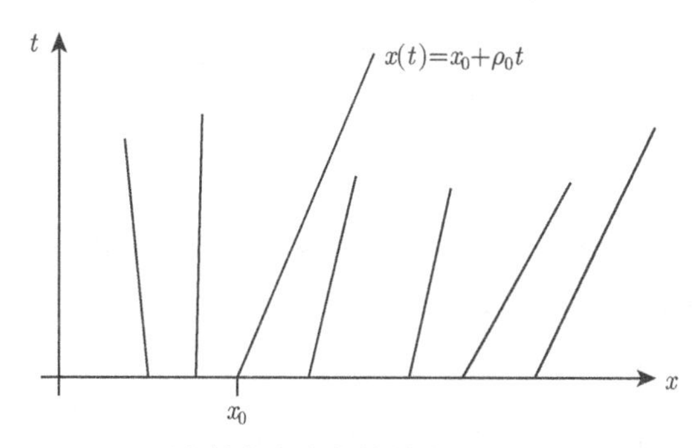

图 8.33 x,t 平面内斜率为常数的射线, $\rho(x,t)$ 在射线上为常数

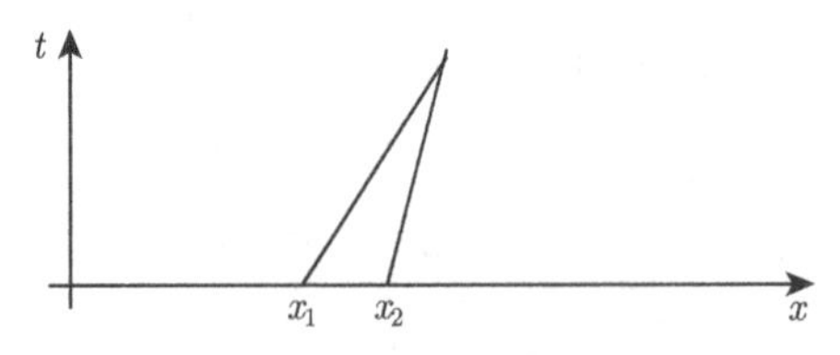

图 8.34 两条射线在某时刻相交

下面的例子给出了解决这一问题的一个方法. 令初值 ρ_0 为以下连续函数

$$\rho_0(x) = \begin{cases} 1, & x < -1, \\ -x, & -1 \leqslant x \leqslant 0, \\ 0, & x > 0. \end{cases} \tag{8.35}$$

对选定的 ρ_0, 射线如下.

(a) 当 $x_0 \leqslant -1$ 时, $x(t) = x_0 + t$.

(b) 当 $-1 < x_0 < 0$ 时, $x(t) = x_0 - x_0 t$.

(c) 当 $x \geqslant 0$ 时, $x(t) = x_0$.

当 $t < 1$ 时这些线如图 8.35 所示.

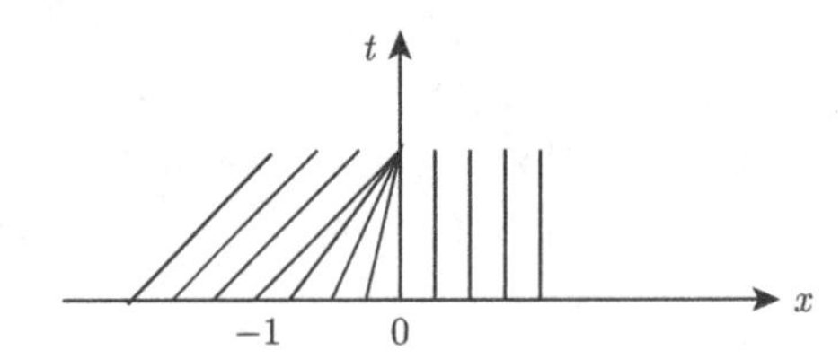

图 8.35 初值如方程 (8.35), $\rho(x,t)$ 为定常的射线

当 $t < 1$ 时这些射线不会相交, 但当 t 趋于 1 时, 所有自区间 $-1 \leqslant x \leqslant 0$ 中任一点发出的射线在 $x = 0$ 处相交. 因此 $\rho(x,t)$ 在 $t = 1$ 时的值

$$\rho(x,1) = \begin{cases} 1, & x < 0, \\ 0, & x > 0 \end{cases} \tag{8.36}$$

是一间断函数.

此例中 $\rho_t + \rho\rho_x = 0$ 在 $0 \leqslant t < 1$ 时的解 ρ 如图 8.36 所示. 它满足初值 (8.35). 问题 8.57 中要求证实图中所示意的 ρ 值.

我们现说明如何使

$$\rho_t + f_x = 0$$

的间断解 ρ 连续化. 这听起来似乎有点荒谬, 因为间断函数在间断点处是不可微的, 因而不满足这些点处的微分方程. 为使间断解有意义我们不得不回到守恒律的积分形式, 即能够导出其微分形式 (8.28) 的方程 (8.24). 微分形式对间断函数是毫无意义的, 而积分形式则有意义!

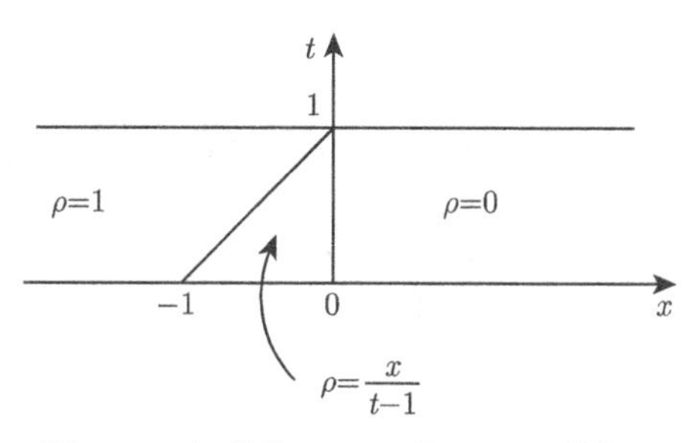

图 8.36 初值为 (8.35) 的 (8.29) 的解 ρ

假设 ρ 是穿过 x,t 平面上某光滑曲线发生间断的函数. 在任一不与曲线相交的圆上, ρ 都是连续的. 图 8.37 给出了间断点的曲线 $x=y(t)$.

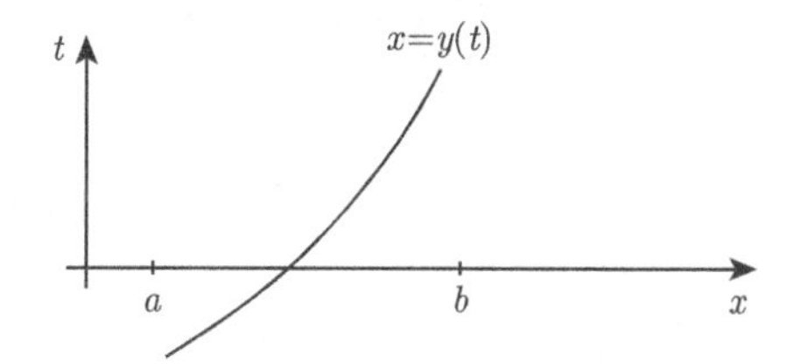

图 8.37 $\rho(x,t)$ 在穿过曲线 $x=y(t)$ 时发生间断

选取区间 $[a,b]$ 使得在我们研究的时间段内 $y(t)$ 的间断点位于 a 和 b 之间. 因为 ρ 在 $x=y(t)$ 的每一侧都是连续的, 我们可将 $[a,b]$ 内的物质总量记为

$$\int_a^b \rho \mathrm{d}x = \int_a^{y(t)} \rho \mathrm{d}x + \int_{y(t)}^b \rho \mathrm{d}x.$$

对上式积分关于 t 求导, 利用公式 (见问题 8.53)

$$\frac{\mathrm{d}}{\mathrm{d}t}\int_{y_1(t)}^{y_2(t)} g(x,t)\mathrm{d}t = \int_{y_1(t)}^{y_2(t)} g_t(x,t)\mathrm{d}t + g(y_2(t),t)y_2'(t) - g(y_1(t),t)y_1'(t),$$

对被积函数和极限都与 t 有关的积分求导, 可得

$$\begin{aligned}\frac{\mathrm{d}}{\mathrm{d}t}\int_a^b \rho \mathrm{d}x &= \frac{\mathrm{d}}{\mathrm{d}t}\int_a^{y(t)} \rho \mathrm{d}x + \frac{\mathrm{d}}{\mathrm{d}t}\int_{y(t)}^b \rho \mathrm{d}x \\ &= \int_a^{y(t)} \rho_t \mathrm{d}x + \rho(L)y_t + \int_{y(t)}^b \rho_t \mathrm{d}x - \rho(R)y_t, \end{aligned} \tag{8.37}$$

其中 ρ_t 和 y_t 表示关于 t 求导, 以及 $\rho(L),\rho(R)$ 表示 ρ 在间断点处左右两边的极限值.

在 $z<y(t)$ 的区间 $[a,z]$ 上应用积分守恒律 (8.24). 由于 ρ 在此区间上可微, 故

$$\frac{\mathrm{d}}{\mathrm{d}t}\int_a^z \rho \mathrm{d}x=\int_a^z \rho_t \mathrm{d}x=f(a)-f(z).$$

现令 z 趋于 $y(t)$. 则 $f(z)$ 趋于 $f(L)$, 即 f 在间断点左侧的值. 因此我们得到

$$\int_a^y \rho_t \mathrm{d}x=f(a)-f(L).$$

类似地,

$$\int_y^b \rho_t \mathrm{d}x=f(R)-f(b),$$

其中 $f(R)$ 是 f 在间断点右侧的值. 将这些关系代入 (8.37) 的右侧得出

$$\frac{\mathrm{d}}{\mathrm{d}t}\int_a^b \rho \mathrm{d}x=f(a)-f(L)+\rho(L)y_t+f(R)-f(b)-\rho(R)y_t. \tag{8.38}$$

根据积分守恒律, $\frac{\mathrm{d}}{\mathrm{d}t}\int_a^b \rho \mathrm{d}x=f(a)-f(b)$, 我们从 (8.38) 中可得出结论

$$f(R)-f(L)+(\rho(L)-\rho(R))y_t=0. \tag{8.39}$$

为方便起见, ρ 和 f 穿过间断点的跳跃用带方括号的 ρ 和 f 来表示:

$$\rho(R)-\rho(L)=[\rho], \qquad f(R)-f(L)=[f].$$

于是我们可将 (8.39) 重写为 $y_t=\frac{[f]}{[\rho]}$. y 的导数 y_t 是间断点的传播*速度*. 记其为 $s=y_t$. 则

$$s=\frac{[f]}{[\rho]}. \tag{8.40}$$

我们现回到例子 $\rho_t+\rho\rho_x=0$, 其中 $f(\rho)=\frac{1}{2}\rho^2$, 而初值 $\rho(x,1)$ 是不连续函数,

$$\rho(x,1)=\begin{cases}1, & x<0,\\ 0, & x>0.\end{cases}$$

当 $t>1$ 时, 解 $\rho(x,t)$ 是由从点 $(0,1)$ 发出的间断点分割的两个区域构成. 见图 8.38. 在间断点的左侧 $\rho(x,t)=1$, 而间断点的右侧 $\rho(x,t)=0$. 间断点是一条速度为 $s=\frac{[f]}{[\rho]}$ 的直线. 这一移动的间断点被称作*激波*. 这里 $[\rho]=0-1=-1$ 且

$f=\dfrac{1}{2}\rho^2, [f]=0-\dfrac{1}{2}=-\dfrac{1}{2}$, 因此根据 (8.40) 有

$$s=\frac{[f]}{[\rho]}=\frac{-\dfrac{1}{2}}{-1}=\frac{1}{2}.$$

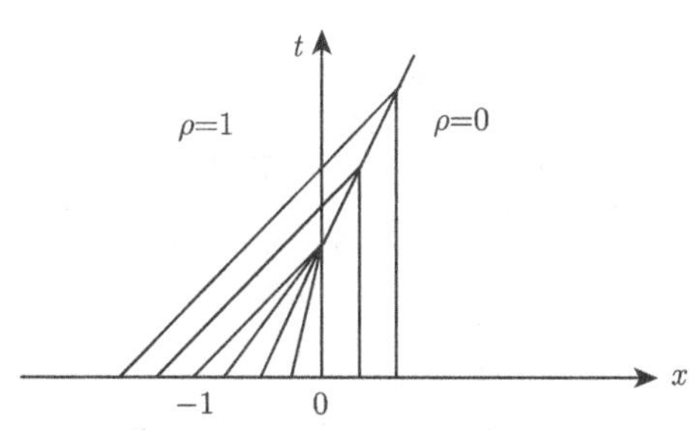

图 8.38 速度为 $\dfrac{1}{2}$ 的激波使图 8.35 和图 8.36 所示的解连续化

对两个或三个变量的函数的守恒律方程的间断解, 通过类似计算可得出与公式 (8.40) 类似的结论, 其中 s 是间断点沿垂直于间断点方向的传播速度.

问题

8.53 设 f 是 C^1 函数. 对函数 $g(r,s,t)=\displaystyle\int_r^s f(x,t)\mathrm{d}x$ 应用微积分基本定理及链式法则

$$\frac{\mathrm{d}}{\mathrm{d}t}g(a(t),b(t),t)=\nabla g\cdot(a',b',\ 1),$$

证明

$$\frac{\mathrm{d}}{\mathrm{d}t}\int_{a(t)}^{b(t)} f(x,t)\mathrm{d}x=f(b(t),t)b'(t)-f(a(t),t)a'(t)+\int_{a(t)}^{b(t)} f_t(x,t)\mathrm{d}x.$$

8.54 证明 $\rho(x,t)=\dfrac{x}{t+8}$ 沿某射线 $x=x_0+mt$ 为常数, 并给出 m 和 x_0 之间的关系.

8.55 证明问题 8.54 中的函数 $\rho(x,t)$ 是 $\rho_t+\rho\rho_x=0$ 的一个解.

8.56 证明守恒律

$$\frac{\mathrm{d}}{\mathrm{d}t}\int_a^b \rho(x,t)\mathrm{d}x=-f(b,t)+f(a,t)$$

对问题 8.54 中的函数 $\rho(x,t)$, 通量函数 $f=\dfrac{1}{2}\rho^2$, 区间 $[a,b]=[2,5]$ 成立.

8.57 对 $0\leqslant t<1$, 设

$$\rho(x,t)=\begin{cases}1, & x\leqslant t-1,\\ \dfrac{x}{t-1}, & t-1\leqslant x\leqslant 0,\\ 0, & x\geqslant 0.\end{cases}$$

如图 8.36 所示.

(a) 证明 ρ 在 $0\leqslant t<1$ 时连续.

(b) 画出 $\rho(x,0)$ 和 $\rho(x,1)$ 的示意图.

(c) 证明当 $0<t<1$ 时, 除了沿 $x=t-1$ 和 $x=0$ 的部分外, 都有 $\rho_t+\rho\rho_x=0$.

(d) 对此函数应用方程 (8.34) 有

$$\rho\left(x_0+(-x_0)t,t\right)=-x_0,\qquad -1<x_0<0.$$

利用这一结果推导 ρ 表达式中的 $\dfrac{x}{t-1}$ 部分.

8.58　设 $\rho(x,t)$ 是方程 $\rho_t+\rho\rho_x=0$ 的一个具有初值

$$\rho(x,0)=\begin{cases}10, & x\leqslant 0,\\ 10-10x, & 0\leqslant x\leqslant 1,\\ 0, & x\geqslant 1\end{cases}$$

的解, 则 t 为何时形成激波?

8.59　假设存在物质在区间内以速率 g 产生的某种机制代替守恒律 (8.24) :

$$\frac{\mathrm{d}}{\mathrm{d}t}\int_a^b\rho(x,t)\mathrm{d}x=-f(b,t)+f(a,t)+\int_a^b g(x,t)\mathrm{d}x.$$

如果该式对任意的区间 $[a,b]$ 及连续可微函数都成立, 证明守恒律的微分方程形式变为

$$\rho_t+f_x=g.$$

8.60　对方程 $\rho_t+\left(\dfrac{1}{2}\rho^2\right)_x=0$, 证明跳跃的速度公式 $s=\dfrac{[f]}{[\rho]}$ 给出的速度为

$$s=\frac{1}{2}(\rho(L)+\rho(R)),$$

即间断点左右极限的平均值.

8.61　利用问题 8.60 的结果求图 8.39 所示的所有激波的速度. 初值 $\rho(x,0)$ 是沿 x 轴给出的分段常数函数.

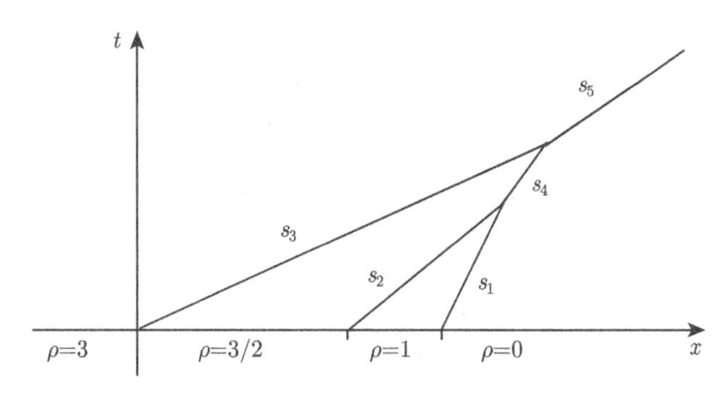

图 8.39 问题 8.61 中 $\rho_t+\rho\rho_x=0$ 的五个激波

8.62 $\rho_t+\rho\rho_x=0$ 的具有可微初值 $\rho(x,0)=\rho_0(x)$ 的解, 要求 ρ 在射线 $x=x_0+\rho_0 t$ 上必须为常数. 这也就意味着我们需求函数 $\rho(x,t)$ 使得

$$\rho(x+\rho_0(x)t,t)=\rho_0(x).$$

定义一函数 $\mathbf{F}(x,t)=(x+\rho_0(x)t,t)$, 则我们需要 $\rho\circ\mathbf{F}(x,t)=\rho_0(x)$. 用 $\mathbf{F}$ 逐条核实下列每一步来证明这样的函数 ρ 的存在性.

(a) 求矩阵导数 $D\mathbf{F}$.

(b) 证明当 t 很小时 $D\mathbf{F}$ 是可逆的.

(c) 利用隐函数定理导出 $\mathbf{F}^{-1}$ 是局部有定义且可微的.

(d) 公式 $\rho(x,t)=\rho_0\circ(\mathbf{F}^{-1}$的第一个分量) 定义了一个可微函数, 对充分小的 t, 该函数满足微分方程 $\rho_t+\rho\rho_x=0$, 并且 $\rho(x,0)=\rho_0(x)$.

8.63 假设我们画出两条射线 $x=x_0+\rho_0 t$, 一条始于 $x_0=0$ 且假定 $\rho_0=2$, 另一条始于 $x_0=3$ 且假定 $\rho_0=1.5$. 求两条射线相交时 t 的临界值及 x 的值.

8.64 考虑方程 $\rho_t+\left(\frac{1}{2}\rho^2\right)_x=0$, 初值为 $\rho(x,0)=2$ 若 $x<0$, $\rho(x,0)=1$ 若 $0<x<1$, 以及 $\rho(x,0)=0$ 若 $x>1$. 见图 8.40.

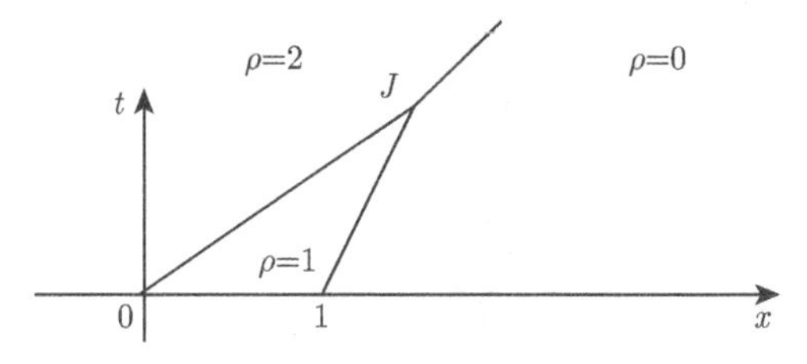

图 8.40 在 x,t 平面上给出了问题 8.64 中解 $\rho(x,t)$ 的值

(a) 证明始于 $x=0$ 和 $x=1$ 的激波的速度为 $3/2$ 和 $1/2$.

(b) 求激波相遇的点 J.

(c) 求使得解在点 J 之后的时间连续的激波的速度.

(d) 如果在 0 时刻站在点 $x = 2$ 处并且等待, 你能够看到一个还是两个激波经过?

8.65 设 $\rho_t + x\rho_x = 0$. 在 (x, t) 平面画出曲线 $x'(t) = x(t)$ 的示意图. 证明在这些曲线上,

$$\frac{\mathrm{d}}{\mathrm{d}t}\rho(x(t), t) = 0,$$

因此 ρ 在任一这样的曲线上都为常数. 如果 $\rho(x, 0) = x^2$, 求 $\rho(x, t)$.

第 9 章　偏微分方程

摘要　第 8 章研究了质量守恒、动量守恒和能量守恒定律, 以及电磁学理论. 在本章中, 前面三小节分别导出了张紧的弦与膜的振动定律以及控制热量传导的方程. 与之前的守恒律类似, 这些定律也都可以用偏微分方程来描述. 此外, 我们研究了相关方程的部分性质并进行求解. 最后一节阐述了量子力学中的薛定谔方程, 推导了解的一个性质, 并解释了其物理意义.

9.1　弦振动方程

考虑一条沿 x 轴拉伸的弹性弦. 当从侧面拉动该弦, 则弦上每点都会沿着垂直于拉伸的弦的方向振动, 不妨记振动方向为 u. 如图 9.1 所示. 假设振动发生在 (x, u) 平面上, 则弦上任意一点 x 的位置 u 是 x 和 t 的函数. 利用牛顿第二定律, 可以得到一个关于 $u(x, t)$ 的偏微分方程.

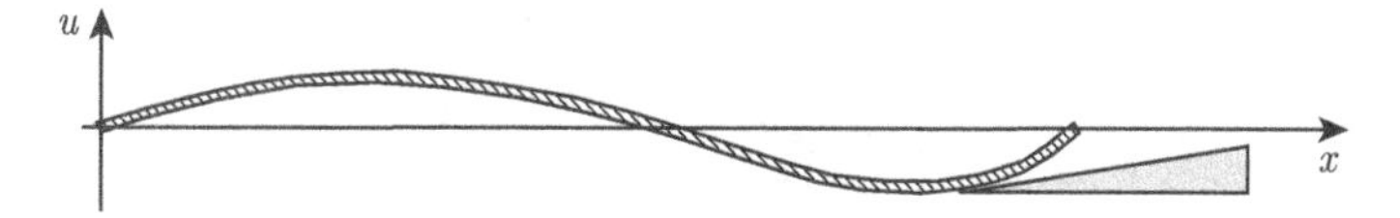

图 9.1　某时刻的弦的位置. 假设弦的振动幅度很小, 上图为示意图, 并非实际情形

假设弦上每一点每个时刻的张力恒定, 大小为 T. 考虑弦的小幅振动, 即弦上任意一点的切线方向和弦拉伸方向的夹角非常小.

如图 9.2 所示, 考虑介于 x 和 $x + h$ 之间的一小段弦, 其中 h 为正实数. 该段弦受到两股力的作用, 分别是作用于弦两端的张力. 令 $\theta(t)$ 为弦上点 x 的切线方向与 x 轴的夹角, 则有

$$\tan\theta(x) = \frac{\partial u}{\partial x}. \tag{9.1}$$

在 (x, u) 平面上, 作用于所取弦段两端 x 和 $x + h$ 的力分别为

$$-T\big(\cos\theta(x), \sin\theta(x)\big), \qquad T\big(\cos\theta(x+h), \sin\theta(x+h)\big).$$

只考虑弦在 u 方向的运动, 则弦段 $x + h$ 端在 u 方向的受力为 $T\sin\theta(x+h)$, 弦段 x 端在 u 方向的受力为 $-T\sin\theta(x)$. 因此, 弦段在 u 方向所受的合力为

$$合力 = T\sin\theta(x+h) - T\sin\theta(x).$$

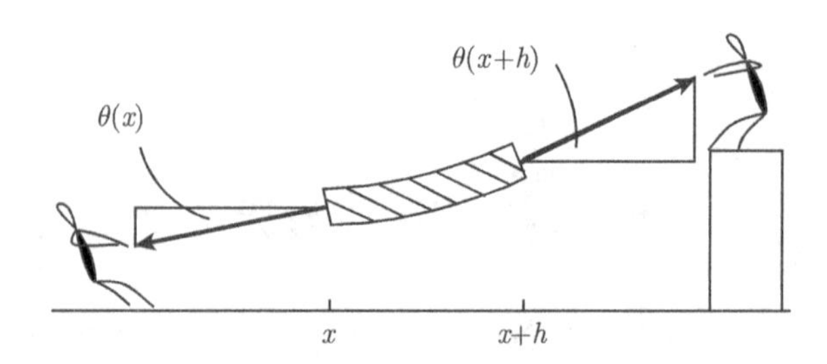

图 9.2　与 x 轴夹角为 $\theta(x)$ 和 $\theta(x+h)$ 的两端受到的张力示意图 (图中夹角较大乃示意所需)

利用链式法则和中值定理, 上式可以写成

$$\text{合力} = hT\cos(\theta)\frac{\mathrm{d}\theta}{\mathrm{d}x}, \tag{9.2}$$

其中 θ 和 $\dfrac{\mathrm{d}\theta}{\mathrm{d}x}$ 均取值于 x 与 $x+h$ 之间的某点. 因为 θ 很小, 可以近似地取 $\cos\theta$ 为 1, 取 $\tan\theta$ 为 θ. 因为弦上每点的切线的斜率为 θ 的正切, 从而

$$\frac{\partial u}{\partial x} = \tan\big(\theta(x)\big) = \frac{\sin\theta}{\cos\theta} \approx \frac{\theta}{1}.$$

在 (9.2) 中, 分别用 $\dfrac{\partial u}{\partial x}$ 和 1 替代 θ 和 $\cos\theta$, 可以得到

$$\text{合力} = hT\frac{\partial^2 u}{\partial x^2}. \tag{9.3}$$

长为 h 的弦段质量为 hW, 其中 W 是单位弦长的质量. 弦段在 u 方向的加速度为 u_{tt}. 运用牛顿第二定律

$$\text{作用力} = \text{质量} \times \text{加速度}$$

来分析弦段的运动, 有

$$hT\frac{\partial^2 u}{\partial x^2} = hWu_{tt}.$$

两边同时除以 hW, 可得

$$\frac{T}{W}u_{xx} = u_{tt}. \tag{9.4}$$

又知 T 和 W 均为正数, 因此 $\dfrac{T}{W}$ 大于零. 记 $c = \sqrt{\dfrac{T}{W}}$ 并代入 (9.4), 有

$$u_{tt} - c^2 u_{xx} = 0. \tag{9.5}$$

我们称 (9.5) 为**一维波动方程**.

(9.5) 意味着参数 c 具有速率的量纲, 但是究竟是什么的速率呢? 下面我们将说明 $\pm c$ 是弦振动产生的波沿着 x 轴方向的传播速度.

例 9.1 取 $u(x,t)=\cos(x-t)$, 则 u 为波动方程 (9.5) 在 $c^2=1$ 时的一个解, 因为

$$u_{tt}-u_{xx}=-\cos(x-t)-\big(-\cos(x-t)\big)=0.$$

这是一个向右传播的速率为 1 的波, 如图 9.3 所示. 问题 9.5 要求读者求解其他波传播的速率和方向.

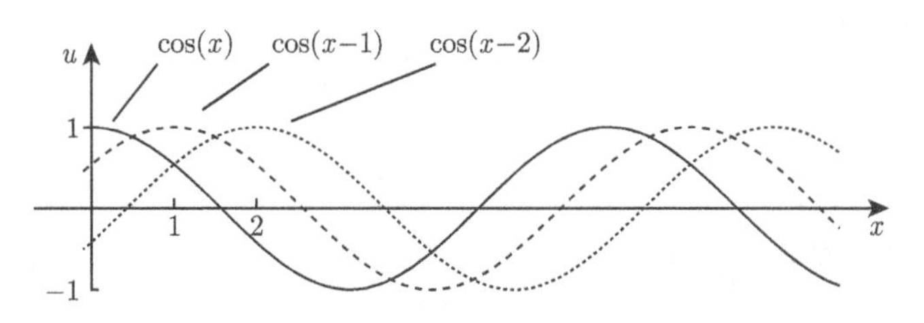

图 9.3 例 9.1 中的波在 $t=0,1,2$ 时刻的不同形态

例 9.2 函数 $u(x,t)=\cos(x-ct)+\cos(x+ct)$ 是一个向左传播的波和一个向右传播的波的叠加, 二者速度相同方向相反. 由余弦函数的和差化积公式, 有

$$u(x,t)=\cos(x)\cos(ct)+\sin(x)\sin(ct)+\cos(x)\cos(ct)-\sin(x)\sin(ct)=2\cos(x)\cos(ct).$$

如图 9.4 所示, 这是一个上下摆动的波.

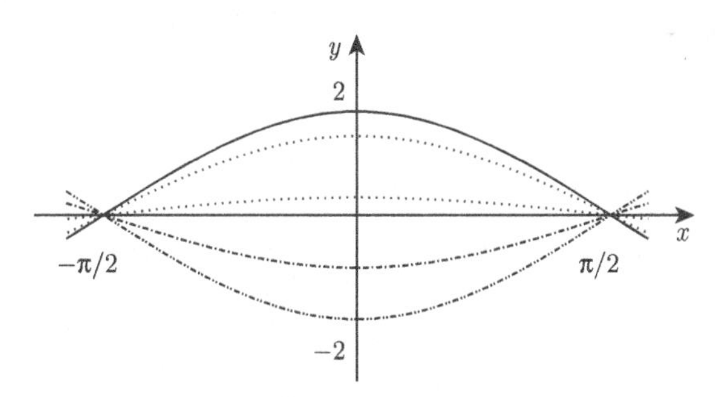

图 9.4 例 9.2 中的叠加波在不同时刻的形态示意

根据微积分规则, 满足如下形式

$$u(x,t)=f(x-ct)+g(x+ct)$$

的函数 u 都是 $u_{tt}-c^2u_{xx}=0$ 的解, 其中 f 和 g 为单变量的二阶可微函数. 下面的定理表明所有的解都可以写成上述形式.

引入下述概念, D 为 (x,t) 平面上的梯形区域:

$$a+ct\leqslant x\leqslant b-ct,\qquad t_1\leqslant t\leqslant t_2. \tag{9.6}$$

定义四条边分别为 C_1, C_2, C_3 和 C_4. 如图 9.5 所示.

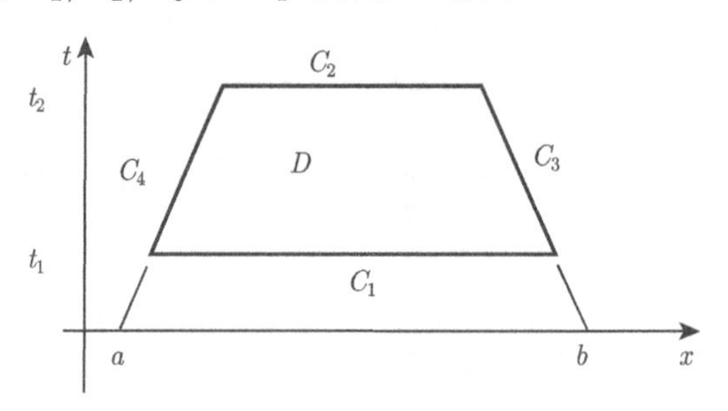

图 9.5 (9.6) 中定义的梯形

定理 9.1 梯形区域 D 满足 $a+ct \leqslant x \leqslant b-ct, t_1 \leqslant t \leqslant t_2$, 则区域 D 内波动方程

$$u_{tt} - c^2 u_{xx} = 0$$

的每个解 u 都有如下形式

$$u(x,t) = f(x-ct) + g(x+ct), \tag{9.7}$$

其中 f 和 g 都是二阶可微函数.

我们利用下面的定理 9.2 来推导定理 9.1. 首先, 介绍初始值的概念. 定义 $u(x,t)$ 为波动方程在梯形区 D 中的一个解. 则称函数对

$$u(x,t_1), \quad u_t(x,t_1), \qquad a+ct_1 \leqslant x \leqslant b-ct_1 \tag{9.8}$$

为函数 u 在 t_1 时刻的**初值**.

定理 9.2 梯形区域 D 满足 $a+ct \leqslant x \leqslant b-ct, t_1 \leqslant t \leqslant t_2$. 令函数 u 为波动方程

$$u_{tt} - c^2 u_{xx} = 0$$

在区域 D 内的解. 假设 u 在 t_1 时刻的初值为零, 则 $u(x,t)$ 在整个梯形区域内都为零.

在证明定理 9.2 之前, 我们先说明如何利用它推导出定理 9.1.

(定理 9.1 的) 证明 令 u 为区域 D 中波动方程的解. 我们先证明存在波动方程的一个解 v, 具有 (9.7) 的形式, 且其初值与 u 的初值一致. 构造函数 f 和 g 满足以下关系

$$u(x,t_1) = f(x-ct_1) + g(x+ct_1), \qquad u_t(x,t_1) = c\big(g'(x+ct_1) - f'(x-ct_1)\big), \tag{9.9}$$

其中 $a+ct_1 \leqslant x \leqslant b-ct_1$. 针对上述第一个方程对 x 求导, 并与乘以 $\dfrac{1}{c}$ 之后的第

二个方程相加或者相减分别可以得到

$$u_x + \frac{1}{c}u_t = 2g', \qquad u_x - \frac{1}{c}u_t = 2f'.$$

因此

$$\begin{aligned} g'(x+ct_1) &= \frac{1}{2}u_x(x,t_1) + \frac{1}{2c}u_t(x,t_1), \\ f'(x-ct_1) &= \frac{1}{2}u_x(x,t_1) - \frac{1}{2c}u_t(x,t_1). \end{aligned} \tag{9.10}$$

故而 f 和 g 可以由积分确定. 又因为 u 是二阶可导的, 所以 f 和 g 亦然.

现定义函数 v 如下:

$$v(x,t) = f(x-ct) + g(x+ct). \tag{9.11}$$

则 v 是波动方程在区域 D 内的一个解. 由 (9.9) 可知 v 和 u 在 t_1 的初值相等:

$$v(x,t_1) = u(x,t_1), \qquad v_t(x,t_1) = u_t(x,t_1). \tag{9.12}$$

定义 w 为 u 和 v 的差,

$$w(x,t) = u(x,t) - v(x,t).$$

故而 w 亦是波动方程的解. 由 (9.12) 可知 w 的初值为零:

$$w(x,t_1) = 0, \quad w_t(x,t_1) = 0.$$

根据定理 9.2 可知 $w = u - v$ 在区域 D 内的值为零. 这说明在梯形区域 D 内 u 等于 v. 因此 u 具有 (9.7) 的形式. **证毕.**

现在我们证明定理 9.2.

证明 在定理 9.2 中的波方程两端乘以 u_t, 并在梯形区域 D 积分, 可得

$$\int_D (u_t u_{tt} - c^2 u_t u_{xx}) \mathrm{d}x\mathrm{d}t = 0.$$

可以看到被积函数具有关于 (x,t) 变量的散度形式:

$$\begin{aligned} 0 = u_t(u_{tt} - c^2 u_{xx}) &= \left(\frac{1}{2}u_t^2\right)_t - c^2(u_t u_x)_x + c^2 u_{tx} u_x \\ &= (-c^2 u_t u_x)_x + \frac{1}{2}(u_t^2 + c^2 u_x^2)_t \\ &= \mathrm{div}\Big(-c^2 u_t u_x, \frac{1}{2}(u_t^2 + c^2 u_x^2)\Big). \end{aligned}$$

针对 $\operatorname{div} \mathbf{F} = \left(-c^2 u_t u_x, \dfrac{1}{2}(u_t^2 + c^2 u_x^2)\right)$ 和 $\operatorname{div}\mathbf{F} = 0$, 利用散度定理可得

$$
\begin{aligned}
0 = \int_D \operatorname{div}\mathbf{F}\,\mathrm{d}x\mathrm{d}t &= \int_{\partial D} \Big(- c^2 u_t u_x, \frac{1}{2}(u_t^2 + c^2 u_x^2)\Big) \cdot \mathbf{N}\mathrm{d}s \\
&= - \int_{C_1} \frac{1}{2}(u_t^2 + c^2 u_x^2)\,\mathrm{d}x + \int_{C_2} \frac{1}{2}(u_t^2 + c^2 u_x^2)\,\mathrm{d}x \\
&\quad + \int_{C_3} \Big(- c^2 u_t u_x, \frac{1}{2}(u_t^2 + c^2 u_x^2)\Big) \cdot \mathbf{N}\mathrm{d}s \\
&\quad + \int_{C_4} \Big(- c^2 u_t u_x, \frac{1}{2}(u_t^2 + c^2 u_x^2)\Big) \cdot \mathbf{N}\mathrm{d}s.
\end{aligned}
$$

这里我们使用了 C_1 的法向 $\mathbf{N} = (0, -1)$ 和 C_2 的法向 $\mathbf{N} = (0, 1)$. 定义 C_1 和 C_2 上的积分为 $E(t_1)$ 和 $E(t_2)$. 利用 C_3 的法向 $\mathbf{N} = \dfrac{1}{\sqrt{1+c^2}}(1, c)$ 和 C_4 的法向 $\mathbf{N} = \dfrac{1}{\sqrt{1+c^2}}(-1, c)$, 有

$$
\begin{aligned}
0 = E(t_2) - E(t_1) &+ \int_{C_3} \frac{1(-c^2 u_t u_x) + c\dfrac{1}{2}(u_t^2 + c^2 u_x^2)}{\sqrt{1+c^2}}\mathrm{d}s \\
&+ \int_{C_4} \frac{-1(-c^2 u_t u_x) + c\dfrac{1}{2}(u_t^2 + c^2 u_x^2)}{\sqrt{1+c^2}}\mathrm{d}s.
\end{aligned}
\tag{9.13}
$$

(9.13) 中的后两个积分其被积函数都是完全平方, $\dfrac{1}{2}c(u_t \pm c u_x)^2$. 因此, 这两个积分都非负, 故而 $E(t_2) - E(t_1)$ 非正. 从而有

$$
E(t_2) \leqslant E(t_1). \tag{9.14}
$$

定义 $C(t)$ 为 t 时刻在梯形的水平方向移动的弦段部分. 积分项 $\displaystyle\int_{C(t)} \frac{1}{2} u_t^2\,\mathrm{d}x$ 为移动的弦段部分 $C(t)$ 的动能, 而积分项 $\displaystyle\int_{C(t)} \frac{1}{2} c^2 u_x^2\,\mathrm{d}x$ 为拉伸的弦段部分 $C(t)$ 的弹性势能. 二者之和为弦段 $C(t)$ 储存的总能量. 从而不等式 (9.14) 意味着储存在弦段 $C(t)$ 的总能量是时间的递减函数.

如果 $E(t_1) = 0$, 那么 $E(t_2) = 0$. 由于 $E(t_2)$ 是 $(u_t^2 + c^2 u_x^2)$ 在 C_2 上的积分, 故而 $E(t_2) = 0$ 意味着 u_x 和 u_t 在 C_2 上都为零.

上述讨论对于任意 t_2 成立, 因此 $u(x,t)$ 在整个梯形区域内都等于常数. 由于 u 的初值为零, 因而该常数等于零. 定理 9.2 证毕. **证毕.**

例 9.3 求解

$$\begin{cases} u_{tt} = c^2 u_{xx}, \\ u(x,0) = 0, \\ u_t(x,0) = \cos(3x). \end{cases}$$

根据定理 9.1 我们可以将解写成如下形式:

$$u(x,t) = f(x-ct) + g(x+ct).$$

由 (9.10) 可知

$$g'(x) = \frac{1}{2c}\cos(3x), \qquad f'(x) = -\frac{1}{2c}\cos(3x).$$

积分可得

$$g(x) = \frac{1}{6c}\sin(3x) + c_1, \qquad f(x) = -\frac{1}{6c}\sin(3x) + c_2.$$

因为 $0 = u(x,0) = f(x) + g(x) = \dfrac{c_1 - c_2}{2c}$, 我们有 $c_1 = c_2$, 且

$$u(x,t) = -\frac{1}{6c}\sin\big(3(x-ct)\big) + \frac{1}{6c}\sin\big(3(x+ct)\big).$$

例 9.4 考虑一列声波, 在 $x=0$ 处碰到墙壁, 位移 u 为零. 设波动方程的解 $u(x,t) = f(x-ct) + g(x+ct)$, 令 $u(0,t) = 0$, 则得到 $f(x) = -g(-x)$, 从而

$$u(x,t) = -g(-x+ct) + g(x+ct).$$

我们有 $u(0,t) = -g(ct) + g(ct) = 0$ 对于所有 t 成立. 如图 9.6 所示, 假设 $g(x)$ 除了一些正的区间外都为零. 则波动方程的解 u 可以这么理解: 对于 $x \geqslant 0$, 一列波 g 向左传播, 碰到墙 $x=0$, 如回声一般, 反射到右边.

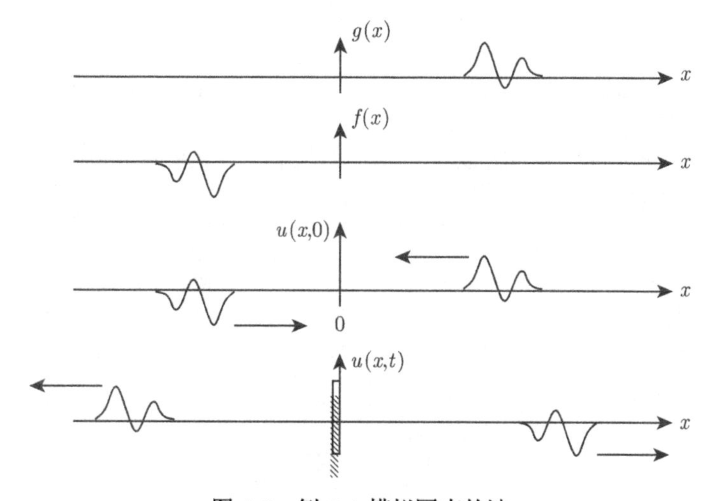

图 9.6 例 9.4 模拟回声的波

两端固定的弦

现在我们研究两端固定的张紧的弦的运动. 弦的两端为 $x=0$ 和 $x=a(a>0)$. 如图 9.7 所示, 两端的位移为零. 这可以作为边值条件

$$u(0,t)=0,\quad u(a,t)=0\qquad 对于所有\ t. \tag{9.15}$$

假设解 u 有如下形式:

$$u(x,t)=f(x-ct)+g(x+ct).$$

则边值条件可以写成

$$f(-ct)+g(ct)=0,\qquad f(a-ct)+g(a+ct)=0.$$

定义 ct 为 x, 则第一式意味着 $f(-x)=-g(x)$. 代入第二式可得

$$-g(x-a)+g(x+a)=0.$$

定义 $x-a$ 为 y, 则上式可以写成

$$g(y+2a)=g(y).$$

因此, g 是周期为 $2a$ 的周期函数.

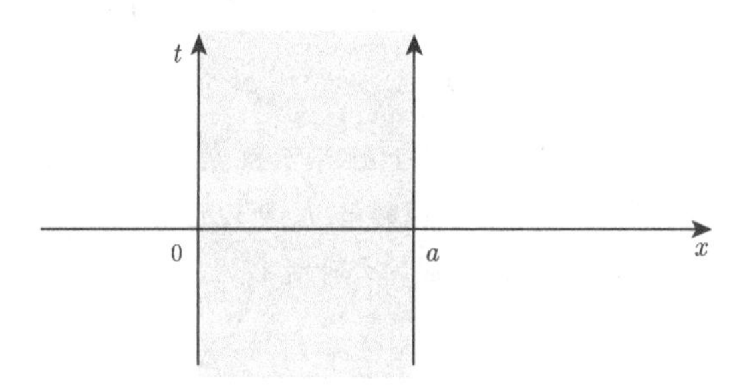

图 9.7　带状区域 $0\leqslant x\leqslant a, -\infty<t<\infty$ 为弦在任意时间可能的位置

因为 $f(y)=-g(-y)$, 所以 f 也是周期为 $2a$ 的周期函数. 故而 $u(x,t)=f(x-ct)+g(x+ct)$ 是 t 的周期函数, 周期为 $\frac{2a}{c}$.

一个周期为 p 的函数同时具有周期 $2p,3p,\cdots$. 因此, 一个周期为 $\frac{2a}{c}$ 的振动弦同时具有周期 $\frac{2an}{c}$, 对于任意整数 n 均成立.

例 9.5　函数

$$\sin(x)\cos(ct),\quad \sin(2x)\cos(2ct),\quad \sin(3x)\cos(3ct)$$

等以此类推, 都是两端固定的弦的振动曲线, 其中两端分别为 $x=0, x=\pi$.

振动的频率为周期的倒数. 所以最低频率为 $\frac{c}{2a}$. 从波方程的推导过程中有 $c^2 = \frac{T}{W}$. 所以我们有如下理论.

定理 9.3 长度为 a、单位弦长质量为 W 的张紧的弦, 能以 $\frac{1}{2a}\sqrt{\frac{T}{W}}$ 为频率或者其任意整数倍为频率振动, 其中 T 为弦段中任一点的张力.

上述频率表达式说明下列因素可以导致振动的最低频率增加.

(a) 弦的张力增加.

(b) 弦的长度变短.

(c) 换成一根密度更小的弦.

张紧的弦的所有振动频率都是最低频率的倍数. 这一性质也是弦乐发声的基础. 作为对比, 我们在 9.2 节将说明, 弹性膜的振动并不具有这一性质.

问题

9.1 假设 u 是方程 $u_{tt} - c^2 u_{xx} = 0$ 的解. 在某一特定时刻 t, 函数 u 关于 x 的图像是凸的 $(u_{xx} > 0)$. 试问此时弦的加速度 u_{tt} 是向上还是向下?

9.2 某小提琴的 A 弦长度为 330 毫米, 每秒的振动 440 个周期. 令 $A_4 = 2\pi(440)$ 且

$$u(x,t) = \sin\left(\frac{2\pi x}{330}\right)\cos(A_4 t).$$

求合适的 $\frac{T}{W}$ 的值使得 $u_{tt} - \frac{T}{W}u_{xx} = 0$.

9.3 某小提琴的 A 弦产生如下的振动曲线

$$u(x,t) = c_1 \sin\left(\frac{2\pi x}{330}\right)\cos(A_4 t) + c_2 \sin\left(\frac{2\pi(3x)}{330}\right)\cos(E_6 t),$$

其中 c_1 和 c_2 是常数, 且 $u_{tt} - c^2 u_{xx} = 0$. 试借助 A_4 写出 $E_6 > 0$ 的表达式.

9.4 试说明对于某些常数 A 和 b, 函数 $u(x,t) = A\sin(bx)\cos(bct)$ 是两端固定的弦振动曲线, 即满足

$$\begin{cases} u_{tt} - c^2 u_{xx} = 0, \\ u(0,t) = 0, \\ u(\pi,t) = 0, \end{cases}$$

其中 A 可以为任意常数, 但 b 必须是整数.

9.5 试说明下列波的移动速率和方向 (向左还是向右):

(a) $\cos(x + 3t)$.

(b) $5\cos(x + 3t)$.

(c) $-7\sin(t-4x)$.

9.6　试说明下列函数都是方程 $u_{tt}-c^2u_{xx}=0$ 的解:

(a) $\cos(x+ct)$.

(b) $u(kx,kt)$, 其中 k 是常数, 且 $u(x,t)$ 是方程的解.

(c) $au(x,t)$, 其中 u 是方程的解, 且 a 是任意常数.

(d) u_1+u_2, 其中 u_1 和 u_2 都是方程的解.

(e) $\sin(2x-2ct)+\cos(3x+3ct)$.

9.7　验证满足如下形式的函数

$$u(x,t)=f(x-ct)+g(x+ct)$$

都是方程 $u_{tt}-c^2u_{xx}=0$ 的解, 其中 f 和 g 都是单变量的二阶可微函数.

9.8　考虑下面的弦振动函数

$$\begin{aligned}u_1(x,t)&=\sin(x-2t),\\u_2(x,t)&=\sin(x+2t),\\u_3(x,t)&=u_1(x,t)+u_2(x,t).\end{aligned}$$

(a) 简要画出每个函数关于 x 的图像, 其中 $t=0,1,2$.

(b) 判断移动方向是向左还是向右.

(c) 说明 $u_3(0,t)=0$.

(d) 求合适的 a 使得 $u_3(a,0)=0$, 然后说明对于这些 a, 满足 $u_3(a,t)=0$ 对于任意 t 均成立.

9.9　假设 $2c<\pi$. 计算弦振动函数 $u(x,t)=\cos(x+ct)$ 的能量函数

$$E(t)=\frac{1}{2}\int_a^b(u_t^2+c^2u_x^2)\,\mathrm{d}x,$$

其中

(a) 在 $t=0$ 时刻考虑区间 $[a,b]=[0,\pi]$.

(b) 在 $t=1$ 时刻考虑区间 $[a,b]=[c,\pi-c]$.

试问上述哪个时刻的能量比较大?

9.10　考虑两端固定的弦, $u(0,t)=u(a,t)=0$.

(a) 为何 u_t 在两端也等于零?

(b) 说明区间 $[0,a]$ 之间的能量守恒, 即 $E'(t)=0$, 其中

$$E(t)=\frac{1}{2}\int_a^b(u_t^2+c^2u_x^2)\,\mathrm{d}x.$$

9.11 针对下列问题考虑满足如下形式的解:

$$u(x,t)=f(x-ct)+g(x+ct).$$

(a) $u_{tt}-c^2u_{xx}=0$, 其中 $u(x,0)=\sin x$ 且 $u_t(x,0)=0$.

(b) $u_{tt}-u_{xx}=0$, 其中 $u(x,0)=0$ 且 $u_t(x,0)=\cos(2x)$.

(c) $u_{tt}-25u_{xx}=0$, 其中 $u(x,0)=3\sin x+\sin(3x)$ 且 $u_t(x,0)=\cos(2x)$.

9.12 假设例 9.4 中的波函数 $g(x+ct)$ 是一个观测者发出的短暂声音, 该观测者等待 t_1 时间后听到波函数为 $-g(-x+ct)$ 的回声. 试说明, 观测者到墙的距离为 $\frac{1}{2}ct_1$, 可以由任意简短声波函数 g 决定 (意味着回音函数已知).

9.13 对于 $x>0$, 令 $u(x,t)$ 为例 9.4 中波函数的解. 令 p 为正数. 说明墙附近的能量函数

$$E(t)=\frac{1}{2}\int_0^p(u_t^2+c^2u_x^2)\,\mathrm{d}x$$

在足够大的时刻 t 为零, 即 $\lim\limits_{t\to+\infty}E(t)=0$.

9.2 膜振动方程

考虑 x,y 平面, 某框架上有一张紧的弹性膜. 在垂直于 x,y 平面的方向对膜施加一个作用力然后松开, 膜会在 x,y 平面的垂直方向振动. 下面我们将研究该振动的微分方程并求解.

定义 t 时刻膜上一点 (x,y) 在垂直方向上的位置为 $z(x,y,t)$. 如图 9.8 所示, 我们研究膜的一小部分

$$(x,y,z(x,y,t)),\quad a\leqslant x\leqslant a+h,\quad b\leqslant y\leqslant b+h,\quad h\text{ 很小}\tag{9.16}$$

的运动情况.

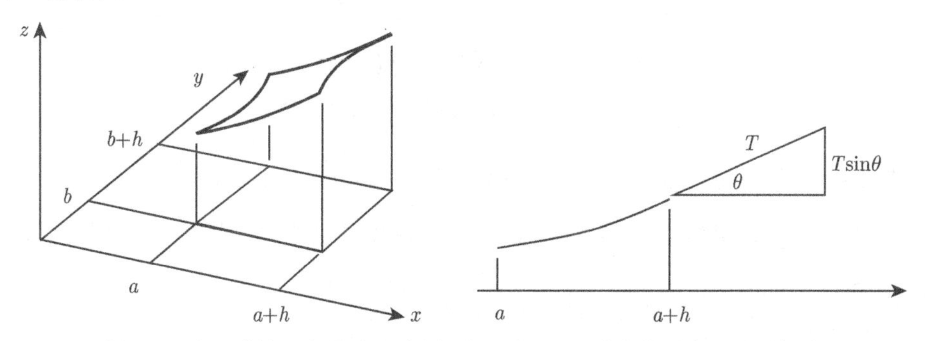

图 9.8 左: 膜的一小部分示意图; 右: $a+h$ 处弹力的垂直分量近似为 $hT\sin\theta\approx hT\tan\theta=hTz_x(a+h,y,t)$

这一小块膜的运动是由四条边上所受的弹力决定的. 作用于每条边的弹力位于与膜相切的平面上, 且与对应的边垂直. 弹力的大小为某个常数 T 乘以边的长度. 考虑细小的振动, 也就是说 $z(x,y,t)$ 以及其导数 z_x 和 z_y 都很小. 振动由垂直于 x,y 平面的力所决定. 类似于 9.1 节分析弦段的作用力的方法, $x=a$ 和 $x=a+h$ 这两条边上的作用力的垂直分量可分别用 $-hTz_x(a,y,t)$ 和 $hTz_x(a+h,y,t)$ 近似.

因而二者的合力为 $hTz_x(a+h,y,t)-hTz_x(a,y,t)$, 对于足够小的 h, 合力近似为 h^2Tz_{xx}. 类似地, 作用在边 $y=b+h$ 和 $y=b$ 上的弹力的垂直分量的合力为 h^2Tz_{yy}. 因而总的合力大小为 $h^2T(z_{xx}+z_{yy})$. 该小块膜的质量为 $h^2\rho$, 其中 ρ [质量/面积] 是膜的密度. 因此, 利用牛顿第二定律, 合力等于质量乘以加速度, 小块膜的运动方程可以写成

$$h^2T(z_{xx}+z_{yy})=h^2\rho z_{tt}.$$

记

$$z_{tt}=c^2(z_{xx}+z_{yy}), \tag{9.17}$$

其中 $c=\sqrt{\dfrac{T}{\rho}}$. 这个方程也叫**二维波动方程**.

现在我们考察一个位于

$$0\leqslant x\leqslant \pi,\quad 0\leqslant y\leqslant \pi \tag{9.18}$$

的正方形膜的简谐振动. 膜的四周边界固定, 也就是边界上满足

$$z(x,y)=0.$$

定义

$$z_1(x,y,t)=\sin(\sqrt{2}ct)\sin(x)\sin(y),$$
$$z_2(x,y,t)=\sin(\sqrt{5}ct)\sin(x)\sin(2y).$$

通过简单计算, 我们发现 z_1 和 z_2 都是满足边界值条件 (9.18) 的波动方程 (9.17) 的解. 周期解 z_1 的周期为 $\dfrac{2\pi}{\sqrt{2}c}$ 及其整数倍, 周期解 z_2 的周期为 $\dfrac{2\pi}{\sqrt{5}c}$ 及其整数倍. 因为 $\dfrac{2\pi}{\sqrt{2}c}$ 和 $\dfrac{2\pi}{\sqrt{5}c}$ 没有有理倍数关系, 故而

$$z_1+z_2$$

也是波动方程的解, 但不是关于时间的周期解①. 可以证明, 对于二维波动方程, 只有某些特解关于时间具有周期性.

我们可以总结如下: 一维弹性系统的振动函数关于时间具有周期性, 但是二维系统的振动函数一般不存在关于时间的周期性. 这可以解释, 为什么乐器都是一维的弦振动系统. 小提琴和大提琴利用弦振动发声, 长笛和单簧管等乐器则是利用细长体积的空气的振动发声. 鼓是二维的乐器, 但是鼓的声音是低沉的, 没有明确的高音.

问题

9.14 说明下列函数都是如下波动方程的解:

$$z_{tt} = c^2(z_{xx} + z_{yy}).$$

(a) $z = x^2 - y^2$.

(b) $z = \cos(ct)\cos(x)$.

(c) $z = \cos(ct)\sin(y)$.

(d) $z = \sin(\sqrt{2}ct)\cos(x+y)$.

9.15 说明下列函数都是如下波动方程的解:

$$z_{tt} = c^2(z_{xx} + z_{yy}).$$

(a) $u + v$, 如果 u 和 v 都是解.

---

① 特别地, 考虑 $x = \frac{\pi}{2}, y = \frac{\pi}{3}$ 这一点, 此时不难证明 $f(t) = \frac{\sqrt{3}}{2}\left(\sin(\sqrt{2}ct) + \sin(\sqrt{5}ct)\right)$ 不是周期函数. 一般地, 可以证明, 若 a, b 为非零常数, 则 $f(t) = \sin(at) + \sin(bt)$ 是周期函数的充要条件是 $\frac{b}{a} \in \mathbb{Q}$. 证明如下. 充分性显然, 只需证必要性. 用反证法, 假设 $\frac{b}{a} \notin \mathbb{Q}$, 而且 $f(t)$ 以 $T = 2\omega > 0$ 为周期. 则对一切实数 t 有

$$f(t+2\omega) - f(t) = 0,$$

从而

$$\sin(a(t+2\omega)) + \sin(b(t+2\omega)) - (\sin(at) + \sin(bt)) = 0,$$

即

$$2\sin(a\omega)\cos(at+\omega) + 2\sin(b\omega)\cos(bt+\omega) = 0,$$

这就推出

$$\sin(a\omega) = \sin(b\omega) = 0.$$

$\Big($否则函数 $\cos(at+\omega)$ 与 $\cos(bt+\omega)$ 有相同的零点集, 这是不可能的, 因为两组零点的最小间距分别为 $\frac{\pi}{|a|}$ 与 $\frac{\pi}{|b|}$, 当 $\frac{b}{a} \notin \mathbb{Q}$ 时两者不等.$\Big)$ 容易看出, $\sin(a\omega) = \sin(b\omega) = 0$ 蕴含 $\frac{b}{a} \in \mathbb{Q}$, 这与假设矛盾. ——译者注.

(b) kz, 如果 k 是常数且 z 是解.

(c) $z(-y,x,t)$, 如果 $z(x,y,t)$ 是解 $\left(\text{即解旋转 } \frac{\pi}{2} \text{ 仍是解}\right)$.

(d) $z(kx,ky,kt)$, 如果 $z(x,y,t)$ 是解.

9.16　说明下列函数都是如下波动方程的解:

$$z_{tt} = c^2(z_{xx} + z_{yy}).$$

(a) $z = \cos(y + ct)$.

(b) $z = \cos(x + y + \sqrt{2}ct)$.

(c) $z = \cos(x - 2y - \sqrt{5}ct)$.

9.17　正文中我们提到函数

$$z_1 + z_2 = \sin(\sqrt{2}ct)\sin(x)\sin(y) + \sin(\sqrt{5}ct)\sin(x)\sin(2y)$$

不是关于时间 t 的周期函数. 试说明如下函数

$$z_1 + z_2 = \sin(1.414ct)\sin(x)\sin(y) + \sin(2.236ct)\sin(x)\sin(2y)$$

是周期函数, 且 $T = 1000\dfrac{2\pi}{c}$ 就是一个周期.

9.18　假设张力 T [力/长度] 导致弹性膜的边界上产生了垂直于各边的力. 该力与材料共面. 如图 9.9 所示, 力作用于三角膜的各边界的垂直方向. 定义三角膜的一个角为 α, 斜边长为 k. 试说明各个作用力的大小满足如下条件.

(a) 右边界的作用力为 $(Tk\sin\alpha, 0)$.

(b) 底边界的作用力为 $(0, -Tk\cos\alpha)$.

(c) 斜边界的作用力为 $Tk(-\sin\alpha, \cos\alpha)$.

(d) 三角膜上的合力为零向量.

这也就是我们在推导波动方程 (9.17) 时假设常数 T 的原因.

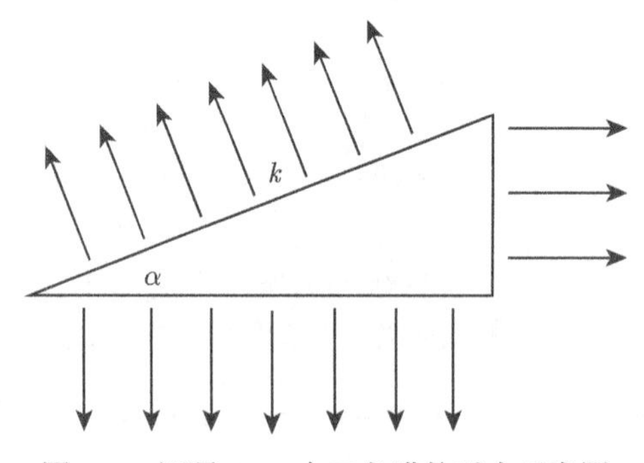

图 9.9　问题 9.18 中三角膜的受力示意图

9.19 令 n 和 m 为正整数, 且

$$z(x,y,t)=\cos(\sqrt{n^2+m^2}t)\sin(nx)\sin(my).$$

(a) 说明 z 是边界值为零的膜振动方程 $z_{tt}=z_{xx}+z_{yy}$ 的解, 其中边界为 $0\leqslant x\leqslant\pi$, $0\leqslant y\leqslant\pi$.

(b) 说明以上形式的解中满足频率 $\sqrt{n^2+m^2}\leqslant 1000$ 的数目约为 $\frac{1}{4}\pi(1000)^2$.

9.20 考虑 $c=1$, 波动方程变为 $z_{tt}=z_{xx}+z_{yy}$, 则本节中的解 z_1 和 z_2 变成

$$z_1=\sin(\sqrt{2}t)\sin(x)\sin(y),\quad z_2=\sin(\sqrt{5}t)\sin(x)\sin(2y).$$

(a) 假设 f 是二阶可微的一元函数. 定义

$$z(x,y,t)=f(ax+by+t),$$

称其为行波. 要使得 z 是波动方程的解, 求常数 a 和 b 应该满足的条件.

(b) 验证 $\sin(u)\sin(v)=-\frac{1}{2}\big(\cos(u+v)-\cos(u-v)\big)$. 利用该式以及类似的等式, 将 z_2 写成四个行波的和.

(c) 试问解 z_1+z_2 可以写成多少个行波的和?

9.21 假设函数 $z(x,y,t)$ 具有如下形式:

$$z(x,y,t)=f(r)\sin(kt),$$

其中 $r=\sqrt{x^2+y^2}$ 且 k 为常数. 故而函数 z 仅依赖于时间以及到原点的距离. 说明 z 是波方程 $z_{tt}=z_{xx}+z_{yy}$ 的解, 如果函数 f 满足

$$f''(r)+\frac{1}{r}f'(r)+k^2f(r)=0.$$

9.22 三维空间的函数 $u(\mathbf{X},t)$ 满足波动方程

$$u_{tt}=c^2\Delta u.$$

(a) 求函数 k 使得函数 $u(\mathbf{X},t)=\cos(2x_1+3x_2+6x_3+kt)$ 为波动方程的解.

(b) 求常向量 $\mathbf{A}$ 使得有如下形式的二阶光滑函数

$$u(\mathbf{X},t)=f(\mathbf{A}\cdot\mathbf{X}\pm ct)$$

都是波动方程的解.

9.23　在 $\mathbb{R}^3$ 中令 $\rho = \sqrt{x^2+y^2+z^2}$. 对于球面对称的波 $u(\rho,t)$, 波方程 $u_{tt} = \Delta u$ 变为

$$u_{tt} = u_{\rho\rho} + \frac{2}{\rho}u_\rho.$$

(a) 说明满足 $u(\rho,t) = \dfrac{f(\rho+t)}{\rho}$ 形式的二阶可微函数都是满足 $\rho > 0$ 的波方程的解.

(b) 假设有一解满足如下形式

$$u(\rho,t) = \frac{f(\rho+t)}{\rho},$$

其中 $f(\rho)$ 只在 $\rho = 100$ 附近的一个小区间不等于零, 且 $u(\rho,0)$ 的最大值为 1. 如图 9.10 所示. 试求 $u(\rho,99)$ 的近似最大值, 以及在何时取得最大值.

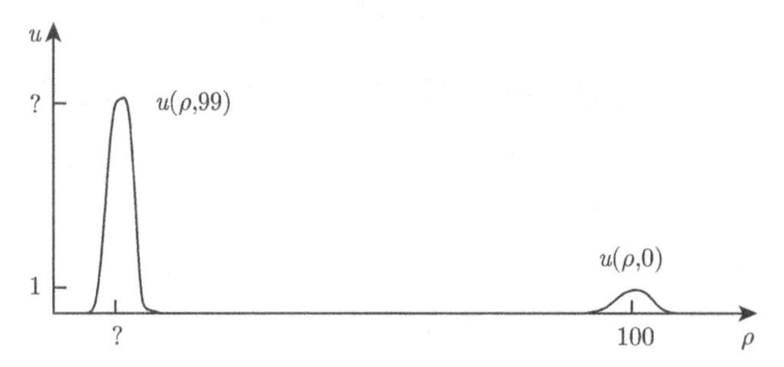

图 9.10　$\mathbb{R}^3$ 中的波方程原点朝向的球面对称解. 见问题 9.23

9.3　热传导方程

本节将展示热能在介质中传播的温度分布满足一个偏微分方程. 在第 8 章中我们知道这个过程满足守恒定律.

我们从一维情形开始, 考虑长杆的热传导. 令杆的坐标为 x 轴上的 $[0,a]$ 区间. 令 $T(x,t)$ 为长杆 x 坐标处在 t 时刻的温度. 假设 T 为二阶光滑函数. 假设热能密度与温度成正比, 因而 t 时刻长杆 $[b,c]$ 段的热能满足

$$\int_b^c pT(x,t)\,\mathrm{d}x, \tag{9.19}$$

其中 p 为某个正常数.

接着我们假设热能从温度高的地方向低的地方传播, 传播速度与温度的梯度成正比. 这里"梯度"是指与位置相关的温度变化比率, 在一维情形即为 T_x. 因此热

能从 $[b,c]$ 段的尾端传入传出, 速率分别为

$$-r\frac{\partial T}{\partial x}(b,t) \qquad \text{和} \qquad r\frac{\partial T}{\partial x}(c,t), \tag{9.20}$$

其中 r 为某正常数. 能量守恒律表明, 穿过 $[b,c]$ 两端的能量速率等于 $[b,c]$ 段总能量关于时间的导数,

$$\frac{\mathrm{d}}{\mathrm{d}t}\int_b^c pT(x,t)\,\mathrm{d}x = -r\frac{\partial T}{\partial x}(b,t) + r\frac{\partial T}{\partial x}(c,t). \tag{9.21}$$

上式左端让积分和求导交换次序, 则有

$$\int_b^c p\frac{\partial T}{\partial t}\,\mathrm{d}x = -r\frac{\partial T}{\partial x}(b,t) + r\frac{\partial T}{\partial x}(c,t).$$

右端则是函数

$$r\frac{\partial T}{\partial x}(x,t)$$

在 $x=c$ 与 $x=b$ 两处的差值. 其可以写成导数的积分形式如下:

$$\int_b^c p\frac{\partial T}{\partial t}\,\mathrm{d}x = \int_b^c r\frac{\partial^2 T}{\partial x^2}(x,t)\,\mathrm{d}x.$$

可以看到这是满足方程 (8.25) 形式的守恒律

$$\int_b^c \rho_t\,\mathrm{d}x = -\int_b^c f_x\,\mathrm{d}x,$$

如果我们取 $f=-rT_x$ 和 $\rho=pT$. 改写方程为

$$\int_b^c \left(p\frac{\partial T}{\partial t}(x,t) - r\frac{\partial^2 T}{\partial x^2}(x,t)\right)\mathrm{d}x = 0.$$

因为积分在所有的区间 $[b,c]$ 上都为零, 故而被积函数等于零, 即

$$p\frac{\partial T}{\partial t}(x,t) - r\frac{\partial^2 T}{\partial x^2} = 0.$$

重写方程如下:

$$T_t - hT_{xx} = 0, \tag{9.22}$$

其中 $h=\dfrac{r}{p}$ 是一正常数. 方程 (9.22) 被称为**热传导方程**.

例 9.6 验证函数

$$T(x,t) = \mathrm{e}^{-ht}\sin(x)$$

是热方程 (9.22) 的解. 我们有

$$T_t(x,t) = -h\mathrm{e}^{-ht}\sin(x) = -hT(x,t)$$

且因为 $T_{xx}(x,t) = -T(x,t)$, 所以 T 是一个解. 随着时间增长, 解因为指数部分逐渐衰减为零. 如图 9.11 所示.

因为 $T_x = \mathrm{e}^{-ht}\cos x$, 热能在 $x=0$ 处向左传播, 在 $x=\dfrac{\pi}{2}$ 处为零, 在 $x=\pi$ 处向右传播.

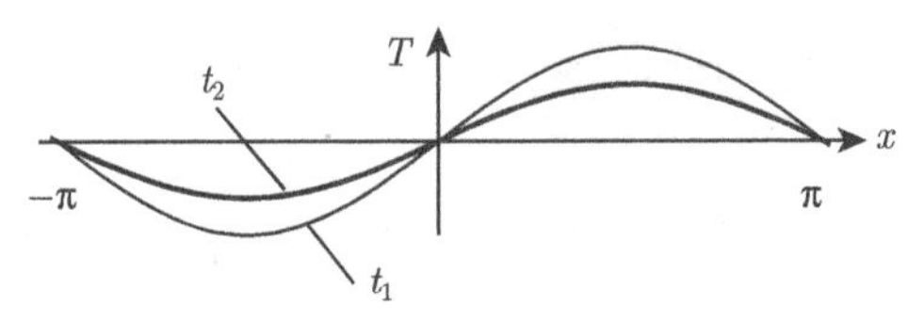

图 9.11　热方程的解 $T(x,t) = \mathrm{e}^{-ht}\sin x$ 关于 x 的图像, 其中 $t_1 < t_2$. 见例 9.6 和例 9.7

例 9.7　假设 T 是热方程的解, 使得 T 的图像在某个时刻 t 是关于 x 的凸函数, 满足 $T_{xx} > 0$. 从热方程有 $T_t > 0$. 因此 $T(x,t)$ 是 t 的增函数. 看图 9.11 的左半部分, 其中 T 是凸函数.

假定杆两端保持在某个恒定的温度, 考虑杆的热传导方程, 我们现在推导解的一些基本性质.

因为热方程只与 T 的导数有关, 所以如果 $T(x,t)$ 是热方程的一个解, 那么 $T(x,t)-k$ 也是解, 其中 k 为常数. 选择 k 是杆末端的恒定温度值, 则 $T-k$ 在末端的温度为零. 故而只需要考察两端温度为零的热方程的解.

我们发现此类方程的解答有如下性质:

定理 9.4　考虑 x 属于 $[0,a]$ 区间的热方程 $T_t - hT_{xx} = 0$, 令 T 为方程的解, 且在两端点为零. 则 $T(x,t)$ 的关于 x 在 $[0,a]$ 区间的最大值是时间 t 的递减函数.

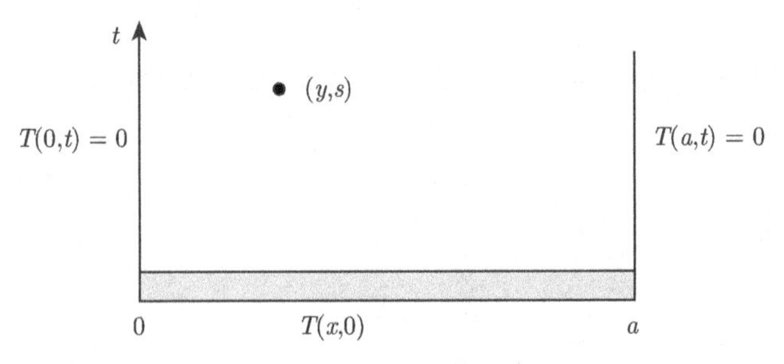

图 9.12　杆 $0 \leqslant x \leqslant a$ 的温度 $T(x,t)$

证明　首先我们用反证法说明在 $t>0$ 时刻的最大值不会超过 $t=0$ 时刻的最大值. 假设在某个时刻 $s>0$, 以及 $[0,a]$ 中的某个值 y, $T(y,s)$ 大于 $T(x,0)$ 的最

大值. 即存在正数 M 和 ϵ 使得对于区间 $[0,a]$ 中的任意一点 x,

$$T(x,0) < M < M + \epsilon a^2 < T(y,s).$$

令 R 为长方形 $[0,a]\times[0,s]$, 且考虑 R 上的函数

$$u(x,t) = T(x,t) + \epsilon(x-y)^2.$$

因为 $T(x,t)$ 在两端为零, 且 $T(x,0) < M$,

$$\begin{aligned}
u(0,t) &= T(0,t) + \epsilon y^2 \leqslant \epsilon a^2,\\
u(a,t) &= T(a,t) + \epsilon(a-y)^2 \leqslant \epsilon a^2,\\
u(x,0) &= T(x,0) + \epsilon(x-y)^2 \leqslant M + \epsilon a^2.
\end{aligned} \tag{9.23}$$

因为

$$u(y,s) = T(y,s) > M + \epsilon a^2,$$

u 在 R 上的最大值至少是 $T(y,s)$, 根据 (9.23), 必存在某点 (x,t), 且 $t>0$, x 不在杆的末端. 因此在最大值点附近 $u_{xx}\leqslant 0$ 且 $u_t \geqslant 0$. 故

$$0 \geqslant u_{xx} - \frac{1}{h}u_t = T_{xx} + 2\epsilon - \frac{1}{h}T_t = 2\epsilon. \tag{9.24}$$

这与 $\epsilon > 0$ 的假设矛盾.

为完成证明, 假设 $0 < t_1 < t_2$, 且令 $v(s,t) = T(x, t_1 + t)$. 则 v 是热方程的解. 令 $v(c,0)$ 是 $v(x,0)$ 在 $[0,a]$ 上的最大值. 则

$$\begin{aligned}
\max_x T(x,t_2) &= \max_x v(x, t_2 - t_1) \leqslant v(c,0)\\
&= T(c,t_1) \leqslant \max_x T(x,t_1).
\end{aligned}$$

证毕.

因为 $-T(x,t)$ 也是热方程的解, 满足 $x=0$ 和 $x=a$ 的两端为零. 因而 $T(x,t)$ 关于所有 x 的最小值是 t 的递增函数. 将这一结论与定理 9.4 的结果联合起来, 我们有如下推论①.

推论 9.1 考虑 x 属于区间 $[0,a]$ 的热方程 $T_t - hT_{xx} = 0$, 令 T 为方程的解, 且在两端点为零. 则 $|T(x,t)|$ 关于 x 的最大值 $\max_x |T(x,t)|$ 是时间 t 的递减函数.

---

① 这是因为我们有, 对 $0 < t_1 < t_2$ 成立:

$$\min_x T(x,t_1) \leqslant \min_x T(x,t_2) \leqslant \max_x T(x,t_2) \leqslant \max_x T(x,t_1),$$

从而 $[\min_x T(x,t_2), \max_x T(x,t_2)]$ 包含于区间 $[\min_x T(x,t_1), \max_x T(x,t_1)]$. 而 $\max_x |T(x,t)|$ 表示原点到区间 $[\min_x T(x,t), \max_x T(x,t)]$ 的最大距离. ——译者注.

我们可以证明唯一性定理.

定理 9.5 假设 T_1 和 T_2 是热方程在 $[0,a]$ 区间上的两个解, 且在 $t=0$ 时刻相等, 在两个端点 $x=0$ 和 $x=a$ 亦相等. 则对于所有的 $t>0$ 和 $x\in[0,a]$ 均有 $T_1(x,t)=T_2(x,t)$ 成立.

证明 令 $T=T_1-T_2$. 则

$$\begin{aligned} T_t-hT_{xx}&=0,\\ T(x,0)&=0,\\ T(0,t)&=0,\\ T(a,t)&=0. \end{aligned}$$

根据推论 9.1, $|T(x,t)|$ 从初始值开始递减. 由于初值为零, 所以 T 恒等于零, 从而 $T_1=T_2$. **证毕.**

高维热传导方程的例子

平面上的热传导方程可以用类似的方法推导. 我们考虑平面的一小部分 $b\leqslant x\leqslant c$, $d\leqslant y\leqslant e$ 区域上流入流出边界的热能, 可以得到类似于 $T_t-hT_{xx}=0$ 的方程,

$$T_t-h\Delta T=0, \tag{9.25}$$

其中 $\Delta T=T_{xx}+T_{yy}$. 在问题 9.31 中概述了用散度定理来推导这个方程.

例 9.8 定义 $T(x,y,t)=\mathrm{e}^{-at}\sin(bx+cy)$. 我们求合适的 a,b,c 使得 T 是方程 $T_t-h\Delta T=0$ 的解.

$$\begin{aligned} T_t-h\Delta T&=-a\mathrm{e}^{-at}\sin(bx+cy)-h\mathrm{e}^{-at}(-b^2-c^2)\sin(bx+cy)\\ &=\big(-a+(b^2+c^2)h\big)T. \end{aligned}$$

如果 $a=(b^2+c^2)h$, 则上式为零. 因而

$$\mathrm{e}^{-(b^2+c^2)ht}\sin(bx+cy)$$

是热方程的解, 对任意的 b,c 成立.

例 9.9 问题 4.7 中的函数

$$T(\mathbf{X},t)=(4\pi t)^{-n/2}\mathrm{e}^{-\|\mathbf{X}\|^2/(4t)}$$

是 n 维空间中热方程的解, 即满足

$$T_t-\Delta T=0.$$

问题

9.24 试证明如下函数都是热方程 $T_t = hT_{xx}$ 的解.

(a) $mx+k$, 对于所有的常数 m, k.

(b) T_1+T_2, 如果 T_1 和 T_2 都是解.

(c) $\mathrm{e}^{-ht}\cos(x)$.

(d) 某些函数 $\mathrm{e}^{-kt}\sin(mx)$; 求 k 和 m 需要满足的条件.

(e) $u(x, ht)$, 其中 $u(x,t)$ 是 $u_t = u_{xx}$ 的任意解.

9.25 试证明如下函数都是热方程 $T_t = T_{xx}$ 的解.

(a) $\mathrm{e}^{-n^2t}\sin(nx)$, 对于 $n = 1, 2, 3, \cdots$.

(b) $t^p\mathrm{e}^{-x^2/(4t)}$, 对于某个指数 p 并求出 p.

(c) $\mathrm{e}^{-ax}\cos(ax-bt)$, 对于某些常数 a, b; 并试着找出 a 和 b 需要满足的条件.

(d) 如果 u 是解, 则 $u(kx, k^2x)$ 亦是解, 对于任意常数 k 均成立.

9.26 如图 9.13 所示, 距离地表 x 的地下温度可以用如下函数近似

$$T(x,t) = \mathrm{e}^{-ax}\cos(ax-bht),$$

其中常数 b 的值依赖于我们是否考虑每天 (日出, 日落) 或者季节 (冬天, 夏天) 的变量①.

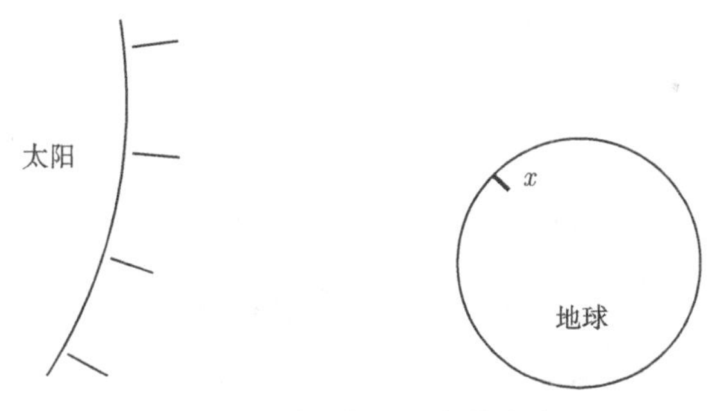

图 9.13 问题 9.26 中的地球

(a) 如果 $b = 2a^2$, 则有 $T_t = hT_{xx}$.

(b) 描述每天的温度变化时 b 大些, 还是描述每年的温度变化时 b 大些?

(c) 考虑因子 e^{-ax}, 温度穿透地表的深度 $\left(注: 即\ \dfrac{1}{a}\right)$, 在描述每天的温度变化时大些, 还是每年的大?

① 在 $T(x,t)$ 的表达式中, $\cos(ax-bht)$ 对应热量从地表向地心传递时温度变化的平面波, bh 是波形周期变化的圆频率 (频率乘以 2π); e^{-ax} 对应上述波动随距离的衰减, 发生显著衰减的典型距离是 $\dfrac{1}{a}$, 可以理解为表面温度穿透地表的深度. ——译者注.

9.27　一根杆两端的温度恒定为零, 因而

$$\begin{cases} T_t = T_{xx}, \\ T(t,0) = T(t,\pi) = 0. \end{cases}$$

(a) 在下式的问号处填入合适的值使得

$$T(x,t) = (?)\mathrm{e}^{(?)t}\sin x + (?)\mathrm{e}^{(?)t}\sin(2x)$$

是方程的一个解, 满足初值 $T(x,0) = \sin x + \frac{1}{2}\sin(2x)$.

(b) 在 $t = 0, \frac{1}{2}, 1$ 时刻描绘出 T 关于 x 的图像.

(c) 当 t 增加时, (a) 中哪一项衰减更快? 注意到极大温度最初位于中心点的左边. 随着时间增加, 这个热点是否从左往右移动?

9.28　我们可以通过差分近似求导过程来计算热方程 $T_t = T_{xx}$ 的近似解,

$$\frac{T(x,t+\Delta t) - T(x,t)}{\Delta t} = \frac{T(x+\Delta x,t) - 2T(x,t) + T(x-\Delta x,t)}{(\Delta x)^2},$$

其中 Δt 和 Δx 都是正数.

(a) 利用 t 时刻的值近似表示 $T(x,t+\Delta t)$.

(b) 取 $\frac{\Delta t}{(\Delta x)^2} = \frac{1}{2}$. 则近似式可写成

$$T(x,t+\Delta t) = \frac{1}{2}\Big(T(x-\Delta x,t) + T(x+\Delta x,t)\Big).$$

(c) $T(x,0)$ 的初值已经在下表中给出. 利用 (b) 中的近似式填写表中空着的值. 其中 $T(-\Delta x,\Delta t) = \frac{1}{2}(16+0) = 8$ 已经作为范例给出.

$5\Delta t$														
$4\Delta t$														
$3\Delta t$														
$2\Delta t$														
Δt						8								
0	0	0	0	0	0	0	16	16	0	0	0	0	0	0
	$-6\Delta x$	$-5\Delta x$	$-4\Delta x$	$-3\Delta x$	$-2\Delta x$	$-\Delta x$	0	Δx	$2\Delta x$	$3\Delta x$	$4\Delta x$	$5\Delta x$	$6\Delta x$	$7\Delta x$

9.29　一个物体在 t 时刻且环境温度为 s 时的简化温度模型是牛顿冷却定律,

$$y' = -k(y-s),$$

其中 k 是正常数. 考虑区间 $[0,\pi]$ 上的杆的热方程的两个解

$$T_1(x,t)=\mathrm{e}^{-t}\sin(x),\qquad T_2(x,t)=\mathrm{e}^{-t}\sin(x)+\mathrm{e}^{-9t}\sin(3x),$$

假设环境温度为零, 定义杆的平均温度为

$$y_1(t)=\frac{1}{\pi}\int_0^{\pi}T_1(x,t)\,\mathrm{d}x,\qquad y_2(t)=\frac{1}{\pi}\int_0^{\pi}T_2(x,t)\,\mathrm{d}x.$$

试说明 y_1 满足牛顿冷却定律但是 y_2 不满足.

9.30 方程 $T_t=hT_{xx}$ 的稳态解是指不随时间变化的解, 即 $T_t=0$ 从而 $T_{xx}=0$.

(a) 求稳态温度函数 $T(x,t)$, 满足 $0\leqslant x\leqslant a$, $T(0,t)=50$ 且 $T(10,t)=100$.

(b) 对稳态函数进行验证, 左右两端的热能总流入速率 (见方程 (9.20)) 为零,

$$-r\frac{\partial T}{\partial x}(0,t)+r\frac{\partial T}{\partial x}(a,t)=0.$$

(c) 验证稳态函数的总热能 (见方程 (9.19))

$$\int_0^a pT(x,t)\,\mathrm{d}x$$

关于时间守恒.

9.31 在这个问题中你可以推导二维空间的热传导方程

$$T_t-h\Delta T=0.$$

类比热守恒律 (9.21), 平面上的所有规则区域集 D 内有

$$\frac{\mathrm{d}}{\mathrm{d}t}\int_D pT(x,y,t)\mathrm{d}A=r\int_{\partial D}\boldsymbol{\nabla}T\cdot\mathbf{N}\mathrm{d}s.$$

(a) 计算总能量的变化率 $\displaystyle\int_D pT_t\mathrm{d}A$.

(b) 证明 $\displaystyle\int_D pT_t\mathrm{d}A=\int_{\partial D}\mathrm{div}(r\boldsymbol{\nabla}T)\mathrm{d}A$.

(c) 证明 $\displaystyle\int_D(pT_t-r\Delta T)\mathrm{d}s=0$.

(d) 推出 $T_t-h\Delta T=0$, 其中 $h=\dfrac{r}{p}$.

9.32 假设二维热方程 $T_t-h\Delta T=0$ 的解具有如下形式:

$$T(x,y,t)=\mathrm{e}^{-cht}f(r),$$

其中 r 是极坐标 $r=\sqrt{x^2+y^2}$. 即 T 只依赖于时间和离原点的距离. 代入 $T_t = h\Delta T$, 使用链式法则证明 f 满足下式

$$f''(r)+\frac{1}{r}f'(r)+cf(r)=0.$$

9.33 试说明 $T(x,y,t)=x^2+y^2+4ht$ 为二维热方程 $T_t=h\Delta T$ 的解, 并描述热传导的方向.

9.4 平衡方程

在 9.2 节中我们推导了膜振动方程

$$z_{tt}=c^2(z_{xx}+z_{yy}),$$

在 9.3 节中我们推导了平面上的热传导方程

$$T_t=h(T_{xx}+T_{yy}).$$

考虑各自的平衡情形, 此时膜上的弹力平衡使得膜不发生振动, 或内部的温度平衡, 不发生热传导.

因此, 为了从可时变方程推导出平衡方程, 只要在膜振动方程中简单地令关于时间的导数为零, 即得振动膜的平衡方程

$$z_{xx}+z_{yy}=0,$$

从热传导方程令关于时间的导数为零亦可推出如下平衡方程:

$$T_{xx}+T_{yy}=0,$$

我们注意到, 令人惊奇的是, 除了记号不同, 方程本质上是一样的. 方程

$$\Delta u=0$$

称为**拉普拉斯方程**, 其解为**调和函数**. 在物理上并不存在理由, 使得弹性膜的平衡与热分布的平衡需要满足同样的方程. 然而, 二者的平衡方程却是一致的, 因而

二者的数学理原理是相同的.

这也是数学成为处理科学问题的工具的原因所在.

下面陈述并证明拉普拉斯方程的解的一个重要性质.

定理 9.6 令 u 和 v 为拉普拉斯方程在 $\mathbb{R}^2$ 中连通正则集 D 上的两个解, 且在区域 D 的边界上相等. 则 u 和 v 在整个 D 上相等.

上述定理可以等价表述为：拉普拉斯方程在 $\mathbb{R}^2$ 中的连通正则集 D 上的解由其在区域 D 上的边值唯一决定.

证明 定义 z 为 u 和 v 的差,

$$z(x,y)=u(x,y)-v(x,y).$$

因为 u 和 v 都是拉普拉斯方程的解, 所以 z 也是解. 因为 u 和 v 在区域 D 的边界上相等, 所以 z 在边值上为零. 在拉普拉斯方程两边乘以 z 并在区域 D 上积分, 可以得到

$$\int_D z\Delta z\,\mathrm{d}x\mathrm{d}y=\int_D z(z_{xx}+z_{yy})\,\mathrm{d}x\mathrm{d}y=0. \tag{9.26}$$

利用乘积的散度, 有

$$\operatorname{div}(z\boldsymbol{\nabla}z)=z\Delta z+\|\boldsymbol{\nabla}z\|^2, \tag{9.27}$$

因而

$$0=\int_D z\Delta z\,\mathrm{d}x\mathrm{d}y=\int_D\left(\operatorname{div}(z\boldsymbol{\nabla}z)-\|\boldsymbol{\nabla}z\|^2\right)\mathrm{d}x\mathrm{d}y.$$

因为在 ∂D 上有 $z=0$, 由散度定理, 有

$$0=\int_{\partial D}z\Delta z\cdot\mathbf{N}\mathrm{d}s-\int_D\|\boldsymbol{\nabla}z\|^2\,\mathrm{d}x\mathrm{d}y=-\int_D\|\boldsymbol{\nabla}z\|^2\,\mathrm{d}x\mathrm{d}y.$$

因此

$$-\int_D(z_x^2+z_y^2)^2\,\mathrm{d}x\mathrm{d}y=0. \tag{9.28}$$

(9.28) 的推导过程包括对 (9.26) 使用分部积分以及在 (9.27) 中使用散度的乘积规则.

(9.28) 中的被积函数是一个平方和, 因而是非负的. 因为积分等于零, 所以被积函数等于零. 因而在区域 D 上有

$$z_x=0,\qquad z_y=0.$$

区域 D 上导数为零的函数是常数. 由于 z 在边界上等于零, 所以该常数等于零. 又因为 $z=u-v$, 所以 u 和 v 在区域 D 上相等. **证毕.**

如果我们将 z 理解成弹性膜的位置, 那么定理 9.6 中的唯一性结论是容易理解的. 如果弹性膜的边界位于 $z=0$ 的平面上, 那么平衡状态下整个膜都会位于平面上.

注意到定理 9.6 可以推广到三个及更多个变量的函数.

区域 D 上的拉普拉斯方程的另外一个基本结论是, 给定 D 的边界上的任意连续函数, 那么存在 D 上拉普拉斯方程的解, 使得其在边界上与给定函数相等①. 这个结论是合理的, 如果我们在区域 D 的边界框架上拉伸一块膜, 那么膜会处于一种平衡状态. 该性质的证明超出了微积分教材的范畴.

问题

9.34　说明下列函数都是拉普拉斯方程 $u_{xx}+u_{yy}=0$ 的解.

(a) $u=x^2-y^2$.

(b) $u=x^3-3xy^2$.

(c) $u=\mathrm{e}^{-ax}\sin(by)$, 其中 a,b 为某些常数; 试找出 a 和 b 需要满足的条件.

9.35　说明下列函数都是拉普拉斯方程 $u_{xx}+u_{yy}=0$ 的解.

(a) u_1+u_2, 如果 u_1 和 u_2 都是解.

(b) $u(x\cos\theta-y\sin\theta, x\sin\theta+y\cos\theta)$, 如果 u 是解, θ 是一个常数角度, 即对解作旋转.

(c) 两个解的乘积 uv, 如果两个解的梯度 ∇u 和 ∇v 正交.

9.36　图 9.14 展示的区域由 T 的两个水平集和两条与 ∇T 相切的曲线围成, 其上有函数 T 满足 $T_{xx}+T_{yy}=0$. 验证下列陈述.

(a) 曲线在四个角正交.

(b) 通过两个水平集的向右的 ∇T 的通量是相等的.

(c) 穿过两条曲线的每一条的 ∇T 的通量都为零.

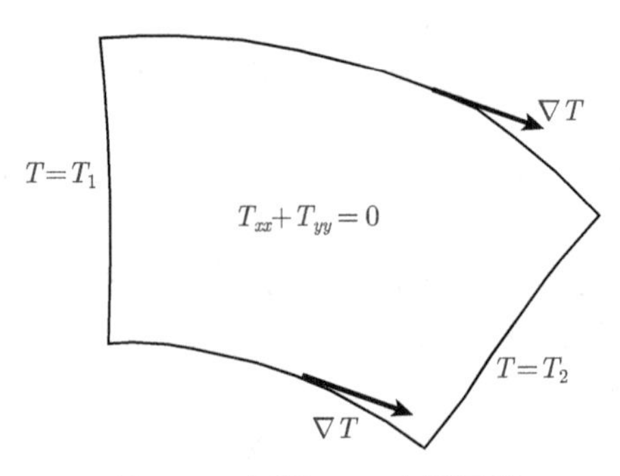

图 9.14　问题 9.36 中的区域

9.37　说明 $z(x,y)=\ln(x^2+y^2)$ 是拉普拉斯方程 $u_{xx}+u_{yy}=0$ 的解.

9.38　不论维数是多少, 拉普拉斯算子作用于函数 f 等价于 div ∇f. 试证明 $\Delta(\|\mathbf{X}\|^{-1})$ 在三维情形等于零, 但是在二维和四维情形不等于零.

① 相关的问题称为狄利克雷问题 (Dirichlet's problem), 又称为第一边值问题, 是调和函数的一类重要的边值问题. ——译者注.

9.39 假定 u, v 和 w 为 $\mathbb{R}^3$ 中正则集 D 上的二阶连续可微函数. 试由向量场 $w\nabla w$ 的散度定理推导下面的 (a) 并证明其余问题.

(a) 如果 w 在 D 的边界上为零, 那么 $\int_D (\Delta w) w \mathrm{d}V = -\int_D \nabla w \cdot \nabla w \mathrm{d}V$.

(b) 如果 u 是下述方程的解

$$\begin{cases} \Delta u = 0, & \text{在 } D \text{ 中}, \\ u = 0, & \text{在 } \partial D \text{ 上}, \end{cases}$$

那么 $u(x, y, x) = 0$ 对于 D 上所有的点成立.

(c) 假设 u 和 v 是正则集区域 D 上拉普拉斯方程的解

$$\Delta u = 0, \qquad \Delta v = 0,$$

且在 D 的边界上相等. 试证明 u 和 v 在区域 D 内相等 (提示: 对 $u - v$ 应用小问 (b)).

9.40 我们假设小块膜上唯一的作用力是弹性张力, 利用牛顿第二定律 $F = ma$ 推导了波方程 (9.17). 现假定膜在一个恒定压强 p [力/面积] 处于均衡状态. 如图 9.15 所示. 那么膜的 $a \leqslant x \leqslant a + h, b \leqslant y \leqslant b + h$ 的边界上受力之和由于 p 的作用力而平衡. 试证明如下陈述.

(a) 当 z_x, z_y 很小时, 向上的力大小是 $-ph^2$.

(b) z 满足微分方程 $z_{xx} + z_{yy} = \dfrac{p}{T}$, 其中 T 为弹性张力.

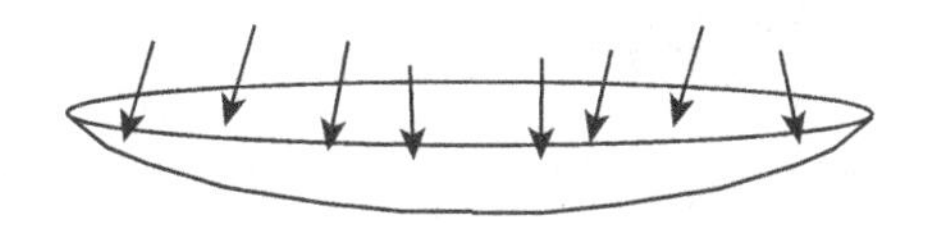

图 9.15 问题 9.40 中的膜受到的压力

9.41 试证明下述函数都是问题 9.40 中的压力膜方程 $z_{xx} + z_{yy} = 1$ 的解.

(a) $z = \dfrac{1}{4}(x^2 + y^2)$.

(b) $z = \dfrac{1}{6}x^2 + \dfrac{1}{3}y^2$.

(c) $kz + (1 - k)w$, 如果 z, w 都是解且 k 为常数.

(d) $z + w$, 如果 z 是解, w 是拉普拉斯方程 $w_{xx} + w_{yy} = 0$ 的解.

9.42 记 $\Delta u = u_{xx} + u_{yy}$, 令 $h > 0$, 定义罗盘上的四个点的值如下:

$$u_E = u(x + h, y),$$

$$u_S = u(x, y - h),$$

$$u_W = u(x-h, y),$$
$$u_N = u(x, y+h).$$

如图 9.16 所示.

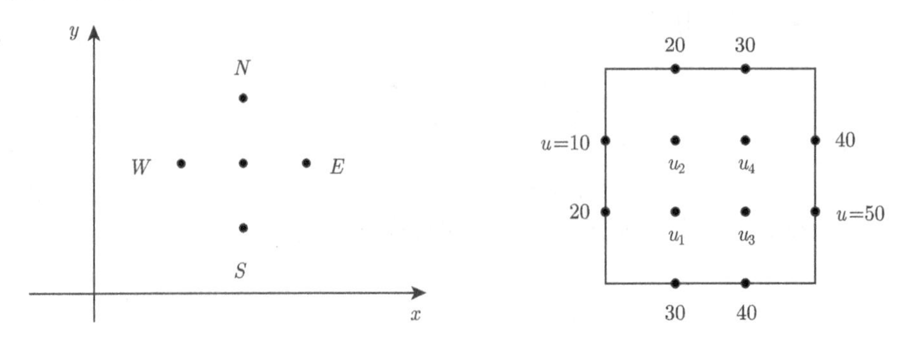

图 9.16　问题 9.42 中的概念, 左边：问题 (a); 右边：问题 (b)

(a) 使用泰勒展开式说明

$$\Delta u(x,y) \approx \frac{1}{h^2}\big(u_E + u_S + u_W + u_N - 4u(x,y)\big) + O(h^2).$$

(b) 利用上式近似下述方程

$$\Delta u = 1$$

在正方形区域 $0 < x < 1, 0 < y < 1$ 内的一个解. 如图 9.16 右边部分所示. 相应的边界值标注在图上. 利用下面的近似

$$\Delta u(x,y) \approx \frac{1}{h^2}\big(u_E + u_S + u_W + u_N - 4u(x,y)\big)$$

来针对四个点的对应值 u_1, u_2, u_3, u_4 建立一个线性方程组.

9.43　令 $z(x,y) = \sin(nx)\sinh(ny)$, 其中 n 为正整数.

(a) 验证 $\Delta z = 0$.

(b) 验证在区域 $0 < x < \pi, y > 0$ 的边界上 $z = 0$.

(c) 说明 $z(x,y)$ 不是有界函数.

注　对于拉普拉斯方程, 我们需要指定每条边界上的值, 才能确保解的有界性. 而对波方程和热传导方程, 给定初值和部分边值 (不需要全部边值) 就可以保证解的有界性.

9.44　考虑向量场 ∇u, 其中 u 是拉普拉斯方程的解.

(a) 如果 $\Delta u = 0$, 那么 ∇u 的散度为零.

(b) 说明 $x^2 - y^2$ 和 $2xy$ 都是拉普拉斯方程的解.

(c) 说明向量场 $\mathbf{F} = \nabla(x^2 - y^2)$ 和 $\mathbf{G} = \nabla(2xy)$ 的散度均为零, 且在每一点 (x, y) 正交.

(d) 说明在每一点 (x, y), 向量 $\mathbf{F}(x, y)$ 和 $\mathbf{G}(x, y)$ 的长度一致.

(e) 描述出向量场 $\mathbf{F}$ 和 $\mathbf{G}$. 这些是不可压缩流体流速的简单模型.

9.45 令 $u(x, y) = x + \dfrac{x}{x^2 + y^2}$,

(a) 说明 u 是拉普拉斯方程的解. 因此向量场 $\mathbf{F} = \nabla u$ 的散度为零. 如图 9.17 所示.

(b) 说明 F 与单位圆相切, 即对于 $x^2 + y^2 = 1$ 上所有的点, 有

$$(x, y) \cdot \mathbf{F}(x, y) = 0.$$

(c) 说明当 $x^2 + y^2$ 趋于无穷时, $\mathbf{F}(x, y)$ 趋于 $(1, 0)$.

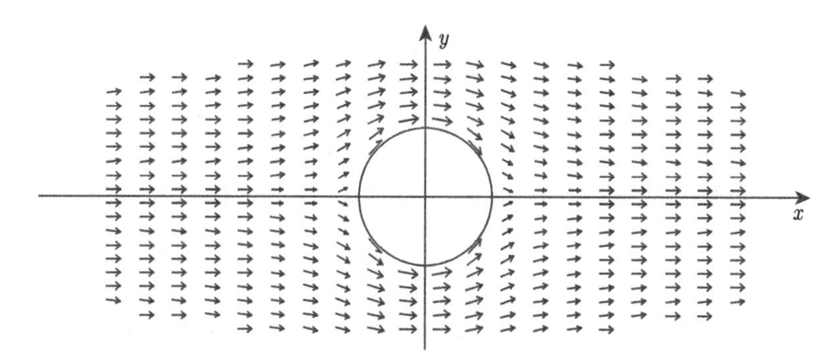

图 9.17 问题 9.45 中模拟绕圆柱体流动的不可压缩流体的向量场

9.46 假设 $u(x, y, z)$ 是 $\mathbb{R}^3$ 中拉普拉斯方程的解

$$u_{xx} + u_{yy} + u_{zz} = 0.$$

定义向量场 $\mathbf{F} = \nabla u$. 试验证 $\operatorname{div} \mathbf{F} = 0$ 和 $\operatorname{curl} \mathbf{F} = \mathbf{0}$.

9.5 薛定谔方程

薛定谔方程是量子力学的基本方程. 它与复变量函数 $\psi = f + \mathrm{i}g$ 有关, 其中 f 和 g 都是 $\mathbf{X} = (x, y, z)$ 和时间 t 的实值函数, 且 $\mathrm{i}^2 = -1$. 函数 $\bar{\psi} = f - \mathrm{i}g$ 为 ψ 的复共轭. 复值函数的求导可以将 i 看作常数.

薛定谔方程形式如下:

$$\mathrm{i}\psi_t = -\Delta\psi + V\psi, \tag{9.29}$$

其中 V 是实值函数, 且满足如下性质: 当 $\|\mathbf{X}\|$ 趋于无穷时, $V(\mathbf{X})$ 急减趋于零. 考虑解 ψ 满足在 $\|\mathbf{X}\|$ 趋于无穷时亦急减趋于零.

对于薛定谔方程的解, 其物理解释源自如下性质:

定理 9.7 令 ψ 是薛定谔方程的一个解. 当 $\|\mathbf{X}\|$ 趋于无穷时, 解及其各个一阶偏导数急减趋于零. 那么积分

$$\int_{\mathbb{R}^3} |\psi(\mathbf{X},t)|^2 \mathrm{d}^3\mathbf{X} \tag{9.30}$$

与 t 无关.

证明 记

$$\int_{\mathbb{R}^3} |\psi(\mathbf{X},t)|^2 \mathrm{d}^3\mathbf{X} = \int_{\mathbb{R}^3} \psi(\mathbf{X},t)\bar{\psi}(\mathbf{X},t)\mathrm{d}^3\mathbf{X}$$

且对 t 求导. 由于当 $\|\mathbf{X}\|$ 趋于无穷时, 函数 ψ 及其关于 t 的偏导数都急减趋于零, 有

$$\begin{aligned}\frac{\mathrm{d}}{\mathrm{d}t}\int_{\mathbb{R}^3} |\psi(\mathbf{X},t)|^2 \mathrm{d}^3\mathbf{X} &= \int_{\mathbb{R}^3} \frac{\mathrm{d}}{\mathrm{d}t}\Big(\psi(\mathbf{X},t)\bar{\psi}(\mathbf{X},t)\Big)\mathrm{d}^3\mathbf{X} \\ &= \int_{\mathbb{R}^3} \Big(\psi_t(\mathbf{X},t)\bar{\psi}(\mathbf{X},t) + \psi(\mathbf{X},t)\bar{\psi}_t(\mathbf{X},t)\Big)\mathrm{d}^3\mathbf{X},\end{aligned}$$

应用薛定谔方程来表示 ψ_t 和 $\bar{\psi}_t$. 因为 V 是实的, 上式右侧积分可以写成

$$\int_{\mathbb{R}^3} \Big(-\mathrm{i}(-\Delta\psi + V\psi)\bar{\psi} + \psi\mathrm{i}(-\Delta\bar{\psi} + V\bar{\psi})\Big)\mathrm{d}^3\mathbf{X} = \mathrm{i}\int_{\mathbb{R}^3} \Big((\Delta\psi)\bar{\psi} - \psi\Delta\bar{\psi}\Big)\mathrm{d}^3\mathbf{X}.$$

由于当 $\|\mathbf{X}\|$ 趋于无穷时, 函数 ψ 及其关于 x, y 和 z 的一阶偏导数都急减趋于零, 我们将在问题 9.50 中证明右侧积分等于零. 从而

$$\frac{\mathrm{d}}{\mathrm{d}t}\int_{\mathbb{R}^3} |\psi(\mathbf{X},t)|^2 \mathrm{d}^3\mathbf{X} = 0.$$

证毕.

现在我们阐释定理 9.7 的物理意义. 假设 $t=0$, 并且函数 ψ 满足

$$\int_{\mathbb{R}^3} |\psi(\mathbf{X},0)|^2 \mathrm{d}^3\mathbf{X} = 1.$$

则对于所有 t 均有

$$\int_{\mathbb{R}^3} |\psi(\mathbf{X},t)|^2 \mathrm{d}^3\mathbf{X} = 1.$$

令

$$|\psi(\mathbf{X},t)|^2 = p(\mathbf{X},t).$$

对于每个 t, $p(\mathbf{X},t)$ 是 $\mathbb{R}^3$ 上的非负函数且积分等于 1. 这样的函数是一个概率密度函数. 假设 p 在 $\mathbb{R}^3$ 中的集合 S 上关于 $\mathbf{X}$ 是可积的. 则

$$P(S,t) = \int_S p(\mathbf{X},t)\mathrm{d}^3\mathbf{X}$$

是 t 时刻集合 S 相关的概率. 这个概率的物理解释是什么呢? 根据量子力学, $P(S,t)$ 是满足薛定谔方程的粒子于 t 时刻出现在集合 S 中的概率.

这种描述彻底背离了牛顿的力学框架. 相比粒子在空间中存在一个确定的位置, 在量子力学中, 某个确定的时刻只存在粒子处于某个位置的概率. 很多物理学家不得不努力接受这种概率描述, 爱因斯坦也是其中之一. 他有句著名的评论“上帝不会掷骰子”. 随着量子力学取得了巨大的成功, 物理学家广泛接受了薛定谔方程解的概率阐释.

问题

9.47 令 $\phi(\mathbf{X})$ 为下述方程

$$E\phi = -\Delta\phi + V\phi$$

的解, 其中 E 是实数.

(a) 证明下列函数

$$\psi(\mathbf{X},t) = \mathrm{e}^{-\mathrm{i}Et}\phi(\mathbf{X})$$

是薛定谔方程 (9.29) 的解.

(b) 假设 $\int_{\mathbb{R}^3} |\psi(\mathbf{X},t)|^2 \mathrm{d}^3\mathbf{X} = 1$. 证明粒子处于光滑有界集 S 的概率

$$P(S,t) = \int_S |\phi(X)|^2 \mathrm{d}^3\mathbf{X}$$

与时间无关.

9.48 定义函数 $\phi(\mathbf{X}) = \pi^{-1/2} z\mathrm{e}^{-\|\mathbf{X}\|}$, 其中 $\mathbf{X} = (x,y,x)$.

(a) 证明

$$-\phi = -\Delta\phi + \frac{-4}{\|\mathbf{X}\|}\phi.$$

(b) 如问题 9.47 定义 $\psi(\mathbf{X},t) = \mathrm{e}^{\mathrm{i}t}\phi(\mathbf{X})$, 所以 ψ 是薛定谔方程的解, 其中 $V(\mathbf{X}) = \dfrac{-4}{\|\mathbf{X}\|}$. 我们在例 6.41 中使用球面坐标证明

$$|\phi(\mathbf{X})|^2$$

是一个概率密度函数. 给定集合 $S = \{\mathbf{X} \in \mathbb{R}^3 \mid \|\mathbf{X}\| \leqslant 3\}$, 用积分形式写出由 ψ 描述的例子出现在集合 S 中的概率. 图 9.18 展示了 (b) 中概率密度的水平集.

9.49 取薛定谔方程中 $V(x,y,z) = x^2 + y^2 + z^2$, 考虑关联方程

$$E\phi = -\Delta\phi + (x^2 + y^2 + z^2)\phi. \tag{9.31}$$

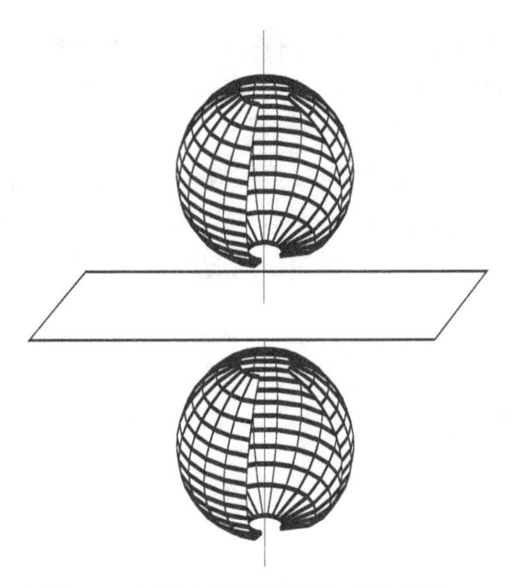

图 9.18　问题 9.48 中的水平集示意图, 其中平面 $z=0$ 为参考

(a) 假设 X, Y 和 Z 分别是 x, y 和 z 的函数, 且

$$E_x X = -X'' + x^2 X,$$
$$E_y Y = -Y'' + y^2 Y,$$
$$E_z Z = -Z'' + z^2 Z$$

对于某些数 E_x, E_y 和 E_z 成立. 证明函数 $\phi(x,y,z) = X(x)Y(y)Z(z)$ 满足 (9.31), 其中 E 是某些由 E_x, E_y 和 E_z 表示的数.

(b) 对于 E 分别取等于 1, 3 和 5, 求如下形式的函数

$$W(w) = (a + bw + cw^2)\mathrm{e}^{-w^2/2}$$

满足 $EW = -W'' + w^2 W$.

(c) 利用 (b) 中的函数, 构造函数 ϕ 满足 (9.31) 且能级分别为

$$E = 3, 5, 7, 9, 11, 13 \text{ 和 } 15.$$

(d) 说明能级 $E=3$ 的概率密度 $|\mathrm{e}^{-\mathrm{i}Et}\phi(\mathbf{X})|^2$ 为

$$|\phi|^2 = \pi^{-3/2}\mathrm{e}^{-x^2-y^2-z^2}.$$

9.50　给定复值函数 $f = a + \mathrm{i}b$, 其中 a 和 b 都是实值函数. 函数 f 的积分等于 a 的积分加上 i 乘以 b 的积分.

(a) 令 $\mathbf{F} = (f_1, f_2, f_3)$ 的每个 f_j 是 $\mathbb{R}^3$ 上的 C^1 函数, 即每个 f_j 的实部和虚部都是一阶连续可微的. 从而 $\operatorname{div}\mathbf{F}$ 和 $\operatorname{curl}\mathbf{F}$ 都是复值的. 证明散度定理 (定理 8.3) 和斯托克斯定理 (定理 8.4) 对于复值函数亦成立.

(b) 令 f 和 g 是 $\mathbb{R}^3$ 上的复值函数, 且二阶连续可微, 即 f 和 g 的实部和虚部都是二阶连续可微的. 则 $\boldsymbol{\nabla} f$ 和 $\boldsymbol{\nabla} g$ 都含有复部, 且 Δf 和 Δg 都是复的. 求证我们在定理 9.7 的证明中所用的式子成立: 若当 $\|\mathbf{X}\|$ 趋于无穷时, 函数 $f, g, \boldsymbol{\nabla} f$ 和 $\boldsymbol{\nabla} g$ 都急减趋于零, 则有

$$\int_{\mathbb{R}^3} (f\Delta g - g\Delta f)\mathrm{d}^3\mathbf{X} = 0.$$

附录A　问 题 选 解

第　1　章

1.1 节

1.1　3.5.

1.3　(a) $a(1,-1)+b(1,1)=(a+b,-a+b)=(0,0)$. 由此得到 $a+b=0$ 且 $-a+b=0$, 两式相加得到 $2b=0$, 从而 $a=b=0$. 所以这两个向量线性无关.

(b) $a(1,-1)+b(1,1)=(a+b,-a+b)=(2,4)$. 从而 $a+b=2$ 且 $-a+b=4$, 两式相加得到 $2b=6$, 从而 $b=3$, 再由第一个方程给出 $a+3=2$, 从而 $a=-1$.

(c) $a(1,-1)+b(1,1)=(a+b,-a+b)=(x,y)$. 于是 $2b=x+y$, 从而 $b=\frac{1}{2}(x+y)$. 第一个方程给出 $a+\frac{1}{2}(x+y)=x$, 从而 $a=\frac{1}{2}(x-y)$.

1.5　$\ell(x,y)=ax+by$. 根据题意有 $a+2b=3$ 且 $2a+3b=5$. 第二式减去第一式的 2 倍可以消去 a, 得到 $-b=-1$. 然后代入第一个方程得到 $a=1$. 从而 $\ell(x,y)=x+y$.

1.7　(a) 经过原点 $\mathbf{0}$ 和 $\mathbf{U}$ 的直线由所有形如 $c\mathbf{U}$ 的点构成; 而经过 $\mathbf{V}$ 和 $\mathbf{U}+\mathbf{V}$ 的直线由所有形如 $\mathbf{V}+d\mathbf{U}$ 的点构成. 它们不会相交, 因为 $c\mathbf{U}=\mathbf{V}+d\mathbf{U}$ 将给出一个非平凡的线性关系. 因此它们平行. 或者, 换种方式说, 经过 $\mathbf{0}$ 和 $\mathbf{U}$ 的直线具有斜率 $\frac{u_2}{u_1}$ (或者是竖直的, 当 $u_1=0$ 时), 经过 $\mathbf{V}$ 和 $\mathbf{U}+\mathbf{V}$ 的直线具有斜率 $\frac{(u_2+v_2)-v_2}{(u_1+v_1)-v_1}$ (或者是竖直的). 它们相等, 从而两条对边平行.

(b) 与 (a) 类似.

1.9　$\mathbf{W}=-\mathbf{U}-\mathbf{V}$, 从而 $\mathbf{U}+\mathbf{V}+\mathbf{W}=\mathbf{0}$.

1.11　$\ell(\mathbf{U}+\mathbf{V})=(u_1+v_1)-8(u_2+v_2)$, 而 $\ell(\mathbf{U})+\ell(\mathbf{V})=(u_1-8u_2)+(v_1-8v_2)$, 从而它们相等. $\ell(c\mathbf{U})=cu_1-8cu_2$, 而 $c\ell(\mathbf{U})=c(u_1-8u_2)$, 从而它们相等. 因此 ℓ 是线性的.

1.13　$a+3b=4, 3a+b=5$.

1.15　$(4,8)=4(1,2)=2(2,4)=-3(1,2)+\frac{7}{2}(2,4)$. 也有其他许多的线性组合表达. $\mathbf{U}$ 和 $\mathbf{V}$ 线性相关.

1.17　(a) 旋转将 $\mathbf{U},\mathbf{V},\mathbf{W}$ 分别变为 $\mathbf{V},\mathbf{W},\mathbf{U}$, 因此它将 $\mathbf{U}+\mathbf{V}+\mathbf{W}$ 变到自

身. 而 $\mathbf{0}$ 是旋转之下的唯一不动点, 所以 $\mathbf{U}+\mathbf{V}+\mathbf{W}=\mathbf{0}$.

(b) 这三个正弦分别是 $\mathbf{U},\mathbf{V},\mathbf{W}$ 的 y 坐标, 而 θ 是 x 轴与其中一个向量的夹角.

(c) 根据 (a) 中同样的论证可知, 单位圆周上的 n 等分点所对应的向量之和等于 $\mathbf{0}$; 而式中的各个余弦是这些向量的 x 坐标, 因此它们的和等于 0.

1.19 $f(0.5,0)=-f(0.5,0)=-100$.

1.2 节

1.21 (a) $\mathbf{U}\cdot(\mathbf{V}+\mathbf{W})=u_1(v_1+w_1)+u_2(v_2+w_2)$ 等于 $\mathbf{U}\cdot\mathbf{V}+\mathbf{U}\cdot\mathbf{W}=(u_1v_1+u_2v_2)+(u_1w_1+u_2w_2)$.

(b) $\mathbf{U}\cdot\mathbf{V}=u_1v_1+u_2v_2=v_1u_1+v_2u_2=\mathbf{V}\cdot\mathbf{U}$.

1.23 除了 (d) 以外, 都是.

1.25 若 $\ell(x,y)=ax+by$, 则我们有 $2a+b=3, a+b=2$. 求得 $a=1,b=1$, 从而 $\mathbf{C}=(1,1)$, $\ell(\mathbf{U})=\mathbf{C}\cdot\mathbf{U}$.

1.27 在 (1.8) 中用 $-\mathbf{V}$ 替换 $\mathbf{V}$, 或者直接展开 $(u_1+v_1)^2+(u_2+v_2)^2=u_1^2+2u_1v_1+v_1^2+u_2^2+2u_2v_2+v_2^2$. 整理即得 $\|\mathbf{U}+\mathbf{V}\|^2=\|\mathbf{U}\|^2+2\mathbf{U}\cdot\mathbf{V}+\|\mathbf{V}\|^2$.

1.29 (a) $\mathbf{U}\cdot\mathbf{C}=a\mathbf{C}\cdot\mathbf{C}+b\mathbf{D}\cdot\mathbf{C}=a\mathbf{C}\cdot\mathbf{C}$, 从而 $a=\dfrac{\mathbf{U}\cdot\mathbf{C}}{\|\mathbf{C}\|^2}$.

(b) 用类似的论证或改变一下记号, 就有 $b=\dfrac{\mathbf{U}\cdot\mathbf{D}}{\|\mathbf{D}\|^2}$.

(c) $\left(\dfrac{3}{5},\dfrac{4}{5}\right)$ 和 $\left(-\dfrac{4}{5},\dfrac{3}{5}\right)$ 是正交的单位向量. 因此 $a=\dfrac{24+36}{5}=12$.

1.31 $\mathbf{U}=\left(-\dfrac{1}{\sqrt{2}},\dfrac{1}{\sqrt{2}}\right)$, $\mathbf{V}=(2\sqrt{2},0)$.

1.3 节

1.33 $b(\mathbf{U}+\mathbf{W},\mathbf{V})=(u_1+w_1)v_1=u_1v_1+w_1v_1=b(\mathbf{U},\mathbf{V})+b(\mathbf{W},\mathbf{V})$, 且 $b(a\mathbf{U},\mathbf{V})=(au_1)v_1=a(u_1v_1)=b(\mathbf{U},\mathbf{V})$.

1.35 由于有 qr 这一项, 所以 q 和 r 不能作为同一个向量的分量, 类似地, r 和 p 也不能作为同一个向量的分量.

令 $\mathbf{U}=(q,p)=(u_1,u_2)$, $\mathbf{V}=(r,s)=(v_1,v_2)$. 则

$$f(p,q,r,s)=qr+3rp-sp=u_1v_1+3u_2v_1-u_2v_2=b(\mathbf{U},\mathbf{V}).$$

1.4 节

1.37 (a) $(v_1+w_1,\cdots)=(w_1+v_1,\cdots)$, 因为数的加法可交换.

(b) $((v_1+u_1)+w_1,\cdots)=(v_1+(u_1+w_1),\cdots)$, 因为数的加法满足结合律.

(c) $c(u_1+v_1,\cdots)=(c(u_1+v_1),\cdots)=(cu_1+cv_1,\cdots)=(cu_1,\cdots)+(cv_1,\cdots)=c\mathbf{U}+c\mathbf{V}$.

(d) $(c+d)(u_1,\cdots)=((c+d)u_1,\cdots)=(cu_1+du_1,\cdots)=(cu_1,\cdots)+(du_1,\cdots)=c\mathbf{U}+d\mathbf{U}$.

1.39 $\mathbf{X}=c_1\mathbf{U}_1+c_2\mathbf{U}_2+c_3\mathbf{U}_3=(x_1,x_2,x_3)=(c_1+c_2+c_3,c_2+c_3,c_3)$ 首先给出 $c_3=x_3$, 其次有 $c_2=x_2-x_3$, $c_1=x_1-x_2$.

1.41 若

$$\begin{aligned}&c_1(1,1,1,1)+c_2(0,1,1,1)+c_3(0,0,1,1)+c_4(0,0,0,1)\\=&(c_1,c_1+c_2,c_1+c_2+c_3,c_1+c_2+c_3+c_4)=(0,0,0,0),\end{aligned}$$

则第一个分量给出 $c_1=0$, 第二个分量给出 $c_2=0$, 第三个分量给出 $c_3=0$, 第四个分量给出 $c_4=0$. 因此这些向量线性无关.

1.43 若 $a(3,7,6,9,4)+b(2,7,0,1,\ -5)=\left(-\frac{1}{2},\ -\frac{7}{2},\ 3,\ \frac{7}{2},7\right)$, 则第三个分量表明 $6a=3$, 从而 $a=\frac{1}{2}$. 然后由最后一个分量的方程 $2-5b=7$ 得到 $b=-1$. 检验其他三个分量, 表明确实有 $\frac{1}{2}\mathbf{U}-\mathbf{V}=\left(-\frac{1}{2},\ -\frac{7}{2},\ 3,\ \frac{7}{2},\ 7\right)$.

1.45 (a) $\ell(c\mathbf{U})=c_1(cu_1)+\cdots+c_n(cu_n)=cc_1u_1+\cdots+cc_nu_n=c\ell(\mathbf{U})$.

(b)
$$\begin{aligned}\ell(\mathbf{U}+\mathbf{V})&=c_1(u_1+v_1)+\cdots+c_n(u_n+v_n)\\&=(c_1u_1+c_1v_1)+\cdots+(c_nu_n+c_nv_n)\\&=(c_1u_1+\cdots+c_nu_n)+(c_1v_1+\cdots+c_nv_n)\\&=\ell(\mathbf{U})+\ell(\mathbf{V}).\end{aligned}$$

1.47 $(1,2,3)+(3,2,1)=(4,4,4)=4(1,1,1)$. 因此 $-4(1,1,1)+(1,2,3)+(3,2,1)=\mathbf{0}$ 是一个非平凡的关系, 从而它们线性相关.

1.49 (a), (b) 和 (d) 是双线性的. 其中只有 (d) 是对称的, 只有 (b) 是反对称的.

1.51 只有 (a) 和 (d).

1.5 节

1.53 (a) 因为

$$\begin{aligned}\mathbf{U}\cdot(\mathbf{V}+\mathbf{W})&=u_1(v_1+w_1)+\cdots+u_n(v_n+w_n)\\&=u_1v_1+\cdots+u_nv_n+u_1w_1+\cdots+u_nw_n\\&=\mathbf{U}\cdot\mathbf{V}+\mathbf{U}\cdot\mathbf{W},\end{aligned}$$

所以数量积满足分配律. 又

$$\mathbf{U}\cdot(c\mathbf{V})=u_1(cv_1)+\cdots+u_n(cv_n)=c(u_1v_1+\cdots+u_nv_n)=c\mathbf{U}\cdot\mathbf{V},$$

类似地 $(c\mathbf{U})\cdot\mathbf{V}=c\mathbf{U}\cdot\mathbf{V}$, 因此 b 是双线性函数.

(b) $\mathbf{U}\cdot\mathbf{V}=u_1v_1+\cdots+u_nv_n=v_1u_1+\cdots+v_nu_n=\mathbf{V}\cdot\mathbf{U}$ 表明数量积是交换的, 且 b 是对称的.

1.55 令三个数量积等于 0, 我们得到方程组:

$$\begin{cases}w_1+2w_2-2w_5=0,\\-2w_1+w_2+2w_3=0,\\-2w_2+w_3+2w_5=0.\end{cases}$$

由于 w_4 不出现在方程组中, 因此 $\mathbf{W}=(0,0,0,1,0)$ 满足这个方程组.

1.57 只有 (b) 和 (c).

1.59 对等式 $(u_k-v_k)^2=u_k^2-2u_kv_k+v_k^2$ 从 $k=1$ 到 n 求和, 并注意到 $\sum_{k=1}^{n}u_k^2=\|\mathbf{U}\|^2, \sum_{k=1}^{n}u_kv_k=\mathbf{U}\cdot\mathbf{V}$ 以及 $\sum_{k=1}^{n}v_k^2=\|\mathbf{V}\|^2$.

1.61 (a) $(c,c,c,\cdots,c)$.

(b) $nc^2=1$ 给出 $c(n)=n^{-1/2}$.

(c) 当 n 趋于无穷时, $c(n)=n^{-1/2}$ 趋于 0.

1.63 正交于 $\mathbf{W}_1$ 和 $\mathbf{W}_2$ 的向量 $\mathbf{V}$ 满足方程:

$$v_1+v_2+v_3=0,\qquad v_2+v_3+v_4=0.$$

v_2,v_3 任意选取, 可以给出一组解 $v_1=v_4=-v_2-v_3$. 因此

$$\mathbf{V}=(-v_2-v_3,v_2,v_3,-v_2-v_3).$$

例如, 分别令 $(v_2,v_3)=(1,0)$ 与 $(v_2,v_3)=(0,1)$ 得到 $\mathbf{V}=(-1,1,0,-1)$ 与 $\mathbf{V}=(-1,0,1,-1)$, 这是两个线性无关的向量.

1.65 (a) $\mathbf{C}=(1-h,1,2)$, $\mathbf{D}=(1+h,1,2)$.

(b) $2h$.

(c) 正二十面体所有的边具有相同的长度 $2h$.

(d) $\|\mathbf{D}-\mathbf{A}\|^2=(2h)^2$, 从而 $(1+h-2)^2+(1-(1-h))^2+(2-1)^2=(h-1)^2+h^2+1=4h^2$, 化简即 $h^2+h-1=0$. 于是 $h=\frac{1}{2}(1\pm\sqrt{1+4})$, 因为 h 是长度, 必须取正, 所以 $h=\frac{1}{2}(1+\sqrt{5})$.

1.67 (a) 由三角不等式 $|a|=|a-b+b|\leqslant|a-b|+|b|$.

(b) (a) 中不等式两边减去 $|b|$ 就得到 $|a|-|b|\leqslant|a-b|$.

(c) 在 (b) 中不等式交换 a 与 b 的位置就得到 $|b|-|a|\leqslant|a-b|$. 这与 (b) 一起给出 $||a|-|b||\leqslant|a-b|$.

(d) 模仿 (a)—(c) 的步骤, 得到

$$\|\mathbf{X}\|=\|\mathbf{X}-\mathbf{Y}+\mathbf{Y}\|\leqslant\|\mathbf{X}-\mathbf{Y}\|+\|\mathbf{Y}\|,$$

两边减去 $\mathbf{X}$, 交换 $\mathbf{X}$ 与 $\mathbf{Y}$ 的位置就得到 $|\|\mathbf{X}\|-\|\mathbf{Y}\||\leqslant\|\mathbf{X}-\mathbf{Y}\|$.

1.6 节

1.69　记 $\mathbf{U}=(u_1,u_2),\mathbf{V}=(v_1,v_2),\mathbf{W}=(w_1,w_2)$ 等, 则

(a) $\det\begin{pmatrix}u_1+w_1 & v_1\\ u_2+w_2 & v_2\end{pmatrix}=(u_1+w_1)v_2-(u_2+w_2)v_1=(u_1v_2-u_2v_1)+(w_1v_2-w_2v_1)$

$$=\det(\mathbf{U},\mathbf{V})+\det(\mathbf{W},\mathbf{V}),$$

对 $\det(\mathbf{U},\mathbf{V}+\mathbf{W})$ 有类似结论.

(b) $\det\begin{bmatrix}cu_1 & v_1\\ cu_2 & v_2\end{bmatrix}=(cu_1)v_2-(cu_2)v_1=c\det(\mathbf{U},\mathbf{V})$, 类似地, $\det(\mathbf{U},c\mathbf{V})=c\det(\mathbf{U},\mathbf{V})$.

1.71　(a) 1;　(b)-1;　(c)1;　(d)-6;　(e)-6.

1.73　(a) 在排列 $p_1\cdots p_{n+1}$ 中, 向右移动 $n+1$, 通过 k 个较小的数; 这可以通过 k 次交换得到. 保留在 $n+1$ 的左侧的前 n 个数为 $123\cdots n$ 的某个排列. 由归纳法即可完成这一论证, 因为 $123\cdots n$ 中没有一个数字需要移到 $n+1$ 的右侧.

(b) 在排列 1237456 中, 较大的数排在较小的数的左边的情况有三种: $74,75,76$. 所以 $s(1237456)=-1$.

(c) 在排列 1273456 中, 较大的数排在较小的数的左边的情况有四种: $73,74,75,76$. 所以 $s(1273456)=1$.

1.75　排列 $p=p_1p_2\cdots p_n$ 的符号为下列等式中的 $s(p)$,

$$\prod_{i<j}(x_{p_i}-x_{p_j})=s(p)\prod_{i<j}(x_i-x_j).$$

p 和 $q=q_1q_2\cdots q_n$ 的复合可表示为

$$pq=p_{q_1}p_{q_2}\cdots p_{q_n}.$$

记 $x_{p_{q_i}}=y_{q_i}$, 即对任意的 k 有 $x_{p_k}=y_k$. 于是

$$\prod_{i<j}(x_{p_{q_i}}-x_{p_{q_j}})=\prod_{i<j}(y_{q_i}-y_{q_j})=s(q)\prod_{i<j}(y_i-y_j)$$

$$=s(q)\prod_{i<j}(x_{p_i}-x_{p_j})=s(q)s(p)\prod_{i<j}(x_i-x_j).$$

这就证明了 $s(pq)=s(q)s(p)$.

1.77

$$\det(\mathbf{E}_1,\mathbf{E}_3,\mathbf{E}_2)=\det\begin{bmatrix}1&0&0\\0&0&1\\0&1&0\end{bmatrix}=-1,$$

排列 132 与 123 仅相差一个对换, 所以 $s(132)=-1$.

1.7 节

1.79 (a) $\frac{1}{2}$底 $\times$ 高 $=\frac{1}{2}\|\mathbf{U}\|(\|\mathbf{V}\|\sin\theta)$.

(b) $\sqrt{1-\left(\frac{\mathbf{U}\cdot\mathbf{V}}{\|\mathbf{U}\|\|\mathbf{V}\|}\right)^2}=\sqrt{1-\cos^2\theta}=\sin\theta$.

(c)
$$\begin{aligned}\frac{1}{2}\|\mathbf{U}\|(\|\mathbf{V}\|\sin\theta)&=\frac{1}{2}\|\mathbf{U}\|\|\mathbf{V}\|\sqrt{1-\left(\frac{\mathbf{U}\cdot\mathbf{V}}{\|\mathbf{U}\|\|\mathbf{V}\|}\right)^2}\\&=\frac{1}{2}\sqrt{\|\mathbf{U}\|^2\|\mathbf{V}\|^2-(\mathbf{U}\cdot\mathbf{V})^2}.\end{aligned}$$

(d)
$$\begin{aligned}\|\mathbf{U}\|^2\|\mathbf{V}\|^2-(\mathbf{U}\cdot\mathbf{V})^2&=(u_1^2+u_2^2)(v_1^2+v_2^2)-(u_1v_1+u_2v_2)^2\\&=u_1^2v_2^2+u_2^2v_1^2-2u_1v_1u_2v_2\\&=(u_1v_2-u_2v_1)^2.\end{aligned}$$

1.81 平行四边形面积是以 $(0,0),(1,3),(2,1)$ 为顶点的三角形面积的两倍, 所以其面积为 $2\cdot\frac{1}{2}|1\cdot1-3\cdot2|=5$.

1.83 见图 10.1. 左图表明在线的同一侧的向量满足 $s(\mathbf{V}+\mathbf{W})=s(\mathbf{V})+s(\mathbf{W})$, 右图表明 $s(c\mathbf{V})=cs(\mathbf{V})$, 其中 $c>0$.

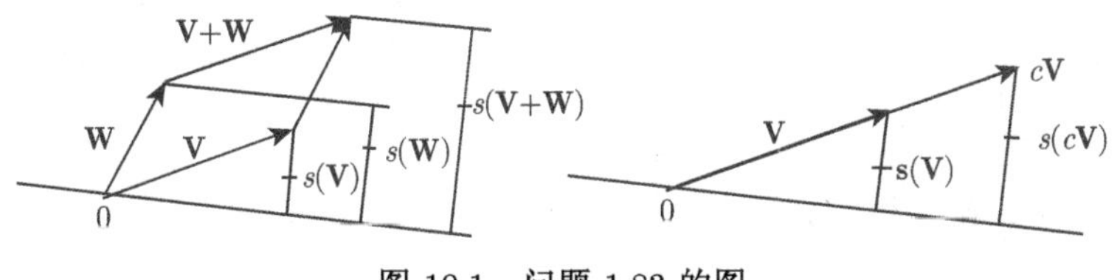

图 10.1　问题 1.83 的图

1.8 节

1.85 (a) $\begin{bmatrix}3\\-1\end{bmatrix}$; (b) 0; (c) -10; (d) b_{ij}.

1.87 定义函数 M 为 $M(\mathbf{V})=v_1\mathbf{M}_1+\cdots+v_n\mathbf{M}_n$, 其中 $\mathbf{M}_k$ 为向量. M 为线性的, 因为

$$M(c\mathbf{V})=(cv_1)\mathbf{M}_1+\cdots+(cv_n)\mathbf{M}_n=c(v_1\mathbf{M}_1+\cdots+v_n\mathbf{M}_n)=cM(\mathbf{V})$$

且

$$\begin{aligned}M(\mathbf{V}+\mathbf{W})&=(v_1+w_1)\mathbf{M}_1+\cdots+(v_n+w_n)\mathbf{M}_n\\&=v_1\mathbf{M}_1+\cdots+v_n\mathbf{M}_n+w_1\mathbf{M}_1+\cdots+w_n\mathbf{M}_n\\&=M(\mathbf{V})+M(\mathbf{W}).\end{aligned}$$

1.89 (a) $\mathbf{X}\cdot\left(\begin{bmatrix}1&0\\0&2\end{bmatrix}\mathbf{Y}\right)$; (b) $\mathbf{X}\cdot\left(\begin{bmatrix}0&1\\-1&0\end{bmatrix}\mathbf{Y}\right)$; (c) $\mathbf{X}\cdot\left(\begin{bmatrix}1&3\\1&-1\end{bmatrix}\mathbf{Y}\right)$.

1.91 $\mathbf{N}(\mathbf{MX})=\mathbf{N}\sum_j x_j\mathbf{ME}_j=\sum_j x_j\mathbf{N}(\mathbf{ME}_j)$ 且 $(\mathbf{NM})\mathbf{X}=\sum_j x_j(\mathbf{NM})\mathbf{E}_j$. 所以需证 $\mathbf{N}(\mathbf{ME}_j)=(\mathbf{NM})\mathbf{E}_j$: $(\mathbf{NM})\mathbf{E}_j$ 为 $\mathbf{NM}$ 的第 j 列, 其第 i 个分量为 $\sum_h n_{ih}m_{hj}$. $\mathbf{N}(\mathbf{ME}_j)$ 为 $\mathbf{N}$ 乘以 $\mathbf{M}$ 的第 j 列, 由于 $\mathbf{N}$ 的第 i 行为 $(n_{i1},n_{i2},\cdots)$, 所以第 i 个分量也为 $\sum_h n_{ih}m_{hj}$. 于是有 $\mathbf{N}(\mathbf{MX})=(\mathbf{NM})\mathbf{X}$.

1.93 (a) 由行列式的性质 (v) 知, $\det\mathbf{A}=0$ 表明 $\mathbf{A}$ 的列向量组线性相关. 由定理 1.20, 存在向量 $\mathbf{W}$ 不能表示成 $\mathbf{AV}$ 的形式. 这就证明了 (a).

(b) 对任意的向量 $\mathbf{U}$, $\mathbf{BU}$ 仍为向量, 对这样的向量, 由 (a) 知, $\mathbf{A}(\mathbf{BU})\neq\mathbf{W}$, 这就证明了 (b).

(c) 由定理 1.20 知, $\mathbf{AB}$ 的列向量组是线性相关的. 再由性质 (v) 可得

$$\det(\mathbf{AB})=0.$$

1.9 节

1.95 (a) $x=0$.

(b) 令 $\mathbf{N}=(0,1,1)\times(-3,0,0)=(0,-3,3)$. 方程为 $-3y+3z=0$.

(c) 由于平面是平行的, 故可取相同的法向量 $\mathbf{N}=(1,-3,5)$. 方程为

$$(1,-3,5)\cdot(\mathbf{X}-(-1,1,1))=0$$

或 $x-3y+5z=3$.

1.97 全部.

1.99 全部.

1.101 (a) $\mathbf{X}=(0,s,s)$;

(b) $\mathbf{X}=(-3t,0,0)$;

(c) $\mathbf{X}=(-3t,s,s)$.

1.103 利用方程 (1.37),

$$\det(\mathbf{U},\mathbf{V},\mathbf{W})=u_1(v_2w_3-v_3w_2)-u_2(v_1w_3-v_3w_1)+u_3(v_1w_2-v_2w_1).$$

又 $\det(\mathbf{U},\mathbf{V},\mathbf{W})=\mathbf{U}\cdot\mathbf{V}\times\mathbf{W}$, 故

$$\begin{aligned}\mathbf{V}\times\mathbf{W}&=(v_2w_3-v_3w_2,\ -(v_1w_3-v_3w_1),\ v_1w_2-v_2w_1)\\&=(v_2w_3-v_3w_2,\ v_3w_1-v_1w_3,\ v_1w_2-v_2w_1).\end{aligned}$$

1.105 (a) $(1,0,0)\times(0,1,0)=\mathbf{i}\times\mathbf{j}=\mathbf{k}$.

(b) $\mathbf{j}\times(\mathbf{i}+\mathbf{k})=-\mathbf{i}\times\mathbf{j}+\mathbf{j}\times\mathbf{k}=-\mathbf{k}+\mathbf{i}$.

(c)
$$\begin{aligned}(2\mathbf{i}+3\mathbf{k})\times(a\mathbf{i}+b\mathbf{j}+c\mathbf{k})&=2b\mathbf{i}\times\mathbf{j}+2c\mathbf{i}\times\mathbf{k}+3a\mathbf{k}\times\mathbf{i}+3b\mathbf{k}\times\mathbf{j}\\&=2b\mathbf{k}-2c\mathbf{j}+3a\mathbf{j}-3b\mathbf{i}\\&=-3b\mathbf{i}+(3a-2c)\mathbf{j}+2b\mathbf{k}.\end{aligned}$$

1.107 见图 10.2.

(a) $\mathbf{U}\cdot(\mathbf{V}\times\mathbf{W})=\det\begin{bmatrix}2&0&0\\0&2&0\\0&0&7\end{bmatrix}=28.$

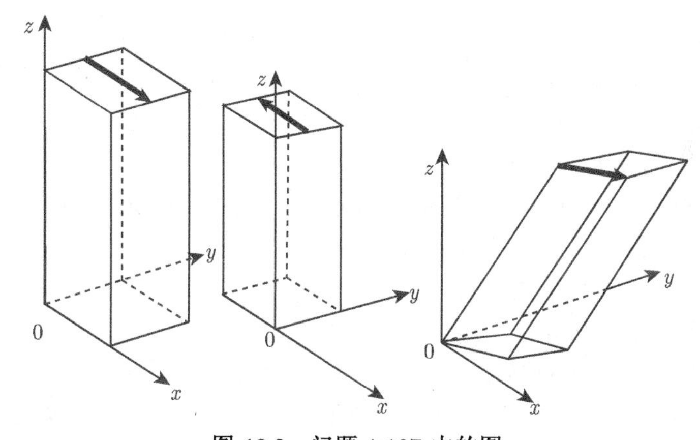

图 10.2 问题 1.107 中的图

(b) $\mathbf{U}\cdot(\mathbf{V}\times\mathbf{W})=\det\begin{bmatrix}-2&0&0\\0&2&0\\0&0&7\end{bmatrix}=-28.$

(c) $\mathbf{U}\cdot(\mathbf{V}\times\mathbf{W})=\det\begin{bmatrix}2&1&7\\1&2&7\\0&0&7\end{bmatrix}=21.$

第 2 章

2.1 节

2.1 (a) $(1,2)\cdot\mathbf{X}$.

(b) $(1,2,0)\cdot\mathbf{X}$.

(c) $\begin{bmatrix}1&0\\1&2\end{bmatrix}\mathbf{X}$.

(d) $\begin{bmatrix}1&0&0\\1&2&0\end{bmatrix}\mathbf{X}$.

(e) $\begin{bmatrix} 0 & -1 & 0 & 1 \\ -1 & 0 & 1 & 0 \\ 5 & 1 & 0 & 0 \\ 1 & 1 & 1 & 1 \end{bmatrix}\mathbf{X}.$

(f) $\begin{bmatrix} 1 & 0 \\ 5 & 0 \\ 0 & -1 \\ -2 & 0 \\ 0 & 1 \end{bmatrix}\mathbf{X}.$

(g) $\begin{bmatrix} 1 & 0 & 0 & 0 & 0 \\ 5 & 0 & 0 & 0 & 0 \\ 0 & -1 & 0 & 0 & 0 \\ -2 & 0 & 0 & 0 & 0 \\ 0 & 1 & 0 & 0 & 0 \end{bmatrix}\mathbf{X}.$

2.3 水平集 $f=0$ 是原点和所有满足 $\|\mathbf{X}\| \geqslant 1$ 的点 $\mathbf{X}$ 构成的集合. 水平集 $f=c, 0<c<1$ 为

(a) 两点 $\pm\sqrt{c}$ 构成的集合.

(b) 半径为 $\sqrt{c}$ 的球面.

(c) 空间 $\mathbb{R}^5$ 中以原点为心、$\sqrt{c}$ 为半径的球面.

2.5 表达式 $\ell(x,y,z)=2x+3y-z$ 定义了一个从 $\mathbb{R}^3$ 到 $\mathbb{R}$ 的函数 ℓ. $\ell(x,y,z)=0$ 对应平面 $z=2x+3y$. 若函数的表达式改为 $2x+3y-z$ 的任一非零倍数, 则该水平集结论也都成立.

2.7 (a) 在等式 $\|\mathbf{A}+\mathbf{U}\|^2=\|\mathbf{A}\|^2+2\mathbf{A}\cdot\mathbf{U}+\|\mathbf{U}\|^2$ 两侧同时减去 $\|\mathbf{A}\|^2+2\mathbf{A}\cdot\mathbf{U}$ 可得

$$\|\mathbf{A}+\mathbf{U}\|^2-(\|\mathbf{A}\|^2+2\mathbf{A}\cdot\mathbf{U})=\|\mathbf{U}\|^2.$$

上式等号左边的第一项是 $f(\mathbf{X})$, 第二项是 $g(\mathbf{X})$, 于是命题得证.

(b) 假设 $\|\mathbf{X}-\mathbf{A}\|<10^{-2}$, 也即 $\|\mathbf{U}\|<10^{-2}$. 由 (a) 知 $f(\mathbf{X})-g(\mathbf{X})=\|\mathbf{U}\|^2$, 所以

$$|f(\mathbf{X})-g(\mathbf{X})|=\|\mathbf{U}\|^2<10^{-4}.$$

2.9 当 $y\neq 0$ 且 $c\neq 1$ 时, 取 $x^2-y^2=c(x^2+y^2)$. 两边同除以 y^2 得

$$\left(\frac{x}{y}\right)^2-1=c\left(\left(\frac{x}{y}\right)^2+1\right),$$

由此有

$$\left(\frac{x}{y}\right)^2=\frac{1+c}{1-c},$$

它表示除去原点的两条直线 $x=\pm\sqrt{\dfrac{1+c}{1-c}}y$. 注意 $\dfrac{1+c}{1-c}$ 可取到任一非零值.

2.11 (a) 水平集分别为原点, 中心在原点的单位圆周, 中心在原点半径为 $\sqrt{2}$ 的圆周.

(b) 水平集分别为原点, 中心在原点的单位圆周, 中心在原点半径为 2 的圆周.

(c) 水平集分别为空集, 中心在原点的单位圆周, 中心在原点半径为 $\dfrac{1}{\sqrt{2}}$ 的圆周.

2.13 (a) 水平集为以原点为心, 半径分别为 $\dfrac{1}{\sqrt{2}}, 1, \sqrt{2}$ 的球面.

(b) 水平集为中心在原点、半径分别为 $\dfrac{1}{2}, 1, 2$ 的球面.

(c) 水平集为中心在原点、半径分别为 $\sqrt{2}, 1, \dfrac{1}{\sqrt{2}}$ 的球面.

(d) $\mathbf{X}=a\mathbf{U}+\mathbf{V}$, $f(\mathbf{X})=a\mathbf{U}\cdot\mathbf{U}+\mathbf{U}\cdot\mathbf{V}=a=c$, 所以 $\mathbf{X}=c\mathbf{U}+\mathbf{V}$, 其中 $\mathbf{V}$ 是与 $\mathbf{U}$ 垂直的任一向量. 这是过点 $c\mathbf{U}$ 且垂直于 $\mathbf{U}$ 的平面.

2.15 根据定理 2.1,

$$\mathbf{L}(\mathbf{X})=\begin{bmatrix} c_{11}x_1+\cdots+c_{1n}x_n \\ c_{21}x_1+\cdots+c_{2n}x_n \\ \vdots \\ c_{m1}x_1+\cdots+c_{mn}x_n \end{bmatrix}=x_1\begin{bmatrix} c_{11} \\ c_{21} \\ \vdots \\ c_{m1} \end{bmatrix}+\cdots+x_n\begin{bmatrix} c_{1n} \\ c_{2n} \\ \vdots \\ c_{mn} \end{bmatrix}.$$

因此 $\mathbf{L}(\mathbf{X})=x_1\mathbf{V}_1+\cdots+x_n\mathbf{V}_n$.

2.17 由题意有 $f(\mathbf{X})=1$ 及 $g(\mathbf{X})=\|\mathbf{X}\|^{-2}, \mathbf{X}\neq\mathbf{0}$. 所以水平集 $f(\mathbf{X})=1$ 是 $\mathbb{R}^3-\{\mathbf{0}\}$, $g(\mathbf{X})=1$ 是 $\mathbb{R}^3$ 中的单位球面 $\|\mathbf{X}\|=1$, $g(\mathbf{X})=2$ 是半径为 $\dfrac{1}{\sqrt{2}}$ 的球面, $g(\mathbf{X})=4$ 是半径为 $\dfrac{1}{2}$ 的球面. 而 $f=2$ 对应的是空集, 因为 f 的值恒为 1.

2.19 (a) $\mathbf{F}(t,\theta)=(t\cos\theta, t\sin\theta)$.

(b) 长方形映为单位圆内的一条线段.

2.21 $\|L(x,y,z)\|=x^2+y^2+z^2=1$, 于是 L 将球面映回自身, 将右半平面映为单位圆, 将单位圆映为左半平面.

2.23 (a) 由泰勒定理有如下两式:

$$f(u)=f(0)+f'(\theta_1)u, \qquad f(u)=f(0)+f'(0)u+\frac{1}{2}f''(\theta_2)u^2.$$

由这两式可得结论.

(b) 将 $a=\|\mathbf{A}\|, u=2\mathbf{A}\cdot\mathbf{U}+\|\mathbf{U}\|^2$ 代入 (a) 的结论可得.

(c) 由一阶泰勒公式可知 $\mathbf{L}_1(\mathbf{U}) = \|\mathbf{A}\|^{-3}\mathbf{U}$,

$$R_1 = \left(-\frac{3}{2}(\|\mathbf{A}\|^2 + \theta_1)^{-5/2}(2\mathbf{A} + \mathbf{U}) \cdot \mathbf{U}\right)(\mathbf{A} + \mathbf{U}),$$

其范数小于 $\|\mathbf{U}\|$ 的常数倍. 而 $\mathbf{L}_2(\mathbf{U}) = \dfrac{\mathbf{U}}{\|\mathbf{A}\|^3} - 3\dfrac{\mathbf{A} \cdot \mathbf{U}}{\|\mathbf{A}\|^5}\mathbf{A}$,

$$R_2 = -\frac{3}{2}\|\mathbf{A}\|^{-5}\|\mathbf{U}\|^2 + \frac{15}{8}(\|\mathbf{A}\|^2 + \theta_2)^{-7/2}(2\mathbf{A} \cdot \mathbf{U} + \|\mathbf{U}\|^2)^2(\mathbf{A} + \mathbf{U}),$$

其范数小于 $\|\mathbf{U}\|^2$ 的常数倍.

2.2 节

2.25 (a) 将 g 和 $\mathbf{F}$ 的连续性结合起来使用, 得任给 $\epsilon > 0$, 存在 $\delta > 0$, 使得当 $\|\mathbf{F}(\mathbf{B}) - \mathbf{F}(\mathbf{A})\| < \delta$ 时, 有 $|g(\mathbf{F}(\mathbf{B})) - g(\mathbf{F}(\mathbf{A}))| < \epsilon$ 成立. 又对 $\delta > 0$, 存在 $\eta > 0$, 使得当 $\|\mathbf{B} - \mathbf{A}\| < \eta$ 时, 有 $\|\mathbf{F}(\mathbf{B}) - \mathbf{F}(\mathbf{A})\| < \delta$ 成立. 因此当 $\|\mathbf{B} - \mathbf{A}\| < \eta$ 时, 有 $|g(\mathbf{F}(\mathbf{B})) - g(\mathbf{F}(\mathbf{A}))| < \epsilon$ 成立.

(b) 线性函数是连续的.

(c) 由 (a) 和 (b) 可得.

(d) 在 (a) 中取 $g(x, y) = xy$. 为证明 g 在点 (a, b) 连续, 只需证当 $\|(x, y) - (a, b)\| < \delta$ 时有

$$|xy - ab| = |xy - xb + xb - ab| < (|a| + \delta)\delta + \delta b \leqslant M\delta.$$

2.27 (a) $\dfrac{\epsilon}{2}$.

(b) 3δ.

(c) 注意到 $|x - a| < \|(x, y) - (a, b)\|$ 且 $|y - b| < \|(x, y) - (a, b)\|$. 于是如果 $\|(x, y) - (a, b)\| < m$, 则

$$\begin{aligned}
&|\cos(2x)\cos(3y) - \cos(2a)\cos(3b)| \\
={}& |(\cos(2x) - \cos(2a))\cos(3y) + \cos(2a)(\cos(3y) - \cos(3b))| \\
\leqslant{}& |\cos(2x) - \cos(2a)||\cos(3y)| + |\cos(2a)||\cos(3y) - \cos(3b)| \\
<{}& |\cos(2x) - \cos(2a)| + |\cos(3y) - \cos(3b)| \\
<{}& 2m + 3m = 5m.
\end{aligned}$$

因此, 取 $m = \dfrac{\epsilon}{5}$ 即可.

2.29 (a) 对. 首先注意到 0 介于函数值 $f(1, 0)$ 和 $f\left(0, \dfrac{1}{4}\right)$ 之间. 记 $g(t) =$

$f(\mathbf{X}(t))$, 其中 $\mathbf{X}(t)$ 是以 $(1,0)$ 和 $\left(0,\dfrac{1}{4}\right)$ 为端点的线段的参数化. 根据一元连续函数的介值定理, 必存在 t_1 使得 $g(t_1)=0$.

(b) 对.

(c) 错. 能够找到使命题不成立的反例函数 f.

(d) 对. 其中用到 f 在点 $\left(0,\dfrac{1}{4}\right)$ 的连续性.

2.31 注意到这些函数都是连续函数的复合、乘积与和, 所以它们连续.

2.33 函数的图像是 $\mathbb{R}^3$ 中某平面的一部分. 观察可知 f 的最大值在圆周 $x_1^2+y_2^2=2$ 上取得. 于是我们令 x_2 尽可能大, 确定最大值点为 $(x_1,x_2)=(0,\sqrt{2})$, 所以最大值为 $\sqrt{2}$.

2.35 不等式 $x^2+y^2<1$ 将 (x,y) 限制在单位圆内, 但对 z 没有做限制. 注意到在单位圆内任一点, 都能找到一个以该点为心的小开圆, 使得这个小开圆仍在单位圆内. 于是, 对每个点 (x,y,z), 存在以该点为心的小开球 (半径与小开圆相同), 使得小开球含于圆柱内. 因此圆柱是开集.

2.37 (a) 边界为三条线段 $x=0, y=0$ 以及 $x+y=1$.

(b) 注意到点 $(0.0001, 0.9998)$ 与边界的水平距离和垂直距离都是 0.0001, 于是与边界 $x+y=1$ 的距离为 $0.0001/\sqrt{2}>0.00005$. 令 $r=0.00001$. 设 $\mathbf{Q}$ 是与点 $(0.0001, 0.9998)$ 的距离小于 r 的任一点, 则 $\mathbf{Q}$ 必在小正方形区域

$$0.0001-r\leqslant x\leqslant 0.0001+r,\qquad 0.9998-r\leqslant y\leqslant 0.9998+r,$$

即

$$0.00009\leqslant x\leqslant 0.00011,\qquad 0.99979\leqslant y\leqslant 0.99981$$

内. 这个小正方形右上角的端点为 $(0.00011, 0.99981)$, 该点仍在 T 内, 因为

$$0.00011+0.99981=0.99992<1.$$

由于这个小正方形含于 T 中, 所以以点 $(0.0001, 0.9998)$ 为心, r 为半径的圆也含于 T.

2.39 (a) 可取 c 为矩阵范数 $\sqrt{1^2+5^2+5^2+1^2}=\sqrt{52}$, 或更大的值.

(b) $d=c$, 利用 $\mathbf{F}$ 的线性.

(c) 是的, 由 (b) 可知, 若 $\|\mathbf{X}-\mathbf{Y}\|<\dfrac{\epsilon}{\sqrt{52}}$, 则 $\|\mathbf{F}(\mathbf{X})-\mathbf{F}(\mathbf{Y})\|<\epsilon$.

2.41 (a) 若 $\mathbf{C}=\mathbf{0}$, 则函数为常值从而连续. 若 $\mathbf{C}\neq\mathbf{0}$, 则

$$|f(\mathbf{X})-f(\mathbf{Y})|=|\mathbf{C}\cdot(\mathbf{X}-\mathbf{Y})|\leqslant\|\mathbf{C}\|\|\mathbf{X}-\mathbf{Y}\|.$$

设 $\epsilon>0$, 则对所有满足 $\|\mathbf{X}-\mathbf{Y}\|\leqslant\dfrac{\epsilon}{\|\mathbf{C}\|}$ 的点 $\mathbf{X},\mathbf{Y}$, 都有 $|f(\mathbf{X})-f(\mathbf{Y})|<\epsilon$.

(b) 方法一: 看成关于变量 $(x_1,\cdots,x_n,y_1,\cdots,y_n)$ 的多项式, 从而连续.

方法二: 直接证明 g 在所有点 $(\mathbf{U},\mathbf{V})$ 连续:

$$
\begin{aligned}
&g(\mathbf{X},\mathbf{Y})-g(\mathbf{U},\mathbf{V})=\mathbf{X}\cdot\mathbf{Y}-\mathbf{U}\cdot\mathbf{V}=\mathbf{X}\cdot(\mathbf{Y}-\mathbf{V})+(\mathbf{X}-\mathbf{U})\cdot\mathbf{V},\\
&|g(\mathbf{X},\mathbf{Y})-g(\mathbf{U},\mathbf{V})|\leqslant\|\mathbf{X}\|\|\mathbf{Y}-\mathbf{V}\|+\|\mathbf{X}-\mathbf{U}\|\|\mathbf{V}\|.
\end{aligned}
$$

若 $\|(\mathbf{X},\mathbf{Y})-(\mathbf{U},\mathbf{V})\|<\delta$, 则 $\|\mathbf{X}-\mathbf{U}\|$ 和 $\|\mathbf{Y}-\mathbf{V}\|$ 的值都小于 δ, 从而

$$|g(\mathbf{X},\mathbf{Y})-g(\mathbf{U},\mathbf{V})|\leqslant\|\mathbf{X}\|\delta+\delta\|\mathbf{V}\|\leqslant(\|\mathbf{U}\|+\delta)\delta+\delta\|\mathbf{V}\|.$$

这表明 g 在 $(\mathbf{U},\mathbf{V})$ 连续, 但由于上面的估计式依赖于 $(\mathbf{U},\mathbf{V})$, 所以不能得到一致连续.①

2.43 由 $\|\mathbf{X}\|\geqslant 2$, 知 $\dfrac{1}{\|\mathbf{X}\|}\leqslant\dfrac{1}{2}$. 点 $\mathbf{Y}$ 亦然. 因此

$$\left|\frac{1}{\|\mathbf{X}\|}-\frac{1}{\|\mathbf{Y}\|}\right|=\left|\frac{\|\mathbf{Y}\|-\|\mathbf{X}\|}{\|\mathbf{X}\|\|\mathbf{Y}\|}\right|\leqslant\frac{1}{2}\frac{1}{2}|\|\mathbf{X}\|-\|\mathbf{Y}\||\leqslant\frac{1}{4}\|\mathbf{X}-\mathbf{Y}\|.$$

由此得一致连续性.

2.3 节

2.45 θ 的取值范围为 0 到 π, $r>0$, 所以图形为高为 π 向右无限延伸的长方形.

2.47 (a) $0\leqslant r<1,\theta$ 任意.

(b) $r>0,0<\theta<\dfrac{\pi}{2}$.

2.49 (a) $1=rr^{-1}=r(a+b\cos\theta)=ar+bx=a\sqrt{x^2+y^2}+bx$.

(b) 上式两侧减去 bx 再平方, 得 $1-2bx+b^2x^2=a^2(x^2+y^2)$. 即 $1=(a^2-b^2)x^2+2bx+a^2y^2$. 配方得

$$1=(a^2-b^2)\left(x+\frac{b}{a^2-b^2}\right)^2-\frac{b^2}{a^2-b^2}+a^2y^2.$$

等号两侧同时加上 $\dfrac{b^2}{a^2-b^2}$ 得

$$\frac{a^2}{a^2-b^2}=(a^2-b^2)\left(x+\frac{b}{a^2-b^2}\right)^2+a^2y^2.$$

再同乘 $\dfrac{a^2-b^2}{a^2}$ 得

① 事实上, 能够严格证明 $g(\mathbf{X},\mathbf{Y})$ 在 $(\mathbf{X},\mathbf{Y})\in\mathbb{R}^{2n}$ 上不一致连续, 只要注意到 $h(\mathbf{X})=g(\mathbf{X},\mathbf{X})$ 在 $\mathbf{X}\in\mathbb{R}^n$ 上不一致连续. ——译者注.

$$1 = \frac{\left(x + \frac{b}{a^2 - b^2}\right)^2}{\left(\frac{a}{a^2 - b^2}\right)^2} + \frac{y^2}{\left(\frac{1}{\sqrt{a^2 - b^2}}\right)^2}.$$

这是椭圆的标准方程.

2.51 (a) (iii).

(b) (i).

(c) (ii).

(d) (iv).

2.53 (a) 1, 球面.

(b) $s_2(1, \phi, \theta) = 0$.

(c) 0.

(d) 当 $\cos\phi = \pm\sqrt{1/3}$ 即对应一个锥面时, $3\cos^2\phi - 1 = 0$.

(e) 非负, 因为 $\cos^2\phi < 1/3$.

2.55 (a) 在表达式 $(xu - vy, yu + xv)$ 中, 两个分量都是关于 (x, y, u, v) 的连续函数. 所以 zw 是关于 z, w 的连续函数. 特别地, 函数 z^2 连续, 从而 $z^3 = z^2 z$ 作为 z^2 与 z 的乘积也连续. 以此类推, z 的四次幂也连续. 同理, p_k 与 z^k 的乘积也连续. 又连续函数的和仍是连续函数, 因此多项式函数连续.

(b) 平方运算将极角 θ 增倍, 将极径 r 平方:

$$(r(\cos\theta + \mathrm{i}\sin\theta))^2 = r^2(\cos(2\theta) + \mathrm{i}\sin(2\theta)).$$

由此可知, 对复数的平方根来说, 其极角为该复数极角的一半, 极径是该复数极径的平方根. 类似地, 可以得到复数的三次方根计算方法: 极角除以三, 极径求三次方根. 以此类推.

(c) 复数的模 $|x + \mathrm{i}y| = \sqrt{x^2 + y^2}$ 与空间 $\mathbb{R}^2$ 中的范数定义相同, 从而连续. 若 $z = r(\cos\theta + \mathrm{i}\sin\theta)$, 则 $|z| = r$, 进而有 $|zw| = |z||w|$, 这是因为

$$r_1(\cos\theta_1 + \mathrm{i}\sin\theta_1)r_2(\cos\theta_2 + \mathrm{i}\sin\theta_2) = r_1 r_2(\cos(\theta_1 + \theta_2) + \mathrm{i}\sin(\theta_1 + \theta_2)).$$

(d) 可以从 $P = |p_{n-1}| + \cdots + |p_0|$ 入手得到.

(e) 假设 $|p(z)|$ 的值大于 0, 易知 $|p(z)|$ 连续, 且当 $|z|$ 趋于无穷时 $|p(z)|$ 也趋于无穷. 因此, f 在 $\mathbb{R}^2$ 上连续, 且当 $|z|$ 趋于无穷时也趋于无穷.

(f) 由乘积的求导法则可得

$$
\begin{aligned}
&\frac{\mathrm{d}}{\mathrm{d}\,a}\left(q(a)+q'(a)(z-a)+q''(a)\frac{(z-a)^2}{2!}+\cdots+q^{(n)}(a)\frac{(z-a)^n}{n!}\right)\\
&=q'(a)+q''(a)(z-a)+q'(a)(-1)+q'''(a)\frac{(z-a)^2}{2!}+q''(a)(-(z-a))\\
&\quad+\cdots+q^{(n+1)}(a)\frac{(z-a)^n}{n!}+q^{(n)}(a)\frac{-(z-a)^{n-1}}{(n-1)!}.
\end{aligned}
$$

由于 q 是 n 阶多项式, 从而 $q^{(n+1)}(a)=0$, 而其他各项两两相消, 所以上式中的导数为 0. 将 a 看成常数, z 看成变量, 则这一结论与 (d) 中的结论矛盾. 最后, 取 $a=z$, 则等号右侧的值为 $q(a)$, 因为其他各项都是 0.

(g) 得到矛盾的原因是, 各项都包含 ϵ 的比 k 次方高的次幂. 当 ϵ 充分小时, $|p(z+\epsilon h)|<m$, 这些项的和小于 $m\epsilon^k$, 所以与 (e) 矛盾.

2.57 直角坐标下这两点的坐标为

$$
(\sin\phi_1\cos\theta_1,\sin\phi_1\sin\theta_1,\cos\phi_1),\qquad(\sin\phi_2\cos\theta_2,\sin\phi_2\sin\theta_2,\cos\phi_2),
$$

所以数量积为

$$
\begin{aligned}
&\sin\phi_1\sin\phi_2(\cos\theta_1\cos\theta_2+\sin\theta_1\sin\theta_2)+\cos\phi_1\cos\phi_2\\
=&\sin\phi_1\sin\phi_2\cos(\theta_2-\theta_1)+\cos\phi_1\cos\phi_2\\
=&\sin\phi_1\sin\phi_2\cos(\theta_2-\theta_1)+\cos(\phi_2-\phi_1)-\sin\phi_1\sin\phi_2\\
=&\cos(\phi_2-\phi_1)-\sin\phi_2\sin\phi_1(1-\cos(\theta_2-\theta_1)).
\end{aligned}
$$

第 3 章

3.1 节

3.1 (a) $6x$.

(b) 4. 它们是 $3x^2+4y$ 分别关于变量 x 和 y 的偏导数.

3.3 (a) $f_x(x,y)=-2x\mathrm{e}^{-x^2-y^2}$, $f_y(2,0)=0$.

(b) $x\mathrm{e}^y+\mathrm{e}^x$.

(c) $-y\sin(xy)+\cos(xy)-xy\sin(xy)$.

3.5

(x,y)	(0.1, 0.2)	(0.01, 0.02)
$(1+x+3y)^2$	2.89	1.1449
$1+x+3y$	1.7	1.07
$1+2x+6y$	2.4	1.14

3.7　m 的水平集比较靠拢, 而向量 ∇m 相对比较长.

3.9　(a) 任何线性函数可以由某矩阵来给出.

(b) 一个向量趋近于零当且仅当它的每个分量趋近于零.

(c) 经过替换后, 该分式变成了导数的定义. 根据定义该分式趋近于 f_{i,x_j}. 而且第 i 行 $\mathbf{C}_i$ 的第 j 个分量是矩阵 $\mathbf{C}$ 的第 (i,j) 元素.

3.11　$\nabla f(x,y)=(-\sin(x+y),-\sin(x+y))$, 所以

$$f_x-f_y=-\sin(x+y)-(-\sin(x+y))=0.$$

又 $\nabla g(x,y)=(2\cos(2x-y),-\cos(2x-y))$, 因此

$$g_x+2g_y=2\cos(2x-y)+2(-\cos(2x-y))=0.$$

3.13　$\nabla g(x,y)=(a\mathrm{e}^{ax+by},b\mathrm{e}^{ax+by})=\mathrm{e}^{ax+by}(a,b)$.

3.2 节

3.15　(a) $z=f(0,0)+f_x(0,0)x+f_y(0,0)y=x$.

(b) $z=f(1,\ 2)+f_x(1,2)(x-1)+f_y(1,2)(y-2)=5+(x-1)+4(y-2)$.

3.17　(a) 如果 $a^2+b^2=1$, 则

$$f(a,b)=\mathrm{e}^{-(a^2+b^2)}=\mathrm{e}^{-1},\qquad g(a,b)=\mathrm{e}^{-1}.$$

(b) $\nabla f(x,y)=\mathrm{e}^{-(x^2+y^2)}(-2x,\ -2y)$ 而且 $\nabla g(x,y)=-\mathrm{e}^{-1}(x^2+y^2)^{-2}(2x,2y)$.

(c) 满足等式 $a^2+b^2=1$ 的点 (a,b) 处, 可以运用 (b), 得

$$\nabla f(a,b)=\mathrm{e}^{-1}(-2a,\ -2b),\qquad \nabla g(a,b)=-\mathrm{e}^{-1}(2a,2b).$$

而且根据 (a), 有 $f(a,b)=g(a,b)$. 由于函数 f 和 g 的取值和梯度都一样, 所以它们的图像是相切的.

3.3 节

3.19　(a) $f_{xx}=2,f_{xy}=0,f_{yy}=-2$.

(b) $f_{xx}=2,f_{xy}=0,f_{yy}=2$.

(c) $f_{xx}=2,f_{xy}=2,f_{yy}=2$.

(d) $f_{xx}=\mathrm{e}^{-x}\cos y,f_{xy}=-\mathrm{e}^{-x}\sin y,f_{yy}=-\mathrm{e}^{-x}\cos y$.

(e) $f_{xx}=-a^2\mathrm{e}^{-ay}\sin(ax),\ f_{xy}=-a^2\mathrm{e}^{-ay}\cos(ax),\ f_{yy}=a^2\mathrm{e}^{-ay}\sin(ax)$.

3.21　只有 (a), (b) 和 (c) 是正的.

3.23　由于 $\nabla f(x,y)=(3+y,2+x)$, $\nabla f(1,1)=(4,3)$. 所以方向导数分别为

$$\boldsymbol{\nabla} f \cdot \mathbf{V} = 4,\ 5,\ 3,\ 0,\ -4.$$

第二个方向导数最大, 等于 $\|\boldsymbol{\nabla} f(1,1)\|$, 因为 $\mathbf{V}$ 的方向与向量 $\boldsymbol{\nabla} f(1,1)$ 平行.

3.25　(a) 如果 $u(x,t) = f(x-3t)$, 则根据链式法则, $u_x = f'(x-3t)$, $u_t = f'(x-3t)(-3)$, 所以 $u_t + 3u_x = 0$.

(b) $D_{\mathbf{V}}u = \mathbf{V} \cdot \boldsymbol{\nabla} u = \dfrac{1}{\sqrt{10}}(3,1)\cdot(u_x,u_t) = \dfrac{1}{\sqrt{10}}(3u_x + u_t) = 0$.

(c) 一个直线的倾斜度 (x 为水平轴, t 为竖轴) 平行于 V, 斜率是 1/3, 因为这条直线通过点 $(x-3t,0)$ 和 (x,t).

(d) 由于 $u(x,t)$ 在通过点 $(x-3t,0)$ 的直线上取值为常数, 所以有 $u(x,t) = u(x-3t,0)$. 这就证明了它的每个解都是 $x-3t$ 的一个函数.

3.27　(a) $(x^2+y^2)^3 = r^6$, 而且 $((x^2+y^2)^3)_x = 6x(x^2+y^2)^2$, 类似地, 可以得到关于 y 的结论. 则

$$x(6x(x^2+y^2)^2) + y(6y(x^2+y^2)) = (6x^2+6y^2)(x^2+y^2)^2 = 6r^2r^4 = 6r^5r = r\frac{\mathrm{d}}{\mathrm{d}r}(r^6).$$

(b) $r = \sqrt{x^2+y^2}$, 所以如果 $f(x,y) = g(r)$, 则 $f_x = g'(r)r_x = g'(r)\dfrac{x}{r}$, 而且类似地得到 f_y 的表达式. 则

$$xf_x + yf_y = g'(r)\left(x\frac{x}{r} + y\frac{y}{r}\right) = g'(r)r.$$

(c) $f_{xx} = \left(g'(r)\dfrac{x}{r}\right) = g''\left(\dfrac{x}{r}\right)^2 + g'\dfrac{r-\dfrac{x^2}{r}}{r^2}, f_{yy} = g''\left(\dfrac{y}{r}\right)^2 + g'\dfrac{r-\dfrac{y^2}{r}}{r^2}$, 所以有 $f_{xx} + f_{yy} = g'' + r^{-1}g'$.

3.29　对变量代换 $x = r\cos\theta$, $y = r\sin\theta$ 进行微分, 得到

$$x_r = \cos\theta,\quad y_r = \sin\theta,\quad x_\theta = -r\sin\theta,\quad y_\theta = r\cos\theta.$$

对任意关于变量 x 和 y 的可微函数 v, 根据链式法则有

$$v_r = v_x\cos\theta + v_y\sin\theta,$$
$$v_\theta = v_x(-r\sin\theta) + v_y r\cos\theta.$$

对第一个式子两边同乘以 r, 再次运用自变量代换, 我们得到

$$rv_r = xv_x + yv_y,$$
$$v_\theta = -yv_x + xv_y$$

与得到式子 v_r 的计算方式类似, 该计算作用在 u 上得到 $u_r = u_x\cos\theta + u_y\sin\theta$, 再关于 r 求偏导数得到

$$u_{rr} = u_{rx}\cos\theta + u_{ry}\sin\theta.$$

与得到式子 v_r 的计算方式类似, 该计算作用在 u_x 和 u_y 上得到

$$u_{rr} = (u_{xx}\cos\theta + u_{xy}\sin\theta)\cos\theta + (u_{yx}\cos\theta + u_{yy}\sin\theta)\sin\theta.$$

经过同样的计算过程, 有

$$\begin{aligned} u_{\theta\theta} &= -r\cos\theta u_x - yu_{x\theta} - r\sin\theta u_y + xu_{y\theta} \\ &= -xu_x - yu_y - y(-yu_{xx} + xu_{yx}) + x(-yu_{yx} + xu_{yy}). \end{aligned}$$

化简得到 $u_{\theta\theta} = -ru_r + r^2(u_{xx} + u_{yy})$. 两边除以 r^2 然后再加上 u_{rr}, 得到

$$\frac{1}{r^2}u_{\theta\theta} + u_{rr} = -\frac{1}{r}u_r + \Delta u$$

或 $\Delta u = u_{rr} + \frac{1}{r}u_r + \frac{1}{r^2}u_{\theta\theta}$.

3.31 (a) $u_x = 2x, v_y = 2x = u_x, u_y = -2y, v_x = 2y = -u_y$.

(b) $u_{xx} + u_{yy} = v_{yx} + (-v_{xy}) = 0$.

(c) $w(x,y) = u^2 - v^2 = (x^2-y^2)^2 - (2xy)^2 = x^4 - 6x^2y^2 + y^4$, 所以有 $w_{xx} + w_{yy} = 12x^2 - 12y^2 - 12x^2 + 12y^2 = 0$.

(d) 由 $w(x,y) = r(p(x,y), q(x,y))$ 得到 $w_x = r_xp_x + r_yq_x$ 和 $w_y = r_xp_y + r_yq_y$. 则有

$$\begin{aligned} w_{xx} &= (r_{xx}p_x + r_{xy}q_x)p_x + r_xp_{xx} + (r_{yx}p_x + r_{yy}q_x)q_x + r_yq_{xx} \\ w_{yy} &= (r_{xx}p_y + r_{xy}q_y)p_y + r_xp_{yy} + (r_{yx}p_y + r_{yy}q_y)q_y + r_yq_{yy}. \end{aligned}$$

所以 $w_{xx} + w_{yy} = (p_x^2 + p_y^2)r_{xx} + (2q_xp_x + 2p_yq_y)r_{xy} + (q_x^2 + q_y^2)r_{yy} + r_x(p_{xx} + p_{yy}) + r_y(q_{xx} + q_{yy})$.

根据 $p_x = q_y$ 和 $p_y = -q_x$, 最后一个表达式为

$$w_{xx} + w_{yy} = (p_x^2 + p_y^2)(r_{xx} + r_{yy}) + r_x(p_{xx} + p_{yy}) + r_y(q_{xx} + q_{yy}).$$

但是 $p_{xx} + p_{yy}, q_{xx} + q_{yy}$ 和 $r_{xx} + r_{yy}$ 全等于零, 所以 $w_{xx} + w_{yy} = 0$.

3.33 (a) $(x + \mathrm{i}y)^2 = x^2 - y^2 + 2\mathrm{i}xy$, 所以有 $u = x^2 - y^2$ 和 $v = 2xy$.

(b) $(z+h)^2 = z^2 + 2zh + h^2$. 中间项 $2zh$ 是一个复数乘以 h, 而且在 $\lim_{n\to 0}\frac{h^2}{h} = \lim_{n\to 0} h = 0$ 意义上, 量 h^2 是小的. 所以 $(z^2)' = 2z$.

(c) 如果 h 是一个实数, 则 $z + h = (x + h) + \mathrm{i}y$, 再对变量 u 和 v 运用泰勒定理, 有

$$f(z+h)=u(x+h,y)+\mathrm{i}v(x+h,y)=u(x,y)+u_xh+\mathrm{i}(v(x,y)+v_xh)+s,$$

其中 s 是小的. 也就是说 $f(z+h)=f(z)+(u_x+\mathrm{i}v_x)h+s$, 所以有 $f'=u_x+\mathrm{i}v_x$.

(d) 取 $h=ik$ 为纯虚数. 则

$$\begin{aligned}f(z+h)&=u(x,y+k)+\mathrm{i}v(x,y+k)=u(x,y)+ku_y+\mathrm{i}(v(x,y)+v_yk)+s\\&=f(z)+(u_y+\mathrm{i}v_y)k+s=f(z)+(u_y+\mathrm{i}v_y)(-\mathrm{i}h)+s.\end{aligned}$$

所以有 $f'=-\mathrm{i}u_y+v_y$.

(e) 由 $f'=u_x+\mathrm{i}v_x=-\mathrm{i}u_y+v_y$ 得出 $u_x=v_y$ 和 $u_y=-v_x$.

(f) 如果 u 和 v 是 C^2 函数, 则 $u_{xx}=(v_y)_x=v_{xy}=(-u_y)_y$, 所以有 $u_{xx}+u_{yy}=0$, 类似地有 $\Delta v=0$. 对于 $f(z)=z^2$, 有 $\Delta(x^2-y^2)=2-2=0$, $\Delta(2xy)=0+0$, 而对于 $f(z)=z^3=x^3+3x^2\mathrm{i}y-3xy^2-\mathrm{i}y^3$, 有 $\Delta(x^3-3xy^2)=6x+(-6x)=0$ 和 $\Delta(3x^2y-y^3)=6y-6y=0$.

3.4 节

3.35 (a) $D\mathbf{F}=\begin{bmatrix}\mathrm{e}^x\cos y & -\mathrm{e}^x\sin y\\ \mathrm{e}^x\sin y & \mathrm{e}^x\cos y\end{bmatrix}$.

(b) 由于 $\det D\mathbf{F}(x,y)=\mathrm{e}^{2x}$, 所以对任意的 a, $\det D\mathbf{F}(a,b)=\mathrm{e}^{2a}$ 是不等于零的.

(c) 根据正弦函数和余弦函数的性质, 有 $\mathbf{F}(x,y+2\pi)=\mathbf{F}(x,y)$.

3.37 (a) 将 $(u,v)=(0,1)$ 和 $(x,y)=(-1,1)$ 代入得到 $(-1)^4+2(-1)\cdot1+1=0$ 而且 $1=1$.

(b) $D\mathbf{F}=\begin{bmatrix}4x^3+2y & 2x\\ 0 & 1\end{bmatrix}$.

(c) $\det D\mathbf{F}(-1,1)=\det\begin{bmatrix}-2 & -2\\ 0 & 1\end{bmatrix}=-2\neq0$.

(d) $D\mathbf{F}^{-1}(0,1)=D\mathbf{F}(-1,1)^{-1}=\begin{bmatrix}-\dfrac{1}{2} & -1\\ 0 & 1\end{bmatrix}$,

$$\mathbf{F}^{-1}(u,v)\approx\mathbf{F}^{-1}(0,1)+\begin{bmatrix}-\dfrac{1}{2} & -1\\ 0 & 1\end{bmatrix}\begin{bmatrix}u & -0\\ v & -1\end{bmatrix},$$

由此得到

$$\mathbf{F}^{-1}(0.2,1.01)\approx(-1,1)+\begin{bmatrix}-\dfrac{1}{2} & -1\\ 0 & 1\end{bmatrix}\begin{bmatrix}0.2\\ 0.01\end{bmatrix}=(-1.11,1.01).$$

3.39 (a) 不能, 因为 $f_z(1,2,-3)=0$.

(b) 能, 因为 $f_y(1,0,3)\neq0$.

(c) 能, 因为 $f_y(1,2,3) \neq 0$.

(d) 不能, 因为这两部分的 y 值是不同的: (b) 中的 g 满足 $g(1,3)=0$, 而 (c) 中的 g 满足 $g(1,3)=2$.

(e) 不能, 因为 $f_x(1,0,3)=0$.

3.41　(a) $3\cdot 0+4^2+4\cdot(-4)=0,\ 4\cdot 0^3+4+(-4)=0$.

(b) $\begin{bmatrix} f_{1y_1} & f_{1y_2} \\ f_{2y_1} & f_{2y_2} \end{bmatrix} = \begin{bmatrix} 3 & 2y_2 \\ 12y_1^2 & 1 \end{bmatrix}$ 而在点 $(y_1,y_2)=(0,4)$ 处, 该矩阵等于 $\begin{bmatrix} 3 & 8 \\ 0 & 1 \end{bmatrix}$, 它是可逆的. 所以存在函数 $\mathbf{G}$.

(c) 由 $f_1(x,g_1(x),g_2(x))=0, f_2(x,g_1(x),g_2(x))=0$, 得到

$$\begin{bmatrix} f_{1x} \\ f_{2x} \end{bmatrix} + \begin{bmatrix} f_{1y_1} & f_{1y_2} \\ f_{2y_1} & f_{2y_2} \end{bmatrix} \begin{bmatrix} g_1' \\ g_2' \end{bmatrix} = \begin{bmatrix} 0 \\ 0 \end{bmatrix}.$$

令 $x=-4$, 得到

$$\begin{bmatrix} 4 \\ 1 \end{bmatrix} + \begin{bmatrix} 3 & 8 \\ 0 & 1 \end{bmatrix} \begin{bmatrix} g_1'(-4) \\ g_2'(-4) \end{bmatrix} = \begin{bmatrix} 0 \\ 0 \end{bmatrix}.$$

所以有

$$\begin{bmatrix} g_1'(-4) \\ g_2'(-4) \end{bmatrix} = -\begin{bmatrix} 3 & 8 \\ 0 & 1 \end{bmatrix}^{-1} \begin{bmatrix} 4 \\ 1 \end{bmatrix} = -\begin{bmatrix} \frac{1}{3} & -\frac{8}{3} \\ 0 & 1 \end{bmatrix} \begin{bmatrix} 4 \\ 1 \end{bmatrix} = \begin{bmatrix} \frac{4}{3} \\ -1 \end{bmatrix}.$$

3.43　(a) $\begin{bmatrix} 2y_1 & 0 \\ y_2 & y_1 \end{bmatrix}$.

(b) 当 $y_1 \neq 0$ 时, 行列式不等于零.

(c) $y=\pm\sqrt{1-x^2}, v=-\dfrac{ux}{y}=\mp\dfrac{ux}{\sqrt{1-x^2}}$.

(d) $x=\pm\sqrt{1-y^2}, u=-\dfrac{vy}{x}=\mp\dfrac{vy}{\sqrt{1-y^2}}$.

3.5 节

3.45　(a)

$$\begin{aligned} \operatorname{div}(3\mathbf{F}+4\mathbf{G})(1,2,-3) &= 3\operatorname{div}\mathbf{F}(1,2,-3)+4\operatorname{div}\mathbf{G}(1,2,-3) \\ &= 3\cdot 6+4(1^2-2(-3))=46. \end{aligned}$$

(b) $\operatorname{div}\operatorname{curl}\mathbf{F}(x,y,z)=\operatorname{div}(5y+7z,3x,0)=\dfrac{\partial}{\partial x}(5y+7z)+\dfrac{\partial}{\partial y}(3x)+\dfrac{\partial}{\partial z}(0)=0$.

(c)

$$\begin{aligned} \operatorname{curl}(3\mathbf{F}+4\mathbf{G})(1,2,-3) &= 3\operatorname{curl}\mathbf{F}(1,2,-3)+4\operatorname{curl}\mathbf{G}(1,2,-3) \\ &= 3(5\cdot 2+7\cdot(-3),3\cdot 1,0)+4(5,7,9)=(-13,37,36). \end{aligned}$$

3.47　向量 $\mathbf{H}(1,\ 0)=(0,1)$, $\mathbf{H}(0,1)=(-1,0)$, $\mathbf{H}(-1,0)=(0,-1)$ 和 $\mathbf{H}(0,-1)=(1,0)$ 意味着逆时针旋转. 但是

$$\begin{aligned}
\operatorname{curl}\mathbf{H} &= \left(\frac{x}{(x^2+y^2)^p}\right)_x - \left(\frac{-y}{(x^2+y^2)^p}\right)_y \\
&= \frac{1}{(x^2+y^2)^p} - 2px\frac{x}{(x^2+y^2)^{p+1}} + \frac{1}{(x^2+y^2)^p} - 2py\frac{y}{(x^2+y^2)^{p+1}} \\
&= \frac{(x^2+y^2)-2px^2+(x^2+y^2)-2py^2}{(x^2+y^2)^{p+1}} = \frac{(2-2p)}{(x^2+y^2)^p}.
\end{aligned}$$

该式的正负号依赖于 p 的取值: 当 $p = 1.05$ 时, 或对任意的 $p > 1$, 该式的符号是负的, 当 $p = 0.95$ 时, 或对任意的 $p < 1$, 该式的符号是正的, 当 $p = 1$ 时, 该旋度等于零.

3.49 (a) $n_x = (p_{1y} - v)_x = p_{1yx} - v_x = p_{1xy} - v_x = u_y - v_x = 0$.

(b) $p_{2x} = p_{1x} = u, \quad p_{2y} = p_{1y} - c_y = v + n - c_y = v$.

(c) $m_x = (p_{2z} - w)_x = p_{2xz} - w_x = u_z - w_x = 0$ 而且 $m_y = (p_{2z} - w)_y = p_{2yz} - w_y = v_z - w_y = 0$.

(d) $p_{3z} = p_{2z} - \dfrac{\mathrm{d}f}{\mathrm{d}z} = w + m - m = w$.

3.51 (a) 由链式法则得 $\mathbf{X}'' = (D\mathbf{V})\mathbf{X}' + \mathbf{V}_t = \mathbf{V}_t + (D\mathbf{V})\mathbf{V}$.

(b) 由于 $\mathbf{X}(t) = \mathbf{C}_1 + t^{-1}\mathbf{C}_2$, 所以有 $\mathbf{V}(\mathbf{X}(t), t) = \mathbf{X}'(t) = -t^{-2}\mathbf{C}_2$ 而且 $\mathbf{X}'' = 2t^{-3}\mathbf{C}_2$. 由于 $\mathbf{V}(\mathbf{X}) = t^{-1}(\mathbf{C}_1 - \mathbf{X})$, 所以有 $\mathbf{V}_t = -t^{-2}(\mathbf{C}_1 - \mathbf{X})$ 而且 $D\mathbf{V} = -t^{-1}\mathbf{I}$. 因此

$$\begin{aligned}
\mathbf{V}_t(\mathbf{X}(t),t) + D\mathbf{V}(\mathbf{X}(t),t)\mathbf{V}(\mathbf{X}(t),t) &= -t^{-2}(\mathbf{C}_1 - \mathbf{X}) - t^{-1}\mathbf{V}(\mathbf{X}(t),t) \\
&= -t^{-2}(\mathbf{C}_1 - (\mathbf{C}_1 + t^{-1}\mathbf{C}_2)) - t^{-1}(-t^{-2}\mathbf{C}_2) \\
&= -2t^{-3}\mathbf{C}_2,
\end{aligned}$$

而且该式等于 $\mathbf{X}''(t)$.

3.53 根据中值定理, 第一项是

$$-(f(x_0+\Delta x, y_m, z_m) - f(x_0, y_m, z_m))(1,0,0)\Delta y\Delta z = (-f_x(\overline{x}, y_m, z_m), 0, 0)\Delta x\Delta y\Delta z,$$

其中点 $\overline{z}$ 位于 z_0 和 $z_0 + \Delta z$ 之间. 对于其余两项, 也有类似的结果.

3.55 对于任意的 $k = 1, 2, 3$, 由函数乘法的求导法则有

$$(uv)_{x_kx_k} = u_{x_kx_k}v + 2u_{x_k}v_{x_k} + uv_{x_kx_k}.$$

上式关于指标 k 求和, 即得所证.

3.57 我们先来计算右侧项. 通过计算, 按照 123123 的顺序书写各项,

$$(\operatorname{div}\mathbf{G})\mathbf{F} + \mathbf{G}\cdot\nabla\mathbf{F} = \begin{bmatrix} (g_{1x_1} + g_{2x_2} + g_{3x_3})f_1 + (g_1f_{1x_1} + g_2f_{1x_2} + g_3f_{1x_3}) \\ (g_{2x_2} + g_{3x_3} + g_{1x_1})f_2 + (g_2f_{2x_2} + g_3f_{2x_3} + g_1f_{2x_1}) \\ (g_{3x_3} + g_{1x_1} + g_{2x_2})f_3 + (g_3f_{3x_3} + g_1f_{3x_1} + g_2f_{3x_2}) \end{bmatrix}^{\mathrm{T}}.$$

将 **F** 和 **G** 交换次序, 然后相减, 得到

$$
\begin{aligned}
&(\operatorname{div}\mathbf{G})\mathbf{F}+\mathbf{G}\cdot\boldsymbol{\nabla}\mathbf{F}-((\operatorname{div}\mathbf{F})\mathbf{G}+\mathbf{F}\cdot\boldsymbol{\nabla}\mathbf{G})\\
=&\begin{bmatrix} g_{2x_2}f_1-f_{2x_2}g_1+g_2f_{1x_2}-f_2g_{1x_2}+g_{3x_3}f_1-f_{3x_3}g_1+g_3f_{1x_3}-f_3g_{1x_3}\\ g_{3x_3}f_2-f_{3x_3}g_2+g_3f_{2x_3}-f_3g_{2x_3}+g_{1x_1}f_2-f_{1x_1}g_2+g_1f_{2x_1}-f_1g_{2x_1}\\ g_{3x_3}f_2-f_{3x_3}g_2+g_3f_{2x_3}-f_3g_{2x_3}+g_{1x_1}f_2-f_{1x_1}g_2+g_1f_{2x_1}-f_1g_{2x_1}\end{bmatrix}^{\mathrm{T}}.
\end{aligned}
$$

上面的各项, 再运用函数乘法的求导法则有

$$
=\begin{bmatrix}(f_1g_2-f_2g_1)_{x_2}-(f_3g_1-f_1g_3)_{x_3}\\(f_2g_3-f_3g_2)_{x_3}-(f_1g_2-f_2g_1)_{x_1}\\(f_3g_1-f_1g_3)_{x_1}-(f_2g_3-f_3g_2)_{x_2}\end{bmatrix}^{\mathrm{T}}=\operatorname{curl}(\mathbf{F}\times\mathbf{G}).
$$

3.59 (a) 等式 (g):

$$
\begin{aligned}
&\operatorname{curl}(\operatorname{curl}\mathbf{F})\\
=&\operatorname{curl}\begin{bmatrix}f_{3x_2}-f_{2x_3}\\f_{1x_3}-f_{3x_1}\\f_{2x_1}-f_{1x_2}\end{bmatrix}^{\mathrm{T}}\\
=&\begin{bmatrix}(f_{2x_1}-f_{1x_2})_{x_2}-(f_{1x_3}-f_{3x_1})_{x_3}\\(f_{3x_2}-f_{2x_3})_{x_3}-(f_{2x_1}-f_{1x_2})_{x_1}\\(f_{1x_3}-f_{3x_1})_{x_1}-(f_{3x_2}-f_{2x_3})_{x_2}\end{bmatrix}^{\mathrm{T}}\\
=&\begin{bmatrix}f_{2x_1x_2}-f_{1x_2x_2}-f_{1x_3x_3}+f_{3x_1x_3}+f_{1x_1x_1}-f_{1x_1x_1}\\f_{3x_2x_3}-f_{2x_3x_3}-f_{2x_1x_1}+f_{1x_2x_1}+f_{2x_2x_2}-f_{2x_2x_2}\\f_{1x_3x_1}-f_{3x_1x_1}-f_{3x_2x_2}+f_{2x_3x_2}+f_{3x_3x_3}-f_{3x_3x_3}\end{bmatrix}^{\mathrm{T}}\\
=&\begin{bmatrix}f_{2x_1x_2}+f_{3x_1x_3}+f_{1x_1x_1}\\f_{3x_2x_3}+f_{1x_2x_1}+f_{2x_2x_2}\\f_{1x_3x_1}+f_{2x_3x_2}+f_{3x_3x_3}\end{bmatrix}^{\mathrm{T}}-\begin{bmatrix}f_{1x_2x_2}+f_{1x_3x_3}+f_{1x_1x_1}\\f_{2x_3x_3}+f_{2x_1x_1}+f_{2x_2x_2}\\f_{3x_1x_1}+f_{3x_2x_2}+f_{3x_3x_3}\end{bmatrix}^{\mathrm{T}}\\
=&\boldsymbol{\nabla}(\operatorname{div}\mathbf{F})-\Delta\mathbf{F}.
\end{aligned}
$$

(b) 等式 (h):

$$
\begin{aligned}
\Delta(fg)&=(fg)_{x_1x_1}+(fg)_{x_2x_2}+(fg)_{x_3x_3}\\
&=f_{x_1x_1}g+2f_{x_1}g_{x_1}+fg_{x_1x_1}+\cdots\\
&=g\Delta f+2\boldsymbol{\nabla}f\cdot\boldsymbol{\nabla}g+f\Delta g.
\end{aligned}
$$

(c) 等式 (i): 由等式 (d) 和 curl $\boldsymbol{\nabla}g=0$, 有 curl $(f\boldsymbol{\nabla}g)=\boldsymbol{\nabla}f\times\boldsymbol{\nabla}g$. 由于 $\boldsymbol{\nabla}f\times\boldsymbol{\nabla}g$ 是一个旋度, 并由 div curl $\mathbf{H}=0$, 得到 div $(\boldsymbol{\nabla}f\times\boldsymbol{\nabla}g)=0$.

第 4 章

4.1 节

4.1 (a) $f_x = -x(x^2+y^2+z^2)^{-3/2}$, $f_{xx} = -(x^2+y^2+z^2)^{-3/2} + 3x^2(x^2+y^2+z^2)^{-5/2}$, 由对称性 $f_{zz} = -(x^2+y^2+z^2)^{-3/2} + 3z^2(x^2+y^2+z^2)^{-5/2}$;

(b) 0;

(c) 0;

(d) $h_{x_j} = a_j$ 为常数, 所以二阶导数 $h_{x_jx_k} = 0$.

4.3 当 $(x,y) \neq (0,0)$ 时, $f_x(x,y) = \dfrac{3}{2}(x^2+y^2)^{1/2}(2x) = 3x(x^2+y^2)^{1/2}$,

$$f_{xy}(x,y) = \frac{3}{2}x(x^2+y^2)^{-1/2}(2y) = 3xy(x^2+y^2)^{-1/2}.$$

4.5 (a) $g_x = a\mathrm{e}^{ax+by+cz+dw} = ag$;

(b) $a^2d^2\mathrm{e}^{ax+by+cz+dw}$, $b^2c^2\mathrm{e}^{ax+by+cz+dw}$;

(c) $a^2d^2 + b^2c^2 - 2abcd = (ad-bc)^2 = 0$, 故 $ad = bc$;

(d) $a^2d^2 + b^2c^2 - 2 = 0$.

4.7 $u_t = -\dfrac{n}{2}t^{-1-n/2}\mathrm{e}^{-\|\mathbf{X}\|^2/4t} + \dfrac{\|\mathbf{X}\|^2}{4t^2}t^{-n/2}\mathrm{e}^{-\|\mathbf{X}\|^2/4t} = -\dfrac{n}{2}t^{-1}u + \dfrac{\|\mathbf{X}\|^2}{4t^2}u$,

$$u_{x_j} = -\frac{x_j}{2t}u,$$

$$u_{x_jx_j} = -\frac{u}{2t} + \left(-\frac{x_j}{2t}\right)^2 u,$$

所以

$$u_{x_1x_1} + \cdots + u_{x_nx_n} = n\left(-\frac{1}{2t}\right)u + \frac{x_1^2 + \cdots + x_n^2}{4t^2}u = u_t.$$

4.9 对 $r^2 = x_1^2 + \cdots + x_n^2$ 求导, 得 $r_{x_k} = \dfrac{x_k}{r}$. 因此 $(r^p)_{x_k} = pr^{p-2}x_k$. 由乘积的求导法则, $(r^p)_{x_kx_k} = p(p-2)r^{p-4}x_kx_k + pr^{p-2}$. 对 k 从 1 到 n 求和, 得

$$\Delta(r^p) = p(p-2)r^{p-4}r^2 + npr^{p-2} = p(p-2+n)r^{p-2}.$$

当 $p = 2-n$ 时, 上式等于零.

4.11 (a) $((x^2+y^2+z^2)^{1/2})_x = x(x^2+y^2+z^2)^{-1/2}$,

$$((x^2+y^2+z^2)^{1/2})_{xx} = (x^2+y^2+z^2)^{-1/2} - x^2(x^2+y^2+z^2)^{-3/2}.$$

所以由对称性得

$$\Delta((x^2+y^2+z^2)^{1/2}) = (3-1)(x^2+y^2+z^2)^{-1/2} = 2(x^2+y^2+z^2)^{-1/2}.$$

(b) $u_x = v_r r_x = v_r \dfrac{x}{r}$ 且 $u_{xx} = v_{rr}\dfrac{x^2}{r^2} + r^{-1}v_r - v_r\dfrac{x^2}{r^3}$; 类似地, 可求出 u_{yy} 和 u_{zz}. 所以

$$\Delta u = v_{rr}\frac{x^2+y^2+z^2}{r^2} + 3r^{-1}v_r - v_r\frac{x^2+y^2+z^2}{r^3} = v_{rr} + 2r^{-1}v_r.$$

(c) 利用 (a) 和 (b),

$$\Delta(\Delta r) = \Delta(2r^{-1}) = 2((-1)(-2)r^{-3} + 2r^{-1}(-1)r^{-2}) = 2(2-2)r^{-3} = 0.$$

4.2 节

4.13 (a) $\nabla f(x,y) = (-2+2x, 4-8y+3y^2) = (-2+2x,\ (y-2)(3y-2))$, 从而驻点为 $(1,2)$ 和 $\left(1,\dfrac{2}{3}\right)$,

(b) $\mathcal{H}(x,y) = \begin{bmatrix} 2 & 0 \\ 0 & -8+6y \end{bmatrix}, \mathcal{H}\left(1,\ \dfrac{2}{3}\right) = \begin{bmatrix} 2 & 0 \\ 0 & -4 \end{bmatrix}, \mathcal{H}(1,2) = \begin{bmatrix} 2 & 0 \\ 0 & 4 \end{bmatrix}$;

(c) 由于$\mathbf{U}\cdot\mathcal{H}(1,\ 2)\mathbf{U} = 2u^2+4v^2$ 除原点外都是正的, 所以 $\mathcal{H}(1,2)$ 是正定的. 由于 $2u^2-4v^2$ 取值有正也有负, 所以$\mathcal{H}\left(1,\dfrac{2}{3}\right)$ 是不定的. 因此 f 在 $(1,2)$ 取得极小值, $\left(1,\dfrac{2}{3}\right)$ 是鞍点.

4.15 (a) $3x_1^2 + 4x_1x_2 + x_2^2 = \mathbf{X}\cdot\left(\begin{bmatrix} 3 & 2 \\ 2 & 1 \end{bmatrix}\mathbf{X}\right)$;

(b) $-x_1^2 + 5x_1x_2 + 3x_2^2 = \mathbf{X}\cdot\left(\begin{bmatrix} -1 & \dfrac{5}{2} \\ \dfrac{5}{2} & 3 \end{bmatrix}\mathbf{X}\right)$.

4.17 $\nabla f = (-3x^2+2x+y, x+6y)$, 在点 $(0,0)$ 处一阶导数为零.

$$\begin{bmatrix} f_{xx}(0,0) & f_{xy}(0,0) \\ f_{yx}(0,0) & f_{yy}(0,0) \end{bmatrix} = \begin{bmatrix} 2 & 1 \\ 1 & 6 \end{bmatrix}$$

是正定的, 所以 $f(0,0)$ 是极小值.

4.19 配方得$x^2+qxy+y^2 = \left(x+\dfrac{1}{2}qy\right)^2 + \left(1-\dfrac{q^2}{4}\right)y^2$, 所以当 $|q|<2$ 时, 矩阵正定.

4.21 在 $(0,0)$ 点, $\begin{bmatrix} f_{xx} & f_{xy} \\ f_{xy} & f_{yy} \end{bmatrix} = \begin{bmatrix} 2 & 0 \\ 0 & 4 \end{bmatrix}, \begin{bmatrix} g_{xx} & g_{xy} \\ g_{xy} & g_{yy} \end{bmatrix} = \begin{bmatrix} 0 & 0 \\ 0 & 4 \end{bmatrix}$. 对应的二次型

$$S_f(u,v) = 2u^2+4v^2, \quad S_g(u,v) = 4v^2.$$

前者是正定的, 而后者不是正定的, 因为 $S_g(u,0)=0$ 不是正的.

4.23 最近的点为 $\left(-\dfrac{1}{2},\ 1,\ \dfrac{1}{2}\right)$. 由于平面的方程可写为

$$-\frac{1}{2}x+y+\frac{1}{2}z=\frac{3}{2},$$

所以 $\left(-\dfrac{1}{2},\ 1,\ \dfrac{1}{2}\right)$ 也是平面的法向量. 作图可以看出来, 到原点最近的距离一定是沿着法线方向的距离.

4.3 节

4.25 (a) $\boldsymbol{\nabla}f(x,y,z)=\left(\dfrac{e^y}{1+x},\ \ln(1+x)e^y,\ \cos z\right)$ 不会是零向量, 所以没有极值;

(b) $f(0,0,0)=0,\ \boldsymbol{\nabla}f(0,0,0)=(1,0,1)$, 且

$$\mathcal{H}f(x,y,z)=\begin{bmatrix}-\dfrac{e^y}{(1+x)^2} & \dfrac{e^y}{1+x} & 0\\ \dfrac{e^y}{1+x} & \ln(1+x)e^y & 0\\ 0 & 0 & -\sin z\end{bmatrix},\quad \mathcal{H}f(0,0,0)=\begin{bmatrix}-1 & 1 & 0\\ 1 & 0 & 0\\ 0 & 0 & 0\end{bmatrix},$$

所以

$$\begin{aligned}p_2(\mathbf{H})&=f(0,0,0)+\boldsymbol{\nabla}f(0,0,0)\cdot\mathbf{H}+\frac{1}{2}\mathbf{H}^{\mathrm{T}}\mathcal{H}f(0,0,0)\mathbf{H}\\&=h_1+h_3+\frac{1}{2}(-h_1^2+2h_1h_2).\end{aligned}$$

4.27 (a) $\boldsymbol{\nabla}f(x,y,z)=(2x+y,x+2z+y,2y+3z^2)$. 从而驻点坐标满足

$$y=-2x,\qquad z=-\frac{1}{2}x+x,\qquad 2(-2x)+3\left(\frac{1}{4}x^2\right)=0,$$

解得 $(x,y,z)=(0,0,0)=\mathbf{0}$ 或者 $(x,y,z)=\left(\dfrac{16}{3},\ -\dfrac{32}{3},\ \dfrac{8}{3}\right)=\mathbf{A}$.

(b) 由于

$$\mathcal{H}f(x,y,z)=\begin{bmatrix}2 & 1 & 0\\ 1 & 1 & 2\\ 0 & 2 & 6z\end{bmatrix},$$

从而

$$\mathcal{H}f(\mathbf{0})=\begin{bmatrix}2 & 1 & 0\\ 1 & 1 & 2\\ 0 & 2 & 0\end{bmatrix},\qquad \mathcal{H}f(\mathbf{A})=\begin{bmatrix}2 & 1 & 0\\ 1 & 1 & 2\\ 0 & 2 & 16\end{bmatrix}.$$

对于 $\mathcal{H}f(\mathbf{A})$, 由于 $2>0, 1>0, -2\cdot 4+16=8>0$, 所以 $f(\mathbf{A})$ 是极小值;

(c) 对于 $\mathcal{H}f(\mathbf{0})$, 由于 $2>0$, $1>0$ 以及 $-8<0$, 所以 $\mathcal{H}f(\mathbf{0})$ 不是正定矩阵, 这样无法判定 $f(0,0,0)$ 是否极值. 但 $f(0,0,z)=z^3$ 的符号由 z 决定, 所以 $(0,0,0)$ 是鞍点.

4.29 (a) $f(\mathbf{X})=(x_1^2+\cdots)^{-1/2}$, 所以

$$\begin{aligned}f_{x_j}(\mathbf{X})&=-\frac{1}{2}(x_1^2+\cdots)^{-3/2}2x_j=-(x_1^2+\cdots)^{-3/2}x_j,\\ f_{x_jx_k}(\mathbf{X})&=3(x_1^2+\cdots)^{-5/2}x_kx_j-(x_1^2+\cdots)^{-3/2}\frac{\partial x_j}{\partial_{x_k}}\\ &=3(x_1^2+\cdots)^{-5/2}x_kx_j-(x_1^2+\cdots)^{-3/2}\delta_{jk},\end{aligned}$$

其中 δ_{jk} 是克罗内克符号, 即当 $j=k$ 时 $\delta_{jk}=1$, 而当 $j\neq k$ 时 $\delta_{jk}=0$;

(b) $f(\mathbf{A})=\|\mathbf{A}\|^{-1}$ 且由 (a) 有

$$\begin{aligned}f_{x_j}(\mathbf{A})&=\|\mathbf{A}\|^{-3}a_j,\\ f_{x_jx_k}(\mathbf{A})&=3\|\mathbf{A}\|^{-5}a_ka_j-\|\mathbf{A}\|^{-3}\delta_{jk}=\|\mathbf{A}\|^{-5}(3a_ka_j-\|\mathbf{A}\|^2\delta_{jk}).\end{aligned}$$

从而泰勒近似为

$$\begin{aligned}\|\mathbf{A}+\mathbf{H}\|^{-1}\approx& p_2(\mathbf{A}+\mathbf{H})\\ =&\|\mathbf{A}\|^{-1}+\|\mathbf{A}\|^{-3}\sum_{j=1}^{3}a_jh_j+\frac{1}{2}\|\mathbf{A}\|^{-5}\sum_{j,k=1}^{3}((3a_ka_j-\|\mathbf{A}\|^2\delta_{jk}))h_jh_k\\ =&\|\mathbf{A}\|^{-1}+\|\mathbf{A}\|^{-3}\mathbf{A}\cdot\mathbf{H}+\frac{1}{2}\|\mathbf{A}\|^{-5}(3(\mathbf{A}\cdot\mathbf{H})^2-\|\mathbf{A}\|^2\|\mathbf{H}\|^2).\end{aligned}$$

4.31 $p_1(\mathbf{X})=p_2(\mathbf{X})=p_3(\mathbf{X})=x_1+x_2+x_3+x_4$ 且 $p_4(\mathbf{X})=p_5(\mathbf{X})=x_1+x_2+x_3+x_4+x_1x_2x_3x_4$.

4.4 节

4.33 由于函数 $f(x,y)=3x^2+2xy+3y^2$ 在全平面上连续, 而水平集 $g(x,y)=x^2+y^2=1$ 是单位圆周 S, 这是一个有界闭集, 因此 $f(x,y)$ 在 S 上有最大值, 记对应的最大值点为 $\mathbf{A}$. 容易看出, g 在 S 上的每一点 $\mathbf{P}=(x,y)$ 都满足 $\nabla g(\mathbf{P})=(2x,2y)=2\mathbf{P}\neq\mathbf{0}$, 从而根据定理 4.11, 对最大值点 $\mathbf{A}=(x,y)$ 有 $\nabla(3x^2+2xy+3y^2)=\lambda\nabla(x^2+y^2)$, 即 $(6x+2y,2x+6y)=\lambda(2x,2y)$. 方程组

$$(6-2\lambda)x+2y=0,\qquad 2x+(6-2\lambda)y=0,\qquad x^2+y^2=1,$$

给出 $y=(-3+\lambda)x$, 进而 $x+(3-\lambda)(-3+\lambda)x=0$, 可得 $x=0$ 或者 $1-(\lambda-3)^2=0$. 即我们有 $x=0$ 或 $\lambda=2$ 或 $\lambda=4$. 下面分类讨论.

当 $x=0$ 时, $y=\pm 1$, 从而对应的函数值

$$Q(0,1)=Q(0,-1)=3.$$

当 $\lambda=2$ 时, $y=-x=\pm\frac{1}{\sqrt{2}}$, 得到对应的函数值

$$Q\left(\frac{1}{\sqrt{2}},\ -\frac{1}{\sqrt{2}}\right)=Q\left(\frac{-1}{\sqrt{2}},\ \frac{1}{\sqrt{2}}\right)=(3-2+3)\frac{1}{2}=2.$$

当 $\lambda=4$ 时, $y=x=\pm\frac{1}{\sqrt{2}}$, 得到对应的函数值

$$Q\left(\frac{1}{\sqrt{2}},\ \frac{1}{\sqrt{2}}\right)=Q\left(\frac{-1}{\sqrt{2}},\ \frac{-1}{\sqrt{2}}\right)=(3+2+3)\frac{1}{2}=4.$$

于是, $f(x,y)=3x^2+2xy+3y^2$ 在单位圆周上的最大值是 4, 对应的最大值点为 $\mathbf{A}=\pm\left(\frac{1}{\sqrt{2}},\ \frac{1}{\sqrt{2}}\right)$.

4.35 解方程组

$$\boldsymbol{\nabla}(\|\mathbf{X}-\mathbf{A}\|^2)=\lambda\boldsymbol{\nabla}(\mathbf{C}\cdot\mathbf{X}),\quad \mathbf{C}\cdot\mathbf{X}=0,$$

即

$$2(\mathbf{X}-\mathbf{A})=\lambda\mathbf{C},\quad \mathbf{C}\cdot\mathbf{X}=0,$$

可得

$$\mathbf{X}=\mathbf{A}+\frac{1}{2}\lambda\mathbf{C},\quad \mathbf{C}\cdot\mathbf{X}=\mathbf{C}\cdot\mathbf{A}+\frac{1}{2}\lambda\|\mathbf{C}\|^2=0.$$

因此

$$\lambda=-\frac{2\mathbf{C}\cdot\mathbf{A}}{\|\mathbf{C}\|^2},\quad \mathbf{X}=\mathbf{A}-\frac{\mathbf{C}\cdot\mathbf{A}}{\|\mathbf{C}\|^2}\mathbf{C},$$

最小距离为 $\frac{|\mathbf{C}\cdot\mathbf{A}|}{\|\mathbf{C}\|}$.

4.37 要求$f(x,y)=[x\ y]\begin{bmatrix}1&2\\2&-2\end{bmatrix}\begin{bmatrix}x\\y\end{bmatrix}=x^2+4xy-2y^2$ 在约束条件 $g(x,y)=x^2+y^2=1$ 下的最大值. 求解 $\boldsymbol{\nabla}f=\lambda\boldsymbol{\nabla}g$, 即

$$(2x+4y,4x-4y)=\lambda(2x,2y).$$

可得 $2\mathbf{AX}=\lambda 2\mathbf{X}$. 两边同除以 2, 得

$$(1-\lambda)x+2y=0,$$

$$2x-(2+\lambda)y=0.$$

所以 $(x,y)=(0,0)$ 或行列式

$$(1-\lambda)(-2-\lambda)-4=0.$$

得 $\lambda=2$ 或 -3. 因此最大值为 2, 最大值点 (x,y) 满足

$$-x+2y=0.$$

可得 $x=2y$ 以及 $x^2+y^2=5y^2=1$, 或

$$\mathbf{A}\begin{bmatrix}\dfrac{2}{\sqrt{5}}\\\dfrac{1}{\sqrt{5}}\end{bmatrix}=2\begin{bmatrix}\dfrac{2}{\sqrt{5}}\\\dfrac{1}{\sqrt{5}}\end{bmatrix}.$$

4.39 函数 $f(x,y,z)=(x+1)^2+y^2+z^2$, $g(x,y,z)=x^3+y^2+z^2=1$. 求解 $\nabla f=\lambda\nabla g$ 和 $x^3+y^2+z^2=1$.

$$2(x+1)=\lambda(3x^2),\quad 2y=\lambda(2y),\quad 2z=\lambda(2z).$$

情形 1: 如果 y 或者 z 不等于 0, 则 $\lambda=1$, $x=\dfrac{2\pm\sqrt{4-4(3)(-2)}}{6}=\dfrac{1\pm\sqrt{7}}{3}$. 当$x=\dfrac{1+\sqrt{7}}{3}$ 时, 由于 $y^2+z^2=1-\left(\dfrac{1+\sqrt{7}}{3}\right)^3<0$, 舍掉. 因此只能取 $x=\dfrac{1-\sqrt{7}}{3}$. 从而

$$y^2+z^2=1-\left(\frac{1-\sqrt{7}}{3}\right)^3=1+\left(\frac{\sqrt{7}-1}{3}\right)^3$$

且

$$\begin{aligned}f\left(\frac{1-\sqrt{7}}{3},y,z\right)&=\left(1+\frac{1-\sqrt{7}}{3}\right)^2+y^2+z^2\\&=\left(1+\frac{1-\sqrt{7}}{3}\right)^2+1+\left(\frac{\sqrt{7}-1}{3}\right)^3\\&<\left(\frac{2}{3}\right)^2+1+\left(\frac{2}{3}\right)^3<3.\end{aligned}$$

情形 2: 如果 $y=z=0$, 则 $x^3=1$, 从而 $x=1$, $f(1,0,0)=(1+1)^2=4$.

因此, 在约束条件 $x^3+y^2+z^2=1$ 下, $f(x,y,z)=(x+1)^2+y^2+z^2$ 的最小值为

$$\left(1+\frac{1-\sqrt{7}}{3}\right)^2+1+\left(\frac{\sqrt{7}-1}{3}\right)^3,$$

最小值点位于圆周

$$x=\frac{1-\sqrt{7}}{3},\qquad y^2+z^2=1+\left(\frac{\sqrt{7}-1}{3}\right)^3.$$

第 5 章

5.1 节

5.1 (a) 向量 $\mathbf{X}'(t)=\mathbf{0}$, 加速度 $\mathbf{X}''(t)=\mathbf{0}$, 速率 $\|\mathbf{X}'(t)\|=0$.

(b) $(1, 1, 1)$, $\mathbf{0}$, $\sqrt{3}$.

(c) $(-1, -1, 1)$, $\mathbf{0}$, $\sqrt{3}$.

(d) $(1, 2, 3)$, $\mathbf{0}$, $\sqrt{14}$.

(e) $(1, 2t, 3t^2)$, $(0, 2, 6t)$, $\sqrt{1+4t^2+9t^4}$.

5.3 (a) $\mathbf{V}(t)=\mathbf{X}'(t)=r\omega(-\sin(\omega t),\cos(\omega t))$, 因此 $\mathbf{V}(t)\cdot\mathbf{X}(t)=0$.

(b) $\|\mathbf{V}(t)\|=r\omega\|(-\sin(\omega t),\cos(\omega t))\|=r\omega$.

(c) $\mathbf{X}''(t)=-r\omega^2(\cos(\omega t),\sin(\omega t))$ 与 $\mathbf{X}(t)$ 相差负常数, 因此指向原点.

(d) $\|\mathbf{X}''(t)\|=r\omega^2\|(\cos(\omega t),\sin(\omega t))\|=r\omega^2$.

5.5 对 $\mathbf{X}\cdot\mathbf{X}=$ 常数两边求导得到 $\mathbf{X}'\cdot\mathbf{X}=0$. 因为 $\mathbf{X}(t)$ 在球面上, 所以 $\mathbf{X}'(t)$ 是切向量.

5.7 $\mathbf{F}$ 是常向量, $\mathbf{X}(t)=\mathbf{A}+\mathbf{B}t+\dfrac{1}{2m}\mathbf{F}t^2$ 意味着 $\mathbf{X}'(t)=\mathbf{B}+\dfrac{1}{m}\mathbf{F}t$ 和 $\mathbf{X}''(t)=\dfrac{1}{m}\mathbf{F}$, 因此 $\mathbf{F}=m\mathbf{X}''$, $\mathbf{X}(0)=\mathbf{A}$, $\mathbf{X}'(0)=\mathbf{B}$.

5.9 (a) $\mathbf{X}(t)$ 是 $\mathbf{A}$ 的倍数, 所以质点沿通过原点包含 $\mathbf{A}$ 的直线运动 (若 $\mathbf{A}=\mathbf{0}$ 则停留在原点). 许多平面包含该直线.

(b) 与 (a) 相同.

(c) $\mathbf{X}(t)$ 是 $\mathbf{A},\mathbf{B}$ 的线性组合, 因此在通过原点包含 $\mathbf{A},\mathbf{B}$ 的直线内. 若 $\mathbf{A},\mathbf{B}$ 线性相关, 则质点沿直线运动 (或者停留在原点), 此时许多平面包含该直线.

5.11 $\mathbf{X}(0)=\mathbf{C}$, $\mathbf{X}'(t)=\mathrm{e}^{-kt}\mathbf{D}$, $\mathbf{X}'(0)=\mathbf{D}$, $\mathbf{X}''(t)=-k\mathrm{e}^{-kt}\mathbf{D}=-k\mathbf{X}'(t)$. 当 t 从 0 增大到无穷, $\mathbf{X}(t)$ 从 $\mathbf{C}$ 变到 $\mathbf{C}+\dfrac{1}{k}\mathbf{D}$ 时, 质点的位移量为 $\dfrac{1}{k}\mathbf{X}'(0)$.

5.13 (a) $\mathbf{V}\times(0,0,b)=(v_1\mathbf{i}+v_2\mathbf{j}+v_3\mathbf{k})\times(b\mathbf{k})=-bv_1\mathbf{j}+bv_2\mathbf{i}=(bv_2,-bv_1,0)$.

(b) 若 $\mathbf{X}(t)=(a\sin(\omega t),a\cos(\omega t),bt)$, 则

$$\mathbf{V}(t)=\mathbf{X}'(t)=(a\omega\cos(\omega t),-a\omega\sin(\omega t),b),$$
$$\mathbf{V}'(t)=\mathbf{X}''(t)=(-a\omega^2\sin(\omega t),-a\omega^2\cos(\omega t),0)$$

且

$$(bv_2(t),-bv_1(t),0)=(-ba\omega\sin(\omega t),-ba\omega\cos(\omega t),0).$$

因此 $\mathbf{V}' = \mathbf{V} \times \mathbf{B}$.

(c) 力和加速度水平指向 x_3 轴.

5.2 节

5.15 (a) 从 $(x(t), y(t)) = (a\cos\omega t, a\sin\omega t)$, 得到

$$x^2 + y^2 = a^2\cos^2\omega t + a^2\sin^2\omega t = a^2,$$

因此 $r = a$.

(b) 从 $(x(t), y(t)) = (a\cos\omega t, a\sin\omega t)$, 得到

$$(x', y') = (-a\omega\sin\omega t, a\omega\cos\omega t), \quad (x'', y'') = (-a\omega^2\cos\omega t,\ -a\omega^2\sin\omega t).$$

注意到 $(x'', y'') = -\omega^2(x, y)$. 利用 (a), 得到

$$x'' + \frac{x}{(x^2+y^2)^{3/2}} = (-\omega^2 + a^{-3})x, \quad y'' + \frac{y}{(x^2+y^2)^{3/2}} = (-\omega^2 + a^{-3})y,$$

若 $\omega^2 a^3 = 1$, 以上两个表达式都等于 0.

(c) 常数 A 定义为

$$\begin{aligned} A = xy' - yx' &= (a\cos\omega t)(a\omega\cos\omega t) - (a\sin\omega t)(-a\omega\sin\omega t) \\ &= a^2\omega(\cos^2\omega t + \sin^2\omega t) = a^2\omega. \end{aligned}$$

5.17 (a) 根据导数定义, 误差是 h 的高阶项.

(b) 见问题 1.80.

(c) 可由 (5.11) 式直接推出.

(d) 面积的变换率是 $\frac{1}{2}A$, T 是走完一圈的时间, 因此面积等于 $\frac{1}{2}AT$.

5.19 我们假定

$$f'' + \frac{f}{(f^2+g^2)^{3/2}} = 0, \qquad g'' + \frac{g}{(f^2+g^2)^{3/2}} = 0.$$

在第一个方程中, 将 f 替换为 $-f$ 的效果与两边同乘以 -1 相同, 因此 f 可以替换为 $-f$. $xy' - yx'$ 原来的值 $= fg' - gf'$, 而新的值 $= (-f)g' - g(-f') = -(fg' - gf')$, 因此若原来的值为负, 则现在的值为正.

5.21 (a) $-pr > 0$, 因此必定有 $q - y > 0$.

(b) 在 y 轴上, $r = |y|$, 故 $-p|y| = q - y$ 有正解 $y = \dfrac{q}{1-p}$ 与负解 $y = \dfrac{q}{1+p}$. 但由于轨道是左右对称 (归因于 x^2), 它只能是椭圆.

(c) 其中一个轴的长度为 $\dfrac{q}{1-p} - \dfrac{q}{1+p} = 2\dfrac{pq}{1-p^2}$, 另一个轴的长度 x 所对应

的 y 必定为以上两个 y 值的一半: $y = \frac{1}{2}\left(\frac{q}{1-p} + \frac{q}{1+p}\right) = \frac{q}{1-p^2}$, 因此,

$$-pr = q - y = q - \frac{q}{1-p^2} = \frac{-p^2 q}{1-p^2}.$$

因此,

$$x = \sqrt{r^2 - y^2} = \sqrt{\frac{p^2q^2 - q^2}{(1-p^2)^2}} = \frac{q}{\sqrt{p^2-1}}.$$

从而短半轴为 $a = \frac{q}{\sqrt{p^2-1}}$, 长半轴为 $b = \frac{-pq}{p^2-1}$.

(d) 利用 (5.18) 和 (5.22), 得到 $A = \sqrt{\frac{q}{-p}}$, 因此,

$$b = \frac{q}{\sqrt{p^2-1}} = \frac{\sqrt{q}}{\sqrt{p^2-1}} A\sqrt{-p} = Aa.$$

(e) 因此 $\frac{1}{2}AT = \pi ab = \pi A a^{3/2}$.

5.23 (a) 由于 $\nabla\|\mathbf{X}\| = \|\mathbf{X}\|^{-1}\mathbf{X}$, 链式法则给出

$$\nabla\left(\frac{1}{4}\|\mathbf{X}\|^{-4}\right) = -\|\mathbf{X}\|^{-5}\nabla\|\mathbf{X}\| = -\|\mathbf{X}\|^{-6}\mathbf{X}.$$

(b) 能量 $\frac{1}{2}\|\mathbf{X}'\|^2 - \frac{1}{4}\|\mathbf{X}\|^{-4}$ 是常数; 由于 $\mathbf{X}' = (-a\sin\theta, a\cos\theta)\theta'$, 它就是

$$\frac{1}{2}a^2(\theta')^2 - \frac{1}{4}a^{-4}((1+\cos\theta)^2 + \sin^2\theta)^{-2} = \frac{1}{2}a^2(\theta')^2 - \frac{1}{4}a^{-4}(2+2\cos\theta)^{-2}.$$

(c) 利用 (b), $\frac{1}{2}a^2k^2 - \frac{1}{16a^4} = 0$, 因此 $k^2 = \frac{1}{8a^6}$, 即 $k = \frac{1}{\sqrt{8}a^3}$.

(d) 你的草图将表明 $f(\theta) = \theta + \sin\theta$ 是 $\theta \in [0, \pi]$ 的单调递增函数, 因此它有反函数. 这就通过令 $\theta(t) = f^{-1}(kt)$ 求解了方程 $\theta + \sin\theta = kt$.

(e) 当 t 满足 $\theta(t) = \pi$ 时, 这个运动从半圆坍塌到原点, 因为在那一时刻, 有 $\mathbf{X}(t) = (a + a\cos\pi, a\sin\pi) = (0, 0)$. 因为 $\theta(t)$ 由 $\theta + \sin\theta = kt$ 定义且 $\theta(t) = \pi$, 我们得到 $\pi + \sin\pi = kt$ 或 $t = \frac{\pi}{k}$.

5.25

$$\mathbf{Y}''(t) = ab^2\mathbf{X}''(bt) = -ab^2\frac{\mathbf{X}}{\|\mathbf{X}\|^3} = -ab^2\frac{a^{-1}\mathbf{Y}}{\|a^{-1}\mathbf{Y}\|^3} = -a^3b^2\frac{\mathbf{Y}}{\|\mathbf{Y}\|^3}.$$

若 $a^3b^2 = 1$, 这就是 $-\frac{\mathbf{Y}}{\|\mathbf{Y}\|^3}$.

第 6 章

6.1 节

6.1 (a) 14.

(b) 相交.

6.3 (a) $36, \dfrac{36}{4}=9$;

(b) $64, \dfrac{64}{4}=16$;

(c) $39, \dfrac{39}{4}=9.75$;

(d) $39>64-36$.

6.5 $D\cup E$ 中与公共边界相交的 h-方体的体积不超过 sh, 这里 s 仅依赖于公共曲面. 由于 h 趋于零时它趋于零, 我们得到可加性.

6.7 (a) 平板宽 15, 长 21. 由上下界性质, 质量介于 $2\cdot 15\cdot 21=630$ 和 $7\cdot 15\cdot 21=2205$ 之间.

(b) D_1 宽 15, 长 9, D_2 宽 15, 长 12. 因此,

$$2\cdot 15\cdot 9=270\leqslant m(D_1)\leqslant 4\cdot 15\cdot 9=540,\quad 720\leqslant m(D_2)\leqslant 1260.$$

由可加性可得 $990\leqslant m(D)\leqslant 1800$.

(c) $m(D)\geqslant 2\cdot 9\cdot 12+2\cdot 3\cdot 9+4\cdot 5\cdot 12+6\cdot 10\cdot 12=1230$, $m(D)\leqslant 4\cdot 9\cdot 12+2\cdot 3\cdot 9+6\cdot 5\cdot 12+7\cdot 10\cdot 12=1686$. 因此 $1230<m(D)\leqslant 1686$.

6.9 (a) $\displaystyle\int_C \delta\mathrm{d}V=\delta V(C)=200\cdot 0.05=10$, 和是 30, 所以 $\displaystyle\int_D \rho\mathrm{d}V=20$.

(b) $\displaystyle\rho_{\min}\cdot 0.05\leqslant\int_D \rho\mathrm{d}V=20\leqslant\rho_{\max}\cdot 0.05$. 因此,

$$\rho_{\min}\leqslant\frac{20}{0.05}=400,\qquad \rho_{\max}\geqslant\frac{20}{0.05}=400.$$

6.2 节

6.11 (a) $\displaystyle\int_D 1\mathrm{d}A=A(D)$. 由一元微积分的分部积分可得

$$\int_1^2 \ln x\mathrm{d}x=\Big[x\ln x\Big]_1^2-\int_1^2 x\frac{1}{x}\mathrm{d}x=-1+2\ln 2.$$

(b) $\displaystyle\int_D x\mathrm{d}A$, D 是矩形 $0\leqslant x\leqslant 3, -1\leqslant y\leqslant 1$. $z=x$ 的图像是平面, 在 D 上

$z \geqslant 0$, 所以 $\int_D x\mathrm{d}A$ 是 D 上 $z=x$ 下方围成的区域 R 的体积. R 是楔形, 则

$$\int_D x\mathrm{d}A = V(R) = \frac{1}{2}(3\cdot 3\cdot 2) = 9.$$

(c) 单位球内一半的体积, $\frac{1}{2}\frac{4}{3}\pi = \frac{2\pi}{3}$.

(d) 与 (c) 相同.

6.13　只有 (b), (c), (d).

6.15　D 表示以原点为圆心的单位圆盘

$$\int_D (y^3+3xy+2)\mathrm{d}A = \int_D y^3\mathrm{d}A + 3\int_D xy\mathrm{d}A + 2\int_D \mathrm{d}A.$$

由对称性 $\int_D y^3\mathrm{d}A = 0$, $\int_D xy\mathrm{d}A = 0$, 又 $\int_D \mathrm{d}A = A(D)$, 所以

$$\int_D (y^3+3xy+2)\mathrm{d}A = 2\pi.$$

6.17　(a) 假设 $f(a,b)=p>0$, 因为 f 连续, 取 $\epsilon = \frac{1}{2}p$, 则存在 $r>0$ 使得

$$(x-a)^2+(y-b)^2<r^2$$

时

$$|f(x,y)-f(a,b)| < \frac{1}{2}p.$$

因此当 $(x,y)\in D$ 时 $f(x,y) > \frac{1}{2}p$.

(b) (b) 是下界性质.

(c) 由 (a) 和 (b) 得 $\int_{\text{圆盘}} f\mathrm{d}A > 0$, 这与 $\int_{\text{任意区域}} f\mathrm{d}A = 0$ 矛盾. 因此 f 在 $\mathbb{R}^2$ 的任何点不是正的.

(d) 将 (c) 应用于 $-f$, 则 $-f$ 在 $\mathbb{R}^2$ 的任何点不是正的, 因此 f 在任何点都不是负的.

6.19　求和指标是 $i^2+j^2 \leqslant 10h^{-2}$, 于是 $j=0$ 时 $i^2h^2\leqslant 10$, 即 $-\sqrt{10}\leqslant ih \leqslant \sqrt{10}$. 类似地, 当 $i=0$ 时, $-\sqrt{10}\leqslant jh\leqslant\sqrt{10}$. 因此与第二个积分更接近.

6.21　(a) 因为正弦函数取值范围是 -1 到 1, 由此可得积分的估计.

(b)

$$J = 0.423 + \int_C \sin\left(\frac{1}{(1-x^2)(1-y^2)}\right)\mathrm{d}A,$$

这里 C 包含单位正方形中横坐标距离右边小于 0.001 或者纵坐标距离上边 0.001 的点. 因为 $A(C) < 0.002$, 所以后一个积分介于 -0.002 和 0.002 之间, 于是

$$0.421 < J < 0.425.$$

6.23 (a) (i) $g \leqslant f$ 是已知条件.

(ii) 由定理 6.8(c): 由 $0 \leqslant f - g$ 得到 $0 \leqslant \int (f-g)\mathrm{d}A$.

(iii) 由定理 6.8(a) 和 (b): $\int (f-g)\mathrm{d}A = \int f\mathrm{d}A - \int g\mathrm{d}A$.

(iv) 在不等式两侧加上 $\int g\mathrm{d}A$.

(b) (i) 因为 $C \subset D$.

(ii) 用与 $\int_C f\mathrm{d}A$ 黎曼和相同的点构造 $\int_D f\mathrm{d}A$ 的黎曼和. 由 $f \geqslant 0$ 可知 D 中额外增加的项是非负的.

(iii) D 的黎曼和趋向于 $\int_D f\mathrm{d}A$, 它们比 C 的黎曼和大.

(iv) 由 (c) 得 $\int_D f\mathrm{d}A$ 是 C 的黎曼和的上界, 所以极限 $\int_C f\mathrm{d}A \leqslant \int_D f\mathrm{d}A$.

6.3 节

6.25 $\displaystyle\int_{-1}^{1}\left(\int_0^{\sqrt{1-x^2}} y\mathrm{d}y\right)\mathrm{d}x = \int_{-1}^{1}\frac{1}{2}(1-x^2)\mathrm{d}x = \frac{1}{2}\left(2-\frac{2}{3}\right) = \frac{2}{3}.$

6.27 (a) 在 D 内 $x \leqslant 0 \leqslant \sqrt{y}$, 所以 $x \leqslant \sqrt{y}+x \leqslant \sqrt{y}$, 于是

$$\int_D x\mathrm{d}A \leqslant \int_D (\sqrt{y}+x)\mathrm{d}A \leqslant \int_D \sqrt{y}\mathrm{d}A.$$

(b) 在 D 内 $-1 \leqslant x \leqslant y-1, 0 \leqslant y \leqslant 1$.

$$\begin{aligned}\int_D x\mathrm{d}A &= \int_0^1\left(\int_{-1}^{y-1} x\mathrm{d}x\right)\mathrm{d}y = \int_0^1 \frac{1}{2}\left((y-1)^2-1\right)\mathrm{d}y \\ &= \frac{1}{2}\left[\frac{1}{3}(y-1)^3 - y\right]_0^1 = -\frac{1}{2}+\frac{1}{6} = -\frac{1}{3}.\end{aligned}$$

$$\begin{aligned}\int_D \sqrt{y}\mathrm{d}A &= \int_0^1\left(\int_{-1}^{y-1}\sqrt{y}\mathrm{d}x\right)\mathrm{d}y = \int_0^1 \sqrt{y}(y-1-(-1))\mathrm{d}y \\ &= \int_0^1 y^{\frac{3}{2}}\mathrm{d}y = \left[\frac{2}{5}y^{\frac{5}{2}}\right]_0^1 = \frac{2}{5}.\end{aligned}$$

$$\int_D (\sqrt{y}+x)\mathrm{d}A = \frac{2}{5} - \frac{1}{3}.$$

6.29

$$\int_R \sin y \mathrm{d}A = \int_0^1 \left(\int_{y^2}^1 \sin y \mathrm{d}x\right) \mathrm{d}y = \int_0^1 (1-y^2)\sin y \mathrm{d}y$$
$$= \Big[(1-y^2)(-\cos y)\Big]_0^1 - \int_0^1 2y\cos y \mathrm{d}y$$
$$= 1 - 2\left(\Big[y\sin y\Big]_0^1 - \int_0^1 \sin y \mathrm{d}y\right)$$
$$= 1 - 2\sin 1 - 2(\cos 1 - 1)$$
$$= 3 - 2\sin 1 - 2\cos 1.$$

6.31 $1, 3, 2, 5, 1$:

$$\int_{[0,2]\times[-1,(1)]} (3xy^2 + 5x^4y^3)\mathrm{d}A$$
$$= (3)\left(\int_0^{(2)} x\mathrm{d}x\right)\left(\int_{-1}^1 y^2\mathrm{d}y + (5)\right)\left(\int_0^2 x^4\mathrm{d}x\right)\left(\int_{-1}^{(1)} y^3\mathrm{d}y\right).$$

6.4 节

6.33 (a) 三角形相应的部分成比例, 所以

$$\frac{kh^2 + hc}{\ell + ha} = \frac{hc}{ha}.$$

解得 $\ell = \dfrac{h^2ka}{c}$.

(b) 类似得 $\dfrac{m}{hb} = \dfrac{h^2k + hc}{hc}$, 解得 $m = hb + \dfrac{b}{c}kh^2$.

(c) 面积的改变是

$$\frac{1}{2}m(\ell+ha) - \frac{1}{2}(hahb) = \frac{1}{2}\left(hb + \frac{b}{c}kh^2\right)\left(\frac{h^2ka}{c} + ha\right) - \frac{1}{2}(hahb) = \frac{1}{2}k\frac{ab}{c}h^3 + k^2\frac{ab}{c}h^4.$$

如果 h 比较小, 那么它不超过 h^3 的倍数.

6.35 $\det\begin{bmatrix} 2u & -2v \\ 2v & 2u \end{bmatrix} = 4(u^2+v^2)$. 它在 $(1,0)$ 的值是 4. 三角形顶点映射到 $(1,0), (1.21,0), (0.99,0.2)$, 所以面积大概放大了四倍.

6.37

$$\int_D \mathrm{e}^{-\|\mathbf{x}\|}\mathrm{d}A = \int_0^{2\pi}\int_a^b \mathrm{e}^{-r} r\mathrm{d}r\mathrm{d}\theta = \left(\int_0^{2\pi} \mathrm{d}\theta\right)\left(\int_a^b \mathrm{e}^{-r} r\mathrm{d}r\right).$$

分部积分可得

$$\int_a^b \mathrm{e}^{-r} r\mathrm{d}r = \big[(-1)r\mathrm{e}^{-r}\big]_a^b + \int_a^b \mathrm{e}^{-r}\mathrm{d}r$$

$$
\begin{aligned}
&= \left[-r\mathrm{e}^{-r} - \mathrm{e}^{-r}\right]_a^b \\
&= (-1-b)\mathrm{e}^{-b} + (1+a)\mathrm{e}^{-a}.
\end{aligned}
$$

因此,

$$\int_D \mathrm{e}^{-\|\mathbf{X}\|}\mathrm{d}A = 2\pi\big((-1-b)\mathrm{e}^{-b} + (1+a)\mathrm{e}^{-a}\big).$$

6.39 如图 10.3 所示.

(a) 水平拉伸 5 倍, 垂直拉伸 3 倍.

(b) 交换 u, v, 然后利用 (a).

(c) 右边 $(u=1)$ 变到了底部 $(y=0)$, 左边变到顶部.

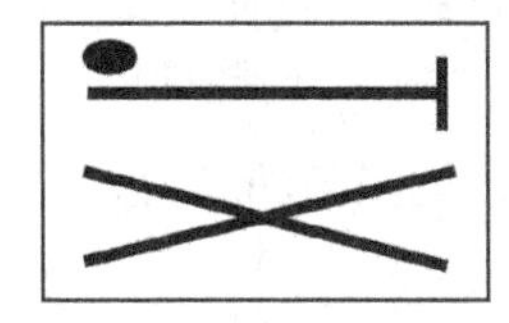 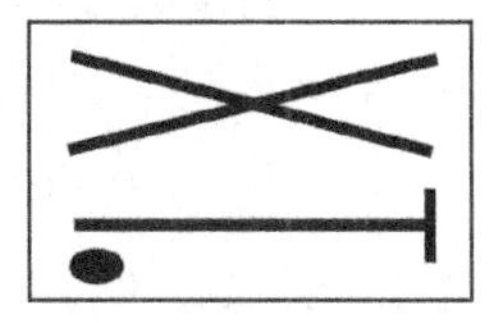

图 10.3 问题 6.39 中的初值

6.41 (a) 左边等于 $5\cdot 3 + \dfrac{5^2}{2}\dfrac{3^2}{2}$, 右边等于 $15 + (15)^2\dfrac{1}{2}\dfrac{1}{2}$, 两者相等, 正确.

(b) 两边相差一个负号.

(c) 左边等于 $5\cdot 3 + \dfrac{5^2}{2}\dfrac{3^2}{2}$, 右边等于 $15 + 15^2\dfrac{1}{2}\left(1-\dfrac{1}{2}\right)$, 两者相等, 正确.

6.5 节

6.43 $D_n = [0,n]\times[0,1]$ 是递增的有界矩形序列, 它们的并集是 D.

(a) $\displaystyle\int_{D_n} \mathrm{e}^{-x}\mathrm{d}x\mathrm{d}y = \int_0^1 (-\mathrm{e}^{-n}+1)\mathrm{d}y \to 1$, 所以 $\displaystyle\int_D \mathrm{e}^{-x}\mathrm{d}x\mathrm{d}y = 1$.

(b) $\displaystyle\int_{D_n} \mathrm{e}^{-x\sqrt{y}}\mathrm{d}x\mathrm{d}y = \int_0^1 \frac{-\mathrm{e}^{-n\sqrt{y}+1}}{\sqrt{y}}\mathrm{d}y$. 令 $y=t^2$, 则该积分等于

$$\int_0^1 (-\mathrm{e}^{-nt}+1)2\mathrm{d}t = \frac{\mathrm{e}^{-n}-1}{n}2 + 2,$$

当 n 趋于 ∞ 时, 它趋于 2. 所以 $\displaystyle\int_{D_n} \mathrm{e}^{-x\sqrt{y}}\mathrm{d}x\mathrm{d}y = 2$.

(c) 在每个 $\dfrac{k-1}{n} \leqslant y \leqslant \dfrac{k}{n}$ 的小矩形上, 有 $\mathrm{e}^{-xy} \geqslant \mathrm{e}^{-xk/n}$, 则

$$\int_0^n \int_{\frac{k-1}{n}}^{\frac{k}{n}} \mathrm{e}^{-xy}\mathrm{d}y\mathrm{d}x \geqslant \int_0^n \frac{1}{n}\mathrm{e}^{-xk/n}\mathrm{d}x = \frac{1}{k}(1-\mathrm{e}^{-k}) > \frac{1}{2k}.$$

将它们相加得到

$$\int_{D_n} \mathrm{e}^{-xy}\mathrm{d}A > \frac{1}{2}\left(1 + \frac{1}{2} + \frac{1}{3} + \cdots + \frac{1}{n}\right),$$

它是发散的, 因此 $\int_D e^{-xy}dxdy$ 不存在.

6.45 只有第三和第四可积.

6.47 在 $\int_{-\infty}^{\infty} e^{-x^2}dx = \sqrt{\pi}$ 中令 $x = \frac{y}{\sqrt{4t}}$ 得到 $\sqrt{4\pi t}$.

6.49 第一种证明: 如果 $f(\mathbf{X}) = p > 0$, 由连续性定义 $\left(取\ \epsilon = \frac{p}{2}\right)$ 存在以 $\mathbf{X}$ 为中心的圆盘使得 $f > \frac{p}{2}$, 所以在此圆盘内 $f = f_+$, 因此 f_+ 在该圆盘内连续, 特别在 $\mathbf{X}$ 处连续. 如果 $f(\mathbf{X}) < 0$, 那么存在一个圆盘使得 $f < 0$, 所以此时 $f_+ = 0$. f_+ 在该圆盘内连续, 特别地, 在 $\mathbf{X}$ 处连续. 如果 $f(\mathbf{X}) = 0$, $\epsilon > 0$, 存在以 $\mathbf{X}$ 为中心的圆盘使得 $|f| < \epsilon$. 因为在该圆盘内的每一点 $\mathbf{Y}$, $f_+(\mathbf{Y})$ 等于 0 或 $f(\mathbf{Y})$, 我们有 $|f_+(\mathbf{Y}) - f_+(\mathbf{X})| = |f_+(\mathbf{Y})| < \epsilon$. 于是 f_+ 在 $\mathbf{X}$ 处连续.

第二种证明: $f_+ = \frac{1}{2}(f + |f|)$ 是两个连续函数的和, 因此连续.

6.51 (a) 集合是矩形 $[0,1] \times [0,2]$ 在直线 $y = 2 - x$ 下面的部分.

(b)
$$\int_{x+y\leqslant 2} p(x,y)dA = 0 + \int_0^1 \int_0^{2-x} \frac{2x+2-y}{4}dydx$$
$$= \int_0^1 \left[\frac{(2x+2)y - \frac{1}{2}y^2}{4}\right]_{y=0}^{2-x} dx$$
$$= \int_0^1 \frac{(2x+2)(2-x) - \frac{1}{2}(2-x)^2}{4}dx = \frac{19}{24}.$$

6.53 (x,y) 不在 D 中的概率等于 1 减去 (x,y) 在 D 中的概率.

6.55 (a)
$$\int_0^{2\pi}\int_0^n \left(\frac{r}{1+r^4}\right)^2 rdrd\theta = 2\pi\int_0^n \frac{r^3}{(1+r^4)^2}dr$$
$$= 2\pi\left[-\frac{1}{4}(1+r^4)^{-1}\right]_0^n$$
$$= \frac{\pi}{2}\left(\frac{1}{1+n^4} - 1\right),$$

当 $n \to \infty$ 时, 它是收敛的.

(b) e^{-r} 趋于零的速度远快于 $\frac{r}{1+r^4}$, 因此它是可积的.

(c) 由 $|x| \leqslant \sqrt{x^2+y^2} = r$, 与 (a) 相比可知该函数可积.

(d) $$\int_0^{2\pi}\int_0^n (ye^{-r})^2 rdrd\theta = 2\pi\int_0^n y^2 e^{-2r} rdr \leqslant 2\pi\int_0^n r^2 e^{-2r} rdr$$

$$= 2\pi \int_0^n \mathrm{e}^{-2r} r^3 \mathrm{d}r \leqslant 2\pi \int_0^n \mathrm{e}^{-r} \max(\mathrm{e}^{-r} r^3) \mathrm{d}r$$
$$\leqslant 常数 \int_0^n \mathrm{e}^{-r} \mathrm{d}r,$$

当 $n \to \infty$ 时它是收敛的.①

6.6 节

6.57 (a) 由定义是 a^5.

(b) 由累次积分得 $\left(\int_0^a x_1^2 \mathrm{d}x_1\right)(a^4) = \frac{1}{3}a^7$.

(c) 由 (b) 和累次积分得

$$\frac{1}{3}a^7 - \frac{1}{3}a^7 + 7a^3 \int_0^a x_5 \mathrm{d}x_5 \int_0^a x_3 \mathrm{d}x_3 = 7a^3 \left(\frac{1}{2}a^2\right)^2 = \frac{7}{4}a^7.$$

6.59 (a)
$$\int_{[1,2]\times[3,5]\times[-1,10]} xz^2 \mathrm{d}V = \left(\int_1^2 x \mathrm{d}x\right)\left(\int_3^5 \mathrm{d}y\right)\left(\int_{-1}^{10} z^2 \mathrm{d}z\right)$$
$$= \frac{3}{2} \cdot 2 \cdot \frac{1000+1}{3} = 1001.$$

(b)
$$\int_D xz^2 \mathrm{d}V = \int_1^2 \int_3^5 \int_{x+y}^{10} xz^2 \mathrm{d}z \mathrm{d}y \mathrm{d}x$$
$$= \int_1^2 \int_3^5 \frac{1}{3} x(1000 - (x+y)^3) \mathrm{d}y \mathrm{d}x$$
$$= \int_1^2 \frac{1}{3} x \left[1000y - \frac{1}{4}(x+y)^4\right]_{y=3}^{y=5} \mathrm{d}x$$
$$= \int_1^2 \frac{1}{3} x \left[2000 - \frac{1}{4}\left((x+5)^4 - (x+3)^4\right)\right] \mathrm{d}x$$
$$= \frac{1}{3} \int_1^2 \left[2000x - \frac{x}{4}\left(4x^3(5-3) + 6x^2(5^2-3^2) + 4x(5^3-3^3) + 5^4 - 3^4\right)\right] \mathrm{d}x$$
$$= \frac{36974}{45}.$$

6.61 由球面坐标得

$$\int_{\|\mathbf{x}\| \leqslant R} \mathrm{e}^{-\sqrt{x^2+y^2+z^2}} \mathrm{d}V = 4\pi \int_0^R \mathrm{e}^{-\rho} \rho^2 \mathrm{d}\rho$$
$$= 4\pi \left[(-\rho^2 - 2\rho - 2)\mathrm{e}^{-\rho}\right]_0^R$$
$$= 4\pi\left((-R^2 - 2R - 2)\mathrm{e}^{-R} + 2\right).$$

① 回忆起我们在第一卷 (见中译本《微积分及其应用》第 160 页) 曾求过 $f(r) = \mathrm{e}^{-r}r^3$ 在 $r \in [0, +\infty)$ 上的最大值为 $f(3) = \left(\frac{3}{\mathrm{e}}\right)^3$, 它就可以作为下一步估计中出现的常数. ——译者注.

6.63 (a) 当 $n\to\infty$ 时, $\int_0^n \mathrm{e}^{-2\rho}\mathrm{d}\rho = -\frac{1}{2}(\mathrm{e}^{-2n}-1)\to\frac{1}{2}$.

(b) 分部积分.

(c) (b) 中令 $n\to\infty$.

(d) 由 (c) 和 (a) 得到 $i_1=\frac{1}{2}i_0=\frac{1}{4}$. 再用 (c) 得到 $i_2=\frac{2}{2}i_1=\frac{1}{4}$, 于是 $i_3=\frac{3}{2}i_2=\frac{3}{8}$, 得 $i_4=\frac{4}{2}i_3=\frac{3}{4}$.

6.65

$$\begin{aligned}\int_{\mathbb{R}^3} f\mathrm{d}V &= \lim_{n\to\infty}\int_0^{2\pi}\int_0^{\pi}\int_p^n \mathrm{e}^{-\rho}\rho^2\sin\phi\mathrm{d}\rho\mathrm{d}\phi\mathrm{d}\theta\\ &= \lim_{n\to\infty} 4\pi\left[-\mathrm{e}^{-\rho}(\rho^2+2\rho+2)\right]_p^n\\ &= 4\pi\mathrm{e}^{-p}(p^2+2p+2).\end{aligned}$$

6.67 (a)

$$\begin{aligned}\int_{[0,1]^n} x_1^2\mathrm{d}^n\mathrm{X} &= \int_{[0,1]^{n-1}}\left(\int_0^1 x_1^2\mathrm{d}x_1\right)\mathrm{d}x_2\cdots\mathrm{d}x_n\\ &= \int_{[0,1]^{n-1}}\frac{1}{3}\mathrm{d}x_2\cdots\mathrm{d}x_n = \frac{1}{3}.\end{aligned}$$

(b) $\frac{n}{3}$.

(c) $\frac{n}{3}$.

(d) $\dfrac{n\int_{[0,2]^n} x_1^2\mathrm{d}^n\mathrm{X}}{V([0,2]^n)} = \dfrac{n\frac{8}{3}2^{n-1}}{2^n} = \frac{4}{3}n.$

第 7 章

7.1 节

7.1 $\mathbf{X}(t)=\mathbf{A}+t(\mathbf{B}-\mathbf{A})$, $\mathbf{Y}(u)=\mathbf{B}+\frac{1}{2}u(\mathbf{A}-\mathbf{B})$. 于是有

$$\|\mathbf{X}'(t)\|=\|\mathbf{B}-\mathbf{A}\|,\quad \|\mathbf{Y}'(u)\|=\frac{1}{2}\|\mathbf{A}-\mathbf{B}\|=\frac{1}{2}\|\mathbf{X}'(t)\|.$$

(a) $\int_C \mathrm{d}s=\int_0^1\|\mathbf{X}'(t)\|\mathrm{d}t=\|\mathbf{B}-\mathbf{A}\|$, $\int_C \mathrm{d}s=\int_0^2\|\mathbf{Y}'(u)\|\mathrm{d}u=2\cdot\frac{1}{2}\|\mathbf{B}-\mathbf{A}\|$.

(b)
$$\begin{aligned}\int_C y\mathrm{d}s &= \int_0^1(a_2+t(b_2-a_2))\|\mathbf{X}'(t)\|\mathrm{d}t\\ &= \left(a_2+\frac{1}{2}(b_2-a_2)\right)\|\mathbf{B}-\mathbf{A}\| = \frac{1}{2}(a_2+b_2)\|\mathbf{B}-\mathbf{A}\|,\end{aligned}$$

$$\int_C y\mathrm{d}s = \int_0^2\left(b_2+\frac{1}{2}u(a_2-b_2)\right)\|\mathbf{Y}'(u)\|\mathrm{d}u$$

$$= \left(2b_2 + \frac{2^2 - 0^2}{4}(a_2 - b_2)\right)\frac{1}{2}\|\mathbf{B} - \mathbf{A}\| = \frac{1}{2}(a_2 + b_2)\|\mathbf{B} - \mathbf{A}\|.$$

(c) 在两种参数化表示下, y 的积分以及 C 的弧长都是相同的. 因此平均值皆为 $\frac{1}{2}(a_2 + b_2)$.

7.3　$\mathbf{X}(t) = \mathbf{X}(ks) = \mathbf{Y}(s) = \mathbf{A} + ks(\mathbf{B} - \mathbf{A})$.

$$L(C) = \int_0^1 \|\mathbf{X}'(t)\|\mathrm{d}t = \|\mathbf{B} - \mathbf{A}\|.$$

当 $k = \|\mathbf{B} - \mathbf{A}\|^{-1}$ 时, $\mathbf{Y}'(s) = k(\mathbf{B} - \mathbf{A})$ 是单位向量. 由于 $0 \leqslant t \leqslant 1$, 则 s 从 0 到 $1/k = \|\mathbf{B} - \mathbf{A}\|$. 因此 $\mathbf{Y}(L(C)) = \mathbf{B}$.

7.5　从 $\mathbf{A}$ 到 $\mathbf{B}$ 的线段 C 参数化为 $\mathbf{X}(t) = \mathbf{A} + t(\mathbf{B} - \mathbf{A})$, $0 \leqslant t \leqslant 1$. 则 x_i 的平均值为

$$\begin{aligned}\frac{\int_C x_i \mathrm{d}s}{L(C)} &= \frac{1}{\|\mathbf{B} - \mathbf{A}\|}\int_0^1 (a_i + t(b_i - a_i))\,\|\mathbf{B} - \mathbf{A}\|\mathrm{d}t \\ &= \left[a_i t + \frac{1}{2}t^2(b_i - a_i)\right]_0^1 = \frac{1}{2}(a_i + b_i).\end{aligned}$$

7.7

$$\int_C y^2\mathrm{d}x + x\mathrm{d}y = \int_{(0,0)\to(1,0)} y^2\mathrm{d}x + x\mathrm{d}y + \int_{(1,0)\to(1,1)} y^2\mathrm{d}x + x\mathrm{d}y + \int_{(1,1)\to(0,0)} y^2\mathrm{d}x + x\mathrm{d}y,$$

三条线段分别参数化为 $(x, y) = (t, 0)$, $(1, t)$, $(1 - t,\ 1 - t)$, 其中 $0 \leqslant t \leqslant 1$. 因此上述积分

$$\begin{aligned}&= \int_0^1 (0^2 + t \cdot 0)\mathrm{d}t + \int_0^1 (t^2 \cdot 0 + 1)\mathrm{d}t + \int_0^1 ((1 - t)^2 + (1 - t))(-\mathrm{d}t) \\ &= \int_0^1 (-1 + 3t - t^2)\mathrm{d}t \\ &= -1 + -\frac{3}{2} - \frac{1}{3} \\ &= \frac{1}{6}.\end{aligned}$$

7.9　$\mathbf{G} \cdot \mathbf{N} = (f_2,\ -f_1) \cdot (t_2,\ -t_1) = f_2 t_2 + f_1 t_1 = \mathbf{F} \cdot \mathbf{T}$.

7.11　$\mathbf{X}'(t) = (1,\ f'(t))$, 故 $\|\mathbf{X}'(t)\| = \sqrt{1 + (f'(t))^2}$. 对于线段 $y = 3x, 0 \leqslant x \leqslant 1$,

$$\int_0^1 \sqrt{1 + 3^2}\mathrm{d}t = \sqrt{1 + 3^2} = \sqrt{10}$$

与毕达哥拉斯定理 (勾股定理) 求出的长度相同.

7.13　(a) 旋转 $\pi/2$, 可将 x^2 变为 y^2, C_1 还是其自身, 没有伸缩, 故

$$\int_{C_1} x^2 \mathrm{d}s = \int_{C_1} y^2 \mathrm{d}s.$$

因此 $\dfrac{1}{2}\displaystyle\int_{C_1}(x^2+y^2)\mathrm{d}s = \int_{C_1} x^2 \mathrm{d}s.$

(b) 同样的推理.

(c) 因为 $(x^2+y^2)^{10}=1$, 故成立.

7.15　(a) $\displaystyle\int p\mathrm{d}x = \int (y,0)\cdot \mathbf{T}\mathrm{d}s$. 由物理原因可知两个积分符号不同. 因为, 粗略地来讲, $\mathbf{F}=(y,0)$ 在 K 上与 $\mathbf{T}$ 方向相同, 而在 E 上与 $\mathbf{T}$ 方向相反, 即在 K 上 $\mathbf{F}\cdot\mathbf{T}>0$, 在 E 上 $\mathbf{F}\cdot\mathbf{T}<0$.

(b) 图中的坐标是 x,p 而非 x,y, 因此一个循环所做的功等于 $\displaystyle\int_{K\cup E} y\mathrm{d}x$. 由问题 7.14 可知这是两个函数图像之间的面积.

7.17　(a) 因为当 $\Delta\theta$ 很小时, 线段很短, 因此可以用来作为一个很好的黎曼和的近似.

(b) $\mathbf{U} = \dfrac{(-y,x)}{r}\dfrac{1}{r} = \mathbf{W}\dfrac{1}{r}.$

(c) 因子 $\mathbf{T}\Delta s$ 是弧线段的近似, 点积为该因子在方向 $\mathbf{W}$ 上的投影. 由弧度的定义, 除以 r 可得 θ 的变化.

(d) 结合 (a) 和 (c).

7.19　(a) $\displaystyle\int_0^3 x\mathrm{d}x = \frac{1}{2}3^2$, 相等.

(b) $\displaystyle\int_0^3 x\mathrm{d}\left(\frac{4}{3}x\right) = \frac{4}{3}\frac{1}{2}3^2 = 6$, 不等于 $3\cdot 4 = 12$.

(c) $\displaystyle\int_0^3 \mathrm{d}x + 5\mathrm{d}\left(\frac{4}{3}x\right) = \int_0^3 \frac{23}{3}\mathrm{d}x = \frac{23}{3}\cdot 3 = 23$, 等于 $3+5\cdot 4 = 23$.

7.2 节

7.21　(a) $\dfrac{1}{2}\ln(x^2+y^2)+h(y)$ 为$g_x = \dfrac{x}{x^2+y^2}$ 的一个原函数. 再核对 g_y, 我们可以取 $h=0$. 因此可在 $\mathbb{R}^2-\mathbf{0}$ 上定义一个势函数, $g(x,y)=\dfrac{1}{2}\ln(x^2+y^2)$.

(b) 由代数约化法则, $\nabla\arctan\left(\dfrac{y}{x}\right)$ 和 $\mathbf{F}(x,y)$ 在相同的定义域内是一样的. 但是 $\arctan\left(\dfrac{y}{x}\right)$ 的定义域为 $\mathbb{R}^2$ 去掉 y 轴, 而不是 $\mathbb{R}^2-\{\mathbf{0}\}$. 因此

$$\nabla\arctan\left(\frac{y}{x}\right) \neq \left(\frac{-y}{x^2+y^2}, \frac{x}{x^2+y^2}\right).$$

7.23 (a) 不能.

(b) $\left[xy - 3z^2\cos y\right]_{(0,0,0)}^{(a,b,c)} = ab - 3c^2\cos b.$

(c) $\left[x + y\right]_{(0,0,0)}^{(a,b,c)} = a + b.$

7.25 (a) 积分等于 $\int_C \nabla(\|\mathbf{X}\|^{-1})\cdot\mathbf{T}\mathrm{d}s = \left[\|\mathbf{X}\|^{-1}\right]_{(1,1,2)}^{(2,2,1)} = \frac{1}{3} - \frac{1}{\sqrt{6}}.$

(b) 由于被积函数在点 $(0,0,0)$ 处无定义, 积分无定义.

7.27 由链式法则和 $\|\mathbf{X}\|^{-3}\mathbf{X} = \nabla(-\|\mathbf{X}\|^{-1})$ 可得对任意常值向量场 $\mathbf{P}$, 有

$$\|\mathbf{X}-\mathbf{P}\|^{-3}(\mathbf{X}-\mathbf{P}) = \nabla(-\|\mathbf{X}-\mathbf{P}\|^{-1}),$$

从而对任意常数 c, 有

$$c\|\mathbf{X}-\mathbf{P}\|^{-3}(\mathbf{X}-\mathbf{P}) = \nabla(-c\|\mathbf{X}-\mathbf{P}\|^{-1}).$$

取 k 个不同的这样的表达式, 并将它们加起来, 从而得到

$$\sum_{j=1}^{k} c_j\|\mathbf{X}-\mathbf{P}_j\|^{-3}(\mathbf{X}-\mathbf{P}_j) = \nabla\left(-\sum_{j=1}^{k} c_j\|\mathbf{X}-\mathbf{P}_j\|^{-1}\right).$$

7.29 (a) 由链式法则, $-\mathbf{F}(\mathbf{X}) = \nabla(\|\mathbf{X}\|^{-1})$ 以及

$$\mathbf{F}(x+h,y,z) = \nabla(-\|(x+h,y,z)\|^{-1}),$$

可得 $\mathbf{F}(x+h,y,z) - \mathbf{F}(\mathbf{X}) = \nabla(-\|(x+h,y,z)\|^{-1} + \|\mathbf{X}\|^{-1}).$

(b) 极限为$\frac{\partial}{\partial x}\mathbf{F}$. 这是保守的, 因为混合偏导数次序可交换: $\frac{\partial}{\partial x}\nabla g = \nabla\frac{\partial}{\partial x}g.$

(c) $\frac{\partial}{\partial x}\mathrm{G}$ 是保守的, 因为混合偏导数次序可交换: $\frac{\partial}{\partial x}\nabla g = \nabla\frac{\partial}{\partial x}g.$ 类似地, $\frac{\partial}{\partial y}\mathrm{G}$ 和 $\frac{\partial}{\partial z}G$ 也一样.

7.3 节

7.31 设 $f(x,y) = x^2 + y^2$, $g(x,y) = x^2 - y^2$. 则有 $\nabla f(x,y) = (2x, 2y)$ 以及 $\nabla g(x,y) = (2x,\ -2y)$. 它们的图的面积分别为

$$\int_D \sqrt{1 + f_x^2 + f_y^2}\mathrm{d}A = \int_D \sqrt{1 + 4x^2 + 4y^2}\mathrm{d}A$$

和

$$\int_D \sqrt{1 + g_x^2 + g_y^2}\mathrm{d}A = \int_D \sqrt{1 + 4x^2 + 4y^2}\mathrm{d}A.$$

二者相等.

7.33　S 为函数 $z=\dfrac{1}{c}(d-ax-by)$ 在 D 之上的图像. 因此有 $z_x=-\dfrac{a}{c}$, $z_y=-\dfrac{b}{c}$ 且 $A(S)=\int_D\sqrt{\left(\dfrac{a^2}{c^2}+\dfrac{b^2}{c^2}+1\right)}\mathrm{d}A=\int_D\sqrt{\dfrac{1-c^2}{c^2}+1}\mathrm{d}A=\dfrac{1}{|c|}A(D)$.

7.35　(a) $\mathbf{X}_u(u,v)=(\sqrt{2}v,2u,0)$, $\mathbf{X}_v(u,v)=(\sqrt{2}u,0,2v)$, $\mathbf{X}_u\times\mathbf{X}_v=(4uv,-2\sqrt{2}v^2,-2\sqrt{2}u^2)$.

(b) 因为 $1\leqslant u\leqslant 2, 1\leqslant v\leqslant 2$, $\mathbf{X}_u$ 和 $\mathbf{X}_v$ 是有界的, u 和 v 非零, 可知这两个向量是线性无关的. $\mathbf{X}$ 是一一的, 若不然, 如果 u,u_1,v,v_1 为正, 且

$$(\sqrt{2}uv,u^2,v^2)=(\sqrt{2}u_1v_1,\ u_1^2,\ v_1^2),$$

则有

$$u_1=\sqrt{u_1^2}=\sqrt{u^2}=u,\quad v_1=\sqrt{v_1^2}=\sqrt{v^2}=v.$$

因此 $\mathbf{X}$ 值域 S 是一个光滑曲面. 在 S 上任一点, $(x,y,z)=(\sqrt{2}uv,u^2,v^2)$, 有 $x^2-2yz=2u^2v^2-2u^2v^2=0$.

(c) S 的面积

$$\begin{aligned}A(S)&=\int_S\mathrm{d}\sigma\\&=\int_1^2\int_1^2\|\mathbf{X}_u\times\mathbf{X}_v\|\mathrm{d}u\mathrm{d}v\\&=\int_1^2\int_1^2\sqrt{(4uv)^2+(-2\sqrt{2}v^2)^2+(-2\sqrt{2}u^2)^2}\mathrm{d}u\mathrm{d}v\\&=\int_1^2\int_1^2\sqrt{16u^2v^2+8v^4+8u^4}\mathrm{d}u\mathrm{d}v\\&=\int_1^2\int_1^2\sqrt{8}(u^2+v^2)\mathrm{d}u\mathrm{d}v\\&=\sqrt{8}\int_1^2\left[\frac{1}{3}u^3+v^2u\right]_{u=1}^{u=2}\mathrm{d}v\\&=\sqrt{8}\int_1^2\left(\frac{7}{3}+v^2\right)\mathrm{d}v=\sqrt{8}\left(\frac{7}{3}+\frac{7}{3}\right)\\&=\frac{28}{3}\sqrt{2}\approx 13.2.\end{aligned}$$

(d)

$$\begin{aligned}\int_S y\mathrm{d}\sigma&=\int_1^2\int_1^2 u^2\|\mathbf{X}_u\times\mathbf{X}_v\|\mathrm{d}u\mathrm{d}v\\&=\int_1^2\int_1^2 u^2\sqrt{8}\left(u^2+v^2\right)\mathrm{d}u\mathrm{d}v\\&=\sqrt{8}\int_1^2\left[\frac{1}{5}u^5+\frac{1}{3}v^2u^3\right]_{u=1}^{u=2}\mathrm{d}v\end{aligned}$$

$$= \sqrt{8}\int_1^2\left(\frac{31}{5}+\frac{7}{3}v^2\right)\mathrm{d}v$$
$$= \sqrt{8}\left(\frac{31}{5}+\frac{7^2}{3^2}\right)$$
$$= \frac{1048}{45}\sqrt{2}\approx 32.9.$$

7.37 定义 $\mathbf{G}(x,y,z) = (-x,-y,-z)$. 由如下参数化 $\mathbf{X}_1(u,v) = (x_1(u,v), y_1(u,v), z_1(u,v))$ 可得

$$\int_S x^2y\mathrm{d}\sigma = \int\int x_1^2(u,v)y_1(u,v)\|\cdots\|\mathrm{d}u\mathrm{d}v$$

由 $\mathbf{X}_2(u,v) = \mathbf{G}\circ\mathbf{X}_1 = (-x_1(u,v),\ -y_1(u,v),\ -z_1(u,v))$ 可得

$$\int_S x^2y\mathrm{d}\sigma = \int x_1^2(u,v)(-y_1(u,v))\|\cdots\|\mathrm{d}u\mathrm{d}v.$$

由于这两者相等, 因此积分为零.

7.39 (a) $x_1^2+x_2^2+x_3^2=1$. 平方可得

$$1=(x_1^2+x_2^2+x_3^2)^2 = x_1^4+x_2^4+x_3^4+2(x_1^2x_2^2+x_2^2x_3^2+x_3^2x_1^2).$$

(b) $x_3 = z = \cos\phi$, 因此

$$\int x_3^4\mathrm{d}\sigma = \int_0^{2\pi}\int_0^{\pi}(\cos\phi)^4\sin\phi\mathrm{d}\phi\mathrm{d}\theta = \frac{1}{5}\Big(-\cos^5\pi+\cos^5 0\Big)2\pi = \frac{4}{5}\pi.$$

(c) 对 (a) 中表达式积分, 利用对称性, 以及曲面的面积 $A(S)=4\pi$, 可得

$$3\left(\frac{4}{5}\pi\right)+2\cdot 3\int_{S^2}x_1^2x_2^2da = 4\pi,$$

因此 $\int_{S^2}x_1^2x_2^2\mathrm{d}\sigma = \frac{1}{6}\left(4-\frac{12}{5}\right)\pi = \frac{4}{15}\pi.$

7.41 (a) $\mathbf{F}\cdot\mathrm{N}A(S) = (2,3,4)\cdot(0,\ -1,\ 0)\cdot 1 = -3.$

(b) $-3+(2,3,4)\cdot(0,0,\ -1)\cdot 2 = -3-8=-11.$

(c) $+11.$

(d) $-11+11=0.$

7.43 由下列参数化 $\mathbf{X}(u,v) = u\mathbf{V}+v\mathbf{W} = (u,u,u+2v)$, $0<u<1$, $0<v<1$, 则 $\mathbf{X}_u=\mathbf{V}, \mathbf{X}_v=\mathbf{W}, \mathbf{X}_u\times\mathbf{X}_v = \mathbf{V}\times\mathbf{W} = (2,-2,0)$, 通量为

$$\int\mathbf{F}\cdot(\mathbf{X}_u\times\mathbf{X}_v)\mathrm{d}u\mathrm{d}v = \int_0^1\int_0^1\big(2(u)(2)+3(u+2v)(-2)\big)\mathrm{d}u\mathrm{d}v$$

$$= \int_0^1 \int_0^1 (-2u - 12v) \mathrm{d}u \mathrm{d}v$$

$$= -1 - 6 = -7.$$

7.45 (a) 乘积可得

$$[\mathbf{A}\ \mathbf{B}\ \mathbf{Y}] \begin{bmatrix} a & b & 0 \\ c & d & 0 \\ 0 & 0 & 1 \end{bmatrix} = [a\mathbf{A} + c\mathbf{B} \quad b\mathbf{A} + d\mathbf{B} \quad \mathbf{Y}].$$

由假设知上式等于 $(\mathbf{C}, \mathbf{D}, \mathbf{Y})$.

(b) 两边取行列式, 利用行列式的乘法法则. 由叉乘的行列式, 可知 $\det(\mathbf{P}, \mathbf{Q}, \mathbf{R}) = \mathbf{R} \cdot (\mathbf{P} \times \mathbf{Q})$.

(c) 利用如下事实：如果 $\mathbf{Y} \cdot \mathbf{X} = \mathbf{Y} \cdot \mathbf{Z}$ 对所有 $\mathbf{Y}$ 成立, 则 $\mathbf{X} = \mathbf{Z}$. 分别取 $\mathbf{Y} = (1, 0, 0)$, $(0, 1, 0)$ 以及 $(0, 0, 1)$, 可得上述结果.

7.47 (a)
$$\int_S (\rho\mathbf{V})\mathbf{V} \cdot \mathbf{N} \mathrm{d}\sigma = \int_S (\rho(a, b, c))(a, b, c) \cdot (0, 0, 1) \mathrm{d}\sigma$$
$$= \rho(a, b, c)c \int_S \mathrm{d}\sigma = \rho c A(a, b, c).$$

(b) $\int_S (\rho\mathbf{V})\mathbf{V} \cdot \mathbf{N} \mathrm{d}\sigma = \int_S (\rho k\mathbf{N})k\mathbf{N} \cdot \mathbf{N} \mathrm{d}\sigma = \rho k^2 \mathbf{N} \int_S \mathrm{d}\sigma = \rho k^2 A\mathbf{N}$.

7.49 记 a 为 S 的半径, 则 $\mathbf{N} = \mathbf{X}/a$, 且在 S 上, $\|\mathbf{X}\| = a$, 因此,

$$\int_S \mathbf{F} \cdot \mathbf{N} \mathrm{d}\sigma = \int_S \frac{\mathbf{X}}{a^3} \cdot \frac{\mathbf{X}}{a} \mathrm{d}\sigma = \int_S \frac{a^2}{a^4} \mathrm{d}\sigma = a^{-2}(4\pi a^2) = 4\pi.$$

7.51 $\mathbf{Y}(u, v)$ 是常数乘以参数化向量 $\mathbf{X}(u, v)$, 因此在同样的 D 中, $\mathbf{Y}$ 是可微的, 一一的, 且 $\mathbf{Y} = k\mathbf{X}$ 和 $\mathbf{Y}_v = k\mathbf{X}_v$ 是线性无关的. 因此 $\mathbf{Y}$ 是一个参数化, 且 T 是光滑曲面. 还有

$$\mathbf{Y}_u(u, v) \times \mathbf{Y}_v(u, v) = (k\mathbf{X}_u) \times (k\mathbf{X}_v(u, v)) = k^2 \mathbf{X}_u \times \mathbf{X}_v(u, v),$$

因此,

$$A(T) = \int_D \|\mathbf{Y}_u \times \mathbf{Y}_v\| \mathrm{d}u \mathrm{d}v = \int_D k^2 \|\mathbf{X}_u \times \mathbf{X}_v\| \mathrm{d}u \mathrm{d}v = k^2 A(S).$$

第 8 章

8.1 节

8.1 在图 10.4 中给出了一种解法. $D_1 = \overline{R - U}$ 是 6 个既是 x 坐标简单又是 y 坐标简单的区域之并. $D_2 = \overline{S - R}$ 是 4 个类似区域的并.

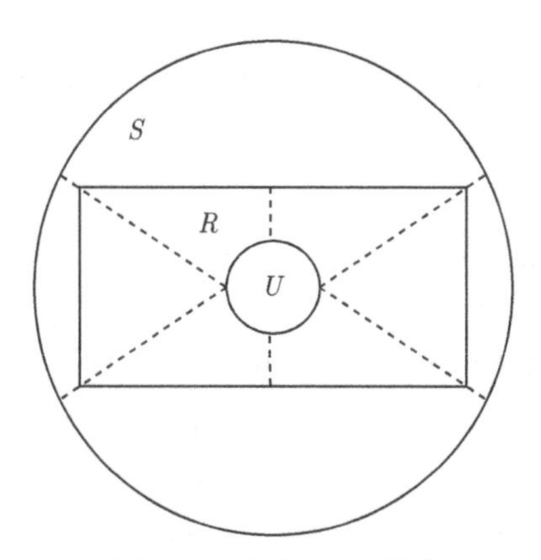

图 10.4 问题 8.1 的图

8.3 场的散度为 2, 穿过 C 的通量为

(a) $2A(\text{圆盘}) = 2\pi$;

(b) $2A(\text{矩形}) = 2(b-a)(d-c)$.

8.5 $\text{div}\ \mathbf{F} = 2xy^2$,

$$\int_D \text{div}\ \mathbf{F}\mathrm{d}A = \int_0^1 \int_{-\sqrt{1-x^2}}^{\sqrt{1-x^2}} 2xy^2 \mathrm{d}y\mathrm{d}x$$

$$= \int_0^1 \frac{4x}{3}(1-x^2)^{3/2}\mathrm{d}x$$

$$= \left[\frac{4}{3}(1-x^2)^{5/2}\frac{2}{5}\frac{-1}{2}\right]_0^1 = \frac{4}{15}.$$

将边界的竖直部分参数化为 $(x,y) = (0, 1-t)$, $0 \leqslant t \leqslant 2$ 及曲线部分参数化为

$$(x,y) = (\cos t, \sin t), \quad -\frac{\pi}{2} \leqslant t \leqslant \frac{\pi}{2}.$$

则

$$\int_{\partial D} \mathbf{F}\cdot\mathbf{N}\,\mathrm{d}s = \int_{\partial D} (1 + x^2y^2)\mathrm{d}y$$

$$= \int_0^2 (-\mathrm{d}t) + \int_{-\frac{\pi}{2}}^{\frac{\pi}{2}} (1 + \cos^2 t \sin^2 t)\cos t\mathrm{d}t$$

$$= -2 + \int_{-\frac{\pi}{2}}^{\frac{\pi}{2}} (1 + (1-\sin^2 t)\sin^2 t)\cos t\mathrm{d}t$$

$$= -2 + \left[\sin t + \frac{1}{3}\sin^3 t - \frac{1}{5}\sin^5 t\right]_{-\frac{\pi}{2}}^{\frac{\pi}{2}}$$

$$= -2 + 2\left(1 + \frac{1}{3} - \frac{1}{5}\right) = \frac{4}{15}.$$

8.7 (a) $\int_{\partial D}(1,0)\cdot\mathbf{N}\,\mathrm{d}s=\int_D \mathrm{div}(1,0)\mathrm{d}A=\int 0\mathrm{d}A=0.$

(b) $\int_{\partial D}(0,1)\cdot\mathbf{N}\,\mathrm{d}s=\int_D 0\mathrm{d}A=0.$

(c) 因此 $\int_{\partial D}\mathbf{N}\,\mathrm{d}s=\left(\int_{\partial D}n_1\mathrm{d}s,\ \int_{\partial D}n_2\mathrm{d}s\right)=\mathbf{0}.$

(d) $\mathbf{N}_i$ 在 D_i 上为常数, 因此 $\int_{D_i}\mathbf{N}_i\mathrm{d}s=\mathbf{N}_i\cdot L(D_i)=\|\mathbf{P}_i-\mathbf{P}_{i-1}\|\mathbf{N}_i.$

(e) $\mathbf{0}=\int_{\partial D}\mathbf{N}\,\mathrm{d}s=\sum_{i=1}^{n}\left(\int_{D_i}\mathbf{N}_i\mathrm{d}s\right)=\sum_{i=1}^{n}\left(\|\mathbf{P}_i-\mathbf{P}_{i-1}\|\mathbf{N}_i\right).$

8.9 如果环路不包围 $(0,0)$, 则积分为零, 这是因为根据格林定理可知穿过闭合区域的 $\mathrm{curl}\,\mathbf{F}=0$. 如果环路包围 $(0,0)$, 则根据问题 8.9 可知积分为 2π.

8.11 (a) 由乘法公式 $(gf_j)_{x_j}=g_{x_j}f_j+gf_{j,x_j}$, $j=1,2,3$ 可得

$$\mathrm{div}(g\mathbf{F})=g\mathrm{div}\,\mathbf{F}+\mathbf{F}\cdot\nabla g.$$

(b) 对 $g\mathbf{F}$ 应用散度定理. 由 $g=0$ 知边界上的积分为零, 因此可从 (a) 直接得出结论.

(c) 当 $\mathbf{F}=\nabla g$ 时, $\mathrm{div}\,\mathbf{F}=\mathrm{div}\,\nabla g=\Delta g$, 从 (b) 直接得出结论.

8.13 假设存在一周期轨道. 记以其为边界的区域为 D. 则

$$0<\int_D \mathrm{div}\,\mathbf{F}\mathrm{d}A=\int_{\partial D}\mathbf{F}\cdot\mathbf{N}\,\mathrm{d}s.$$

用周期解将边界参数化. 它可能是顺时针或逆时针方向, 但不论哪种情形, 格林定理都给出

$$0\neq\int_0^P f\left(x(t),y(t)\right)\mathrm{d}y-g\left(x(t),y(t)\right)\mathrm{d}x=\int_0^P x'(t)y'(t)\mathrm{d}t-y'(t)x'(t)\mathrm{d}t=0,$$

矛盾.

8.2 节

8.15 因为 $\mathrm{div}\mathbf{X}=3$, 故积分是 D 体积的三倍. (a) 4π, (b) $4\pi r^3$.

8.17 (a) $\int_{球}(1+3+5)\mathrm{d}V=9\left(\frac{4}{3}\pi 8^2\right)=\frac{2304\pi}{3}.$

(b) 0.

(c) $\int_{球}1\mathrm{d}V=\frac{4}{3}\pi 8^2=\frac{256\pi}{3}.$

(d) 根据对称性, 有 $\int_{球}(2x)\mathrm{d}V=0.$

(e) 0.

8.19 (a) 这是数量积和向量积的一个性质,

$$(\mathbf{N}\times\mathbf{F})\cdot\mathbf{C}=\det(\mathbf{N},\mathbf{F},\mathbf{C})=\mathbf{N}\cdot(\mathbf{F}\times\mathbf{C}).$$

(b) 利用散度定理.

(c) 利用

$$\begin{aligned}\operatorname{div}(\mathbf{F}\times\mathbf{C})&=\operatorname{div}(f_2c_3-f_3c_2,f_3c_1-f_1c_3,f_1c_2-f_2c_1)\\&=(f_{2x_1}c_3-f_{3x_1}c_2)+(f_{3x_2}c_1-f_{1x_2}c_3)+(f_{1x_3}c_2-f_{2x_3}c_1)\\&=(f_{2x_1}-f_{1x_2})c_3+(-f_{3x_1}+f_{1x_3})c_2+(f_{3x_2}-f_{2x_3})c_1\\&=(\operatorname{curl}\mathbf{F})\cdot\mathbf{C}\end{aligned}$$

及 (a) 的结论.

(d) 利用 (a) 和 (c).

(e) 提取常量 $\mathbf{C}$.

(f) 由于 $\mathbf{C}$ 是任一常向量, 也就意味着 (e) 括号里的向量必须是零向量. 或在 (e) 中令 $\mathbf{C}$ 等于括号里的向量, 这样得到这个向量与自身的数量积等于 0, 从而该向量为零向量.

8.21 (a) 利用散度定理, $\int_{\partial D}(1,0,0)\cdot\mathbf{N}\,\mathrm{d}\sigma=\int_D 0\mathrm{d}V$ 或 $\int_{\partial D}n_1\mathrm{d}\sigma=0$.

(b) 类似地应用 $(0,1,\ 0)$ 和 $(0,0,1)$, 得到 $\int_{\partial D}\mathbf{N}\,\mathrm{d}\sigma$ 每一分量为零.

(c) D 的一个面 S 是具有定常法向量的平面. 因此

$$\int_S\mathbf{N}\,\mathrm{d}\sigma=\mathbf{N}\int_S\mathrm{d}\sigma=A(S)\mathbf{N}.$$

8.23 (a) $\mathbb{R}^3$ 内除 $\mathbf{A}_k$ 外的所有点.

(b) 由 $\operatorname{div}\mathbf{F}=0$, 利用链式法有 $\operatorname{div}\mathbf{G}(\mathbf{X})=c_1\operatorname{div}\mathbf{F}(\mathbf{X}-\mathbf{A}_1)+\cdots=c_1\cdot 0+\cdots=0$.

(c) $\int_D\mathbf{F}(\mathbf{X})\cdot\mathbf{N}\,\mathrm{d}\sigma=\begin{cases}4\pi, & \mathbf{0}\text{ 是 }D\text{ 的内点},\\ 0, & \mathbf{0}\text{ 是 }D\text{ 的外点}.\end{cases}$

因此

$$\int_{\partial W}\mathbf{G}\cdot\mathbf{N}\,\mathrm{d}\sigma=\sum_k c_k\underbrace{\int_{\partial W}\mathbf{F}(\mathbf{X}-\mathbf{A}_k)\cdot\mathbf{N}\mathrm{d}\sigma}_{0\text{或}4\pi}=\sum_{\mathbf{A}_k\text{ 是 }W\text{ 的内点}}4\pi c_k.$$

8.25 对 C^2 函数 u,v 有

$$\begin{aligned}\operatorname{div}(v\nabla u)&=(vu_x)_x+(vu_y)_y+(vu_z)_z\\&=v_xu_x+v_yu_y+v_zu_z+vu_{xx}+vu_{yy}+vu_{zz}\\&=\nabla v\cdot\nabla u+v\Delta u.\end{aligned}$$

根据散度定理有

$$\int_D \operatorname{div}(v\boldsymbol{\nabla} u)\mathrm{d}V = \int_{\partial D} v\boldsymbol{\nabla} u\cdot\mathbf{N}\,\mathrm{d}\sigma,$$

从而

$$\int_D (\boldsymbol{\nabla} v\cdot\boldsymbol{\nabla} u + v\Delta u)\mathrm{d}V = \int_{\partial D} v\boldsymbol{\nabla} u\cdot\mathbf{N}\,\mathrm{d}\sigma.$$

令 $v=u$ 得出 (a). 由于 $\boldsymbol{\nabla} u\cdot\boldsymbol{\nabla} v = \boldsymbol{\nabla} v\cdot\boldsymbol{\nabla} u$, 将 u 和 v 相交换并相减得出 (b),

$$\int_D (v\Delta u - u\Delta v)\mathrm{d}V = \int_{\partial D}(v\boldsymbol{\nabla} u - u\boldsymbol{\nabla} v)\cdot\mathbf{N}\,\mathrm{d}\sigma.$$

8.27 等式

$$\int_D (f\Delta f + |\boldsymbol{\nabla} f|^2)\mathrm{d}V = \int_{\partial D} f\boldsymbol{\nabla} f\cdot\mathbf{N}\,\mathrm{d}\sigma$$

给出

$$\int_D (\lambda f^2 + |\boldsymbol{\nabla} f|^2)\mathrm{d}V = 0.$$

如果 $\lambda > 0$, 则被积函数是非负的, 因此它在 D 内必为零. 因而 f 在 D 内为零.

8.3 节

8.29 (a) $\displaystyle\int_C \mathbf{F}\cdot\mathbf{T}\mathrm{d}s = \int_{\text{圆盘}} \operatorname{curl}\mathbf{F}\cdot\mathbf{N}\mathrm{d}\sigma = \int_{\text{圆盘}} (0,0,1)\cdot(0,0,1)\mathrm{d}\sigma = \pi.$

(b) 由于 C 的方向是从 $\mathbf{A}$ 到 $\mathbf{B}$ 到 $\mathbf{C}$ 再到 $\mathbf{A}$, 我们有 $\mathbf{N}$ 从 $\mathbf{0}$ 指出.

$$\begin{aligned}
\int_C \mathbf{F}\cdot\mathbf{T}\mathrm{d}s &= \int_{\text{三角形曲面}} \operatorname{curl}\mathbf{F}\cdot\mathbf{N}\,\mathrm{d}\sigma \\
&= \int_{\text{三角形曲面}} (0,0,-1)\cdot\frac{(\mathbf{B}-\mathbf{A})\times(\mathbf{C}-\mathbf{A})}{\|(\mathbf{B}-\mathbf{A})\times(\mathbf{C}-\mathbf{A})\|}\mathrm{d}\sigma \\
&= \int_{\text{三角形曲面}} (0,0,-1)\cdot\frac{(bc,ac,ab)}{\|(\mathbf{B}-\mathbf{A})\times(\mathbf{C}-\mathbf{A})\|}\mathrm{d}\sigma \\
&= -\frac{ab}{\|(\mathbf{B}-\mathbf{A})\times(\mathbf{C}-\mathbf{A})\|}A(\text{三角形}) \\
&= -\frac{ab}{\|(\mathbf{B}-\mathbf{A})\times(\mathbf{C}-\mathbf{A})\|}\frac{1}{2}\|(\mathbf{B}-\mathbf{A})\times(\mathbf{C}-\mathbf{A})\| \\
&= -\frac{1}{2}ab.
\end{aligned}$$

8.31 (a) $\operatorname{curl}\mathbf{F} = (0,0,2)$. 半球面 $z = g(x,y) = \sqrt{r^2-x^2-y^2}$ 上 $\mathbf{N} = (x,y,z)/r$.

$$\mathrm{d}\sigma = \sqrt{1+g_x^2+g_y^2}\mathrm{d}x\mathrm{d}y = \sqrt{1+\frac{x^2}{g^2}+\frac{y^2}{g^2}}\mathrm{d}x\mathrm{d}y = \frac{r}{g(x,y)}\mathrm{d}x\mathrm{d}y.$$

因此,

$$\int_S \operatorname{curl} \mathbf{F}\cdot\mathbf{N}\,\mathrm{d}\sigma=\int_S(0,0,2)\cdot\frac{(x,y,g(x,y))}{r}\mathrm{d}\sigma=\int_D 2\frac{g(x,y)}{r}\frac{r}{g(x,y)}\mathrm{d}x\mathrm{d}y,$$

其中 D 是半径为 r 的圆盘. 结果等于 $2A(D)=2\pi r^2$. 在 ∂S 上 $z=0$, 利用格林定理与 $\partial S=\partial D$, 曲线积分为

$$\int_{\partial S}\mathbf{F}\cdot\mathbf{T}\mathrm{d}s=\int_{\partial S}-y\mathrm{d}x+x\mathrm{d}y+2\mathrm{d}z=\int_{\partial S}-y\mathrm{d}x+x\mathrm{d}y=\int_D 2\mathrm{d}A=2\pi r^2.$$

(b) 曲线积分与 (a) 相同, 曲面积分为

$$\int_D(0,0,2)\cdot(0,0,1)\mathrm{d}s=2A(D)=2\pi r^2.$$

8.33 将球面看成半球面 H 与 K 之并. 则 H 和 K 具有相同的但定向相反的边界圆, 因此对 H 和 K 的每一个应用斯托克斯定理,

$$\int_S \operatorname{curl}\mathbf{F}\cdot\mathbf{N}\,\mathrm{d}\sigma=\int_H \operatorname{curl}\mathbf{F}\cdot\mathbf{N}\,\mathrm{d}\sigma+\int_K \operatorname{curl}\mathbf{F}\cdot\mathbf{N}\,\mathrm{d}\sigma=\int_{\partial H}\mathbf{F}\cdot\mathbf{T}\mathrm{d}s+\int_{\partial K}\mathbf{F}\cdot\mathbf{T}\mathrm{d}s=0.$$

8.35 (a) 麦克斯韦方程给出 $\mathbf{0}=(0,0,2)c_1-\mu_0\mathbf{J}$, 因此 $c_1=\frac{1}{2}\mu_0 j$.

(b) 已知 $\operatorname{curl}\left(\frac{(-y,x,0)}{r^2}\right)=\mathbf{0}$ 及 $\mathbf{J}=\mathbf{0}$, 因此 $p=2$.

(c) 连续性要求在 $r=R$ 时 $\frac{1}{2}\mu_0 j=\frac{c_2}{R^2}$, 因此 $c_2=\frac{1}{2}\mu_0 jR^2$.

(d) 斯托克斯公式中的曲面积分一侧是对连续部分的积分

$$\int_D \operatorname{curl}\mathbf{B}\cdot\mathbf{N}\,\mathrm{d}\sigma=\int_{r\leqslant R}\mu_0\mathbf{J}\cdot\mathbf{N}\,\mathrm{d}\sigma+\int_{r\geqslant R}\mathbf{0}\cdot\mathbf{N}\,\mathrm{d}\sigma=\mu_0 j\pi R^2+0=\mu_0 j\pi R^2.$$

因为 $\mathbf{T}=\frac{(-y,x,0)}{R_1}$, 斯托克斯公式中的曲线积分一侧是

$$\begin{aligned}\int_{\partial D}\mathbf{B}\cdot\mathbf{T}\mathrm{d}s&=\int_{\partial D}c_2\frac{\mathbf{T}}{r}\cdot\mathbf{T}\mathrm{d}s=\frac{1}{2}\mu_0 jR^2\int_{\partial D}\frac{1}{R_1}\mathrm{d}s\\&=\frac{1}{2}\mu_0 jR^2\frac{2\pi R_1}{R_1}=\mu_0 j\pi R^2.\end{aligned}$$

二者相等, 因此斯托克斯公式对这样的不连续情形也成立.

8.37 (a) 将斯托克斯定理应用到安培原创性的定律可知, 对所有的 S,

$$\int_S \operatorname{curl}\mathbf{B}\cdot\mathbf{N}\,\mathrm{d}\sigma=\mu_0\int_S\mathbf{J}\cdot\mathbf{N}\,\mathrm{d}\sigma.$$

因此 $\text{curl } \mathbf{B} = \mu_0 \mathbf{J}$.

(b) $\rho_t = -\text{div } \mathbf{J} = -(\mu_0)^{-1} \text{div}\big(\text{curl } \mathbf{B}\big) = 0$ 保证了电荷守恒 (即不随时间变化).

8.39 $\dfrac{\mathrm{d}}{\mathrm{d}t} \displaystyle\int_S \mathbf{B} \cdot \mathbf{N} \, \mathrm{d}\sigma = \int_S \mathbf{B}_t \cdot \mathbf{N} \, \mathrm{d}\sigma$. 根据麦克斯韦方程, 它等于

$$\int_S (-\text{curl } \mathbf{E}) \cdot \mathbf{N} \, \mathrm{d}\sigma.$$

根据斯托克斯定理它等于 $-\displaystyle\int_{\partial S} \mathbf{E} \cdot \mathbf{T} \mathrm{d}s$.

8.4 节

8.41 因为关于时间的导数为零, 故左边等于零. 在圆柱边界上的积分为右端的 $-\rho(b)u(b)A(1,0,0)$ 加上左端的 $-\rho(a)u(a)A(-1,0,0)$, 因此守恒律为

$$0 = \big(- \rho(b)u(b) + \rho(a)u(a)\big)(A, 0, 0).$$

8.43

$$\begin{aligned}
&\mathbf{V} \cdot \boldsymbol{\nabla}(\mathbf{V} \cdot \mathbf{V}) \\
=& u(u^2 + v^2 + w^2)_x + v(u^2 + v^2 + w^2)_y + w(u^2 + v^2 + w^2)_z \\
=& 2u(uu_x + vv_x + ww_x) + 2v(uu_y + vv_y + ww_y) + 2w(uu_z + vv_z + ww_z) \\
=& 2u(uu_x + vu_y + wu_z) + 2v(uv_x + vv_y + wv_z) + 2w(uw_x + vw_y + ww_z) \\
=& 2\mathbf{V} \cdot (\mathbf{V} \cdot \boldsymbol{\nabla}\mathbf{V}).
\end{aligned}$$

8.45 (c) 左图中加速度指向左侧, 其余的指向右侧.

8.47 (a) $\mathbf{V}(\mathbf{X}, 0) = \mathbf{X}, \mathbf{V}(\mathbf{X}, 1) = \dfrac{1}{2}\mathbf{X}$, 都径向向外, 间隔一秒.

(b) $\text{div } \mathbf{V} = \dfrac{1}{1+t} \text{div}(x, y, z) = \dfrac{3}{1+t} \neq 0$, 因此流是可压缩的.

(c) $\rho_t + \rho \text{div } \mathbf{V} + \mathbf{V} \cdot \boldsymbol{\nabla}\rho$

$$\begin{aligned}
&= a(1+t)^{a-1}\|\mathbf{X}\|^2 + (1+t)^a \|\mathbf{X}\|^2 \frac{3}{1+t} + \frac{1}{1+t}\mathbf{X} \cdot ((1+t)^a 2\mathbf{X}) \\
&= (1+t)^{a-1}\|\mathbf{X}\|^2(a + 3 + 2).
\end{aligned}$$

因此取 $a = -5$.

8.49

$$\begin{aligned}
& e_t + \text{div}(e\mathbf{V}) + P\text{div } \mathbf{V} \\
=& \frac{ck}{R}\gamma\rho^{\gamma-1}\rho_t + \frac{ck}{R}\text{div}(\rho^\gamma \mathbf{V}) + k\rho^\gamma \text{div } \mathbf{V} \\
=& \frac{ck}{R}\gamma\rho^{\gamma-1}\rho_t + \frac{ck}{R}\text{div}(\rho^{\gamma-1}(\rho\mathbf{V})) + k\rho^\gamma \text{div } \mathbf{V}
\end{aligned}$$

$$
\begin{aligned}
&= \frac{ck}{R}\gamma\rho^{\gamma-1}\rho_t + \frac{ck}{R}\left(\rho^{\gamma-1}\text{div}(\rho\mathbf{V}) + \rho\mathbf{V}\cdot\boldsymbol{\nabla}(\rho^{\gamma-1})\right) + k\rho^\gamma\text{div }\mathbf{V} \\
&= \frac{ck}{R}\gamma\rho^{\gamma-1}\rho_t + \frac{ck}{R}\left(\rho^{\gamma-1}\text{div}(\rho\mathbf{V}) + (\gamma-1)\rho^{\gamma-1}\mathbf{V}\cdot\boldsymbol{\nabla}\rho\right) + k\rho^\gamma\text{div }\mathbf{V}.
\end{aligned}
$$

利用质量方程 $\rho_t = -\text{div}(\rho\mathbf{V})$, 上式右端变为

$$
\begin{aligned}
&= \frac{ck}{R}(-\gamma+1)\rho^{\gamma-1}\text{div}(\rho\mathbf{V}) + \frac{ck}{R}(\gamma-1)\rho^{\gamma-1}\mathbf{V}\cdot\boldsymbol{\nabla}\rho + k\rho^\gamma\text{div }\mathbf{V} \\
&= \frac{ck}{R}(-\gamma+1)\rho^\gamma\text{div }\mathbf{V} + k\rho^\gamma\text{div }\mathbf{V}.
\end{aligned}
$$

若 $\gamma = 1 + \dfrac{R}{c}$, 则上式等于 0.

8.51 若忽略 ϵ^2 项, 则 $\rho_t + (\rho u)_x = \epsilon g_t + (\rho_0\epsilon f + \epsilon^2 fg)_x = \epsilon(g_t + \rho_0 f_x)$,

$$
u_t + uu_x + k\gamma\rho^{\gamma-2}\rho_x = \epsilon f_t + (\epsilon f)(\epsilon f_x) + k\gamma(\rho_0 + \epsilon g)^{\gamma-2}(\epsilon g_x) = \epsilon(f_t + k\gamma\rho_0^{\gamma-2}g_x).
$$

这是因为中值定理给出 $(a+\epsilon g)^b = a^b + b(a+\theta g)^{b-1}\epsilon$, 其中 θ 介于 0 与 ϵ 之间. 于是

$$
g_{tt} = -\rho_0 f_{xt} = \rho_0(k\gamma\rho_0^{\gamma-2})g_{xx}.
$$

8.5 节

8.53 利用

$$
\frac{\mathrm{d}}{\mathrm{d}r}\int_r^s f(x)\mathrm{d}x = -f(r)
$$

可得 $\boldsymbol{\nabla}g = \left(-f(r,t), f(s,t), \displaystyle\int_r^s f_t\mathrm{d}x\right)$. 再由链式法则得出结果为 $\boldsymbol{\nabla}g\cdot(a', b',\ 1)$.

8.55 $\rho_t + \rho\rho_x = -\dfrac{x}{(t+8)^2} + \dfrac{x}{t+8}\dfrac{1}{t+8} = 0.$

8.57 (a) 公式中 ρ 的三部分在各自的集合中都是连续的, 且在公共边界取相同的函数值, 因此 ρ 是连续的.

(b) $\rho(x,0)$ 与 $\rho(x,1)$ 的图像如图 10.5 所示.

(c) 在 ρ 为常数的区域中, 偏导数为零, 因此 $\rho_t + \rho\rho_x = 0$. 在 $\rho = \dfrac{x}{t-1}$ 的区域中, 有

$$
\rho_t + \rho\rho_x = -\frac{x}{(t-1)^2} + \frac{x}{t-1}\frac{1}{t-1} = 0.
$$

(d) 在

$$
\rho\left(x_0 + (-x_0)t, t\right) = -x_0
$$

中令 $x = x_0 + (-x_0)t$. 则有 $x_0 = \dfrac{x}{1-t}$, 因此,

$$
\rho(x,t) = -\frac{x}{1-t}.
$$

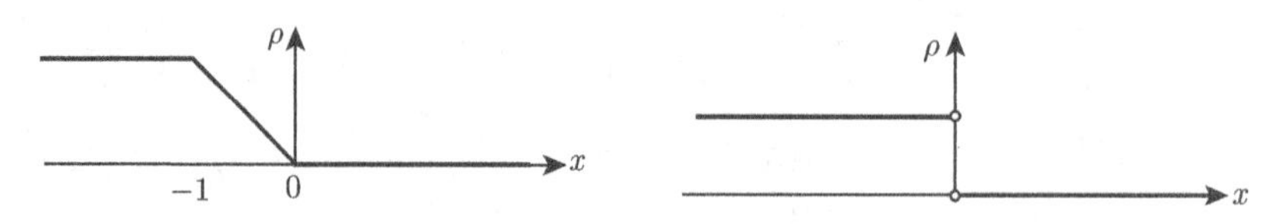

图 10.5　左: 问题 8.57 中 $\rho(x,0)$ 的图像; 右: $\rho(x,1)$ 的图像

8.59　基本定理给出

$$\int_a^b (\rho_t + f_x - g)\mathrm{d}x = 0.$$

因为它对任意的区间 $[a,b]$ 都成立, 且被积函数连续, 从而它必定为零.

8.61　$s_1 = \frac{1}{2}(1+0) = \frac{1}{2}, s_2 = \frac{1}{2}\left(\frac{3}{2}+1\right) = \frac{5}{4}, s_3 = \frac{1}{2}\left(3+\frac{3}{2}\right) = \frac{9}{4}, s_4 = \frac{1}{2}\left(0+\frac{3}{2}\right) = \frac{3}{4}, s_5 = \frac{1}{2}(0+3) = \frac{3}{2}.$

8.63　当 $x = 2t = 3 + 1.5t$ 时, $x = 2t$ 与 $x = 3 + 1.5t$ 相交, 具有相同的 x, t 值. 也就有 $t = 6$, $x = 12$.

8.65　满足 $x' = x$ 的曲线是 $(x,t) = (c\mathrm{e}^t, t)$, c 为任意常数. 这些曲线始于水平 x 轴上点 $(c,0)$ 且随竖直方向 t 的增加而分离. ρ 在任一这样的曲线上都为常数, 因为

$$\frac{\mathrm{d}}{\mathrm{d}t}\rho\left(x(t),t\right) = \rho_x x' + \rho_t = \rho_t + x\rho_x = 0,$$

所以 ρ 在任一这样的曲线上都为常数. 若 $\rho(x,0) = x^2$, 则 $\rho(c\mathrm{e}^t, t) = \rho(c,0) = c^2 = ((c\mathrm{e}^t)\mathrm{e}^{-t})^2$. 因此 $\rho(x,t) = (x\mathrm{e}^{-t})^2 = x^2\mathrm{e}^{-2t}$.

第　9　章

9.1 节

9.1　因为 $u_{xx} > 0$, 波方程意味着 $u_{tt} > 0$, 所以加速度向上. 这与我们基于张力的方程推导完全一致, 因为当弦的形状是凸的时候, 弦的任意段的两端的受力是向上的.

9.3　$u_{tt} = -A_4^2\Big(c_1 \sin\left(\frac{2\pi x}{330}\right)\cos(A_4 t)\Big) - E_6^2\Big(c_2 \sin\left(\frac{2\pi x(3x)}{330}\right)\cos(E_6 t)\Big),$

$$u_{xx} = -\left(\frac{2\pi}{330}\right)^2\Big(c_1 \sin\left(\frac{2\pi}{330}\cos(A_4 t)\right)\Big) - \left(\frac{2\pi(3)}{330}\right)^2\Big(c_2 \sin\left(\frac{2\pi x(3x)}{330}\cos(E_6 t)\right)\Big).$$

从而由 $u_{tt} = c^2 u_{xx}$ 可得

$$c^2\left(\frac{2\pi}{330}\right)^2 = A_4^2, \qquad c^2\left(\frac{2\pi(3)}{330}\right)^2 = E_6^2.$$

相除可得 $\dfrac{E_6^2}{A_4^2} = 3^2$, 因而 $E_6 = 3A_4$.

9.5 (a) 向左的速度为 3.

(b) 向左的速度为 3.

(c) 向右的速度为 $\dfrac{1}{4}$.

9.7 由链式法则有

$$\begin{aligned} u_t &= -cf'(x-ct) + cg'(x+ct), \qquad u_x = f'(x-ct) + g'(x+ct), \\ u_{tt} &= c^2 f''(x-ct) + c^2 g''(x+ct), \quad u_{xx} = f''(x-ct) + g''(x+ct). \end{aligned}$$

因此 $u_{tt} = c^2 u_{xx}$.

9.9 $u_t = -c\sin(x+ct)$, $u_x = -\sin(x+ct)$, 因此 $u_t^2 + c^2 u_x^2 = 2c^2\sin^2(x+ct)$.

(a) $E(0) = c^2 \displaystyle\int_0^{\pi} \sin^2 x \,\mathrm{d}x$.

(b) $E(1) = c^2 \displaystyle\int_c^{\pi-c} \sin^2(x+c)\,\mathrm{d}x$.

$E(0)$ 更大, 因为

$$E(1) = c^2 \int_0^{\pi-2c} \sin^2\theta \mathrm{d}\theta < c^2 \int_0^{\pi} \sin^2\theta \mathrm{d}\theta = E(0).$$

9.11 (a) $u(x,0) = \sin x = f(x) + g(x)$ 且 $u_t(x,0) = 0 = -cf'(x) + cg'(x)$. 则 $f' = g'$, 因而 $f = g + C$, 且有 $\sin x = 2g(x) + C$. 所以

$$g(x) = \frac{1}{2}(\sin x - C), \quad f(x) = \frac{1}{2}(\sin x + C), \quad u(x,t) = \frac{1}{2}\sin(x-ct) + \frac{1}{2}\sin(x+ct).$$

(b) 这里 $c = 1$. $u(x,0) = 0 = f(x) + g(x)$ 且 $u_t(x,0) = \cos(2x) = -f'(x) + g'(x)$. 则 $f = -g$, 所以 $\cos(2x) = 2g'(x)$. 从而 $g(x) = \dfrac{1}{4}\sin(2x) + C$. 故而有

$$\begin{aligned} &g(x) = \frac{1}{4}\sin(2x) + C, \quad f(x) = -\frac{1}{4}\sin(2x) - C, \\ &u(x,t) = -\frac{1}{4}\sin(2(x-t)) + \frac{1}{4}\sin(2(x+t)). \end{aligned}$$

(c) 类似地,

$$\begin{aligned} u(x,t) =& \frac{3}{2}\Big(\sin(x-5t) + \sin(x+5t)\Big) + \frac{1}{2}\Big(\sin(3(x-5t)) + \sin(3(x+5t))\Big) \\ &+ \frac{1}{2^2 5}\Big(-\sin(2(x-5t)) + \sin(2(x+5t))\Big). \end{aligned}$$

9.13 $u(x,t) = -g(-x+ct) + g(x+ct)$ 且只有当 $-x+ct$ 或 $x+ct$ 在 $g \neq 0$ 的区间中时, 其导数不为零. 当 t 趋于无穷且 x 属于区间 $[0,p]$ 时, 这些数字都不在区间中. 因此积分为零.

9.2 节

9.15 (a) $u_{tt}+v_{tt}=c^2(u_{xx}+v_{xx}+u_{yy}+v_{yy})$; 相加关于 u 和 v 的波动方程.

(b) 令 $u=kv$. 则 $u_{tt}=kz_{tt}=kc^2\Delta z=c^2\Delta(kz)=c^2\Delta u$.

(c) 令 $w(x,y,t)=z(-y,x,t)$. 则

$$\begin{aligned}
w_{tt}(x,y,t)&=z_{tt}(-y,x,t),\\
w_x(x,y,t)&=z_y(-y,x,t),\qquad w_{xx}(x,y,t)=z_{yy}(-y,x,t),\\
w_y(x,y,t)&=-z_x(-y,x,t),\quad w_{yy}(x,y,t)=(-1)^2z_{xx}(-y,x,t).
\end{aligned}$$

所以

$$w_{tt}=z_{tt}(-y,x,t)=c^2(z_{xx}+z_{yy})(-y,x,t)=c^2(w_{yy}+w_{xx}).$$

(d) 令 $w(x,y,t)=z(kx,ky,kt)$, 则

$$w_{tt}(x,y,t)=k^2z_{tt}(kx,ky,kt),\quad w_{xx}=k^2z_{xx},\quad w_{yy}=k^2z_{yy}.$$

所以

$$w_{tt}-c^2(w_{xx}+w_{yy})=k^2\big(z_{tt}-c^2(z_{xx}+z_{yy})\big).$$

9.17 $\sin\left(1.414c\left(t+1000\dfrac{2\pi}{c}\right)\right)=\sin(1.414ct+1414(2\pi))=\sin(1.414ct)$, 且对于 2.236 项也类似. 数字 1000 保证我们能加上 2π 的整数倍.

9.19 (a) $z_{tt}=-(n^2+m^2)z$, $z_{xx}=-n^2z$, $z_{yy}=-m^2z$, 所以 $z_{tt}=z_{xx}+z_{yy}$. 因此 n 和 m 都是正整数, 由 $\sin(n\pi)=\sin(m\pi)=\sin(0)=0$ 可得边界值 0.

(b) 对于半径 1000 圆盘的第一象限中的每个整数对 (n,m), 都存在一个解. 因为每个 (n,m) 都位于格点上, 小方块的数量大致上等于四分之一圆盘的面积.

9.21 $z_x=f'(r)r_x\sin(kt)$, 且 $r_x=\dfrac{1}{2}(x^2+y^2)^{-1/2}(2x)=\dfrac{x}{r}$. 从而

$$\begin{aligned}
z_x&=f'(r)\frac{x}{r}\sin(kt),\\
z_{xx}&=\left(f''(r)\frac{x^2}{r^2}+f'(r)\frac{r-x\dfrac{x}{r}}{r^2}\right)\sin(kt).
\end{aligned}$$

类似地,

$$z_{yy}=\left(f''(r)\frac{y^2}{r^2}+f'(r)\frac{r-y\dfrac{y}{r}}{r^2}\right)\sin(kt).$$

相加可得

$$z_{xx}+z_{yy}=\left(f''(r)+\frac{1}{r}f'(r)\right)\sin(kt).$$

因为

$$z_{tt} = -k^2 f(r)\sin(kt),$$

当 $f'' + \frac{1}{r}f' + k^2 f = 0$ 时, 可得 $z_{tt} = z_{xx} + z_{yy}$.

9.23　(a) $u_\rho = -\rho^{-2} f(\rho \pm t) + \rho^{-1} f'(\rho + t)$,

$$u_{\rho\rho} = 2\rho^{-3} f(\rho \pm t) - 2\rho^{-2} f'(\rho + t) + \rho^{-1} f''(\rho + t),$$

所以

$$u_{\rho\rho} + \frac{2}{\rho}u_\rho = \rho^{-1} f''(\rho + t).$$

(b) $u(\rho, 0)$ 在 $\rho = 100$ 附近取得极大值 1. 因此 f 在 $\rho = 100$ 的极大值近似为 100. 所以

$$u(\rho, 99) = \rho^{-1} f(\rho + 99)$$

在 $\rho = 1$ 附近的极大值近似为 100 . 即波在半径为 100 的球面上的极大值为 1, 在 99 秒钟以后在半径为 1 的球面上取得极大值 100.

9.3 节

9.25　(a) $(\mathrm{e}^{-n^2 t}\sin(nx))_t - (\mathrm{e}^{-n^2 t}\sin(nx))_{xx} = (-n^2 + n^2)\mathrm{e}^{-n^2 t}\sin(nx) = 0$.

(b)

$$\begin{aligned}
(t^p \mathrm{e}^{-\frac{x^2}{4t}})_t &= pt^{p-1}\mathrm{e}^{-\frac{x^2}{4t}} + t^p \frac{x^2}{4t^2}\mathrm{e}^{-\frac{x^2}{4t}},\\
(t^p \mathrm{e}^{-\frac{x^2}{4t}})_x &= -\frac{x}{2t}t^p \mathrm{e}^{-\frac{x^2}{4t}},\\
(t^p \mathrm{e}^{-\frac{x^2}{4t}})_{xx} &= -\frac{1}{2t}t^p \mathrm{e}^{-\frac{x^2}{4t}} + \left(\frac{x}{2t}\right)^2 t^p \mathrm{e}^{-\frac{x^2}{4t}},
\end{aligned}$$

因此 $p = -\frac{1}{2}$.

(c)

$$\begin{aligned}
(\mathrm{e}^{-ax}\cos(ax - bt))_t &= b\mathrm{e}^{-ax}\sin(ax - bt),\\
(\mathrm{e}^{-ax}\cos(ax - bt))_x &= -a\mathrm{e}^{-ax}\cos(ax - bt) - a\mathrm{e}^{-ax}\sin(ax - bt),\\
(\mathrm{e}^{-ax}\cos(ax - bt))_{xx} &= a^2\mathrm{e}^{-ax}\cos(ax - bt) + 2a^2\mathrm{e}^{-ax}\sin(ax - bt)\\
&\quad - a^2\mathrm{e}^{-ax}\cos(ax - bt)\\
&= 2a^2\mathrm{e}^{-ax}\sin(ax - bt),
\end{aligned}$$

因此 $b = 2a^2$.

(d) 由 $T(x,t) = u(kx, k^2 t)$ 可得 $T_t = k^2 u_t(kx, k^2 t)$, $T_{xx} = k^2 u_{xx}(kx, k^2 t)$, 所以 $T_t - T_{xx} = k^2(u_t - u_{xx}) = 0$.

9.27　(a) $1, -1, \frac{1}{2}, -4$; $T(x,t) = \mathrm{e}^{-t}\sin(x) + \frac{1}{2}\mathrm{e}^{-4t}\sin(2x)$.

(b) 你的草图应该要描述下一小问 (c) 中的进程.

(c) 第二项因为有因子 e^{-4t}, 所以递减的速度快很多. 因而第一项在 t 增加的时候更重要, 热点会从中心向右移动.

9.29 $y_1(t) = \dfrac{1}{\pi}\displaystyle\int_0^\pi \mathrm{e}^{-t}\sin(x)\,\mathrm{d}x = \dfrac{2}{\pi}\mathrm{e}^{-t}$ 满足 $y_1' = -\dfrac{2}{\pi}\mathrm{e}^{-t} = -(y_1 - 0)$, 所以牛顿冷却定律对于 y_1 成立.

$$y_2(t) = \frac{1}{\pi}\int_0^\pi \left(\mathrm{e}^{-t}\sin(x) + \mathrm{e}^{-9t}\sin(3x)\right)\mathrm{d}x = \frac{2}{\pi}\mathrm{e}^{-t} + \frac{2}{3\pi}\mathrm{e}^{-9t},$$

我们观察到无论 k 值如何取, 牛顿冷却定律

$$y_2'(t) = -\frac{2}{\pi}\mathrm{e}^{-t} - \frac{6}{\pi}\mathrm{e}^{-9t} = -k\left(\frac{2}{\pi}\mathrm{e}^{-t} + \frac{2}{3\pi}\mathrm{e}^{-9t}\right)$$

对于 y_2 不成立.

9.31 (a) 在积分符号下对 t 求导.

(b) 使用 $\mathbb{R}^2$ 中的散度定理.

(c) 拉普拉斯算子的性质和定义.

(d) 因为 D 是任意的, 所以被积函数必须为零.

9.33 $(x^2+y^2+4ht)_{xx} = (x^2+y^2+4ht)_{yy}$ 且 $(x^2+y^2+4ht)_t = 4h$. 所以 t 是一个解. 热流满足 $-r\boldsymbol{\nabla}T = -r(2x, 2y)$, 因而趋于原点, 这会发生在温度最低的点.

9.4 节

9.35 (a) $\Delta(u_1+u_2) = u_{1xx} + u_{2xx} + u_{2yy} = \Delta u_1 + \Delta u_2 = 0 + 0 = 0$.

(b) 记 $v(x,y) = u(x\cos\theta - y\sin\theta, x\sin\theta + y\cos\theta)$. 所以

$$\begin{aligned} v_x &= u_x\cos\theta + u_y\sin\theta, \qquad v_y = -u_x\sin\theta + u_y\cos\theta,\\ v_{xx} &= (u_{xx}\cos\theta + u_{xy}\sin\theta)\cos\theta + (u_{yx}\cos\theta + u_{yy}\sin\theta)\sin\theta,\\ v_{yy} &= -(-u_{xx}\sin\theta + u_{xy}\cos\theta)\sin\theta + (-u_{yx}\sin\theta + u_{yy}\cos\theta)\cos\theta, \end{aligned}$$

从而

$$v_{xx} + v_{yy} = u_{xx}(\cos^2\theta + \sin^2\theta) + u_{yy}(\cos^2\theta + \sin^2\theta) = u_{xx} + u_{yy} = 0.$$

(c) $\Delta(uv) = (\Delta u)v + 2\boldsymbol{\nabla}u\cdot\boldsymbol{\nabla}v + u(\Delta v) = 0 + 0 + 0 = 0$.

9.37 $z(x,y) = \ln(x^2+y^2)$, 所以

$$\begin{aligned} z_x &= \frac{2x}{x^2+y^2}, \qquad z_{xx} = \frac{2}{x^2+y^2} - \frac{2x(2x)}{(x^2+y^2)^2},\\ z_y &= \frac{2y}{x^2+y^2}, \qquad z_{yy} = \frac{2}{x^2+y^2} - \frac{2y(2y)}{(x^2+y^2)^2}. \end{aligned}$$

从而

$$\Delta z = \frac{4}{x^2+y^2} - \frac{2(2x^2+2y^2)}{(x^2+y^2)^2} = 0.$$

9.39 (a) $\operatorname{div}(w\nabla w) = w\Delta w + \nabla w \cdot \nabla w$, 由散度定理有

$$0 = \int_{\partial D} w\nabla w \cdot \mathbf{N}\mathrm{d}\sigma = \int_D (w\Delta w + \nabla w \cdot \nabla w)\mathrm{d}V.$$

(b) 利用 (a) 和 $w = u$ 可以得到 $0 = -\int_D \|\nabla u\|^2 \mathrm{d}V$. 所以 $\|\nabla u\| = 0$. 这使得 u 在 D 上为常数, 因为 u 在边界上为零, 所以 u 恒等于零.

(c) $u - v$ 是拉普拉斯方程的解, 因为在边界上为零, 所以由 (b) 可知其恒等于零.

9.41 (a) $\frac{1}{4}(2+2) = 1$.

(b) $\frac{1}{6} \cdot 2 + \frac{1}{3} \cdot 2 = 1$.

(c) $k(z_{xx} + z_{yy}) + (1-k)(w_{xx} + w_{yy}) = k + (1-k) = 1$.

(d) $z_{xx} + w_{xx} + z_{yy} + w_{yy} = 1 + 0 = 1$.

9.43 (a) $z_{xx} = -n^2 z, z_{yy} = n^2 z$, 所以 $\Delta z = 0$.

(b) $z(0,y) = \sin(0)\sinh(ny) = 0, \qquad z(\pi, y) = \sin(\pi)\sinh(ny) = 0,$

$$z(x, 0) = \sin(nx)\sinh(0) = 0.$$

(c) $z\left(\frac{\pi}{2n}, y\right) = \sinh(ny) = \frac{1}{2}(\mathrm{e}^{ny} - \mathrm{e}^{-ny})$ 近似于 $\frac{1}{2}\mathrm{e}^{ny}$. 当 y 为很大的正数时, 其数值很大.

9.45 (a)
$$\begin{aligned}\mathbf{F} = \nabla u = \nabla\left(x + \frac{x}{x^2+y^2}\right) &= \left(1 + \frac{y^2-x^2}{(x^2+y^2)^2}, \frac{-2xy}{(x^2+y^2)^2}\right)\\ &= (1,0) + r^{-4}(y^2-x^2, -2xy),\end{aligned}$$

其中 $r^2 = x^2 + y^2$. 所以

$$\begin{aligned}\Delta u = \operatorname{div}\mathbf{F} &= 0 + r^{-4}\operatorname{div}(y^2-x^2, -2xy) - 4r^{-5}\nabla(r) \cdot (y^2-x^2, -2xy)\\ &= r^{-4}(-2x-2x) - 4r^{-5}\frac{(x,y)}{r} \cdot (y^2-x^2, -2xy)\\ &= r^{-4x} - 4r^{-6}(-xy^2 - x^3)\\ &= 4xr^{-4}(-1 + r^{-2}(y^2+x^2)) = 0.\end{aligned}$$

(b) $\qquad (x,y) \cdot \mathbf{F}(x,y) = (x,y) \cdot \Big((1,0) + r^{-4}(y^2-x^2, -2xy)\Big)$

$$
\begin{aligned}
&= x + r^{-4}(-xy^2 - x^3) \\
&= x + r^{-4}(-xr^2) \\
&= x(1 - r^{-2}),
\end{aligned}
$$

该式在 $r = 1$ 时等于零.

(c) 因为 $|x| \leqslant r$ 和 $|y| \leqslant r$, 所以 $\|(y^2 - x^2, -2xy)\| = \sqrt{(y^2 - x^2)^2 + 4x^2y^2} = x^2 + y^2 \leqslant 2r^2$. 因此当 r 趋于无穷时, $\|\mathbf{F} - (1, 0)\| = \|r^{-4}(y^2 - x^2, -2xy)\| \leqslant r^{-4} \cdot 2r^2 = 2r^{-2}$ 趋于零.

9.5 节

9.47 (a) $\psi_t = -\mathrm{i}E\mathrm{e}^{-\mathrm{i}Et}\phi$ 和 $\Delta\psi = \mathrm{e}^{-\mathrm{i}Et}\Delta\phi$. 因此

$$
\mathrm{i}\psi_t = E\mathrm{e}^{-\mathrm{i}Et}\phi = \mathrm{e}^{-\mathrm{i}Et}(-\Delta\phi + V\phi) = -\Delta\psi + V\mathrm{e}^{-\mathrm{i}Et}\phi = -\Delta\psi + V\psi.
$$

(b) $|\psi(\mathbf{X}, t)|^2 = \bar{\psi}\psi = \mathrm{e}^{\mathrm{i}Et}\overline{\phi(\mathbf{X})}\mathrm{e}^{-\mathrm{i}Et}\phi(\mathbf{X}) = |\phi(\mathbf{X})|^2$ 不依赖于 t. 因此概率 $P(S, t)$ 是其积分, 因此也不依赖于 t.

9.49 (a) $\phi_x = X'YZ, -\phi_{xx} = -X''YZ = (E_x - x^2)XYZ$, 所以

$$
\begin{aligned}
-\Delta\phi + (x^2 + y^2 + z^2)\phi &= -(X''YZ + XY''Z + XYZ'') + (x^2 + y^2 + z^2)XYZ \\
&= (E_x + E_y + E_z)\phi.
\end{aligned}
$$

因此 $E = E_x + E_y + E_z$.

(b) 由 $W(w) = (a + bw + cw^2)\mathrm{e}^{-w^2/2}$ 可得

$$
\begin{aligned}
W' &= \big(b + 2cw - w(a + bw + cw^2)\big)\mathrm{e}^{-w^2/2} = \big(b + (2c - a)w - bw^2 - cw^3\big)\mathrm{e}^{-w^2/2}, \\
W'' &= \Big((2c - a) - 2bw - 3cw^2 - w\big(b + (2c - a)w - bw^2 - cw^3\big)\Big)\mathrm{e}^{-w^2/2} \\
&= \big((2c - a) - 3bw + (a - 5c)w^2 + bw^3 + cw^4\big)\mathrm{e}^{-w^2/2}.
\end{aligned}
$$

所以

$$
\begin{aligned}
&-W'' + w^2W \\
=& \Big(\big(-(2c - a) + 3bw - (a - 5c)w^2 - bw^3 - cw^4\big) + w^2(a + bw + cw^2)\Big)\mathrm{e}^{-w^2/2} \\
=& (a - 2c + 3bw + 5cw^2)\mathrm{e}^{-w^2/2}.
\end{aligned}
$$

于是, $-W'' + w^2W = EW$ 当且仅当

$$
a - 2c + 3bw + 5cw^2 = E(a + bw + cw^2).
$$

下面我们分情况讨论:

(1) $E=1$ 当且仅当 $a-2c+3bw+5cw^2=a+bw+cw^2$, 当且仅当 $a-2c=a$, $3b=b$, $5c=c$, 即 $b=0,c=0$ 而 a 任意, 从而对应的函数为

$$\phi_1(w)=a\mathrm{e}^{-w^2/2}.$$

(2) $E=3$ 当且仅当 $a-2c+3bw+5cw^2=3a+3bw+3cw^2$, 当且仅当 $a-2c=3a$, $3b=3b$, $5c=3c$, 即 $a=0,c=0$ 而 b 任意, 从而对应的函数为

$$\phi_3(w)=bw\mathrm{e}^{-w^2/2}.$$

(3) $E=5$ 当且仅当 $a-2c+3bw+5cw^2=5a+5bw+5cw^2$, 当且仅当 $a-2c=5a$, $3b=5b$, $5c=5c$, 即 $b=0,c=-2a$ 而 a 任意, 从而对应的函数为

$$\phi_5(w)=a(1-2w^2)\mathrm{e}^{-w^2/2}.$$

(c) 根据下表中所列举的 E 值, 选取 (b) 中找到的函数应用于 $\phi_{n_1,n_2,n_3}=\phi_{n_1}(x)\phi_{n_2}(y)\phi_{n_3}(z)$, 我们可以利用 $E=n_1+n_2+n_3$ 求出解与 E 对应的各个 (n_1,n_2,n_3) 如下:

n_1	1	1	1	1	1	3	3	1	3	5
n_2	1	3	3	5	5	3	5	5	5	5
n_3	1	1	3	1	3	3	3	5	5	5
E	3	5	7	7	9	9	11	11	13	15

注 这个表中省略了一些对称的情况, 例如, 对于第 2 列 $(n_1,n_2,n_3)=(1,3,1)$ 的选取, 还有两个对称的情况, 即 $(n_1,n_2,n_3)=(3,1,1),(1,1,3)$. 此外, 也忽略了诸如 $(n_1,n_2,n_3)=(0,3,0)$ 的退化情况 (此时对应的解为 $\phi_{0,3,0}=\phi_3(y)$).

(d) $E=3$ 的情形是 $\phi(x,y,z)=a\mathrm{e}^{-x^2/2}\mathrm{e}^{-y^2/2}\mathrm{e}^{-z^2/2}$, 其中 a 为常数, 所以 $|\phi|^2=c\mathrm{e}^{-(x^2+y^2+z^2)}$. 故而正则化因子为 $c=\pi^{-3/2}$.

附录 B 记号与术语英汉对照表

记 号

$-C$, 与 C 反向的曲线
$A - B$, 集合的差
C^1, 连续可微
C^2, 二阶连续可微
C^n, n 阶连续可微
$D\mathbf{F}$, 矩阵导数
$\mathbf{0}$, 零向量
$\mathbf{U} \cdot \mathbf{V}$, 向量的数量积 (点乘)
$\mathbf{U} \times \mathbf{V}$, 向量的向量积 (叉乘)
$\mathbf{F} \cdot \boldsymbol{\nabla}\mathbf{G}$, $\mathbf{U} \cdot \boldsymbol{\nabla}\mathbf{U}$ (见第 3 章最后一小节向量微分等式与问题 3.56—问题 3.59)
Δf, 函数 f 的拉普拉斯
$\mathbb{R}^n$, n 维向量空间
$\mathbb{R}$, 实数轴
$\mathbb{R}^2$, 2 维向量空间
$\mathbf{T}$, 曲线的单位切向量
$\mathrm{d}A$, 面积元
$A(D)$, 平面区域 D 的面积
$A(S)$, 曲面 S 的面积
$L(C)$, 曲线 C 的长度
$V(D)$, 空间区域 D 的体积
$\mathrm{d}V$, 体积元
$\mathrm{d}^n\mathbf{X}$, n 维向量空间体积元
$\mathrm{d}\sigma$, 曲面面积元
$\mathbf{I}_n$, n 阶单位矩阵
$\boldsymbol{\nabla} f$, 函数 f 的梯度
$\overline{D}$, 集合 D 的闭包
∂D, 集合 D 的边界
$\mathbf{E}_j$, 标准基向量
i, j, k, 三维空间的标准基向量

术 语 对 照

A

acceleration of fluid, 流体的加速度
acceleration of particle, 质点的加速度
additivity of integral, 积分的可加性
analogue of Fundamental Theorem, 一元微积分基本定理的高维类比
angle between vectors, 平面向量之间的夹角
angle in $\mathbb{R}^n$, n 维向量之间的夹角
antisymmetric, 反对称的
approximate integral, 近似积分
approximation of integral, 积分近似
arc length of line integral, 曲线积分的弧长
arc length, 弧长
arc parametrization of curve, 曲线的弧长参数
area in plane, 平面上的面积
area of surface, 曲面的面积
average of f on a curve, 函数 f 在曲线上的平均值
average of f on region, 函数 f 在区域中的平均值
average of f on surface, 函数 f 在曲面上的平均值

B

bilinear function from $\mathbb{R}^2$ to $\mathbb{R}$, 从 $\mathbb{R}^2$ 到 $\mathbb{R}$ 的双线性函数
bilinear function in $\mathbb{R}^n$, $\mathbb{R}^n$ 中的双线性函数
bilinear function, 双线性函数
boundary of set, 集合的边界
boundary, 边界
bounded function, 有界函数
bounded set, 有界集

C

Cauchy-Schwarz inequality, 柯西–施瓦茨不等式
chain rule for curves, 曲线的链式法则
Chain Rule, 链式法则

change of variables in $\mathbb{R}^2$, $\mathbb{R}^2$ 中的换元
change of variables in $\mathbb{R}^n$, $\mathbb{R}^n$ 中的换元
change of variables in double integral, 二重积分的换元
Change of Variables in integral, 积分的换元定理
change of variables in multiple integral, 多重积分的换元
charge and current density, 电荷密度与电流密度
charge conservation, 电荷守恒
charge density, 电荷密度
circulation and curl as local rotation, 流量与作为局部旋转的旋度
circulation in plane fluid flow, 平面上流体流动的流量
closed curve, 闭曲线
closed set, 闭集
closure, 闭包
complete the square, 配方
complex valued function and Schrödinger equation, 复值函数与薛定谔方程
component function, 分量函数
component of vector, 向量的分量
composite function, 复合函数
compositions, 复合函数的连续性
connected set, 连通集
connected, 连通的
conservation law, 守恒律
conservative vector field and curl, 保守向量场和旋度
conservative vector field, 保守向量场
constant function, 常数函数
constrained extremum, 约束极值
constraint, 约束
continuity equation, 连续性方程
continuous at a point, 在一点连续
continuous on a set, 在一个集合上连续
continuously differentiable, 连续可微的
contours, 围道
convergence of Riemann sums, 黎曼和的收敛
convergence of subsequence, 子序列的收敛
convergence sequence in $\mathbb{R}^n$, $\mathbb{R}^n$ 中的点列之收敛

convex, 凸
cross product in $\mathbb{R}^3$, $\mathbb{R}^3$ 中的向量积
cross product, 向量积
curl, 旋度
curve in $\mathbb{R}^n$, $\mathbb{R}^n$ 中的曲线
cylinder, 柱面
cylindrical coordinates, 柱坐标

D

definition of integral, 积分的定义
deformation of ordered list, 有序向量组的形变
deformation, 形变
derivative of integral with parameter, 含参积分的导数
derivative rules for div, ∇, curl, 对 div, ∇, curl 的求导法则
derivative rules for sums and products, 对和与积的求导法则
derivative matrix, 矩阵导数
determinant of list of vectors, 有序向量组的行列式
determinant of matrix, 矩阵的行列式
determinant test of positive definite matrix, 正定矩阵的判别准则
differentiable function $\mathbb{R}^n$ to $\mathbb{R}^m$, 从 $\mathbb{R}^n$ 到 $\mathbb{R}^m$ 的可微函数
differentiable, 可微的
directional derivative, 方向导数
divergence as flux density, 散度作为通量密度
Divergence Theorem in $\mathbb{R}^3$, $\mathbb{R}^3$ 中的散度定理
Divergence Theorem, 散度定理
divergence, 散度
domain of function, 函数的定义域
dot product in $\mathbb{R}^2$, $\mathbb{R}^2$ 中的数量积
dot product, 数量积
double integral, 二重积分

E

Earth Moon orbit, 月球轨道
Earth temperature, 地表温度
eigenvalue of matrix, 矩阵的特征值

eigenvalue, eigenvector, 特征值与特征向量
electric charge density, 电荷密度
electromagnetic wave, 电磁波
elliptical orbit of Moon, 月球的椭圆轨道
endpoints, 终点
energy of particle in gradient, 梯度场下质点的能量
energy conservation of fluid, 流体的能量守恒
energy conservation of particle, 质点的能量守恒
enthalpy, 焓
equilibrium and Laplace Equation, 平衡与拉普拉斯方程
Extreme Value Theorem, 最值定理

F

first derivative test, 一阶导数检验
first order of Taylor approximation, 一阶泰勒近似
fluid density, 流体密度
fluid dynamics, 流体力学
fluid velocity, 流体的速度
flux across curve in $\mathbb{R}^2$, 穿过平面曲线的通量
flux across surface, 穿过曲面的通量
flux through parallelogram, 穿过平行四边形的通量
force on membrane under pressure, 膜上的压力
force on string, 弦上的力
force on vibrating membrane, 振动膜上的力
frequency, 频率
function from $\mathbb{R}$ to $\mathbb{R}^n$, 从 $\mathbb{R}$ 到 $\mathbb{R}^n$ 的函数
function from $\mathbb{R}^n$ to $\mathbb{R}^m$, 从 $\mathbb{R}^n$ 到 $\mathbb{R}^m$ 的函数
function sequence of points converges, 逐点收敛的函数列
Fundamental Theorem of Algebra, 代数基本定理
Fundamental Theorem of Calculus, 微积分基本定理
Fundamental Theorem of Line Integrals, 曲线积分基本定理

G

general chain rule, 一般链式法则
gradient, 梯度

graph of function from $\mathbb{R}^2$ to $\mathbb{R}$, 从 $\mathbb{R}^2$ 到 $\mathbb{R}$ 的函数之图像
graph of function from $\mathbb{R}^3$ to $\mathbb{R}$, 从 $\mathbb{R}^3$ 到 $\mathbb{R}$ 的函数之图像
gravity force, 引力
gravity is conservative, 引力场是保守的
gravity, 引力
Greatest Lower Bound Theorem, 下确界定理
Green's Theorem, 格林定理

H

harmonic function, 调和函数
heat equation, 热方程
helix in $\mathbb{R}^3$, $\mathbb{R}^3$ 中的螺旋线
Hessian matrix, 黑塞矩阵
higher dimensions heat equation, 高维热方程
hyperplane, 超平面

I

identity matrix, 单位矩阵
image, 函数的值域
Implicit Function Fundamental Theorem, 隐函数定理
Implicit Function Theorem, 隐函数定理
implicitly defined function, 隐函数
indefinite matrix, 不定矩阵
independence of path, 与路径无关
independence of surface, 与曲面无关
initial data, 初始数据
integrable function, 可积函数
integrable on smoothly bounded set, 在光滑有界集上可积
integrable over unbounded set, 在无界集上可积
integral determined by properties, 由性质确定积分
integral of bounded function, 有界函数的曲线积分
integral of continuous function as difference, 作为差的连续函数的积分
integral of continuous nonnegative function, 非负连续函数的积分
integral of scalar over surface, 标量在曲面上的积分
integral of vector over surface, 向量在曲面上的积分

integral over unbounded set, 无界集合上的积分
integrand, 被积项
interior point, 内点
interior, 内部
Intermediate Value Theorem, 介值定理
internal energy of fluid, 流体的内能
Inverse Function Theorem, 反函数定理
inverse function, 反函数
inverse matrix, 逆矩阵
inverse square vector field, 平方反比向量场
iterated integral, 累次积分

J

Jacobian in change of variables, 换元的雅可比行列式
Jacobian, 雅可比行列式
jump, 跳跃

K

Kepler, 开普勒
key properties of determinant, 行列式的关键性质
kinetic energy of fluid, 流体的动能
kinetic energy of particle, 质点的动能

L

Lagrange multiplier, 拉格朗日乘子
Laplace equation, 拉普拉斯方程
Laplace operator, 拉普拉斯算子
Law of Cosines, 余弦定律
Least Upper Bound Theorem, 上确界定理
length of vector, 向量的长度
level set of function, 函数的水平集
level set, 水平集
line integral of scalar, 标量的曲线积分
line integral of vector, 向量的曲线积分
line, 直线
linear approximation, 线性近似

linear approximations to gravity, 引力场的线性近似
linear combination of vectors, 向量的线性组合
linear in dependence in $\mathbb{R}^n$, $\mathbb{R}^n$ 中的线性无关
linear dependence in $\mathbb{R}^n$, $\mathbb{R}^n$ 中的线性相关
linear function represented by matrix, 用矩阵表示的线性函数
linear function, 线性函数
linear independence in $\mathbb{R}^2$, $\mathbb{R}^2$ 中的线性无关
linear independence in $\mathbb{R}^n$, $\mathbb{R}^n$ 中的线性无关
linear independence 线性无关
linear mass density, 线密度
linearity of integral, 积分的线性
local mimmum, 局部极小值
local extremum, 局部极值
local maximum, 局部极大值
locally linear function, 局部线性的函数
lower and upper bound of integral, 上下界性质
lower and upper volume in $\mathbb{R}^n$, $\mathbb{R}^n$ 中的上体积与下体积
lower area, 下面积
lower integral, 下积分

M

mass conservation of fluid, 流体的质量守恒
mass as line integral, 作为曲线积分的质量
mass conservation law for fluid, 流体的质量守恒
mass density of fluid, 流体的质量密度
mass of material density, 物质密度
mass of object, 物体的质量
mass of particle, 质点的质量
matrix derivative, 矩阵导数
maximum, 最大值
Maxwell equation, 麦克斯韦方程
Mean Value Theorem for integrals, 积分中值定理
Mean Value Theorem for integrals, 曲线积分的中值定理
Mean Value Theorem of integral, 积分的中值定理
Mean Value Theorem, 中值定理

membrane vibration equation, 膜振动方程
membrane, 膜
momentum conservation law for fluid, 流体的动量守恒定律
momentum conservation of fluid, 流体的动量守恒
Monotone Convergence Theorem, 单调收敛定理
multilinear function, 多重线性函数

N

negative definite matrix, 负定矩阵
negatively oriented list of vectors, 负定向的有序向量组
neighborhood, 邻域
Newton's law of cooling, 牛顿冷却定律
Newton's law of motion, 牛顿运动定律
norm of matrix, 矩阵的范数
norm of vector, 向量的范数
normal component of vector field, 向量场的法分量
normal distribution probability, 正态分布概率
normal to hyperplane, 超平面的法向量
normal to plane, 平面的法向量
normal to tangent plane, 切平面的法向量
normal vector to plane curve, 平面曲线的法向量
n times continuously differentiable, n 阶连续可微的
n-dimensional space, n 维空间
n-dimensional vector, n 维向量
$n \times k$ matrix, $n \times k$ 矩阵

O

one to one function, 一对一的函数
one to one, 一对一
onto function, 映满的函数
onto, 满
open ball, 开球
open set, 开集
orbit of Saturn, 土星的轨道
orbital, 轨道

orientable surface, 定向曲面
orientable surface, 可定向的曲面
orientation of list of vectors, 有序向量组的定向
orientation preserved by mapping, 定向被映射保持
orientation reversal of curve, 曲线的定向反转
oriented list, 定向的有序向量组
oriented surface, 定向曲面
orthogonal, 正交的
orthonormal set of vectors, 规范正交向量组
outward normal, 外法向

P

pairwise orthogonal, 两两正交
parametrization of curve by arc length, 曲线用弧长参数
parametrization of curve, 曲线的参数化
parametrization of surface, 曲面的参数化
partial derivative, 偏导数
partial differential equation(PDE), 偏微分方程
PDE of fluid energy, 流体能量方程
PDE of fluid mass, 流体质量方程
PDE of fluid momentum, 流体动量方程
PDE of membrane under pressure, 压力下的膜方程
period, 周期
piecewise smooth curve, 分段光滑曲线
piecewise smooth surface, 分片光滑曲面
plane, 平面
polar coordinates, 极坐标
population density, 人口密度
positive definite matrix, 正定矩阵
positively oriented list of vectors, 正定向的有序向量组
potential energy of particle, 质点的势能
potential, 势
pressure force, 压力
probability and Schrödinger's equation, 概率与薛定谔方程
probability density for electron, 电子的概率密度

probability density in $\mathbb{R}^2$, $\mathbb{R}^2$ 中的概率密度
probability density in $\mathbb{R}^3$, $\mathbb{R}^3$ 中的概率密度
product of matrices, 矩阵的乘积
product rule for div, ∇, curl, div, ∇, curl 的乘积法则
properties of integral, 积分的性质
Pythagorean Theorem, 毕达哥拉斯定理

R

range of function, 函数的值域
rectangular array matrix, 长方形矩阵
regular set in $\mathbb{R}^3$, $\mathbb{R}^3$ 中的正则集
regular set, 正则集
Riemann sum of two variables, 二元函数的黎曼和
Riemann sum, 黎曼和

S

saddle point, 鞍点
scalar, 标量
Schrödinger equation, 薛定谔方程
second derivative test, 二阶导数检验
second derivative, 二阶导数
second order of Taylor approximation, 二阶泰勒近似
sequence converges, 序列收敛
shock wave, 激波
signature of permutation, 置换的符号
signed volume, 有向体积
simplex, 单形
simply connected set, 单连通集
simply connected, 单连通的
smooth change of variables, 变量的可微替换
smooth curve, 光滑曲线
smooth parametrization, 光滑参数化
smooth surface, 光滑曲面
smoothly bounded set in $\mathbb{R}^n$, $\mathbb{R}^n$ 中的光滑有界集
smoothly bounded set in 3 space, 三维空间中的光滑有界集

smoothly bounded set in plane, 平面上的光滑有界集
smoothly bounded set, 光滑有界集
sound wave, 声波, 374
span of vectors, 向量张成的空间
spherical coordinates, 球坐标
standard basis, 标准基
stereographic projection, 球极投影
Stokes' Theorem, 斯托克斯定理
string tied at ends, 两端固定的弦
string vibration, 弦振动
sum of vectors, 向量的和
sums, products and quotients, 四则运算的连续性
surface, 曲面
symmetric matrix, 对称矩阵
symmetric, 对称的
system of linear equations, 线性方程组
tangent plane of smooth surface, 光滑曲面的切平面
tangent plane to graph, 二元函数图像的切平面
tangent plane to surface, 曲面的切平面
tangent vector to curve, 曲线的切向量

T

Taylor approximation, 泰勒近似
Taylor Theorem, 泰勒定理
traveling of wave, 波的传播
triangle inequality, 三角不等式
triple integral, 三重积分
trivial linear combination, 平凡的线性组合
two dimensional vector, 二维向量
two-dimensional space, 二维空间

U

uniformly continuous, 一致连续
unit tangent to curve, 曲线的单位切向量
unit vector, 单位向量

upper area, 上面积
upper integral, 上积分

V

variation with parameter integral, 含参积分的变分
vector component, 向量分量
vector potential, 向量势
velocity of particle, 质点的速度
vibration of membrane, 膜的振动
vibration of string, 弦的振动
volume, 体积
volumetric flow rate, 容积流率

W

work and conservative vector field, 功与保守向量场
work and fluid pressure, 功与流体压强
work as integral on curve, 功作为沿曲线的积分

X

x simple set, x 坐标简单的集合

Y

y simple set, y 坐标简单的集合

Z

zero vector, 零向量

其他

1 D heat equation, 一维热方程
1 D wave equation, 一维波动方程
2 D heat equation, 二维热方程
2 D wave equation, 二维波动方程

译　后　记

本书《多元微积分及其应用》是《微积分及其应用》的续篇, 本着对作者 Peter Lax 和 Maria Terrell 的喜爱、崇敬与对读者的负责到底, 我们趁热打铁完成了本书的翻译.

本书延续了作者一贯简明清晰的文风, 举例丰富, 注重背景, 生动有趣. 与其他同类教材相比, 本书的一个特色是专辟章节介绍了守恒律与偏微分方程之初等理论. 这些内容是 Lax 本人之专长 (偏微分方程) 所在, 因此完全可以理解他会在课程中引入. 于他而言, 守恒律乃数学之美妙的体现, 参见 http://www.concinnitasproject.org/portfolio/, 中译文《大雅之美：十位大数学家心中最美的公式》见 “数立方” 网站 (http://mathcubic.org/article/article/index/id/515.html). 考虑到有些读者可能对两位作者不太了解, 我这里略说几句, 以增进你对本书的认识. Peter Lax 是 1926 年出生的匈牙利裔美籍数学家, 1949 年在纽约大学获得博士学位, 之后一直留校任教. Lax 在学术上成就卓越, 先后荣获美国国家科学奖章 (1986)、Wolf 数学奖 (1987)、Abel 奖 (2005) 以及俄罗斯的 Lomonosov 金质奖章 (2013). Lax 是美国科学院院士、挪威文理学院院士、美国数学会会士. 2005 年, Springer 出版了 Lax 的两卷本《论文选集》. 在通俗写作方面, Lax 先后三次荣获美国数学协会的写作奖, 其中一篇《激波的形成与衰减》曾两次获奖, 另一篇获奖作品是 1965 年发表于《美国数学月刊》第 72 卷的文章《偏微分方程的数值解》. 这些主题都渗透到本书中, 见第 8 章和第 9 章. Lax 著述丰富, 其教材尤其受师生喜爱, 除了我们的微积分译著, 被译成中文的, 还有《微积分及其计算与应用》(即《微积分及其应用》之前身)、《线性代数及其应用》和《泛函分析》. 其中, 后两本基于其研究生课程讲义, “线性代数” 与 “泛函分析” 都是 Lax 最喜欢讲授的研究生课程; 而另一门则是 “偏微分方程” (见本书第 9 章, 这个主题的介绍在普通的多元微积分教材中并不多见), 其讲义《双曲偏微分方程》(2006) 尚未有中译本.

在他为接受 Abel 奖所写的自传 (见 Helge Holden 和 Ragni Piene 主编的 *The Abel Prize 2003–2007 The First Five Years* 一书第 187 页) 中, Lax 分享了他对数学的看法：

Mathematics is sometimes compared to music; I find a comparison with painting better. In painting there is a creative tension between depicting the shapes, colors and textures of natural objects, and making a beautiful pattern on a flat canvas. Similarly, in mathematics there is a creative tension between analyzing the laws of nature, and making beautiful logical patterns.

我的翻译 (也见《当代大数学家画传》关于 Lax 的篇目) 如下：

数学有时被拿来与音乐比较, 但我觉得与绘画比较更恰当. 在绘画时, 在描述自然对象的形状、颜色、纹理与在帆布上勾勒出一幅漂亮的图案之间存在创造性张力. 类似地, 在数学中, 在分析自然定律与构造优美的逻辑模式之间也存在创造性张力.

在《当代大数学家画传》中, Lax 进一步补充说：

我所做的大部分工作都源于物理学建议的一些问题, 例如声波的传播及它们被散射的方式, 流体中激波的形成与传播. 不论何种问题, 其数学必须要优美. 这些问题中有许多都引出了纯数学中的有趣问题.

Lax 在纯粹数学与应用数学之间游刃有余, 研究和教学都出类拔萃, 乃世所罕有的数学大师. Lax 一共培养了 54 名博士, 其中有 4 位华裔, 而现任职于牛津大学数学所的陈贵强教授则是 Lax 的博士后.

本书的另一位作者 Maria Terrell 是康奈尔大学数学系的退休教授, 研究领域是几何与数学教育.

本书共 13 位译者, 分别是：

林开亮 (第 1, 5 章), 西北农林科技大学理学院;

吴艳霞 (第 1 章), 山东财经大学数学与数量经济学院;

张雅轩 (第 2 章), 中国民航大学理学院;

崔晓娜 (第 3 章), 河南师范大学数学与信息科学学院;

姚少魁 (第 3 章), 北京市第八十中学国际部;

陈敏茹 (第 4 章), 河南大学数学与统计学院;

王兢 (第 5, 6 章), 中央民族大学理学院;

任文辉 (第 6 章), 内蒙古工业大学理学院;

崔继峰 (第 6 章), 内蒙古工业大学理学院;

邵红亮 (第 7 章), 重庆大学数学与统计学院;

刘帅 (第 8 章), 西北农林科技大学理学院;

郑霁光 (第 9 章), 复旦发展研究院金融研究中心.

译者大部分是我的同学 (本科或研究生), 有不少是我在首都师范大学排球场上的球友. 我们的合作, 是饱含着深情与怀念的协同作战. 特别值得一提的是, 负责翻译第 3 章的姚少魁、崔晓娜夫妇. 在翻译《微积分及其应用》期间, 晓娜怀着第一个宝宝, 在翻译本书期间, 晓娜怀着第二个宝宝. 作为孕妇本来就很受累, 还要伏案翻译, 其辛劳可想而知 (幸亏本书只有两卷)! 各位译者年龄相仿, 身处学校, 承受着教学和科研的压力, 肩负着生活与工作的重担, 但仍然像挤残剩不多的牙膏那样, 挤出一点一滴的时间, 以饱满的热情和专业的精神, 认真完成各个章节的翻译并校订原书. 在某种意义上, 我们的翻译称得上是一种浪漫的合作, 其目标只是为了给各位读者呈现出一本尽善尽美的《多元微积分及其应用》. 我想我们已经接近这个目标了, 希望各位读者也满意.

在个别地方我们补充了一些脚注或是对行文做了小幅度的调整, 也是希望能够帮助读者更好地理解本书. 原则上讲, 多元微积分的理论与一元微积分的理论平行, 因此对那些读过《微积分及其应用》的读者来说, 继续跟进《多元微积分及其应用》是水到渠成、自然而然的选择. 通常的多元微积分教材, 对曲线积分和曲面积分的讲述不够清晰, 以至于学生这一块内容往往不得要领. 本书的处理 (见第 7 章) 抽茧剥丝简洁明了, 尤其值得推荐给各位读者. 如前所述, 第 8 章关于守恒律的部分有些高深, 一般读者适当了解即可.

最后, 我们想强调一点, 正如书名所提示的, 本书注重理论之应用 —— 用行话来说 —— 就是 "理论联系实际", 希望读者能消化书中各个例题并辅以适当练习以吸收理论, 学以致用, 充分领会本书的精神. 毫无疑问, 即便是作为已经在课堂上讲过几遍微积分的教师、在科研中运用过微积分的研究工作者, 我们自己也从这两卷书中受益匪浅. 愿各位读者亦有共鸣.

本书翻译出版得到以下项目的资助：国家自然科学基金 No.11605142(刘帅)、No.11601044(邵红亮)、 No.11801314(吴艳霞), 内蒙古自治区自然科学基金 No.2018LH01016 和内蒙古工业大学科学研究重点项目 No.ZD201613(崔继峰) 以及数学天元基金 No.1182601057 和中央高校基本科研业务费专项资金 Z109021708(林开亮), 特表感谢.

感谢本书作者之一的 Maria Terrell 及其夫君 Robert E. Terrell 与我们及时沟通, 这使得本书的翻译顺利了许多. Maria Terrell 还在其个人主页 (http://pi.math.cornell.edu/~maria/) 给出了《微积分及其应用》和本书的一个印刷错误清单 (a list of typos).

感谢北京市朝阳区教育研究中心的张浩博士、内蒙古大学数学科学学院的颜昭雯教授为我们校对了部分章节的译稿, 感谢天津大学物理系的刘云朋教授为我们解答了翻译过程中遇到的疑难 (见 9.3 节问题 9.25), 感谢大连交通大学理学院的莫利同学与我们讨论, 最终引出了关于周期函数之和未必是周期函数的那个脚注 (见 9.2 节). 感谢重庆大学数学与统计学院的王显金教授为我们调整了 LaTeX 模板, 感谢

“遇见数学” 的李想老师为我们补全了图 10.5(原书只有左边的图). 最后, 我们要感谢科学出版社林鹏社长与数理分社陈玉琢编辑、胡庆家编辑对我们一如既往的鼓励支持!

欢迎各位读者对中译本批评指正, 可发送邮件至 kailiang_lin@163.com.

译者代表　林开亮

2019 年 5 月 5 日

于西北农林科技大学理学院

《现代数学译丛》已出版书目

(按出版时间排序)

1 椭圆曲线及其在密码学中的应用——导引 2007. 12 〔德〕Andreas Enge 著 吴 铤 董军武 王明强 译

2 金融数学引论——从风险管理到期权定价 2008. 1 〔美〕Steven Roman 著 邓欣雨 译

3 现代非参数统计 2008. 5 〔美〕Larry Wasserman 著 吴喜之 译

4 最优化问题的扰动分析 2008. 6 〔法〕J. Frédéric Bonnans 〔美〕Alexander Shapiro 著 张立卫 译

5 统计学完全教程 2008. 6 〔美〕Larry Wasserman 著 张 波 等 译

6 应用偏微分方程 2008. 7 〔英〕John Ockendon, Sam Howison, Andrew Lacey & Alexander Movchan 著 谭永基 程 晋 蔡志杰 译

7 有向图的理论、算法及其应用 2009. 1 〔丹〕J. 邦詹森 〔英〕G . 古廷 著 姚 兵 张忠辅 译

8 微分方程的对称与积分方法 2009.1 〔加〕乔治 W. 布卢曼 斯蒂芬 C. 安科 著 闫振亚 译

9 动力系统入门教程及最新发展概述 2009.8 〔美〕Boris Hasselblatt & Anatole Katok 著 朱玉峻 郑宏文 张金莲 阎欣华 译 胡虎翼 校

10 调和分析基础教程 2009.10 〔德〕Anton Deitmar 著 丁 勇 译

11 应用分支理论基础 2009. 12 〔俄〕尤里・阿・库兹涅佐夫 著 金成桴 译

12 多尺度计算方法——均匀化及平均化 2010. 6 Grigorios A. Pavliotis, Andrew M. Stuart 著 郑健龙 李友云 钱国平 译

13 最优可靠性设计：基础与应用 2011. 3 〔美〕Way Kuo, V. Rajendra Prasad, Frank A.Tillman, Ching-Lai Hwang 著 郭进利 闫春宁 译 史定华 校

14 非线性最优化基础 2011.4 〔日〕Masao Fukushima 著 林贵华 译

15 图像处理与分析：变分，PDE，小波及随机方法 2011.6 Tony F. Chan, Jianhong (Jackie) Shen 著 陈文斌，程 晋 译

16 马氏过程 2011.6 〔日〕福岛正俊 竹田雅好 著 何 萍 译 应坚刚 校

17 合作博弈理论模型 2011.7 〔罗〕Rodica Branzei 〔德〕Dinko Dimitrov 〔荷〕Stef Tijs

著 刘小冬 刘九强 译

18 变分分析与广义微分 I：基础理论 2011.9 〔美〕 Boris S. Mordukhovich 著 赵亚莉 王炳武 钱伟懿 译

19 随机微分方程导论应用(第 6 版) 2012.4 〔挪〕Bernt Øksendal 著 刘金山 吴付科 译

20 金融衍生产品的数学模型 2012.4 郭宇权(Yue-Kuen Kwok) 著 张寄洲 边保军 徐承龙 等 译

21 欧拉图与相关专题 2012.4 〔英〕Herbert Fleischner 著 孙志人 李 皓 刘桂真 刘振宏 束金龙 译 张 昭 黄晓晖 审校

22 重分形：理论及应用 2012.5 〔美〕戴维•哈特 著 华南理工分形课题组 译

23 组合最优化：理论与算法 2014.1 〔德〕 Bernhard Korte Jens Vygen 著 姚恩瑜 林治勋 越民义 张国川 译

24 变分分析与广义微分 II：应用 2014.1 〔美〕 Boris S. Mordukhovich 著 李 春 王炳武 赵亚莉 王 东 译

25 算子理论的 Banach 代数方法(原书第二版) 2014.3 〔美〕 Ronald G. Douglas 著 颜 军 徐胜芝 舒永录 蒋卫生 郑德超 孙顺华 译

26 Bäcklund 变换和 Darboux 变换——几何与孤立子理论中的应用 2015.5 [澳]C. Rogers W. K. Schief 著 周子翔 译

27 凸分析与应用捷径 2015.9 〔美〕 Boris S. Mordukhovich, Nguyen Mau Nam 著 赵亚莉 王炳武 译

28 利己主义的数学解析 2017.8 〔奥〕 K. Sigmund 著 徐金亚 杨 静 汪 芳 译

29 整数分拆 2017.9 〔美〕 George E. Andrews 〔瑞典〕Kimmo Eriksson 著 傅士硕 杨子辰 译

30 群的表示和特征标 2017.9 〔英〕 Gordon James, Martin Liebeck 著 杨义川 刘瑞珊 任燕梅 庄 晓 译

31 动力系统仿真、分析与动画—— XPPAUT 使用指南 2018.2 〔美〕 Bard Ermentrout 著 孝鹏程 段利霞 苏建忠 译

32 微积分及其应用 2018.3〔美〕 Peter Lax Maria Terrell 著 林开亮 刘 帅 邵红亮 等 译

33 统计与计算反问题 2018.8 〔芬〕 Jari Kaipio Erkki Somersalo 著 刘逸侃 徐定华 程 晋 译

34 图论(原书第五版) 2020.4〔德〕 Reinhard Diestel 著 〔加〕 于青林 译

35 **多元微积分及其应用 2020.6〔美〕 Peter Lax Maria Terrell 著 林开亮 刘 帅 邵红亮 等 译**